普 通 高 等 教 育 “十一五” 规 划 教 材
PUTONG GAODENG JIAOYU SHIYIWU GUIHUA JIAOCAI

CHUANGANQI YU JIANCE JISHU YUANLI JI SHIJIAN

传感器与检测技术原理及实践

主　编　付家才
副主编　沈显庆　孟毅男
编　写　韩　龙　曹小燕　周　杰
　　　　孙　鹏　潘洪亮　孙桂芝
主　审　常太华　苏　杰　赵　建

中国电力出版社
http://jc.cepp.com.cn

内容提要

本书为普通高等教育"十一五"规划教材。

本书从系统工程的角度，以被控参量的类型为模块，以误差理论为依据，重点介绍传感器的测量电路及测试方法，并对温度、转速、压力、流量等非电量参数进行了电路设计，具有取材新颖、内容丰富、适用面广等特点。全书共八章，主要内容包括绪论、测量误差理论、检测信号处理、常用传感器、电参数测量、非电量测量、检测综合设计、工程实践方法等。

本书可作为高等院校自动化、电气工程及其自动化、机电一体化等相关专业的本科教材，也可作为高职高专及函授教材，还可作为工业控制及相关领域工作人员的参考书。

图书在版编目（CIP）数据

传感器与检测技术原理及实践/付家才主编．—北京：中国电力出版社，2008.7（2016.7 重印）

普通高等教育"十一五"规划教材

ISBN 978-7-5083-7386-7

Ⅰ．传…　Ⅱ．付…　Ⅲ．传感器－高等学校－教材　Ⅳ．TP212

中国版本图书馆 CIP 数据核字（2008）第 086901 号

中国电力出版社出版、发行

（北京市东城区北京站西街 19 号　100005　http：//www.cepp.sgcc.com.cn）

北京市同江印刷厂印刷

各地新华书店经售

*

2008 年 7 月第一版　2016 年 7 月北京第六次印刷

787 毫米×1092 毫米　16 开本　21.25 印张　517 千字

定价 **33.80** 元

前　言

为贯彻落实教育部《关于进一步加强高等学校本科教学工作的若干意见》和《教育部关于以就业为导向深化高等职业教育改革的若干意见》的精神，加强教材建设，确保教材质量，中国电力教育协会组织制订了普通高等教育"十一五"教材规划。该规划强调适应不同层次、不同类型院校，满足学科发展和人才培养的需求，坚持专业基础课教材与教学急需的专业教材并重、新编与修订相结合。本书为新编教材。

随着微型计算机及微电子技术在检测领域的广泛应用，传感器及检测技术在测量原理、准确度、灵敏度、可靠性、功能及自动化水平等方面都发生了巨大的变化。因此，学习传感器及检测技术的工作原理，掌握相关的新技术和设计方法是十分重要的。

本书是为高等学校电类相关专业编写的省部级"十一五"规划教材，内容上以本科应用型人才的培养为目标，注重培养学生的实践能力。本书主要特点为：

(1) 在取材和教材体系编排上注重原理与应用技术相结合，突出应用性和针对性，把误差理论、传感器原理、检测方法及工程实践的具体事例联系在一起，突出实践能力的培养；

(2) 力求将最新的传感技术、检测技术等及时反映在教材中，同时还增加了检测综合设计、工程实践方法等内容；

(3) 测量电路实用性强，所有测量电路均通过实践验证，部分电路可直接应用到生产实际中。

本书内容包括测量误差理论、检测信号处理、常用传感器、电参数测量、非电量测量等内容，重点讲述了监测系统综合设计和工程实践方法。

本书由付家才教授任主编，沈显庆、孟毅男任副主编。编写分工为：第一章由付家才编写，第二章由孟毅男编写，第三章由韩龙编写，第四章由曹小燕编写，第五章第一节、第二节、第四节由周杰编写，第五章第三节、第五节以及第六章第一节、第二节、第三节、第四节由沈显庆编写，第六章第五节、第六节、第七节、第八节、第九节由孙桂芝编写，第七章由孙鹏编写，第八章由潘洪亮编写。全书由付家才策划与统稿。华北电力大学常太华、苏杰老师，西安电子科技大学赵建老师审阅了本书。

限于编者水平，书中不足之处在所难免，敬请广大读者批评指正。

编　者

2008 年 1 月

目　录

第一章 绪 论

在机电一体化产品中，无论是机械电子化产品（如数控机床），还是机电相互融合的高级产品（如机器人），都离不开检测与传感器这个重要环节。若没有传感器对原始的各种参数进行精确而可靠地自动检测，那么信号转换、信息处理、正确显示、控制器的最佳控制等都是无法进行和实现的。

检测系统是机电一体化产品中的一个重要组成部分，用于实现计测功能。在机电一体化产品中，传感器的作用就相当于人的感官，用于检测有关外界环境、自身状态及其变化的各种物理量（如力、位移、速度、位置等），并将这些信号转换成电信号，然后再通过相应的转换、放大、调制与解调、滤波、运算等电路将有用的信号检测出来，反馈给控制装置或送去显示。实现上述功能的传感器及相应的信号检测与处理电路，就构成了机电一体化产品中的检测系统。

随着现代测量、控制及自动化技术的发展，传感器技术越来越受到人们的重视，应用越来越普遍。凡是应用到传感器的地方，必然伴随着相应的检测系统。传感器与检测系统可对各种材料、机件、现场等进行无损探伤、测量和计量；对自动化系统中各种参数进行自动检测和控制。尤其是在机电一体化产品中，传感器及其检测系统不仅是一个必不可少的组成部分，而且已成为机与电有机结合的一个重要纽带。

第一节 传感器的组成与分类

一、传感器的定义

传感器是能感受规定的被测量并将其按照一定规律转换成可用输出信号的器件或装置，通常由敏感元件和转换元件组成。敏感元件是指传感器中直接感受被测量的部分，转换元件是指传感器能将敏感元件的输出转换为适于传输和测量的电信号部分。

应该说明，并不是所有的传感器都能明显区分敏感元件与转换元件两个部分，而是二者合为一体。例如，半导体气体、湿度传感器等一般都是将感受的被测量直接转换为电信号，没有中间转换环节。传感器的输出信号形式有很多种，如电压、电流、频率、脉冲等。输出信号的形式由传感器的原理确定。

二、传感器的组成

由于传感器输出的信号一般都很微弱，需要有信号调节与转换电路将其放大或转换为容易传输、处理、记录和显示的形式。传感器组成框图如图 1-1 所示。

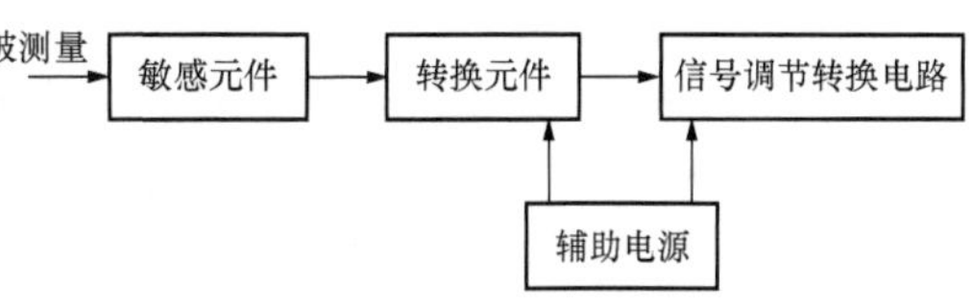

图 1-1 传感器组成框图

三、传感器的分类

1. 按被测参量分类

(1) 电工量：电压、电流、电功率、电阻、电容、频率、磁场强度、磁通密度等。

(2) 热工量：温度、热量、比热容、热

流、热分布、压力、压差、真空度、流量、流速、物位、液位、界面等。

(3) 机械量：位移、形状、力、应力、力矩、重量、质量、转速、线速度、振动、加速度、噪声等。

(4) 物性和成分量：气体成分、液体成分、固体成分、酸碱度、盐度、浓度、黏度、粒度、密度、相对密度等。

(5) 光学量：发光强度、光通量、照度、辐射能量等。

(6) 状态量：颜色、透明度、磨损量、裂纹、缺陷、泄漏、表面质量等。

2. 按被测参量的检测转换原理分类

(1) 电磁转换：电阻式、电感式、电容式、磁电式、热电式、压电式等。

(2) 光电转换：光电式、激光式、红外式、光栅、光导纤维式等。

(3) 其他能/电转换：声/电转换（超声波式）、辐射能/电转换（X射线式、β射线式、γ射线式）、化学能/电转换（各种电化学转换）等。

第二节　传感器技术的发展动向

由于传感器位于检测系统的入口，是获取信息的第一个环节，因此其精度、可靠性、稳定性、抗干扰性等直接关系到机电一体化产品的整机性能指标。因此，传感器的研究与开发一直受到人们的重视，其性能也在不断提高，主要表现在以下几个方面。

一、新型传感器的开发

鉴于传感器的工作机理是基于各种效应和定律，由此启发人们进一步发现新现象、采用新原理、开发新材料、采用新工艺，并以此研制出具有新原理的新型物性型传感器，这是发展高性能、多功能、低成本和小型化传感器的重要途径。总之，传感器正经历着从以结构型为主转向以物性型为主的过程。

二、传感器的集成化和多功能化

随着微电子学、微细加工技术和集成化工艺等方面的发展，出现了多种集成化传感器。这类传感器包括同一功能的多个敏感元件排列成线性、面型的阵列型传感器；多种不同功能的敏感元件集成一体，成为可同时进行多种参数测量的传感器；传感器与放大、运算、温度补偿等电路集成一体具有多种功能——实现了横向和纵向的多功能。

三、传感器的智能化

传感器又被形象地称为“电五官”，它与“电脑”的相结合，就是传感器的智能化。智能传感器不仅具有信号检测、转换功能，同时还具有记忆、存储、解析、统计处理及自诊断、自校准、自适应等功能。如进一步将传感器与计算机的这些功能集成于同一芯片上，就成为智能传感器。

四、无线传感器网络

(一) 发展历程

早在20世纪70年代，就出现了将传统传感器采用点对点传输、连接传感控制器而构成传感器网络雏形，人们把它归之为第一代传感器网络。随着相关学科的不断发展和进步，传感器网络同时还具有了获取多种信息信号的综合处理能力，并通过与传感控制器的相连，组成了有信息综合和处理能力的传感器网络，这是第二代传感器网络。而从20世纪末开始，现场总线技术开始应用于传感器网络，人们用其组建智能化传感器网络，大量多功能传感器被运用，并使用无线技术连接，无线传感器网络逐渐形成。

无线传感器网络（Self Organizing Wireless Sensor Network）作为新兴技术，是目前国外研究的热点，其在军事、环境、健康、家庭、商业、空间探索和灾难拯救等领域展现出广阔的应用前景。早在2003年美国自然科学基金委员会已经斥巨资来支持这方面的研究，并且出现了一些致力于无线传感器网络的公司，其中，Crossbow公司已推出了Mica系列传感器网络产品。国内很多大学现已经开展相关领域的研究，但大部分工作仍处在自组织无线网络协议性能仿真和硬件节点小规模实验设计阶段。

（二）应用现状

虽然由于技术等方面的制约，无线传感器网络的大规模商业应用还有待时日，但是，最近几年，随着计算成本的下降及微处理器体积越来越小，已经为数不少的无线传感器网络开始投入使用。目前无线传感器网络的应用主要集中在以下领域。

1. 环境的监测和保护

随着人们对于环境问题的关注程度越来越高，需要采集的环境数据也越来越多，无线传感器网络的出现为随机性的研究数据获取提供了便利，并且还可以避免传统数据收集方式给环境带来的侵入式破坏。

2. 医疗护理

无线传感器网络在医疗研究、护理领域也可以大展身手。罗彻斯特大学的科学家使用无线传感器创建了一个智能医疗房间，使用微尘来测量居住者的重要征兆（血压、脉搏和呼吸）、睡觉姿势及每天24h的活动状况。

3. 军事领域

由于无线传感器网络具有密集型、随机分布的特点，使其非常适合应用于恶劣的战场环境中，包括侦察敌情、监控兵力、装备和物资，判断生物化学攻击等多方面用途。

第三节 检测技术的地位与作用

一、检测的定义

检测是指在各类生产、科研、试验及服务等各个领域，为及时获得被测、被控对象的有关信息而实时或非实时地对一些参量进行定性检查和定量测量。

二、检测技术的地位与作用

对工业生产而言，采用各种先进的检测技术对生产全过程进行检查、监测，对确保安全生产，保证产品质量，提高产品合格率，降低能源和原材料消耗，提高企业的劳动生产率和经济效益是必不可少的。

“检测”是测量，“计量”也是测量，但两者还是有区别的。一般说来，“计量”是指用精度等级更高的标准量具、器具或标准仪器，对送检量具、仪器或被测样品、样机进行考核性质的测量。这种测量通常具有非实时及离线和标定的性质，一般在规定的具有良好环境条件的计量室、实验室，采用比被测样品、样机更高精度的并按有关计量法规经定期校准的标准量具、器具或标准仪器进行测量。而“检测”通常是指在生产、实验等现场，利用某种合适的检测仪器或综合测试系统对被对象进行在线、连续的测量。

据了解，目前国内外一些城市污水处理厂由于在污水的收集、提升、处理及排放等环节均实现自动检测与优化控制，因而大大降低了污水处理的运营成本，其污水处理的平均运行费用约为0.4元/m^3。而我国许多基本上靠人工操作的城镇污水处理厂的污水处理平均运行费用为1.0～1.6元/m^3，与前者相比差距十分明显。

在军工生产和新型武器、装备研制过程中更离不开现代检测技术，对检测的需求更多、要求更高。研制任何一种新武器，从设计到零部件制造、装配到样机试验，都要经过成百上千次严格的试验，每次试验需要同时高速、高精度地检测多种物理参量，测量点经常多达上千个。飞机、潜艇等在正常使用时都装备了上百个不同的检测传感器，组成十几至几十种检测仪表，实时监测和指示各部位的工作状况。在新机型设计、试验过程中需要检测的物理量更多，而检测点通常在5000个以上。在火箭、导弹和卫星的研制过程中，需动态高速检测的参量也很多，要求也更高。没有精确、可靠的检测手段，要使导弹准确命中目标和卫星准确入轨是根本不可能的。

各种先进的医疗检测仪器可大大提高疾病的检查、诊断速度和准确性，有利于争取时间，对症治疗，增加患者战胜疾病的机会。

随着生活水平的提高，检测技术与人们日常生活也越来越密切。例如，新型建筑材料的物理、化学性能检测，装饰材料有害成分是否超标检测，城镇居民家庭室内的温度、湿度、防火、防盗及家用电器的安全监测等，不难看出检测技术在现代社会中的重要地位与作用。

三、检测系统的组成

尽管现代检测仪器和检测系统的种类、型号繁多，用途、性能千差万别，但它们的作用都是用于各种物理或化学成分等参量的检测。它们的组成单元按信号传递的流程来描述：通常由各种传感器（转换器）将非电被测物理或化学成分参量转换成电信号，然后经信号调理（信号转换、信号检波、信号滤波、信号放大等）、数据采集、信号处理后显示并输出［通常有4～20mA的电流信号、经D/A转换和放大后的模拟电压、开关量、脉宽调制（PWM）、串行数字通信和并行数字输出等］，由以上设备以及系统所需的交、直流稳压电源和必要的输入设备（如拨动开关、按钮、数字拨码盘、数字键盘等）便组成了一个完整的检测（仪器）系统。现代检测系统组成框图如图1-2所示。

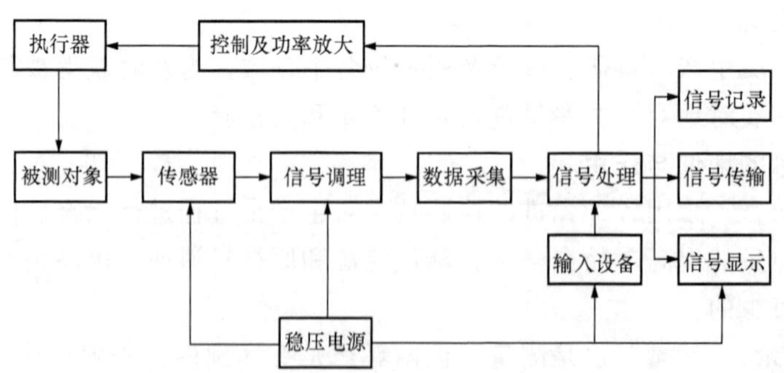

图1-2 现代检测系统组成框图

1. 传感器

传感器作为检测系统的信号源，其性能的好坏将直接影响检测系统的精度和其他指标，是检测系统中十分重要的环节。本书主要介绍工程上涉及面较广、应用较多、需求量大的各种物理量、化学成分量常用的先进的检测技术与实现方法，以及如何选用合适的传感器；对传感器要求了解其工作原理、应用特点，而对如何提高现有传感器本身的技术性能，以及设计开发新的传感器则不作深入研究。

通常检测仪器、检测系统对传感器有如下要求：

(1) 精确性。传感器的输出信号必须准确地反应其输入量，即被测量的变化。因此，传感器的输出与输入关系必须是严格的单值函数关系，最好是线性关系。

(2) 稳定性。传感器的输入与输出的单值函数关系最好不随时间和温度而变化，受外界其他因素的干扰影响亦应很小，重复性要好。

(3) 灵敏度。要求被测参量较小的变化就可使传感器获得较大的输出信号。

(4) 其他。耐腐蚀性好、低能耗、输出阻抗小和售价相对较低等。

2. 信号调理

信号调理在检测系统中的作用是对传感器输出的微弱信号进行检波、转换、滤波、放大等，以方便检测系统后续环节处理或显示。例如，工程上常见的热电阻型数字温度检测（控制）仪表，其传感器 Pt100 的输出信号为热电阻值的变化。为便于处理，通常需设计一个四臂电桥，把随被测温度变化的热电阻阻值转换成电压信号。由于信号中往往夹杂着 50Hz 工频等噪声电压，故其信号调理电路通常包括滤波、放大、线性化等环节。需要远传的话，通常采取 D/A 或 V/I 电路将获得的电压信号转换成标准的 4～20mA 电流信号后再进行远距离传送。检测系统种类繁多，复杂程度差异很大，信号的形式也多种多样，各系统的精度、性能指标要求各不相同，它们所配置的信号调理电路的多少也不尽一致。

对信号调理电路的一般要求是：

(1) 能准确转换、稳定放大、可靠地传输信号；

(2) 信噪比高，抗干扰性能要好。

3. 数据采集

数据采集（系统）在检测系统中的作用是对信号调理后的连续模拟信号进行离散化，并转换成与模拟信号电压幅度相对应的一系列数值信息，同时以一定的方式把这些转换数据及时传递给微处理器或依次自动存储。数据采集系统通常以各类 A/D 转换器为核心，辅以模拟多路开关、采样/保持器、输入缓冲器、输出锁存器等。

数据采集系统的主要性能指标有：

(1) 输入模拟电压信号范围，单位为 V；

(2) 转换速度（率），单位为次/s；

(3) 分辨率，通常以模拟信号输入为满度时的转换值的倒数来表征；

(4) 转换误差，通常指实际转换数值与理想 A/D 转换器理论转换值之差。

4. 信号处理

信号处理模块是现代检测仪表、检测系统进行数据处理和各种控制的中枢环节，其作用和人的大脑相类似。现代检测仪表、检测系统中的信号处理模块通常以各种型号的单片机、微处理器为核心来构建，对高频信号和复杂信号的处理有时需增加数据传输和运算速度快、处理精度高的专用高速数据处理器（DSP），或直接采用工业控制计算机。

5. 信号显示

通常人们都希望及时知道被测参量的瞬时值、累积值或其随时间的变化情况，因此，各类检测仪表和检测系统在信号处理器计算出被测参量的当前值后，通常均需送至各自的显示器作实时显示。显示器是检测系统与人联系的主要环节之一，一般可分为指示式显示、数字式显示和屏幕式显示三种。

(1) 指示式显示又称模拟式显示。被测参量数值大小由光指示器或指针在标尺上的相对位置来表示。用有形的指针位移模拟无形的被测量是较方便、直观的。

(2) 数字式显示以数字形式直接显示出被测参量数值的大小。在正常情况下，数字式显示彻底消除了显示驱动误差，能有效地克服读数的主观误差，(相对指示式仪表) 可提高显示和读数的精度，还能方便地与计算机连接并进行数据传输。因此，各类检测仪表和检测系统正越来越多地采用数字式显示方式。

(3) 屏幕式显示实际上是一种类似电视显示方法，具有形象性和易于读数的优点，又能同时在同一屏幕上显示一个被测量或多个被测量的（大量数据式）变化曲线，有利于对它们进行比较、分析。屏幕显示器一般体积较大，价格与变通指示式显示、数字式显示相比要高得多，其显示通常需由计算机控制，对环境温度、湿度等指标要求较高，在仪表控制室、监控中心等环境条件较好的场合使用较多。

6. 信号输出

在许多情况下，检测仪表和检测系统在信号处理器计算出被测参量的瞬时值后，除送显示器进行实时显示外，通常还需把测量值及时传送给控制计算机、可编程控制器（PLC）或其他执行器、打印机、记录仪等，从而构成闭环控制系统或实现打印（记录）输出。检测仪表和检测系统的信号输出通常有4～20mA的电流信号，经D/A转换和放大后的模拟电压、开关量、脉宽调制（PWM）、串行数字通信和并行数字输出等多种形式，需根据测控系统的具体要求确定。

7. 输入设备

输入设备是操作人员和检测仪表（或检测系统）联系的另一主要环节，用于输入设置参数、下达有关命令等。最常用的输入设备是各种键盘、拨码盘、条码阅读器等。近年来，随着工业自动化、办公自动化和信息化程度的不断提高，通过网络或各种通信总线利用其他计算机或数字化智能终端，实现远程信息和数据输入的方式越来越普遍。最简单的输入设备是各种开关、按钮。模拟量的输入、设置往往借助电位器进行。

8. 稳压电源

一个检测仪表或检测系统往往既有模拟电路部分，又有数字电路部分，通常需要多组幅值大小要求各异但稳定的电源。这类电源在检测系统使用现场一般无法直接提供，通常只能提供交流220V工频电源或+24V直流电源。检测系统的设计者需要根据使用现场的供电电源情况及检测系统内部电路的实际需要，统一设计各组稳压电源，给系统各部分电路和器件分别提供所需的稳定电源。

第四节 检测技术的发展趋势

随着世界各国现代化步伐的加快，对检测技术的要求越来越高。而科学技术的不断进步，尤其是大规模集成电路技术、微型计算机技术、机电一体化技术、微机械和新材料技术方面，大大促进了现代检测技术的发展。目前，现代检测技术发展的总趋势大体有以下几个方面。

一、不断拓展测量范围，努力提高检测精度和可靠性

随着科学技术的发展，对检测仪器和检测系统的性能要求，尤其是精度、测量范围、可靠性指标的要求越来越高。以温度为例，为满足某些科研实验的需求，不仅要求研制测温下限接近 0K（－273.15℃），且测温量程尽可能达到 15K（约－258℃）的高精度超低温检测仪表。同时，某些场合需连续测量液态金属的温度或长时间连续测量 2500～3000℃的高温介质温度，目前虽然已能研制和生产最高上限超过 2800℃的热电偶，但测温范围一旦超过 2500℃，其准确度将下降，而且极易氧化，从而严重影响其使用寿命与可靠性。因此，寻找能长时间连续准确检测上限超过 2000℃被测介质温度的新方法、新材料和研制出相应的测温传感器（尤其是适合低成本大批量生产）是各国科技工作者多年来一直努力要解决的课题。目前，非接触式辐射型温度检测仪表的测温上限，理论上最高可达 10^5℃以上，但与聚核反应优化控制理想温度（约 10^8℃）相比还相差 3 个数量级，这就说明超高温检测的需求远远高于当前温度检测所能达到的技术水平。

二、传感器逐渐向集成化、组合式、数字化方向发展

传感器与信号调理电路分开，使微弱的传感器信号在通过电缆传输的过程中容易受到各种电磁干扰信号的影响，再加上各种传感器输出信号形式众多，而使检测仪器与传感器的接口电路无法统一和标准化，实施起来颇为不便。

随着大规模集成电路技术的迅猛发展，采用贴片封装方式、体积大大缩小的通用和专用集成电路越来越普遍，因此，目前已有不少传感器实现了敏感元件与信号调理电路的集成和一体化，对外可直接输出标准的 4～20mA 电流信号，成为名副其实的转换器。这对检测仪器整机研发与系统集成提供了很大的方便，从而使得这类传感器身价倍增。

其次，一些厂商把两种或两种以上的敏感元件集成于一体，成为可实现多种功能的新型组合式传感器。例如，将热敏元件和湿敏元件及信号调理电路集成在一起，一个传感器可同时完成温度和湿度的测量。

三、重视非接触式检测技术研究

在检测过程中，把传感器置于被测对象上，可灵敏地感知被测参量的变化，这种接触式检测方法通常比较直接、可靠，测量精度较高，但在某些情况下，因传感器的加入会对被测对象的工作状态产生干扰，影响测量的精度。而在有些被测对象上，根本不允许或不可能安装传感器，如测量高速旋转的振动、转矩等。因此，各种可行的非接触式检测技术的研究越来越受到重视。目前已商品化的光电式传感器、电涡流式传感器、超声波检测仪表、核辐射检测仪表等正是在这些背景下不断发展起来的。今后不仅需要继续改进和克服非接触式检测仪器（传感器）易受外界干扰及绝对精度较低等问题，而且相信对一些难以采用接触式检测或无法采用接触方式进行检测的，尤其是那些具有重大军事、经济或其他应用价值的非接触检测技术课题的研究投入会不断增加，非接触检测技术的研究、发展和应用步伐将会明显加快。

四、检测系统智能化

近十年来，由于包括微处理器、单片机在内的大规模集成电路的成本和价格不断降低，功能和集成度不断提高，使得许许多多以单片机、微处理器或微型计算机为核心的现代检测仪器（系统）实现了智能化，这些现代检测仪器通常具有系统故障自测、自诊断、自调零、自校准、自选量程、自动测试和自动分选功能，强大数据处理和统计功能，远距离数据通信和输入与输出功能，可配置各种数字通信接口，传递检测数据和各种操作命令等，还可方便地接入不同规模的自动检测、控制与管理信息网络系统。与传统检测系统相比，智能化的现代检测系统具有更高的精度和性价比。

本章小结

本章在论述传感器及检测技术基本概念的基础上，较为详细地介绍了传感器的分类和发展方向以及检测系统的组成，特别对近几年发展起来的无线传感器网络及在环境监护、医疗和军事领域的应用进行了阐述。

习题与思考题

1-1 举例说明检测技术在现代化建设中的应用。

1-2 检测系统通常由哪几部分组成？各类检测系统对传感器的一般要求是什么？

1-3 检测技术的发展趋势是什么？

1-4 检测系统的组成及各部分的作用？

1-5 简述无线传感器网络的应用？

第二章　测量误差理论

人类为了认识自然与改造自然，需要不断地对自然界的各种现象进行测量和研究，但由于受人们的认识能力、测量仪器的性能、实验方法的不完善、周围环境及被测对象的变化等因素的影响，测量和实验所得数据与被测量的真值之间不可避免地存在着差异，这些差异在数值上即表现为误差。随着科学技术的日益发展和人们认识水平的不断提高，虽然可将误差控制得越来越小，但终究不能完全消除。误差存在的必然性和普遍性已为大量实践所证明：任何测量均有误差，误差存在于一切测量过程中，这就是所谓的误差公理。为了充分认识并减小误差，必须对测量过程和科学实验中的误差进行研究。

测量误差理论包括基本误差理论、数据处理方法、不确定度评定规范三大部分内容。

目前，误差理论与数据处理已经发展成为一门独立的学科，属于理论计量学范畴。本章的有关内容均符合最新的相关国家计量技术规范。

第一节　测量与测量误差的基本概念

一、测量的定义和分类

测量是以确定量值为目的的一组操作，有时也称为计量。

按获取被测量结果的方法不同，测量方法一般可分为直接测量法和间接测量法。所谓间接测量法是指，通过直接测量的量值与被测量量值之间的已知函数关系，确定被测量量值的测量方法。所谓直接测量法是指直接获取被测量量值的测量方法。不难理解，直接测量法是间接测量法的一种特例，而间接测量法更具有一般性。

例如，用尺子测量长度、用玻璃温度计测量温度、用量筒测量液体体积等测量均属于直接测量；根据测量电阻、导线长度和截面积的方法确定金属电阻率的方法则属于间接测量。

在计量学领域，为了获得更好的测量结果，还经常采用诸如定义测量法、直接比较法、闭环组合测量法、替代测量法、交换（对置）测量法、微差测量法、零位测量法及最常见的偏移测量法等。这些方法均属于上述两种方法的范畴，只是具体实施方法略有不同，因此对于不同的测量任务，应选择合适的测量方法。

测量与计量既有联系，又有区别。计量是实现单位统一、量值准确可靠的活动，这个活动通常伴随测量。计量学是关于测量的科学，是保证单位统一和量值准确可靠的科学。计量学覆盖测量的理论与实践的各个方面。计量学曾经称为度量衡学、权度学。计量学研究的主要内容包括：可测量的量、计量单位、计量基准和计量标准的建立与复现、量值保存及传递、测量原理、测量方法、测量不确定度、观测者进行测量的能力、计量的法制和管理、物理常量与物理常数、标准（参考）物质、材料特性的准确确定等。

二、量与测量误差的基本概念

（一）被测量

被测量是指测量对象的特定量。

（二）量的真值

（1）定义：与给定的特定量定义一致的值。

（2）说明：通过测量得到的值只能逼近真值。

（三）量的约定真值

（1）定义：对于给定的目的、被赋予适当不确定度的特定量的值，该值常通常是约定采用的。

（2）说明：

1）约定真值有时称为最佳估计值、指定值、约定值、参考值；

2）在实际测量中约定真值通常是被测量的实际值、已修正过的算术平均值、计量标准的值等相对准确的值；

3）约定真值可以是权威推荐值，如国际科学技术数据委员会（CODATA）1986年推荐的阿伏伽德罗常数为 $6.0221367\times10^{23}\,\mathrm{mol}^{-1}$；

4）约定真值可以是理论值，如：三角形内角和为180°。

（四）测量误差

（1）定义：测量结果与被测量真值的差。

（2）定义式为

$$e = x - x_{\mathrm{true}} \tag{2-1}$$

由于真值 x_{true} 不能确定，则误差不能确定，故常用约定真值 $x_{\mathrm{con\cdot true}}$ 代替真值 x_{true}，此时得到的误差值 $e=x-x_{\mathrm{con\cdot true}}$ 为误差估计值。通常所说的误差均是测量误差的估计值，其是一个大小和符号确定的值。

（五）相对误差

（1）定义：测量误差与被测量真值的比值。

（2）定义式为

$$r_{\mathrm{tr}} = \frac{x - x_{\mathrm{true}}}{x_{\mathrm{true}}}\times 100\% \tag{2-2}$$

由于被测量真值不可知，因此工程上常用以下表达式计算相对误差的估计值

$$r_{\mathrm{c}} \approx \frac{x - x_{\mathrm{con\cdot true}}}{x_{\mathrm{con\cdot true}}}\times 100\% \tag{2-3}$$

$$r_{\mathrm{x}} \approx \frac{x - x_{\mathrm{con\cdot true}}}{x}\times 100\% \tag{2-4}$$

（3）说明：

1）相对误差以百分数表示，r_{c} 通常称实际相对误差、r_{x} 通常称示值相对误差。

2）给出相对误差时，必须说明 x 的取值范围，避免 $x=0$ 的情况用相对误差表达。如果出现这种情况，则用相对误差表达绝对误差，即 $e=r_{\mathrm{x}}x$。这时 $x=0$ 可能导出 $e=0$，但要注意测量误差的估计值为0，并不意味着测量结果的不确定度为0，即不意味着被测量的测量值就是真值。

3）式（2-1）中所表达的误差通常称为绝对误差，它是与相对误差对应的专有名词，不要与误差绝对值混淆。

4）相对误差由绝对误差和测量值大小决定，因此不能简单地根据相对误差值的大小来判断测量结果的好坏和测量仪器及系统的优劣，只能判断误差相对测量值的大小。某些小信

号测量的相对误差较大，测量结果和仪器却体现了相当高的技术水平。另外，由于测量目的不同，具体的测量任务对绝对误差和相对误差的要求也不同。

【例2-1】 用一个4位多量程数字频率计测量标准频率信号源输出100kHz时的频率，量程选择为0～10MHz，频率计测量值为101kHz，求频率计在该点的绝对误差和相对误差。

解 绝对误差

$$e = x - x_{\text{con·true}} = 101 - 100 = 1(\text{kHz})$$

相对误差

$$r_c \approx \frac{x - x_{\text{con·true}}}{x_{\text{con·true}}} = \frac{1}{100} = 1\%$$

【例2-2】 用［例2-1］中频率计测量标准频率信号源输出1000kHz时的频率，量程仍选择为0～10MHz，频率计测量值为1001kHz，求频率计在该点的绝对误差和相对误差。

解 绝对误差

$$e = x - x_{\text{con·true}} = 1001 - 1000 = 1(\text{kHz})$$

相对误差

$$r_c \approx \frac{x - x_{\text{con·true}}}{x_{\text{con·true}}} = \frac{1}{1000} \times 100\% = 0.1\%$$

【例2-3】 用［例2-1］中频率计测量标准频率信号源输出100kHz时的频率，量程选择为0～1MHz，频率计测量值为100.1kHz，求频率计在该点的绝对误差和相对误差。

解 绝对误差

$$e = x - x_{\text{con·true}} = 100.1 - 100 = 0.1(\text{kHz})$$

相对误差

$$r_c \approx \frac{x - x_{\text{con·true}}}{x_{\text{con·true}}} = \frac{0.1}{100} \times 100\% = 0.1\%$$

【例2-4】 用［例2-1］中频率计测量标准频率信号源输出990kHz时的频率，量程选择为0～1MHz，精密频率计测量值为990.1kHz，求频率计在该点的绝对误差和相对误差。

解 绝对误差

$$e = x - x_{\text{con·true}} = 990.1 - 990 = 0.1(\text{kHz})$$

相对误差

$$r_c \approx \frac{x - x_{\text{con·true}}}{x_{\text{con·true}}} = \frac{0.1}{990} \times 100\% \approx 0.01\%$$

从上面四个例子可以得到如下结论：

（1）使用同一量程测量不同大小的被测量时，绝对误差相同，其相对误差不同；

（2）使用不同量程测量大小相同的被测量时，绝对误差不同，其相对误差不同；

（3）使用不同量程测量大小不同的被测量时，绝对误差不同，其相对误差可能相同。

在测量工作中，要获得相对准确的测量结果，选择合适性能的仪表和量程非常重要，否则导致测量成本的提高或测量结果的不满意。

三、仪器误差的有关概念

绝对误差与相对误差是误差的基本概念，适用于所有的测量工作。但是还有一些针对仪器的误差指标，下面予以介绍。

(一) 引用误差

(1) 定义：测量器具的绝对误差与其引用值的比值。

(2) 定义式为

$$r_f = \frac{e}{x_f} \times 100\% \tag{2-5}$$

(3) 说明：

1) 如果不作特殊说明，引用值 x_f 通常是该仪器的量程，即 $x_f = x_{max} - x_{min}$；当 $x_{min}=0$ 时 $x_f = x_{max}$，此时引用值 x_f 为标称范围的上限。

2) 引用误差虽然是相对值，但由于引用值是确定的，故引用误差是以相对误差的形式表示测量器具的绝对误差，当仪表的准确度等级以引用误差表达时，则给出了仪表的最大绝对误差 $e_{max}=(x_{max}-x_{min})C\%$，$C$ 为仪表等级，$r_f = C\%$ 。

3) 模拟指针仪表、工业仪表的等级常用引用误差表达。

4) 某些模拟指针仪表用相对误差表达等级，但必须给出合适的测量范围。

5) 数字仪表通常用两项合成的表达式表达其误差极限值：

- $e_{max} = \pm(a\% \cdot x + b\% \cdot FR)$，$x$ 为示值、FR（Full Range）通常是 x_{max}；
- $e_{max} = \pm(a\% \cdot x + n \cdot digit)$，$n=1\sim4$，$digit$ 是与量程对应的末位数字所代表的值。

【例 2-5】 求以引用误差定等的 1.0 级、测量范围为 0～100V 电压表的最大绝对误差。当用该电压表测量 50V 的电压时，测量结果的相对误差不超过多少？

解 最大绝对误差为

$$e_{max} = 1.0\% \times (100 - 0) = 1(V)$$

用该电压表测量 50V 时的相对误差最大值为

$$r_{max} = \frac{1}{50} \times 100\% = 2\%$$

【例 2-6】 标称范围为 0～150V 的电压表，当其示值为 100.0V 时，测得其输入电压实际值为 99.4V，求该电压表在 100.0V 处的引用误差和相对误差。

解 该电压表在 100.0V 处的引用误差为

$$r_f = \frac{e}{x_f} = \frac{100 - 99.4}{150 - 0} \times 100\% = 0.4\%$$

该电压表在 100.0V 处的相对误差为

$$r = \frac{e}{x} = \frac{100 - 99.4}{100} \times 100\% = 0.6\%$$

【例 2-7】 用 $4\frac{1}{2}$ 位数字式电压表 2V 挡和 200V 挡测量 1V 电压，该电压表各挡允许误差限均为 $\pm(0.02\% \cdot x + 1digit)$，试分析用上述两挡分别测量时的相对误差。

解 用 2V 挡测量时有，

绝对误差为

$$e_{2V} = \pm(0.02\% \cdot 1 + 0.0001) = \pm 0.0003(V)$$

相对误差为

$$\gamma_{2V} = \frac{0.0003}{1} \times 100\% = 0.03\%$$

用 200V 挡测量时绝对误差为

$$e_{200V} = \pm(0.02\% \cdot 1 + 0.01) = \pm 0.0102(V)$$

相对误差为

$$\gamma_{200V} = \frac{0.0102}{1} \times 100\% = 1.02\%$$

[例 2-7] 说明了用同一数字仪表的不同量程测量同一个被测量，测量误差是不同的；使用同一量程测量二个差距较大的被测量时，误差表达式中的两个部分误差的贡献是不同的。

【例 2-8】 某待测的电压约为 100 V，现有 0.5 级、0～300V 和 1.0 级、0～100 V 两个以引用误差定等的电压表，问用哪一个电压表测量比较好？

解 用 0.5 级 0～300V 测量 100V 时，有

最大绝对误差

$$e_{max} = 0.5\% \times (300 - 0) = 1.5(V)$$

最大相对误差

$$r_{max} = \frac{1.5}{100} \times 100\% = 1.5\%$$

用 1.0 级 0～100V 测量 100V 时，有

最大绝对误差

$$e_{max} = 1.0\% \times (100 - 0) = 1.0(V)$$

最大相对误差

$$r_{max} = \frac{1.0}{100} \times 100\% = 1.0\%$$

[例 2-8] 同样说明了如果量程选择恰当，用 1.0 级仪表进行测量比用 0.5 级仪表更准确。

(二) 分贝误差

在电子测量领域，分贝误差广泛用于增益（衰减）量的测量中，经常用于表达增益（衰减）测量的相对误差。

1. 对于电压、电流量

设双口网络（如放大器或衰减器）输入、输出电压的测量值分别为 U_i 和 U_o，则电压增益的测量值 A_u 为

$$A_u = \frac{U_o}{U_i} \tag{2-6}$$

用对数表示为

$$G_u = 20\lg A_u \tag{2-7}$$

式中 G_u——增益测量值的分贝值，dB。

设 A 为电压增益实际值，其分贝值 $G=20\lg A$，根据误差定义及式（2-7）可得

$$\Delta A = A_u - A$$

从而有

$$G_u = 20\lg(A+\Delta A) = 20\lg\left[A\left(1+\frac{\Delta A}{A}\right)\right] = 20\lg A + 20\lg\left(1+\frac{\Delta A}{A}\right)$$
$$= G + 20\lg\left(1+\frac{\Delta A}{A}\right)$$

定义分贝误差 γ_{dB} 为

$$\gamma_{dB} = G_x - G = 20\lg\left(1+\frac{\Delta A}{A}\right) \quad \text{dB}$$

定义增益相对误差 $\gamma_A=\dfrac{\Delta A}{A}$，则有

$$\gamma_{dB} = 20\lg(1+\gamma_A) \quad \text{dB} \tag{2-8}$$

式（2-8）表达了电压（电流）增益相对误差与分贝误差的关系。

2. 对于功率类参量

同理，当 $A_P=\dfrac{P_0}{P_i}$ 时可得

$$\gamma_{dB} = 10\lg(1+\gamma_P) \quad \text{dB} \tag{2-9}$$

式（2-9）表达了功率增益相对误差与分贝误差的关系。

当 γ_A 与 γ_B 较小时，将式（2-8）、式（2-9）分别按级数展开，得到两个近似公式，即

$$\gamma_{dB} \approx 8.69\gamma_A \quad \text{dB} \tag{2-10}$$

$$\gamma_{dB} \approx 4.34\gamma_P \quad \text{dB} \tag{2-11}$$

3. 说明

在实际工作中，常用 dB 表示信号电平，用 dBm 表示功率信号电平。

为统一测量方法，确定了一个规约的输入信号大小，也就是所谓的零电平。在电子学领域中，零电平一般定义为：在 600Ω 的纯电阻上耗散 1mW 的功率。按此定义电阻上的电压和流过的电流分别为

$$U_i = \sqrt{PR} = \sqrt{0.001\times 600} = 0.7746(\text{V})$$

$$I_i = \sqrt{\frac{P}{R}} = \sqrt{\frac{0.001}{600}} = 1.291(\text{mA})$$

作为输入基准值的 1mW、0.7746V、1.291mA 分别称为零电平功率、零电平电压和零电平电流（我国不采用电流电平测量基准），在微波和通信领域中广泛应用。

电压和电流信号引入零电平后的对数增益公式为

$$G_u = 20\lg\frac{U_0}{0.7746} \quad \text{dB} \tag{2-12}$$

功率信号引入零电平后的对数增益公式为

$$G_P = 10\lg\frac{P_0}{0.001} \quad \text{dBm} \tag{2-13}$$

我国现在使用的测量仪器也有取 1μW 为零电平的（如测量接收机），在这种情况下要特别注意。

【例 2-9】 测量某电压放大器的电压增益。当输入端电压 $U_i=1.2\text{mV}$ 时，测得输出电压 $U_o=6\text{V}$，若 U_i 的测量误差可忽略，U_o 的测量误差为 $\gamma_u=+3\%$，求放大器电压增益的绝对误差 ΔA，相对误差 γ_A 及分贝误差 γ_{dB}。

解　电压增益的测量值为

$$A_u = \frac{\hat{U}_o(\text{测量值})}{U_i} = \frac{6}{1.2 \times 10^{-3}} = 5000$$

电压增益的实际值为

$$A = \frac{U_o(\text{实际值})}{U_i} = \frac{\hat{U}_o - \gamma_u \hat{U}_o}{U_i} = \frac{\hat{U}_o(1-3\%)}{U_i} = A_u(1-3\%) = 4850$$

电压增益的绝对误差为

$$\Delta A = A_u - A = 5000 - 4850 = +150$$

电压增益的相对误差为

$$\gamma_A = \frac{\Delta A}{A} = \frac{+150}{4850} \approx +3.1\%$$

电压增益的分贝误差为

$$\gamma_{dB} = 20\lg(1+0.031) = 20\lg 1.031 = +0.27\text{dB}$$

（三）准确度

(1) 测量准确度：测量结果与被测量真值之间的一致程度。

(2) 测量仪器的准确度：测量仪器的响应接近真值的能力。

(3) 说明：根据上述定义，准确度是一个定性的概念。关于准确度这个术语在使用中的有关注意在后面作详细介绍。

（四）准确度等级

(1) 定义：符合一定的计量要求，使误差保持在规定极限以内的测量仪器的等别或级别。

(2) 说明：准确度等级以符号 C 表示时，意味着该仪器的相对误差或引用误差为 $C\%$。其中 $C=A10^N$、N 为整数；通常 A=1、(1.5)、2、(2.5)、5，括号内的数表示可用但不推荐。

（五）测量仪器误差

(1) 定义：测量仪器示值与对应输入量的约定真值之差。

(2) 说明：对于实物量具而言，该示值就是其标称值。

（六）测量仪器的最大允许误差

对于给定的测量仪器，规范、规程等允许的误差极限值，也称允许误差限。

（七）测量仪器的固有误差

在参考条件下确定的测量仪器误差。

（八）漂移

测量仪器计量特性的慢变化。

（九）偏移

(1) 定义：测量仪器示值的系统误差。

(2) 说明：通常用多次测量示值误差的平均值来估计。

（十）标称值

(1) 定义：测量仪器上标注的、表明其特性或指导其使用的量值。

(2) 说明：玻璃温度计、量块、量筒、固定标准电阻上的量值都是标称值，其通常为化整值。

（十一）偏差

计量器具的实际值与其标称值之差。

【例 2-10】 BZ3 型 100Ω 标准电阻在某一条件下的实际值为 100.0025Ω，求其偏差及相对偏差、误差及相对误差。

解 偏差＝100.0025－100＝＋0.0025（Ω）

相对偏差＝$+2.5\times10^{-5}$

误差＝100－100.0025＝－0.0025（Ω）

相对误差＝-2.5×10^{-5}

结论：具有标称值的器具的偏差与其误差符号相反。

（十二）显示装置的分辨力

（1）定义：显示装置能有效辨别的最小的示值差。

（2）说明：

1）对于数字装置，分辨力就是变化一个末位有效数字所对应的示值变化；

2）对于模拟式指示、记录装置，分辨力与人眼的分辨能力（0.2～0.3mm）和标尺的最小分度值有关；

3）分辨力与系统非线性有关。

（十三）测量仪器的重复性

（1）定义：在相同测量条件下，重复测量同一个被测量，测量仪器提供相近示值的能力。

（2）说明：

1）相同测量条件主要指人员相同、设备相同、方法相同、环境相同、程序相同；

2）重复性可用分散性指标——实验标准偏差定量描述；

3）重复测量过程中，该被测量必须足够稳定。

（十四）复现性

（1）定义：在改变了的测量条件下，同一被测量的测量结果之间的一致程度。

（2）说明：

1）改变了的测量条件主要指测量原理、测量方法、测量设备、测量人员、测量程序、测量环境的改变；

2）复现性可用分散性指标——实验标准偏差定量描述；

3）测量结果为修正系统误差后的结果；

4）给出复现性指标时，应说明改变测量条件的详细情况；

5）改变测量条件获得各测量结果过程中，如果被测量足够稳定，则得到了不同测量条件下的复现性指标；如果被测量发生变化，则得到的是总体复现性指标。

（十五）影响量

（1）定义：不是被测量但影响被测量值或测量仪器示值的量。

（2）说明：

1）测量长度时的环境温度；

2）测量交流电压时的频率。

第二节 测量误差的性质与基本规律

一、测量误差的来源

在测量过程中，误差产生的来源主要为以下几个方面。

（一）测量仪器（装置）

1. 标准量具误差

以固定形式复现标准量值的器具，如标准量块、标准线纹尺、标准砝码、标准电阻、标准电池、参考电压源等，它们本身体现的量值都不可避免地都含有误差。

2. 仪器误差

凡用来直接或间接将被测量和已知量进行比较的比较仪、仪器或仪表、器具设备、天平等都存在误差。

3. 附件误差

仪器仪表的附件会带来测量误差。

（二）环境条件

各种环境因素与规定的标准状态不一致时，会引起的测量装置和被测量本身的变化，从而产生误差。例如，由于温度、湿度、气压（引起空气各部分的扰动）、振动（外界条件及测量人员引起的振动）、照明（引起视差、光辐射）、重力加速度、电磁场等影响都会造成的误差。

通常仪器仪表在规定的正常工作条件所具有的误差称为基本误差，而超出此条件时所增加的误差称为附加误差。

（三）测量方法

由于测量方法不完善、测量所依据的理论不严密或对测量表达式做不适当简化等原因而造成的误差，称为方法误差，也称为理论误差。凡是在测量结果的表达式中没有得到反映（未建模），而在实际测量中又起作用的一些因素所引起的误差都会产生方法误差。例如测量设备的绝缘漏电、寄生电动势、引线与接触电阻的压降、平衡线路中的鉴别力阈、仪器在测量过程中吸收被测电路的功率等。

（四）人为因素

实验者的分辨能力、感觉器官的不完善和生理变化、反应速度和固有习惯以及一时疏忽等会造成误差。例如估计读数时始终偏大或偏小、记录信号时超前或滞后、视觉和听觉不完善的人员进行测量工作等。

目前，随着计算机技术和电子技术的飞速发展，自动测试系统正在逐步替代人在测量中的工作，人为因素造成误差的范围正在逐步缩小，但人在整个测量工作中仍然起到决定性的作用。

总之，在测量之前、过程中、测量之后都应对上述四个方面的误差来源予以充分考虑，进行全面的分析，以保证测量工作达到目标。在进行不确定度评定时，对各种误差因素应力求不重复、不遗漏，特别要注意对测量结果影响较大的那些误差因素。

【例 2-11】 图 2-1 和图 2-2 所示为两种测量直流稳压电源输出功率的方法，试分析不同测量方法可能产生的误差。

解 直流稳压电源输出功率为 $P_{out}=U_{AB}I$。

图 2-1 所示的方法符合定义，只有仪器误差（电压测量误差和电流测量误差）影响测量结果。

图 2-2 所示的方法中 $P_{out}=\frac{U_{AB}^2}{R}$，其中 R 应为 A 与 B 两端负载电阻，是标准电阻与导线电阻之和，电压测量误差和电阻误差影响输出功率的测量结果。如果未考虑引线电阻，则产生方法误差；如负载电阻确定不准，则产生仪器误差。

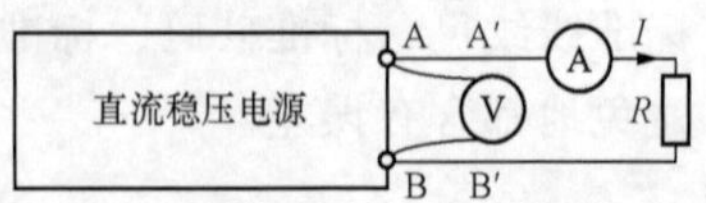

图 2-1 输出功率的测量方法一

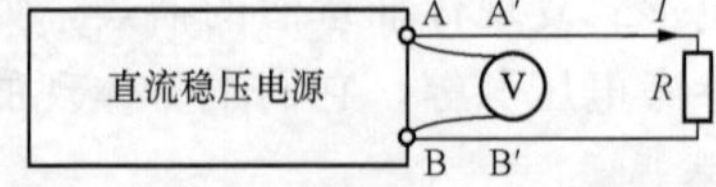

图 2-2 输出功率的测量方法二

上述两种方法在电压表输入阻抗有限或电压采样点不正确时（取自 A′B′），都将产生方法误差；电压表、电流表、标准电阻偏离规定使用条件时将产生附加误差。

【例 2-12】 试分析用平均值检波器测量交流电压有效值的方法误差。

解 当用平均值检波器测量交流电压有效值时，平均值检波器输出正比于被测正弦电压绝对值的平均值 $\overline{U}$，两者间理论上具有关系，即

$$U=\frac{\pi}{2\sqrt{2}}\overline{U}=K_F\overline{U}$$

式中 K_F——定度系数。

由于 $K_F=\frac{\pi}{2\sqrt{2}}\approx 1.1107207$，$\pi$ 和$\sqrt{2}$均为无理数，K_F 只能得到近似值，因此当用有效值定度时，通常取近似公式 $U\approx 1.11\overline{U}$ 表达测量结果。则 K_F 近似计算造成的方法（理论）绝对误差为

$$e_U=\left(1.11-\frac{\pi}{2\sqrt{2}}\right)\overline{U}\approx -0.0007207\overline{U}$$

方法（理论）相对误差为

$$\gamma_U=\frac{e_U}{\left(\frac{\pi}{2\sqrt{2}}\overline{U}\right)}\approx -0.065\%$$

二、测量误差的性质及其表达

大量的实验表明：无论实验仪器多么先进、实验过程多么周密、环境条件控制得多么好以及人员水平多么高，在实验系统可能测量到的范围内，每次测量结果都有可能不同，即测量数据存在着一定的分散性。

表 2-1 是用某种仪器对某电阻进行 15 次测量的结果。表中 R_i 为第 i 次测量值，$\bar{R}$ 为测量值的算术平均值，定义 $v_i=R_i-\bar{R}$ 为残余误差。为了更直观地考察测量值的分布规律，用图 2-3 表示测量结果的分布情况，图中小圆点代表各次测量值。

由表 2-1 和图 2-3，可以看出实验数据有以下几个特点：

（1）正的残余误差出现了 7 次，负的残余误差出现了 6 次，两者出现次数基本相等，正负误差出现的概率基本相等，即误差的具有对称性；

(2) 残余误差的绝对值分布于 (0，0.1)、(0.1，0.2)、(0.2，0.3)、(0.3，0.4)、(0.4，0.5) 几个区间，绝对值小的误差出现的概率大，绝对值大的误差出现的概率小，即具有单峰性；

(3) 所有残余误差的绝对值都没有超过某一界限，即具有有界性。

表 2-1　　电阻测量值及其残余误差分布

No	$R_i(\Omega)$	$v_i=R_i-R$	v_i^2	No	$R_i(\Omega)$	$v_i=R_i-R$	v_i^2
1	85.30	+0.09	0.0081	9	85.21	0.00	0.00
2	85.71	+0.50	0.25	10	84.97	−0.24	0.0576
3	84.70	−0.51	0.2601	11	85.19	−0.02	0.004
4	84.94	−0.27	0.0729	12	85.35	+0.14	0.0196
5	85.63	+0.42	0.1764	13	85.21	0.00	0.00
6	85.24	+0.03	0.0009	14	85.16	−0.05	0.0025
7	85.36	+0.15	0.0225	15	85.32	+0.11	0.0121
8	84.86	−0.35	0.1225	统计量	$\bar{R}=85.21$	$\sum v_i=0$	$\sum v_i^2=1.0163$

需要说明的是：在实际测量工作中，大多数测量数据符合上述特点，但也有不符合的情况。

数据产生的起伏和分散是众多影响因素联合作用的结果，主要包括以下几种因素：

(1) 测量仪器内部的元器件产生的噪声、接触不良、零部件配合的不稳定、摩擦等；

(2) 温度、湿度、气压及电源电压的波动、空间电磁干扰、地基振动等；

(3) 测量人员感觉器官的无规则变化而造成的读数不稳定等。

其中前两种因素为主要因素。

根据上述数据，人们自然会提出这样的问题：$\bar{R}$ 是什么？数据的分散性如何来度量？测量结果有多准确？我们将通过以下内容的学习回答这些问题。

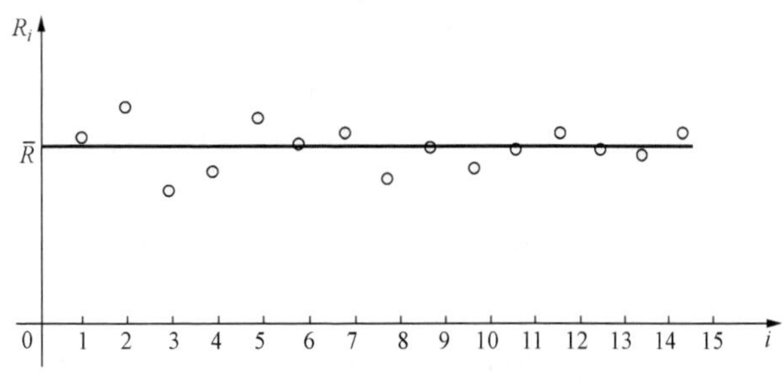

图 2-3　电阻测量值的分布情况

实际的测量结果 x 必然具有分散性，可以认为 x 是符合一定分布规律的随机变量。设 $E(x)$ 为测量结果 x 的数学期望值。根据误差定义式有

$$e = x - x_{\text{true}} = [x - E(x)] + [E(x) - x_{\text{true}}]$$

从而定义随机误差为

$$e_{\text{rand}} = [x - E(x)] \tag{2-14}$$

系统误差为

$$e_{\text{sys}} = [E(x) - x_{\text{true}}] \tag{2-15}$$

于是有

$$e = e_{\text{rand}} + e_{\text{sys}} \tag{2-16}$$

从而得出结论：测量误差＝随机误差＋系统误差，即测量误差由随机误差和系统误差构成。

（一）系统误差

（1）定义：对同一被测量进行无限多次重复测量所得结果的算术平均值与被测量真值的差，即

$$e_{\text{sys}} = E(x) - x_{\text{true}} = \lim_{n\to\infty}\frac{\sum_{i=1}^{n}x_i}{n} - x_{\text{true}} \tag{2-17}$$

（2）说明：

1）系统误差表示测量结果的数学期望对真值的偏离程度；

2）由于 x_{true} 不能确定以及 n 有限，往往得到系统误差的估计值；

3）系统误差可以修正，但由于修正值本身是估计值，不够完善，因此修正后的结果仍然具有一定的不确定度。

（二）随机误差

（1）定义：对同一被测量进行无限多次测量所得的每个单次测量结果与其算术平均值的差，即

$$e_{\text{rand}-i} = x_i - E(x) = x_i - \lim_{n\to\infty}\frac{\sum_{i=1}^{n}x_i}{n} \tag{2-18}$$

（2）说明：

1）随机误差表示测量结果 x_i 之间的分散程度；

2）由于 n 有限，获得的是测量数据样本，因此实际得到的是随机误差的估计值——残余误差；

3）测量数据的母体是符合一定的统计规律的随机变量，单个随机误差的大小和符号不可预估，因此随机误差不能修正，只能用统计量估计其限度。随机误差可以通过设计合理的测量方法、选择适当的测量仪器、构造针对性的测量算法来降低，但不可能完全消除，余下的部分应该估计其限度——重复测量的不确定度。

（三）粗大误差*

（1）定义：明显超出规定条件下预期值的某些测量值的误差。

（2）说明：

1）粗大误差也称疏失误差、寄生误差，对测量数据而言也称异常值，它的发生是一种明显不符合测量误差（数据）母体统计规律的事件；

2）根据式（2-16）可知，测量误差由系统误差和随机误差构成。通常这两种误差服从的规律与所采用的测量仪器或测量系统的质量以及外部条件有关。但是在具体的测量工作中，某一组测量数据中可能会存在包含有异常的数据，这些数据对统计期望值而言表现为较大的测量误差，其产生的原因主要是环境突发干扰、测量仪器有缺陷或使用不正确、人员读数错误以及被测对象的量值突然变化等。粗大误差可以采用一定的统计方法予以检验并剔除。规律性较强的粗大误差可能表现了测量仪器（系统）存在的问题或被测对象量值的变化规律，应仔细分析其产生的原因并重新考虑测量方法或测量系统的构成以降低或消除这种粗

大误差的影响。对于这类粗大误差的适当处理，可能会导致对被测对象的重新认识和测量仪器（系统）设计思想的变革。

根据前面对粗大误差的分析可知：规律性较强的粗大误差是可以被降低或消除的，而不符合测量数据母体统计规律的粗大误差是可以被统计检验并剔除的。因此对于粗大误差的研究内容主要是统计检验方法，而不同于系统误差和随机误差的研究内容。因此在我国的国家计量技术规范 JJF 1001—1998《通用计量术语及定义》和 JJF 1059—1999《测量不确定度评定与表示》中均取消了“粗大误差”这一术语，但保留了术语“异常值”的使用。JJF 1059—1999 中明确指出：异常值的剔除应通过对数据的适当检验进行（例如，按国家标准 GB 4883—1985《正态分布中异常值的判断和处理》）。

（四）残余误差（残差）

（1）定义：n 有限时随机误差的估计值，即

$$v_i = x_i - \frac{\sum_{i=1}^{n} x_i}{n} (n\text{ 有限}) \tag{2-19}$$

（2）说明：

残余误差具有一个数值特点，即

$$\sum_{i=1}^{n} v_i = 0 \tag{2-20}$$

证明如下：

因为

$$\sum_{i=1}^{n} v_i = \sum_{i=1}^{n} x_i - \sum_{i=1}^{n} \bar{x}$$

当 n 有限时，对于一个特定的测量（序）列 $\{x_i\}$，有

$$\sum_{i=1}^{n} v_i = \sum_{i=1}^{n} x_i - \sum_{i=1}^{n} \left(\frac{\sum_{i=1}^{n} x_i}{n} \right) = \sum_{i=1}^{n} x_i - n \frac{\sum_{i=1}^{n} x_i}{n} = 0$$

式（2-20）可以作为非程序计算时的核算依据。

【例 2-13】 试分析图 2-4 所示的恒定输入偏移量 B 及仪器增益 k 对仪器系统误差估计值和随机误差估计值的影响。其中 x 为被测量的实际值、x_d 为仪表的显示值、i 为重复测量的序号。

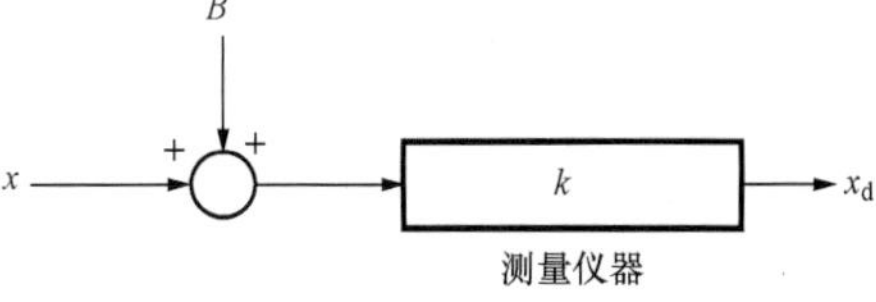

图 2-4 测量仪器结构示意图

解 设仪器显示值与被测量之间的增益为 k，则有 $x_d = k(x+B)$。

（1）仪器（显示值）的系统误差估计值为

$$e_{sys} = \frac{\sum_{i=1}^{n} x_{d-i}}{n} - x = \frac{\sum_{i=1}^{n} k(x+B)}{n} - x = \left(k\frac{\sum_{i=1}^{n} x}{n} - x \right) + kB$$

若在 n 次测量过程中被测量 x 不变，则上式变为

$$e_{sys}=\left(k\frac{\sum_{i=1}^{n}}{n}-x\right)+kB=(k-1)x+kB \tag{2-21}$$

式（2-21）表明了仪器增益 k 与等效输入偏移 B 对仪器的系统误差估计值的影响。

说明：

1）仪器设计的目标是 $k=1$，但实际上只能在一定的误差范围内实现，由于 k 引入的系统误差称为增益误差，可以通过硬件调整和软件修正以减小 k 的影响。

2）B 作为混入仪器输入端中的非被测信号（一种是实际混入的，另一种是仪器产生的等效输入），完全体现到系统误差中。为了减小 B 的影响，通常根据 x 与 B 的信号特征，在测量仪器前端设置一种能保留 x 而削弱 B 的环节（如滤波器或采用某种测量方法）。

3）理想的测量仪器的系统误差应该为 0。显然通过提高测量次数 n 无法消除 B 与 k 的影响，或者说均值算法无法消除恒定量误差因素的影响。研究系统误差的补偿方法是仪器设计的重要内容。

（2）仪器（显示值）的随机误差估计值为

$$e_{rand \cdot i}=x_{d \cdot i}-\frac{\sum_{i=1}^{n}x_{d \cdot i}}{n}=k(x+B)-\frac{\sum_{i=1}^{n}k(x+B)}{n}$$

$$=k\left(x-\frac{\sum_{i=1}^{n}x}{n}\right) \tag{2-22}$$

若在 n 次测量过程中被测量 x 不变，则由式（2-22）可知 $e_{rand \cdot i}=0$。

（五）实验标准偏差

（1）定义：对同一被测量做多次（n 有限）测量、表征测量结果分散性的量。

（2）说明：该分散性定量描述指标用著名的贝塞尔公式计算，即

$$S(x_i)=\sqrt{\frac{\sum_{i=1}^{n}(x_i-\bar{x})^2}{n-1}} \tag{2-23}$$

$$S(\bar{x})=\frac{S(x_i)}{\sqrt{n}} \tag{2-24}$$

$$\bar{x}=\frac{\sum_{i=1}^{n}x_i}{n} \tag{2-25}$$

式中 n——有限的测量次数；

x_i——被测量 x 的第 i 次测量值；

$\bar{x}$——x_i 的算术平均值；

$S(x_i)$、$S(\bar{x})$——测量数据的分散性度量指标，分别称为单个测量值（列）的实验标准偏差和测量列算术平均值的实验标准偏差；当 n 有限时，$S(x_i)$、$S(\bar{x})$ 本身也为随机变量，即不同的测量列之间的 $S(x_i)$ 或 $S(\bar{x})$ 存在着分散性。

（六）修正值

（1）定义：用代数法与未修正测量结果相加，以补偿其系统误差的值。

（2）定义式为

$$C + x = x_{\text{con}\cdot\text{true}} \tag{2-26}$$

（3）说明：

1）在确定某一修正值 C 的过程中使用约定真值及 n 有限时，得到的修正值为估计值，即修正值的估计值＝约定真值－测量平均值＝－系统误差估计值；

2）前已述及，系统误差可以采用一些特殊的方法补偿或用修正值予以修正，但由于补偿方法的不完善和修正值本身的不确定度，补偿和修正后的测量结果的误差的模可能变得很小甚至为 0，但是修正后的测量结果仍然具有一定的不确定度，应采用不确定度的评定方法予以估值。

下面的内容说明了修正值的获得和使用的过程。

图 2-5 所示为用标准源法获得仪器修正值过程（仪器的校准）的示意图。图中，$x_{\text{con}\cdot\text{true}}$为标准源输出值（约定真值），$x$ 为仪器显示值，二者之间的理论传递系数为 1。显示值的修正值 $C=\overline{x}_{\text{con}\cdot\text{true}-i}-\overline{x}_i$，$i$ 为重复校准的次数。显然标准值和测量值（显示值）的随机起伏以及标准值的不确定度都将使修正值 C 产生校准不确定度。

假设该仪器在量程内的显示修正值均为 C，该仪器经校准后在其他场合测量其他被测量 y 时（见图 2-6），可用测量结果（被测量最佳估计值）＝显示值＋显示修正值来表达被测量，即

$$\hat{y} = y_{\text{disp}} + C$$

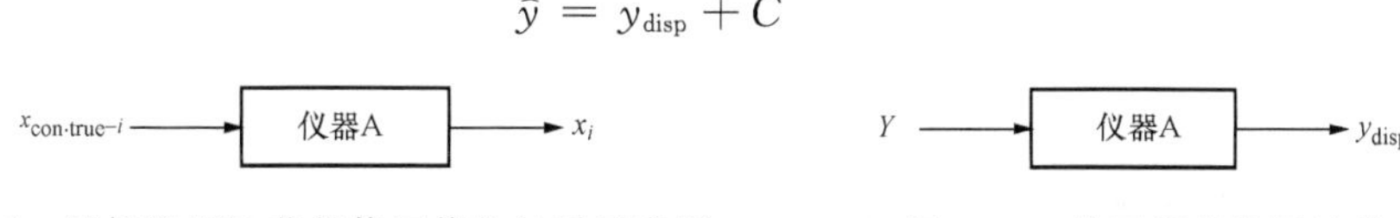

图 2-5　用标准源法获得修正值的过程示意图　　图 2-6　修正值的使用过程

其中，$\hat{y}$ 为被测量 Y 的“最佳估计值”，但 Y 未知。由于 C 在使用时的条件可能偏离获得时的条件，严格地说，使用时的修正值已经不是 C 了，因此又引出了一个必须回答的问题：$\hat{y}$ 到底有多准？由于被测量的真值 Y 无法知道，因此不能计算真误差 $\hat{y}-Y$ 的值，那么至少应该知道真误差 $\hat{y}-Y$ 的应该处于什么范围，否则就确定不了测量结果的质量。

（七）测量不确定度

（1）定义：与测量结果相关联、表征被测量合理赋值之分散性的参数。

（2）定义式为

$$|\hat{y} - Y| \leqslant U_{\text{P}}(\hat{y}) \tag{2-27}$$

也可以理解为

$$Y = \ddot{y} \pm U_{\text{P}}(\hat{y}) \tag{2-28}$$

（3）说明：

1）$\hat{y}$ 为测量结果的最佳估计值；

2）Y 为被测量真值（未知）；

3）$U_{\text{P}}(\hat{y})$ 为测量结果 $\hat{y}$ 在一定置信概率意义下的不确定度，是测量结果 $\hat{y}$ 的质量指标，它是一个正值，不确定度是测量结果的质量指标；

4）通常置信概率取值为 95％、99％、99.73％；

5）如果不作特殊说明，测量仪器的最大允许误差（允许误差限）对应的置信概率应为100%。

三、其他术语说明

在以往的教材和一些专业书籍中，大量地使用了以下几个术语：精度、精确度、精密度、正确度、准确度。由于对这些概念的理解和认识上的差异，在具体的应用场合存在着一定的混乱现象。以下根据最新的国家计量技术规范的有关规定，对上述有关术语给予解释。在最新的国家计量技术规范中已经不再规定以下术语，希望引起注意。

（一）有关定义

1. 测量精密度（精度）

（1）定义：表示测量结果中随机误差大小的程度。

（2）说明：

1）精密度是指在规定条件下对被测量进行多次测量时，测量结果之间的符合程度。

2）精密度可简称为精度。

2. 测量正确度

（1）定义：表示测量结果中系统误差大小的程度。

（2）说明：正确度反映了在规定条件下，测量结果中所有系统误差的综合。理论上对已定系统误差可用修正值来消除，对未定系统误差可用不确定度来估计。

3. 测量准确度（精确度）

（1）定义：测量结果与被测量真值之间的一致程度。

（2）说明：

1）准确度反映了测量结果中系统误差与随机误差的综合。

2）准确度又称精确度。

（二）关于有某些术语的若干解释

在最新的国家计量技术规范中，取消了精密度（精度）和正确度两个概念，对准确度给出了新的解释并取消了精确度这个等价概念，明确地指出不确定度是评价测量结果和测量仪器误差性能的质量指标。

1. 取消精密度（精度）的原因

（1）根据精密度的定义和解释，它与重复性相同。而重复性是可以用实验标准偏差来定量描述，因此该名词不必单独列出。

（2）精密度、精度及精确度作为汉语名词，重复部分较多，易混淆。

2. 取消正确度的原因

根据正确度的定义和解释，已定系统误差估计值通过修正值被修正了，而未定系统误差以不确定度描述，即未定系统误差的本质为随机变量，是已定系统误差估计值的不确定度。用不确定度统一描述既可，因此该名词不必单独列出。

3. 对准确度使用的限定

（1）准确度与不确定度是含义相反的两个概念，不确定度具有误差的属性，用不确定度表达被测量 $Y=\hat{y}\pm U_{P}(\hat{y})$ 更加直观、清晰，而根据定义，准确度是一个定性概念。

（2）仪器的准确度可用其相应的准确度等级表示。可以用准确度高低、准确度为0.25级、准确度为3等、准确度符合某某标准的要求等字眼说明准确度，尽量不使用准确度为

0.25%、准确度为16mg、准确度为±16mg、准确度≤16mg等量化表示方法。

四、系统误差的基本规律与修正

实际的测量数据既包含随机误差，又包含系统误差。由于在某些情况下，系统误差数值比随机误差数值大得多且辨识和处理的方法也比较复杂，因此只有充分重视系统误差的特征、规律及修正（补偿）方法的研究，才能获得最佳的测量结果，才能研制出高质量的测量仪器。另外，只有将测量数据中的显著系统误差消除后，对随机误差的数学处理才有意义。

（一）产生系统误差的影响因素

1. 环境的影响

由于各种环境影响因素与要求的标准状态不一致、其在空间上的存在梯度、其随时间的变化而引起的测量仪器（装置）对被测量响应产生变化。这些因素和与温度、湿度、气压、电路结构、电磁场影响、照明、野外工作时的风效应、阳光照射和辐射、透明度、空气含尘量等都有关。

2. 仪器自身的原因

测量仪器（装置）本身的设计缺陷（结构、工艺）、校准与调整方法、磨损以及老化等影响因素所引起的误差。

3. 方法（理论）存在缺陷

测量方法或理论不完善引起的误差（如静态设计和动态使用、测量方程不完善等）。

4. 人员操作、读数的习惯

计量人员生理差异和技术不熟练引起的误差。

（二）系统误差的基本规律

系统误差按其呈现的特征可以分为定值系统误差和变值系统误差。而变值系统误差又可分为累积系统误差、周期性系统误差和按复杂规律变化的系统误差。

1. 定值系统误差

在测量过程中大小和符号始终不变的误差称为定值系统误差。

例如，某量块的标称尺寸为10.000mm，实际尺寸为10.001mm，误差为−0.001mm，若按标称尺寸使用，则始终存在−0.001mm的系统误差。

2. 累积系统误差

在测量过程中按一定速率逐渐增大或减小的误差，通常称为累积系统误差。

例如，刻度值为1mm的标准刻度尺，由于存在刻划（分度）误差ΔL，每一刻度间实际距离为$(1+\Delta L)$mm，用该尺测量一长度为L的物体，读数为n，则L的实际值为$L=n(1+\Delta L)$，读数误差$e=n\times1-L=-n\times\Delta L$。显然，$e$是随读数$n$（测量值）的大小而变化的线性系统误差。

3. 周期性系统误差

在测量过程中周期性变化的误差称为周期性系统误差。

例如，由于安装问题，使指针式仪表实际的指针中心偏离了仪表刻度盘的中心，则会出现周期性变化的指示误差。如图2-7所示，指针的实际转动中心O'沿水平方向偏离刻度盘中心O的距离为L，则实际指针与水平线的夹角为ϕ。由于L很小，可以用两平行线间的直线距离代替指针端部的弧长，若刻度盘是按理想圆心均匀刻度的，则可以得到指针的指示误

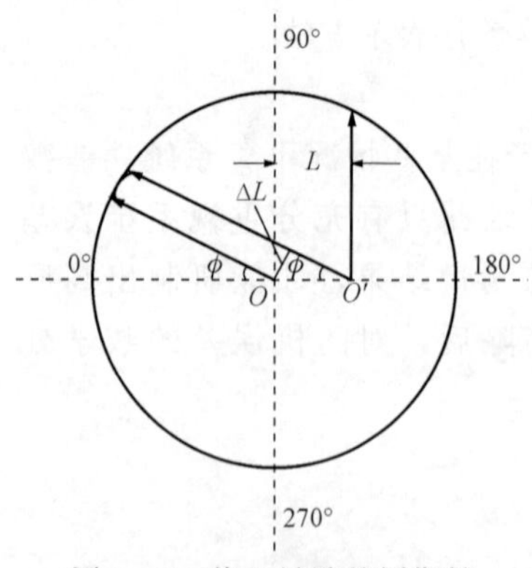

图 2-7 偏心导致的周期性误差示意图

差 ΔL 与夹角 ϕ 之间的关系 $\Delta L = L\sin\phi$。从而可知，指针在（0°，180°）范围转动时，指示误差为正；指针在（180°，0°）范围转动时，指示误差为负；在 90°和 270°点处的指示误差最大，分别为 $\pm L$；在 0°和 180°点处的指示误差最小，分别为 0。

4. 按复杂规律变化的系统误差

按复杂规律变化的系统误差是指在测量过程中按复杂规律变化的误差，一般可用曲线或公式表示。

例如，晶体振荡器频率的长期漂移近似服从对数规律，若不考虑这种漂移，就会带来按对数规律变化的系统误差。

（三）系统误差的抵消与修正

根据前面所讲的产生系统误差的原因和系统误差的一些基本规律，可以得出一些抵消或修正系统误差的基本方法。系统误差的抵消或修正方法应该在仪器设计阶段和测量工作开始前就予以充分的重视并开展研究，以保证设计目标和测量目标的实现。

总的来说，有三种方法可用于使系统误差减小：

（1）测量前尽可能消除导致系统误差的来源。

（2）建立误差模型，修正系统误差。通过实验或其他方法建立系统误差的与相应影响量之间的数学模型，根据实际影响量的值计算出合理的修正值，加到测量结果上，从而使修正后的测量结果更加接近真值。由于计算机技术的发展，这种方法获得了广泛的应用。

（3）在测量过程中采用合适的测量方法，使系统误差被抵消而不带到测量结果中。人们在长期的科学实验中，总结了很多行之有效的测量方法来试图消除或减小系统误差，如替代法、反向补偿法、交换法（对置法）、等间隔对称法、半周期法、微差法等。

1. 定值系统误差的抵消方法

（1）替代法。替代法最直观的例子就是利用精密天平称重。在电子测量中也大量采用替代法，例如用电桥测量电阻、电感、电容及用直流替代交流的方法准确地测量高频电压等。

1）替代法的应用之一——用等臂天平精密测量物体质量。

设待测物体的质量为 x，当天平达到平衡时所加标准砝码的质量为 Q，天平的两臂长度分别为 L_1 和 L_2。根据力矩平衡原理，当天平达到平衡时有

$$x = \frac{L_2}{L_1}Q \tag{2-29}$$

用等臂天平做一般称量时，如果天平处于正常工作状态，可以认为 $L_1 = L_2$，因而有 $x = Q$。这种测量方法通常称为直接读数。

实际在制造天平时，很难保证天平的两臂长度相等，即 $L_1 \neq L_2$（微小差异），所以对于精密的测量，如果还像直接读数那样，认为所加砝码质量即为物体的质量，这样就因天平臂长不等而造成系统误差为

$$e_L = \left(1 - \frac{L_2}{L_1}\right)Q$$

为了消除因天平臂长不等而产生的系统误差，常采用替代法测量。

首先为保证天平平衡，用质量为 Q 的替代物与物体质量 x 平衡，则有式（2-29）成立；然后取下被测物体，用已知量值的标准砝码 P 代替 x，不断地调整 P 的值，使天平仍达到平衡，则有

$$P = \frac{L_2}{L_1}Q \tag{2-30}$$

比较式（2-29）与式（2-30）可知，$x=P$。显然，测量结果中不含有天平臂长的影响。

这种消除系统误差的方法最早就是应用在称重上，称作沃尔德称重法。

2）替代法的应用之二——用电桥采用替代法测量电阻。

如图 2-8 所示电路，电桥平衡时，检流计 G 指示为零，由 $U_{BD}=U_{CD}$，可得

$$R_x = \frac{R_3}{R_2}R_1 \tag{2-31}$$

由式（2-31）可以看出，任意 3 个桥臂电阻的误差都会对测量结果产生有影响。如果采用替代法，则可以避免这种影响。

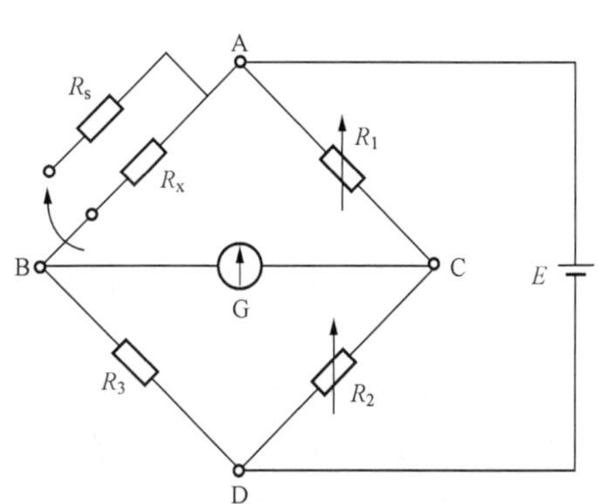

图 2-8　替代法测量电阻示意图

接入被测电阻 R_x 并调节桥臂电阻使桥路平衡后，保持各可调元件 R_1、R_2、R_3 不动；然后在 R_x 位置换上标准可调电阻 R_s，不断调节 R_s 的大小，使电桥又恢复平衡，则有

$$R_s = \frac{R_3}{R_2}R_1 \tag{2-32}$$

比较式（2-31）和式（2-32）可得到 $R_x=R_s$。

显然，测量结果 R_x 与 R_1、R_2、R_3 的误差无关，只要检流计有足够高的灵敏度和各电阻在测量过程中保持稳定不变即可。

（2）反向补偿法（异号法）。这种方法要求对被测量要进行两次适当的测量，通过取两次测量结果的平均值作为最终测量结果，从而达到消除系统误差的目的。

1）反向补偿法的应用之一——消除寄生热电动势带来的测量电阻时的系统误差。

在电学测量中，为了测量一未知电阻值 R_x，可将待测电阻 R_x 与一已知阻值的标准电阻 R_s 串联后通以激励电流，用电位差计或高输入阻抗电压表分别测出两电阻上的电压 U_x、U_s。在理想情况下有

$$R_x - \frac{U_x}{U_s}R_s$$

在测量回路中，由于导线之间材料的差异和接点温度的差异等因素，在电压引线的接点处将产生寄生热电动势。这种寄生热电动势会使电压测量结果产生误差，从而影响电阻测量结果。为了消除它们对测量造成的影响，可以改变电流方向进行两次测量。

第一次给正向电流 I 时测得的电压降为 U_{x1}、U_{s1}，在两个电压端上的寄生热电动势分别为 E_x、E_s，且满足

$$U_{x1} = IR_x + E_x$$

$$U_{s1}=IR_s+E_s$$

如果不做下面的第二次测量，则有

$$R_x=\frac{U_{x1}-E_x}{U_{s1}-E_s}R_s$$

显然，测量结果受 E_x 和 E_s 的影响，将产生系统误差。

第二次给反向电流 $-I$ 时测得的电压降为 U_{x2}、U_{s2}，且满足

$$U_{x2}=-IR_x+E_x$$
$$U_{s2}=-IR_s+E_s$$

取 $\overline{U}_x=\frac{1}{2}[U_{x1}+(-U_{x2})]$，$\overline{U}_s=\frac{1}{2}[U_{s1}+(-U_{s2})]$，则有

$$\overline{U}_x=IR_x$$
$$\overline{U}_s=IR_s$$

从而有

$$R_x=\frac{\overline{U}_x}{\overline{U}_s}R_s$$

在 U_x 和 U_s 中不包含 E_x 和 E_s，从而消除了寄生热电动势对测量所造成的影响。

2）反向补偿法的应用之二——消除测微仪空行程造成的系统误差。

由于测微仪机械传动机构的特点，在旋转其螺旋套筒时，刻度变化而量杆不动，由于测微仪是接触式原理，因此这样的测量结果必然存在系统误差。

为了消除这一系统误差，采用双向对线法。设被测物体的实际尺寸为 a，空行程造成的系统误差为 e_a。

顺时针旋转套筒至测量端与被测物体表面良好接触为止，测微仪标尺读数为 d，则有

$$d=a+e_a$$

然后微量逆时针旋转，仍保持测量端与被测物体表面同样的良好接触，此时测微仪标尺读数为 d'，则有

$$d'=a-e_a$$

从而有

$$D=\frac{1}{2}(d+d')=a$$

其中，测量结果 D 中不包含空行程的影响，为实际值 a。

（3）交换法（对置法）。

将测量中的某些条件（如被测物的位置等）相互交换，导致误差因素作用相反而消除系统误差的方法被称为交换法。

交换法应用最典型的例子是用于消除天平不等臂因素引起的恒定系统误差。

设待测物体的质量为 x，当天平达到平衡时所加标准砝码的质量为 Q，天平的两臂长度分别为 L_1 和 L_2。根据力矩平衡原理，当天平达到平衡时有

$$x=\frac{L_2}{L_1}Q \tag{2-33}$$

交换 x 和 Q 的位置，由于 $L_1\neq L_2$，为使天平平衡，调整 Q 的值为 Q'，这时有

$$x=\frac{L_1}{L_2}Q' \tag{2-34}$$

式（2-33）、式（2-34）两式相乘后得到

$$x = \sqrt{QQ'} \tag{2-35}$$

由于 x 与 L_1 和 L_2 无关，只与标准砝码值 Q 和 Q' 有关，因此按式（2-35）得到的测量结果 x 不包含天平力臂的影响，即消除了由于天平不等臂而造成的系统误差。

将式（2-33）和式（2-34）相除得到

$$\frac{L_2}{L_1} = \sqrt{\frac{Q'}{Q}} \tag{2-36}$$

根据式（2-36）可得到天平的力臂比，为准确的单次测量提供了可靠数据。

当 Q 和 Q' 相差不大，即两个力臂相差不大时，将式（2-35）在（Q_0，Q_0）处做一阶近似展开后有近似公式，即

$$x \approx \frac{1}{2}(Q + Q') \tag{2-37}$$

这种方法最早在天平称重中应用，称为高斯称量法。

2. 变值系统误差的抵消方法

（1）等间隔对称测量法。如果测量结果的系统误差为某量（如时间）的线性函数，若等间隔依次测量数次（最少 3 次），则其中任何两个对称测量点的误差的平均值都等于该两个测量点的中点对应的误差。利用这一对称性便可将（线性）累积系统误差消除。在一切有条件的场合均宜采用等间隔对称测量法降低或消除系统误差。

如图 2-9 所示，某影响量 x 与时间具有线性关系，采用等间隔测量有

$$\begin{cases} \dfrac{x_1 + x_5}{2} = \dfrac{x_2 + x_4}{2} = x_3 \\ \dfrac{x_1 + x_3}{2} = x_2 \\ \dfrac{x_3 + x_5}{2} = x_4 \end{cases} \tag{2-38}$$

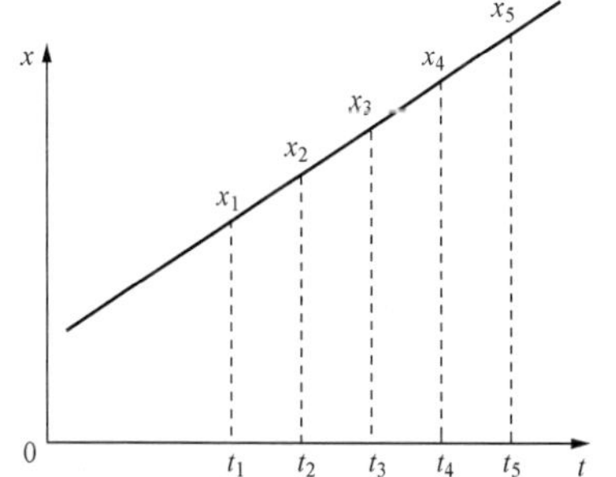

图 2-9　累积性系统误差示意图

证明：设 $x=kt+b$，则有

$$x_1 = kt_1 + b,\ x_2 = kt_2 + b,\ x_3 = kt_3 + b$$

$$x_4 = kt_4 + b,\ x_5 = kt_4 + b$$

从而有

$$\frac{x_1 + x_3}{2} = \frac{kt_1 + b + kt_3 + b}{2} = k\frac{t_1 + t_3}{2} + b \xrightarrow{\text{等间隔}\Delta T} k\frac{t_2 - \Delta T + t_2 + \Delta T}{2} + b = x_2$$

同理可证式（2-38）中其他公式。

1）等间隔对称测量法的应用之一——用直流电位差计测量电压。

直流电位差计是采用测量电阻 R_x 上的电压补偿被测电压 E_x 原理的一种实验室精密测量仪器，所采用的方法通常称为补偿法。直流电位差计可直接测量电压，也可通过其他电路测量电流和电阻，其原理如图 2-10 所示。

直流电位差计的测量过程主要分两部分，一是根据电池温度按照规定的电动势—温度关系 $E(t) = f[E(20℃), t]$ 调整调定电阻 R_n（用电压刻度）为实际值，然后将开关 S 置向标准回路，调整工作电流调整电阻 R_P，使检流计示值为 0，这一步骤通常称为电流标准化；二

是将开关S置向测量回路，调整工作电流测量电阻 R_x，使检流计示值为0，这一步骤通常称为补偿测量。如果调整 R_x 的过程中工作电流 I 不变，则有

$$E_x = \frac{E_n}{R_n} \cdot R_x \tag{2-39}$$

根据式（2-39）可知直流电位差计是一种通过准确调整工作电流而实现的电压补偿测量，也可以认为是一种电压比例仪器。

直流电位差计在使用过程中，若采用电池组供电（干扰和噪声小），则由于供电电池组的逐步放电使供电电压下降，从而导致在电流标准化和程序结束后工作电流随时间逐步减小。在被测电压 E_x 不变的情况下，必须增加测量测量电阻 R_x 的值（非线性增加）才能完成平衡测量，这相当于测量盘示值增加，时间越长，示值增加越多。实践证明：在一定时间内电池放电导致的工作电流 I 随时间线性变化规律如图2-11所示。

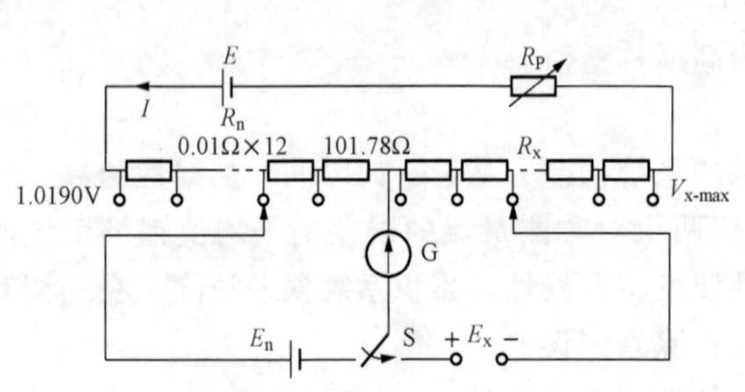

图2-10 直流电位差计原理示意图

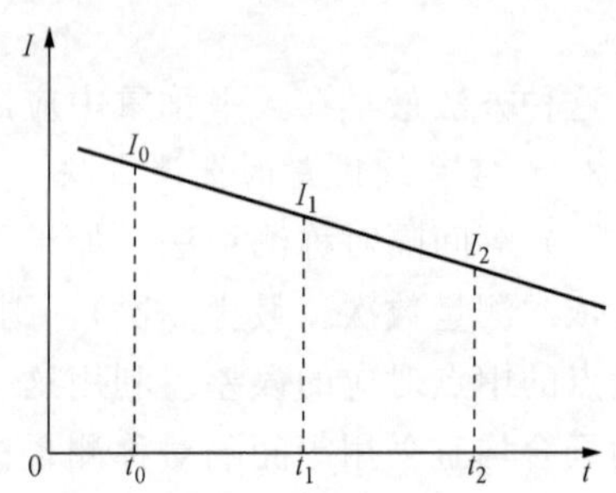

图2-11 工作电流变化规律

首先在 t_0 时刻完成电流标准化步骤后有

$$\frac{E_n}{R_n} = I_0 \tag{2-40}$$

在 t_1 时刻平衡被测量电压 E_x 有

$$\frac{E_x}{R_{x1}} = I_1 \tag{2-41}$$

在 t_2 时刻平衡被测量电压 E_x 有

$$\frac{E_x}{R_{x2}} = I_2 \tag{2-42}$$

如果每次测量的时间间隔相等，则有

$$I_1 = \frac{I_0 + I_2}{2}$$

从而有

$$2\frac{E_x}{R_{x1}} - \frac{E_x}{R_{x2}} = \frac{E_n}{R_n}$$

$$E_x = \frac{E_n}{R_n} \frac{R_{x1}R_{x2}}{2R_{x2} - R_{x1}} \tag{2-43}$$

由于直流电位差计的测量盘是以电压刻度的，若不考虑示值分度误差，设二次测量盘读数分别为 E_{x1}、E_{x2}，根据式（2-43）可得

$$E_x = \frac{E_{x1}E_{x2}}{2E_{x2} - E_{x1}} \tag{2-44}$$

式（2-44）为在理论上消除了由于工作电流线性降低而产生系统误差的电压测量公式。

2）等间隔对称测量法的应用之二——用直流电位差计或数字式电压表测量电阻。

用直流电位差计或数字式电压表（DVM）测量电阻的示意图如图2-12所示。

为简化问题，假设测量仪器没有漂移，测量电流 I 随时间线性变化。理论上这种测量电阻的方法由两步测量完成。

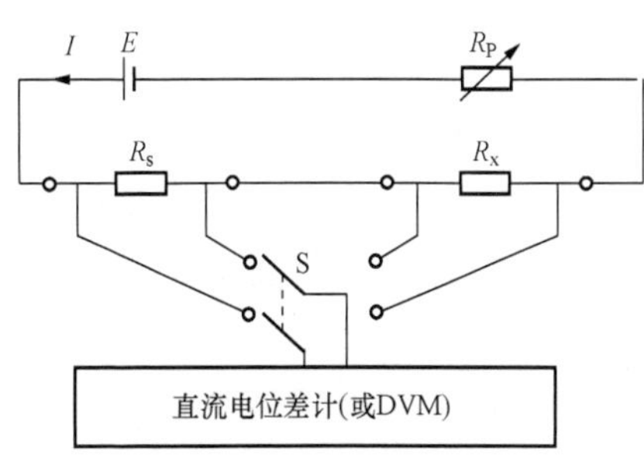

图2-12　直流电位差计或数字式电压表测量电阻示意图

首先测量标准电阻 R_s 上的电压 $U_s = I_0 R_s$，然后测量被测电阻上的电压 $U_x = I_1 R_x$，如果二次测量过程中工作电流不变，即 $I_0 = I_1$ 时，则测量结果为

$$R_x = \frac{U_x}{U_s} R_s \tag{2-45}$$

当工作电流按图2-11所示规律变化时，分别获得电压测量值 U_s 和 U_x，则有

$$R_x = \frac{U_x}{U_s} \frac{I_0}{I_1} R_s \tag{2-46}$$

由于 I_0 与 I_1 未知，无法按式（2-46）得到测量结果，此时若不考虑测量电流变化的影响而直接引用式（2-45）时，则产生测量误差。

电阻测量结果的绝对误差为

$$e = \frac{U_x}{U_s} R_s - \frac{U_x}{U_s} \frac{I_0}{I_1} R_s = \left(1 - \frac{I_0}{I_1}\right) \frac{U_x}{U_s} R_s \tag{2-47}$$

电阻测量结果的相对误差与测量电流变化的相对值相等，即

$$r_R = \left(1 - \frac{I_0}{I_1}\right) = \frac{I_1 - I_0}{I_1} = r_I \tag{2-48}$$

为了消除上述系统误差，采用等时距对称测量法。

首先在 t_0 时刻完成对标准电阻 R_x 电压的测量，有

$$U_{s0} = I_0 R_s$$

然后在 t_1 时刻完成对被测电阻 R_x 电压的测量，有

$$U_{x1} = I_1 R_x$$

在 t_2 时刻再次完成对标准电阻 R_s 电压的测量，有

$$U_{s2} = I_2 R_s$$

如果每次测量的时间间隔相等，则有

$$I_1 = \frac{I_0 + I_2}{2}$$

从而有

$$R_x = \frac{2U_{x1}}{U_{s0} + U_{s2}} R_s = \frac{U_{x1}}{\frac{1}{2}(U_{s0} + U_{s2})} R_s \tag{2-49}$$

式（2-49）为在理论上消除了由于测量电流 I 降低而产生线性系统误差的电阻测量公式。

（2）半周期偶数测量法（半周期法）。对比较规则的周期性变化的系统误差，可以表

示为

$$y = A\sin\left(\frac{2\pi}{T}x\right)$$

式中 A——系统误差的幅值，也是系统误差的最大值；

T——系统误差的变化周期；

x——决定周期性系统误差的自变量，比如时间、仪表可动部分的转角等。

如果测量过程中，在每个周期内获得两个测量值，使这两个测量值之间的相位差为180°，则这两个测量值的平均值不含有周期性系统误差。

设对被测量 Y_0 的测量过程中，混入了周期性系统误差 $A\sin\left(\frac{2\pi}{T}t\right)$，则实际获得的时域测量值为 $y(t) = Y_0 + A\sin\left(\frac{2\pi}{T}t\right)$。

若在 t_0 时刻获得测量值 $y(t_0)$，通过同步措施，又获得了第二个测量值 $y\left(t_0 + \frac{T}{2}\right)$，则有

$$\frac{1}{2}\left[y(t_0) + y\left(t_0 + \frac{T}{2}\right)\right] = \frac{1}{2}\left\{Y_0 + A\sin\left(\frac{2\pi}{T}t_0\right) + Y_0 + A\sin\left[\frac{2\pi}{T}\left(t_0 + \frac{T}{2}\right)\right]\right\} = Y_0$$

下面举例说明半周期法的应用——仪表指针偏心造成的周期性系统误差的消除。

如图 2-7 所示，若仪表指针的实际转动中心与度盘刻度中心不重合，转动中心沿水平方向向右偏移的距离为 L，则周期性系统误差 $\Delta L = L\sin\phi$。

设仪表度盘的刻度均匀，并具有外围参考度盘，输入的被测量为 A_0、分度值为 K。在正常工作状态仪表示值为 A_1，则 $A_1 = A_0 + \Delta LK = A_0 + KL\sin\phi$。为创造周期性系统误差反号的条件，参照外围参考度盘将仪表度盘旋转 180°，则转动中心变成向左偏移的距离为 L，由于偏心的影响，仪表示值为 A_2。根据前面分析的结果，在 A_0 不变时有 $A_1 > A_2$，且有 $A_2 = A_0 - \Delta LK = A_0 - KL\sin\phi$。从而二次测量结果的平均值即为被测量量值，即 $A_0 = \frac{1}{2}(A_1 + A_2)$。

3. 其他特殊测量方法

（1）抵消测量法。这是一种用标准量替代标准量与被测量组合值，进而消除系统误差的方法。利用谐振原理测量高频小电容的原理图如图 2-13 所示。图中 L_s 为标准电感、C_d 为标准电感的分布电容、C_s 为标准电容、C_x 为被测电容，信号源频率为 ω。调整 C_s 可以使 LC 回路产生谐振，谐振时幅值电压表示值达到最大。

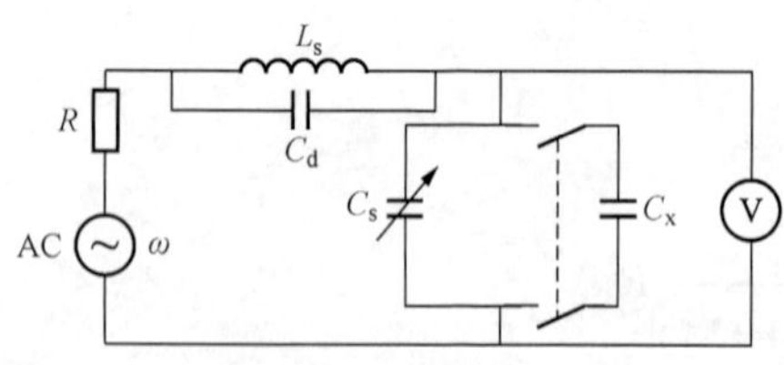

图 2-13 谐振原理测量高频小电容的原理图

由于标准可变电感难于制造，因此用标准线圈产生固定电感 L_s，用标准可变电容 C_s 进行调谐。由于标准线圈存在分布电容 C_d，因此测量结果产生系统误差。

若只用 C_s 进行调谐，当幅值电压表示值达到最大时，$C_s = C_{s1}$，有

$$\mathrm{j}\frac{\omega L_s}{1 - \omega^2 L_s C_d} + \frac{1}{\mathrm{j}\omega C_{s1}} = 0$$

即

$$\omega^2 L_s (C_{s1} + C_d) = 1 \tag{2-50}$$

将 C_x 与 C_s 并联，则电压表示值降低，重新调整 C_s 值使电压表示值达到最大，$C_s = C_{s2}$，有

$$\omega^2 L_s (C_{s2} + C_x + C_d) = 1 \tag{2-51}$$

根据式（2-50）和式（2-51）有

$$C_x = C_{s1} - C_{s2} \tag{2-52}$$

式（2-52）即为不包含分布电容 C_d 影响的测量结果。

（2）微差测量法。在使用天平测量质量及使用平衡电桥测量电阻时，使用的是零位测量法（零示法），该方法的特点是只需指零仪灵敏度足够和低噪声即可，对其线性误差几乎没有要求。但是在测量过程中要仔细调节标准量 S 使之与未知量 x 相等，这通常很费时间，有时甚至不可能做到（需要标准量 S 具有足够小的步进值和足够大的变化范围）。

微差测量法是一种不完全的零位测量法，不要求 $s=x$，只要 $d=x-s$ 足够小，即可利用小范围、高分辨力且低噪声的测量仪器获得与零位测量法相近的误差。由于 d 很小，对微差测量仪器的线性度要求不高，另外由于 S 是固定量，其误差可以控制在较小的范围内。

图 2-14 表达了采用微差测量法测量零件高度 L 的方法，其中标准量块的高度为 L_0，采用立式光学计测量二者之差为 $d=L-L_0$，则测量结果为 $L=d+L_0$。注意，该方法通过直接被测量 d 和标准量 L_0 间接获得被测量 L。

设 d 的测量误差为 e_d、L_0 的误差为 e_{L0}，则测量结果 L 的绝对误差 $e_L = e_d + e_{L0}$，相对误差 $r_L \approx \frac{d}{L_0} r_d + r_{L0}$。显然，$d$ 的相对误差 r_d 被衰减了$\frac{d}{L_0}$倍，因此可以适当放宽对光学计测量相对误差的要求。d 越小对测量仪器测量相对误差的要求就越低。

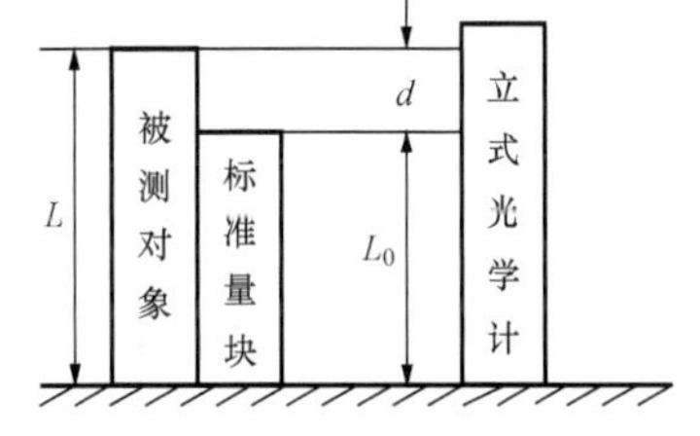

图 2-14 微差测量法测量零件高度示意图

五、随机误差的统计规律与度量

由于测量结果具有一定的随机性，可以认为测量误差是随机变量。随机误差的大小、符号虽然显得杂乱无章，事先无法确定，但当进行大量等精度测量时，随机误差服从某种统计规律。

当对测量结果的影响因素较多，而每个因素对测量结果的影响程度基本相近（“均匀地小”）时，根据概率论的中心极限定理，可以认为测量结果的随机误差服从正态分布，这个结论已被大量的实验所证明。整个经典误差理论是以正态分布作为基础理论发展起来的。正态分布也是研究其他非正态分布的基础。

数学家高斯于 1795 年首先提出了误差正态分布定律。正态分布的规律早在 1733 年已由穆阿夫尔发现，后来拉普拉斯和高斯又进行了详细的研究。高斯又于 1809 年推导出描述随机误差统计规律的解析方程式，即概率密度函数，也称为高斯分布定律。

（一）正态分布的概率密度函数

设对某被测量 x 进行了 n 次等精度独立测量，测量列的各测量值为 x_i（$i=1, 2, \cdots, n$）。当 $n\to\infty$时，测量值 x 服从正态分布，其概率密度函数为

$$f(x)=\frac{1}{\sigma\sqrt{2\pi}}\mathrm{e}^{-\frac{(x-a)^2}{2\sigma^2}} \tag{2-53}$$

式中 a——被测量的真值；

σ——测量列的标准（偏）差。

由于 a 一般情况下无法确定，通常用测量列的算术平均值 $\bar{x}$（数学期望）替代 a；当 n 有限时，用实验标准偏差 $S(x_i)$ 替代 σ。σ 反映了一组测量数据对其数学期望 $E(x)$ 的分散程度，σ 越大数据越分散。俗称的等精（密）度测量就是一种 σ 值相同的测量。

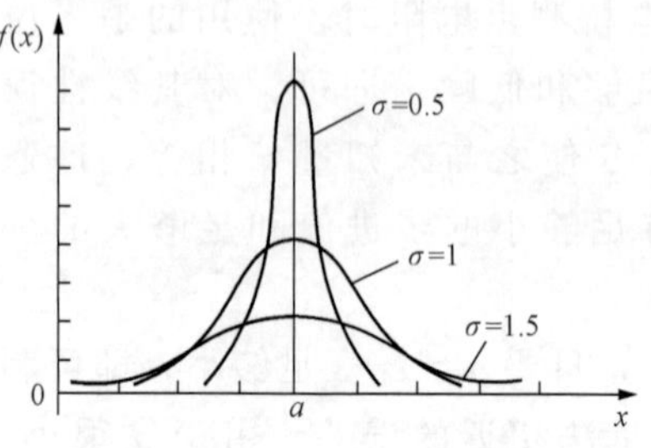

图 2-15 正态分布的概率密度函数曲线的特征

正态分布的概率密度函数曲线为一条"钟形"的曲线，如图 2-15 所示。图中（a，σ）是正态分布的两个关键参数。可以看到，σ 越大曲线越平缓，σ 越小曲线越尖锐；曲线在 $a\pm\sigma$（或 $\pm\sigma$）处有两个拐点，δ 为（真）误差。

通常把具有参数（a，σ^2）的正态分布简记为 N（a，σ^2），把随机变量 x 服从正态分布表达成 $x\sim N(a,\sigma^2)$。

（二）正态分布组合随机变量的基本性质

（1）若 $x\sim N(a,\sigma^2)$，则 $\zeta=\alpha x+\beta$ 也服从正态分布（$\alpha\neq0$，α，β 为常数），且有随机变量 $\zeta\sim N[(\alpha a+\beta),(a\sigma)^2]$。

据此性质，对于随机变量 $\zeta=\frac{x-a}{\sigma}=\frac{1}{\sigma}x-\frac{a}{\sigma}$，则有 $\zeta\sim N(0,1)$，服从标准正态分布。

（2）若 η_1，η_1，…，η_n 为 n 个相互独立且符合正态分布的随机变量，则其和变量 $\sum_{i=1}^{n}\eta_i$ 也为正态分布的随机变量，且有 $\sum_{i=1}^{n}\eta_i\sim N(\sum a_i,\sum\sigma_i^2)$。

（三）随机误差的基本性质

服从正态分布的随机误差 $\delta=x-a$ 具有下列基本性质如图 2-15（b）所示：

（1）单峰性：在一系列等精度测量中，绝对值小的误差出现的概率大，绝对值大的误差出现的概率小，存在一个峰值。

（2）有界性：在一定的条件下，绝对值很大的误差出现的概率为零，随机误差的绝对值不会超过某一界限（误差的工程性质）。

（3）对称性：当测量次数足够多时，绝对值相等的正、负误差出现的概率相同，即 $P(+\delta)=P(-\delta)$。

（4）抵偿性：当测量次数无限增加时，随机误差的算术平均值的极限为零，即

$$\lim_{n\to\infty}\left(\frac{1}{n}\sum_{i=1}^{n}\delta_i\right)=0$$

上述的随机误差的性质是大量实验的统计结果，其中的单峰性不一定对所有的随机误差都成立，随机误差的主要性质是抵偿性。

（四）服从正态分布测量数据的数学期望值与方差

若 $x\sim N(a,\sigma^2)$，则 x 的数学期望值 $E(x)=a$、方差 $D(x)=\sigma^2$。

证明如下：根据数学期望值的定义有

$$E(x)=\int_{-\infty}^{+\infty}xf(x)\mathrm{d}x=\frac{1}{\sigma\sqrt{2\pi}}\int_{-\infty}^{+\infty}x\mathrm{e}^{\frac{(x-a)^2}{2\sigma^2}}\mathrm{d}x$$

令 $z=\frac{x-a}{\sigma}$，则有 $\mathrm{d}x=\sigma\mathrm{d}z$，从而有

$$E(x)=\frac{1}{\sigma\sqrt{2\pi}}\int_{-\infty}^{+\infty}x\mathrm{e}^{\frac{(x-a)^2}{2\sigma^2}}\mathrm{d}x=\frac{1}{\sigma\sqrt{2\pi}}\int_{-\infty}^{+\infty}(a+\sigma z)\cdot\mathrm{e}^{-\frac{z^2}{2}}\sigma\mathrm{d}z$$

即

$$E(x)=\frac{1}{\sqrt{2\pi}}\sigma\int_{-\infty}^{+\infty}z\mathrm{e}^{-\frac{z^2}{2}}\mathrm{d}z+\frac{1}{\sqrt{2\pi}}a\int_{-\infty}^{+\infty}\mathrm{e}^{-\frac{z^2}{2}}\mathrm{d}z$$

根据奇函数在对称区间积分和概率密度函数的性质有

$$E(x)=\frac{1}{\sqrt{2\pi}}\sigma\cdot 0+a\cdot 1=a$$

根据方差的定义有

$$D(x)=\int_{-\infty}^{+\infty}[x-E(x)]^2f(x)\mathrm{d}x=\frac{1}{\sigma\sqrt{2\pi}}\int_{-\infty}^{+\infty}(x-a)^2\mathrm{e}^{-\frac{(x-a)^2}{2\sigma^2}}\mathrm{d}x$$

从而有

$$D(x)=\frac{1}{\sigma\sqrt{2\pi}}\int_{-\infty}^{+\infty}z^2\sigma^2\mathrm{e}^{-\frac{z^2}{2}}\sigma\mathrm{d}z=\frac{1}{\sqrt{2\pi}}\sigma^2\int_{-\infty}^{+\infty}z^2\mathrm{e}^{-\frac{z^2}{2}}\mathrm{d}z \tag{2-54}$$

令 $u=z$，$v=\mathrm{e}^{-\frac{z^2}{2}}$，则有 $\mathrm{d}u=\mathrm{d}z$，$\mathrm{d}v=-z\mathrm{e}^{-\frac{z^2}{2}}\mathrm{d}z=-uv\mathrm{d}u$。

根据积分公式有

$$\int_{-\infty}^{+\infty}\mathrm{d}(uv)=\int_{-\infty}^{+\infty}u\mathrm{d}v+\int_{-\infty}^{+\infty}v\mathrm{d}u$$

$$z\mathrm{e}^{-\frac{z^2}{2}}\Big|_{-\infty}^{+\infty}=\int_{-\infty}^{+\infty}-z^2\mathrm{e}^{-\frac{z^2}{2}}\mathrm{d}z+\int_{-\infty}^{+\infty}\mathrm{e}^{-\frac{z^2}{2}}\mathrm{d}z$$

从而有

$$\int_{-\infty}^{+\infty}z^2\mathrm{e}^{-\frac{z^2}{2}}\mathrm{d}z=-z\mathrm{e}^{-\frac{z^2}{2}}\Big|_{-\infty}^{+\infty}+\int_{-\infty}^{+\infty}\mathrm{e}^{-\frac{z^2}{2}}\mathrm{d}z=0+\sqrt{2\pi}=\sqrt{2\pi} \tag{2-55}$$

将式（2-55）代入式（2-54），有 $D(x)=\sigma^2$ 。

（五）服从正态分布测量数据取值的置信区间及置信概率

若测量数据服从的概率密度函数为 $f(x)$，则有

$$P(|x|<\infty)=\int_{-\infty}^{+\infty}f(x)\mathrm{d}x=1$$

然而在测量工作中，要求测量数据 x 在一定小的范围内随机变化，即 σ 较小，且所研究数据样本是有限的，因此在实际工作中常常要求回答式（2-56）、式（2-57）所代表的问题，即测量数据 x 在规定范围内出现的概率是多少。

$$P(\alpha\leqslant x\leqslant\beta)=\int_{\alpha_x}^{\beta_x}f(x)\mathrm{d}x \tag{2-56}$$

$$P(|x-E(x)|\leqslant U)=\int_{E(x)-U}^{E(x)+U}f(x)\mathrm{d}x \tag{2-57}$$

在上面两个公式中 x 的取值区间为 $[\alpha_x,\beta_x]$ 或 $[E(x)-U,E(x)+U]$ 通常称为 x 的

置信区间，U 为测量不确定度（正数），对应的概率 P 称为置信概率，$1-P=\alpha$ 在统计学中称为显著水平（超限概率）。式（2-57）在测量工作中经常用到，而式（2-56）更具有一般性。

对于 $x\sim N(a,\sigma^2)$，由于 $\delta=x-E(x)$，则 $d\delta=dx$，有

$$P(|x-E(x)|\leqslant U)=P(|\delta|\leqslant U)=\int_{-U}^{U}P(\delta)d\delta=\frac{1}{\sigma\sqrt{2\pi}}\int_{-U}^{+U}e^{-\frac{\delta^2}{2\sigma^2}}d\delta$$

令 $\frac{\delta}{\sigma}=z$，则 $d\delta=\sigma dz$，有

$$P(|\delta|\leqslant U)=\frac{1}{\sqrt{2\pi}}\int_{-\frac{U}{\sigma}}^{+\frac{U}{\sigma}}e^{-\frac{z^2}{2}}dz=2\frac{1}{\sqrt{2\pi}}\int_{0}^{\frac{U}{\sigma}}e^{-\frac{z^2}{2}}dz=2\Phi\left(z=\frac{U}{\sigma}\right) \tag{2-58}$$

式（2-58）中 $\Phi(z)=\frac{1}{\sqrt{2\pi}}\int_{0}^{z}e^{-\frac{z^2}{2}}dz$ 称为拉普拉斯（Laplase）函数（$z\geqslant0$），已被制成标准数表。显然 $z\sim N(0,1)$，故标准化正态分布概率密度函数的表达式为

$$\Phi(z)=\frac{1}{\sqrt{2\pi}}e^{-\frac{z^2}{2}} \tag{2-59}$$

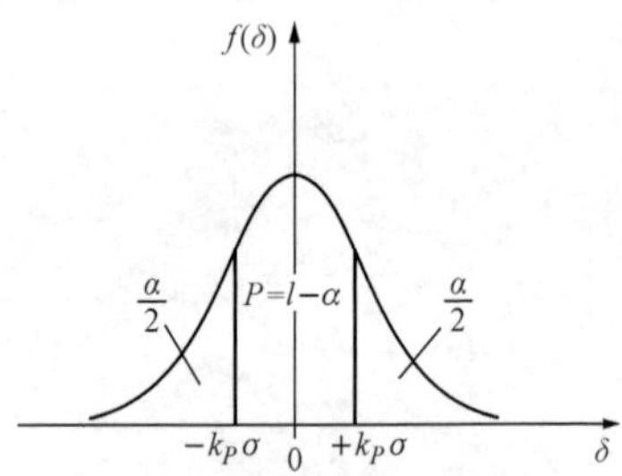

图 2-16 置信概率 P 与显著性水平 α 的关系

更一般的情况为

$$P(\alpha\leqslant x\leqslant\beta)\xRightarrow{Z=\frac{x-a}{\sigma}}\frac{1}{\sqrt{2\pi}}\int_{\frac{\alpha-a}{\sigma}}^{\frac{\beta-a}{\sigma}}e^{-\frac{z^2}{2}}dz$$

$$=\frac{1}{\sqrt{2\pi}}\int_{z_1}^{z_2}e^{-\frac{z^2}{2}}dz=\Phi(z_2)-\Phi(z_1) \tag{2-60}$$

根据式（2-60）计算置信概率时，注意应用性质 $\Phi(-z)=-\Phi(z)$。

关于置信概率与显著性水平的关系如图 2-16 所示。

【例 2-14】 已知测量数据 $x\sim N(a,\sigma^2)$，试分别求出误差 $\delta=x-a$ 处于 $[-\sigma,+\sigma]$、$[-2\sigma,+2\sigma]$ 和 $[-3\sigma,+3\sigma]$ 置信区间的置信概率。

解 设 $U=k_P\sigma$（k_P 为置信概率为 P 时的扩展因子或置信因子），根据题意有

$$P(|\delta|\leqslant U)=\frac{1}{\sqrt{2\pi}}\int_{-\frac{U}{\sigma}}^{+\frac{U}{\sigma}}e^{-\frac{z^2}{2}}dz=2\Phi(k_P)=\begin{cases}2\times0.34134=68.27\%,k_P=1\\2\times0.47725=95.45\%,k_P=2\\2\times0.49865=99.73\%,k_P=3\end{cases}$$

【例 2-15】 已知测量数据 $x\sim N(a,\sigma^2)$，试分别求出置信概率为 95%和 99%时的 δ 取值的置信区间。

解 设 $U=k_P\sigma$，根据题意有

$$P(|\delta|\leqslant U)=2\Phi(k_P)=\begin{cases}95\%\\99\%\end{cases}\Rightarrow\Phi(k_P)=\begin{cases}0.475\\0.495\end{cases}$$

查 $\Phi(z)$ 函数表可知 $k_{95\%}=1.96$。而（0.495，$k_{99\%}$）介于（0.49379，2.5）和（0.49506，2.58）之间，经计算可知 $k_{99\%}\approx2.58$。相应的置信区间为 $[-1.96\sigma,+1.96\sigma]$ 和 $[-2.58\sigma,+2.58\sigma]$。

（六）其他概率分布

正态分布是随机误差最普遍的一种分布规律，大部分随机误差遵从或接近正态分布，但

正态分布并不是唯一的分布规律。

随着误差理论研究与应用的深入，人们发现有不少随机误差不符合正态分布，实际的分布规律可能是比较复杂的。以下介绍几种常用的非正态分布。

1. 均匀分布

在测量实践中，均匀分布是仅次于正态分布的一种重要分布，其概率密度函数如图 2-17 所示。均匀分布的特点是：测量数据（误差）具有确定的范围，在该范围内，数据（误差）出现的概率各处相同，故又称为矩形分布或等概率分布。

均匀分布的概率密度函数为

$$f(x)=\begin{cases}A，a\leqslant x\leqslant b\\0，其他\end{cases}$$

概率密度幅值 A 计算过程为

$$\int_{-\infty}^{+\infty}f(x)\mathrm{d}x=1\Rightarrow\int_a^b A\,\mathrm{d}x=1\Rightarrow A=\frac{1}{b-a}$$

（1）对于 $c>b$，有

$$P(a<x<c)=\int_a^c f(x)\mathrm{d}x=\int_a^b A\,\mathrm{d}x+\int_b^c 0\mathrm{d}x=1$$

（2）对于 $c<b$，有

$$P(a<x<c)=\int_a^c f(x)\mathrm{d}x=\int_a^c A\,\mathrm{d}x=\frac{c-a}{b-a}$$

（3）数学期望值

$$E(x)=\int_{-\infty}^{+\infty}xf(x)\mathrm{d}x=\int_a^b xA\,\mathrm{d}x=\frac{1}{b-a}\,\frac{b^2-a^2}{2}=\frac{b+a}{2}$$

（4）方差

$$D(x)=\int_{-\infty}^{+\infty}[x-E(x)]^2f(x)\mathrm{d}x=\int_a^b\left(x-\frac{a+b}{2}\right)^2A\mathrm{d}x=A\int_a^b\left(x-\frac{a+b}{2}\right)^2\mathrm{d}x$$

$$=\frac{1}{3}A\int_{\frac{b-a}{2}}^{\frac{b-a}{2}}\mathrm{d}u^3=\frac{(b-a)^2}{12}=\left[\frac{(b-a)}{2\sqrt{3}}\right]^2$$

（5）对称区间 $[-\alpha，+\alpha]$ 上均匀分布的特点。这种均匀分布的概率密度函数如图 2-18 所示。

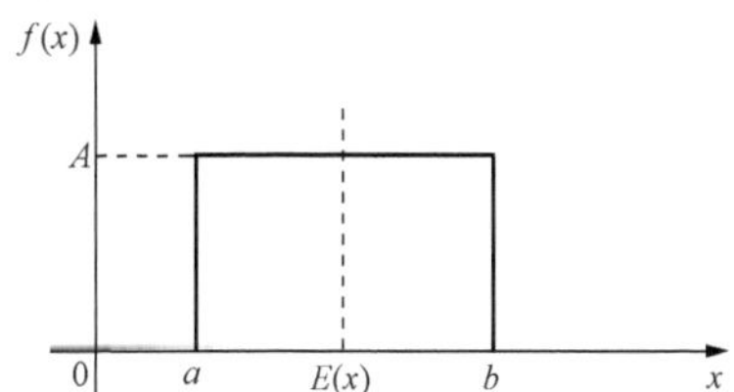

图 2-17 均匀分布的概率密度函数

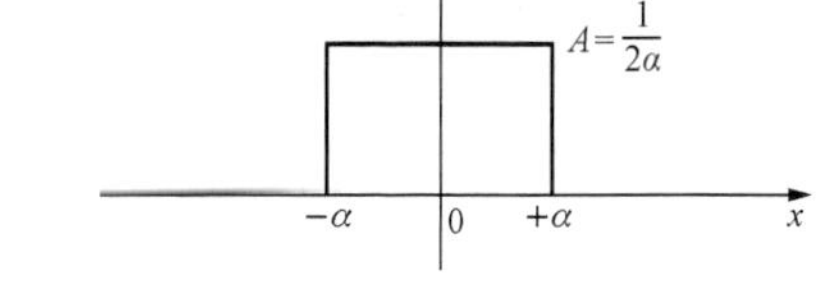

图 2-18 对称区间上的均匀分布的概率密度函数

对于 $a=-\alpha$，$b=\alpha$，有数学期望值 $E(x)=\frac{b+a}{2}=0$，方差 $D(x)=\frac{(b-a)^2}{12}=\frac{\alpha^2}{3}=\left(\frac{\alpha}{\sqrt{3}}\right)^2$。

在 ADC、有限长度的数据表以及指针仪表的人眼读数中，α 为量化误差限，或称作截断误差限和估读误差限，通常为最低位数值的 1/2 。

在实际工作，对于无法准确确定其概率分布的误差因素，通常根据掌握的有关信息确定其误差限，然后假设其遵从［$-U$，$+U$］上的均匀分布，则可以根据 $u=U/\sqrt{3}$ 估计出标准不确定度 u。

2. 三角形分布

两个误差限相同且服从均匀分布的随机误差之和的分布为三角形分布，又称辛普森（Simpson）分布；若误差限不同则为梯形分布。

在实际测量中，若整个测量过程必须进行二次测量才能完成，而每次测量的随机误差服从相同的均匀分布，则测量结果的误差服从三角形分布。例如用替代法检定标准砝码、标准电阻时，两次调零不准引起的误差符合三角形分布。

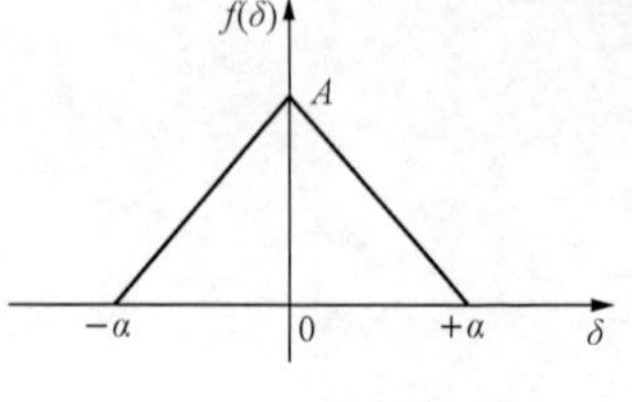

图 2-19 三角形分布的概率密度函数

三角形分布的误差 δ 的概率密度函数 $f(\delta)$ 如图 2-19 所示。三角形分布的概率密度函数为

$$f(\delta)=\begin{cases}+\dfrac{A}{\alpha}(\delta+\alpha), & -\alpha\leqslant\delta\leqslant 0\\ -\dfrac{A}{\alpha}(\delta-\alpha), & 0\leqslant\delta\leqslant\alpha\\ 0, & |\delta|>\alpha\end{cases}$$

概率密度幅值 A 计算过程为

$$\int_{-\alpha}^{0}\frac{A}{\alpha}(\delta+\alpha)\mathrm{d}\delta+\int_{0}^{\alpha}-\frac{A}{\alpha}(\delta-\alpha)\mathrm{d}\delta=1$$

从而有

$$\frac{1}{2}\frac{A}{\alpha}(-\alpha^{2})+A\alpha-\frac{1}{2}\frac{A}{\alpha}\alpha^{2}+A\alpha=1$$

$$A=\frac{1}{\alpha}$$

因此概率密度函数又可以表达为

$$f(\delta)=\begin{cases}\dfrac{(\alpha+\delta)}{\alpha^{2}}, & -\alpha\leqslant\delta\leqslant 0\\ \dfrac{(\alpha-\delta)}{\alpha^{2}}, & 0\leqslant\delta\leqslant\alpha\\ 0, & |\delta|>\alpha\end{cases}$$

由此可求得数学期望值为

$$\begin{aligned}E(x)&=\int_{-\infty}^{+\infty}xf(x)\mathrm{d}x=\int_{-\alpha}^{+\alpha}\delta f(\delta)\mathrm{d}\delta\\&=\int_{-\alpha}^{0}\delta\frac{A}{\alpha}(\delta+\alpha)\mathrm{d}\delta+\int_{0}^{\alpha}\delta\frac{-A}{\alpha}(\delta-\alpha)\mathrm{d}\delta=0\end{aligned}$$

方差为

$$\begin{aligned}D(x)&=\int_{-\infty}^{+\infty}[x-E(x)]^{2}f(x)\mathrm{d}x=\int_{-\alpha}^{\alpha}\delta^{2}f(\delta)\mathrm{d}\delta\\&=\int_{-\alpha}^{0}\delta^{2}\frac{A}{\alpha}(\delta+\alpha)\mathrm{d}\delta+\int_{0}^{\alpha}\delta^{2}\frac{-A}{\alpha}(\delta-\alpha)\mathrm{d}\delta\\&=\frac{2}{3}A\alpha^{3}-\frac{2}{4}\frac{A}{\alpha}\alpha^{4}=\frac{\alpha^{2}}{6}=\left(\frac{\alpha}{\sqrt{6}}\right)^{2}\end{aligned}$$

3. 反正弦分布

反正弦分布是一种随机变量函数的分布，若 ζ 遵从均匀分布，则 $\eta=A\sin\zeta$ 是遵从反正弦分布的随机变量。例如，度盘偏心引起的角度测量误差和电子测量中谐振的振幅误差等都遵从反正弦分布；在无线电测量中由于失配引起的反射都是正弦量或余弦量；在齿轮传动机构中，主动齿轮的偏心在 $[0, 2\pi]$ 区间遵从均匀分布，则从动件的位移误差服从反正弦分布。

设随机变量 ζ 在 $[0, 2\pi]$ 中遵从均匀分布，$y=h(x)=A\sin x$。以下给出随机变量 $\eta=A\sin\zeta$ 的分布函数 $G(y)$ 及概率密度函数 $g(y)$。

随机变量 ζ 的分布密度函数为

$$f(x)=\begin{cases}\dfrac{1}{2\pi}, & 0\leqslant x\leqslant 2\pi \\ 0, & x<0 \text{ 或 } x>2\pi\end{cases}$$

由于 $\zeta\in[0, 2\pi]$，$\eta\in[-A, +A]$，则分布函数为

$$G(y)=P(\eta\leqslant y)=P(A\sin\zeta\leqslant y)$$

从而有

$$G(y)=P(A\sin\zeta\leqslant y)=P\left(\zeta\leqslant\arcsin\frac{y}{A}\right)+P\left(\pi-\arcsin\frac{y}{A}\leqslant\zeta\leqslant 2\pi\right)$$

$$=\int_0^{\arcsin\frac{y}{A}}f(x)\mathrm{d}x+\int_{\pi-\arcsin\frac{y}{A}}^{2\pi}f(x)\mathrm{d}x=\frac{1}{2}+\frac{1}{\pi}\arcsin\frac{y}{A}$$

由于分布函数 $G(y)$ 具有 $0<G(y)\leqslant 1$ 的性质，则有

$$G(y)=\begin{cases}0, & y<-A \\ \dfrac{1}{2}+\dfrac{1}{\pi}\arcsin\dfrac{y}{A}, & -A\leqslant y\leqslant A \\ 0, & y>A\end{cases}$$

从而有

$$\frac{\mathrm{d}G(y)}{\mathrm{d}y}=\frac{1}{\pi}\frac{1}{\sqrt{A^2-y^2}}$$

则概率密度函数 $g(y)$ 为

$$g(y)=\begin{cases}\dfrac{1}{\pi}\dfrac{1}{\sqrt{A^2-y^2}}, & |y|\leqslant A \\ 0, & |y|>A\end{cases}$$

图 2-20 为反正弦分布概率密度函数曲线。

反正弦分布随机变量的数学期望为

$$E(y)=\int_{-\infty}^{+\infty}yg(y)\mathrm{d}y=\int_{-A}^{+A}\frac{y}{\pi\sqrt{A^2-y^2}}\mathrm{d}y$$

$$=\frac{1}{\pi}\int_{-A}^{+A}y\mathrm{d}\left(\arcsin\frac{y}{A}\right)$$

$$=\frac{1}{\pi}\int_{-A}^{+A}\left[\mathrm{d}\left(y\arcsin\frac{y}{A}\right)-\arcsin\frac{y}{A}\mathrm{d}y\right]$$

$$=\frac{1}{\pi}\left[\left(A\frac{\pi}{2}-A\frac{\pi}{2}\right)-A\left(\frac{A}{A}\frac{\pi}{2}-\frac{A}{A}\frac{\pi}{2}\right)\right]=0$$

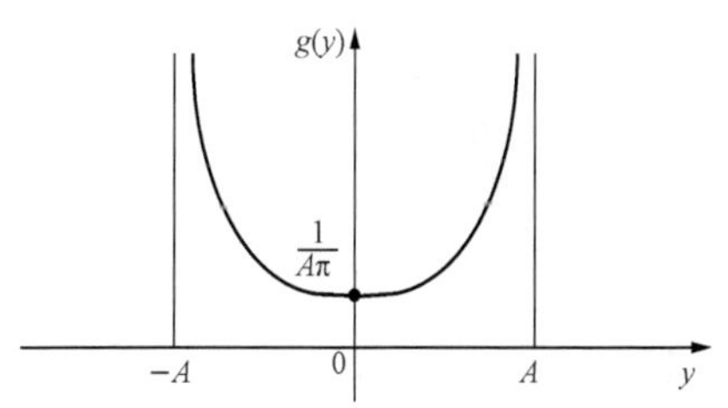

图 2-20　反正弦分布概率密度函数曲线

方差为

$$D(y)=\int_{-\infty}^{+\infty}[y-E(y)]^2 g(y)\mathrm{d}y=\int_{-A}^{A}\frac{y^2}{\pi\sqrt{A^2-y^2}}\mathrm{d}y=\frac{A^2}{2}$$

4. t 分布（学生分布）

以上介绍的测量数据 x 或 δ 的分布、数值特征［$E(x)$，$D(x)$］及置信区间和置信概率的求解都是在已知其总体分布的假设条件下进行的，如果在实际测量工作中样本量足够大，则可以通过较精确的统计直方图判断分布情况并作出有关分析，然而测量数据样本量往往是有限的，这样必须采用一种更为有效且实用的方法解决以上问题。

t 分布又称学生分布（Student's Distribution），是由英国统计学家哥赛特（W. S. Gosset）从实验中发现并以笔名“学生”发表的。t 分布在研究小样本的测量数据误差时，是一个严密而有用的理论分布。

对于有限次测量数据列 $\{x_i\}$（$i=1, 2, \cdots, n$），通常以 $\bar{x}$ 表达测量结果，以 $S(x_i)$ 表达测量列单个数据对 $E(x)$ 的分散性。若 x_i 为服从正态分布的随机变量，则由于 n 有限，$\bar{x}$ 也是服从正态分布的随机变量，$\bar{x}$ 对 $E(x)$ 的分散程度用 $S(\bar{x})$ 来表达。对于实际的测量工作而言，需要知道以 $\bar{x}$ 表达测量结果时的置信区间和置信概率。虽然可以证明随机变量 $\dfrac{\bar{x}-E(x)}{\sigma_{\bar{x}}}$ 服从标准化正态分布 $N(0, 1)$，但由于无法确知 $\sigma_{\bar{x}}$，因此在实际工作中通常用 $S(x_i)$代替 σ，用 $S(\bar{x})$ 代替 $\sigma_{\bar{x}}$。从而随机变量 $\dfrac{\bar{x}-E(x)}{\sigma_{\bar{x}}}$ 也通常用随机变量 $t=\dfrac{\bar{x}-E(x)}{S(\bar{x})}$ 来替代。显然，t 的实际含义为以 $\bar{x}$ 表达测量结果时的置信因子（t 分布置信因子）。

随机变量 t 的概率密度函数为

$$f(t)=\frac{\Gamma\left(\frac{\nu+1}{2}\right)}{\sqrt{\nu\pi}\,\Gamma\left(\frac{\nu}{2}\right)}\left(1+\frac{t^2}{\nu}\right)^{-\frac{\nu+1}{2}},\ -\infty<t<+\infty \tag{2-61}$$

其中伽玛函数为

$$\Gamma(m)=\int_0^{\infty}x^{m-1}\mathrm{e}^{-x}\mathrm{d}x,\ m>0$$

自由度 ν 满足 $\nu=n-1$ 。

在给定显著性水平 $\alpha=1-P$ 和测量的自由度 $\nu=n-1$ 的情况下，随机变量 t 的值 $t_\alpha(\nu)$ 可根据式（2-54）间接计算即

$$P[|t|<t_\alpha(\nu)]=1-\alpha=\int_{-t_\alpha(\nu)}^{+t_\alpha(\nu)}f(t)\mathrm{d}t=2\int_0^{t_\alpha(\nu)}f(t)\mathrm{d}t=Q[\nu,\ t_\alpha(\nu)] \tag{2-62}$$

上述积分具有数值结果，该概率值决定的 t 分布置信因子 $t_\alpha(\nu)$ 已被编成数值表，根据（α，ν）即可查出 $t_\alpha(\nu)$。

必须注意，t 分布是实际测量条件下的一种“近正态分布”，当测量的自由度较小时其与正态分布有一定差距；而自由度较大时，趋于正态分布；自由度为无穷大时，转为正态分布。不同自由度 ν 下 t 分布的概率密度函数曲线比较如图 2-21 所示。

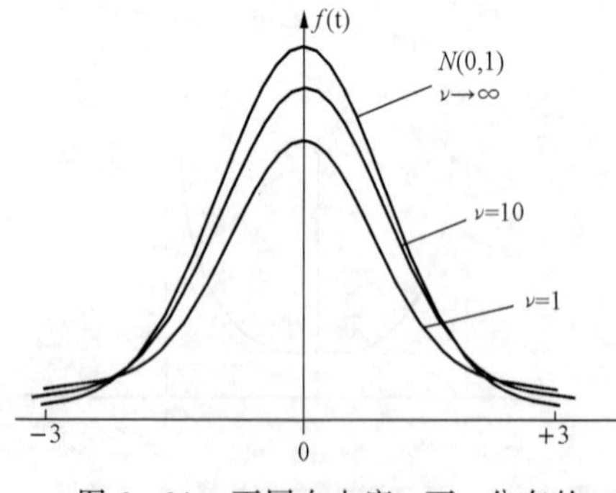

图 2-21 不同自由度 ν 下 t 分布的概率密度函数曲线

t 分布的置信因子 $t_P(\nu)$ 与正态分布的置信因子 k_P 不同，它除了与置信概率 P 有关，还与实际发生的测量自由度 ν 有关。当给定置信概率 P 或显著性水平 α 时，有限自由度对应的 $t_P(\nu)$ 要大于 k_P，无限大自由度时二者相等；当取 $t_P(\nu)=k_P=\text{const}$ 时，在有限自由度时 t 分布的置信概率低于正态分布，无限大自由度时二者相等，参见表 2-2。

表 2-2　不确定度为 3 倍标准偏差 $S(x_i)$ 时 t 分布的置信概率

ν	1	3	7	13	∞
$P=1-\alpha$	80%	95%	98%	99%	99.73%

【例 2-16】 对某量进行 6 次测量，测得数据为 802.40、802.50、802.38、802.48、802.42、802.46。试给出在置信概率为 99.73%时的被测量的完整表达。

解

$$\bar{x}=\frac{\sum_{i=1}^{6}x_i}{6}=802.44$$

$$S(x_i)=\sqrt{\frac{\sum_{i=1}^{6}(x_i-\bar{x})^2}{6-1}}=0.047$$

$$S(\bar{x})=\frac{S(x_i)}{\sqrt{n}}=\frac{0.047}{\sqrt{6}}=0.019$$

由于测量次数 $n=6$，测量次数较少，因此应按 t 分布计算不确定度 $t_\alpha(\nu)S(\bar{x})$。

由于 $\nu=6-1=5$、$\alpha=1-P=0.0027$，故 $t_\alpha(\nu)=t_{0.0027}(5)=5.51$。于是有

$$t_\alpha(\nu)S(\bar{x})=5.51\times0.019=0.10469$$

$$X=\bar{x}\pm t_\alpha(\nu)S(\bar{x})=802.44\pm0.010$$

$$P=99.73\%$$

若按正态分布计算有

$$k_PS(\bar{x})=3\times0.019=0.057,\ X=\bar{x}\pm t_\alpha(\nu)S(\bar{x})=802.44\pm0.06$$

显然，正态分布计算的不确定度较 t 分布小，过于乐观，在实际测量工作中导致超限数据发生的概率增加。

第三节　最佳估计值及其误差分析

一、测量误差的传递规律

（一）测量系统的数学模型

一个测量仪表（仪器）或若干仪表（仪器）可以看成是一个测量系统。

对于一般的测量系统，可以把被测量 Y、响应量 y、独立的系统参数 x_i、系统内外环境对系统的影响量 q_j 之间的关系用图 2-22 表达。从物理系统的角度分析，信号是从左至右的，即 Y 为输入，y 为输出；从分析测量系统误差的角度，Y 为输出（果），y 和 x_i 为系统输入（因）。y 和 x_i 与所采用的测量方法（系统结构）有关。

由于被测量真值 Y 无法测量，因此测量的目的是确定被测量 Y 的最佳估计值 $\hat{y}$ 和其不

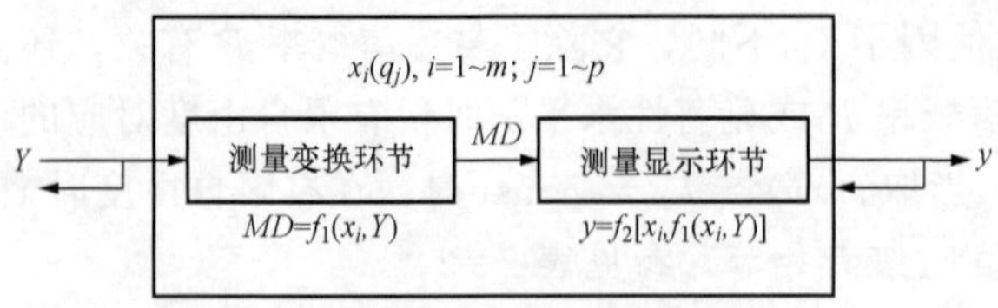

图 2-22 测量系统量值关系图

确定度 $U(\hat{y})$。

设计合理而先进的测量方法（系统结构）、建立准确的系统测量数学模型、确定最佳的系统参数是设计测量系统的关键。

影响量 q_j 是通过系统参数 x_i 和响应量 y 作用到系统中的，即 $x_i = x_i(q_j)$、$y = y(q_j)$。

图 2-22 所示的关系的表达式为

$$Y = F(x_i, y) \tag{2-63}$$

其中，F 表达了系统的结构。

式（2-63）通常称为测量方程，是实现测量任务、完成测量系统设计和分析测量误差的依据。

如果系统参数 x_i 和 y 在测量过程中为设计时的标准状态值（y_{des}，x_{i-des}），则有

$$Y_{des} = F(x_{i-des}, y_{des}) = y_{des} \tag{2-64}$$

式（2-64）是最理想的情况，即系统输出值等于被测量值。然而由于测量系统设计时是按某种理想的标准状态设计的，在实际测量过程中众多因素的共同影响使得实际状态不可能复现设计状态（即使很相近），既不可确知又不能将其控制到标准状态值（y_{des}，x_{i-des}）。另外考虑到显示方式上的量化效应或分辨能力等因素，因此式（2-64）成立的条件无法得到满足，从而测量结果 y 必然包含误差。

一个测量系统的有效设计应保证系统状态（y，x_i）足够稳定，在其经过校准后，大部分系统误差被修正并具有较小不确定度。这样才能保证测量结果 y 的不确定度 $U(y)$ 足够小而满足要求。

（二）测量误差的传递规律

误差的传递规律是表达各种影响因素的误差导致最终测量结果误差的规律。

对于某一被测量，各因素设计值代入测量方程后解出的测量结果与各因素实际值代入测量方程后解出的测量结果之差，即为测量结果的误差。这种方法是符合误差定义的。当变量较多、函数关系复杂时，各系统参数变化造成的测量结果的误差用误差定义的方法计算是非常麻烦的。

通过设计合理的测量方法、选择合适的元器件、控制仪器使用时的环境条件、修正或抵消了绝大部分系统误差、随机误差被抑制到最小的程度时，可以认为剩余的各部分影响因素导致的误差限很小，可以将测量方程右侧按泰勒级数在设计状态附近展开，当状态值误差的二阶小量影响可以忽略时，取一阶展开式近似表达测量结果的误差。

根据式（2-63）和式（2-64）有

$$\Delta Y = Y_{des} - Y = F(x_{des-i}, y_{des}) - F(x_i, y)$$

当各因素状态值误差 $\Delta x_i = x_{des-i} - x_i$ 的二阶小量可以忽略时，有

$$\Delta Y \approx \frac{\partial F}{\partial x_1}\Delta x_1 + \frac{\partial F}{\partial x_2}\Delta x_2 + \cdots + \frac{\partial F}{\partial x_n}\Delta x_n + \frac{\partial F}{\partial y}\Delta y \tag{2-65}$$

式（2-65）表明了各种误差因素（x_i，y）的绝对误差与被测量绝对误差 ΔY 的关系，通常称为误差传递公式，其中 $\frac{\partial F}{\partial x_i}$ 或 $\frac{\partial F}{\partial y}$ 称为误差传递系数。

需注意（Δx_i，Δy）的定义应与 ΔY 的定义一致。

将式（2-63）两端取自然对数有 $\ln Y=\ln F(x_i, y)$，微分后得到

$$\frac{dY}{Y}=\frac{\partial \ln F}{\partial x_1}dx_1+\frac{\partial \ln F}{\partial x_2}dx_2+\cdots+\frac{\partial \ln F}{\partial x_n}dx_n+\frac{\partial \ln F}{\partial y}dy$$

即

$$\frac{\Delta Y}{Y}\approx x_1\frac{\partial \ln F}{\partial x_1}\frac{\Delta x_1}{x_1}+x_2\frac{\partial \ln F}{\partial x_2}\frac{\Delta x_2}{x_2}+\cdots+x_n\frac{\partial \ln F}{\partial x_n}\frac{\Delta x_n}{x_n}+y\frac{\partial \ln F}{\partial y}\frac{\Delta y}{y}$$

$$r_Y\approx x_1\frac{\partial \ln F}{\partial x_1}r_{x_1}+x_2\frac{\partial \ln F}{\partial x_2}r_{x_2}+\cdots+x_n\frac{\partial \ln F}{\partial x_n}r_{x_n}+y\frac{\partial \ln F}{\partial}r_y \tag{2-66}$$

式（2-66）表明了各种误差因素（x，y）的相对误差与被测量相对误差的关系，称为相对误差传递公式。

误差传递公式在仪器设计和间接测量工作中得到了广泛应用。例如，在交流电参量测量中，$\sin\phi=f(x_1, x_2, \cdots, x_n)$，从而相角的测量误差为

$$\Delta\phi\approx\frac{1}{\cos\phi}\sum_{i=1}^{n}\frac{\partial f}{\partial x_i}\Delta x_i$$

当各影响因素为系统误差时，由于符号和大小均确定，则根据式（2-65）可知 ΔY 的大小和符号也是确定的；而当各影响因素为随机误差时，不能直接根据式（2-63）计算测量结果的随机误差。由于各随机误差因素都具有各自的方差，因此当各影响因素的系统误差已经被修正且各误差因素之间相互独立时，可按下式计算测量结果中随机误差的方差，即

$$u_Y^2\approx\left(\frac{\partial F}{\partial x_1}u_{x_1}\right)^2+\left(\frac{\partial F}{\partial x_2}u_{x_2}\right)^2+\cdots+\left(\frac{\partial F}{\partial x_n}u_{x_n}\right)^2+\left(\frac{\partial F}{\partial y}u_y\right)^2 \tag{2-67}$$

【例 2-17】 设两个电阻 R_1 和 R_2 的误差分别为 ΔR_1 和 ΔR_2。若将它们分别串联和并联使用，试求等效电阻的绝对误差和相对误差分别是多少？若 $R_1\gg R_2$，这两种误差又分别是多少？

解 （1）串联使用时 $R=R_1+R_2$，绝对误差 $\Delta R=\Delta R_1+\Delta R_2$，相对误差为

$$r_R=\frac{\Delta R}{R}=\frac{\Delta R_1+\Delta R_2}{R_1+R_2}$$

若 $R_1\gg R_2$，则有相对误差为

$$r_R\approx\frac{\Delta R_1+\Delta R_2}{R_1}=r_1+\frac{R_2}{R_1}r_2\approx r_1$$

显然，串联时的等效电阻的相对误差基本由大电阻的相对误差决定。

（2）并联使用时 $R=\dfrac{R_1R_2}{R_1+R_2}=F(R_1, R_2)$，且有

$$\frac{\partial F}{\partial R_1}=\frac{R_2^2}{(R_1+R_2)^2},\quad\frac{\partial F}{\partial R_2}=\frac{R_1^2}{(R_1+R_2)^2}$$

绝对误差为

$$\Delta R\approx\frac{R_2^2}{(R_1+R_2)^2}\Delta R_1+\frac{R_1^2}{(R_1+R_2)^2}\Delta R_2$$

相对误差为

$$r_R = \frac{\Delta R}{R} \approx \frac{R_2}{(R_1+R_2)}\frac{\Delta R_1}{R_1} + \frac{R_1}{(R_1+R_2)}\frac{\Delta R_2}{R_2} = \frac{R_2}{(R_1+R_2)}r_{R1} + \frac{R_2}{(R_1+R_2)}r_{R2}$$

若 $R_1 \gg R_2$，则有相对误差

$$r_R \approx \frac{R_2}{R_1}r_{R1} + r_{R2} \approx r_{R2}$$

显然，并联时的等效电阻的相对误差基本由小电阻的相对误差决定。

【例 2-18】 用手动平衡电桥测量电阻 R_x，其接线如图 2-23 所示。已知各电阻的名义值分别为 $R_1=100\Omega$，$R_2=1000\Omega$，$R_N=100\Omega$，各桥臂电阻的恒定系统误差分别为 $\Delta R_1=+0.1\Omega$，$\Delta R_2=+0.5\Omega$，$\Delta R_N=+0.1\Omega$。求不修正各部分系统误差时测量结果 R_x 值及其绝对误差和相对误差。

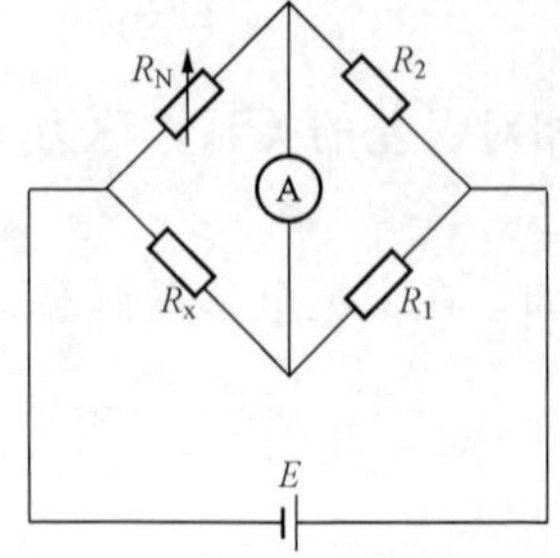

图 2-23 测量电阻 R_x 的平衡电桥原理线路图

解 电桥平衡后有

$$R_x = \frac{R_1}{R_2}R_N$$

按照误差的定义，不修正各部分系统误差时测量结果为

$$R_x = \frac{100}{1000} \times 100 = 10(\Omega)$$

修正各部分系统误差后的测量结果为

$$R_{x-t} = \frac{100-0.1}{1000-0.5} \times (100-0.1) \approx 9.9850025(\Omega)$$

绝对误差为

$$e_{Rx} = R_x - R_{x-t} \approx 10 - 9.9850025 = +0.0149975(\Omega)$$

相对误差为

$$r_{Rx} = \frac{R_x - R_{x-t}}{R_{x-t}} = \frac{+0.0149975\Omega}{9.985\Omega} \approx +0.15\%$$

若按误差传递公式计算的绝对误差为

$$\begin{aligned}\Delta R_x &= \frac{R_N}{R_2}\Delta R_1 + \frac{R_1}{R_2}\Delta R_N - \frac{R_1 R_N}{R_2^2}\Delta R_2 \\ &= \frac{100}{1000}\times 0.1 + \frac{100}{1000}\times 0.1 - \frac{100\times 100}{1000^2}\times 0.5 \\ &= 0.01 + 0.01 - 0.005 \\ &= +0.015(\Omega)\end{aligned}$$

显然，按误差传递公式的计算结果与按定义的计算结果存在微小的误差，其原因是忽略了高次项。这种误差在分析不确定度时是可以忽略的，但是在计算修正值时不可忽略，计算修正值时应按定义法计算。

二、最佳估计值及其标准偏差

以下讨论中，假设测量数据的系统误差已经被修正，测量数据中只含有随机误差。

（一）测量列最佳估计值及其标准偏差

若测量列中各测量值的标准偏差相等，即为等精密度测量。

1. 测量列的最佳估计值

设测量列为 $\{x_i\}$，$i=1, 2, \cdots, n$。若 $x \sim N(a, \sigma^2)$，则有

$$p(x_i) = \frac{1}{\sqrt{2\pi}\sigma} e^{-\frac{(x_i-a)^2}{2\sigma^2}}$$

由于测量列 $\{x_i\}$ 已为事实，因此有联合概率密度为最大，即

$$L(x_i) = \prod_{i=1}^{n} p(x_i) = \frac{1}{(\sqrt{2\pi}\sigma)^n} e^{\frac{\sum_{i=1}^{n}(x_i-a)^2}{2\sigma^2}} = \max$$

从而有

$$Q = \sum_{i=1}^{n}(x_i - a)^2 = \min \tag{2-68}$$

式（2-68）称为最小二乘法表达式，Q 为最小残差和指标。

根据式（2-68）有

$$\frac{\partial Q}{\partial a} = 0 \Rightarrow -2\sum_{i=1}^{n}(x_i - a) = 0 \overset{n有限}{\Rightarrow} a = \frac{\sum_{i=1}^{n} x_i}{n} = \overline{x} \tag{2-69}$$

式（2-69）说明测量列 $\{x_i\}$ 的数学期望值为该测量列的算术平均值 $\overline{x}$，即被测量的最佳估计值为该测量列的算术平均值。

2. 测量列 $\{x_i\}$ 及其最佳估计值 $\overline{x}$ 的实验标准偏差

设被测量真值为 a_t，则有（真）误差 $\delta_i = x_i - a_t$，从而测量列（即 x_i）的方差为

$$\sigma^2 = \frac{\sum_{i=1}^{n}\delta_i^2}{n} = \frac{\sum_{i=1}^{n}(x_i - a_t)^2}{n}$$

从而有

$$\sigma^2 = \frac{\sum_{i=1}^{n}[(x_i - \overline{x}) + (\overline{x} - a_t)]^2}{n}$$

$$\overset{n有限}{\Longrightarrow} \frac{1}{n}\left[\sum_{i=1}^{n}\nu_i^2 + 2(\overline{x} - a_t)\sum_{i=1}^{n}\nu_i + n(\overline{x} - a_t)^2\right]$$

注意到 n 有限时 $\sum_{i=1}^{n}\nu_i = 0$，则有

$$\sigma^2 = \frac{1}{n}\left[\sum_{i=1}^{n}\nu_i^2 + n(\overline{x} - a_t)^2\right] \tag{2-70}$$

由于 $\overline{x} = \frac{1}{n}\sum_{i=1}^{n} x_i$，当 n 有限且等精度测量时，根据误差传递公式有

$$\sigma_{\overline{x}}^? = \sum_{i=1}^{n}\left(\frac{1}{n}\right)^2 \sigma_i^3 \overset{\sigma_i = \sigma}{=\!=\!=} \frac{\sigma^2}{n} \tag{2-71}$$

根据方差的定义有

$$\sigma_{\overline{x}}^2 = \frac{\sum_{i=1}^{n}(\overline{x} - a_t)^2}{n} \tag{2-72}$$

根据式（2-71）和式（2-72）可知

$$n(\overline{x} - a_t)^2 = \sigma^2 \tag{2-73}$$

将式（2-73）代入式（2-70）得到

$$\sigma^2=\frac{1}{n-1}\sum_{i=1}^{n}\nu_i^2 \tag{2-74}$$

式（2-74）即为 n 有限且未知 a_t 时计算测量列方差的公式。

为了区别 a_t 已知情况下的标准偏差，通常用 $S(x_i)$ 和 $S(\bar{x})$ 表示测量列 $\{x_i\}$ 及其最佳估计值 $\bar{x}$ 的实验标准偏差，并有

$$S(x_i)=\sqrt{\frac{\sum_{i=1}^{n}\nu_i^2}{n-1}} \tag{2-75}$$

$$S(\bar{x})=\frac{S(x_i)}{\sqrt{n}}=\sqrt{\frac{\sum_{i=1}^{n}\nu_i^2}{n(n-1)}} \tag{2-76}$$

式（2-75）即为著名的贝塞尔公式。

根据上面分析可知：

（1）在 n 次等精密度测量列中，算术平均值的标准偏差为单次测量标准差的 $1/\sqrt{n}$ 倍，测量次数越多，算术平均值越接近被测量的真值。

（2）消除了系统误差的 n 次重复测量的算术平均值 $\bar{x}$ 服从以真值为中心，以 σ^2/n 为方差的正态分布，因此算术平均值 $\bar{x}$ 的分布范围是单次测量测量值 x_i 分布范围的 $1/\sqrt{n}$，即其测量精密度提高了 $\sqrt{n}$ 倍，如图 2-24 所示。

测量平均值的标准偏差 $\sigma_{\bar{x}}$ 与测量次数 n 之间的关系曲线如图 2-25 所示。由图可见，平均值标准差 $\sigma_{\bar{x}}$ 随测量次数 n 的增加而减小，并且开始较快，逐渐变慢。当 n 等于 5 时，曲线变化已比较缓慢，当 n 大于 10 的时候，变化得更慢。所以在测量中，测量次数 n 等于 10 或 12 就基本可以。要提高测量结果 $\bar{x}$ 的精密度，不能单靠无限地增加测量次数，一味地增加测量次数使测量时间增加，从而可能导致新的系统误差。正确的做法是应在合理增加测量次数的同时，减小标准偏差 σ，也就是说要改善测量方法和测量系统中的仪器水平。

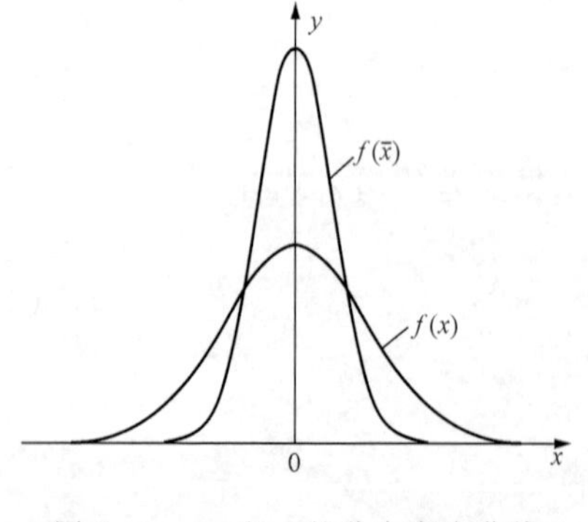

图 2-24　$\bar{x}$ 和 x 的分布密度曲线

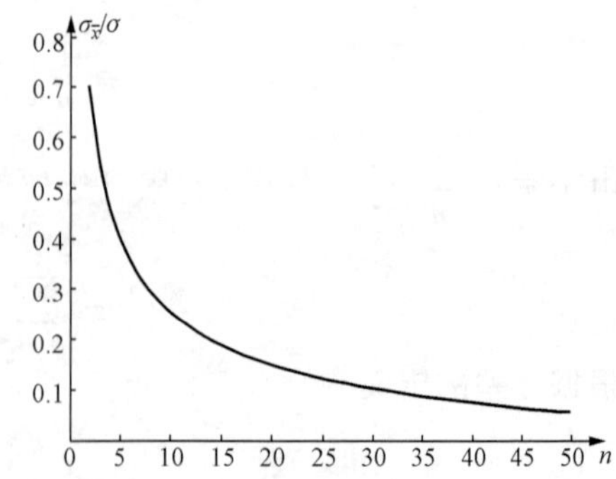

图 2-25　$\sigma_{\bar{x}}/\sigma$ 与 n 的关系曲线

（二）加权测量组最佳估计值及其标准偏差

在科学研究或更高准确度的测量中，为了得到更精密的结果，对同一被测量往往在不

同的测量条件下，采用不同的测量仪器、采用不同的测量方法、由不同的测试人员进行不同次数的测量，得到了不同质量的若干个测量结果，然后综合考虑给出最佳的估计值和方差。

由于上述测量是分组进行的，例如对某被测量 X 进行测量时分 m 组进行，第 1 组进行了 n_1 次等精密度、无系统误差、独立测量，得平均值 $\overline{x}_1$ 及 $\overline{x}_1$ 的方差 σ_1^2；第 2 组进行 n_2 次测量，得平均值 $\overline{x}_2$ 及 $\overline{x}_2$ 的方差 σ_2^2；…；第 m 组进行 n_m 次测量，得平均值 $\overline{x}_m$ 及 $\overline{x}_m$ 的方差 σ_m^2。这时由于各组测量的精密度不等，即 $\sigma_1^2 \neq \sigma_2^2 \neq \cdots \neq \sigma_m^2$，那么应如何根据（$\overline{x}_j$，$\sigma_j^2$）求得被测量 X 的最佳估计值及其方差呢？下面就来讨论这个问题。

1. 加权测量组最佳估计值 $\overline{x}_P$

对于不等精度测量组（$\overline{x}_j$，σ_j^2），$j=1$，2，…，m，若各组测量值 $\overline{x}_j$ 独立且不等精度，当 $\overline{x}_j \sim N(a, \sigma_j^2)$ 时有

$$L(\overline{x}_j) = \prod_{j=1}^{m} p(\overline{x}_j) = \frac{1}{(\sqrt{2}\pi)^m \prod\limits_{j=1}^{m} \sigma_j} e^{\frac{1}{2}\sum\limits_{j=1}^{m}\left[\frac{(\overline{x}_j - a)^2}{\sigma_j}\right]} = \max$$

从而有

$$Q = \sum_{j=1}^{m}\left[\frac{(\overline{x}_j - a)}{\sigma_j}\right]^2 = \min$$

则有

$$\frac{\partial Q}{\partial a} = 0 \Rightarrow -2\sum_{j=1}^{m}\frac{1}{\sigma_j}\frac{(\overline{x}_j - a)}{\sigma_j} = 0 \overset{m有限}{\Rightarrow} \sum_{j=1}^{m}\frac{\overline{x}_j}{\sigma_j^2} = a\sum_{j=1}^{m}\frac{1}{\sigma_j^2}$$

若令“权” $p_j = \frac{c}{\sigma_j^2}$，则有

$$a = \frac{\sum\limits_{j=1}^{m} p_j \overline{x}_j}{\sum\limits_{j=1}^{m} p_j} = \overline{x}_P \tag{2-77}$$

式（2-77）表明不等权测量组的最佳估计值是加权算术平均值 $\overline{x}_P$。

注意：当 $p_j = p$ 即等权时，加权算术平均值即为算术平均值，此时 $\overline{x}_P = \overline{x} = \frac{\sum\limits_{j=1}^{m}\overline{x}_j}{m}$。

2. 权

在上面的推导中，取测量数据 $\overline{x}_j$ 的权 $p_j = \frac{c}{\sigma_j^2}$，即权与测量方差成反比。$c$ 的取值并不影响加权算术平均值 $\overline{x}_P$ 的值。

设某 σ^2 的权为 1（为单位权方差），根据权的定义有 $p_j\sigma_j^2 = 1 \cdot \sigma^2$，因此可以认为 c 为单位权方差 σ^3。

根据权的定义，精密度越高（即方差 σ_j^2 越小），说明 $\overline{x}_j$ 越可信赖，则权 p_j 越大，即测量数据 $\overline{x}_j$ 在 $\overline{x}_P$ 中的贡献越大。加权算术平均值的实质是使权大的数据贡献大、权小的数据贡献小。

权 p_j 与方差 σ_j^2 的关系可用下式表达，即

$$p_1 : p_2 : \cdots : p_m = \frac{1}{\sigma_1^2} : \frac{1}{\sigma_2^2} : \cdots : \frac{1}{\sigma_m^2}$$

如果形成 $\bar{x}_j$ 的数据列为 x_{ij}，其测量次数为 n_j，若 m 个数据 $\bar{x}_j$ 的各列内方差相等均为 σ_0^2，则有 $\sigma_j^2=\dfrac{\sigma_0^2}{n_j}$，从而有

$$p_1 : p_2 : \cdots : p_m = n_1 : n_2 : \cdots : n_m$$

上式说明权还与测量次数成正比。

在实际工作中，通常用相应的实验标准偏差 $S(\bar{x}_j)$ 代替 σ_j，可以按 $p_j=c/\sigma_j^2$、列内测量次数 n_j、测量方法优劣、测量仪器水平甚至专家意见取权的值，但必须保证权的归一性并且有利于计算，即

$$\sum_{j=1}^{m} \frac{p_j}{\sum_{j=1}^{m} p_j} = 1 \tag{2-78}$$

3. 加权测量组最佳估计值 $\bar{x}_P$ 的实验标准偏差

根据式（2-77）和误差传递公式可知

$$\sigma_{\bar{x}P}^2 = \sum_{j=1}^{m}\left(\frac{p_j}{\sum_{j=1}^{m} p_j}\right)^2 \sigma_j^2 \xRightarrow{\sigma_j^2=\frac{\sigma^2}{p_j}} \frac{1}{\left(\sum_{j=1}^{m} p_j\right)^2}\sum_{j=1}^{m} p_j\sigma^2 = \frac{\sigma^2}{\sum_{j=1}^{m} p_j} \tag{2-79}$$

由式（2-79）可知加权算术平均值 $\bar{x}_P$ 的权为 $\sum\limits_{j=1}^{m} p_j$。

作测量列 $x_j'=\bar{x}_j\sqrt{p_j}$，根据误差传递公式有 $\sigma_{x_j'}^2=\sigma_j^2 p_j=\sigma^2$，从而证明了测量列 $x_j'=\bar{x}_j\sqrt{p_j}$是单位权测量列。

设被测量的真值为 a_t，从而误差传递公式有

$$\delta_j' = (x_j' - a_t) = (\bar{x}_j - a_t)\sqrt{p_j} = \delta_j\sqrt{p_j} \tag{2-80}$$

对于测量列 $x_j'=\bar{x}_j\sqrt{p_j}$，有

$$\sigma^2 = \frac{\sum_{j=1}^{m}(\delta_j')^2}{m} = \frac{\sum_{j=1}^{m} p_j\delta_j^2}{m} \tag{2-81}$$

注意到 $\delta_j = \bar{x}_j - a_t = (\bar{x}_j - \bar{x}_P) + (\bar{x}_P - a_t) = \nu_j + \delta_{\bar{x}P}$，其中 $\nu_j=\bar{x}_j-\bar{x}_P$ 为残余误差、$\delta_{\bar{x}_P} = (\bar{x}_P - a_t)$ 为加权算术平均值的误差，从而有

$$\sum_{j=1}^{m} p_j\delta_j^2 = \sum_{j=1}^{m} p_j(\nu_j + \delta_{\bar{x}P})^2 = \sum_{j=1}^{m} p_j\nu_j^2 + \delta_{\bar{x}P}^2\sum_{j=1}^{m} p_j + 2\delta_{\bar{x}P}\sum_{j=1}^{m} p_j\nu_j \tag{2-82}$$

其中

$$\sum_{j=1}^{m} p_j\nu_j = \sum_{j=1}^{m} p_j(\bar{x}_j - \bar{x}_P) = \sum_{j=1}^{m} p_j\bar{x}_j - \bar{x}_P\sum_{j=1}^{m} p_j = 0 \tag{2-83}$$

$$\sigma_{\bar{x}P}^2 = \frac{\sum_{j=1}^{m}\delta_{\bar{x}P}^2}{m} = \frac{\sum_{j=1}^{m}(\bar{x}_P - a_t)^2}{m} \xRightarrow{m\text{有限}} (\bar{x}_P - a_t)^2 = \delta_{\bar{x}P}^2 \tag{2-84}$$

将式（2-83）、式（2-84）代入式（2-82）后得到

$$\sum_{j=1}^{m} p_j \delta_j^2 = \sum_{j=1}^{m} p_j \nu_j^2 + \sigma_{\bar{x}P}^2 \sum_{j=1}^{m} p_j \tag{2-85}$$

将式（2-79）、式（2-81）代入式（2-85）后得到

$$m\sigma^2 = \sum_{j=1}^{m} p_j \nu_j^2 + \sigma^2$$

从而单位权方差 σ^2 为

$$\sigma^2 = \frac{\sum_{j=1}^{m} p_j \nu_j^2}{m-1} \tag{2-86}$$

将式（2-86）代入式（2-79）后，有

$$\sigma_{\bar{x}P}^2 = \frac{\sigma^2}{\sum_{j=1}^{m} p_j} = \frac{\sum_{j=1}^{m} p_j \nu_j^2}{(m-1)\sum_{j=1}^{m} p_j} = \frac{\sum_{j=1}^{m} p_j (\bar{x}_j - \bar{x}_P)^2}{(m-1)\sum_{j=1}^{m} p_j} \tag{2-87}$$

从而 $\bar{x}_P$ 的实验标准偏差为

$$S(\bar{x}_P) = \sqrt{\frac{\sum_{j=1}^{m} p_j \nu_j^2}{(m-1)\sum_{j=1}^{m} p_j}} = \sqrt{\frac{\sum_{j=1}^{m} p_j (\bar{x}_j - \bar{x}_P)^2}{(m-1)\sum_{j=1}^{m} p_j}} \tag{2-88}$$

注意：式（2-83）体现了加权残余误差的一个特点。

【例 2-19】 由三位技术人员分别对同一个高稳定性的标准电阻在较短的间隔内进行了三组测量，假设系统误差均已经被修正。求该标准电阻的最佳估计值及其标准偏差，并完整表达这个测量结果（假设测量结果服从正态分布）。这三组测量结果的报告数据如下：

(1) $\bar{x}_1 = 1000.045\Omega$，$S(\bar{x}_1) = 5\text{m}\Omega$；

(2) $\bar{x}_2 = 1000.015\Omega$，$S(\bar{x}_2) = 20\text{m}\Omega$；

(3) $\bar{x}_3 = 1000.060\Omega$，$S(\bar{x}_3) = 10\text{m}\Omega$。

解 最佳估计值为加权平均值，从而有

$$p_1 : p_2 : p_3 = \frac{1}{S^2(\bar{x}_1)} : \frac{1}{S^2(\bar{x}_2)} : \frac{1}{S^2(\bar{x}_3)} = \frac{1}{5^2} : \frac{1}{20^2} : \frac{1}{10^2} = 16 : 1 : 4$$

$$\bar{x}_P = \frac{1000.045 \times 16 + 1000.015 \times 1 + 1000.060 \times 4}{16 + 1 + 4} = 1000.0464(\Omega)$$

$$S(\bar{x}_P) = \sqrt{\frac{\sum_{j=1}^{3} p_j \nu_j^2}{(3-1)\sum_{j=1}^{3} p_j}} = \sqrt{\frac{16 \times (-1)^2 + 1 \times (-31)^2 + 4 \times (+14)^2}{42}}$$

$$= \sqrt{\frac{1761}{42}} = 6.5(\text{m}\Omega)$$

若结果服从正态分布，则被测量为

$$X = \bar{x}_P \pm 3S(\bar{x}_P) = 1000.046\Omega \pm 20\text{m}\Omega$$

$$k_P = 3,\ P = 99.73\%$$

本题中若给出的 3 个数据质量不是以标准偏差给出，而是以测量次数 n_j 给出，则以权与测量次数成正比给出各数据的权，然后进行相应计算。

三、异常值的检验与剔除

异常值表现为粗大误差，也称疏失误差。粗大误差的产生是一种明显不符合母体统计规律的事件，应采用一定的统计方法检验、剔除。

实际的随机误差是有界的，因此大于一定限度值的随机误差的出现是不合理的。统计法的基本思想是：给定一个显著性水平，按一定分布确定一个临界值，凡超过这个界限的误差，就认为它不属于随机误差的范围，而是粗大误差，该数据应予以剔除。

（一）3σ 准则

3σ 准则也称为拉依达准则，是最常用也是最简单的判别粗大误差的准则。该准则认为误差的绝对值超过 3σ 的概率很小，为不可能事件。

对于有限次测量列 $\{x_i\}$，有残余误差 $\nu_i = x_i - \overline{x}$，对于满足下式的数据 x_i 视为含有粗大误差而应剔除：

$$|\nu_i| > 3S(x_i) = 3\sqrt{\frac{\sum_{i=1}^{n}(x_i - \overline{x})^2}{n-1}}$$

3σ 准则可以重复应用，直至所保留数据中已不含粗大误差为止，即剔除粗大误差数据后应重复进行检验，看是否还存在粗大误差。每剔除一个粗大误差，测量次数随之减 1，同时再次计算新测量列的 $S(x_i)$。

在使用 3σ 准则时要注意：该准则在 $n \leqslant 10$ 时是失效的，即测量次数不大于 10 次时，不能用 3σ 准则。其原因是，由于

$$\nu_i^2 < \sum_{i=1}^{n} \nu_i^2$$

从而有

$$|\nu_i| < \sqrt{\sum_{i=1}^{n}\nu_i^2} = \sqrt{n-1}\sqrt{\frac{1}{n-1}\sum_{i=1}^{n}\nu_i^2} = \sqrt{n-1}S(x_i)$$

若 $n \leqslant 10$，则恒有 $\sqrt{n-1} \leqslant 3$，则无论对于任何数据均有 $|\nu_i| < 3S(x_i)$，显然此时是无法剔除粗大误差的。

（二）罗曼诺夫斯基准则

当测量次数较少时，按 t 分布确定置信因子来判别粗大误差较为合理。

罗曼诺夫斯基准则又称 t 检验准则，其特点是首先剔除一个可疑的测量值 x_j（通常是 $|\nu_j| = \max$），然后计算新的测量列的 $S(x_i)$，按 t 分布确定置信因子而检验即将被剔除的值是否是含有粗大误差，如果不含有粗大误差则该数据 x_j 保留，否则剔除。

对于有限次数测量列 $\{x_i\}$，若 x_j 是满足 $|\nu_j| = \max$ 的点，则首先剔除 x_j，然后计算残余误差，即

$$\nu_i = x_i - \overline{x} = x_i - \frac{\sum_{i=1}^{n} x_i}{n-1},\ i \neq j$$

再计算实验标准偏差，即

$$S(x_i)=\sqrt{\frac{\sum_{i=1}^{n}(x_i-\overline{x})^2}{n-2}},\ i\neq j$$

对于测量次数 n 和选择的显著性水平 α，置信因子为

$$K(n,\ \alpha)=t_\alpha(n-2)\sqrt{\frac{n}{n-1}}$$

式中　$t_\alpha(n-2)$ ——t 分布的置信因子；

$K(n,\ \alpha)$ ——罗曼诺夫斯基准则的置信因子，可用表 2-3 查得，也可根据 t 分布表查得。

若 $|x_j-\overline{x}|>K(n,\ \alpha)S(x_i)$，则 x_j 为含有粗大误差的数据，应剔除，反之保留。

表 2-3　　罗曼诺夫斯基准则 $K(n,\ \alpha)$

$K(n,\alpha)$ n \ α	0.05	0.01	$K(n,\alpha)$ n \ α	0.05	0.01	$K(n,\alpha)$ n \ α	0.05	0.01
4	4.97	11.46	13	2.29	3.23	22	2.14	2.91
5	3.56	6.53	14	2.26	3.17	23	2.13	2.90
6	3.04	5.04	15	2.24	3.12	24	2.12	2.88
7	2.78	4.36	16	2.22	3.08	25	2.11	2.86
8	2.62	3.96	17	2.20	3.04	26	2.10	2.85
9	2.51	3.71	18	2.18	3.01	27	2.10	2.84
10	2.43	3.54	19	2.17	3.00	28	2.09	2.83
11	2.37	3.41	20	2.16	2.95	29	2.09	2.82
12	2.33	3.31	21	2.15	2.93	30	2.08	2.81

（三）格拉布斯（Grubbs）准则

1950 年格拉布斯根据顺序统计量的某种分布规律提出一种判别粗大误差的准则。1974 年我国学者用电子计算机作过统计模拟试验，与其他几个准则相比，对样本中仅混入一个粗大误差的情况，用格拉布斯准则检验的效率最高。

设对某量作多次等精度独立测量，得 $\{x_i\}$，假定 x 服从正态分布。为了检验 $\{x_i\}$ 中是否含有粗大误差，将 $\{x_i\}$ 按大小顺序排列成顺序统计量 $x_{(i)}$，即

$$x_{(1)}\leqslant x_{(2)}\leqslant\cdots\leqslant x_{(n)}$$

格拉布斯导出了 $g_{(n)}=\dfrac{x_{(n)}-\overline{x}}{S(x_i)}$ 和 $g_{(1)}=\dfrac{\overline{x}-x_{(1)}}{S(x_i)}$ 的分布，在显著度为 α（一般为 0.05 或 0.01）条件下，可得表 2-4 所列的临界值 $g_0(n,\alpha)$ 。

表 2-4 格拉布斯（Grubbs）准则 $g_0(n, \alpha)$

n	α		n	α	
	0.05	0.01		0.05	0.01
	$g_0(n, \alpha)$			$g_0(n, \alpha)$	
3	1.15	1.16	17	2.48	2.78
4	1.46	1.49	18	2.50	2.82
5	1.67	1.75	19	2.53	2.85
6	1.82	1.94	20	2.56	2.88
7	1.94	2.10	21	2.58	2.91
8	2.03	2.22	22	2.60	2.94
9	2.11	2.32	23	2.62	2.96
10	2.18	2.41	24	2.64	2.99
11	2.23	2.48	25	2.66	3.01
12	2.28	2.55	30	2.74	3.10
13	2.33	2.61	35	2.81	3.18
14	2.37	2.66	40	2.87	3.24
15	2.41	2.70	50	2.96	3.34
16	2.44	2.75	100	3.17	3.59

临界值 $g_0(n, \alpha)$ 的含义为

$$P\left[\frac{x_{(n)} - \bar{x}}{S(x_i)} \geqslant g_0(n, \alpha)\right] = \alpha$$

$$P\left[\frac{\bar{x} - x_{(1)}}{S(x_i)} \geqslant g_0(n, \alpha)\right] = \alpha$$

从而得到异常值剔除准则：对于残余误差 $\nu_{(k)} = x_{(k)} - \bar{x}$（$k=n$ 或 $k=1$），若有 $|\nu_{(k)}| \geqslant g_0(n, \alpha)S(x_i)$，则 $x_{(k)}$ 中包含粗大误差，应剔除。

格拉布斯准则可以重复使用，直到所保留的数据中不再包含有粗大误差为止。

【例 2-20】 对某量进行 15 次等精度测量，测量值见表 2-5，设系统误差已修正，试用 3σ 准则判断该测量列中的各数据是否含有粗大误差。

解

$$\bar{x} = 20.404$$

$$S(x_i) = \sqrt{\frac{\sum_{i=1}^{n} \nu_i^2}{n-1}} = \sqrt{\frac{0.01496}{14}} = 0.033$$

$$3S(x_i) = 3 \times 0.033 = 0.099$$

经观察，第 8 个数据的残余误差绝对值最大，根据 3σ 准则 $|\nu_8| = 0.104 > 0.099$，则 x_8

中可能含有粗大误差，应剔除。

对剩下的 14 个数据继续作统计检验。

$$\bar{x}_{(2)} = 20.411$$

$$S[x_{i(2)}] = \sqrt{\frac{\sum_{i=1}^{n-1} \nu_{i(2)}^2}{n-1}} = \sqrt{\frac{0.003374}{13}} = 0.016$$

$$3S[x_{i(2)}] = 3 \times 0.016 = 0.048$$

经观察，剩下的 14 个测量值的残余误差均满足 $|\nu_{i(2)}| < 3S(x_i)$，故可以认为这些测量值不再含有粗大误差。

表 2-5　　某量的 15 次等精度测量结果

序　号	x_i	$\nu_i = x_i - \bar{x}$	ν_i^2	$\nu_{i(2)}$	$\nu_{i(2)}^2$
1	20.42	+0.016	0.000256	+0.009	0.000081
2	20.43	+0.026	0.000676	+0.019	0.000361
3	20.40	−0.004	0.000016	−0.011	0.000121
4	20.43	+0.026	0.000676	+0.019	0.000361
5	20.42	+0.016	0.000256	+0.009	0.000081
6	20.43	+0.026	0.000676	+0.019	0.000361
7	20.39	−0.014	0.000196	−0.021	0.000441
8	20.30	−0.104	0.010816	—	—
9	20.40	−0.004	0.000016	−0.011	0.000121
10	20.43	+0.026	0.000676	+0.019	0.000361
11	20.42	+0.016	0.000256	+0.009	0.000081
12	20.41	+0.006	0.000036	−0.001	0.000001
13	20.39	−0.014	0.000196	−0.021	0.000441
14	20.39	−0.014	0.000196	−0.021	0.000441
15	20.40	−0.004	0.000016	−0.011	0.000121
$\bar{x} = \frac{\sum_{i=1}^{15} x_i}{n} = 20.404$		$\sum_{i=1}^{15} \nu_i = 0$	$\sum_{i=1}^{15} \nu_i^2 = 0.01496$		$\sum_{i=1}^{15} \nu_{i(2)}^2 = 0.003374$

【例 2-21】 使用表 2-5 所示的测量值，试用格拉布斯准则判断该测量列中的各数据是否含有粗大误差，给定显著性水平 $\alpha = 5\%$。

解　将数据按大小顺序排列得到

$$x_{(1)} = x_8 = 20.30 \leqslant x_{(2)} \leqslant \cdots \leqslant x_{(15)} = x_{2,6,10} = 20.43$$

有两个测量值 $x_{(1)}$、$x_{(15)}$，可怀疑，但由于

$$\bar{x} - x_{(1)} = 20.404 - 20.30 = 0.104$$

$$x_{(15)} - \bar{x} = 20.43 - 20.404 = 0.026$$

故应先怀疑 $x_{(1)}$ 是否含有粗大误差。

查表 2-4 得 $g_0(n, a) = g_0(15, 0.05) = 2.41$，则

$$g_0(n, \alpha)S(x_i) = 2.41 \times 0.033 = 0.0795$$

由于 $|x_{(1)} - \bar{x}| = 0.104 > 0.0795$，故 $x_{(1)} = x_8$ 含有粗大误差，应予以剔除。

对剩下的 14 个数据，再重复上述步骤，判别 $x_{(15)}$ 是否含有粗大误差。

$$\bar{x}_{(2)} = 20.411$$

$$S(x_{i(2)}) = \sqrt{\frac{\sum_{i=1}^{n-1} \nu_{i(2)}^2}{n-2}} = \sqrt{\frac{0.003374}{13}} = 0.016$$

$$g_0(n, \alpha)S(x_{i(2)}) = 2.41 \times 0.016 = 0.03856$$

由于 $|x_{(15)} - \bar{x}| = 0.026 < 0.03856$，故 $x_{(15)}$ 不含有粗大误差，判别过程结束。

【例 2-22】 使用表 2-5 所示的测量值，试用罗曼诺夫斯基准则判断该测量列中的各数据是否含有粗大误差，给定显著性水平 $\alpha = 5\%$。

解 首先怀疑第 8 组测量值 x_8 含有粗大误差，将其剔除［不参与 $\bar{x}$ 和 $S(x_i)$ 的计算］。然后根据剩下的 14 个测量值计算平均值和标准差，得 $\bar{x} = 20.411$，$S(x_i) = 0.016$。查表 2-3 得 $K(15, 0.05) = 2.24$，则 $K(15, 0.05)\ S(x_i) = 2.24 \times 0.016 = 0.036$。因 $|x_8 - \bar{x}| = |20.30 - 20.411| = 0.111 > 0.036$，故第 8 组测量值 x_8 含有粗大误差，剔除是正确的。此后对剩下的 14 个测得值进行判别，可知这些测量值不再含有粗大误差。

以上介绍了 3 种粗大误差的判别准则，根据前人的实践经验，在具体应用时建议按如下几点考虑：

（1）大样本情况（$n > 50$）用 3σ 准则最简单方便，虽然这种判别准则的可靠性不高，但使用简便，不需要查表，故在要求不高时经常使用；$30 < n \leqslant 50$ 情形，用格拉布斯准则效果较好；$3 \leqslant n < 30$ 情形，用格拉布斯准则适于剔除一个粗大误差；当测量次数比较小时，也可根据情况采用罗曼诺夫斯基准则。

（2）在较为精密的实验场合，可以选用 2～3 种准则同时判断，当一致认为某值应剔除或保留时，则可以放心地加以剔除或保留。当几种方法的判断结果有矛盾时，则应慎重考虑，一般以不剔除为妥。因为留下某个怀疑的数据后算出的 σ 只是偏大一点，这样较为安全。另外，可以再增添测量次数，以消除或减少它对平均值的影响。

还有一些统计检验方法，如肖维勒（Chauvenet）准则、狄克逊（Dixon）准则等，因篇幅有限，本文不再详述。

四、误差分配

实际的测量工作大致分为两种，一种是给定测量对象（如实物量具、仪器仪表或测量系统等）用已定的测量仪器或测量系统对其进行校准、检定或测试，在完成这些测量工作以后，要对所获得的测量结果进行不确定度的分析，最后给出合理的评定结果；另外一种是给定技术指标（主要是不确定度指标），要求按所要求的指标设计测量仪器或测量系统。

第一种情况称为不确定度评定或误差分析，这是一种全面评价测量结果或仪器的方

法，在后面的内容中将给予详细说明；第二种情况通常针对在扩展不确定度给定，涉及各影响因素（系统参数）不确定度如何分配的问题的情况，通常称为方案设计或误差分配。

误差分配决定了设计工作的成败，非常重要，是一项需要设计者的知识和经验都非常丰富的工作。下面介绍的内容仅仅是一些原则，在进行实际设计工作时，还需要设计者做缜密的思考。

用 x_i 表示各误差影响因素（系统参数及响应），在各因素误差之间相互独立时，以下的分析均依据方差传递公式，即

$$u_Y^2 \approx \left(\frac{\partial F}{\partial x_1}u_{x1}\right)^2 + \left(\frac{\partial F}{\partial x_2}u_{x2}\right)^2 + \cdots + \left(\frac{\partial F}{\partial x_n}u_{xn}\right)^2$$

设被测量 Y 的最佳估计值 $\hat{y}$ 的不确定度的扩展因子为 k_P、各误差影响因素 x_i 的不确定度的扩展因子为 k_i，则 $\hat{y}$ 的扩展不确定度为

$$U_P(\hat{y}) = k_P\sqrt{\sum_{i=1}^{n}\left(\frac{\partial F}{\partial x_i}\frac{U(x_i)}{k_i}\right)^2} \tag{2-89}$$

误差（不确定度）分配问题就是在给定 $U_P^*(\hat{y})$ 的要求下，如何初步确定 $U(x_i)$ 的问题，即如何保证式（2-90）成立的问题，于是有

$$U_P^*(\hat{y}) \geqslant k_P\sqrt{\sum_{i=1}^{n}\left[\frac{\partial F}{\partial x_i}\frac{U(x_i)}{k_i}\right]^2} \tag{2-90}$$

（一）标准不确定度分量等贡献分配法

定义 $u_i(\hat{y})$ 为标准不确定度分量，其表达式为

$$u_i(\hat{y}) = \left|\frac{\partial F}{\partial x_i}\frac{U(x_i)}{k_i}\right|$$

上式也可写为

$$\left|\frac{\partial F}{\partial x_1}\frac{U(x_1)}{k_1}\right| = \left|\frac{\partial F}{\partial x_2}\frac{U(x_2)}{k_2}\right| = \cdots = \left|\frac{\partial F}{\partial x_n}\frac{U(x_n)}{k_n}\right| = u_i(\hat{y}) \tag{2-91}$$

将式（2-91）代入式（2-90），有

$$u_i(\hat{y}) = \left|\frac{\partial F}{\partial x_i}\frac{U(x_i)}{k_i}\right| \leqslant \frac{U_P^*(\hat{y})}{\sqrt{n}k_P}$$

从而有

$$U(x_i) \leqslant \frac{k_i}{k_P}\frac{U_P^*(\hat{y})}{\sqrt{n}\left|\frac{\partial F}{\partial x_i}\right|} \tag{2-92}$$

式（2-92）即是确定 $U(x_i)$ 的依据。

（二）因素标准不确定度等量分配法

定义 $u(x_i)$ 为因素标准不确定度，其表达式为

$$u(x_i) = \frac{U(x_i)}{k_i}$$

在各因素为同一物理量且量值相近时，上式也可表示为

$$\frac{U(x_1)}{k_1} = \frac{U(x_2)}{k_2} = \cdots = \frac{U(x_n)}{k_n} = u(x_i) \tag{2-93}$$

将式（2-93）代入式（2-90），有

$$u(x_i)=\frac{U(x_i)}{k_i}\leqslant\frac{U_P^*(\hat{y})}{\sqrt{\sum_{i=1}^{n}\left(\frac{\partial F}{\partial x_i}\right)^2}k_P}$$

从而有

$$U(x_i)\leqslant\frac{k_i}{k_P}\frac{U_P^*(\hat{y})}{\sqrt{\sum_{i=1}^{n}\left(\frac{\partial F}{\partial x_i}\right)^2}} \tag{2-94}$$

式（2-94）即是确定 $U(x_i)$ 的依据。

（三）重点标准不确定度分量保证法

对于标准不确定度分量 $u_i(\hat{y})$，$1\leqslant K\leqslant n$。若除了 $u_K(\hat{y})$ 以外其他各分量不确定度均已确定且与 $u_K(\hat{y})$ 相比均很小，则有

$$\sqrt{\sum_{i=1}^{n}\left[\frac{\partial F}{\partial x_i}\frac{U(x_i)}{k_i}\right]^2}=\sqrt{\left[\frac{\partial F}{\partial x_K}\frac{U(x_K)}{k_K}\right]^2+\sum_{\substack{i=1\\i\neq K}}^{n}\left[\frac{\partial F}{\partial x_i}\frac{U(x_i)}{k_i}\right]^2} \tag{2-95}$$

将式（2-95）代入式（2-90），有

$$\left[\frac{\partial F}{\partial x_K}\frac{U(x_K)}{k_K}\right]^2\leqslant\left[\frac{U_P^*(\hat{y})}{k_P}\right]^2-\sum_{\substack{i=1\\i\neq K}}^{n}\left[\frac{\partial F}{\partial x_i}\frac{U(x_i)}{k_i}\right]^2$$

从而有

$$U(x_K)\leqslant\frac{k_K}{\left|\frac{\partial F}{\partial x_K}\right|}\sqrt{\left[\frac{U_P^*(\hat{y})}{k_P}\right]^2-\sum_{\substack{i=1\\i\neq K}}^{n}\left[\frac{\partial F}{\partial x_i}\frac{U(x_i)}{k_i}\right]^2} \tag{2-96}$$

式（2-96）即为确定 $U(x_K)$ 的依据。

式（2-92）和式（2-94）中各扩展因子可按以下思路取值：

（1）对于无法确定各因素误差分布时，均假设其服从均匀分布，即 $k_i=\sqrt{3}$；

（2）扩展因子 k_P 按 t 分布确定，即 $k_P=t_\alpha(\nu_{\text{eff}})$，$\nu_{\text{eff}}$为有效自由度。

【例 2-23】 按 $W=I^2Rt$ 测量电能，若要求 $U_{95\%}^*(\hat{W})=1\%\times W$，$\nu_{\text{eff}}\approx12$。试分别确定 I、R、t 的不确定度。

解 $W=I^2Rt=F(I,R,t)$，$\frac{\partial F}{\partial I}=2IRt$，$\frac{\partial F}{\partial R}=I^2t$，$\frac{\partial F}{\partial t}=I^2R$，$k_P=t_{5\%}(12)=2.18$，$k_i=\sqrt{3}$

按标准不确定度分量等贡献分配，有

$$U(x_i)\leqslant\frac{1}{2.18}\frac{1\%\times W}{\left|\frac{\partial F}{\partial x_i}\right|}$$

从而有

$$U(I)\leqslant\frac{1}{2.18}\frac{1\%\times I^2Rt}{2IRt}=0.23\%\times I$$

$$U(R)\leqslant\frac{1}{2.18}\frac{1\%\times I^2Rt}{I^2t}=0.46\%\times R$$

$$U(t) \leqslant \frac{1}{2.18} \frac{1\% \times I^2Rt}{I^2R} = 0.46\% \times t$$

五、最佳测量方案

所谓最佳方案就是使扩展不确定度最小的方案。在工程上确定最佳方案通常采用方案比较法和最小值法，因篇幅所限，以下只介绍方案比较法。

在现有条件下，根据已有的仪器设备、设计不同的测量方法，初步分析相应的测量结果的标准不确定度（或标准偏差），取其最小者即为最佳方案。

【例 2-24】 测量电阻 R 上的功率，有 3 种测量方法，即 $P_1=1V$、$P_2=\frac{V^2}{R}$、$P_3=I^2R$。现手头上有 0.1 级单电桥、1.0 级 0～15V 的电压表和 1.0 级 0～10mA 的电流表各一只，其中电桥以相对误差定级，电压表和电流表以引用误差定级。若已知 $R\approx1000\Omega$、$V_R\approx5V$、$I_R\approx5mA$，试问采用哪种测量方案最好。

解　第一种方案的方差为

$$\begin{aligned} u^2(P_1) &= [Iu(V)]^2 + [Vu(I)]^2 \\ &= \left(\frac{1}{\sqrt{3}}\right)^2 \{[IU(V)]^2 + [VU(I)]^2\} \end{aligned}$$

其中

$$\begin{aligned} U(V) &= 1\% \times 15 = 0.15(V) \\ U(I) &= 1\% \times 10 = 0.1(mA) \\ U(R) &= 0.1\% \times 1000 = 1(\Omega) \end{aligned}$$

从而有

$$u(P_1) \approx \sqrt{\left(\frac{1}{\sqrt{3}}\right)^2 \times [(5\times0.15)^2 + (5\times0.1)^2]} = 5.2\times10^{-4}(W)$$

同理有

$$\begin{aligned} u(P_2) &\approx \sqrt{\left(\frac{1}{\sqrt{3}}\right)^2 \times \left[\left(\frac{2\times5}{1000}\times0.15\right)^2 + \left(-\frac{5^2}{1000^2}\times1\right)^2\right]} \\ &= 8.7\times10^{-4}(W) \end{aligned}$$

$$\begin{aligned} u(P_3) &\approx \sqrt{\left(\frac{1}{\sqrt{3}}\right)^2 \times [(1000\times2\times5\times0.1)^2 + (5^2\times1)^2]} \\ &= 5.8\times10^{-4}(W) \end{aligned}$$

根据 3 种方案的标准不确定度的大小，显然第一种方案为最佳。

第四节　测量不确定度及其评定

一、测量不确定度概述

前面几节对误差的基本概念、系统误差及其处理方法、最佳估计值及其标准偏差等基本内容进行了详细的论述。

关于测量不确定度，前面已经介绍了它的基本概念，知道测量不确定度是表达测量结果质量的重要参数。本节将深入研究测量不确定度评定的有关问题。

由于在进行测试、校准、检定、系统设计和调试等测量工作时，必须对已定的系统误差进行修正或补偿，因此可以认为在测量结果中系统误差的显著部分已经被消除。但是由于真实误差的不可知性，必然还有一部分残余的误差存在。这些误差虽然不具有随机误差的特征，但其大小或符号难以确定，因此不能再次修正，但是却可以通过其他非统计学方法估算其限度，因此有理由把这些误差的限度视为不确定度予以估计。另外，测量系统的构成是比较复杂的，各种影响测量结果的因素共同的作用必然导致随机误差的发生，这些随机误差是无法消除的，应该分析或测试其限度并以一定的方法与其他误差限度进行合成。这个合成的数值即是表达被测量合理赋值范围的指标，即测量结果的不确定度。

"不确定度"一词起源于1927年德国物理学家海森堡在量子力学中提出的测不准关系。1970年左右，一些学者逐步使用不确定度一词，但是在1993年之前，关于测量不确定度及其表达等问题国际上尚无统一的规定，因此在如何表达测量结果的质量问题上存在很多混乱的现象。

1986年由国际标准化组织（ISO）等七个国际组织共同组成了不确定度工作组，并于1993年颁布《测量不确定度表示指南》（GUM），在世界各国得到执行和广泛应用。根据GUM和我国的实际情况，我国制定了国家技术规范《测量不确定度评定与表示》（JJF 1059—1999），作为表达测量不确定度的技术法规文件。

二、测量不确定度与误差的关系

误差是测量过程中的客观产物，由于真值不可知，因此误差按定义通常是不能得到的，得到的是在某个具体条件下的误差估计值，这种误差估计值一旦离开了当时的条件，其可靠性往往是不可知的。

测量不确定度是在一定限定条件（统计分布、概率、影响量参数变化范围等）和测量条件下（如重复实验）对误差在一定概率下的限度的一种估计值，因此测量不确定度所包含的信息量（如限定条件和测量条件的信息）更大，能够更好地指导测量工作。但是在不确定度评估过程中，很多影响因素及其量化取值由评估者的知识和经验决定，因此这种估计值具有一定的主观成分，不同的评估者获得不同的结果就不足为奇了。不确定度评估值过小，则测量结果落入规定区域的可靠性变差；不确定度评估值过大，则虽然测量结果落入规定区域的可靠性提高甚至成为确定性事件，但是测量结果的真实质量被"诋毁"了。因此不确定度评估值必须"恰如其分"，才能"不偏不倚"地反映测量结果的真实质量。评估结果的好坏应该以能禁受住实践的检验为标准。

三、测量不确定度的有关概念

在第一节中，已经给出了不确定度的一些概念，下面继续给出与不确定度评定的有关概念。

（一）标准不确定度

以标准偏差表示的不确定度即为标准不确定度。

（二）合成标准不确定度

当测量结果由若干个其他量的值求得时，按其他量的方差及协方差计算得到的不确定度即为合成标准不确定度。当各误差因素之间互相独立时，不考虑协方差部分的影响。

（三）扩展不确定度

确定测量结果存在的区间的量，被测量合理赋值的大部分含于此区间。

（四）包含因子（覆盖因子）

包含因子是指为求得扩展不确定度，对合成标准不确定度所乘的数字因子，该值一般为2～3。

（五）不确定度的A类评定

对观测列用统计分析的方法来确定标准不确定度的方法，被称为不确定度的A类评定。

（六）不确定度的B类评定

对观测列用非统计分析的方法来确定标准不确定度的方法，被称为不确定度的B类评定。

（七）自由度

在方差的计算中，总和所包含的项数与各项之间存在的约束条件数之差称为自由度。

合成标准不确定度的自由度称为有效自由度，记为ν_{eff}。有效自由度的大小反映了实验标准偏差的可靠程度。

四、测量不确定度评定规范及测量结果的表达

对于一般的工业测量，可以根据测量仪表和传感器说明书中的技术条件，计算在实际状态下的允许误差限，将传感器和仪表这两个独立环节按串联模型处理，求得总的误差限。可以采用误差限的方和根合成法，甚至可以采用误差限的绝对值合成法，具体采用什么合成方法，根据实际要求的可靠性情况而定。

对于比较复杂和要求较高的测量工作，则必须按照国家技术规范的要求，给出不确定度评定结果。

不确定度的各影响因素应该在仪器设备、测量方法、环境条件、对象特征四方面予以考虑，对于手动仪器设备还应考虑人员操作习惯。在“不遗漏、不重复”的原则下，根据定理、定律及实验结果等建立合理的不确定度分析数学模型。建立分析模型时，特别要注意隐含因素（如实际测量模型的误差、仪器的长期不稳定性、校准不确定度及主要环境条件的影响等）的表达。

建立不确定度分析数学模型的步骤如下：

（1）建立被测量Y的不确定度分析数学模型$Y=F(x_i)$，$i=1\sim m$，为便于分析，x_i应为相互独立的因素。

（2）对模型作灵敏度分析，即确定误差因素x_i的灵敏度$C_i=\dfrac{\partial F}{\partial x_i}$。

（3）分析并确定标准不确定度分量$u_i(\hat{y})=C_i u(x_i)$中$u(x_i)$的大小、概率分布及自由度ν_i，从而确定$u_i(\hat{y})$。

其中，可用B类方法根据经验和知识确定$u(x_i)$，对于无法用B类确定的$u(x_i)$可直接用A类方法确定$u_i(\hat{y})$。

分析B类不确定度的自由度ν_i所使用的计算公式为

$$\nu_i=\frac{1}{2}\times\frac{1}{\left[\dfrac{\sigma_{u(x_i)}}{u(x_i)}\right]^2}$$

其中，$\dfrac{\sigma_{u(x_i)}}{u(x_i)}$为标准不确定度$u(x_i)$的相对标准不确定度。该值由$u(x_i)$信息来源的可信程度，凭经验给出，一般在0%～50%之间，其值越小，即 ν_i 越大，说明 $u(x_i)$ 越可靠。

（4）计算被测量估计值 $\hat{y}$ 的合成标准不确定度，其表达式为

$$u_C(\hat{y}) = \sqrt{\sum_{i=1}^{m} u_i^2(\hat{y})}$$

（5）$u_C(\hat{y})$ 的有效自由度 ν_{eff}。有效自由度 ν_{eff} 根据韦尔奇·萨特斯维特（Welch-Satterthwaite）公式计算，即

$$\nu_{eff} = \frac{u_C^4(\hat{y})}{\sum_{i=1}^{m} \frac{u_i^4(\hat{y})}{\nu_i}}$$

（6）对于给定的置信概率 P，确定 t 分布覆盖因子 $k_P = t_P(\nu_{eff})$，从而 $\hat{y}$ 的扩展不确定度为 $U_P(\hat{y}) = k_P u_C(\hat{y})$。

（7）测量结果的完整表达。测量结果的完整表达应当包含被测量的最佳估计值、该估计值的测量不确定度、置信概率 P 和有效自由度 ν_{eff} 等信息，其中报告的不确定度可以是标准不确定度 $u_C(\hat{y})$、按正态分布确定覆盖因子（通常取 2 或 3）的扩展不确定度 $U(\hat{y})$ 和按 t 分布确定覆盖因子的扩展不确定度 $U_P(\hat{y})$，如果能确定 $\hat{y}$ 的具体分布，则按该分布求解覆盖因子。

这些不确定度通常保留 1～2 位有效数字。不确定度也可以用相对扩展不确定度 U_{rel} 或相对标准不确定度 u_{rel} 表示。

【例 2-25】 若标准砝码的质量为 m_s，测量结果为 $\hat{m}_s = 100.02147\text{g}$，合成标准不确定度 $u_C(\hat{m}_s) = 0.35\text{mg}$，试表达测量结果。

解 （1）以合成标准不确定度 $u_C(\hat{m}_s)$ 报告测量结果。于是有

$$\hat{m}_s = 100.02147\text{g}，u_C(\hat{m}_s) = 0.35\text{mg}$$

或者 $$m_s = 100.02147(35)\text{g}$$

或者 $$m_s = 100.02147(0.00035)\text{g}$$

或者 $$m_s = (100.02147 \pm 0.00035)\text{g}$$

注：最后一种方式应尽量避免使用。

（2）以扩展不确定度 $U(\hat{m}_s) = k u_C(\hat{m}_s)$ 报告测量结果。此种情况下，通常取覆盖因子 $k=2$ 或 $k=3$，则 $\hat{m}_s = 100.02147\text{g}$，$U = 0.70\text{mg}$，$k=2$。或者 $m_s = (100.02147 \pm 0.00070)\text{g}$，$k=2$。

（3）以扩展不确定度 $U_P(\hat{m}_s) = k_P u_C(\hat{m}_s)$ 报告测量结果。

设 $p = 95\%$、$\nu_{eff} = 9$，则

$$k_P = t_{95}(9) = 2.26，U_{95}(\hat{m}_s) = k_P u_C(\hat{m}_s) = 0.79\text{mg}$$

于是有 $$m_s = 100.02147\text{g}，U_{95} = 0.79\text{mg}，\nu_{eff} = 9$$

或者 $$m_s = 100.02147(79)\text{g}，\nu_{eff} = 9，p = 95\%$$

或者 $$m_s = 100.02147(0.00079)\text{g}，\nu_{eff} = 9，p = 95\%$$

或者 $$m_s = (100.02147 \pm 0.00079)\text{g}，\nu_{eff} = 9，p = 95\%$$

注：最后一种方式为推荐方式。

五、测量不确定度评定举例

测量不确定度的评定在测量仪器检定、校准、测试以及成果鉴定和测量结果评价方面具有极其重要的应用价值。下面就测量结果评价方面给出一个例题，作为了解评定规范基本内容的一个范例。

【例 2-26】 以 $7\frac{1}{2}$ 位数字式电压表为标准，在标准条件下测量直流标准电压源的输出电压 10 次，直流标准电压源的设定值为 10.00000V，标准数字式电压表的测量值分别为：10.000107、10.000103、10.000097、10.000111、10.000091、10.000108、10.000121、10.000101、10.000110、10.000094V。回答下列问题：

(1) 直流标准电压源输出的实际值、在 10V 处的绝对误差和相对误差；

(2) 分析数字式电压表测量结果的不确定度并给出测量结果的完整表达。

其他已知信息如下：

(1) 数字式电压表是在上级计量部门校准后的 24h 内使用；

(2) 上级计量部门的校准证书报告了该数字式电压表的校准不确定度；

(3) 置信概率取 99.73%。

解 1. 直流标准电压源输出的实际值（电压表测量结果的最佳估计值）

$$\overline{U}=10.000104\text{V}$$

直流标准电压源在 10V 处的绝对误差为

$$e=U_{set}-\overline{U}=10-10.000104=-0.000104(\text{V})$$

直流标准电压源在 10V 处的设定值相对误差为

$$r=\frac{U_{set}-\overline{U}}{U_{set}}=\frac{-0.000104}{10}\approx-1.0\times10^{-5}$$

2. 数字式电压表测量结果的不确定度评定

(1) 不确定度评定的数学模型。在该数字式电压表测量过程中，其测量结果受以下误差因素的影响：

1) 数字式电压表短期稳定度因素造成的误差 U_1，可以通过 B 类评定确定。

2) 数字式电压表校准不确定度因素造成的误差 U_2，可以通过 B 类评定确定。

3) 测量过程中各种随机因素造成的误差，主要包括：

a. 数字式电压表自身测量噪声（包括量化噪声）的影响；

b. 直流标准电压源输出电压的低频噪声和纹波的影响；

c. 其他随机因素的影响。

这些随机因素的共同影响结果用 $S(\overline{U})$ 表达，通过 A 类评定确定。

4) 环境因素的影响。由于测量过程是在标准条件下进行的，因此该因素的影响可忽略。

考虑到上述因素后，被测量实际值的数学模型可以表达为

$$\hat{U}=\overline{U}-U_1-U_2$$

式中 U_1、U_2——上述因素而产生的电压误差。

由于 U_1、U_2 的具体的大小和符号是无法确定的，因此作为不确定度考虑。从而得到

$$u_{\hat{U}} = \sqrt{S^2(\bar{U}) + (-1 \times u_{U1})^2 + (-1 \times u_{U2})^2}$$

(2) 评定过程。

1) 标准电压表示值稳定度引起的标准不确定度分量 u_{U1}。由于数字式电压表是在上级计量部门校准后的 24h 内使用，经查阅仪表说明书并根据经验可知其在 24h 内的偏移量绝对值 U_{U1} 不超过 15μV。由于不知道该因素的具体分布，故假设其服从均匀分布，从而有

$$u_{U1} = \frac{U_{U1}}{\sqrt{3}} = \frac{15}{\sqrt{3}} \approx 8.7(\mu V)$$

由于该数字式电压表技术说明书给出的技术指标极为可靠，故可以认为$\frac{\sigma_{uU1}}{u_{U1}} \approx 0$，从而有

$$\nu_1 = \frac{1}{2} \times \frac{1}{\left(\frac{\sigma_{uU_1}}{u_{U1}}\right)^2} \to \infty$$

2) 数字式电压表校准不确定度引起的标准不确定度分量 u_{U2}。查阅校准证书得知，该数字式电压表的校准不确定度（3σ）为 $3.5 \times 10^{-6} U_x$，故可得

$$u_{U2} = \frac{U_{U2}}{3} = \frac{3.5 \times 10^{-6} \times 10}{3} \approx 11.7(\mu V)$$

查阅校准证书得知，校准不确定度的自由度 $\nu_2 \to \infty$。

3) 测量平均值 $\bar{U}$ 的标准不确定度 $S(\bar{U})$。可由下述步骤求得

$$S(U_i) = \sqrt{\frac{\sum_{i=1}^{10}(U_i - \bar{U})^2}{10-1}} \approx 9(\mu V)$$

$$S(\bar{U}) = \frac{S(U_i)}{\sqrt{10}} \approx 2.8(\mu V)$$

$$\nu_3 = 10 - 1 = 9$$

4) 合成标准不确定度为

$$u_{\hat{U}} = \sqrt{S^2(\bar{U}) + (-1 \times u_{U1})^2 + (-1 \times u_{U2})^2} \approx 15(\mu V)$$

5) 合成标准不确定度的自由度为

$$\nu_{eff} = \frac{u_{\hat{U}}^4}{\sum_{j=1}^{3}\frac{u_j^4}{\nu_j}} = \frac{15^4}{\frac{8.7^4}{\infty} + \frac{11.7^4}{\infty} + \frac{2.8^4}{9}} \approx 7413 \to \infty$$

6) 扩展不确定度。查 t 分布表得知，$k_{99.73\%} = t_{99.73\%}(7412) \approx t_{99.73\%}(\infty) = 3$，则

$$U_{99.73\%}(\hat{U}) = k_P \times u_{\hat{U}} = 3 \times 15 = 45(\mu V)$$

相对不确定度为

$$U_{rel-99.73\%} = \frac{U_{99.73\%}(\hat{U})}{10} = \frac{45 \times 10^{-6}}{10} = 4.5 \times 10^{-6}$$

7) 表达测量结果为

$$U = (10.000104 \pm 0.000045)V, \ \nu_{eff} = 7412, \ P = 99.73\%$$

本 章 小 结

本章在论述测量与测量误差的基本概念的基础上，较为详细地介绍了系统误差的基本规律和减少系统误差影响的基本方法、随机误差的基本规律、随机误差度量指标的计算方法、测量不确定度评定规范及评定实例。

习 题 与 思 考 题

2-1 为什么测量结果都带有误差?

2-2 简述误差、相对误差、修正值的定义。

2-3 什么是真值?应用中如何选择?

2-4 计算下列测量值的误差:

(1) 约定真值为 102mm 的量块，测得值为 103mm;

(2) 约定真值为 6.42μA 的电流，用微安表测得为 6.34μA。

2-5 列出仪表示值误差、示值相对误差、示值引用误差的表达式。

2-6 某电压表刻度 0～10V，在 5V 处测量检定值为 4.995V，求在 5V 处仪表示值误差、示值相对误差和示值引用误差。

2-7 0.1 级、量程为 10A 电流表，经检定最大示值误差为 8mA，问该表是否合格?

2-8 检定 2.5 级、量程为 100V 的电压表，在 50V 刻度上标准电压表读数为 48V，试问此表是否合格?

2-9 某一电压表测出电压为 120V，标准表测出电压为 125V，求绝对误差、相对误差和分贝误差。

2-10 误差来源一般应如何考虑?

2-11 简述系统误差、随机误差和粗大误差的含义。

2-12 服从正态分布的随机误差有哪些性质?

2-13 正态分布随机误差在 $[-\sigma, +\sigma]$、$[-2\sigma, +2\sigma]$ 和 $[-3\sigma, +3\sigma]$ 内的概率分别是多少?

2-14 对某量等精度测量 5 次，所得值为 29.18，29.24，29.27，29.25，29.26，求平均值及单次测量的实验标准偏差。

2-15 对某量等精度独立测量 16 次，单次测量实验标准偏差为 1.2，求平均值的实验标准偏差。

2-16 实验中为什么要进行多次测量?

2-17 什么是权?什么是等精度测量和不等精度测量?在不等精度测量时，最佳值及其实验标准偏差如何计算?

2-18 电阻 R 上的电流 I 产生的热量 $Q=0.24I^2Rt$，t 为通过电流的持续时间。已知测量 I 与 R 的相对误差为 1%，测量 t 的相对误差为 5%，求 Q 的相对误差。

2-19 对含有粗大误差的异常值如何处理和判别?

2-20 对某被测量进行 10 次测量，测量数据为 100.47、100.54、100.60、100.65、

100.73、100.77、100.82、100.90、101.01、101.40。问该测量列中是否有包含粗大误差的测量值。

2-21 用两种不同的方法测电阻，若测量中均无系统误差，则所得电阻值（单位为 Ω）如下：

第一种方法（测 8 次）：100.36，100.41，100.28，100.30，100.32，100.31，100.37，100.29。

第二种方法（测 6 次）：100.33，100.35，100.29，100.31，100.30，100.28。

回答下列问题：

(1) 若分别用以上两组数据的平均值作为电阻的两个估计值，问哪个估计值更可靠？

(2) 用两次测量的全部数据求被测电阻的最佳估计值。

第三章　检测信号处理

由于传感器种类不同，工作原理也不同，因而其转换的电参量或电信号也有较大差别。对于输出量为电参量（如电阻、电容、电感）的参量型传感器，必须将这些输出参量转换为电压或电流量。对于输出量为电量的传感器，其多数情况量值过小，需要放大；有些信号的输出特性为非线性，需要进行线性化处理；有些信号混有噪声，需要进行滤波处理。因而，一般在传感器和显示记录仪表之间有一个中间环节，即信号处理器，使传感器检测的原始信号经过处理之后，驱动显示记录仪表。

常见的信号处理电路有电桥电路、放大电路、滤波电路、调制解调电路、相敏检波电路等。本章仅介绍几种常用的信号处理电路。

第一节　测量电桥

由于电桥电路具有灵敏度高、测量范围宽、容易实现温度补偿等优点，因此在测量电路中广泛应用。电桥电路可以方便地检测出某些电参量的微小变化，并将电参量的变化借助于电桥转换为相应的电压或电流的变化输出。此外，电桥电路还可以方便进行测量电路的零点调节。电桥电路的桥臂电阻可为固定电阻，也可为其他类型的可变电阻（如应变电阻、热电阻等），交流电桥中桥臂电阻则可以是电容、电感等。

目前电桥电路的供桥方式有恒压和恒流两种，现在多数采用恒压方式。下文中将以恒压源电桥为例进行介绍。电桥根据电源的性质分为直流电桥和交流电桥两种。由于这两种电桥转换原理一样，基本公式也有相似的表达方式，故本节主要以直流电桥为例来分析其工作原理和特性。

一、直流电桥的工作原理

图 3-1 为直流惠斯登电桥，它的四个桥臂由固定电阻 R_1、R_2、R_3、R_4 组成，A、C 端接直流电源，称作供桥端，U_i 为供桥电压，B、D 为输出端。

根据分压原理，在电桥 ABC 支路的 R_2 上的电压降为

$$U_{BC}=\frac{R_2}{R_1+R_2}U_i$$

同理，在电桥 ADC 支路的 R_3 上的电压降为

$$U_{DC}=\frac{R_3}{R_3+R_4}U_i$$

则输出电压为

$$U=U_{DC}-U_{BC}=\frac{R_3}{R_3+R_4}U_i-\frac{R_2}{R_1+R_2}U_i$$

$$=\frac{R_3R_1-R_2R_4}{(R_3+R_4)(R_1+R_2)}U_i \tag{3-1}$$

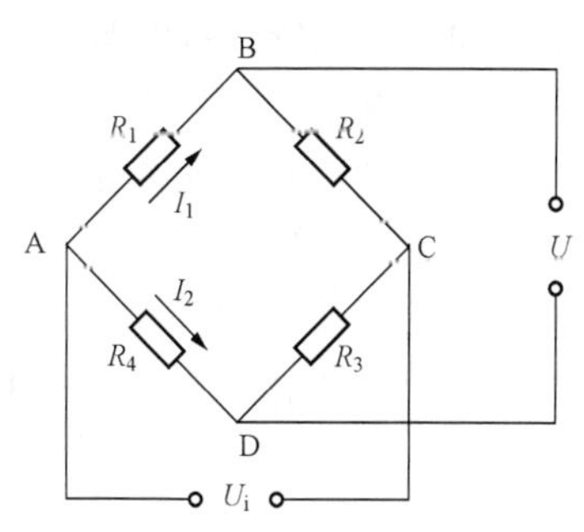

图 3-1　直流惠斯登电桥

由式（3-1）可知，当电桥各桥臂的电阻满足如下条件

时有

$$R_1R_3 = R_2R_4 \quad 或 \quad \frac{R_1}{R_2} = \frac{R_4}{R_3}$$

则电桥的输出电压为零，即电桥处于平衡状态。

设电桥中桥臂 R_1 为应变片，其余桥臂为固定电阻，电桥处于平衡状态。当 R_1感应应变而产生电阻增量 ΔR_1 时，由于 $\Delta R_1 \ll R_1$，故此时电桥的输出电压可由对式（3-1）微分求得，即

$$\mathrm{d}U = U_{\mathrm{i}} \frac{R_2}{(R_1+R_2)^2}\mathrm{d}R_1$$

当 ΔR_1 很小时（在一般的测量中都能满足这一点），$\Delta U \approx \mathrm{d}U$，故上式可用增量表示为

$$\Delta U = U_{\mathrm{i}} \frac{R_2}{(R_1+R_2)^2}\Delta R_1 = \frac{R_1R_2}{(R_1+R_2)^2}\left(\frac{\Delta R_1}{R_1}\right)U_{\mathrm{i}} \tag{3-2}$$

（1）对输出对称形式。$R_1=R_2=R$，$R_3=R_4=R'$时，当桥臂 R_1（应变片）的电阻发生变化，其电阻增量为 $\Delta R_1=\Delta R$，则输出电压为

$$\Delta U = U_{\mathrm{i}} \frac{RR'}{(R+R')^2}\left(\frac{\Delta R}{R}\right) = \frac{U_{\mathrm{i}}}{4}\left(\frac{\Delta R}{R}\right) = \frac{U_{\mathrm{i}}}{4}K\varepsilon \tag{3-3}$$

式中 K——应变片的灵敏度；

ε——应变片的应变量。

（2）对电源对称形式。$R_1=R_4=R$，$R_2=R_3=R'$时，当桥臂 R_1（应变片）的电阻发生变化，其电阻增量为 $\Delta R_1=\Delta R$，则输出电压为

$$\Delta U = U_{\mathrm{i}} \frac{RR'}{(R+R')^2}\left(\frac{\Delta R}{R}\right) = \frac{RR'}{(R+R')^2}U_{\mathrm{i}}K\varepsilon \tag{3-4}$$

（3）全等臂电桥。$R_1=R_2=R_3=R_4=R$ 时，当桥臂 R_1（应变片）的电阻发生变化，其电阻增量为 $\Delta R_1=\Delta R$，则输出电压为

$$\Delta U = U_{\mathrm{i}} \frac{RR'}{(R+R')^2}\left(\frac{\Delta R}{R}\right) = \frac{U_{\mathrm{i}}}{4}\left(\frac{\Delta R}{R}\right) = \frac{U_{\mathrm{i}}}{4}K\varepsilon \tag{3-5}$$

在上述三种电桥中，当电桥的一个桥臂电阻（即应变片电阻）发生变化时，电桥的输出电压也随着发生变化。当 $\Delta R \ll R$ 时，其输出电压与电阻变化率 $\Delta R/R$（或应变 ε）呈线性关系。因而输出电压的变化就反应了应变的变化，也即反映了所加外力的变化。

在桥臂电阻发生相同变化的情况下，全等臂电桥与对输出对称电桥的输出电压相同，它们的输出电压皆比对电源对称电桥的输出电压大，即灵敏度较高，因此在实测中多采用这两种形式的电桥。

二、电桥的基本特性

以全等臂电桥的电压输出为例分析 4 个桥臂的电阻变化，从而说明电桥的基本特性。设电桥的四个桥臂都由应变片组成，且工作时各桥臂的电阻都将发生变化，电桥也将有电压输出。当供桥电压一定且 $\Delta R_{\mathrm{i}} \ll R_{\mathrm{i}}$ 时，对式（3-1）全微分即可求得电桥的输出电压增量为

$$\mathrm{d}U = \frac{\partial U}{\partial R_1}\mathrm{d}R_1 + \frac{\partial U}{\partial R_2}\mathrm{d}R_2 + \frac{\partial U}{\partial R_3}\mathrm{d}R_3 + \frac{\partial U}{\partial R_4}\mathrm{d}R_4$$

$$=U_i\left[\frac{R_2}{(R_1+R_2)^2}dR_1-\frac{R_1}{(R_1+R_2)^2}dR_2+\frac{R_4}{(R_3+R_4)^2}dR_3-\frac{R_3}{(R_3+R_4)^2}dR_4\right]$$

$$=U_i\left[\frac{R_1R_2}{(R_1+R_2)^2}\left(\frac{dR_1}{R_1}\right)-\frac{R_1R_2}{(R_1+R_2)^2}\left(\frac{dR_2}{R_2}\right)+\frac{R_3R_4}{(R_3+R_4)^2}\left(\frac{dR_3}{R_3}\right)-\frac{R_4R_3}{(R_3+R_4)^2}\left(\frac{dR_4}{R_4}\right)\right] \tag{3-6}$$

由于全等臂电桥的电阻 $R_1=R_2=R_3=R_4=R$，式（3-6）可简化为

$$dU=\frac{U_i}{4}\left(\frac{dR_1}{R_1}-\frac{dR_2}{R_2}+\frac{dR_3}{R_3}-\frac{dR_4}{R_4}\right)$$

当 $\Delta R_i \ll R_i$ 时，上式还可以用增量式表示为

$$\Delta U=\frac{U_i}{4}\left(\frac{\Delta R_1}{R_1}-\frac{\Delta R_2}{R_2}+\frac{\Delta R_3}{R_3}-\frac{\Delta R_4}{R_4}\right) \tag{3-7}$$

当各桥臂应变片的灵敏度系数 K 相同时，式（3-7）可以用应变形式表达，即

$$\Delta U=\frac{U_iK}{4}(\varepsilon_1-\varepsilon_2+\varepsilon_3-\varepsilon_4) \tag{3-8}$$

式（3-7）和式（3-8）为电桥转换原理的一般形式，从以上两式中可得到电桥的重要特性，通常也称为加减特性。加减特性的内容包括：

（1）两相邻桥臂上电阻值（或应变片的应变）变化符号相同时，输出电压为两相邻桥臂电压之差，如果变化量相等，则输出为零；异号时为两相邻桥臂电压之和。

（2）两相对桥臂上电阻值（或应变片的应变）变化符号相同时，输出电压为两相对桥臂电压之和；异号时为两相对桥臂电压之差，如果变化量相等，则输出为零。

合理地利用加减特性，可以通过不同的组桥方式来提高测量灵敏度或消除不需要的成分。

三、电桥常用工作方式

现在假设用 4 个应变片组成一个测量电桥，其中每个应变片都称为电桥的一个桥臂，贴在试件上的桥臂称为工作臂。一般情况 4 个应变片取相同阻值，且灵敏系数 K 相同。

1. 单臂工作

当电桥只有一个桥臂为工作臂，其余各臂为固定电阻（$R_2=R_3=R_4=R$）时，称此电桥为单臂工作，由式（3-7）可得到单臂工作的输出电压为

$$\Delta U=\frac{U_i}{4}\left(\frac{\Delta R_1}{R_1}\right)=\frac{U_iK}{4}\varepsilon_1$$

2. 半桥工作

当电桥有两个桥臂为工作臂，其余两臂为固定电阻时，称为半桥工作。半桥工作有两种情况，一种是两相邻臂工作，另一种是两相对桥臂工作。

两相邻臂工作时，如图 3-1 所示，即电桥的桥臂 $R_1=R_2$ 为工作臂，且工作时有电阻增量 ΔR_1 和 ΔR_2，而 R_3，R_4 臂为固定电阻（$\Delta R_3=\Delta R_4=0$），则式（3-7）变为

$$\Delta U=\frac{U_i}{4}\left(\frac{\Delta R_1}{R_1}-\frac{\Delta R_2}{R_2}\right)=\frac{U_iK}{4}(\varepsilon_1-\varepsilon_2)$$

此时，当 $R_1=R_2=R$ 且 $\Delta R_1=\Delta R_2=\Delta R$ 时，有

$$\Delta U=\frac{U_{\mathrm{i}}}{4}\left(\frac{\Delta R_1}{R_1}-\frac{\Delta R_2}{R_2}\right)=0$$

当 $\Delta R_1=\Delta R$，$\Delta R_2=-\Delta R$ 时，有

$$\Delta U=\frac{U_{\mathrm{i}}}{4}\left(\frac{\Delta R_1}{R_1}-\frac{\Delta R_2}{R_2}\right)=\frac{U_{\mathrm{i}}}{4}\left(\frac{\Delta R}{R}+\frac{\Delta R}{R}\right)=2\left[\frac{U_{\mathrm{i}}}{4}\left(\frac{\Delta R}{R}\right)\right]=\frac{1}{2}U_{\mathrm{i}}K\varepsilon$$

此时电桥的输出比单臂工作时增大1倍，提高了测量的灵敏度。但要注意，此时试件的真实应变为仪器读数的1/2。

两个相对桥臂工作时（如图3-1所示）即电桥的桥臂 R_1 和 R_3 为工作臂，且工作时有电阻增量 ΔR_1 和 ΔR_3，而 R_2 和 R_4 臂为固定电阻（$\Delta R_2=\Delta R_4=0$），则式（3-7）变为

$$\Delta U=\frac{U_{\mathrm{i}}}{4}\left(\frac{\Delta R_1}{R_1}+\frac{\Delta R_3}{R_3}\right)=\frac{U_{\mathrm{i}}K}{4}(\varepsilon_1+\varepsilon_3)$$

此时，当 $\Delta R_1=\Delta R_3=\Delta R$ 时，则有

$$\Delta U=2\left[\frac{U_{\mathrm{i}}}{4}\left(\frac{\Delta R}{R}\right)\right]=\frac{1}{2}U_{\mathrm{i}}K\varepsilon$$

当 $\Delta R_1=\Delta R$，$\Delta R_3=-\Delta R$ 时，则有

$$\Delta U=\frac{U_{\mathrm{i}}}{4}\left(\frac{\Delta R_1}{R_1}-\frac{\Delta R_3}{R_3}\right)=0$$

3. 全桥工作

当四个桥臂都为工作臂时，则为全桥工作。其输出电压为

$$\Delta U=\frac{U_{\mathrm{i}}}{4}\left(\frac{\Delta R_1}{R_1}-\frac{\Delta R_2}{R_2}+\frac{\Delta R_3}{R_3}-\frac{\Delta R_4}{R_4}\right)$$

当 $R_1=R_2=R_3=R_4=R$ 时，则有

$$\Delta U=\frac{U_{\mathrm{i}}}{4}\left(\frac{\Delta R_1}{R_1}-\frac{\Delta R_2}{R_2}+\frac{\Delta R_3}{R_3}-\frac{\Delta R_4}{R_4}\right)=0$$

当 $\Delta R_1=\Delta R_3=\Delta R$，$\Delta R_2=\Delta R_4=-\Delta R$ 时，则有

$$\Delta U=\frac{U_{\mathrm{i}}}{4}\left(\frac{\Delta R_1}{R_1}-\frac{\Delta R_2}{R_2}+\frac{\Delta R_3}{R_3}-\frac{\Delta R_4}{R_4}\right)=\frac{U_{\mathrm{i}}}{4}\left(\frac{4\Delta R}{R}\right)=U_{\mathrm{i}}\frac{\Delta R}{R}=U_{\mathrm{i}}K\varepsilon$$

此时电桥的输出比半桥工作时大1倍，但必须注意，此时试件的真实应变为仪器读数的1/4。

四、交流电桥

直流电桥虽然有不少优点，但是其输出量须采用直流放大器加以放大，而直流放大器容易产生零点漂移。此外，在有些情况下，如果桥臂是由电感、电容式传感器提供信号，此时就只能采用交流电桥，因此交流电桥的应用更广泛。

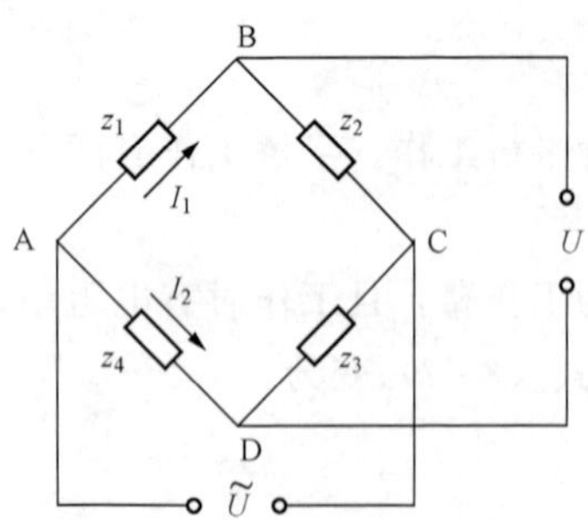

图3-2　交流电桥原理图

交流电桥原理图如图3-2所示。交流电桥电路结构形式与直流电桥相同，不同之处在于交流电桥的供桥电压是采用高频交流电源；桥臂可以是纯电阻，也可以是含有电容、电感的交流阻抗。

1. 交流电桥的平衡条件

交流电桥输出电压公式、平衡条件的推导过程与直流电桥基本相同，表达式的形式类似，只是用复阻抗的来表示。

由图3-2可以推导出交流电桥的平衡条件为

$$z_1 z_3 = z_2 z_4$$

$$z = |Z| e^{j\varphi}$$

式中 z——各桥臂的复阻抗；

$|Z|$——复阻抗的模；

φ——复阻抗的阻抗角。

因此交流电桥的平衡条件可表达为

$$|Z_1||Z_3|e^{j(\varphi_1+\varphi_3)} = |Z_2||Z_4|e^{j(\varphi_2+\varphi_4)} \tag{3-9}$$

如果要使式（3-9）成立，需要同时满足幅值平衡条件和相位平衡条件，即同时满足

$$\begin{cases} |Z_1||Z_3| = |Z_2||Z_4| \\ \varphi_1 + \varphi_3 = \varphi_2 + \varphi_4 \end{cases}$$

可见，交流电桥的平衡条件与直流电桥的平衡条件不完全相同。对于纯电阻交流电桥，虽然各桥臂均为电阻，但由于导线间存在分布电容，相当于各桥臂并联一个电容，在调节电桥平衡时，电阻平衡时尚需进行电容平衡。

2. 交流电桥的使用注意事项

交流电桥的平衡由两个条件决定，供桥电源的稳定性将影响平衡调节，因此对交流电桥的供桥电源要求较高，其必须具有良好的电压波形和频率稳定性。供桥电源电压波形会影响其输出灵敏度；供桥电源电压频率会影响电桥的平衡，因为交流阻抗计算中均包含有电源频率的因子，所以当电源频率不稳定或电压波形畸变时，交流阻抗值就会发生变化，从而给电桥的平衡带来困难。电桥的供桥电源一般采用频率范围5～10kHz的音频交流电源，此时频率高，外界工频干扰不易从线路中引入，能获得较好的一定频带宽度的频率响应。此外，因电桥输出为调制波，容易消除放大电路中的零点漂移。

采用交流电桥时，还应注意影响测量精度及误差的一些因素。例如电桥中各元件之间的互感耦合、无感电阻的残余电抗、泄漏电阻、元件间以及元件对地之间的分布电容、邻近交流电路对电桥的感应影响等，对此应尽可能地采取适当措施加以消除。

交流电桥的最大优点是可以对被测量进行动态测量。但交流电桥的输出受电源电压的影响较大，如果电源电压略有波动，就会影响桥路输出，给测量带来误差。

五、变压器式电桥

变压器式电桥将变压器中感应耦合的两线圈绕组作为电桥的桥臂，图3-3所示为其常用的两种形式。图3-3（a）所示电桥常用于电感比较仪中，其中感应耦合绕组W1、W2（阻抗Z_1、Z_2）与阻抗Z_3、Z_4组成电桥的4个臂，W1、W2为变压器二次绕组，平衡时有$Z_1Z_3=Z_2Z_4$，如果任一桥臂阻抗有变化，则电桥有电压输出。图3-3（b）为另一种变压器式电桥形式，其中变压器的一次绕组W1、W2（阻抗Z_1、Z_2）与阻抗Z_3、Z_4组成电桥的4个臂。若使阻抗Z_3、Z_4相等并保持不变，电桥平衡时，绕组W1、W2中两磁通大小相等但方向相反，励磁效应相互抵消，因此变压器二次绕组中无感应电动势产生，输出为零；反之当移动变压器中铁心位置时，电桥失去平衡，促使二次绕组中产生感应电动势，从而有电压输出。

上述两种电桥中的变压器结构实际上均为差动变压器式传感器，通过移动其中的敏感元件——铁心的位置，将被测位移转换为绕组间互感的变化，再经电荷转换为电压或电流输出量。与普通电桥相比，变压器式电桥具有较高的测量精度和灵敏度，且性能也较稳定，因此在非电量测量中得到广泛的应用。

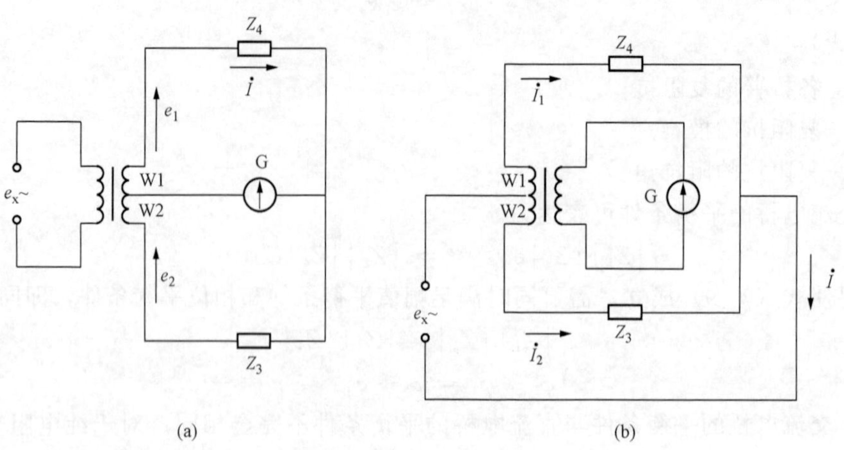

图 3-3　变压器式电桥

(a) 电桥一；(b) 电桥二

六、电桥使用中应注意的问题

电桥电路具有很高的灵敏度和精度，且结构形式多样，适合不同的应用。但电桥电路也易受到各种外界因素的影响，除以上介绍的温度、电源电压的波形和频率等因素之外，还会受到传感元件的连线等因素的影响。此外，在不同的应用中需要调节电桥的灵敏度，以适应不同的测量精度。在具体的电桥应用中常应注意以下几方面。

1. 连接导线的补偿

实际应用中，传感器与所接的桥式仪表常常相隔一定的距离［如图 3-4 (a) 所示］，这样连接导线会给电桥的一个桥臂引入附加的阻抗，由此会带来测量误差。若采取图 3-4 (b) 所示的三导线结构形式，由于其中附加的补偿导线与传感器的连接电线处在相邻桥臂上，因此平衡了整个导线的长度，也消除了由此所引起的任何不平衡。

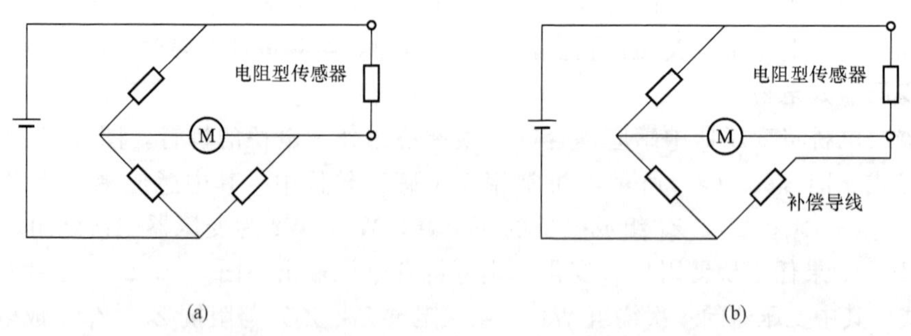

图 3-4　电桥接线的补偿方法

(a) 具有远距离连接传感器的电桥；(b) 带补偿电缆的电桥

2. 电桥灵敏度的调节

使用中常由于下述原因对电桥的灵敏度作调节：

(1) 衰减大于所需电平的输入量；

(2) 在系统标定和读出仪器刻度之间提供一种便利的关系；

(3) 通过调节使各传感器的特性能适合预校正过的系统（如将电阻应变片的应变系数插入到某些已制成的商用电路中）；

(4) 为控制诸如温度效应这样的外部输入提供手段。

图 3-5 所示为一种调节电桥灵敏度的方法，其中在一根或两根输入导线上加入一可变串联电阻 R_S。假设电桥所有桥臂的电阻值均为 R，则由电压源所看到的电阻值亦将为 R。因此若如图 3-5 所示串联一电阻 R_S，那么根据分压电路原理，电桥的输入将减少一个因子，其表达式为

$$n=\frac{R}{R+R_S}=\frac{1}{1+R_S/R}$$

式中　n——电桥因子。

此时，电桥输出也相应地减小一个成比例的量。虽然该法简单，但对电桥灵敏度控制十分有用。

3. 电桥的并联校正法

实际中常常需要对电桥进行标定或校正，所采用的方法是对电桥直接引入一个已知的电阻变化来观察其对电桥输出的效果。图 3-6 所示为一种电桥的并联校正法。图中的标定电阻 R_C 的阻值已知，若开始电桥在图中开关打开时是平衡的，则当开关闭合时，桥臂 AB 上的电阻改变导致整个电桥失去平衡。从电压表上可读出输出电压 e_{AC}，引起该电压输出的电阻改变 ΔR 可由式（3-10）计算，即

$$\Delta R=R_1-\frac{R_1R_C}{1+R_C} \tag{3-10}$$

电桥的灵敏度为

$$S=\frac{e_{AC}}{\Delta R}\quad \text{V}/\Omega$$

上述过程能够实现电桥的一种整体标定，因为其中考虑了所有的电阻值和电源电压。

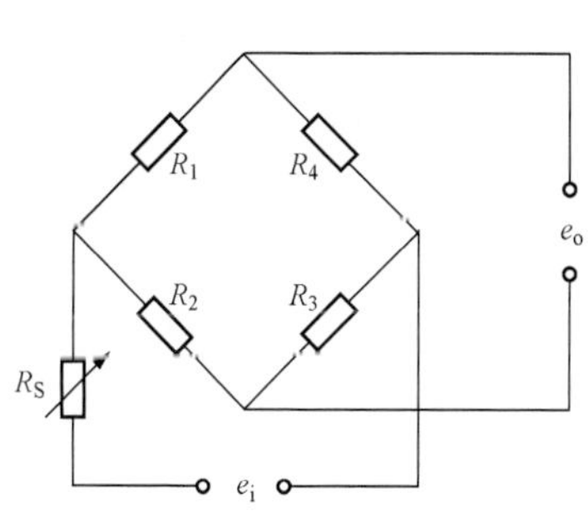

图 3-5　电桥灵敏度的调节方法

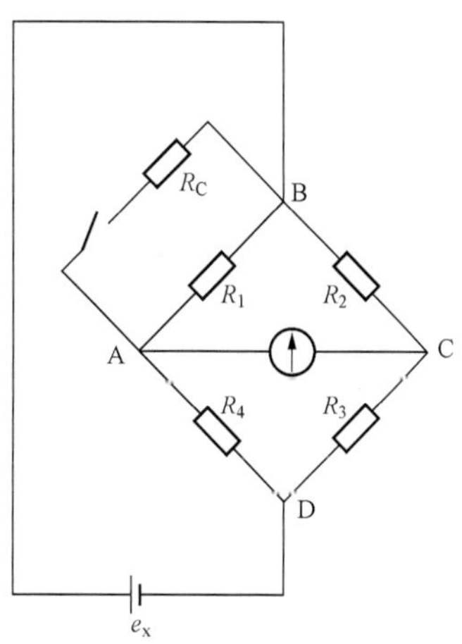

图 3-6　电桥并联校正法

第二节 测量放大器

传感器的测量电路是由传感器的类型而决定的，不同的传感器具有不同的输出信号。从能量的观点看，传感器可分为能量控制型（也称为有源传感器）和能量转换型（也称为无源传感器）两种。前者有物理量输入、电激励源输入和电输出三个能量口，实际上，由输入物理量调制激励源。此类传感器（如电阻应变式传感器、电容式传感器）一般需配置电桥电路，从而得到电压、电流信号或调制信号。能量转换型传感器大多只有一个物理量输入口和一个电输出口，如光电池、压电式传感器等。当传感器的输出阻抗很高或输出信号很弱时，一般需要采用阻抗匹配的放大电路，供后级信号的处理。本节介绍几种检测用的放大器。

一、电桥放大器

电桥放大器的形式很多。一般要求电桥放大器具有高输入阻抗和高共模抑制比。在实际应用中要考虑种种因素，如供给桥路的电源是接地还是浮地，传感元件是接地还是浮地，输出是否要求线性关系等，应根据需要选用不同的电桥放大器。

（一）半桥式放大器

图 3 - 7 所示为半桥式放大器。这种桥路结构简单，桥路电源 E 不受运放共模电压范围限制，但要求 E 稳定、正负对称、噪声和纹波小。

半桥式放大器的输出电压为

$$U_o = E\frac{R_f}{R}\left(\frac{x}{1+x}\right) \tag{3-11}$$

式（3 - 11）表明，当 x 较大时，输出电压与电阻变量呈非线性关系。该线路的抗干扰能力较差，要求输入引线短，并加屏蔽。

（二）电源浮地式电桥放大器

图 3 - 8 所示为电源浮地式电桥放大器。根据“虚地”概念，电桥的不平衡输出电压即为运算放大器在 A 点呈现的电压，即

$$\frac{Ex}{2(2+x)} = \frac{U_o R_1}{R_f + R_1}$$

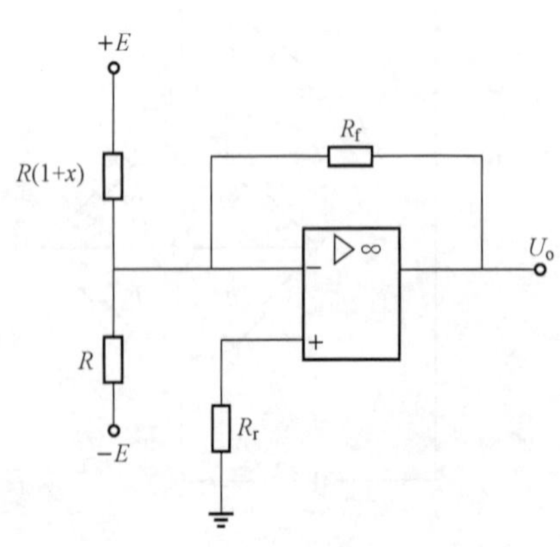

图 3 - 7 半桥式放大器

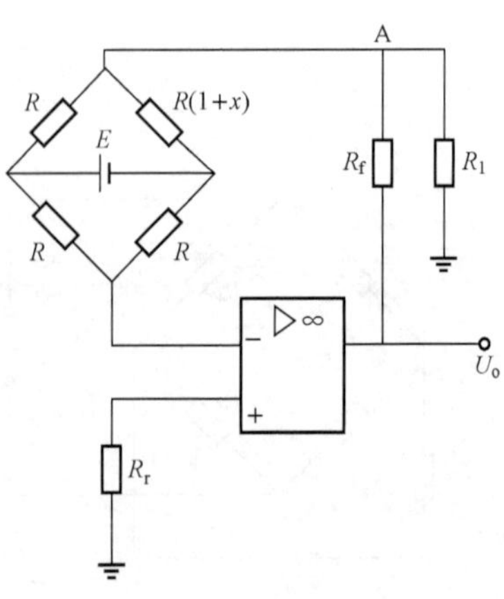

图 3 - 8 电源浮地式电桥放大器

所以放大器的输出电压为

$$U_o = \frac{R_1 + R_f}{R_1} \frac{Ex}{2(2+x)} \tag{3-12}$$

由式（3-12）可见，该电路同样只有在 $x \ll 1$ 时，输出电压才与电阻变量呈线性关系。

该电路对电桥的不平衡电压有放大作用，如将 R_f 或 R_1 代之以电位器，则可方便地调整增益，而与桥路电阻 R 无关。由于运算放大器的输入阻抗很高，使电桥几乎处于空载状态。该电路的桥路供电电源要求浮地，有时可能给使用带来不便。

（三）电流放大式电桥放大器

图 3-9 所示为电流放大式电桥放大器，这是差动输入式线路。当 $R_f \gg R$，$x \ll 1$ 时，输出电压为

$$U_o = \frac{E}{2}\left(1 + \frac{2R_f}{R}\right)\frac{x}{2+x} \approx \frac{R_f}{2R}Ex$$

该放大器的特点是电桥供电电源接地。而电路的灵敏度与电桥阻抗有关。

（四）同相输入式电桥放大器

图 3-10 为同相输入式电桥放大器。它和一般同相输入式比例放大器一样，具有输入阻抗高的优点，但要求运算放大器具有较高的共模抑制比及较宽的共模电压范围，对供电电源要求浮地及稳定性好。

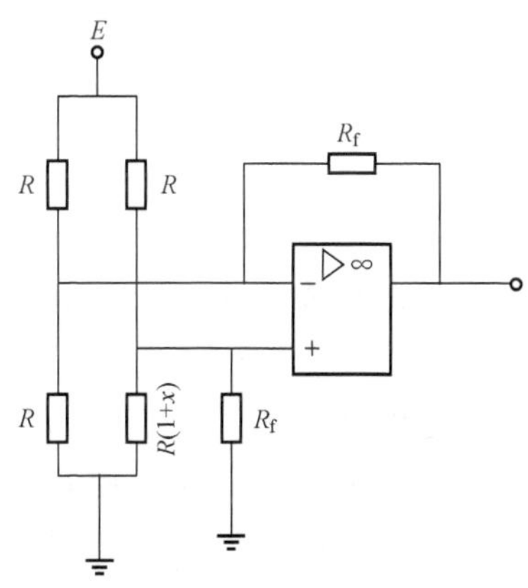

图 3-9　电流放大式电桥放大器

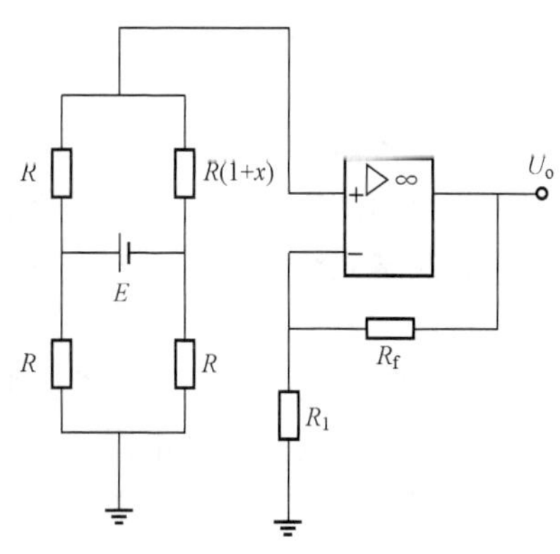

图 3-10　同相输入式电桥放大器

当 $x \ll 1$ 时，输出电压为

$$U_o = \frac{E}{4}\left(1 + \frac{R_f}{R_1}\right)x \tag{3-13}$$

式（3-13）说明输出电压与电阻变量成线性关系。

（五）线性放大式

前述的电桥放大器，只有当 x 很小时，才使 U_o 与 x 呈线性关系。当 x 较大时，非线性关系就很明显，以致给实际测量带来不便。图 3-11 是采用负反馈技术，当 x 在很大范围内变化时，使电路输出电压的非线性偏差保持在 0.1%以内的线性放大式电桥放大器。

由图 3-11 可得

$$U_o = \left(1 + \frac{2R_f}{R}\right)\frac{x}{2+x}\frac{U_3 - U_2}{2}$$

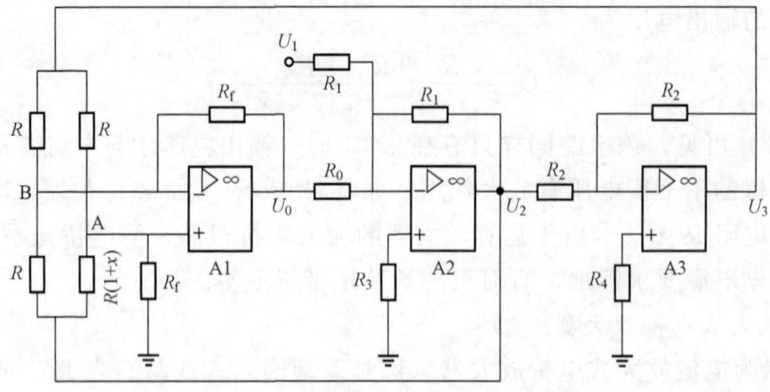

图 3-11 线性放大式电桥放大器

$$U_3 = -U_2 = U_1 + U_0 \frac{R_1}{R_0}$$

解上两式，可得

$$U_0 = \left(1 + \frac{2R_f}{R}\right) U_1 x \frac{1}{2 + x - \left(1 + \frac{2R_f}{R}\right)\frac{R_1}{R_0} x}$$

当 $\frac{R_1}{R_0}\left(1 + \frac{2R_f}{R}\right) = 1$ 时，有

$$U_0 = \frac{U_1}{2}\left(1 + \frac{2R_f}{R}\right) x$$

二、高输入阻抗放大器

很多传感器的输出阻抗都比较高，如压电式传感器、电容式传感器等。为了使此类传感器在输入到测量系统时信号不产生衰减，要求测量电路具有很高的输入阻抗。下面介绍几种高输入阻抗放大器。

图 3-12 所示电路采用了自举反馈原理，即设想把一个变化的交流信号电压（相位与幅值均与输入信号相同）加到电阻 R_G 不与栅极相连的一端（如图中 A 点），因此使 R_G 两端的交流电压近似相等，即 R_G 上只有很小电流流过，也即 R_G 所引起分路效应很小，从物理意义上理解就是提高了输入电阻。

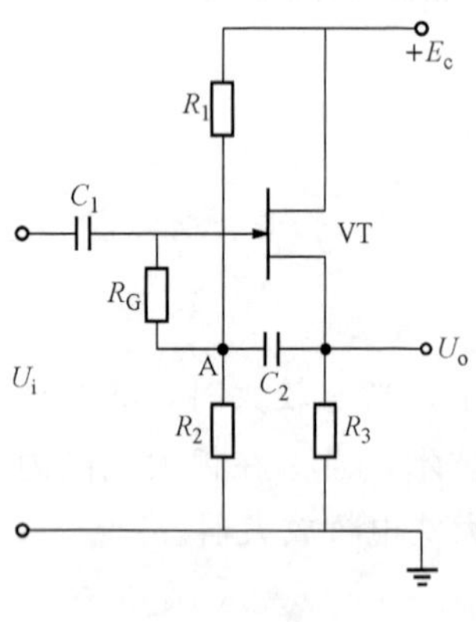

图 3-12 自举型高输入阻抗放大器之一

图 3-12 中的 R_1，R_2 产生偏置电压并通过 R_G 耦合到栅极，电容 C_2 把输出电压耦合到 R_G 的下端，则电阻 R_G 两端电压 $U_i(1-A_u)$（A_u 为电路的电压增益），故输入回路的直流输入电阻为

$$R = R_G + \frac{R_1 R_2}{R_1 + R_2}$$

必须特别指出，自举电容 C_2 的容量要足够大，以防止电阻 R_G 下端 A 点的电压与输入电压有较大的相位差而影响自举效果。为确保 R_G 两端的电压相位差小于 0.6°，则要求 C_2 的容抗比 $\frac{1}{\omega C_2}(R_1 /\!/ R_2)$ 阻值小 1%。

由于场效应管是电平驱动元件，栅漏极电流很小，因而本身就具有很高的输入阻抗。加上自举电路后，具有更高的输入阻抗，可高达 $10^{12}\Omega$ 以上。因此场效应管常用于前级阻抗转换，且由于其结构简单、体积小，可以直接装在传感器内，以减少外界干扰，在电容拾音器、压电传感器等容性传感器中广泛应用。

图 3-13 电路是利用自举反馈技术，使输入回路的电流 I_i 主要由反馈电路的电流 I 来提供。因此，输入电路向信号源吸取的电流 I_i 就可以大大减少，适当选择电路参数，可使这种反相比例放大器的输入电阻高达 $10^8\Omega$ 以上。

若 A_1、A_2 为理想运算放大器，可应用弥勒原理，将 R_2 折算到输入端，得到图 3-13 的等效电路，如图 3-14 所示。图中，A_{02} 为运算放大器 A2 的开环电压增益。当 $A_{02}\rightarrow\infty$时，$\frac{R_2}{1+A_{02}}\approx 0$，输入电流为

$$I_i=\frac{U_i}{R_1}+\frac{U_i-U_{o1}}{R}$$

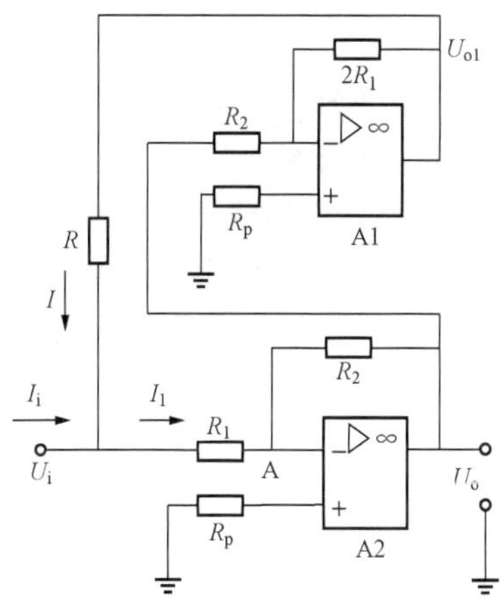

图 3-13　自举型高输入阻抗放大器之二

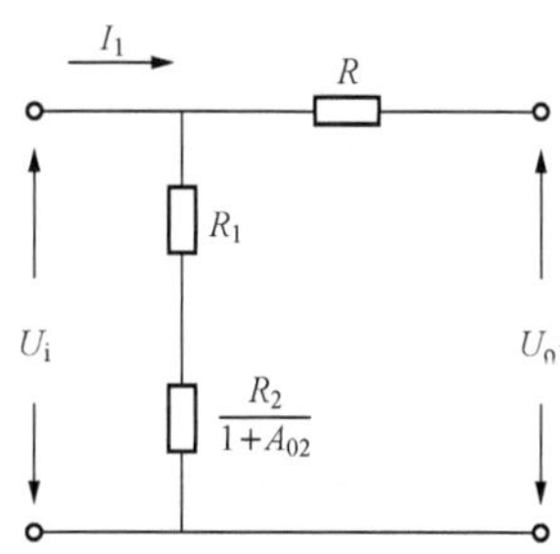

图 3-14　等效输入回路

从而可知 $U_{o1}=-\frac{2R_1}{R_2}U_o$，而 $U_o=-\frac{R_2}{R_1}U_i$，因此可得

$$U_{o1}=\left(-\frac{2R_1}{R_2}\right)\left(-\frac{R_2}{R_1}\right)U_i=2U_i$$

将 I_i 代入上式可得

$$I_i=\frac{U_i}{R_1}+\frac{U_i-2U_i}{R}=\frac{R-R_1}{R_1R}U_i$$

输入电阻为

$$R_i=\frac{U_i}{I_i}=\frac{R_1R}{R-R_1}\tag{3-14}$$

式（3-14）表明，当 $R=R_1$ 时，输入电流 I_i 将全部由 A1 提供，从理论上说，这时输入阻抗为无限大。实际上，R 与 R_1 之间总有一定偏差，若 $(R-R_1)/R$ 为 0.01%，当 $R_1=10\text{k}\Omega$，则输入阻抗可高达 $10^8\Omega$，这是一般反相比例放大器所无法达到的指标。

图 3-15 所示为电流自举型高输入阻抗放大器。若没有辅助自举放大器 A2，则 A1 为一般的同相放大器。接入辅助放大器 A2 后，A1 的反相端电压 $U_1=\left(\frac{R_1}{R_1+R_2}\right)U_o$ 用电压增益

为 1 的同相跟随器送至 A1 同相端。由于 A2 的隔离作用使电流不会倒流，图 3 - 15 中 A2 的输出电流 I_{o2} 的方向正好与信号源供出的电流 I_i 相反。如没有限流电阻 R_0，则使 $I_{o2}>I_i$，即电路成负阻，接入 R_0 可起限流作用。不难求出，该电路的输入阻抗为

$$R_i' = R_i \frac{1+\frac{R_1}{R_1+R_2}A_{01}}{1-\frac{R_iR_1}{R_0(R_1+R_2)}A_{01}} \tag{3-15}$$

式中 R_i——A1 的输入阻抗。

由式（3 - 15）可知，当调节 R_0 到适当值时，可以使电路获得近似无限大的输入阻抗，但为了使电路能稳定的工作，应当满足下列条件，即

$$R_0 > \frac{R_1}{R_1+R_2}R_iA_{01}$$

用这种自举反馈也可使电路的输入阻抗达到 $10^8\,\Omega$ 以上。

三、电荷放大器

电荷放大器是一种带电容负反馈的高输入阻抗高增益运算放大器，被广泛应用于电场型传感器的输入接口，其优点在于可以避免传输电缆分布电容的影响。

图 3 - 16 所示为用于压电式传感器的电荷放大器等效电路。它的输出电压与传感器产生的电荷分别用 U_o 和 Q 表示。图中，C_f 为放大器反馈电容，R_f 为反馈电阻，C_e 为压电传感器等效电容，C_c 为电缆分布电容，R_e 为压电式传感器等效电阻，A_0 为放大器开环放大倍数。

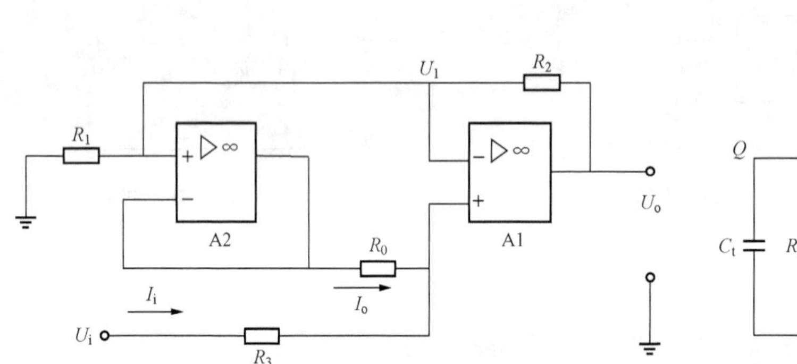

图 3 - 15 电流自举型高输入阻抗放大器之三

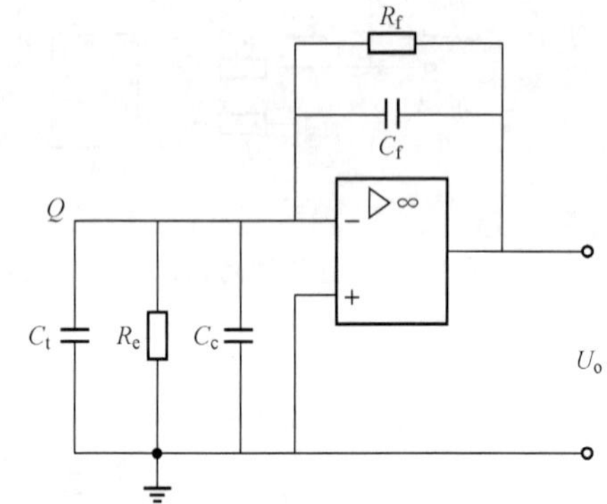

图 3 - 16 压电式传感器的电荷放大器等效电路

为得到输出电压 U_o 与输入电荷 Q 间的关系，先将 C_f 与 R_f 等效到放大器的输入端，然后对各并联电路使用节点电压法，得到

$$U_o = \frac{-j\omega QA_0}{\left[\frac{1}{R_e}+(1+A_0)\frac{1}{R_f}\right]+j\omega[C_t+C_c+(1+A_0)C_f]} \tag{3-16}$$

一般情况下，R_e、R_f 较大，C_t、C_c 与 C_f 大约是同一个数量级，加之 A_0 又较大，因此，在式（3 - 16）中，分母中的 $(C_t+C_c)\ll(1+A_0)C_f$，$[1/R_t+(1+A_0)/R_f]\ll\omega(1+A_0)C_f$，由此得到

$$U_o = -\frac{A_0Q}{(1+A_0)C_f} \approx -\frac{Q}{C_f}$$

显然，只要 A_0 足够大，则输出电压 U_o 只与电荷 Q 和反馈电容 C_f 有关，与电缆分布电容无关，说明电荷放大器的输出不受传输电缆长度的影响。

实际的电荷放大器由电荷转换级、适调放大级、低通滤波级、电压放大级、过载指示电路和功放级六部分组成，其中，电荷转换级将电荷量转为电压变化；适调放大级是为了进行传感器和放大电路综合灵敏度的归一化，当使用不同灵敏度的传感器时，可以在适调放大级进行灵敏度调整以使单位输入信号得到相同电压输出；低通滤波器根据需要调节系统的截止频率；功放级与过载指示电路均可根据实际情况取舍。

四、仪表放大器

各种非电量的测量，通常由传感器转换为电压（或电流）信号，此电压信号一般都较弱，最小的到 0.1μV；而且动态范围较宽，往往有很大的共模干扰电压。因此，在传感器后面大都需要接仪表放大器，主要作用是对传感器信号进行精密的电压放大，同时对共模干扰信号进行抑制，以提高信号的质量。

由于传感器输出阻抗一般很高，输出电压幅度很小，再加上工作环境恶劣，因此，仪器放大器与一般的通用放大器相比，有其特殊要求，主要表现在高输入阻抗、高共模抑制比、低失调与漂移、低噪声及高闭环增益稳定性等。本节将介绍几种由运算放大器构成的高共模抑制比仪表放大器。

（一）同相串联差动放大器

图 3-17 所示为一同相串联差动放大器。该放大器电路要求两只运算放大器性能参数基本匹配，且在外接电阻元件对称情况下（即 $R_1=R_4$，$R_2=R_3$），电路可获得很高的共模抑制比，此外还可以抵消失调及漂移误差电压的作用。

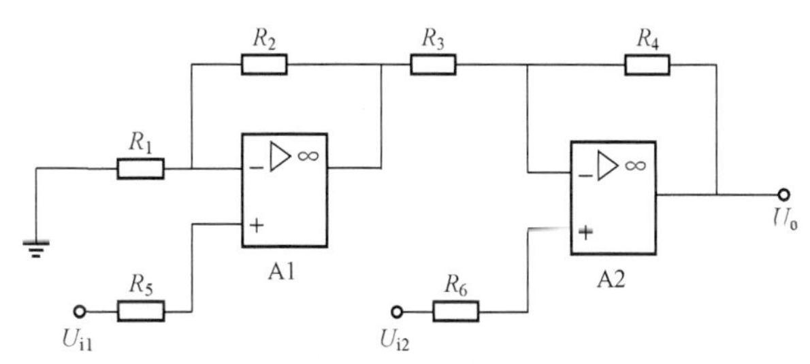

图 3-17　同相串联差动放大器

由叠加原理可得该电路的输出电压为

$$U_o=\left(1+\frac{R_2}{R_1}\right)U_{i1}\left(-\frac{R_4}{R_3}\right)+\left(1+\frac{R_4}{R_3}\right)U_{i2}$$

$$=-\left(1+\frac{R_4}{R_3}\right)U_{i1}+\left(1+\frac{R_4}{R_3}\right)U_{i2}$$

$$=\left(1+\frac{R_4}{R_3}\right)(U_{i2}-U_{i1})$$

故差模闭环增益为

$$A_d=\frac{A_0}{U_{i2}-U_{i1}}=1+\frac{R_4}{R_3} \tag{3-17}$$

（二）同相并联差动放大器

图 3-18 所示为同相并联差动放大器。该电路与图 3-18 所示电路一样，仍具有输入阻抗高、直流效益好、零点漂移小、共模抑制比高等特点，在传感器信号放大中应用广泛。

由图 3-18 可知

$$U_{o1}=U_{i1}+IR_1,\quad U_{o2}=U_{i2}-IR_2,\quad I=\frac{U_{i1}-U_{i2}}{R_7}$$

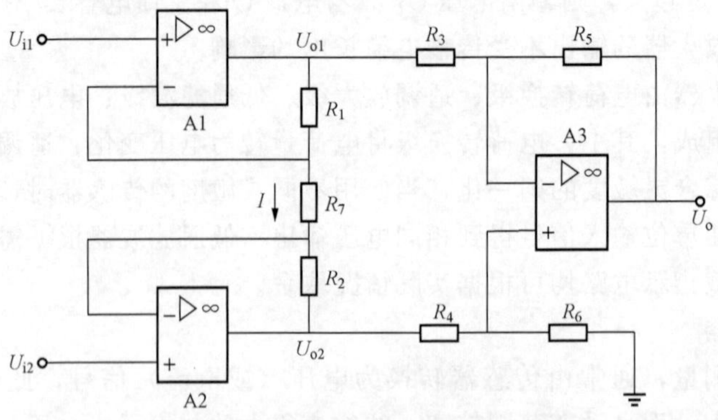

图 3 - 18 同相并联差动放大器

将 I 代入 U_{o1}、U_{o2} 可得

$$U_{o1}=U_{i1}+\left(\frac{U_{i1}-U_{i2}}{R_7}\right)R_1=U_{i1}\left(1+\frac{R_1}{R_7}\right)-\frac{R_1}{R_7}U_{i2}$$

$$U_{o2}=U_{i2}-\left(\frac{U_{i1}-U_{i2}}{R_7}\right)R_2=U_{i2}\left(1+\frac{R_2}{R_7}\right)-\frac{R_2}{R_7}U_{i1}$$

$$U_o=\frac{R_5}{R_3}(U_{o2}-U_{o1})=\left(1+\frac{R_1+R_2}{R_7}\right)\frac{R_5}{R_3}(U_{i2}-U_{i1})$$

由此可得电路差模闭环增益为

$$A_d=\left(1+\frac{R_1+R_2}{R_7}\right)\frac{R_5}{R_3} \tag{3-18}$$

若用一可调电位器代替该电路中的 R_7，就可以调整差模增益 A_d 的大小。

该电路要求 A3 的外接电阻严格匹配，因为 A3 放大的是 A1 与 A2 输出之差。电路的失调电压是由 A3 引起的，降低 A3 的增益可以减小输出温度漂移。

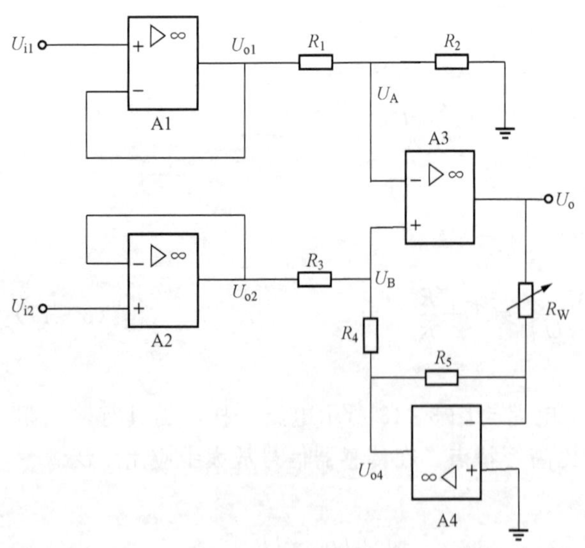

图 3 - 19 电压增益线性可调差动放大器

（三）增益线性可调差动放大器

图 3 - 19 所示为电压增益可线性调节的差动放大器。可以通过调节电位器 R_W 的线性刻度来直接读取电压增益，给使用带来很大的方便。

根据图 3 - 19，由叠加原理可得

$$U_A=\frac{R_2}{R_1+R_2}U_{o1}=\frac{R_2}{R_1+R_2}U_{i1}$$

$$V_B=\frac{R_4}{R_3+R_4}U_{o2}+\frac{R_3}{R_3+R_4}U_{o4}$$

$$=\frac{R_4}{R_3+R_4}U_{i2}-\frac{R_3}{R_3+R_4}\frac{R_5}{R_W}U_o$$

因 $U_A=U_B$，整理上两式，可得当 $R_1=R_2=R_3=R_4$ 时的输出电压为

$$U_o=\frac{R_W}{R_5}(U_{i2}-U_{i1})$$

电路闭环增益为

$$A_d = \frac{R_W}{R_5} \tag{3-19}$$

可见，电路增益与 R_W 成线性关系，改变 R_W 大小不影响电路的共模抑制比。

（四）高共模抑制比差动放大器

前面讨论的电路中，没有考虑寄生电容、输入电容和输入参数不对称对抑制比的影响。当要求提高交流放大电路的共模抑制比时，这些影响就必须考虑。在检测和控制系统中，常用屏蔽电缆来实现长距离信号传输，信号线与屏蔽层之间有不可忽略的电容存在。习惯上采用屏蔽层接地的方法，这样该电容就成为放大器输入端对地的寄生电容，加上放大器本身的输入电容。如果差动放大器两个输入端各自对地的电容不相等，就会使电路的共模抑制比变坏，测量精度下降。

为了消除信号线与屏蔽层之间寄生电容的影响，最简单的方法是采用等电位屏蔽的措施，即不把电缆的屏蔽层接地，而是接到与输入共模信号相等的某等电位点上，亦即使电缆芯线与屏蔽层之间处于等电位，从而消除了共模输入信号在差动放大器两端形成的误差电压，如图 3-20 所示。图中两只电阻 R_0 的连接点电位正好等于输入共模电压，将连接点电位通过 A4 电压跟随器连到输入信号电缆屏蔽层上，使屏蔽层电位也等于共模电压。

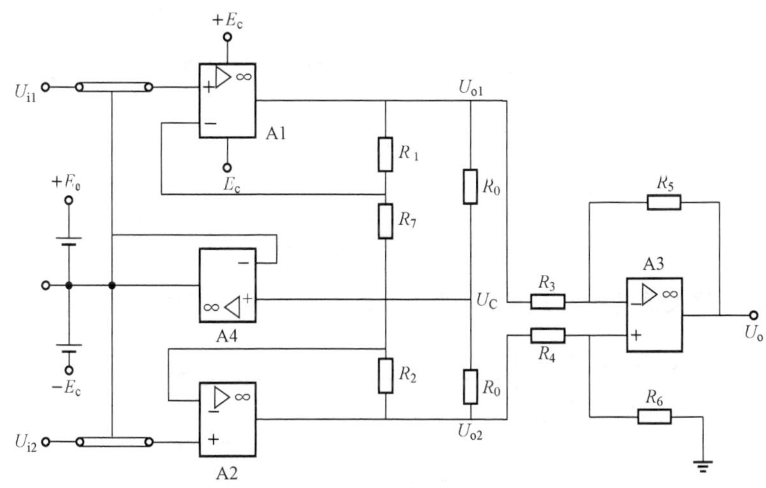

图 3-20　高共模抑制比差动放大器

参照同相并联差动放大器的分析可知

$$U_{o1} = U_{i1}\left(1+\frac{R_1}{R_7}\right)-\frac{R_1}{R_7}U_{i2}$$

$$U_{o2} = U_{i2}\left(1+\frac{R_2}{R_7}\right)-\frac{R_2}{R_7}U_{i1}$$

当 $R_1=R_2$ 时，可证明连接点电位为

$$U_C = \frac{1}{2}(U_{o1}+U_{o2}) = \frac{1}{2}(U_{i1}+U_{i2})$$

可见，连接点电位正好等于共模输入电压，也即是电缆屏蔽层的电位与共模输入电缆芯线电位相等，因此不再因电缆电容的不平衡而造成很大的误差电压。

由图 3-20 还可知，A4 的输出端还接到输入运算放大器 A1、A2 供电电源$\pm E_c$的公共端，因此使其电源处于随共模电压而变的浮动状态，即使正负电源的涨落幅度与共模输入电压的大小完全相同。由于电源对共模电压的跟踪作用，会使共模电压造成的影响大大地削弱。

（五）集成仪器放大器

在差分放大电路中，电阻匹配问题是影响共模抑制比的主要因素。如果用分立运算放大器来作测量电路，难免有电阻的差异，因而造成共模抑制比的降低和增益的非线性。采用后模工艺制作的集成仪器放大器解决了上述匹配问题。此外，集成芯片较分立放大器具有性能优异、体积小、结构简单、成本低的优点，因而被广泛使用。

一般集成仪器放大器具有以下特点：

（1）输入阻抗高，一般高于 $10^9\Omega$；

（2）偏置电流低；

（3）共模抑制比高；

（4）平衡的差动输入；

（5）良好的温度特性；

（6）增益可调；

（7）单端输入。

下面以 AD 620 仪表放大器为例详细介绍放大器的基本原理。

1. AD 620 仪表放大器简介

如图 3-21 所示，仪表放大电路是由 3 个放大器所共同组成，其中电阻 R 与 R_x 需在放大器的电阻适用范围内（1～10kΩ）。可以调整 R_x 来调整放大的增益值，其关系式为

$$U_o=\left(1+\frac{2R}{R_x}\right)(U_1-U_2) \tag{3-20}$$

注意避免每个放大器的饱和现象。（放大器最大输出为其工作电压$\pm U_{dc}$。）

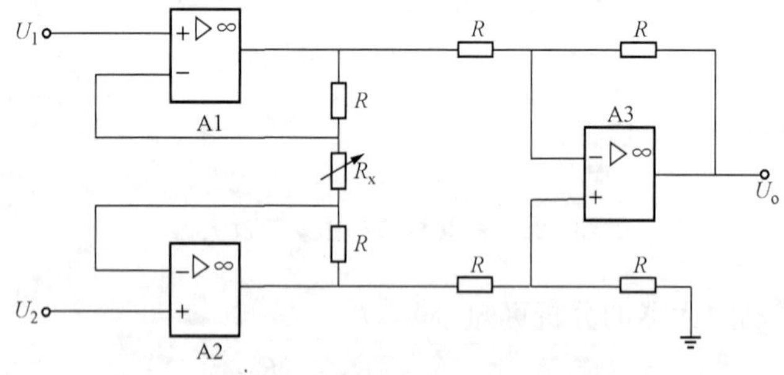

图 3-21　仪表放大电路示意图

一般而言，仪表放大器都有包装好的成品可以买到，只需外接一电阻（即 R_x），依照其特有的关系式去调整至所需的放大倍率即可。

AD 620 仪表放大器的引脚图如图 3-22 所示。图中 1、8 引脚要跨接一个电阻来调整放大倍率；4、7 引脚需提供正负相等的工作电压；由 2、3 引脚输入的电压即可从引脚 6 输出放大后的电压值；引脚 5 是参考基准，如果接地，则引脚 6 的输出即为与地之间的相对电压。AD 620 的放大增益关系式如式（3-21）、式（3-22）所示，通过以上两式可推算出各

种增益所要使用的电阻值 R_G。

$$G=\frac{49.4}{R_G}+1 \tag{3-21}$$

即

$$R_G=\frac{49.4}{G-1}\quad(\text{k}\Omega) \tag{3-22}$$

AD 620 仪表放大器的基本特点为精度高、使用简单、低噪声，增益范围为 1～1000，只需一只电阻即可设定，电源供电范围为±18～±2.3V，而且耗电量低，可用电池驱动，方便应用于可携式仪器中。

2. AD 620 仪表放大器基本放大电路

图 3-23 为 AD 620 电压放大电路图。图中电阻 R_G 需根据所要放大的倍率由式（3-22）求得。由式（3-22）可以计算出信号放大 2 倍所需要的电阻 R_G 为 49.4kΩ。

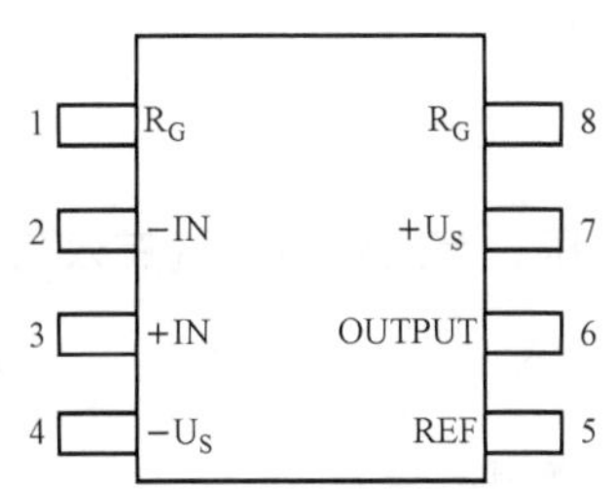

图 3-22 AD 620 仪表放大器的引脚图

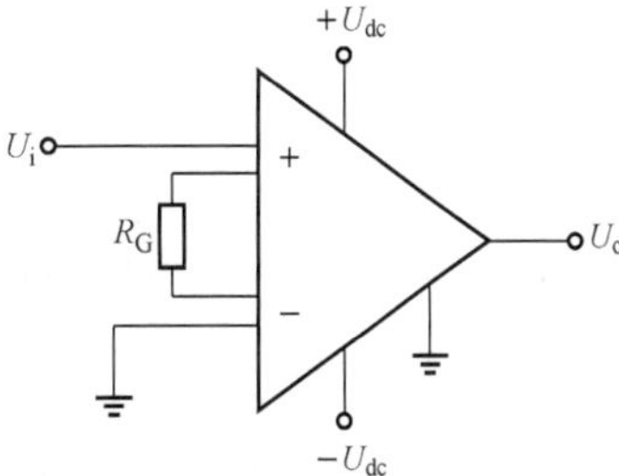

图 3-23 AD 620 电压放大电路图

AD 620 仪表放大器非常适合压力测量方面的应用，如血压测量、一般压力测量器的电桥电路的信号放大等，也可以作为 ECG 测量使用。由于 AD620 的耗电量低，电路中电源可用 3V 干电池驱动，因此还可以应用在许多可携式的医疗器材中。

第三节 噪声信号处理

由于电路中电子及其他载流子的随机扰动，电路内部的噪声无处不在。电路外部的各种干扰也会在电路中感应出不同频率分布的噪声。无论是内部噪声或是外部干扰，这里统称为噪声。

噪声是与信号相对应的，所以一般情况下，脱离了信号大小来谈噪声的大小是没有意义的。例如，当输入信号只有 10μV 时，信号调理电路等效到输入端的噪声电压必须远低于 10μV，信号才不至于被噪声淹没。工程上为了判断噪声对测量结果的影响，常采用信噪比（SNR）这一参数来度量噪声相对于信号的大小。信噪比越大，信号测量越容易精确。信噪比的概念可简单理解为在某一时间点上，被测信号的幅值与噪声信号幅值之比。信噪比一般采用对数形式表示，即

$$SNR=10\lg\left(\frac{\text{信号功率}}{\text{信号中含有的噪声功率}}\right)=10\lg\left(\frac{P_S}{P_n}\right)\quad \text{dB} \tag{3-23}$$

或

$$SNR=20\lg\left(\frac{\text{信号幅值}}{\text{信号中含有的噪声幅值}}\right)=20\lg\left(\frac{U_S}{U_n}\right)\quad \text{dB} \tag{3-24}$$

对于尖峰类的信号，信噪比采用峰值进行计算。对于随机噪声，信噪比则采用均方根值计算。因此，具体定义信噪比时，应同时给出信号与噪声的类型，说明是信号峰值与噪声峰值的比值，还是信号功率与噪声功率的比值。

一、电路中的噪声源

在测控系统中，大量的噪声是随机噪声。电子电路中主要噪声源是热噪声、散粒噪声和 $1/f$ 噪声或低频噪声。

（一）热噪声

热噪声起源于耗散能量的任何介质（如导体），也称为约翰逊噪声和奈奎斯特噪声。奈奎斯特利用热力学理论和实验，得到热噪声电压的有效值（均方根值），即

$$E_{eff} = \sqrt{4kTBR} \tag{3-25}$$

式中 k——玻耳兹曼常数，$k=1.38\times10^{-23}$J/K；

T——热力学温度，K；

B——噪声带宽；

R——电阻阻值。

1kΩ 电阻在室温下，在 1Hz 带宽内给出 4nV 的噪声电压。等效噪声电流有效值为

$$I_{eff}^2 = \frac{4kTB}{R} \tag{3-26}$$

因此，1kΩ 电阻在室温下，在 1Hz 带宽内给出 4pA 的噪声电流。

式（3-26）表明，热噪声取决于带宽而不取决于频率。因此，除高斯噪声外，它也是白噪声。降低热噪声的最有效方法是减小 B，如用一只电容器与大阻值电阻器相并联，条件是电容器不会影响信号带宽。

此外，噪声电压与电阻的平方根成正比。例如，$B=10$kHz，$T=300$K（室温），$R=1$kΩ 时，$E_{eff}=0.41\mu$V；而 $R=1$MΩ 时，$E_{eff}=12.8\mu$V。因此，在微弱信号检测中，信号调理电路中应尽量避免选用大阻值的电阻，额外的串联电阻必须避免。同时，工作带宽尽可能窄，只维持通过信号特征所必需的带宽。

（二）散粒噪声

散粒噪声是一种电路噪声，起源于越过插入电荷流中的势垒的电荷数量的随机起伏。散粒噪声电流的有效值为

$$I_{sh} = \sqrt{2qI_{dc}B}$$

式中 q——电子电荷，$q=1.602\times10^{-19}$C；

I_{dc}——通过势垒的平均电流；

B——噪声带宽。

总瞬时电流为 $i(t)=I_{dc}+i_{sh}(t)$，其中 $i_{sh}(t)$ 是随机散粒噪声。这类噪声尚无解析表示式，但其有效值为 i_{sh}。例如，在 PN 结中会产生散粒噪声，其属于白噪声和高斯噪声，功率谱密度为 $S_{sh}=i_{sh}^2=I_{sh}^2/B=2qI_{dc}$。减少散粒噪声的方法则是降低平均直流电流和系统带宽。

（三）低频噪声

低频噪声或 $1/f$ 噪声指的是当电流通过电阻器或半导体结时，在其两端实际测得的过剩噪声。这类噪声的概率分布函数为高斯概率分布函数，其功率谱密度与频率成反比，即

$$S_f(f)=e_f^2=\frac{K_f}{f^a}$$

通常 $a=1$，因此取名为 $1/f$ 噪声。与热噪声和散粒噪声不同，低频噪声不是白噪声。

从 f_L 到 f_H 的噪声功率为

$$E_L^2(f_L,f_H)=\int_{f_L}^{f_H}S_f\mathrm{d}f=\int_{f_L}^{f_H}\frac{K_f}{f}\mathrm{d}f=K_f\ln\frac{f_H}{f_L}$$

因此，频率每变化10倍都有相同噪声，但是，对于给定带宽，在低频端噪声较大。另外，$1/f$ 噪声也可用电流 I_f 来描述。

在测量系统中，许多传感器都需要外加激励信号源，如图3-24所示。因此，对系统噪声特性进行分析时，应同时考虑内部噪声源与外部干扰源。为了减少 $1/f$ 噪声的影响，提高 f_1 是显而易见的方法。实际上，当频率高到一定程度时，$1/f$ 噪声几乎不随频率增高而发生显著变化。因此可采用调制的方法，使测量系统工作在高频段，避开 $1/f$ 噪声区，可有效降低 $1/f$ 噪声的影响。需要注意的是，图3-24中输出量在时域为乘积，在频域则为卷积。因此这种方式不仅必须充分考虑随工作频率升高所带来寄生参量的不利影响，还应该对信号解调时所采用带通滤波器的参数予以充分考虑。

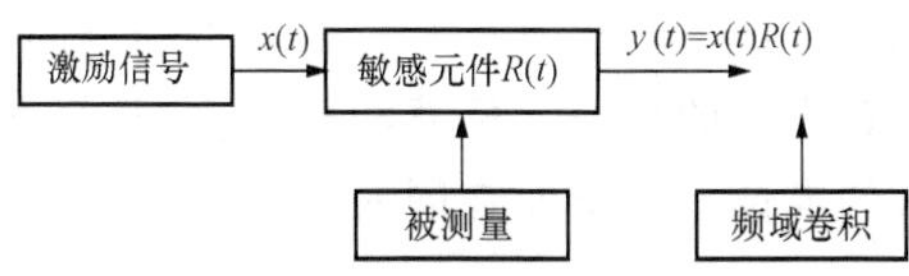

图3-24　激励信号与线性元件组成的测量系统

二、干扰噪声源

某个外部干扰源产生噪声，并经过一定的途径将噪声耦合到信号检测电路，从而形成对检测系统的外部干扰噪声。干扰噪声种类很多，可能是电噪声通过电场、磁场、电磁场或直接的电气连接耦合到敏感的检测电路，这些都是电磁兼容性所涉及的领域；也可能是机械性的，如通过压电效应、机械振动导致电噪声，甚至温度的随机波动也可能导致随机的热电动势噪声。常见的外部干扰噪声源有以下几种。

（一）电力线噪声

随着工业电气化的发展，工频（50Hz）电源几乎无处不在，因此工频电力线干扰也就普遍存在。电力线干扰噪声主要表现在以下几个方面。

1. 尖峰脉冲

由于电网中大功率开关的通断，电机、变压器和其他大功率设备的起停以及电焊机等原因，工频电网中频繁出现尖峰干扰脉冲。这种尖峰脉冲的幅度可能是几伏、几百伏，甚至几千伏，持续时间短，多数在微秒数量级。这种尖峰干扰脉冲的高次谐波分量很丰富，而且出现很频繁，幅度高，是污染低压（220V）工频电网的一个主要干扰噪声，对交流供电的电子系统会带来很多不利影响。

多数检测仪表都是由工频电力线提供给能源，电网的尖峰干扰脉冲一般是通过电源系统引入到检测电路中。如果不采取适当的措施抑制电源的尖峰脉冲干扰，就可能导致检测波形的畸变，严重时甚至会导致信号处理计算机的程序跑飞和死机。

2. 工频电磁场

在由工频电力线供电的实验室、工厂车间和其他生产现场，工频电磁场几乎是无处不在。在高电压、小电流的工频设备附近，存在着较强的工频电场；在低电压、大电流的工频设备附近，存在着较强的工频磁场；即使在一般的电器设备和供电线的相当距离之内，都会存在一定强度的50Hz电磁辐射波。工频电磁场会在检测电路的导体和信号回路中感应出50Hz的干扰噪声。

3. 电网电压波动

工业电网电压的欠压或过压有时会达到额定电压的±15%以上，如果检测系统的电压稳压电路性能不高，工频电压的波动就有可能串入到检测信号中。随着电力工业的发展和供电质量的不断提高，电网电压波动问题逐渐趋于缓和。

（二）电器设备噪声

电器设备必然产生工频电磁场，而且在开关时还会在电网中产生尖峰脉冲。某些特殊的电器设备还有可能产生射频噪声，如高频加热电器和逆变电源。此外某些电器设备还会产生放电干扰，包括辉光放电、弧光放电、火花放电和电晕放电。

（三）地电位差噪声

如果检测系统的不同部件采用不同的接地点，则这些接地点之间往往存在或大或小的地电位差。在一个没有良好接地设备的车间内，不同接地点之间的地电位差可达几伏甚至几十伏。在飞机的机头、机翼和机尾之间，电位差可达几十伏。汽车的不同部件之间很可能存在几伏的电位差。即使在同一块电路板上，不同接地点之间的地电位差也可能在毫伏数量级或更大。

如果信号源和放大器采用不同的接地点，则地电位差对于差动放大器来说是一种共模干扰，而对于单端放大器来说是一种差模干扰，因为地电位差噪声的频率范围很可能与信号频率范围相重叠，所以很难用滤波的方法解决问题。克服地电位差噪声不利影响的有效办法是采用合适的接地技术或隔离技术。

（四）射频噪声

随着无线广播、电视、雷达、微波通信事业的不断发展，以及手机的日益推广，空间中的射频噪声越来越严重。射频噪声的频率范围很广，从100kHz到吉赫数量级。射频噪声多数是调制（调幅、调频或调相）电磁波也含有随机的成分。检测设备中的传输导线可以看作是接收天线，不同程度地接收空间中无处不在的射频噪声。因为射频噪声的频率范围一般都高于检测信号的频率范围，利用滤波器可以有效地抑制射频噪声的不利影响。

（五）机械起源的噪声

在非电起源的噪声中，机械原因占多数。例如，电路板、导线和触点的振动有可能通过某种机-电传感机理（摩擦起电效应、压电效应和颤噪效应等）转换为电噪声。而在不少应用场合，很难避免电路的机械运动和振动。例如，装设在运载工具或工业设备的运动部件中的检测电路振动的幅度可能很大，电缆线的运动和振动更是常见。

（六）雷电

雷电发生时的一次电流可达到10^6A，云与地面之间的感应电场可达1～10kV/m，上升时间为微秒数量级。雷电会造成幅度很大的电场和磁场，也会产生高强度的电磁辐射波，频率范围从几千赫到几十兆赫。此外，在云与地雷电的附近，大地的地电位差也会发生剧烈变化，可高达几千伏。

（七）温度变化引起的噪声

有的电阻的阻值随温度变化而变化，半导体PN结的正向压降随温度的变化而变化，这些都会把温度的变化转换为电压的变化，由温度变化导致的电路电压变化常常称为温度漂移。

在微弱信号检测电路的敏感部位采用低温度系数的电阻，并采用对称平衡的差动输入放大器电路（这种放大器的温度系数较小），可以有效地减少温度漂移。通过把敏感电路装配在高热导率、大热容量的散热器上，可以减少电路元件温度的变化及温度梯度，这对抑制各种由温度变化引起的噪声都有效。

三、干扰噪声的耦合途径

干扰源产生的干扰是通过耦合通道对仪器系统发生作用的。抑制干扰噪声有 3 种方法：

（1）消除或削弱干扰源；

（2）设法使检测电路对干扰噪声不灵敏；

（3）使噪声传输通道的耦合作用最小化。

在多数情况下，对于产生噪声的外部干扰源很难采取有效措施消除或隔离，但是如果能切断或削弱干扰耦合途径的传播作用，则可以有效地削弱干扰噪声对检测系统的不利影响。

一般常见的耦合方式分为 6 种，下面分别对这 6 种耦合方式进行介绍。

（一）传导耦合

传导耦合是经导线传导引入干扰噪声。例如，交流电源线会将工频电力线噪声引入到检测装置，长信号线会把工频和射频电磁场、雷电等感应出的噪声引入信号系统。

传导耦合并不是很容易避免，因为检测电路通过电气连接从直流单元或工业电源获取能量，而这些电源都是干扰噪声源。当检测电路与大功率模拟电路或开关电路共同工作时，连接两者的地线很可能就是一条噪声传播途径。

解决传导耦合的一种方法是使信号线尽量远离噪声源；另一种方法是在干扰噪声传导到检测系统之前，采取有效的去耦和滤波措施。

（二）公共阻抗耦合

如果多个电路共同使用一段公共导线，如公共电源线或公共地线，则当其中的任何一个电路的电流发生波动时，都会在公共导线的阻抗上产生波动电压，形成对其他电路的干扰。例如图 3 - 25 所示，电路 1 的电流 i_1 发生波动时，通过公共阻抗 Z_C 和 Z_G 的作用，将使 A、B 点的电位发生波动，进而影响电路 2 的正常工作。

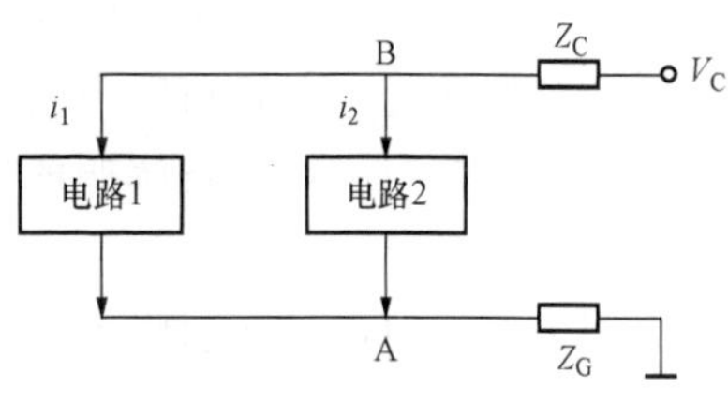

图 3 - 25　公共阻抗耦合

利用合适的接地措施可以有效地克服公共阻抗耦合噪声。

（三）电源耦合

检测电路的直流电源一般不同程度地叠加有各种其他噪声。例如电源电路中的整流器、电压调节器件及其他元件的固有噪声；如果电源整流器输出滤波器不理想，电源输出还会叠加有工频 50Hz 及其高次谐波的分量以及工频电源线上其他噪声的分量。

解决电源噪声的方法是选用低噪声、低输出阻抗的电源，在电路中增设电源滤波电容和放大器偏置电路滤波电容也是一种抑制电源噪声的有效方法。

此外，因为直流电源的输出阻抗以及连接导线的阻抗不为零，电路的工作电流变化也会导致电源电压的波动，这类似于公共阻抗耦合。为了防止其他电路（如数字电路和大功率模拟电路）的电流噪声经过电源耦合到微弱信号检测电路中，必要时应该考虑对微弱信号检测电路采用单独的电源供电。

（四）电场耦合

通过不同导体之间的电场耦合，干扰源导体的电位变化会在敏感电路中感应出电噪声。电场噪声可以看作是由不同电路之间的分布电容耦合传播的，所以电场耦合也称为容性耦合。减少接收电路的输入阻抗能有效地减少电场耦合噪声。

（五）磁场耦合

由动力线、变压器和大型用电设备（如电机等）周围的交流磁场所产生的干扰称为磁场耦合噪声。应尽量使微弱信号检测电路远离时变磁场，以减少干扰磁场的磁感应强度。如果做不到远离干扰源，就必须采取一系列的预防和降噪措施。例如检测信号线采用双绞线可以抑制磁场干扰，微弱信号导线应尽量贴近大面积的地线，这样可以减少该导线与其他电路导线的互感。

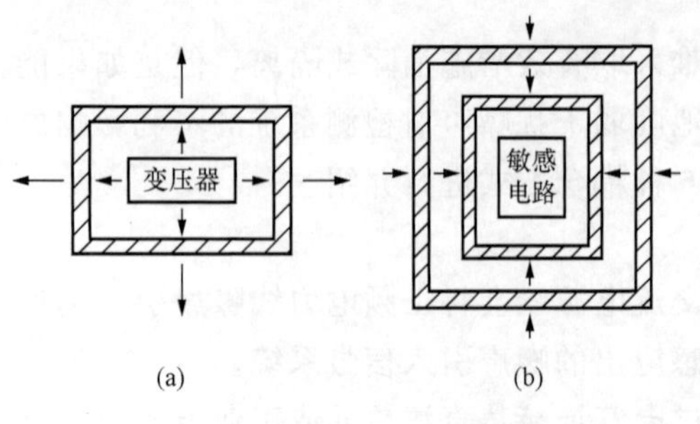

图 3-26 利用铁磁物质屏蔽抑制磁场干扰
（a）屏蔽干扰源；（b）屏蔽敏感电路

对于减少变压器的漏磁，应该使用环形铁心变压器，环形铁心变压器比 E 形铁心变压器的漏磁少，这样可以减少来自变压器的磁场耦合噪声。如果条件允许，可以用高磁导率材料容器把有可能释放干扰磁场的变压器封装屏蔽起来，以降低变压器的漏磁，如图 3-26 所示。对于敏感的微弱信号检测电路，也可以采用高磁导率材料容器把电路封装屏蔽起来，以阻止外来干扰磁场进入检测电路。

（六）电磁辐射耦合

任何载有交变电流的电路都会向远场辐射电磁波，高频电路的辐射作用更为明显，因为高频辐射源波长更短，辐射源距离其他远场与近场分界点更近。任何导体都可能接收电磁波而产生噪声。

微弱信号检测电路中任何导体都会像天线一样拾取电磁辐射噪声，电路中的有用信号越微弱，相对而言电磁辐射噪声的影响就越严重。而且，检测电路中的非线性器件又可能对接收到的电磁辐射噪声进行解调或变频，所以电磁辐射噪声不但影响高频电路，还会影响中频和低频检测电路。

因为导体对电磁辐射噪声有反射和吸收的作用，所以用导体屏蔽罩来屏蔽发射源或敏感电路都能有效地衰减电磁辐射噪声。

四、抗干扰技术

（一）电源抗干扰技术

根据工程统计分析，系统有 70%的干扰是通过电源耦合进来的，因此提高电源系统的供电质量，对系统的安全可靠运行是非常重要的。

1. 电源抗干扰的基本方法

采用交流稳压器：当电网电压波动范围较大时，应使用交流稳压器。采用磁饱和式交流稳压器对电源的噪声干扰也有很好的抑制作用。

电源滤波器：交流电源引线上的滤波器可以抑制输入端的瞬态干扰。直流电源的输出也接入电容滤波器，使输出电压的纹波限制在一定的范围内，并能抑制数字信号的脉冲干扰。

采用发电机组或逆变电源供电：在供电质量很高的特殊情况下使用。

电源变压器采用屏蔽措施：利用几毫米厚的高磁导率材料将变压器严密地屏蔽起来，以减小漏磁。

在每块印制电路板的电源与地之间并接去耦电容：一只大容量的铝或钽电解电容（10～100μF）和一只自身电感小的云母或陶瓷电容（0.01～0.1μF）。大电容去掉低频干扰，并接小电容去掉高频干扰成分。

分立式供电：整个系统不是统一变压、滤波、稳压后供各单元电路使用，而是变压后直接送各单元的整流、滤波、稳压。这样可以消除各单元电路间的电源线、地线间的耦合干扰，提高供电质量，增大散热面积。

分类供电方式：将空调、照明、动力设备分为一类供电方式，将智能仪器分为一类供电方式，避免了强电设备工作时对系统的干扰。

2. 交流电源进线的对称滤波器

任何使用交流电源的检测装置，噪声经电源线传导耦合到测量电路中去，对检测装置工作造成干扰是最明显的。为了抑制这种噪声干扰，在交流电源进线端子间加装滤波器，如图 3-27 所示。其中图 3-27（a）为线间电压滤波器，图 3-27（b）为线间电压和对地电压滤波器，图 3-27（c）为简化的线间电压和对地电压滤波器。这种高频干扰电压对称滤波器，对于抑制中波段的高频噪声干扰是很有效的。图 3-28 所示为低频干扰电压滤波电路。此电路对抑制因电源波形失真而含有较多高次谐波的干扰很有效。

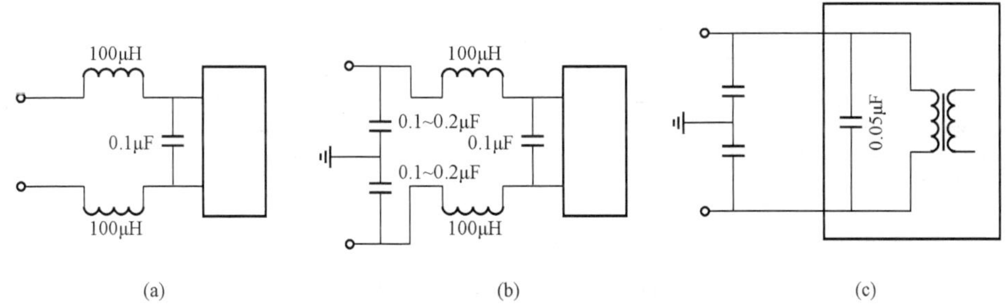

图 3-27　高频干扰电压对称滤波器

（a）线间电压滤波器；（b）线间电压和对地电压滤波器；（c）简化的线间电压和对地电压滤波器

3. 直流电源输出的滤波器

直流电源往往是检测装置几个电路公用的。为了减弱经公用电源内阻在电路之间形成的噪声耦合，对直流电源输出需加高低频成分的滤波器，如图 3-29 所示。

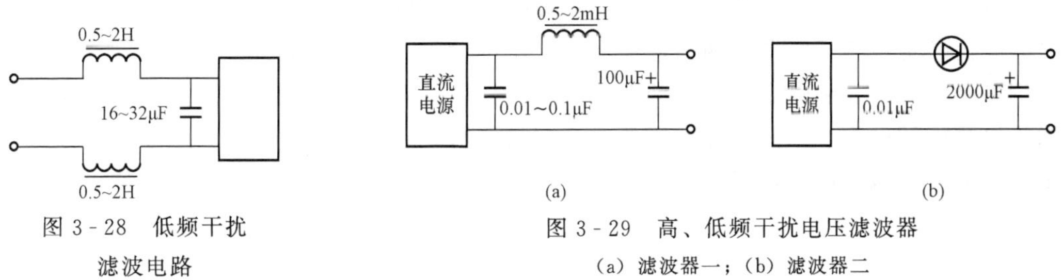

图 3-28　低频干扰滤波电路

图 3-29　高、低频干扰电压滤波器

（a）滤波器一；（b）滤波器二

4. 退耦滤波器

当一个直流电源对几个电路同时供电时，为了避免通过电源内阻造成几个电路之间互相干扰，应在每个电路的直流电源进线与地线之间加装退耦滤波器。如图 3-30 所示，其中图 3-30（a）是 RC 退耦滤波器、图 3-30（b）是 LC 退耦滤波器的示意图。应注意，LC 滤波器有一个谐振频率，其值为

$$f_r = \frac{1}{2\pi\sqrt{LC}}$$

在这个谐振频率 f_r 上，经滤波器传输过去的信号，比没有滤波器时还要大。因此，必须将这个谐振频率取在电路的通频带之外。在谐振频率 f_r 下，滤波器的增益与阻尼系数 ξ 成反比。LC 滤波器的阻尼系数为

$$\xi = \frac{R}{2}\sqrt{\frac{C}{L}}$$

式中 R——电感线圈的等效电阻。

为了把谐振时的增益限制在 2dB 以下，应取 $\xi > 0.5$。对于一台多级放大器，各放大级之间会通过电源的内阻抗产生耦合干扰。因此，多级放大器的级间及供电必须进行退耦滤波，可采用 RC 退耦滤波器。由于电解电容在频率较高时呈现电感特性，所以退耦电容常由两只电容并联组成；一只为电解电容，起低频退耦作用；另一只为小容量的非电解电容，起高频退耦作用。

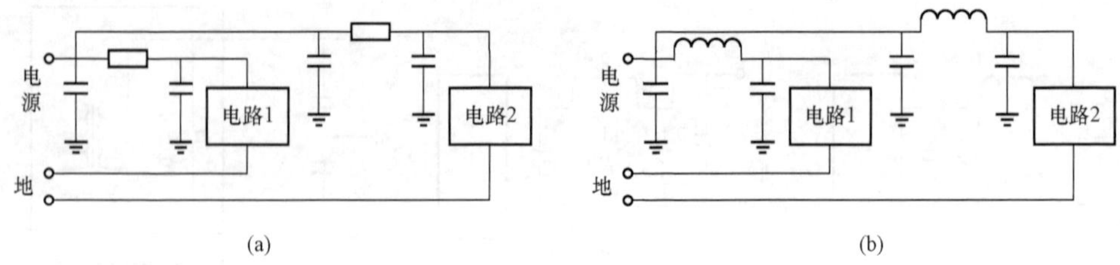

图 3-30 电源退耦滤波器

（a）RC 退耦滤波器；（b）LC 退耦滤波器

（二）接地技术

设计检测设备的接地系统基于三个目的：一个是减少多个电路的电流流经公共阻抗产生噪声电压，即减少公共阻抗耦合噪声；二是缩减信号回路感应磁场噪声的感应面积；三是消除地电位差对信号回路的不利影响。

从微弱信号检测的角度考虑，选择和设计接地方式的主要出发点是避免电路中各部分电路之间经公共地线相互耦合，因为这一部分电路的信号对于另一部分电路往往就是噪声。可以采用多种措施来达到这个目的，即选用低功耗器件，减少流经地线的电流；在高噪声电路中增设电源滤波电容，使其流经地线的电流变得平滑；采用横截面积较大的地线，以减少地线阻抗，但要注意在高频情况下集肤效应会使阻抗增大；最主要的是根据电路特点选择合适的接地方式。

在下述的各种电路接地方式中，必须考虑到任何导线都具有一定的阻抗，通常由电阻和电感组成，而且电路中各个物理上分隔开的“地”点往往处于不同的电位。

1. 串行单点接地

所谓串行单点接地，就是把各部分电路的“地”串联在一起，之后再某一个点接到电源地，如图 3-31 所示。图中的 Z_1、Z_2、Z_3 分别表示各段接地导线的阻抗，i_1、i_2、i_3 分别表示各部分电路的地电流。

图 3-31 中的 A 点电位为

$$v_A = Z_1(i_1 + i_2 + i_3)$$

B 点电位为

$$v_B = Z_1(i_1 + i_2 + i_3) + Z_2(i_2 + i_3)$$

C 点电位为

$$v_C = Z_1(i_1 + i_2 + i_3) + Z_2(i_2 + i_3) + Z_3 i_3$$

因为串行单点接地方式接线简单，布线方便，所以在对噪声特性要求不高的电路中使用得很普遍，尤其广泛应用于脉冲数字电路。但是对于各部分电路功率差异较大的情况，这种接地方式显然是不适合的，因为功率较大的电路会产生较大的接地电流，转而影响小功率电路。对于有的部分是数字电路、有的部分是模拟电路的情况，尤其是微弱信号检测电路的情况，更不能使用这种接地方式。

2. 并行单点接地

并行单点接地方式如图 3-32 所示。图中的各部分电路都使用各自独立的接地线，所以在低频情况下，各电路的地电流不会经过地线阻抗相互耦合而形成干扰。其中 A、B、C 点电位分别为

$$v_A = Z_1 i_1$$
$$v_B = Z_2 i_2$$
$$v_C = Z_3 i_3$$

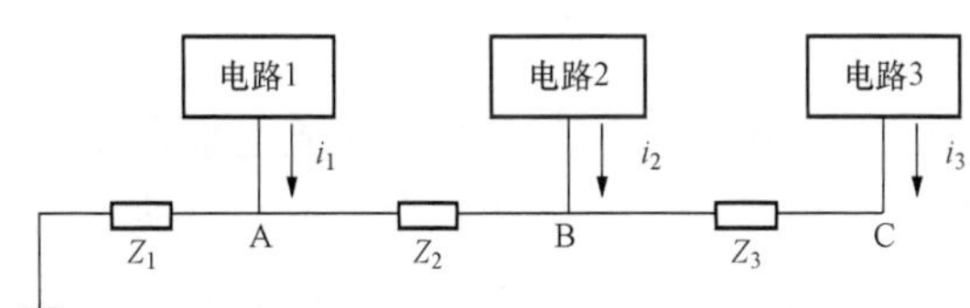

图 3-31　串行单点接地

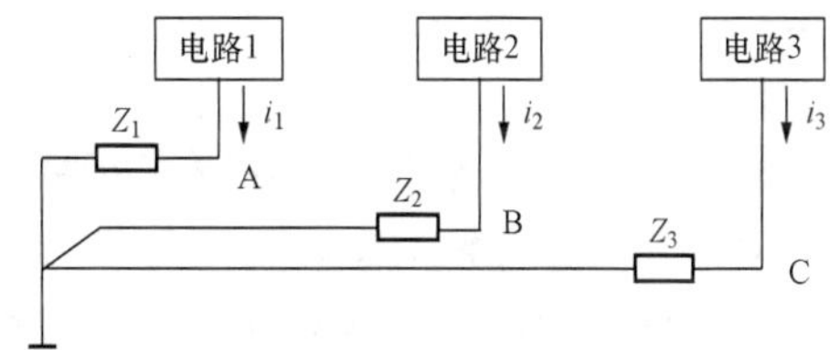

图 3-32　并行单点接地

可见，对于并行单点接地方式，各部分电路的地电位只是自身的地电流和地线阻抗的函数，与其他电路无关。但是当电路复杂时，多个独立的接地线也会增加系统的成本和布线的难度。

在高频情况下，各部分电路接地线之间会经过分布电容和分布电感的耦合而形成相互干扰。而且频率越高，接地线的感抗越大，接地线之间的分布电容越大，这种相互影响越严重。在很高频率的情况下，接地线的等效阻抗会很大，而且会像天线一样向外发射电磁波噪声。当频率低于 1MHz 时，这种接地方式比较适用；当频率为 1～10MHz 时，要注意最长的接地线不要超过波长的 1/20；当频率高于 10MHz，必须考虑使用多点接板地方法。

3. 多点接板地

多点接板地方法用于高频电路，以降低接地阻抗。如图 3-33 所示，多点接板地各部分电路就近连接到板地上。所谓板地，可以是金属板条，也可以是金属机壳，板地本身的高频阻抗要尽量小。因为高频电流的集肤效应，增加板地的厚度并不能减小其高频阻抗。而增加板地的表面积，或在板地的表面镀金或镀银可以减小其高频阻抗。各部分电路连接到板地的导线要尽量短，为的是降低其高频阻抗。

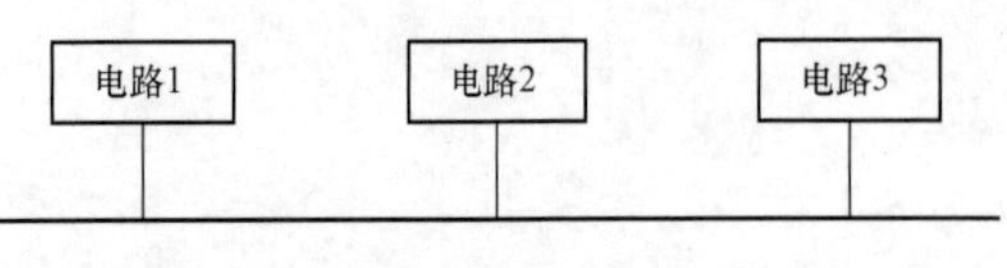

图 3-33 多点接板地

如果把多点接板地方法用于低频情况，尤其是地电流较大的情况，因各部分电路的地电流都流经板地，板地阻抗会导致一定程度的相互耦合，其低频特性劣于并行单点接地方式。

4. 混合接地

如果各部分电路的工作频率范围很宽，既有高频分量，又有低频分量，则可以采用图 3-34所示的混合接地方式。该方式是在并行单点接地的基础上，各部分电路又用小电容就近接到板地，综合了前两种接地方式的优点。对于低频地电流，小电容阻抗很大，该方式相当于并行单点接地；而对于高频地电流，小电容阻抗很小，该方式相当于多点接板地。

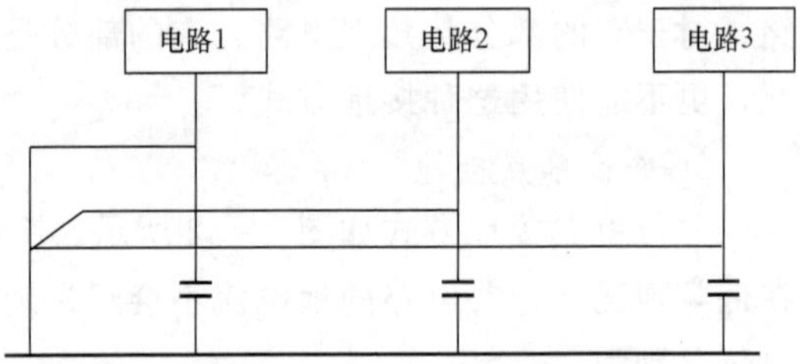

图 3-34 混合接地

五、其他抗干扰技术

（一）隔离

隔离是指把干扰源与接收系统隔离开来，使有用信号正常传输，而干扰耦合通道被切断，达到抑制干扰的目的。常见的隔离方法有光电隔离、变压器隔离和继电器隔离等方法。

1. 光电隔离

光电隔离是以光作介质在隔离的两端间进行信号传输的，所用的器件是光电耦合器。由于光电耦合器在传输信息时，不是将其输入和输出的电信号进行直接耦合，而是借助于光作为介质进行耦合，因而具有较强的隔离和抗干扰的能力。在控制系统中，光电隔离既可以用作一般输入/输出的隔离，也可以代替脉冲变压器起线路隔离与脉冲放大作用。由于光电耦合器具有二极管、三极管的电气特性，能方便地组合成各种电路；又由于靠光电耦合传输信息，使其具有很强的抗电磁干扰的能力，从而在机电一体化产品中获得了极其广泛的应用。

由于光电耦合器共模抑制比大、无触点、寿命长、易与逻辑电路配合、响应速度快、小型、耐冲击且稳定可靠，因此在机电一体化系统特别是数字系统中得到了广泛的应用。

2. 变压器隔离

对于交流信号的传输一般使用变压器隔离干扰信号的办法。隔离变压器也是常用的隔离部件，用来阻断交流信号中的直流干扰和抑制低频干扰信号的强度。隔离变压器将各种模拟负载和数字信号源隔离开来，也就是把模拟地和数字地断开。传输信号通过变压器获得通路，而共模干扰由于不形成回路而被抑制。

3. 继电器隔离

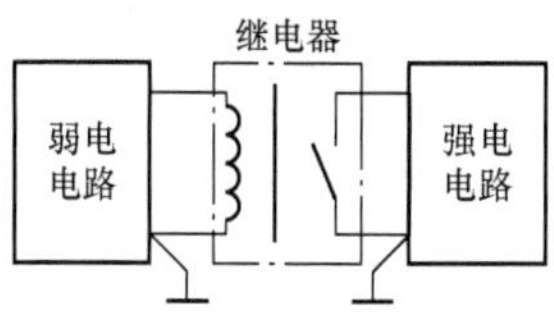

图 3-35　继电器隔离

继电器线圈和触点仅有机械上的联系，而没有直接的电的联系，因此可利用继电器线圈接受电信号，而利用其触点控制和传输电信号，从而可实现强电和弱电的隔离，如图 3-35 所示。同时，继电器触点较多，且其触点能承受较大的负载电流，因此应用非常广泛。

实际使用中，继电器隔离只适合于开关量信号的传输。系统控制中，常用弱电开关信号控制继电器线圈，使继电器触点闭合和断开。而对应于线圈的触点，则用于传递强电回路的某些信号。隔离用的继电器主要是一般小型电磁继电器或干簧继电器。

（二）屏蔽

利用铜（或铝）等低阻材料或者用导磁性能良好的铁磁性材料制成的容器，将要防护的部分包起来，此种方法主要是防止静电或电磁干扰，称之为屏蔽。

1. 静电屏蔽

在静电场作用下，导体内部无电力线，即各点等电位。静电屏蔽就是利用了与大地相连接的导电性能良好的金属容器，使其内部的电力线不外传，同时也不使外部的电力线影响其内部。静电屏蔽能防止静电场的影响，可以消除或削弱两电路之间由于寄生分布电容耦合而产生的干扰。

在电源变压器的一次、二次绕组之间插入一个梳齿形薄铜皮并将其接地，以此来防止两绕组间的静电耦合，就是静电屏蔽的范例。

2. 电磁屏蔽

电磁屏蔽是采用导电性能良好的金属材料做成屏蔽层，利用高频干扰电磁场在屏蔽体内产生涡流，再利用涡流消耗高频干扰磁场的能量，从而削弱高频电磁场的影响。

若将电磁屏蔽层接地，则同时兼有静电屏蔽的作用。也就是说，用导电良好的金属材料做成的接地电磁屏蔽层，同时起到电磁屏蔽和静电屏蔽两种作用。

3. 低频磁屏蔽

在低频磁场干扰下采用高磁导率材料作屏蔽层，以便将干扰磁力线限制在磁阻很小的磁屏蔽体内部，防止其干扰作用。通常采用坡莫合金等对低频磁通有高磁导率的材料，同时要有一定的厚度，以减少磁阻。

4. 驱动屏蔽

驱动屏蔽就是使被屏蔽导体的电位与屏蔽导体的电位相等。驱动屏蔽能有效地抑制通过寄生电容的耦合干扰。驱动屏蔽属于有源屏蔽，在线性集成电路出现以后，驱动屏蔽才有了实用价值，并在工程中获得越来越广泛的应用。

第四节　微弱信号的处理

一、微弱信号检测概述

“微弱信号”不仅意味着信号的幅度很小，而且主要指的是被噪声淹没的信号，“微弱”是相对于噪声而言的。在物理学、化学、工程技术、天文、生物、医学等领域存在着大量有用的微弱信号，需要采用电子学、信息论、计算机和物理学的方法，从强噪声中检测出来，以满足现代科学研究和技术开发的需要。微弱信号检测注重的不是传感器的物理模型和传感器原理，也不是相应的信号转换电路和仪表实现方法，而是如何抑制噪声和提高信噪比，因此可以说，微弱信号检测是一门专门抑制噪声的技术。

微弱信号检测的首要任务是提高信噪比（SNR），SNR 是信号的有效值 S 与噪声的有效值 N 之比，表征噪声对信号的覆盖程度的，其表达式为

$$SNR = S/N$$

信噪比可以是电压比值，也可以是功率比值。评价一个微弱信号检测方法的优劣，经常采用两种指标：一种是信噪改善比（$SNIR$）；另一种指标是有效的检测分辨率。其中，$SNIR$ 的定义为

$$SNIR = \frac{SNR_o}{SNR_i} \tag{3-27}$$

式中 SNR_o——系统输出端的信噪比；

SNR_i——系统输入端的信噪比。

$SNIR$ 越大，表明系统抑制噪声的能力越强。

对于存在噪声的非周期信号，通常是用滤波器来减少系统的噪声带宽，即所谓带宽压缩法。这样可以使有用的信号顺利通过，而噪声则受到抑制，从而使信噪比得到改善。对于深埋在噪声中的周期重复信号，通常采用锁定放大法和采样积分法来改善信噪比。本节重点介绍锁定放大法和采样积分法。

锁定放大法是采用相敏检波及低通滤波来压缩等效噪声带宽，以抑制噪声，从而检测出深埋在噪声中的周期重复信号的幅值和相位。

采样积分法是用采样门及积分器对信号进行逐次采样并进行同步积累，以筛出噪声，而恢复被噪声淹没的周期性重复信号的波形。

二、锁定放大器

（一）锁定放大器结构组成及工作原理

锁定放大器（LIA）的基本结构包括信号通道、参考通道、相敏检测器（PSD）和低通滤波器（LPF）等，如图 3-36 所示。

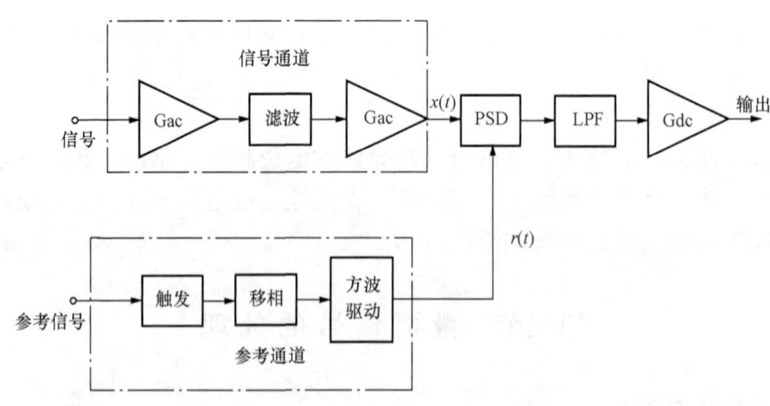

图 3-36 锁定放大器基本组成

信号通道的作用是将伴有噪声的输入信号发放大，将微弱信号放大到足以推动相敏检测器工作的电平，并且要滤除部分干扰和噪声，以提高相敏检测的动态范围。

参考通道的作用是提供一个与输入信号同相的方波或正弦波。相敏检波器的作用是对输入信号和参考信号完成乘法运算，从而得到输入信号与参考信号的和频和差频信号。低通滤波器的作用是滤除和频信号成分，这时的等效带宽很窄，从而可以提取深埋在噪声中的微弱信号。

由于该放大器将被测信号和参考信号的相位锁定，故称之为锁定放大器。锁定放大器实质上是一个采用相敏检波器的交流电压表。普通交流电压表是将信号和噪声一同检出，而锁定放大器只检出输入信号和输入信号同频同相的噪声，其结果是噪声成分大幅度降低。

设 $x(t)$ 是伴有噪声的待测信号，即

$$x(t) = s(t) + n(t) = A\sin(\omega_c t + \varphi) + n(t)$$

式中　$s(t)$ ——有用信号，其幅度为 A，角频率为 ω_c，初相角为 φ；

$n(t)$ ——噪声信号。

正弦型参考信号为 $y(t) = B\sin\omega_c(t+\tau)$，则两者的互相关函数为

$$R_{xy} = \lim \frac{1}{T}\int_0^T B\sin\omega_c(t+\tau)[A\sin(\omega_c t + \varphi) + n(t)]\mathrm{d}t$$

$$= \frac{AB}{2}\cos(\omega_c\tau - \varphi) + R_{ny}(\tau) \tag{3-28}$$

由于参考信号 $y(t)$ 与随机噪声 $n(t)$ 互不相关，所以有

$$R_{ny}(\tau) = 0$$

因此，式（3-28）可以表示为

$$R_{xy}(\tau) = \frac{AB}{2}\cos(\omega_c\tau - \varphi) \tag{3-29}$$

式（3-29）说明，$R_{xy}(\tau)$ 正比于有用信号的幅值，若取 $\omega_c\tau - \varphi = 0$，即 $y(t)$ 与 $s(t)$ 同相，则 $R_{xy}(\tau)$ 取最大值。

由上面分析可知，利用参考信号与有用信号具有互相关性，而参考信号与噪声相互独立、互不相关，可以通过互相关运算削弱噪声的影响。

根据上述分析可以得出完成互相关运算的原理框图，如图 3-37 所示。完成互相关运算需要 3 个基本环节，即可变时间延迟环节、乘法器和积分器。

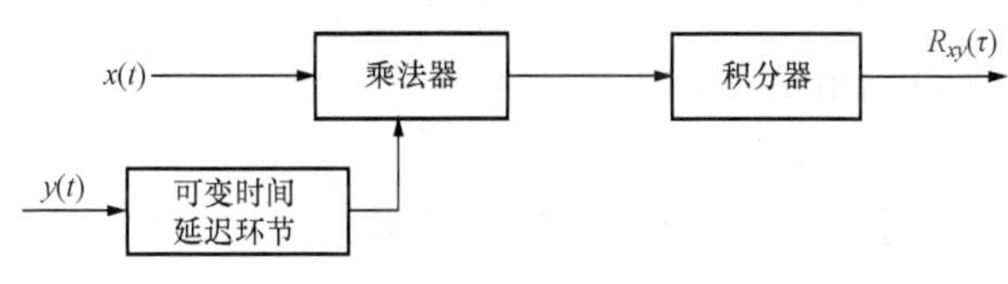

图 3-37　互相关运算原理框图

考虑到被测有用信号为重复性周期信号，因此可用图 3-38 所示简化电路框图来实现重复性周期信号的互相关运算。

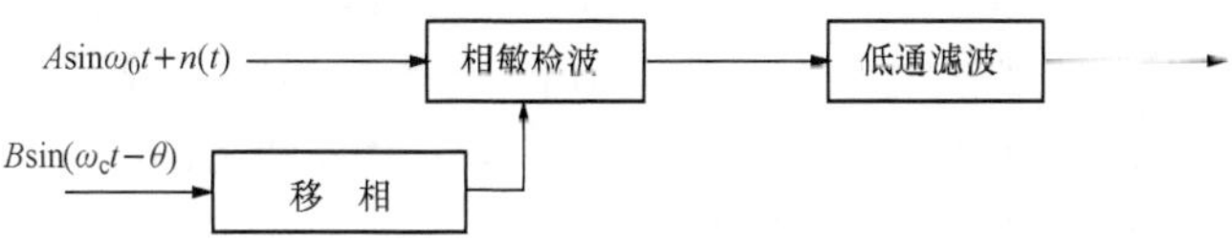

图 3-38　对周期信号完成互相关运算的简化电路框图

比较图 3-37 和图 3-38 后可发现，两者本质上是一致的。这说明在锁定放大器中，检

测微弱信号采用了互相关定理，即利用参考信号与有用信号具有相关性，而参考信号与噪声互不相关，通过相敏检测和低通滤波（或积分平均）完成互相关运算，从而达到抑制噪声的目的。在锁定放大器中，移相器起可变时间延迟环节的作用，通过调整移相器可保证参考信号与有用信号同相，从而使信噪比改善为最佳。

（二）锁定放大器的应用

锁定放大器（LIA）是微弱信号检测的重要手段，已经被广泛应用于物理、化学、生物医学、天文、通信、电子技术等领域的研究工作。例如，分子束质谱仪、扫描电镜（SEM）、软X射线激发电位能谱仪（SXAPS）、俄歇（Auger）电子谱仪等仪器中都采用了锁定放大器。这里介绍几种典型的应用事例。

1. 振动分析

机械设备的动态特性（如共振频率、振幅、阻尼系数等），对于设备的性能和可靠性具有很大的影响。例如，在车床切削金属工件时，车床部件的共振可能在工件表面留下波纹，这在精密加工中是不允许的。利用图3-39所示的基于双通道正交LIA的振动分析系统，可以检测分析机械设备的振动特性。慢扫描产生一个变化缓慢的扫描电压，该扫描电压经压控振荡器VCO转换成频率变化缓慢的等幅电压信号，经过功放驱动振子，振子给被测机械的合适部位施加频率变化缓慢的机械振动信号。位移传感器检测被测机械另一部位的位移信号，该信号经放大后输出给双通道正交LIA进行窄带放大，利用计算机对两路正交信号进行计算和分析，就可以得到各频率点处振动的幅度和相位，从而判断出机械设备的振动特性。LIA的参考输入来自振子的机械位移信号，这样可以保证LIA是针对振子的振动频率进行检测的，也可以直接把VCO输出用作LIA的参考输入。

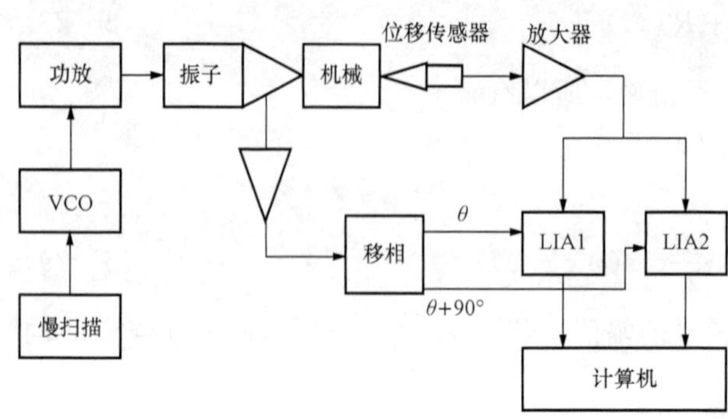

图3-39 基于双通道正交LIA的振动分析

2. 半导体结电容测量

通过结电容测量可以了解半导体PN结的动态特性，如PN结的开关速度，也可以了解半导体材料的掺杂情况。因为结电容很小，其变化量更是微小，所以只能使用微弱信号检测手段进行测量，可利用交流电桥加锁定放大器方式可以测量出结电容。

肖特基PN结的阻抗等效电路如图3-40（a）所示。图中R_j和C_j是取决于PN结偏压的电阻和电容；R_b是体电阻，当PN结处于反向偏置时，R_b可以忽略不计。图3-40（b）所示为一种利用锁定放大器测量PN结微小结电容的电路。图中R_1连接到直流负电源$-U$，以使PN结处于反偏状态，这种情况下只要交流信号源E的频率较高（如$f \geqslant 1\text{MHz}$），则PN结的结电阻$R_j \gg 1/\omega C_j$。只要耦合电容C_0足够大，输入到LIA的信号$x(t)$为信号源E经C_j和R_2的串联分压值，测出$x(t)$就可以计算出C_j。

三、采样积分器

对于淹没在噪声中的正弦信号的幅度和相位，可以利用锁定放大器进行检测。但是如果需要恢复淹没在噪声中的脉冲波形，则锁定放大器是无能为力的。脉冲波形或脉动波

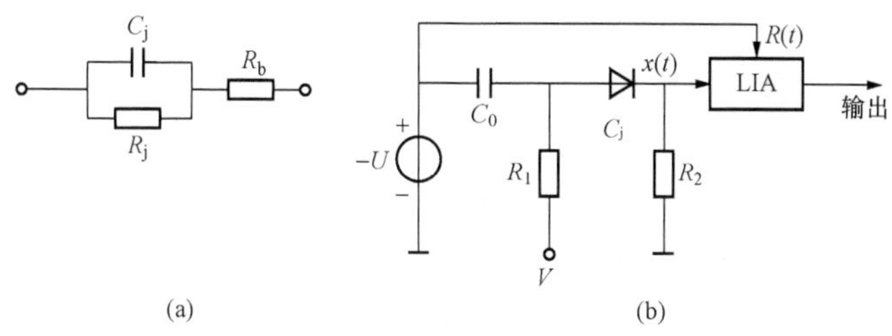

图 3-40 利用锁定放大器对半导体结电容的检测

(a) PN 结阻抗等效电路；(b) 结电容测量电路

形的快速上升沿和快速下降沿包含丰富的高次谐波分量，锁定放大器输出级的低通滤波器会滤出这些高频分量，导致脉冲波形的畸变。所以对于这类信号的测量，可以采用采样积分方法。

（一）采样积分的基本原理

采样积分包括采样和积分两个连续的过程，其基本原理图如图 3-41 所示。周期为 T 的被测信号 $s(t)$ 叠加了干扰噪声 $n(t)$，可测信号 $x(t)=s(t)+n(t)$ 经过放大输入到采样开关。$r(t)$ 是与被测信号同频的参考信号，也可以是被测信号本身。触发电路根据参考信号波形的情况（例如幅度或上升速率）形成触发脉冲信号，触发脉冲信号在经过延时后，生成一定宽度 T_g 的采样脉冲，控制采样开关 S 的开闭，完成对输入信号 $x(t)$ 的采样。

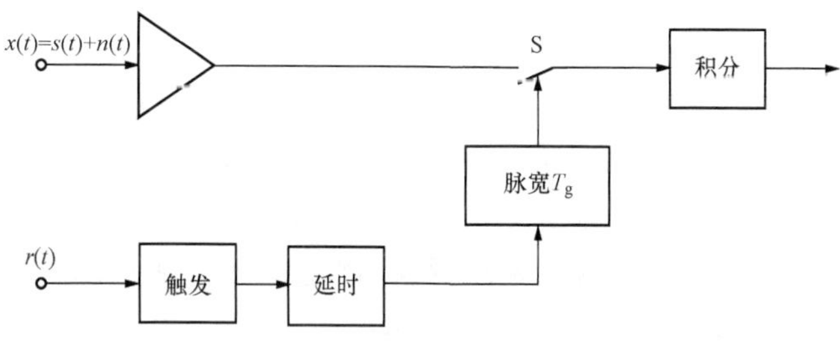

图 3-41 采样积分基本原理图

门积分器是采样积分器的核心，它的特性对于系统的整体特性具有决定性的作用。门积分器不同于一般的积分器，由于采样门的作用，在开关 S 的控制下，积分器仅在采样时间内进行，其余时间积分结果处于保持状态。根据实现电路的不同，积分器可分为线性门积分器和指数式积分器。线性门积分器是由积分电路附加电子开关组合而成，其输出幅度受到运算放大器线性工作范围的限制，所以比较适用于信号幅度较小的场合。指数式门积分器由普通的 RC 指数式积分器和采样电子开关串联而成。在信号幅度较大时，为了防止电路进入非线性区导致测量误差，必须采用指数式门积分器。

（二）采样积分器的工作方式

采样积分的工作方式可分为定点式和扫描式两种。一般将这两种工作方式组合在同一仪器中，由用户选择使用哪种工作方式。定点工作方式用于检测信号波形上某一特定位置的幅度，而扫描工作方式用于恢复和记录被测信号的波形。

1. 定点工作方式

在定点工作方式中，参考触发信号与输入被测信号保持同步，经过延时后产生固定宽度为 T_g 门控信号，这样采样积分就总是在被测信号周期的固定部位进行。定点工作方式比较简单，适用于检测处理周期信号或似周期信号固定部位的幅度，如接受斩波光的光电倍增管的输出电流，心电图一定部位的幅度等。

图 3-42 所示为定点采样积分电路原理框图，由信号通道、参考通道和门积分器组成。信号通道中的前置放大器为宽带低噪声放大器，用于将叠加了噪声的微弱被测信号 $x(t)$ 放大到合适的幅度。参考通道由触发电路、延时电路和采样脉冲宽度形成电路组成。参考信号可以是与被测信号相关的信号（例如交流电桥测量电路的交流电源），也可以是被测信号本身。当参考信号的一定特征（例如幅度或变化率）达到一定数值时，产生触发信号，触发信号经过延时后触发门控电路，以形成宽度 T_g 的采样脉冲，在被测信号周期中的固定部位进行采样和积分。延时电路的延时量可调，以便调整采样的部位。对采样积分输出信号 $u_o(t)$ 可以进一步放大，以便于观测或记录。

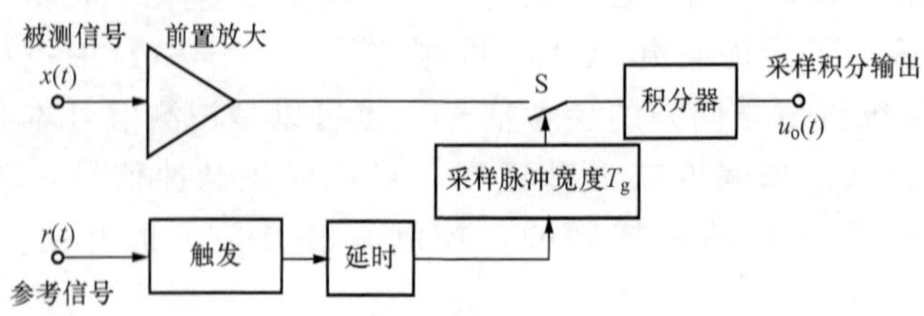

图 3-42 定点采样积分电路原理框图

定点工作方式中的各点波形如图 3-43 所示。图中参考触发信号经过一定时间的延时 T_d 之后，电路产生宽度为 T_g 的采样脉冲，对被测信号的固定部位进行采样积分。可以看出，在每个信号周期内，采样积分只进行了一次，在 T_g 期间采样并积分，而在其他时间开关 S 断开，保持积分结果，输出信号呈现阶梯式积累的波形。经过多周期的采样积分，输出信号趋向于被测信号采样点处的平均值。

在定点工作方式中，因为采样点相对于信号起始时刻的延时是固定的，采样脉冲宽度 T_g 也保持不变，所以采样总是在被测信号距离原点为固定延时的某个小时段重复进行，积分得到的结果是该时段的多次累加积分值。利用信号的确定性和噪声的随机性，重复采样积分的结果将使信噪比得以改善。

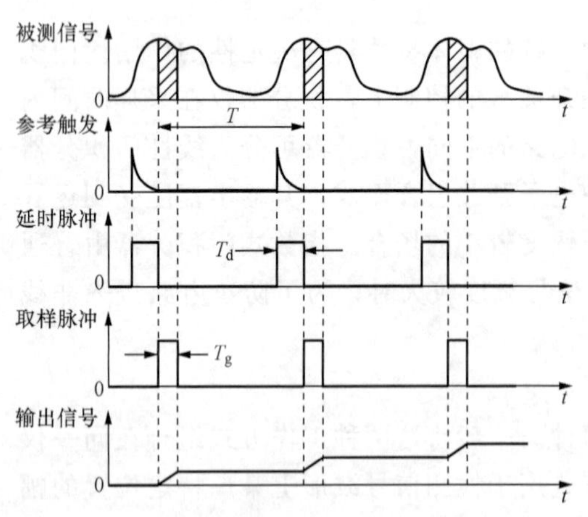

图 3-43 定点工作方式采样积分的各点波形

图 3-44 所示是一种比较特殊的定点差值采样积分电路。图中的触发整形电路和延时电路用于产生相对于参考信号原点固定延时 T_d 的采样脉冲，其宽度 T_g 由采样脉冲宽度控制电路设定。电阻 R、电容 C 和 A2 组成积分器，A1 和 A3 组成差值积分电路。被测信号经前置放大与上次采样积分结果的分压值相比较，在 A1 的输出端得

到差值信号，该差值信号被送到采样门进行定点采样，再经积分器积分得到输出信号。在电子开关S接通期间，积分器对A1输出进行积分；在电子开关S打开期间，由于运算放大器A2的输入阻抗很高，积分器保持上次的积分结果。图中的R_1、R_2和A3组成反馈支路，A1将当前的前置放大输出与上次采样积分的输出进行比较，输出给采样门S的电压为

$$u_1(t) = A_1\left[A_0 x(t) - \frac{R_2 A_3}{R_1 + R_2} u_o(t)\right]$$

所以这是一种差值采样积分，其工作原理类似于密勒积分器。

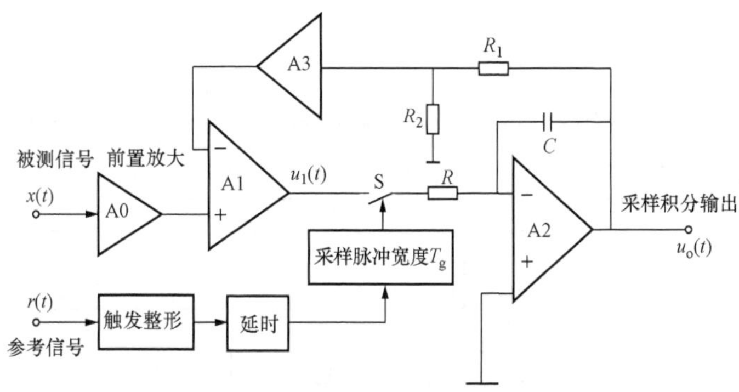

图3-44　定点差值采样积分电路

2. 扫描工作方式

定点采样积分器只能用于测量周期或似周期信号固定部位的电压，却不能用于恢复被测信号的整个波形。在采样积分器的扫描工作方式中，采样点距离波形原点的延时量被逐渐延长。随着一个个信号周期的到来，采样点沿着信号周期波形从前向后进行扫描，从而恢复被噪声污染的波形。

扫描式采样积分器的结构框图如图3-45所示。图中的慢扫描电路用于产生覆盖很多个信号周期的锯齿波，其宽度为T_s；时基电路用于产生覆盖被测信号周期中需要测量部分的锯齿波，其宽度为T_B；比较器电路对两个锯齿波进行比较，从而产生逐渐增加的延时，这样就可以在被测信号的逐个周期中从前向后延时采样，以便实现对原信号的逐点恢复；门控电路用于产生宽度为T_g采样脉冲。

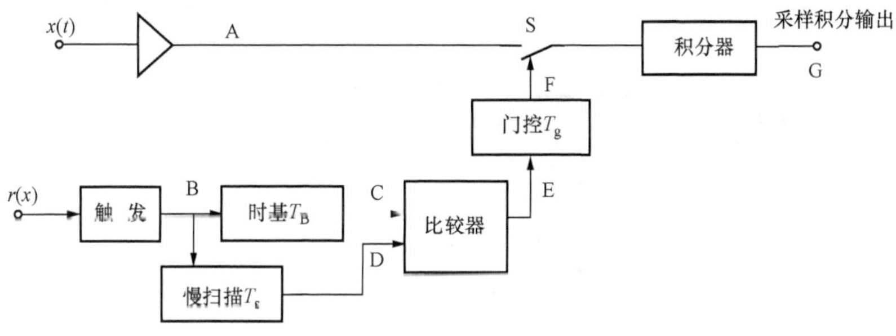

图3-45　扫描式采样积分结构框图

图3-46所示为扫描式采样积分器的各点波形，图3-46（a）为被测信号$x(t)$波形；图3-46（b）为由参考信号$r(t)$产生的触发信号波形；图3-46（c）为由慢扫描电路产生的长

周期 T_s 锯齿波（虚线），以及覆盖被测信号需要测量部分的时基 T_B 锯齿波（实线）。比较器根据两个锯齿波的相交点产生延时脉冲，如图 3-46（d）所示，其上升沿相对于触发脉冲的延时逐渐增加。由延时脉冲触发门控电路产生逐次后移的采样脉冲，如图 3-46（e）所示。可以看出，随着被测信号周期的逐个到来，采样点在信号周期中的位置从前向后逐次移动，在经历了很多个信号周期后，由采样值的包络线可以显现被测信号的波形，不过周期比原信号长了很多倍，如图 3-46（f）所示。因此，利用 $X-Y$ 记录仪可以记录显示被测信号的波形。把记录仪的 X 输入端连接到慢扫描锯齿波输出，Y 输入端连接到采样积分输出信号端就能实现这种记录。

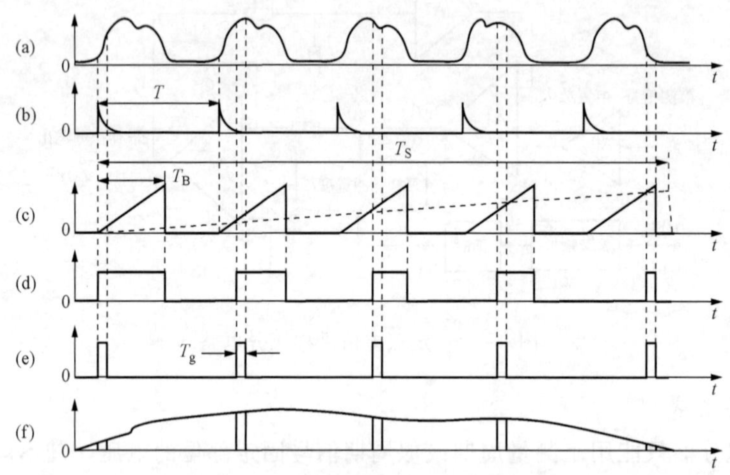

图 3-46 扫描式采样积分各点波形

（a）A 点被测信号波形；（b）B 点触发脉冲波形；（c）时基与慢扫描电压比较；（d）比较器输出；（e）采样脉冲；（f）采样值及复现波形

在实际仪器中，一般都把图 3-42 和图 3-45 所示电路组合在一起，由使用者选择定点或扫描工作方式，如图 3-47 所示。当开关 S1 打到上部时为定点工作方式，当 S1 打到下部时为扫描工作方式。

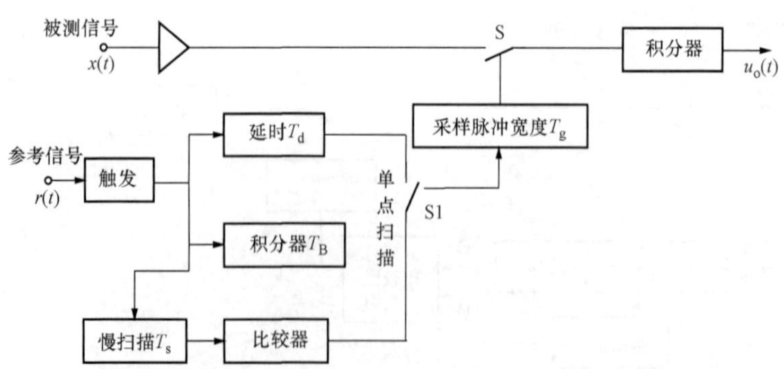

图 3-47 具有单点和扫描两种工作方式的采样积分器结构框图

（三）采样积分器的应用

采样积分器的基本功能是提取被噪声污染的信号参数，恢复信号波形。采样积分器已广泛应用于物理、化学、生物学以及工业检测技术等许多领域。国内外已经研制开发出若干种实用的采样积分检测仪器，这里只列举几种比较典型的应用实例。

1. 利用超声波检测材料特性

利用超声波检测材料特性的原理框图如图 3-48 所示。图中的脉冲发生器产生不断重复的短时脉冲，该短时脉冲驱动电路激励超声发送探头发送断续的但波形重复的超声波。超声接收探头接收透射过被测材料的超声波，并将其转换为比较微弱的电信号，电信号经放大后再由采样积分器提高信噪比。通过对被测材料声波速度特性和声波衰减特性的研究，可以揭示材料的弹性系数和材料中压力、张力的关系。由脉冲发生器输出的重复脉冲是超声波的激励源，可以用作采样积分的同步参考信号。

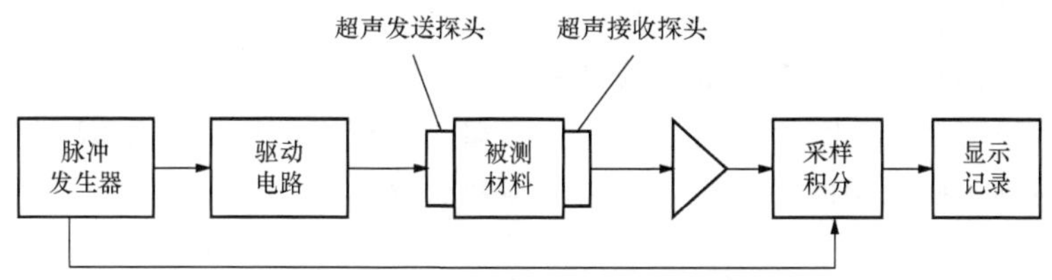

图 3-48　超声检测材料特性的原理框图

2. 荧光光谱测量

在荧光光谱测量中，通过测量荧光的衰减特性可以了解其发光机理。图 3-49 所示为利用双通道采样积分器测量纳秒荧光光谱的结构框图。可调染料激光器光源经分光镜分成两路光束 A 和 B。光束 A 照射样品激发荧光，经单色仪用光电倍增管检测；光束 B 用于对激光源强度进行检测。因为测量时间长，光源强度会发生变化，利用双通道采样积分器作 A/B 运算，可以补偿光源强度的变化，消除光源波动的影响。

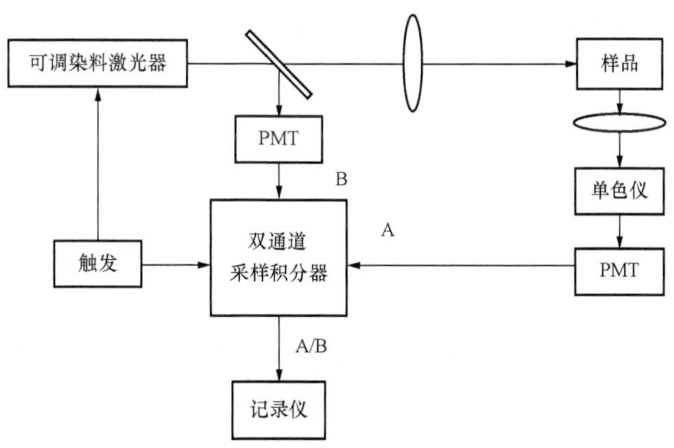

图 3-49　双通道采样积分器测量纳秒荧光光谱的结构框图

本章小结

本章分四节介绍，第一节和第二节介绍信号检测常用信号处理器，重点讲述了测量电桥和测量放大器及其工作原理、工作方式以及各种组成电路；第三节介绍噪声，对噪声的概率密度函数和功率谱函数进行简单介绍，并分析了电路内和外界干扰噪声源，针对干扰噪声，介绍几种常用的抗干扰技术；第四节介绍微弱信号检测常用的两种方法，即锁定放大器法和采样积分法，分析了它们的工作原理，列举它们各自的性能指标、工作方式和应用。

习 题 与 思 考 题

3-1 判断下列方法是否可以提高灵敏度？

(1) 在相邻两臂上（半桥双臂测量方式）各串联一应变片；

(2) 在相邻两臂上（半桥双臂测量方式）各并联一应变片；

(3) 在两对边的桥臂上，各串联一应变片；

(4) 在两对边的桥臂上，各并联一应变片。

3-2 测量如图 3-50 所示的纯弯试件。已知 4 片相同的应变片中 R_1 和 R_3 贴在一边，R_2 和 R_4 贴在对称于中性层的另一边，组成全等臂电桥。

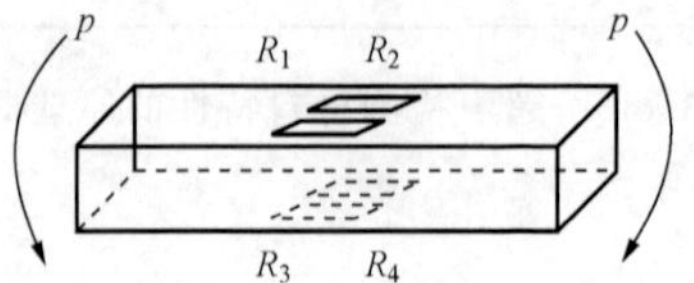

图 3-50 题 3-2 图

3-3 电子电路中的噪声源有哪些？各有什么特点？

3-4 单点接地与多点接地各有什么特点？一般在什么情况下采用？

3-5 采样积分器的工作方式有哪几种，各有什么特点？

3-6 利用本章所学的知识设计人体心电检测电路，并说明工作原理。

第四章　常 用 传 感 器

第一节　传 感 器 的 特 性

传感器是一个二端口装置，其基本特性是指端口输入信号与输出信号对应关系的特性。不同传感器输入/输出特性不同，同一传感器对应不同的输入信号所呈现的特性也有所不同，尤其当被测信号为静态信号和动态信号两种状态下，传感器的输入/输出特性完全不同。

一、传感器的静态特性

传感器的静态特性是指在稳态信号的作用下，传感器输出量与输入量之间的关系特性。衡量传感器静态特性的主要技术指标有线性度、迟滞性、重复性、灵敏度和漂移等。

（一）线性度

传感器的线性度是用来说明传感器输出量与输入量之间关系的线性程度。传感器理想的输入与输出关系是线性的，而实际上各种传感器其输出与输入的关系严格说是非线性的，一般可用下列多项式表示，即

$$y = a_0 + a_1 x + a_2 x^2 + \cdots + a_n x^n \tag{4-1}$$

式中　x——输入量（被测量）；

y——输出量；

a_0　零位输出；

a_1——线性灵敏度；

a_2，…，a_n——非线性项的待定系数。

在使用传感器时，对于非线性程度不大的传感器，通常用割线或切线等直线来近似地代表实际曲线的一段，这种方法称为传感器非线性的线性化。非线性曲线称为校准曲线，线性化的直线称之为拟合直线。拟合直线可以用多种方法获得，比如切线法、割线法、最小二乘法、端点连线法等。对于实际的传感器测出的输入/输出校准（标定）曲线与其理论拟合直线之间不吻合的程度的最大值称为该传感器的线性度。通常用相对误差表示其大小，也就是相对应的最大偏差与传感器满量程输出 $y_{F\cdot S}$之比，即

$$\gamma_1 = \pm \frac{\Delta_{max}}{y_{F\cdot S}} \times 100\% \tag{4-2}$$

式中　γ_1——非线性误差，即线性度；

Δ_{max}——最大非线性绝对误差；

$y_{F\cdot S}$——满量程输出值。

（二）迟滞性

迟滞性是指传感器在正（输入量增大）、反（输入量减小）行程期间输入/输出特性曲线不重合的程度。也就是说对于同一大小的输入信号，传感器正反行程输出信号大小不相等，如图 4-1 所示。

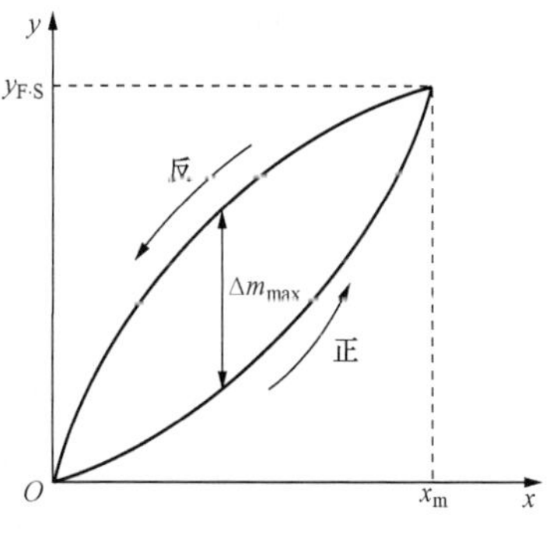

图 4-1　传感器的迟滞性

正向行程输出与反向行程输出之间的差值称为滞环误差。迟滞常用最大滞环误差 Δm_{max} 与满量程输出 $y_{F.S}$ 之百分比表示，即

$$\gamma_H = \frac{\Delta m_{max}}{y_{F.S}} \times 100\% \tag{4-3}$$

迟滞性是传感器静态下一个重要的性能指标，反映了传感器部分存在着不可避免的缺陷，如轴承摩擦、灰尘积塞、间隙不当、元件磨蚀等，其大小一般由实验确定。

（三）重复性

重复性是指传感器输入量按同一方向作全量程连续多次测试时所得输入/输出特性曲线不重合的程度，是反映传感器精密度的一个指标，产生的原因与迟滞性基本相同，重复性越好，误差越小。

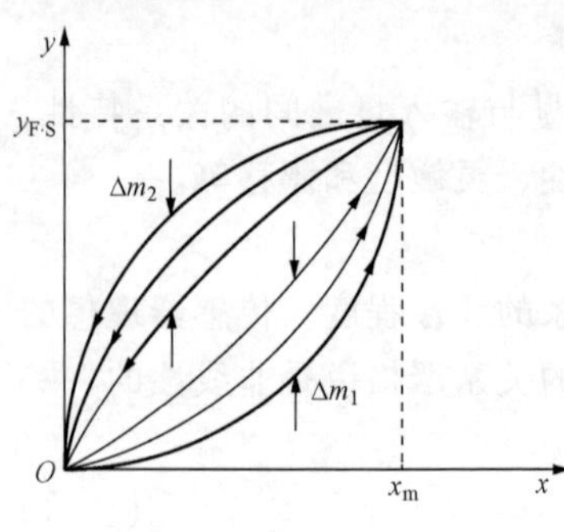

图 4-2 传感器的重复性

如图 4-2 所示，正行程的最大重复性偏差为 Δm_1，反行程的最大重复性偏差为 Δm_2，重复性误差取这两个最大偏差中之较大者 Δm_{max}，与满量程输出 $y_{F.S}$ 的百分比表示，即

$$\gamma_R = \pm \frac{\Delta m_{max}}{y_{F.S}} \times 100\% \tag{4-4}$$

（四）灵敏度

灵敏度是指传感器输出的变化量 Δy 与引起该变化量的输入变化量 Δx 之比。其表达式为

$$K = \frac{\Delta y}{\Delta x} \tag{4-5}$$

对于线性传感器测量系统，其灵敏度就是它的静态特性的斜率；对于非线性传感器测量系统，其灵敏度不是常数，常用 $K=\frac{dy}{dx}$ 表示非线性传感器在某一工作点处的灵敏度。

灵敏度实际上是一个放大倍数，体现了传感器对被测量的微小变化放大成输出信号显著变化的能力，即传感器对输入变量微小变化的敏感程度。通常用拟合直线的斜率表示系统的平均灵敏度。一般希望传感器的灵敏度高，在满量程的范围内是恒定的，即输入/输出特性曲线为直线。灵敏度越高，就越容易受外界干扰的影响，系统的稳定性就越差。

（五）漂移

漂移是指在外界干扰下，传感器输出量发生了与输入量无关的、不需要的变化，常表现为零点漂移和温度漂移。零点漂移简称零漂，指传感器在无输入或在输入量不变时，其输出值偏离零值（或原指示值）的现象。温度漂移简称温漂，指在温度变化时，传感器输出量偏移正常输出值的程度。

二、传感器的动态特性

即使静态性能很好的传感器，当被检测物理量随时间变化时，如果传感器的输出量不能很好地追随输入量的变化而变化，也有可能导致高达百分之几十甚至百分之百的误差。因此，在研究、生产和应用传感器时，要特别注意其动态特性的研究。

传感器的动态特性是指在测量动态信号时传感器的输出反映被测量的大小和随时间变化的能力。一个动态特性好的传感器，其输出将再现输入量的变化规律，即具有相同的时间函数。实际上除了具有理想的比例特性外，输出信号将不会与输入信号具有

相同的时间函数，这种输出与输入间的差异就是所谓的动态误差。实际被测量随时间变化的形式可能是多种多样的，在研究动态特性时通常根据标准输入特性来考虑传感器的响应特性。

虽然传感器的种类和形式很多，但它们一般可以简化为一阶或二阶系统（高阶可以分解成若干个低阶环节），因此一阶和二阶传感器是最基本的。传感器的输入量随时间变化的规律是各种各样的，下面在对传感器动态特性分析时，采用最典型、最简单、易实现的正弦信号和阶跃信号作为标准输入信号。对于正弦输入信号，传感器的响应称为频率响应或稳态响应；对于阶跃输入信号，则称为传感器的阶跃响应或瞬态响应。

（一）频率响应特性

传感器对正弦输入信号的响应特性，称为频率响应特性。由物理学可知，在一定条件下，任意信号均可分解为一系列不同频率的正弦信号。也就是说，一个以时间作为独立变量进行描述的时域信号，可以转换成一个以频率作为独立变量进行描述的频域信号。如果把正弦信号作为传感器的输入，然后测出它的响应，就可对传感器的频域动态性能作出分析和评价。

1. 一阶系统

一阶系统方程式的一般形式为

$$a_1 \frac{\mathrm{d}y}{\mathrm{d}t} + a_0 y = b_0 x \tag{4-6}$$

式（4-6）两边都除以 a_0，得

$$\frac{a_1}{a_0} \frac{\mathrm{d}y}{\mathrm{d}t} + y = \frac{b_0}{a_0} x \tag{4-7}$$

或者写成

$$\tau \frac{\mathrm{d}y}{\mathrm{d}t} + y = Kx \tag{4-8}$$

式中　τ——时间常数，$\tau = a_1/a_0$；

K——静态灵敏度，$K = b_0/a_0$。

在动态特性分析中，K 只起着输出量增加 K 倍的作用。因此为了方便起见，在讨论任意阶传感器时可采用 $K=1$，这种处理方法称为灵敏度归一化。

一阶系统的传递函数为

$$H(s) = \frac{1}{1 + \tau s} \tag{4-9}$$

频率特性为

$$H(\mathrm{j}\omega) = \frac{1}{1 + \tau \mathrm{j}\omega} \tag{4-10}$$

幅频特性为

$$A(\omega) = \frac{1}{\sqrt{1 + (\omega\tau)^2}} \tag{4-11}$$

相频特性为

$$\varphi(\omega) = \arctan(-\omega\tau) \tag{4-12}$$

一阶传感器的频率响应特性曲线如图 4-3 所示。

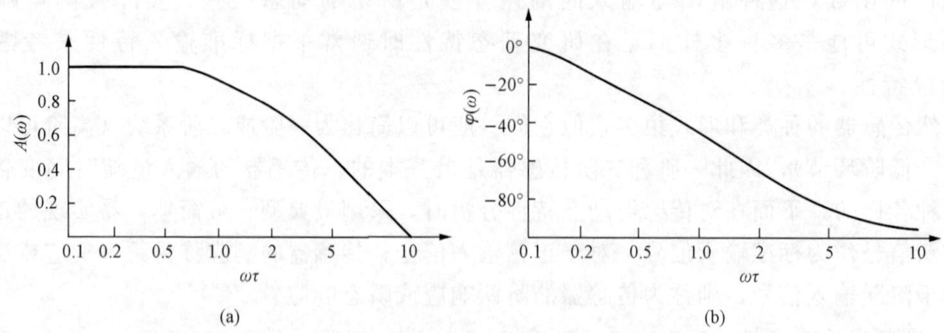

图 4 - 3 一阶传感器的频率响应特性曲线

(a) 幅频特性；(b) 相频特性

从式（4 - 11）、式（4 - 12）和图 4 - 3 看出，时间常数 τ 越小，频率响应特性越好。当 $\omega\tau \ll 1$ 时，$A(\omega) \approx 1$，表明传感器输出与输入为线性关系；$\varphi(\omega)$ 很小，$\tan\varphi \approx \varphi$，$\varphi(\omega) \approx \omega\tau$，表明相位差与频率 ω 也成线性关系。

2. 二阶系统

二阶系统的微分方程为

$$a_2 \frac{d^2 y}{dt^2} + a_1 \frac{dy}{dt} + a_0 y = b_0 x \tag{4-13}$$

二阶系统的传递函数为

$$H(s) = \frac{K}{\frac{1}{\omega_0^2}s^2 + \frac{2\xi}{\omega_0}s + 1} \tag{4-14}$$

式中 ω_0——系统无阻尼时的固有振动角频率，$\omega_0 = 1/\tau$；

τ——时间常数，$\tau = \sqrt{\frac{a_2}{a_0}}$；

K——静态灵敏度，$K = b_0/a_0$；

ξ——阻尼比，$\xi = a_1/2\sqrt{a_0 a_2}$。

由式（4 - 14）可得二阶传感器的频率特性、幅频特性、相频特性分别为

$$H(j\omega) = \frac{K}{1 - \left(\frac{\omega}{\omega_0}\right)^2 + 2\xi j\left(\frac{\omega}{\omega_0}\right)} \tag{4-15}$$

$$A(\omega) = \frac{K}{\sqrt{\left[1 - \left(\frac{\omega}{\omega_0}\right)^2\right]^2 + 4\xi^2\left(\frac{\omega}{\omega_0}\right)^2}} \tag{4-16}$$

$$\varphi(\omega) = \arctan\left[\frac{2\xi}{\frac{\omega}{\omega_0} - \frac{\omega_0}{\omega}}\right] \tag{4-17}$$

图 4 - 4 所示为二阶传感器的频率响应特性曲线。由式（4 - 16）、式（4 - 17）和图 4 - 4 可见，传感器的频率响应特性好坏，主要取决于传感器的固有频率 ω_0 和阻尼比 ξ。当 $\xi < 1$、$\omega \ll \omega_0$ 时，有 $A(\omega) \approx 1$，幅频特性曲线平直，输出与输入为线性关系；$\varphi(\omega)$ 很小，$\varphi(\omega)$ 与

ω 为线性关系，此时，系统的输出 $y(t)$ 真实准确地再现输入 $x(t)$ 的波形。当 $\xi \geqslant 1$ 时，$A(\omega) < 1$；当阻尼比 ξ 趋于 0 时，在 $\omega/\omega_0 \approx 1$ 附近，系统将出现谐振，此时，输出与输入信号的相位差 $\varphi(\omega)$ 由 0°突然变化到 180°。

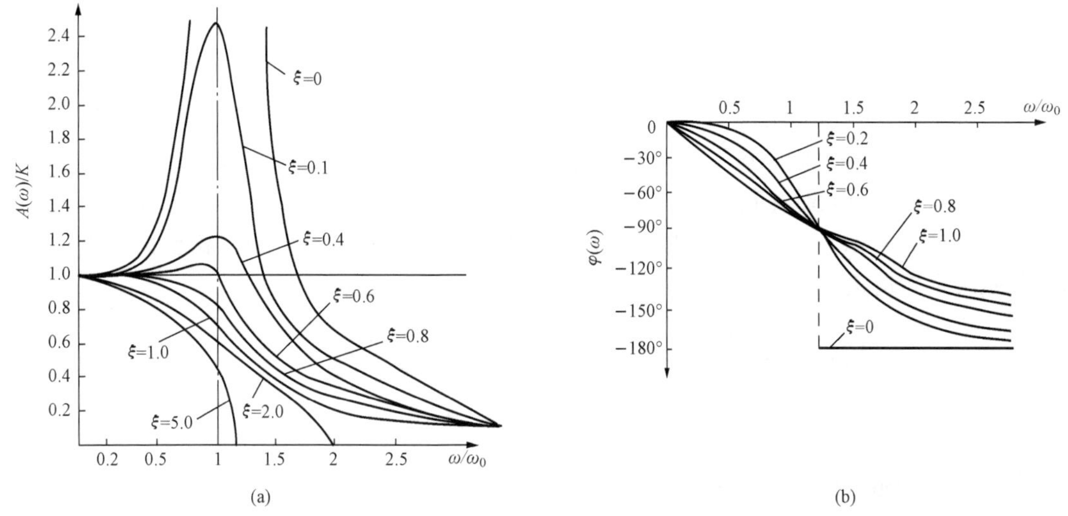

图 4-4 二阶传感器的频率特性曲线

(a) 幅频特性曲线；(b) 相频特性曲线

显然，传感器的频率响应随固有频率 ω_0 的大小而不同，ω_0 越大，保持动态误差在一定范围内的工作频率范围越宽；反之，工作频率范围越窄。一般对二阶传感器系统推荐采用 ξ 值为 0.7 左右，$\omega \leqslant 0.4\omega_0$，这样可使系统的幅频特性工作在平直段、相频特性工作在直线段，从而使测量的失真最小。

（二）瞬态响应特性

在研究传感器的动态特性时，有时需要从时域中对传感器的响应和过渡过程进行分析。这种分析方法是时域分析法，传感器对所加激励信号响应称瞬态响应。常用激励信号有阶跃函数、斜坡函数、脉冲函数等。下面以传感器的单位阶跃响应来评价传感器的动态性能指标。

1. 一阶传感器的单位阶跃响应

在工程上，一阶传感器单位阶跃响应的通式一般为

$$\tau \frac{\mathrm{d}y(t)}{\mathrm{d}t} + y(t) = x(t) \tag{4-18}$$

式中 $x(t)$、$y(t)$——分别为传感器的输入量和输出量，均是时间的函数；

τ——表征传感器的时间常数，具有时间“秒”的量纲。

一阶传感器的传递函数为

$$H(s) = \frac{Y(s)}{X(s)} = \frac{1}{\tau s + 1} \tag{4-19}$$

对初始状态为零的传感器，输入一个单位阶跃信号

$$x(t) = \begin{cases} 0 & t \leqslant 0 \\ 1 & t > 0 \end{cases}$$

此时，由于 $x(t)=1(t)$，$X(s)=\dfrac{1}{s}$，则传感器输出的拉普拉斯变换为

$$Y(s)=H(s)X(s)=\frac{1}{\tau s+1}\frac{1}{s}$$

一阶传感器的单位阶跃响应信号为

$$y(t)=1-\mathrm{e}^{-\frac{t}{\tau}} \tag{4-20}$$

一阶传感器单位阶跃响应曲线如图 4-5 所示。由图可见，传感器存在惯性，其输出不能立即复现输入信号，而是从零开始，按指数规律上升，最终达到稳态值。理论上传感器的响应只在 t 趋于无穷大时才达到稳态值，但实际上当 $t=4\tau$ 时其输出达到稳态值的 98.2%，可以认为已达到稳态。τ 是系统的时间常数，系统的时间常数越小，响应就越快，故时间常数 τ 值是决定响应速度的重要参数。

2. 二阶传感器的单位阶跃响应

二阶传感器的单位阶跃响应的通式为

$$\frac{\mathrm{d}^2y(t)}{\mathrm{d}t^2}+2\xi\omega_0\frac{\mathrm{d}y(t)}{\mathrm{d}t}+\omega_0^2y(t)=\omega_0^2x(t) \tag{4-21}$$

式中 ω_0——传感器的固有频率；

ξ——传感器的阻尼比。

二阶传感器的传递函数为

$$H(s)=\frac{\omega_0^2}{s^2+2\xi\omega_0s+\omega_0^2} \tag{4-22}$$

传感器输出的拉普拉斯变换为

$$Y(s)=H(s)X(s)=\frac{\omega_0^2}{s(s^2+2\xi\omega_0s+\omega_0^2)} \tag{4-23}$$

二阶传感器对阶跃信号的响应在很大程度上取决于阻尼比 ξ 和固有频率 ω_0。固有频率 ω_0 由传感器主要结构参数所决定，ω_0 越高，传感器的响应越快。当 ω_0 为常数时，传感器的响应取决于阻尼比 ξ，阻尼比 ξ 直接影响超调量和振荡次数。图 4-6 为对应于不同 ξ 值的二阶传感器的单位阶跃响应曲线族。

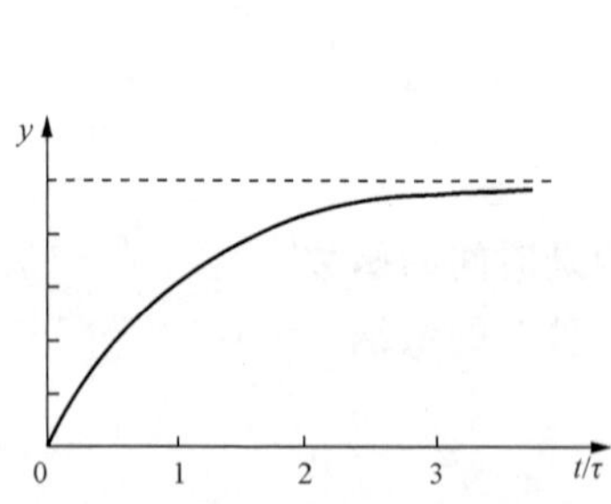

图 4-5 一阶传感器单位阶跃响应曲线

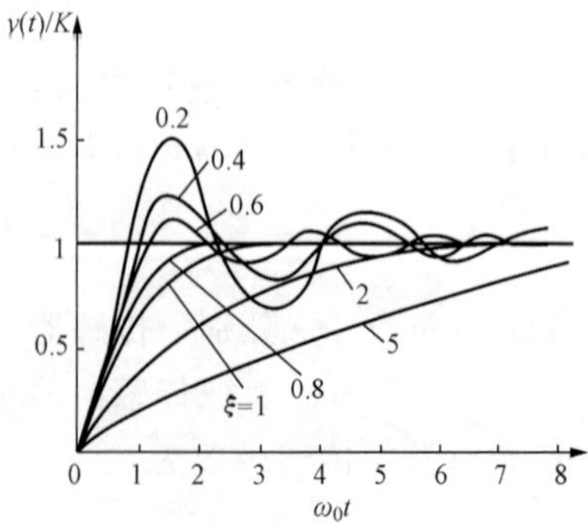

图 4-6 二阶传感器的阶跃响应曲线

$\xi=0$，为无阻尼，即临界振荡情形，超调量为 100%，产生等幅振荡，其振荡频率就是系统的固有振动频率 ω_0，达不到稳态。

$\xi>1$，为过阻尼，无超调也无振荡，但达到稳态所需时间较长。

$\xi<1$，为欠阻尼，衰减振荡，其振荡角频率为 ω_d，幅值按指数衰减，ξ 越大，即阻尼越大，衰减越快。

$\xi=1$，为临界阻尼，此时系统既无超调也无振荡，响应时间很短。

在一定的 ξ 值下，欠阻尼系统比临界阻尼系统更快地达到稳态值；过阻尼系统反应迟钝，动作缓慢，所以系统常按稍欠阻尼调整，ξ 取 0.6～0.8 为最好。

3. 瞬态响应特性指标

传感器的动态特性常用单位阶跃信号（其初始条件为零）为输入信号时输出 $y(t)$ 的变化曲线来表示，如图 4-7 所示。表征动态特性的主要参数有上升时间 t_r、响应时间 t_s（过程时间）、超调量 σ_p、衰减度 ϕ 等。

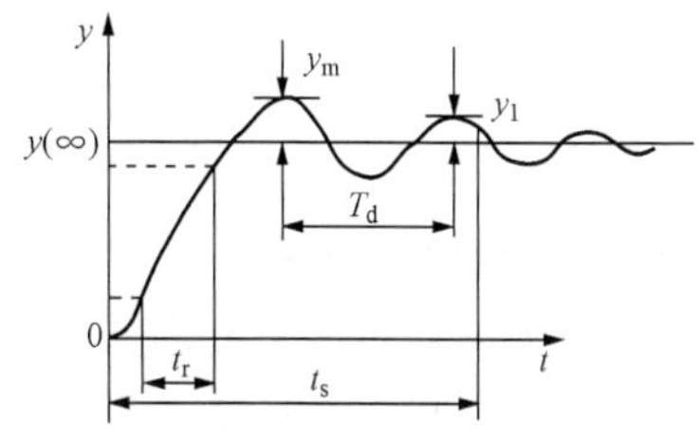

图 4-7　阶跃输入时的动态响应曲线

上升时间 t_r：指仪表示值从最终值的 $a\%$ 变化到最终值的 $b\%$ 所需时间，$a\%$ 常采用 5%或 10%，而 $b\%$ 常采用 90%或 95%。

响应时间 t_s：指输出量 y 从开始变化到示值进入最终值的规定范围内所需的时间。最终值的规定范围常取仪表的允许误差值，它与响应时间一起写出，例如 $t_s=0.5\text{s}$（±5%）。

超调量 σ_p：指输出最大值与最终值之间的差值对最终值之比，用百分数来表示，即

$$\sigma_p=\frac{y_m-y(\infty)}{y(\infty)}\times100\% \tag{4-24}$$

衰减度 ϕ：用来描述瞬态过程中振荡幅值衰减的速度，定义为

$$\phi=\frac{y_m-y_1}{y_m} \tag{4-25}$$

式中　y_1——出现一个周期后 $y(t)$ 的值。

如果 $y_1=y_m$，则 $\phi\approx1$ 表示衰减很快，该系统很稳定，振荡很快停止。

第二节　电阻应变式传感器

电阻应变式传感器是将非电量的变化转换成与之有一定关系的电阻值的变化，通过对电阻值的测量达到对非电量测量的目的。其主要特点是结构简单，性能稳定、可靠，灵敏度高，频率响应特性好，适合于静、动态测量。它是目前用于测量力、力矩、压力、加速度、质量等参数最广泛的传感器之一。

电阻应变式传感器由弹性元件、电阻应变片和测量电路组成。弹性元件用来感受被测量的变化，并将被测量的变化转换为弹性元件表面应变；电阻应变片粘贴在弹性元件上，将弹性元件的表面应变转换为应变片电阻值的变化；然后通过测量电路将应变片电阻值的变化转换为便于输出测量的电量，从而实现非电量的测量。

电阻应变片是应变测量的关键元件，为适应各种领域测量的需要，可供选择的电阻应变片的种类很多，可按其敏感栅材料及制作方法可分类，见表 4-1。

表 4-1 电阻应变片分类

大类	细分	
金属电阻应变片	金属丝应变片	
	金属箔应变片	
	金属薄膜应变片	
半导体电阻应变片	体型半导体应变片	P 型应变片、N 型应变片
	扩散型半导体应变片	P 型应变片、N 型应变片
	薄膜型半导体应变片	

一、金属电阻应变片

1. 金属丝电阻应变效应

金属导体在发生机械变形时，其阻值将发生相应变化，即形成导体的电阻应变效应。由于

$$R = \rho \frac{L}{S} \tag{4-26}$$

式中 ρ——电阻率；

L——导体长度；

S——导体截面积。

对式（4-26）进行全微分得

$$\frac{dR}{R} = \frac{d\rho}{\rho} + \frac{dL}{L} - \frac{dS}{S} \tag{4-27}$$

即当金属丝受拉而伸长时，则 ρ、L、S 的变化 $d\rho$、dL、dS 将会引起电阻值的变化。

令导体截面半径为 r，则有

$$S = \pi r^2, \quad dS = 2\pi r dr$$

由此可得

$$\frac{dS}{S} = \frac{2\pi r dr}{\pi r^2} = \frac{2dr}{r} \tag{4-28}$$

令导体纵向（轴向）应变量 $\varepsilon = dL/L$，横向（径向）应变量为 $\varepsilon_r = \frac{dr}{r}$，由材料力学相关知识可知，在弹性范围内，金属丝受拉时，纵向应变与横向应变的关系为

$$\frac{dr}{r} = -\mu \frac{dL}{L} \quad 或 \quad \varepsilon_r = -\mu\varepsilon \tag{4-29}$$

式中 μ——金属材料的泊松系数。

将式（4-28）、式（4-29）代入式（4-27）得

$$\frac{dR}{R} = (1 + 2\mu)\frac{dL}{L} + \frac{d\rho}{\rho} \tag{4-30}$$

引入应变灵敏系数 $K_S = \frac{dR}{R} / \frac{dL}{L}$，由式（4-30）得

$$K_S = (1 + 2\mu) + \frac{d\rho}{\rho} \Big/ \frac{dL}{L} = (1 + 2\mu) + \frac{d\rho/\rho}{\varepsilon} \tag{4-31}$$

式中，$1+2\mu$ 决定于导体几何形状发生的变化，$\frac{d\rho/\rho}{\varepsilon}$决定于导体变形后所引起的电阻率的变化。

K_S 为金属导体应变灵敏系数，其物理含义是单位纵向应变引起电阻的相对变化量，即

$$\frac{dR}{R} = K_S \frac{dL}{L} = K_S\varepsilon$$

或

$$\frac{\Delta R}{R} = K_S \frac{\Delta L}{L} = K_S\varepsilon$$

当金属丝制作成敏感栅时，其灵敏系数不仅决定于金属导体材料本身的灵敏系数 K_S，而且还与敏感栅的横向效应、粘结剂及粘贴工艺等诸多因素有关。因而实际的电阻应变片灵敏系数略小于 K_S，电阻应变片产品上标注的灵敏系数即为该批应变片抽样检测所得到的灵敏系数的平均值。

2. 金属丝电阻应变片结构

金属丝电阻应变片的基本结构如图 4-8 所示。图中，敏感栅 2 是由直径均为 0.025mm、高电阻率的合金电阻丝绕制而成，栅长为 l，栅宽为 b，静态电阻值有 60、120、200Ω 等多种规格。基片 1 和覆盖层 3 用来固定敏感栅、引线的几何形状和相对位置。基片多由粘结剂和有机树脂薄膜制成，厚度为 0.02～0.04mm，它也是敏感栅与弹性元件间的绝缘层。覆盖层起保护敏感栅作用，也是由粘结剂和树脂薄膜制成，覆盖层、敏感栅和基片由粘结剂粘结在一起。应变片的引线常用直径为 0.1～0.15mm 的镀锡铜线，引线与敏感栅焊接可靠，电阻率低，电阻温度系数小，抗氧化，耐腐蚀。

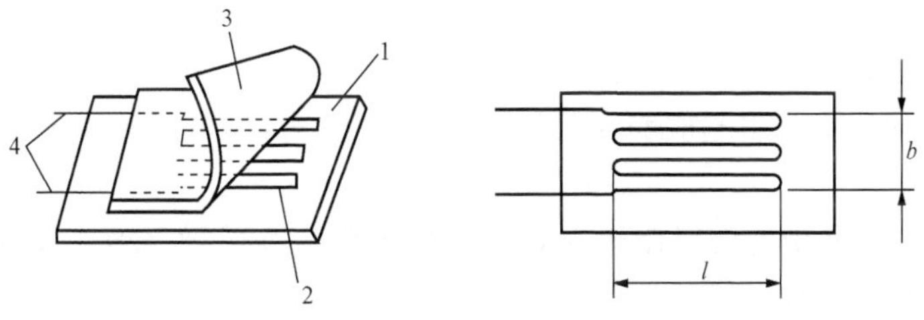

图 4-8　电阻应变片基本结构

1—基片；2—敏感栅；3—覆盖层；4—引线

3. 金属丝电阻应变片基本特性

(1) 横向效应。直线金属丝受纵向拉伸力时，丝上各段所感受的应力应变是相同的，因而每段的伸长量也是相同的，金属丝总电阻的增加等于各段电阻增加的总和。但将金属丝绕制成敏感栅后，在同样的拉伸力作用下，沿拉伸力方向的直线段仍感受纵向拉应变而伸长；弯曲的圆弧段在感受纵向拉应变的同时，也感受与纵向拉应变相反的横向压应变，称之为横向效应，且弯曲半径越大，横向效应越严重，致使电阻的增加值减小，应变片灵敏系数降低。

(2) 机械滞后。在恒温下，应变片受力后，其内部会产生不可逆的残余变形，致使应变电阻在加载和卸载时，出现一定的差值，此差值称之为机械滞后，也将引起应变片灵敏系数降低。

(3) 蠕变。应变片受恒定力作用时，应变电阻值随时间而变化，这是因为应力在粘胶层中传递时出现滑动现象，胶层越厚，滑动越严重，这种现象称之为蠕变，蠕变结果也将引起灵敏系数降低。因而在应变片制作及往弹性元件上粘贴时，不但要选用同型号优质粘贴剂，

而且粘贴层要薄而均匀。

(4) 温度漂移。应变片材料的电阻一般都受温度影响，温度变化引起应变片电阻值变化的现象称之为温度漂移，这种由于物质内部热激发所引起的热输出，通常是导致灵敏度下降的主要因素，因而在应变测量中都要采取相应的温度补偿措施。

二、半导体电阻应变片

金属电阻应变片工作性能稳定、精度高、应用广泛，至今还在不断改进和开发新型应变片，以适应工程应用的需要，但其主要缺点是灵敏系数小，一般为 2～4。为了改善这一缺点，20 世纪 60 年代后期，相继开发出多种类型的半导体电阻应变片，其灵敏度可达金属应变片的 50～80 倍，且尺寸小、横向效应小、蠕变及机械滞后小，更适用于动态测量。

沿着半导体某径向施加一定的压力而使其产生应变时，其电阻率将随应力改变而变化，这种现象称之为半导体的压阻效应。不同类型的半导体，其压阻效应不同；同一类型的半导体，受力方向不同，压阻效应也不同，半导体应变片的纵向压阻效应可由式（4-30）改写为

$$\frac{\Delta R}{R}=(1+2\mu)\frac{\Delta L}{L}+\frac{\Delta\rho}{\rho}$$

由半导体电阻理论可知

$$\frac{\Delta\rho}{\rho}=\pi E\varepsilon$$

所以

$$\frac{\Delta R}{R}=(1+2\mu+\pi E)\varepsilon \tag{4-32}$$

式中 π——半导体材料的纵向压阻系数；

E——半导体材料的弹性模量；

$1+2\mu$——由纵向应力而引起应变片几何形状的变化，金属电阻应变灵敏系数主要由此项决定。

πE 是因纵向应力所引起的压阻效应，半导体电阻应变灵敏系数主要由 πE 决定，一般 πE 比 $1+2\mu$ 大近百倍，故可得

$$\frac{\Delta R}{R}=\pi E\varepsilon$$

其应变灵敏系数为

$$K_{\mathrm{B}}=\frac{\Delta R}{R}\bigg/\frac{\Delta L}{L}=\pi E$$

用于制作半导体应变片的材料有硅、锗、锑化铟、磷化镓等，但目前一般用硅和锗的杂质半导体。

三、测量电路

由于机械应变一般都很小，很难把微小应变引起的微小电阻变化直接测量出来，并把电阻变化转换成为电压或电流的变化，因此需要采用转换测量电路。在电阻应变式传感器中最常用的转换测量电路是桥式电路。

将应变电阻接入电桥的工作方式有三种：单臂电桥、半桥和全桥。单臂电桥的接法如图 4-9 所示，仅有一只应变片 $R_1=R$ 接入电桥。半桥的接法如图 4-10 所示，有两只完全相同的应变片 R_1、$R_2(R_1=R_2=R)$ 接入电桥的相邻两臂中，应变片应保持一个拉伸，一个压

缩，使得两只应变片电阻变化大小相同而且方向相反。全桥的接法如图 4-11 所示，有 4 只完全相同的应变片 $R_1 \sim R_4(R_1 = R_2 = R_3 = R_4 = R)$ 接入电桥，并且两两工作在差动状态。电桥的三种方式的工作原理和特性详见第三章第一节。

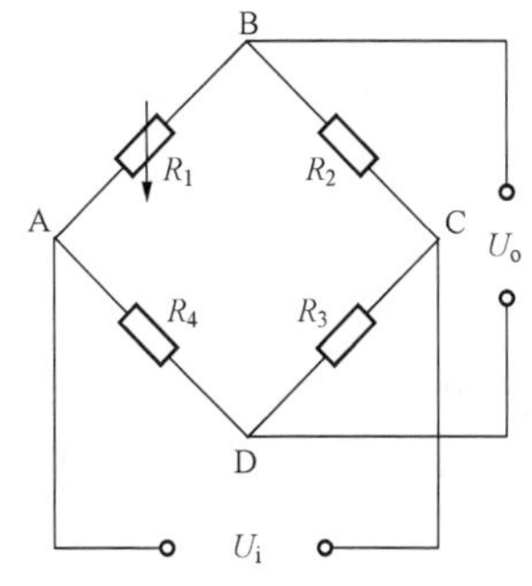

图 4-9　单臂电桥接法

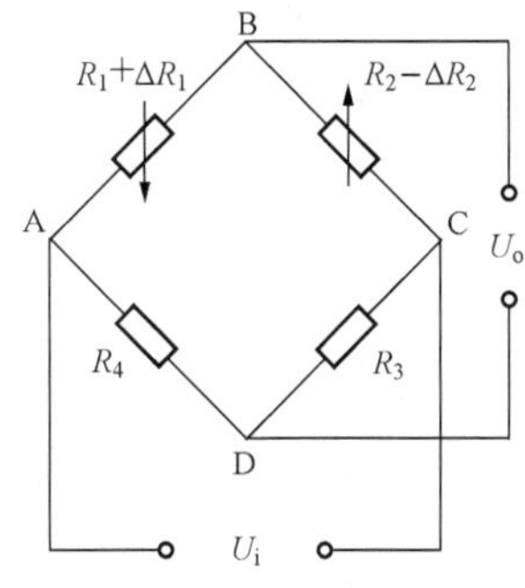

图 4-10　半桥接法

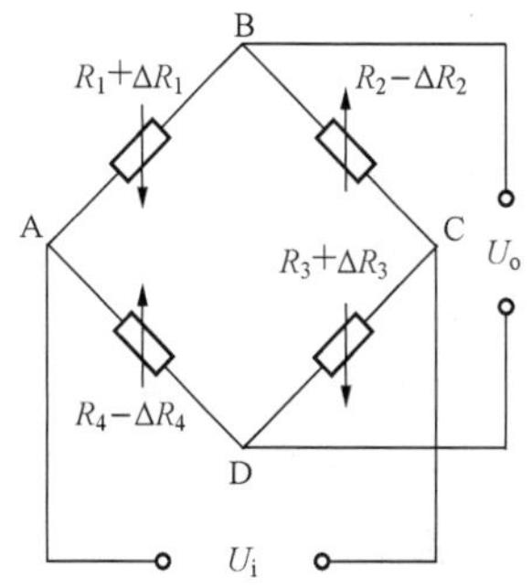

图 4-11　全桥接法

由第三章第一节的分析可知，用恒压源直流电桥作为应变片的测量电路时，电桥输出电压与被测应变量成线性关系；而在相同条件下，半桥、全桥工作比单臂工作输出信号大，半桥差动工作输出是单臂工作输出的 2 倍，而全桥差动工作输出又是半桥工作输出的 2 倍。全桥工作时输出电压最大，检测的灵敏度也最高。在实际工作中可根据具体情况选择不同的电桥工作方式。

四、电阻应变式传感器的应用

电阻应变式传感器的应用十分广泛，除了可测应变外还可测应力、压力、弯矩、扭矩、加速度、位移等物理量。电阻应变式传感器按其用途不同，可分为电阻应变式力传感器、电阻应变式压力传感器和电阻应变式加速度传感器。下面介绍前两种电阻应变式传感器。

1. 电阻应变式力传感器

电阻应变式力传感器主要用来测量荷重及力。它在电子自动秤中的应用非常普遍，如电子轨道衡、电子吊车衡、电子配料秤、商用电子秤、自动灌包定量秤、电子皮带秤等。在工业及国防上使用电阻应变式力传感器的场合也很多，如各种机械零件受力状态、材料试验设备、发动机推力测试等。

电阻应变式力传感器要求有较高的灵敏度和稳定性，当传感器在受到侧向力作用或力的作用点做少量变化时，不应对输出有明显的影响。电阻应变式力传感器上的应变片要尽量粘贴在弹性元件较平的地方，弹性元件在结构上最好能有相同的正负应变区。如果使用柱式弹性元件，要尽可能消除偏心和弯矩的影响，应变片应对称地粘贴在应力均匀的柱表面中间部位。

2. 电阻应变式压力传感器

电阻应变式压力传感器主要用来测量流动介质动态或静态压力，如动力管道设备的进出口气体或液体的压力、发动机内部的压力变化、枪管及炮管内部的压力、内燃机管道压力等。电阻应变式压力传感器多采用膜片式或筒式弹性元件。图 4-12 所示为膜片式应变压力传感器的结构示意图。

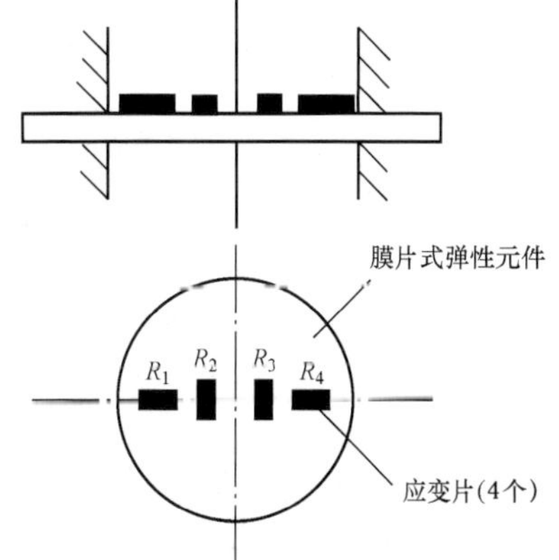

图 4-12　膜片式应变压力传感器结构示意图

第三节 电容式传感器

电容式传感器是将被测非电量的变化转换为电容量变化的一种传感器。它结构简单，体积小、分辨率高，可非接触式测量，并能在高温、辐射和强烈振动等恶劣条件下工作，广泛应用于压力、液位、振动、位移、加速度、成分含量等多方面测量中。随着电容测量技术的迅速发展，电容式传感器在非电量测量和自动检测中得到了广泛的应用。

一、工作原理

多数场合下，电容式传感器是指以空气为介质的两个平行金属板组成的所谓的平行板电容器。根据平行板电容器电容量的变化原理，在忽略极板间电场的边缘效应的情况下，其电容量的计算式为

$$C=\varepsilon\frac{S}{d}=\varepsilon_0\varepsilon_r\frac{S}{d} \tag{4-33}$$

式中 S——极板间有效面积；

d——极板间距离；

ε——极板间介质的介电常数；

ε_r——极板间介质的相对介电常数；

ε_0——真空的介电常数。

当被测参数变化使得式（4-33）中的 S、d 或 ε 发生变化时，电容量 C 也随之变化。如果保持其中两个参数不变，而仅改变其中一个参数，就可把该参数的变化转换为电容量的变化，通过测量电路就可转换为电量输出。因此，电容式传感器可分为极距变化型、面积变化型和介质变化型，其中极距变化型和面积变化型应用较广。

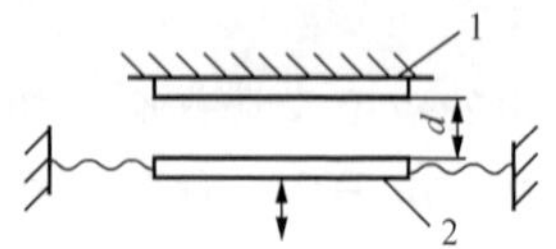

图 4-13 极距变化型电容式传感器原理图

1—定极板；2—动极板

（一）极距变化型

如图 4-13 所示极距变化型电容式传感器的一个极板是固定不动的；另一个极板是可动的，一般称为动片。当动片受被测量变化引起移动时，就改变了两极板间的距离 d，从而使电容量发生变化。

设动片未动时的电容量为 C_0；当动片移动 Δd 值后，其电容值 C_1，它们的表达式分别为

$$C_0=\frac{\varepsilon S}{d_0}$$

$$C_1=\frac{\varepsilon S}{d_0-\Delta d}=\frac{\varepsilon S/d_0}{1-\frac{\Delta d}{d_0}}=C_0\frac{1+\frac{\Delta d}{d_0}}{1-\frac{\Delta d^2}{d_0^2}} \tag{4-34}$$

式（4-34）说明 C_1 与 Δd 呈双曲函数关系。但进行微位移测量时，$\Delta d \ll d_0$，则式（4-34）具有近似的线性关系，即

$$C_1=C_0\left(1+\frac{\Delta d}{d_0}\right) \tag{4-35}$$

由式（4-34）可知，电容的相对变化量为

$$\frac{\Delta C}{C_0}=\frac{C_1-C_0}{C_0}=\frac{\Delta d}{d_0}\left(1-\frac{\Delta d}{d_0}\right)^{-1} \tag{4-36}$$

在 $\Delta d/d_0 \ll 1$ 时，将式（4-36）按级数展开，得电容的相对变化量为

$$\frac{\Delta C}{C_0}=\frac{\Delta d}{d_0}\left[1+\left(\frac{\Delta d}{d_0}\right)+\left(\frac{\Delta d}{d_0}\right)^2+\left(\frac{\Delta d}{d_0}\right)^3+\cdots\right]$$

略去高次项，则得极距变化型电容式传感器的灵敏度为

$$K=\frac{\Delta C}{\Delta d}=\frac{C_0}{d_0} \tag{4-37}$$

此时，传感器的相对非线性误差 δ 近似为

$$\delta=\frac{|(\Delta d/d_0)^2|}{|\Delta d/d_0|}\times 100\%=\left|\frac{\Delta d}{d_0}\right|\times 100\% \tag{4-38}$$

实际应用中，为了提高传感器的灵敏度、增大线性工作范围和克服外界条件（如电源电压、环境温度等）的变化对测量精度的影响，常常采用差动式结构。

图 4-14 是极距变化型差动平板式电容传感器结构示意图。图中，中间一片平板为动片，两边的两片为定片。当动片移动距离为 Δd 时，电容器 C_1 的间隙 d_1 变为 $d_0-\Delta d$，电容器 C_2 的间隙 d_2 变为 $d_0+\Delta d$，则有

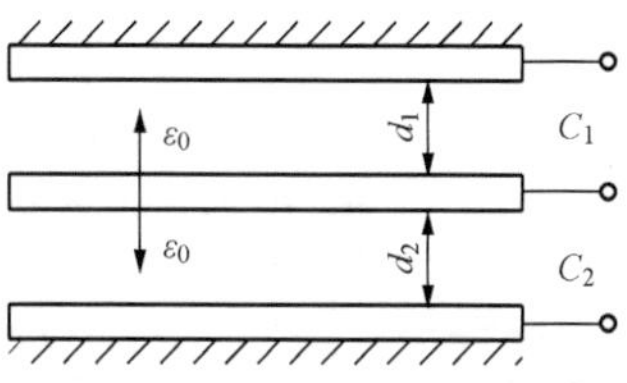

图 4-14 极距变化型差动平板式电容传感器结构示意图

$$C_1=C_0\frac{1}{1-\frac{\Delta d}{d_0}},\quad C_2=C_0\frac{1}{1+\frac{\Delta d}{d_0}}$$

当 $\Delta d/d_0 \ll 1$ 时，则按级数展开有

$$C_1=C_0\left[1+\frac{\Delta d}{d_0}+\left(\frac{\Delta d}{d_0}\right)^2+\left(\frac{\Delta d}{d_0}\right)^3+\cdots\right]$$

$$C_2=C_0\left[1-\frac{\Delta d}{d_0}+\left(\frac{\Delta d}{d_0}\right)^2-\left(\frac{\Delta d}{d_0}\right)^3+\cdots\right]$$

电容值总的变化量为

$$\Delta C=C_1-C_2=C_0\left[2\frac{\Delta d}{d_0}+2\left(\frac{\Delta d}{d_0}\right)^3+\cdots\right]$$

电容值相对变化量为

$$\frac{\Delta C}{C_0}=2\frac{\Delta d}{d_0}\left[1+\left(\frac{\Delta d}{d_0}\right)^2+\left(\frac{\Delta d}{d_0}\right)^4+\cdots\right] \tag{4-39}$$

略去高次项，则得灵敏度为

$$K=\frac{\Delta C}{\Delta d}=\frac{2C_0}{d_0} \tag{4-40}$$

非线性误差 δ 近似为

$$\delta=\frac{|(\Delta d/d_0)^3|}{|\Delta d/d_0|}\times 100\%=\left|\frac{\Delta d}{d_0}\right|^2\times 100\% \tag{4-41}$$

由以上分析可知，极距变化型电容式传感器做成差动平板式结构之后，其非线性大大减小，而其灵敏度提高了一倍。同时，差动平板式传感器还能减小静电引力给测量带来的影响，并能有效地改善因温度等环境影响所造成的误差。

(二) 面积变化型

改变两平行板电极间的有效面积 S 通常有两种方式（如图 4-15 所示），分别为角位移式和直线位移式。下面分别介绍它们的工作原理及特性。

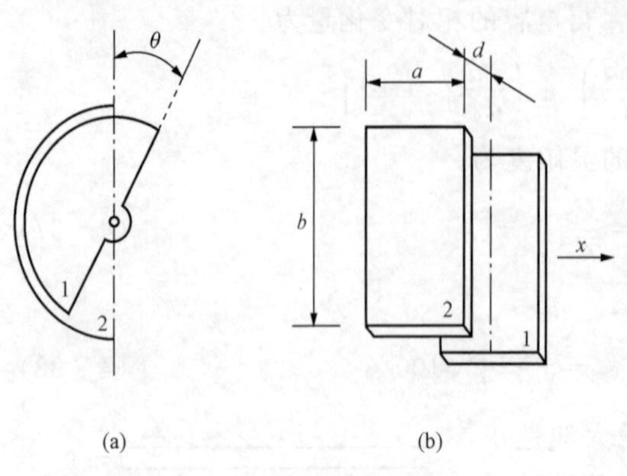

图 4-15 变面积型电容传感器
(a) 角位移式；(b) 线位移式

1. 角位移式

图 4-15 (a) 是一个角位移变面积型电容传感器。当动片 1 相对于定片有一定角位移时，两极板之间的有效面积发生相应变化，其表达式为

$$C_\theta = \frac{\varepsilon S\left(1-\dfrac{\theta}{\pi}\right)}{d} = C_0\left(1-\frac{\theta}{\pi}\right) \tag{4-42}$$

式中 θ——动极板相对于定极板旋转的角度，即角位移。

由式 (4-42) 可知，此时电容量 C_θ 与角位移 θ 呈线性关系。

2. 直线位移式

图 4-15 (b) 是一个直线位移式变面积型电容传感器。当动片 1 相对于定片 2 有一定直线位移时，两极板之间的有效面积发生相应变化，其表达式为

当 $x=0$ 时有

$$C_0 = \frac{\varepsilon S}{d} = \frac{\varepsilon ba}{d} \tag{4-43}$$

当 $x\neq 0$ 时有

$$C_x = \frac{\varepsilon b(a-x)}{d} = C_0\left(1-\frac{x}{a}\right) \tag{4-44}$$

由式 (4-44) 可知，电容值 C_x 与直线位移 x 也成线性关系，其测量灵敏系数为

$$K = \frac{\Delta C}{\Delta x} = \frac{C_0 - C_x}{\Delta x} = \frac{\varepsilon b}{d} \tag{4-45}$$

由式 (4-45) 可知，增加 b 的值或是减小 d 的值，都能提高传感器的灵敏度。但要注意，b 的大小受传感器的尺寸的限制，而 d 的减小会使电容式传感器有被击穿的危险。

二、测量电路

电容式传感器中电容值及电容变化值都十分微小，这样微小的电容量还不能直接为目前的显示仪表所显示，也很难为记录仪所接受，不便于传输。这就必须借助于测量电路检出这一微小电容增量，并将其转换成与其成单值函数关系的电压、电流或者频率。常用的测量电路有电桥电路、调频电路等。

(一) 电桥电路

将电容式传感器接入交流电桥作为电桥的一个臂（另一个臂为固定电容）或两个相邻臂，另两个臂可以是电阻或电容或电感，也可以是变压器的两个二次绕组。变压器式电桥使用元件最少，桥路内阻最小，因此目前被较多应用。

由于电桥输出电压与电源电压成比例，因此要求电源电压波动极小，需采用稳幅、稳频等措施，在要求精度很高的场合，可采用自动平衡电桥。传感器必须工作在平衡位置附近，

否则电桥非线性增大。接有电容传感器的交流电桥输出阻抗很高（一般达几兆欧至几十兆欧），输出电压幅值又小，所以必须后接高输入阻抗放大器将信号放大后才能测量。

如图 4-16 所示为桥式测量电路。图 4-16（a）为单臂接法，C_x 为电容式传感器，高频电源经变压器接到电容桥的一个对角线上，电容 C_1、C_2、C_3、C_x 构成电桥的四臂，当电桥平衡时有 $\frac{C_1}{C_2}=\frac{C_x}{C_3}$，此时 $U_o=0$。当电容式传感器 C_x 变化时，$U_o\neq0$，由此可测得电容的变化值。在图4-16（b）中，接有差动电容式传感器，其空载输出电压可表示为

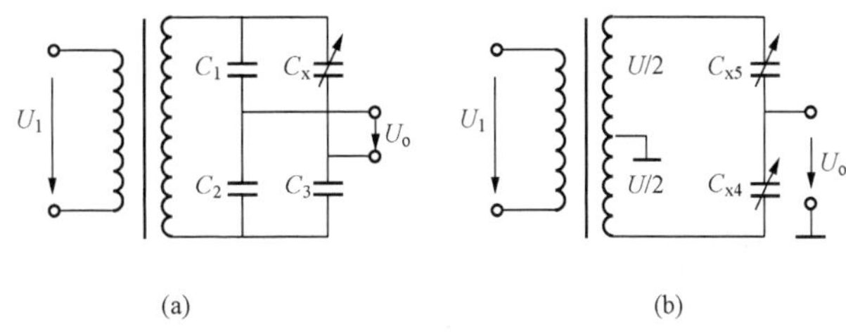

图 4-16 桥式测量电路

（a）单臂接法；（b）差动接法

$$U_o=\frac{(C_0-\Delta C)-(C_0+\Delta C)}{(C_0-\Delta C)+(C_0+\Delta C)}\frac{U}{2}=-\frac{2\Delta C}{2C_0}\frac{U}{2}=-\frac{\Delta C}{C_0}\frac{U}{2} \tag{4-46}$$

式中 C_0——传感器的初始电容值；

ΔC——传感器电容的变化值。

可见，差动接法的交流电桥其输出电压 U_o 与被测电容的变化量 ΔC 之间成线性关系。该线路的输出还应经过相敏检波电路才能分辨 U_o 的相位。

（二）调频测量电路

调频测量电路把电容式传感器作为振荡器谐振回路的一部分。当输入量导致电容量发生变化时，振荡器的振荡频率就发生变化。虽然可将频率作为测量系统的输出量，用以判断被测非电量的大小，但此时系统是非线性的，不易校正。因此需加入鉴频器，将频率的变化转换为振幅的变化，经过放大就可以用仪器指示或记录仪记录下来。调频测量电路原理框图如图 4-17 所示。

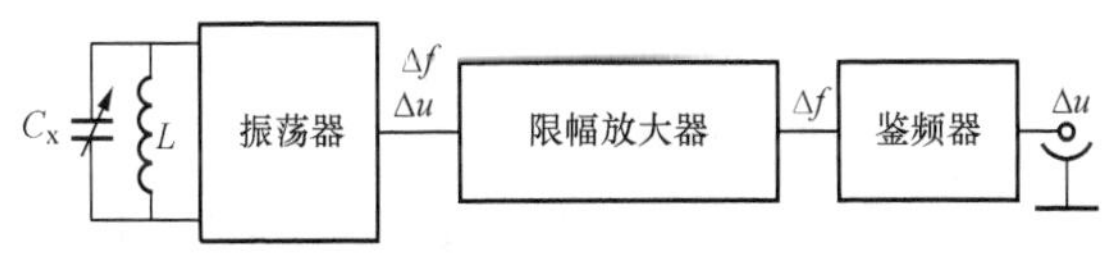

图 4-17 调频测量电路原理框图

图 4-17 中调频振荡器的振荡频率为

$$f=\frac{1}{2\pi\sqrt{LC}} \tag{4-47}$$

式中 L——振荡回路的电感；

C——振荡回路的总电容，$C=C_1+C_2+C_0\pm\Delta C$，其中，C_1 为振荡回路固有电容，C_2 为传感器引线分布电容，$C_0\pm\Delta C$ 为传感器的电容。

当被测信号为 0 时，$\Delta C=0$，则 $C=C_1+C_2+C_0$，所以振荡器有一个固有频率 f_0，即

$$f_0=\frac{1}{2\pi\sqrt{L(C_1+C_2+C_0)}} \tag{4-48}$$

当被测信号为 0 时，$\Delta C\neq0$，振荡器频率有相应变化，此时频率为

$$f_0=\frac{1}{2\pi\sqrt{L(C_1+C_2+C_0\pm\Delta C)}}=f_0\pm\Delta f \tag{4-49}$$

调频电容传感器测量电路具有较高灵敏度，可以测至 0.01μm 级位移变化量。频率输出易于用数字仪器测量和与计算机通信，抗干扰能力强，可以发送、接收以实现遥测遥控。

第四节 电感式传感器

利用电磁感应原理将被测非电量如位移、压力、流量、振动等转换成线圈自感系数 L 或互感系数 M 的变化，再由测量电路转换为电压或电流的变化量输出，这种装置称为电感式传感器。

电感式传感器具有结构简单、工作可靠、测量精度高、零点稳定、输出功率较大等优点。其缺点是灵敏度、线性度和测量范围相互制约，自身频率响应低，不适用于快速动态测量。电感式传感器能实现信息的远距离传输、记录、显示和控制，在工业自动控制系统中被广泛采用。

电感式传感器的种类很多，主要分为自感式和互感式两大类。

一、自感式传感器

自感式传感器是利用线圈自身电感的改变来实现非电量与电量的转换。目前常用的自感传感器有三种类型：变气隙型、螺管型和差动型。自感传感器的基本结构包括线圈、铁心和活动衔铁三个部分。

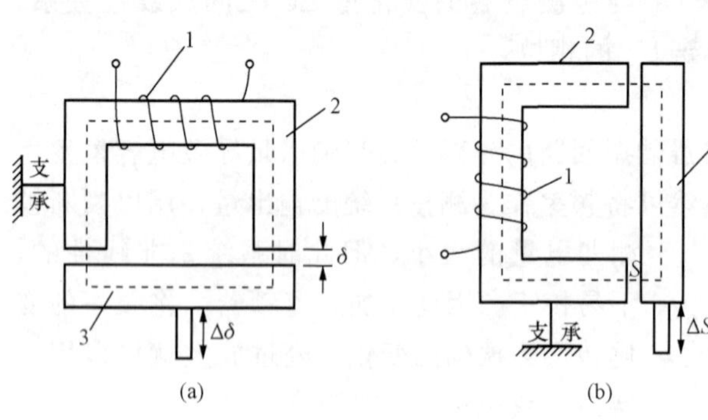

图 4-18 单线圈变气隙型自感传感器原理图
(a) 变气隙长度型；(b) 变气隙截面积型

1. 变气隙型自感传感器

变气隙型自感传感器是根据铁心线圈磁路气隙的改变，引起磁路磁阻的改变，从而改变线圈自感的大小。气隙参数的改变分变气隙长度 δ 和变气隙截面积 S 两种方式，传感器线圈又分单线圈和双线圈两种。

单线圈变气隙型自感传感器工作原理图如图 4-18 所示。

根据磁路知识，图 4-18 中线圈 1 的自感的计算公式为

$$L=\frac{N^2}{R_m} \tag{4-50}$$

式中 N——线圈的匝数；

R_m——磁路的总磁阻，即铁心、衔铁和气隙三部分磁路磁阻之和。

磁路总磁阻的表达式为

$$R_m=\sum R_{mi}=\frac{l_1}{\mu_1 S_1}+\frac{l_2}{\mu_2 S_2}+\frac{\delta}{\mu_0 S_0} \tag{4-51}$$

式中 l_1、l_2、δ——分别为铁心、衔铁和气隙的长度；

S_1、S_2、S_0——分别为铁心、衔铁和气隙的截面积；

μ_1、μ_2、μ_0——分别为铁心、衔铁和气隙的磁导率。

实际上由于铁心一般工作于非饱和状态，此时铁心的磁导率远远大于空气的磁导率，因而磁路的总磁阻主要由气隙长度决定，即

$$R_m\approx\frac{\delta}{\mu_0 S_0}$$

所以有

$$L=\frac{N^2\mu_0}{2\delta}S_0 \tag{4-52}$$

显然在图 4-18 中移动衔铁的位置，即可改变气隙的长度或截面积，从而引起线圈自感的变化。

2. 螺管型自感传感器

图 4-19 为螺管型自感传感器的结构原理图。它由螺管线圈、铁心及磁性套筒等组成，铁心在外力作用下可左右运动。这种传感器的精确理论分析较变气隙型自感传感器的理论分析要复杂得多，这是由于沿着有限长线圈的轴向磁场强度分布不均匀。

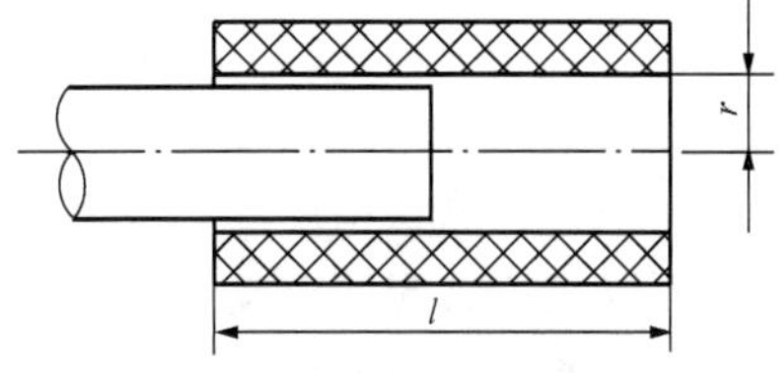

图 4-19 螺管型自感传感器的结构原理

设线圈内磁场强度是均匀的，螺管线圈全长为 l，半径为 r，匝数为 N，则其电感为

$$L=\frac{\mu\pi N^2r^2}{l} \tag{4-53}$$

当铁心插入线圈内时，使插入部分的磁阻下降，所以磁感应强度增大，从而电感值增加。设铁心半径为 r_c，铁心材料磁导率为 μ_m，铁心插入线圈内长度为 $l_c(l_c<l)$，那么电感为

$$L=\frac{\mu\pi N^2}{l^2}[lr^2+(\mu_m-1)l_cr_c^2] \tag{4-54}$$

若 l_c 增加 Δl_c，则电感增加 ΔL，有

$$L+\Delta L=\frac{\mu\pi N^2}{l^2}[lr^2+(\mu_m-1)(l_c+\Delta l_c)r_c^2]$$

$$\Delta L=\frac{\mu\pi N^2}{l^2}(\mu_m-1)r_c^2\Delta l_c$$

传感器的相对变化量为

$$\frac{\Delta L}{L}=\frac{\dfrac{\Delta l_c}{l_c}}{1+\dfrac{1}{\mu_m-1}\left(\dfrac{r}{r_c}\right)^2\dfrac{l}{l_c}} \tag{4-55}$$

由上面的分析可知，当线圈参数和衔铁尺寸一定时，电感相对变化量与衔铁插入长度的相对变化量成正比，但由于线圈内磁场强度沿轴向分布并不均匀，因而这种传感器输出特性为非线性。螺管型自感传感器灵敏度最低，量程大，结构简单，制作方便，多用于大位移的测量。

3. 差动电感传感器

单个线圈使用时，由于线圈中流往负载的电流不可能等于零，存在初始电流，而且变气隙型和螺管型自感传感器都存在着不同程度的非线性，因而不适于精密测量。此外，外界的干扰也会引起传感器输出产生误差。因此，常用差动技术来改善其性能，即由两个相同的传感器线圈共用一个活动衔铁，构成差动电感传感器，以提高电感式传感器的灵敏度，减小测试误差。变气隙型和螺管型均可差动使用。对差动电感传感器的结构要求是：两个导磁体的几何尺寸完全相同，材料性能完全相同，两个线圈的电气参数（如电感、匝数、铜电阻等）和几何尺寸也完全相同。

二、互感式传感器

互感式传感器又称变压器式传感器，它与自感式传感器不同之处，在于互感式传感器是先把被测非电量的变化转换成线圈相互的互感量的变化，然后再经过转换，成为电压信号而输出。这种传感器是根据变压器的基本原理制成的，并且二次绕组都用差动形式连接，故又称为差动变压器式传感器，简称差动变压器。

差动变压器结构形式较多，有变隙式、变面积式和螺管式等，它们的工作原理基本一样。非电量测量中，应用最多的是螺管式差动变压器，它可以测量 1～100mm 范围内的机械位移，并具有测量精度高、灵敏度高、结构简单、性能可靠等优点。

下面以三段式螺管差动变压器为例分析其工作原理。

螺管型差动变压器按绕组排列形式有二段式（段又称节，如二段式又称二节式)、三段式、四段式和五段式。一段式灵敏度高，三段式零点残余电压较小，通常采用的是二段式和三段式。不管绕组排列方式如何，其主要结构都是由线圈绕组（分一次绕组和二次绕组)、可移动衔铁和导磁外壳三大部分组成。线圈绕组由一、二次绕组和骨架组成，一次绕组加激励电压，二次绕组输出电压信号。可移动衔铁采用高导磁材料类做成，输入位移量加于衔铁导杆上，用以改变一、二次绕组之间的互感量。导磁外壳的作用是提供磁回路、磁屏蔽和机械保护，一般与可移动衔铁的所用材料相同。

三段式螺管型差动变压器结构如图 4 - 20（a）所示。它由一次绕组 1、两个二次绕组 21 和 22、绕组绝缘框架 3 和插入绕组中央的衔铁 4 等组成，变量 ΔX 表示衔铁的位移变化量。

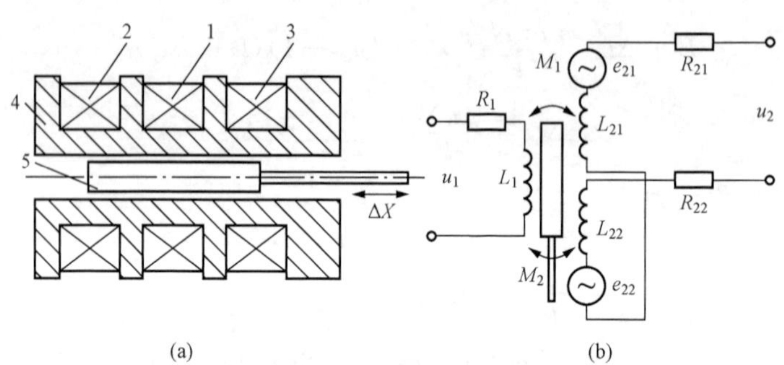

图 4 - 20 三段式螺管型差动变压器结构和等效电路

（a）结构；（b）等效电路

1—一次绕组；2、3—二次绕组；4—绕组绝缘框架；5—衔铁

螺管型差动变压器传感器中两个二次绕组反向串联，并且在忽略铁损、导磁体磁阻和线圈分布电容的理想条件下，其等效电路如图 4 - 20（b）所示。当一次绕组加以激励电压 u_1 时，根据变压器的工作原理，在两个二次绕组中便会产生感应电动势 e_{21} 和 e_{22}。如果工艺上保证变压器结构完全对称，当活动衔铁处于初始平衡位置即中心位置时，两互感系数 $M_1=M_2$。根据电磁感应原理，将有 $e_{21}=e_{22}$。由于传感器两个二次绕组反向串联，因而输出电压 $u_2=e_{21}-e_{22}=0$，即传感器输出电压为零。

当活动衔铁向下移动时，由于磁阻的影响，22 绕组中磁通将大于 21 绕组中的磁通，使 $M_1<M_2$，因而 e_{22} 增加，而 e_{21} 减小；反之，e_{22} 减小，e_{21} 增加。因为 $u_2=e_{21}-e_{22}$，所以当

e_{22}、e_{21}随着衔铁位移 x 变化时，互感式传感器输出电压 u_2 也必将随 x 变化。图 4 - 21 给出了螺管型差动传感器输出电压 u_2 与活动衔铁位移 x 的关系曲线。

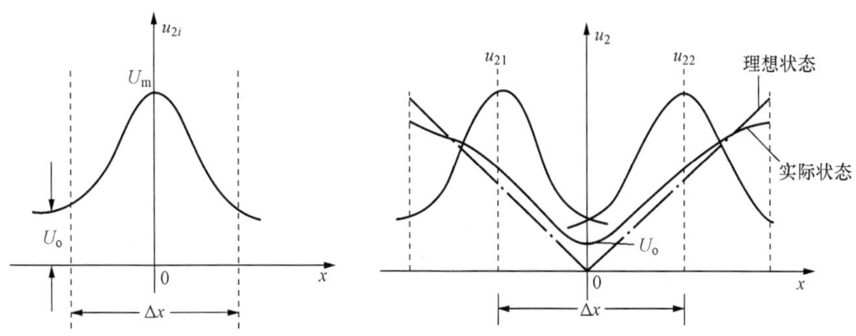

图 4 - 21 螺管型差动变压器输出特性曲线

实际上，当衔铁位于中心位置时，差动变压器输出电压并不等于零，把差动变压器在零位移时的输出电压称为零点残余电压，记作 U_o，它的存在使传感器的输出特性不过零点，造成实际特性与理论特性不完全一致。零点残余电压产生的原因主要是传感器的两个二次绕组的电气参数与几何尺寸不对称，以及磁性材料的非线性等问题引起的。零点残余电压的波形十分复杂，主要由基波和高次谐波组成。基波的产生主要是传感器的两个二次绕组的电气参数，几何尺寸不对称，导致它们产生的感应电动势幅值不等、相位不同，因此不论怎样调整衔铁位置，两绕组中感应电动势都不能完全抵消。高次谐波中起主要作用的是 3 次谐波，产生的原因是由于磁性材料磁化曲线的非线性（磁饱和、磁滞）。零点残余电压一般在几十毫伏以下，在实际使用时，应设法减小 U_o，否则将会影响传感器的测量结果。

三、电感式传感器的应用

1. 自感式传感器的应用

自感式传感器是被广泛采用的一种电磁机械式传感器，它除可直接用于测量直线位移、角位移的静态和动态量外，还可以用于测量力、压力、转矩等。

图 4 - 22 所示为一种气体压力传感器的结构原理图。图中，被测压力 p 变化时，弹簧管 2 的自由端产生位移，带动衔铁 5 移动，使传感器线圈中 4、7 的自感值一个增加、一个减小。线圈分别装在铁心 3、6 上，其初始位置可用螺钉 1 来调节，也就是调整传感器的机械零点。传感器的整个机芯装在一个圆形的金属盒内，用接头螺纹与被测对象相连接。

2. 互感式传感器的应用

互感式传感器可以直接用于位移测量，也可以测量与位移有关的任何机械量，如振动、加速度、应变、密度、张力和厚度等。

图 4 - 23 所示是一个加速度计应用的差动变压器。质量块 2 由两片弹簧片 1 支承。测量时，质量块的位移与被测加速度成正比，因此，使加速度的测量转变为位移的测量。质量块的材料是导磁的，所以它既是加速度计中的惯性元件，又是磁路中的磁元件。

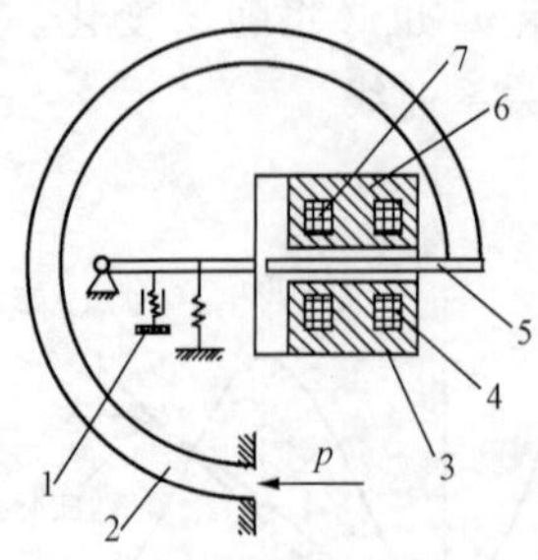

图 4-22 气体压力传感器的结构原理图

1—螺钉；2—弹簧管；3，6—铁心；4，7—线圈；5—衔铁

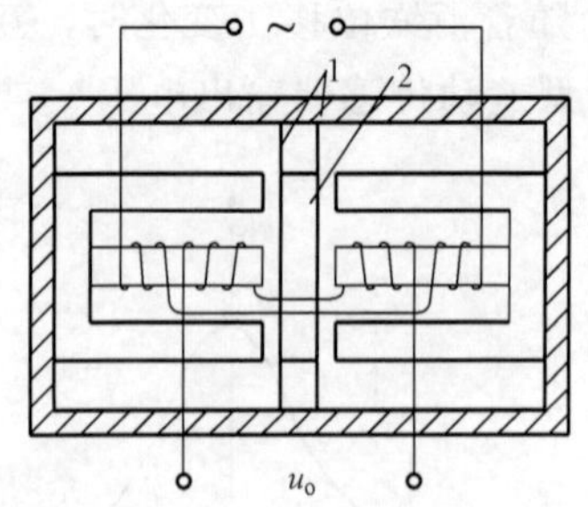

图 4-23 加速度计用差动变压器

1—弹簧片；2—质量块

第五节 电涡流式传感器

电涡流式传感器是一种建立在电涡流效应原理上的传感器，具有结构简单、频率响应宽、灵敏度高、测量线性范围大、抗干扰能力强以及体积较小等一系列优点。电涡流式传感器可以对物体表面为金属导体的多种物理量实现非接触测量，可以测量振动、位移、厚度、转速、温度和硬度等参数，并且还可以进行无损探伤。

电涡流式传感器所具有的特点和广泛的应用范围，已使其在传感检测技术中成为一种日益得到重视和有发展前途的传感器。

一、工作原理

置于交变磁场中的金属导体，当交变磁场穿过该导体时，将在导体内产生感应电流，这种电流像水中旋涡那样在导体内转圈，故称为电涡流或涡流，这种现象称为涡流效应。电涡流式传感器就是在这种涡流效应的基础上建立起来的。要形成涡流必须具备下列两个条件：①存在交变磁场；②导电体处于交变磁场之中。因此，电涡流式传感器主要由产生交变磁场的通电线圈和置于交变磁场中的金属导体两部分组成，金属导体也可以是被测对象本身。

电涡流式传感器在金属导体中产生的涡流，其贯穿深度与传感器线圈的励磁电流频率有关，所以电涡流式传感器主要可分为高频反射和低频透射两类，其中前者应用较广泛。

1. 高频反射式电涡流传感器

如图 4-24 所示，一块金属导体放置于一个扁平线圈附近，相互不接触，当线圈中通有高频交变电流 i_1 时，在线圈周围产生交变磁场 ϕ_1；交变磁场 ϕ_1 将通过附近金属导体产生电涡流 i_2，同时产生交变磁场 ϕ_2，且 ϕ_2 与 ϕ_1 的方向相反。ϕ_2 对 ϕ_1 有反作用，从而使线圈中电流 i_1 的大小和相位均发生变化，即线圈中的等效阻抗发生了变化。涡流的大小与金属导体的电阻率 ρ、磁导率 μ、厚度 t 以及线圈与金属体的距离 x、线圈的励磁电流角频率 ω 等参数有关。实际应用时，控制上述这些可变参数，只改变其中的一个参数，则线圈阻抗的变化就成为这个参数的单值函数。这就是利用电涡流效应实现测量的主要原理。

由上述涡流效应的作用过程，金属导体可看作一个短路线圈，它与高频通电扁平线圈磁性相连。为了分析方便，可将被测导体上形成的电涡流等效为一个短路环中的电流。这样，线圈与被测导体便等效为相互耦合的两个线圈，如图 4-25 所示。

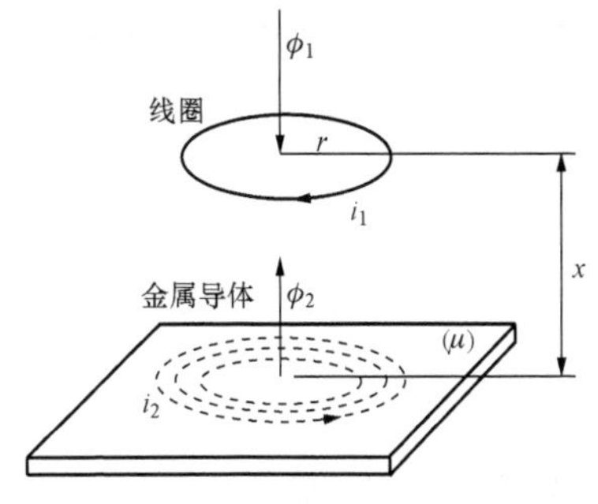

图 4-24 涡流效应示意图

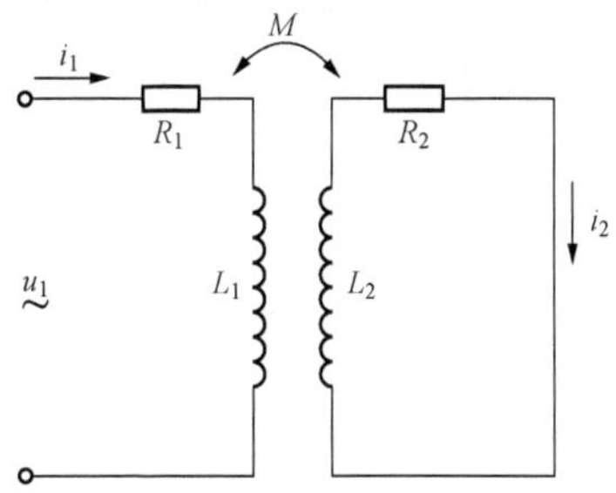

图 4-25 电涡流式传感器等效电路

设线圈的电阻为 R_1，电感为 L_1，阻抗 $Z_1=R_1+j\omega L_1$；短路环的电阻为 R_2，电感为 L_2；线圈与短路环之间的互感系数为 M，M 随它们之间的距离 x 减小而增大；加在线圈两端的激励电压为 $\dot{U}_1$。根据基尔霍夫定律，可列出电压平衡方程组

$$\left.\begin{aligned}R_1\dot{I}_1+j\omega L_1\dot{I}_1-j\omega M\dot{I}_2&=\dot{U}_1\\-j\omega M\dot{I}_1+R_2\dot{I}_2+j\omega L_2\dot{I}_2&=0\end{aligned}\right\}\tag{4-56}$$

解以上方程组，得

$$\dot{I}_1=\frac{\dot{U}_1}{R_1+\dfrac{\omega^2 M}{R_2^2+(\omega L_2)^2}R_2+j\omega\left[L_1-\dfrac{\omega^2 M^2}{R_2^2+(\omega L_2)^2}L_2\right]}$$

$$\dot{I}_2=j\omega\frac{M\dot{I}_1}{R_2+(j\omega L_2)}=\frac{M\omega^2 L_2\dot{I}_1+j\omega MR_2\dot{I}_1}{R_2^2+(\omega L_2)^2}$$

由此可算出线圈受金属导体影响后的等效阻抗为

$$Z=R_1+R_2\frac{\omega^2 M^2}{R_2^2+\omega^2 L_2^2}+j\omega\left[L_1-L_2\frac{\omega^2 M^2}{R_2^2+(\omega L_2)^2}\right]\tag{4-57}$$

从而可得到线圈的等效电感和等效电阻分别为

$$L=L_1-L_2\frac{\omega^2 M^2}{R_2^2+\omega^2 L_2^2}\tag{4-58}$$

$$R=R_1+R_2\frac{\omega^2 M^2}{R_2^2+\omega^2 L_2^2}\tag{4-59}$$

由式（4-58）和式（4-59）可见，有金属导体影响后，线圈的电感由原来的 L_1 减小为 L，电阻由 R_1 增大为 R。

由于受涡流的影响，线圈阻抗的实数部分增大，虚数部分减小，因此线圈的品质因数 Q 下降。由式（4-57）则可得线圈的品质因数 Q 为

$$Q=Q_0\left(1-\frac{L_2}{L_1}\frac{\omega^2 M^2}{|Z_2|^2}\right)\Big/\left(1+\frac{R_2}{R_1}\frac{\omega^2 M^2}{|Z_2|^2}\right)\tag{4-60}$$

式中 Q_0——无涡流影响时线圈的品质因数，$Q_0=\dfrac{\omega L_1}{R_1}$；

Z_2——短路环的阻抗，$|Z_2|=\sqrt{R_2^2+\omega^2 L_2^2}$。

由式（4-60）可知，被测参数变化，既能引起线圈阻抗 Z 变化，也能引起线圈电感 L 和线圈的品质因数 Q 变化。所以，传感器所用的转换电路可以选用 Z、L、Q 中的任一参

数，并将其转换成电量，即可达到测量的目的。这样，金属导体的电阻率 ρ、磁导率 μ、线圈励磁电流的角频率 ω 及线圈与金属导体的距离 x 等参数，都将通过涡流效应和磁效应与线圈阻抗发生联系。或者说，线圈阻抗 Z 是这些参数的函数，可写成

$$Z = f(\rho,\mu,x,\omega)$$

若能控制其中大部分参数恒定不变，只改变其中一个参数，这样阻抗就能成为这个参数的单值函数。

2. 低频透射式电涡流传感器

若将激励频率减低，涡流的贯穿深度将加厚，可做成低频透射式电涡流传感器。如图 4-26所示，传感器由两个绕在胶木棒上的线圈组成，一个为发射线圈，一个为接收线圈，分别位于被测金属材料的两侧。由振荡器产生的低频电压 U_1 加到发射线圈 L_1 的两端后，线圈中流过一个同频率的交流电流，并在其周围产生一个交变磁场。如果两线圈间不存在被测物体，那么 L_1 的磁力线就能直接贯穿 L_2，于是 L_2 的两端就会感应出一交变电动势 U_2。U_2 大小与 U_1 的幅值，频率、L_1、L_2 的匝数、结构和两者间的相对位置有关。如果这些参数是确定的，U_2 就是定值。

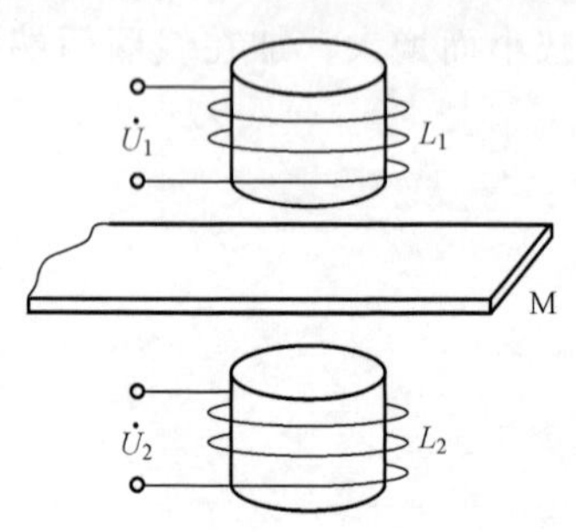

图 4-26 低频透射电涡流传感器工作原理示意图

当 L_1 和 L_2 之间放入金属板 M 后，金属板内就会产生涡流 I，涡流 I 损耗了部分磁场能量，使到达 L_2 上的磁力线减少，从而引起 U_2 的下降。金属板 M 的厚度越大，损耗的磁场能量就越大，U_2 就越小。

电涡流贯穿深度为

$$h = 5000\sqrt{\frac{\rho}{\mu f}} \tag{4-61}$$

式中 ρ，μ——被测材料的电阻率和磁导率；

f——电源激励频率。

式（4-61）说明，当被测材料确定时，ρ 和 μ 为定值，对于不同的激励频率，其贯穿深度 h 不同，产生的电涡流强度 I 不同，在线圈 L_2 中的感应电动势也不同。

二、测量电路

从电涡流式传感器的工作原理可知，被测参数变化可以转换成传感器线圈的参数如品质因素 Q、等效阻抗 Z 和等效电感 L 的变化。转换电路的任务就是把这些参数转换成电压或电流输出，相应的有三种转换电路：Q 值转换电路，阻抗转换电路和电感转换电路。Q 值转换电路使用很少，这里不作介绍。阻抗转换电路大多采用电桥电路，属于调幅电路类。而电感转换电路通常用谐振电路，根据谐振电路输出电压是按幅值变化还是按频率变化，又可分为调幅与调频两种。

1. 电桥电路

如图 4-27 所示，L_1、L_2 为两个线圈，它们既可以是差动式传感器的两个线圈，也可以一个是传感器线圈，另一个是平衡用的固定线圈。由 L_1、C_1 并联，L_2、C_2 并联及电阻 R_1、R_2 组成电桥的 4 个臂。电源 U 由振荡器供给，振荡频率根据电涡流式传感器的需要加以选择。检测时，由于传感器线圈的阻抗发生变化，电桥失去平衡而有输出，将这一输出信

号进行放大、检波，就可得到与被测量成正比的输出。那么在桥路上就将反映出线圈阻抗的变化，并将其转换为电压幅值的变化。

2. 谐振调幅电路

如图4-28所示，该电路的主要特征是把传感器线圈的等效电感和一固定电容组成并联谐振回路，由频率稳定的振荡器（如石英振荡器）提供高频激励信号。在没有加入被测信号前，应先使电路的 LC 谐振回路的谐振频率 f_0 等于激励振荡器的振荡频率（通常为1MHz），此时 LC 回路的阻抗为最大，输出电压的幅值也最大。

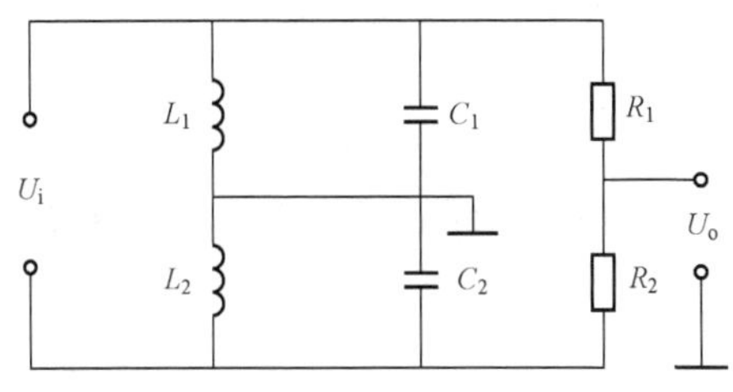

图4-27 电桥电路

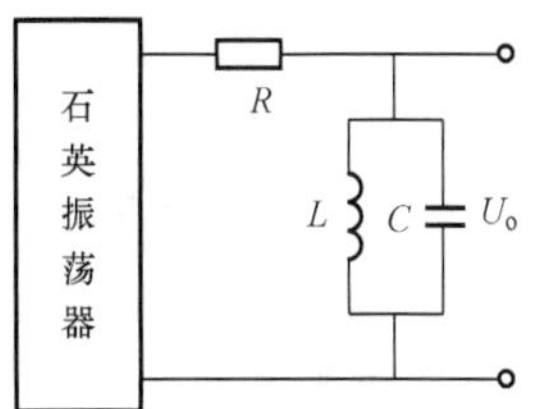

图4-28 调幅电路

图4-28中的电阻 R 称为耦合电阻，它既可以用来降低传感器对振荡器工作的影响，又可作为恒流源的内阻，其大小将直接影响转换电路的灵敏度。R 大，灵敏度低；R 小，灵敏度高。但是 R 值又不宜太小，因为 R 太小了由于振荡器旁路作用反而会使灵敏度降低。耦合电阻的选择应考虑振荡器的输出阻抗和传感器线圈的品质因数。

当被测信号接入以后，线圈的等效电感、谐振回路的谐振频率、等效阻抗等都将发生变化，致使回路失谐而产生输出信号。被测体为非铁磁材料或硬磁材料时，因传感器电感量减小，谐振曲线右移；当被测体为软磁材料时，其电感量增大，谐振曲线左移，如图4-29所示。

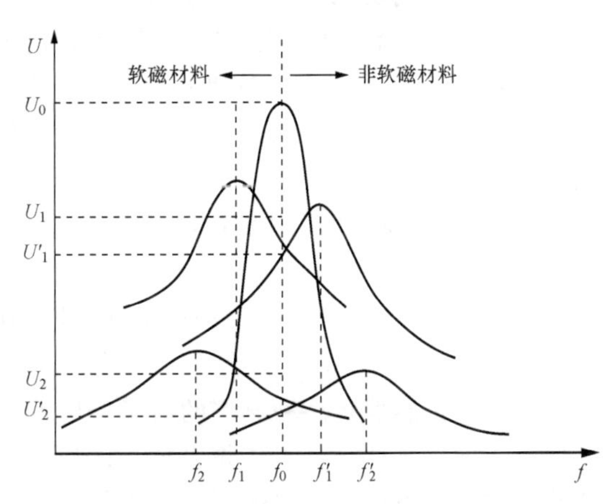

图4-29 固定频率调幅谐振曲线

三、电涡流式传感器的应用

电涡流式传感器广泛用于工业生产和科学研究的各个领域，下面就几种应用作简略介绍。

1. 位移的测量

电涡流传感器的主要用途之一是可用来测量金属的静态或动态位移量，最大量程达数百毫米，分辨率为0.1%。目前电涡流式传感器的分辨力最高已经做到0.05μm（量程为0～15μm）。凡是可转换为位移量的参数，都可用电涡流式传感器测量，如金属材料的热膨胀系数、纱线引力、流体压力等。由于电涡流式传感器测量范围宽、反应速度快、可实现非接触测量，常用于在线检测。

2. 转速的测量

在一个旋转体上开一条或数条槽，如图4-30（a）所示；或者做成齿，如图4-30（b）

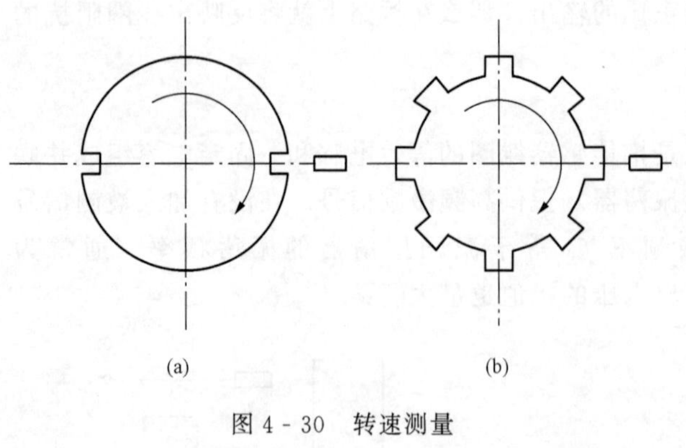

图 4-30 转速测量
(a) 开槽；(b) 齿状

所示，旁边安装一个电涡流式传感器。当旋转体转动时，电涡流式传感器将周期性地改变输出电压信号。此电压经过放大、整形，可用频率计指示出频率数值。此值与槽数和被测转速有关，即

$$N = \frac{f}{n} \times 60 \qquad (4-62)$$

式中 f——频率值，Hz；

n——旋转体的槽（齿）数；

N——被测轴的转速，r/min。

用同样的方法可以实现流水线上产品的计数。

3. 电涡流探伤

电涡流式传感器可以用来检查金属的表面裂纹、热处理裂纹及焊接部位的探伤等。使传感器与被测体距离不变，如有裂纹出现，将引起金属的电阻率、磁导率的变化。在裂纹处可以说有位移值的变化。这些综合参数（x，ρ，μ）的变化将引起传感器参数的变化，通过测量传感器参数的变化即可达到探伤的目的。

在探伤时导体与线圈之间是有着相对运动速度的，在测量线圈上就会产生调制频率信号。这个调制频率取决于相对运动速度和导体中物理性质的变化速度，如缺陷、裂缝，它们出现的信号总是比较短促的。所以缺陷、裂缝会产生较高的频率调幅波。剩余应力趋向于中等频率调幅波，热处理、合金成分变化趋向于较低的频率调幅波。在探伤时，重要的是缺陷信号和干扰信号比。为了获得需要的频率而采用滤波器，使某一频率的信号通过，而将干扰频率信号衰减。

第六节 压电式传感器

压电式传感器是一种典型的有源传感器，具有良好的静态特性和动态特性、灵敏度及分辨率高、固有频率高、工作频带宽、体积小、质量小、结构简单、工作可靠。近年来随着电子技术的飞速发展，与之配套的二次仪表及低噪声、小电容、高绝缘电阻电缆的出现，压电式传感器获得了广泛的应用。

一、压电式传感器的工作原理

（一）压电效应

某些电介质，当沿一定方向对其施加外力导致材料发生形变时，其内部将发生极化现象，某些表面上也会产生电荷；当外力去掉后，又重新回到原来的状态。这种现象称为压电效应。反过来，在电介质极化方向施加电场，其会产生机械变形；当去掉外加电场时，电介质的变形随之消失。这种将电能转变成机械能的现象称为逆压电效应或称为电致伸缩效应。

（二）压电元件

具有压电特性的材料称为压电材料，可以分为天然的压电材料和人工合成压电材料。常见的压电材料可分为两类，即压电单晶体和多晶体压电陶瓷。

1. 石英晶体

压电单晶体有石英（包括天然石英和人造石英）、水溶性压电晶体（包括酒石酸钾钠、

酒石酸乙烯二铵、酒石酸二钾、硫酸锂等）；多晶体压电陶瓷有钛酸钡压电陶瓷、锆钛酸铅系压电陶瓷、铌酸盐系压电陶瓷和铌镁酸铅压电陶瓷等。石英晶体是一种最具实用价值的天然压电晶体材料。

图 4-31（a）所示为天然石英晶体，其结构形状为一个六角形晶柱，两端为一对称棱锥。石英晶体即二氧化硅，天然的石英晶体理想外形是一个正六面棱体，如图 4-31（b）所示。在晶体学中为了分析方便，把它用 3 个相互垂直的轴 x、y、z 来描述。其中纵向轴 z 轴称为光轴，贯穿正六面棱体的两个棱顶；x 轴称为电轴，经过正六面棱体的棱线且与 z 轴正交；y 轴称为机械轴，同时垂直于 x 轴和 z 轴。石英晶体在 xyz 直角坐标中，沿不同方位进行切片，可得到不同的几何切形的晶片，其压电常数、弹性系数、介电常数、温度特性等都不一样。图 4-31（c）所示为 zy 平面切片。

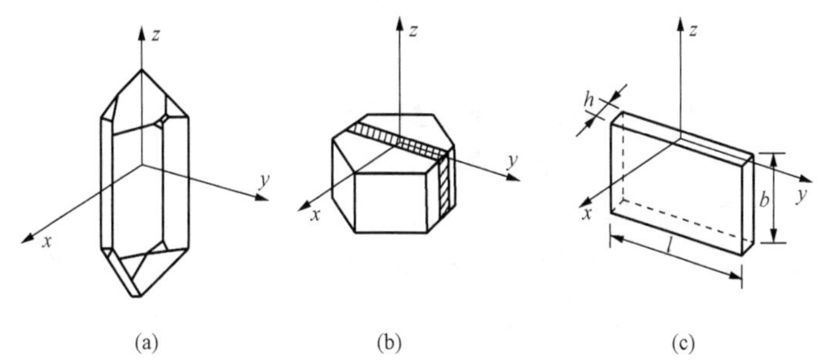

图 4-31 石英晶体及其切片

（a）天然石英晶体；（b）天然石英晶体理想外形；（c）zy 平面切片

石英晶体在 x 轴向力作用下在垂直于轴的晶体表面产生电荷的现象，称为纵向压电效应。在石英晶体线性弹性范围内，x 轴向力使晶片产生形变，并引起极化现象。极化强度与作用力成正比，极化方向决定于作用力的正向，极化后在晶体表面所产生的电荷极性如图 4-32（a）、（b）所示。

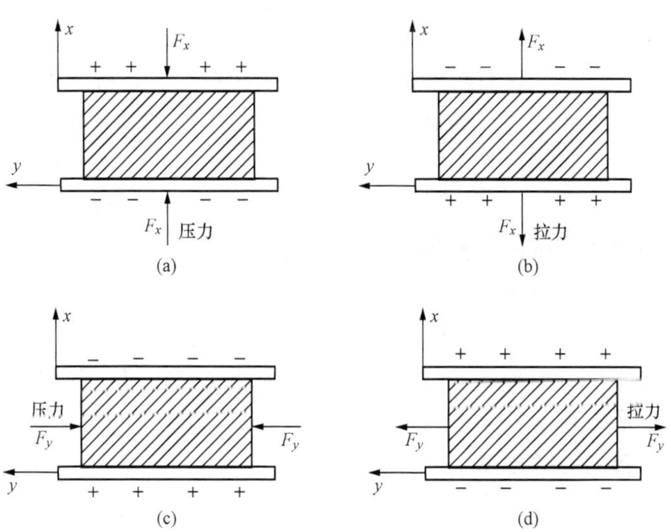

图 4-32 晶体切片上电荷极性与受力方向的关系

纵向压电效应所产生电荷量大小表达式为

$$q_{xx} = d_{xx}F_x \tag{4-63}$$

式中 d_{xx}——纵向压电系数，角标中第一个 x 表示电荷平面的法线方向，第二个 x 表示作用力的方向，$d_{xx}=2.31\times10^{-12}\text{C/N}$。

石英晶体在 y 轴向力作用下产生表面电荷的现象，称为横向压电效应。横向压电效应所产生的电荷极性如图 4 - 32（c）、（d）所示，其电荷量大小为

$$q_{xy} = d_{xy}F_y l/h \tag{4-64}$$

式中 l——切片 y 轴方向长度；

h——切片 x 轴方向厚度；

d_{xy}——横向压电系数，角标中 x 表示电荷平面的法线方向，y 表示作用力的方向，$d_{xy}=-d_{xx}$。

2. 压电陶瓷

压电陶瓷是人工制造的由无数细微单晶组成的多晶体，其结构示意图如图 4 - 33 所示。各单晶体的自发极化方向完全是任意排列的，这样的排列使得各单晶的压电效应互相抵消，不会产生压电效应，如图 4 - 33（a）所示。压电陶瓷只有经过极化处理，使其内部的单晶的极性轴转到接近电场的方向才能作为压电材料使用，如图 4 - 33（b）所示。当陶瓷受到外力作用时，极化强度就会发生变化，在垂直于极化方向的平面上就会出现电荷。

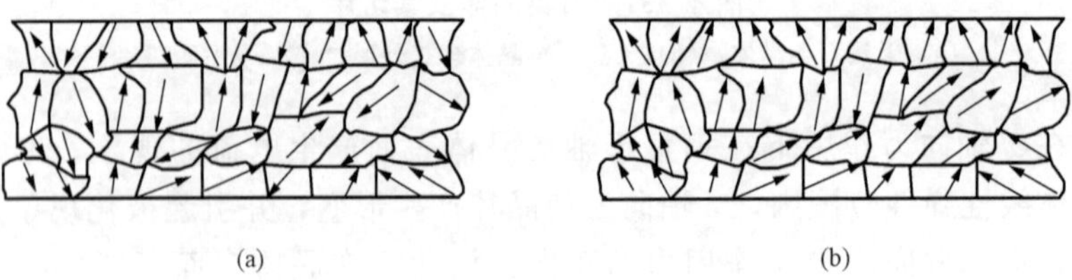

(a) (b)

图 4 - 33 压电陶瓷结构示意图

（a）未极化的陶瓷；（b）极化后的陶瓷

压电陶瓷的极化过程与铁磁材料的磁化过程极其相似。经过极化处理的压电陶瓷，在外电场去掉后，其内部仍存在着很强的剩余极化强度。当压电陶瓷受外力作用时，电畴的界限发生移动，因此剩余极化强度将发生变化，压电陶瓷就呈现出压电效应。

压电陶瓷的特点是压电常数大，灵敏度高，制造工艺成熟，可通过合理配方等人工控制方法来达到所要求的性能。压电陶瓷具有非常好的压电效应，常用的压电陶瓷有钛酸钡、锆钛酸铅系压电陶瓷、压电半导体等。钛酸钡的优点是有很高的压电系数和介电常数。锆钛酸铅系压电陶瓷（PZT）是由 $PbTiO_3$ 和 $PbZrO_3$ 组成的固熔体，其压电系数更大，温度稳定性好，是目前最普遍使用的一种压电材料。压电半导体主要由氧化锌和硫化镉组成，它们在非压电材料的基片上形成很薄的膜，构成半导体压电材料。

二、压电式传感器的等效电路

压电式传感器的基本原理就是利用上述压电材料的压电效应特性，即当有一个外力作用在压电材料上时，传感器就有电荷或电压输出。在压电晶片上产生电荷的两个平面装上金属电极，就构成了一个压电元件。由于压电元件可以把力转换为电荷，因此可以利用它做成各

种传感器。由于外力作用在压电材料产生的电荷只能在无泄漏的情况下才能保存，它需要后续测量回路有无限大的输出阻抗，但这是不可能的。因此压电式传感器不能用于静态测量，只有在交变力的作用下，使电荷可以不断得到补充，才可以供给测量回路以一定的动态电流，故只适用于动态测量。当压电片受力时，在晶体的一个表面上会聚集正电荷，而在另一个表明上聚集负电荷，这两个极板上的电荷量大小相等方向相反，所以可以把压电片可作一个电荷发生器。由于在晶体的上下表面聚集电荷，中间为绝缘介质，可看成是一个电容器，其电容量为

$$C_a = \frac{\varepsilon S}{d} \tag{4-65}$$

式中 S——压电元件聚集电荷的表面面积；

d——压电元件的厚度；

ε——压电元件的介电常数。

因此，可以把压电式传感器等效为一个与电容并联的电荷源，如图 4 - 34（a）所示。图中，电容上的电压 U_a、电荷 q 与电容 C_a 三者之间的关系为

$$U_a = \frac{q}{C_a} \tag{4-66}$$

所以压电式传感器又可等效为一个电压源，如图 4 - 34（b）所示。

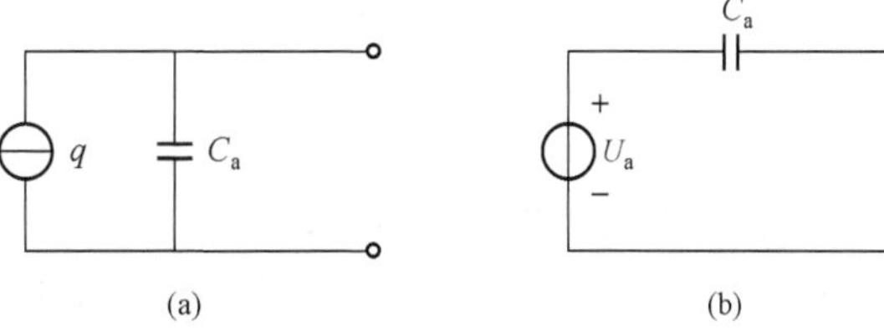

图 4 - 34 压电式传感器的等效电路

（a）等效电荷源（b）等效电压源

图 4 - 34 中的等效电路只是作为一个空载的传感器而得到的简化模型。利用压电式传感器进行测量时，要将其与测量电路相连接，所以需考虑电缆电容 C_c、放大器的输入电阻 R_i、输入电容 C_i 和压电传感器的泄漏电阻 R_a。如果把这些因素一同考虑，就得到压电式传感器完整的等效电路，如图 4 - 35 所示。

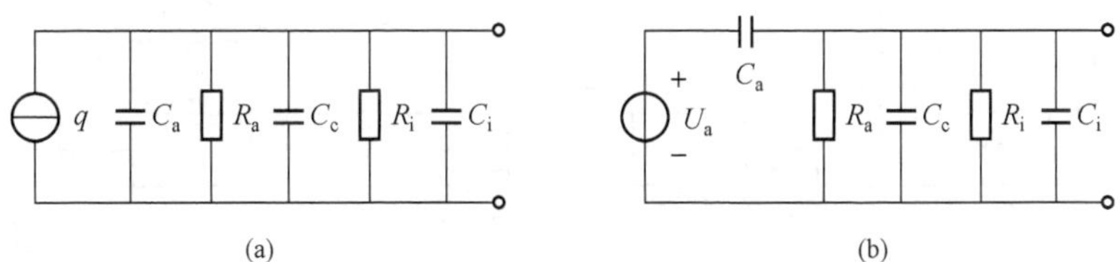

图 4 - 35 压电式传感器的完整等效电路

（a）等效电荷源；（b）等效电压源

三、压电式传感器的应用

利用压电式传感器，能测量各种各样的动态力，甚至准静态力；可以测单向力，还可以对空间多个力同时进行测量；能对内燃机的汽缸、油管、进（排）气管的压力，枪炮的膛压，发动机燃烧室的压力，以及电弧放电和爆炸等瞬态过程的压力进行测量。利用压电元件的压电效应制成的超声波振荡器，装配成带有超声波探头的超声波传感器，可在几十千赫到几千兆赫的范围内进行无损探伤和超声波医疗诊断。压电元件还可以用来制成压电扬声器、声响器件、拾音器、送话器、水声传感器，也可以用于打火机、引信引爆和料位测量等。迄今，压电式传感器已应用于工业、军事和民用等各个方面。

1. 压电式微位移传感器

利用压电陶瓷实现微位移的测量，可达 $10^{-3}\mu m$ 级位移。该传感器的压电元件由多片取轴向极化的压电陶瓷并联（相邻片极化方向相反）叠加而成，如图 4-36（a）所示。施加电场后，每片均有相同的伸长量。总的伸长量使工作件 4 相对芯体 3 产生轴向微位移量 ΔS。例如若采用 PZT 压电陶瓷，每片厚度为 1mm，50 片叠加，外加 2000V 直流电压，就得到 $50\mu m$ 位移量；如外加交变电压，就可获得交变振幅输出。

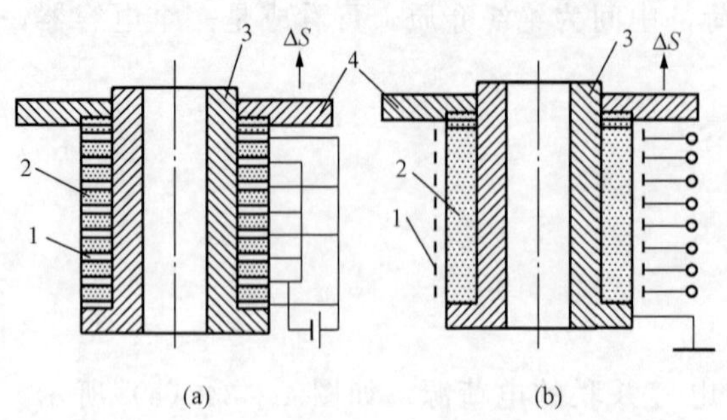

图 4-36　压电式微位移传感器装置结构简图

（a）叠片式；（b）圆管式

1—电极；2—压电陶瓷；3—芯体；4—工作件

图 4-36（b）所示为圆管式，压电陶瓷取径向极化，其外柱面镀有 8 个相互隔离的环状电极 1，压电管 2 与芯体 3 之间取 $0.5\mu m$ 的过盈配合。如图对某一极外加电场后，该段即产生径向膨胀和轴向伸长。采用这种形式的优点是，根据所要求的位移大小和不同的运动方向（如均匀位移式或蚯蚓爬行式等），可通过对多电极程控施加脉冲电压的方法来实现，灵活机动。

2. 汽轮发电机工况检测系统

振动的监控和检测是压电式传感器应用的典型。目前应用较多的是用压电式加速度传感器。图 4-37 所示为发电厂汽轮发电机运行监测系统工作示意图。众多的压电式加速度传感器分布在轴承等高速旋转的重要部位，并用螺栓刚性固定在振动体上。当传感器感受振动体的振动加速度时，加速度传感器中质量块产生的惯性力 F 作用于压电元件上，从而产生电荷 q 输出，而输出的电荷 q 与输入的加速度成正比，因此就不难求出加速度 a。

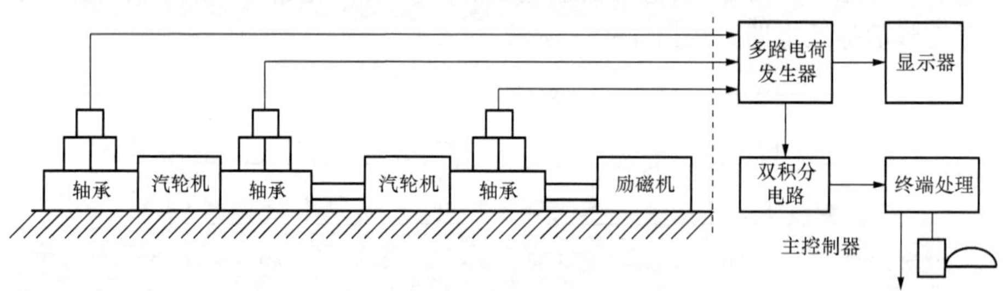

图 4-37　汽轮发电机运行监测系统工作示意图

第七节　磁电式传感器

磁电式传感器又称感应式传感器或电动式传感器，是利用导体和磁场发生相对运动而在导体两端输出感应电动势的原理进行工作的。它不需要辅助电源就能把被测对象的机械量转换成易于测量的电信号，是有源传感器。磁电式传感器电路简单，输出功率大且性能稳定，又具有一定的频率响应范围（一般为 10～1000Hz），适用于振动、转速、扭矩等测量。

一、磁电式传感器的工作原理

磁电式传感器是以电磁感应原理为基础的。根据法拉第电磁感应定律可知，当 N 匝线圈在均恒磁场内运动切割磁力线或线圈所在磁场的磁通变化时，线圈中所产生的感应电动势 E 的大小取决于穿过线圈的磁通 Φ 的变化率，即

$$E=-N\frac{\mathrm{d}\Phi}{\mathrm{d}t} \tag{4-67}$$

根据这一原理，将磁电式传感器分为变磁通式和恒磁通式两类。

1. 变磁通式

变磁通式传感器又称为变磁阻磁电感应式传感器或变气隙磁电感应式传感器。图 4-38 是变磁通式传感器，用来测量旋转物体的角速度。图 4-38（a）为开磁路变磁通式。图中，线圈、磁铁静止不动，测量齿轮安装在被测旋转体上并随之一起转动。每转动一个齿，齿的凹凸引起磁路磁阻变化一次，磁通也就变化一次，线圈中产生感应电动势，其变化频率等于被测转速与测量齿轮齿数的乘积。这种传感器结构简单，但输出信号较小，且因高速轴上加装齿轮较危险而不宜测量高转速。

图 4-38（b）为闭磁路变磁通式结构示意图。图中，被测旋转体 1 带动椭圆形测量轮 2 在磁场气隙中等速转动，使气隙平均长度周期性地变化，因而磁路磁阻也周期性地变化，磁通同样周期性地变化，则在线圈 3 中产生感应电动势，其频率与测量轮的转速成正比。也可以用齿轮代替椭圆形测量轮，软铁制成内齿轮形式，内外齿轮齿数相同。当转轴连接到被测转轴上时，外齿轮不动，内齿轮随被测轴而转动，内、外齿轮的相对转动使气隙磁阻产生周期性变化，从而引起磁路中磁通的变化，使线圈内产生周期性变化的感应电动势，显然感应电动势的频率与被测转速成正比。

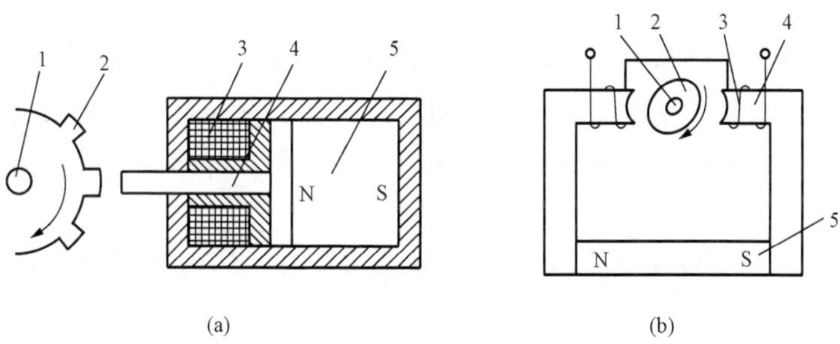

图 4-38 变磁通式传感器结构图

（a）开磁路；（b）闭磁路

1—转轴；2—测量轮；3—感应线圈；4—软铁；5—永久磁铁

变磁通式传感器对环境条件要求不高，能在－150～＋90℃的温度下工作，不影响测量精度，也能在油、水雾、灰尘等条件下工作。但其工作频率下限较高，约为 50Hz，上限可达 100kHz。

2. 恒磁通式

图 4-39 为恒磁通式传感器典型结构。磁路系统产生恒定的直流磁场，磁路中的工作气隙固定不变，因而气隙中磁通也是恒定不变的。其运动部件可以是线圈，也可以是磁铁，因此又分为动圈式和动铁式两种结构类型。图 4-39（a）所示为动圈式结构原理图。图中，

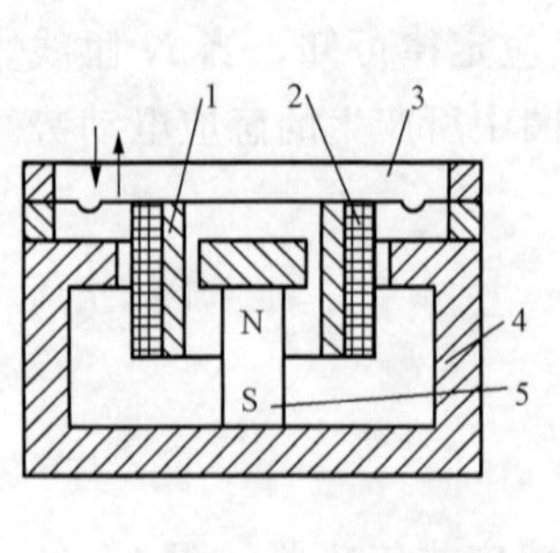

(a)

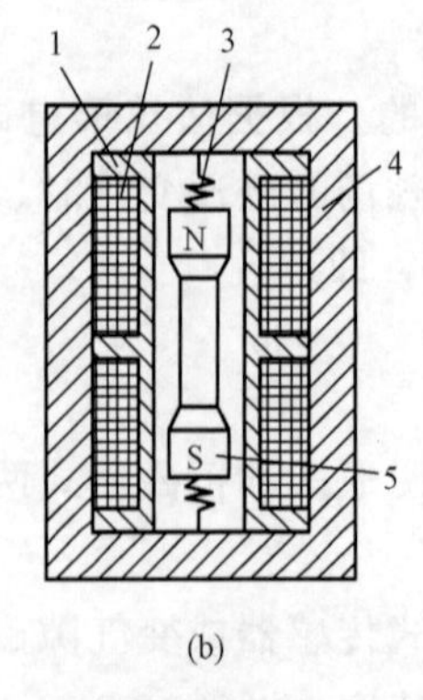

(b)

图 4-39 恒磁通式传感器结构原理图

(a) 动圈式；(b) 动铁式

1—金属骨架；2—线圈；3—弹簧；4—壳体；5—永久磁铁

永久磁铁 5 与传感器壳体 4 固定，线圈 2 和金属骨架 1 用柔软弹簧 3 支承。图 4-39 (b) 所示为动铁式结构原理图。图中，线圈 2 和金属骨架 1 与壳体 4 固定，永久磁铁 5 用柔软弹簧 3 支承。两者的阻尼都是由金属骨架 1 和磁场发生相对运动而产生的电磁阻尼，所谓动圈、动铁都是相对于传感器壳体而言。

动圈式和动铁式传感器的工作原理完全相同，当壳体 4 随被测振动体一起振动时，由于弹簧 3 较软，运动部件质量相对较大，当振动频率足够高（远大于传感器固有频率）时，运动部件惯性很大，来不及随振动体一起振动，近乎静止不动，振动能量几乎全被弹簧吸收，永久磁铁 5 与线圈 2 之间的相对运动速度接近于振动体振动速度，它们的相对运动切割磁力线，从而产生感应电动势，即

$$E = -B_0 LNv \tag{4-68}$$

式中 B_0——工作气隙磁感应强度；

L——每匝线圈平均长度；

N——线圈在工作气隙磁场中的匝数；

v——相对运动速度。

由式（4-68）可知，当传感器结构参数确定后，B_0、L、N 均为定值，因此感应电动势 E 与线圈相对磁场的运动速度 v 成正比。

由理论推导可得，当振动频率低于传感器的固有频率时，这种传感器的灵敏度（E/v）随振动频率而变化；当振动频率远大于固有频率时，传感器的灵敏度基本上不随振动频率而变化，而近似为常数；当振动频率更高时，线圈阻抗增大，传感器灵敏度随振动频率增加而下降。

恒磁通式传感器的频响范围一般为几十赫至几百赫，低的可到 10Hz 左右，高的可达 2kHz 左右。

由以上分析可知，磁电式传感器只适用于动态测量，可直接测量振动物体的速度或旋转体的角速度；如果在其测量电路中接入积分电路或微分电路，那么还可以用来测量位移或加速度。

二、磁电式传感器基本特性

当测量电路接入磁电式传感器电路中，磁电式传感器的输出电流 I_o 为

$$I_o = \frac{E}{R + R_f} = \frac{B_0 LNv}{R + R_f} \tag{4-69}$$

式中 R_f——测量电路输入电阻；

R——线圈等效电阻。

磁电式传感器的电流灵敏度为

$$S_I = \frac{I}{v} = \frac{B_0 LN}{R + R_f} \tag{4-70}$$

而磁电式传感器的输出电压和电压灵敏度分别为

$$U_o = I_o R_f = \frac{B_0 L N v R_f}{R + R_f} \tag{4-71}$$

$$S_u = \frac{U_o}{v} = \frac{B_0 L N R_f}{R + R_f} \tag{4-72}$$

当磁电式传感器的工作温度发生变化或受到外界磁场干扰、机械振动或冲击时，其灵敏度将发生变化而产生测量误差。其相对误差为

$$\gamma = \frac{dS_I}{S_I} = \frac{dB}{B} + \frac{dL}{L} - \frac{dR}{R} \tag{4-73}$$

1. 非线性误差

磁电式传感器产生非线性误差的主要原因是：当传感器线圈内有电流 I 流过时，将产生一定的交变磁通 Φ_I，此交变磁通叠加在永久磁铁所产生的工作磁通上，使恒定的气隙磁通变化，如图 4 - 40 所示。当传感器线圈相对于永久磁铁磁场的运动速度增大时，将产生较大的感生电动势 E 和较大的电流 I，由此而产生的附加磁场方向与原工作磁场方向相反，减弱了工作磁场的作用，从而使得传感器的灵敏度随着被测速度的增大而降低。当线圈的运动速度与图 4 - 40 所示方向相反时，感生电动势 E、线圈感应电流反向，所产生的附加磁场方向与工作磁场同向，从而增大了传感器的灵敏度。其结果是线圈运动速度方向不同时，传感器的灵敏度具有不同的数值，使传感器输出基波能量降低，谐波能量增加。即这种非线性特性同时伴随着传感器输出的谐波失真。显然传感器灵敏度越高，线圈中电流越大，这种非线性越严重。

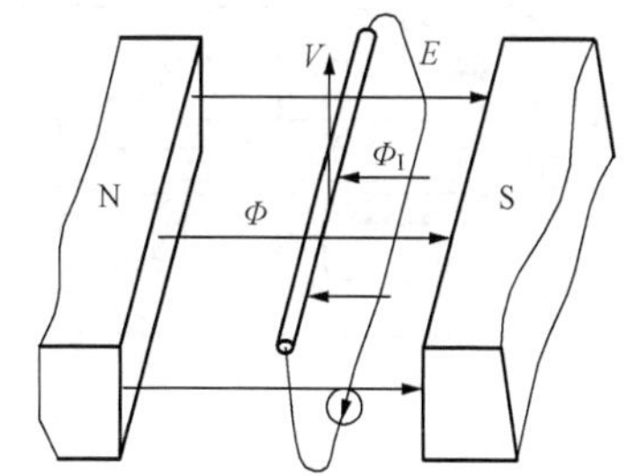

图 4 - 40 传感器电流的磁场效应

为补偿上述附加磁场干扰，可在传感器中加入补偿线圈。补偿线圈通以经放大 K 倍的电流，适当选择补偿线圈参数，可使其产生的交变磁通与传感线圈本身所产生的交变磁通互相抵消，从而达到补偿的目的。

2. 温度误差

当温度变化时，式（4 - 73）中等式右边三项都不为零。对铜线而言，每摄氏度变化量为 $dL/L \approx 0.167\times10^{-4}$；$dR/R \approx 0.43\times10^{-2}$；$dB/B$ 每摄氏度的变化量取决于永久磁铁的磁性材料，对铝镍钴永久磁合金，$dB/B \approx -0.02\times10^{-2}$，这样由式（4 - 73）可得

$$\gamma_t \approx (-4.5\%)/10℃$$

这一数值是很可观的，所以需要进行温度补偿，通常采用热磁分流器。热磁分流器由具有很大负温度系数的特殊磁性材料做成，其在正常工作温度下已将空气隙磁通分流掉一小部分。当温度升高时，热磁分流器的磁导率显著下降，经其分流掉的磁通占总磁通的比例较正常工作温度下显著降低，从而保持空气隙的工作磁通不随温度变化，维持传感器灵敏度为常数。

三、磁电式传感器的应用

1. 动圈式振动速度传感器

图 4 - 41 所示为动圈式振动速度传感器，一般用于大型构件的测振。传感器的磁钢与壳体（软磁材料）固定在一起，形成磁路系统，壳体还起屏蔽作用。芯轴的一端固定着一个线圈，另一端固定一个圆筒形铜杯（阻尼杯）。惯性元件（质量块）是线圈组件、阻尼杯和芯

轴，而不是磁钢。使用时，将传感器固定在被测振动体上，当振动频率远高于传感器的固有频率时，线圈接近静止不动，而磁钢则跟随振动体一起振动。这样，线圈与磁钢之间就有了相对运动，其相对速度等于振动体的振动速度。线圈以相对速度切割磁力线，并输出正比于振动速度的感应电动势，通过引线接到测量电路。

由于线圈组件、阻尼杯和芯轴的质量较小，且阻尼杯又增加了阻尼，所以阻尼比增加。这就改善了传感器的低频范围的幅频特性，使共振峰降低，从而提高了低频范围的测量精度。但从另一方面来说，质量减少却会使传感器的固有频率增加，使低频率响应受到限制。因此，在传感器中采用了非常柔软的薄片弹簧，以降低固有频率，扩大低频段的测量范围。

2. 磁电式扭矩传感器

磁电式扭矩传感器属于变磁通式传感器。图 4 - 42 是磁电式扭矩传感器的工作原理图。它由转子和定子组成，转子（包括线圈）固定在传感器轴上，定子（永久磁铁）固定在传感器外壳上，转子和定子上都有一一对应的齿和槽。

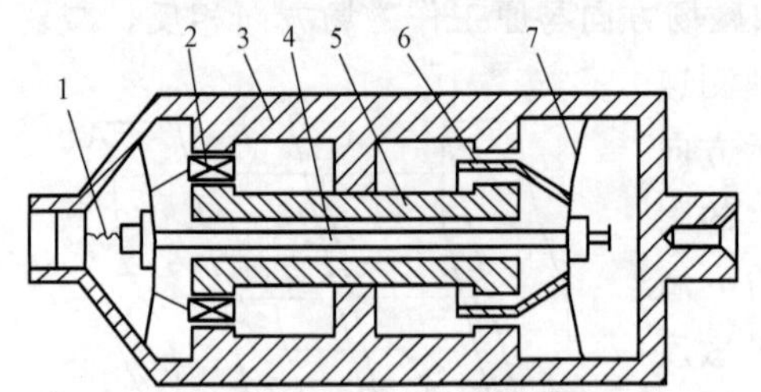

图 4 - 41　动圈式振动速度传感器

1—引线；2—线圈；3—外壳；4—芯轴；
5—磁钢；6—阻尼杯；7—弹簧片

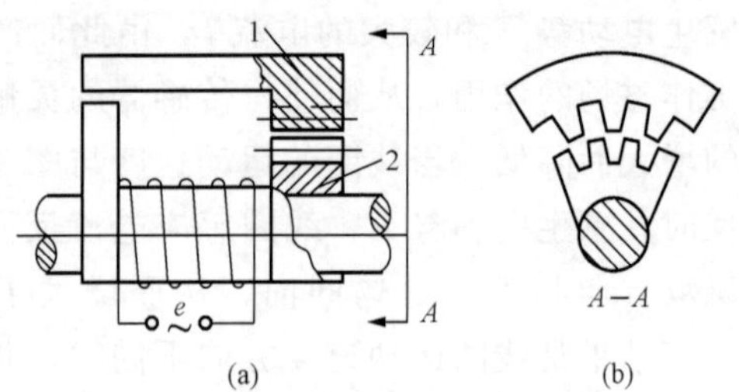

图 4 - 42　磁电式扭矩传感器工作原理图

(a) 主视图；(b) A—A 视图
1—定子；2—转子

测量扭矩时，需用两个传感器，其转轴（包括线圈和转子）分别固定在被测轴的两端，外壳固定不动。安装时，一个传感器的定子齿与其转子齿相对，另一个传感器定子槽与其转子齿相对。当被测轴无外加扭矩时，扭转角为零。这时若转轴以一定角速度旋转，则两传感器产生相位差 180°近似正弦波的两个感应电动势。当被测轴承受扭矩时，轴的两端产生扭转角 ϕ。因此，两传感器的输出感应电动势产生附加相位差 ϕ_0。扭转角 ϕ 与感应电动势相位差 ϕ_0 之间的关系为

$$\phi_0 = Z\phi \tag{4 - 74}$$

式中　Z——传感器定子（或转子）的齿数。

经测量电路将相位差转换成时间差，就可以测出扭矩。

磁电式传感器除了上述一些应用外，还可构成电磁流量计，用来测量具有一定电导率的液体流量。电磁流量计优点为反应快，易于自动化和智能化，但结构较为复杂。

第八节　光电式传感器

光电式传感器是一种将光信号转换成电信号的装置，具有结构简单、性能可靠、精度高、反应快等优点。在现代测量和自动控制系统中，其应用非常广泛，是一种很有发展前途的新型传感器。

一、光电效应

光是由具有一定能量的粒子组成。根据爱因斯坦光粒子学说，每个光子所具有的能量 E 与其频率 f 的大小成正比（即 $E=hf$，普朗克常数 $h=6.626\times10^{-34}\text{J}\cdot\text{s}$）。光照射在物体上可看成一连串具有能量的光子对物体的轰击，物体吸收光子能量而产生相应的电效应，即光电效应，这是实现光电转换的物理基础。光电效应可分成外光电效应和内光电效应两类。

（一）外光电效应

在光的照射下，物体内的电子逸出物体表面而产生光电子发射的现象，称为外光电效应。基于外光电效应原理工作的光电器件有光电管和光电倍增管。

光电管是个装有光阴极和光阳极的真空玻璃管，种类很多。当光电管的阴极受到适当照射后便发射电子，被阳极吸收，在其内部形成空间电子流。如果在外电路中串入一适当阻值的电阻，则该电阻上将产生正比空间电流的电压降。

光电倍增管中除有阴极、阳极外，还有用于增大光电流的倍增极。

（二）内光电效应

光照射在光敏材料上，材料中处于价带的电子吸收光子能量，通过禁带跃入导带，使导带内电子浓度和价带内空穴增多，即激发出电子－空穴对，从而使半导体材料产生光电效应。内光电效应按其工作原理可分为光电导效应和光生伏特效应。

半导体受到光照射时会产生电子—空穴对，使导电性能增强，光线越强，导电性能越强，这种光照射后电导率（$\sigma=1/\rho$，ρ 为材料的电阻率）发生变化的现象，称为光电导效应。基于这种效应的光电器件有光敏电阻和反向偏置工作的光敏二极管与光敏三极管。

光生伏特效应是光照射引起 PN 结两端产生电动势的效应。由于它可以像电池那样为外电路提供能量，因此常称作光电池。硅光电池是用单晶硅制成的，在一块 N 型硅片上用扩散方法掺入一些 P 型杂质，从而形成一个大面积 PN 结，P 层极薄能使光线穿透到 PN 结上。硅光电池也称硅太阳能电池，应用广泛。

二、光电管

（一）结构与工作原理

光电管由一个涂有光电材料的阴极 K 和一个阳极 A 封装在真空玻璃壳内组成，阴极装在光电管玻璃泡内壁或特殊的薄片上，光线通过玻璃泡的透明部分投射到阴极。要求阴极镀有光电发射材料，并有足够的面积来接收光的照射，如图 4－43（a）所示。当入射光照射在阴极上时，阴极就会发射出电子，由于阳极的电位比阴极高，阳极便会收集由阴极发射出来的电子，在光电管组成的回路中形成电流 I。如图 4－43（b）所示，外电路接线中串入一适当阻值的电阻，该电阻上的电压降或电路中的电流大小都与光强成函数关系，从而实现了光电转换。

（二）主要特性

1．光谱特性

一般光电管，即使照射在阴极上的入射光的频率高于红限频率 γ_0，并且强度相同，随着入射光频率的不同，阴极发射的光电子的数量也会不同，即同一光电管对于不同频率的光的灵敏度不同，这就是光电管的光谱特性。光电管的光谱特性主要取决于阴极材料，不同阴极材料制成的光电管有着不同的灵敏度较高区域，使用时应根据所测光谱的波长选用相应的光电管。

图 4 - 44 是不同材料光电管的光谱特性曲线。图中，特性曲线峰值对应的波长称为峰值波长，特性曲线占据的波长范围称为光谱响应范围。

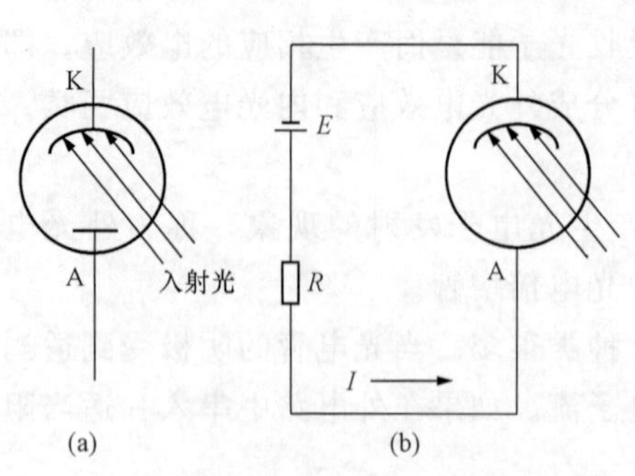

图 4 - 43 光电管结构示意图和连接电路

(a) 结构示意图；(b) 连接电路

A—阳极；K—阴极

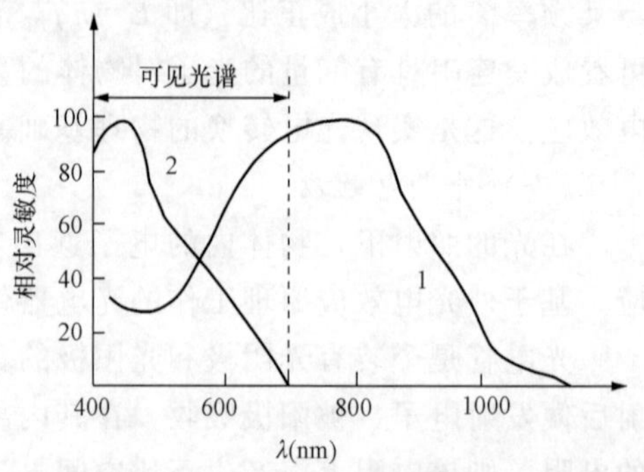

图 4 - 44 光电管的光谱特性图

1—氧铯阴极；2—锑铯阴极

2. 伏安特性

光电管的伏安特性是指在一定光通量照射下，光电管阳极与阴极之间的电压 U_A 与光电流 I 之间的关系。光通量是发射、传输或接收光能量的时间变化率，单位是 lm（流明）。1lm 表示 555nm 处的单色辐射的光通量。光电管在一定光通量照射下，光电管阴极在单位时间内发射一定量的光电子，这些光电子分散在阳极与阴极之间的空间，若在光电管阳极上施加电压 U_A，则光电子被阳极吸引收集，形成回路中的光电流 I。当阳极电压较小时，阴极发射的光电子只有一部分被阳极收集，其余部分仍返回阴极。随着阳极电压的升高，阳极在单位时间内收集到的光电子数增多，光电流 I 也增加。如果阳极电压升高到一定数值时，阴极在单位时间内发射的光电子全部被阳极收集，称为饱和状态。以后阳极电压再升高，光电流 I 也不会增加。图 4 - 45 给出了光电管在不同光通量下的伏安特性曲线族。

3. 光照特性

通常指光电管的阳极和阴极之间所加电压一定时，光通量与光电流之间的关系为光电管的光照特性。其特性曲线如图 4 - 46 所示。曲线 1 表示氧铯阴极光电管的光照特性，光电流 I 与光通量成线性关系。曲线 2 为锑铯阴极的光电管光照特性，呈非线性关系。光照特性曲线的斜率（光电流与入射光光通量之比）称为光电管的灵敏度。

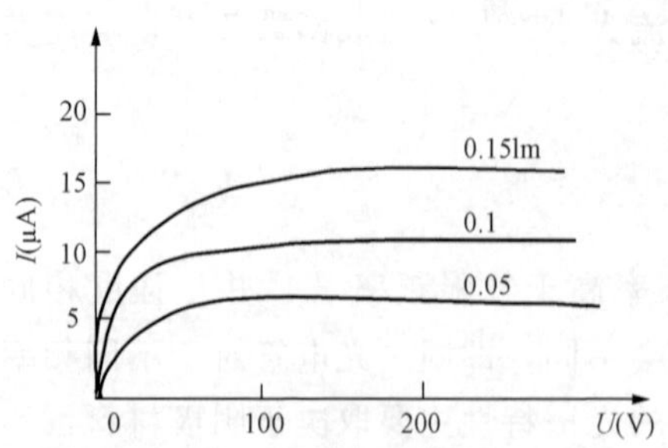

图 4 - 45 不同光通量下光电管的伏安特性曲线

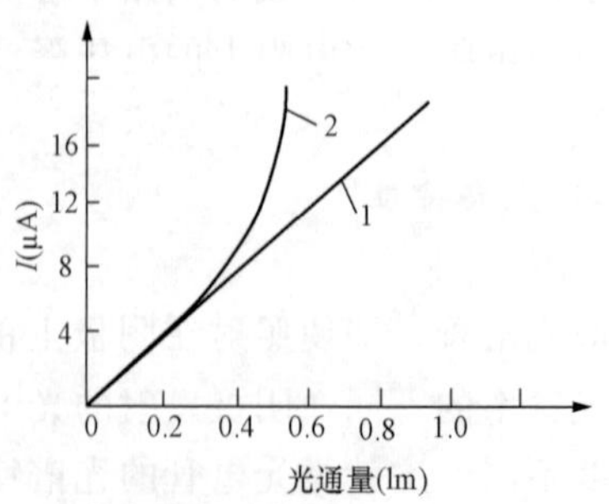

图 4 - 46 光电管的光照特性曲线

1—氧铯阴极；2—锑铯阴极

4. 暗电流

如果将光电管置于无光的黑暗条件下，当光电管施加正常的使用电压时，光电管产生微弱的电流，此电流称为暗电流。暗电流的产生主要是由漏电引起的。

三、光敏电阻

（一）光敏电阻的工作原理

光敏电阻又称光导管，是利用光电效应制成的。一般选用禁带宽度较宽的半导体材料作为光敏电阻。光敏电阻常用的材料有硫化镉、硫化铅、硫化铊、硫化铋、硒化镉、硒化铅等。其工作原理是：当入射光照到半导体上时，光子的能量如果大于禁带宽度，则电子受光子的激发由价带越过禁带跃迁到导带，如图 4 - 47 所示，在价带中就留有空穴，在外加电压下，导带中的电子和价带中的空穴同时参与导电，即载流子数增多，因此使电阻率下降。光照停止时，失去光子能量的光生自由电子又重新跌落回价带与空穴复合，自由电子空穴对减少，电导率降低，电阻值增加。当入射光的波长很长时，被吸收的光子还会改变导带中的电子迁移率，使电阻率改变。

由此可见，无光照时，光敏电阻的阻值很高；有光照时，阻值大大降低，光照越强阻值越低；光照停止，又恢复高阻状态。

如果把光敏电阻连接到外电路中，在外加电压的作用下，用光照射就能改变电路中电流的大小。图 4 - 48 为光敏电阻的接线电路。光敏电阻在受到光的照射时，由于内光电效应使其导电性能增强，电阻值下降，电路中的电流增大。光线越强，电流越大。当光照停止时，光电效应消失，电阻恢复原值，因而可将光信号转换为电信号。

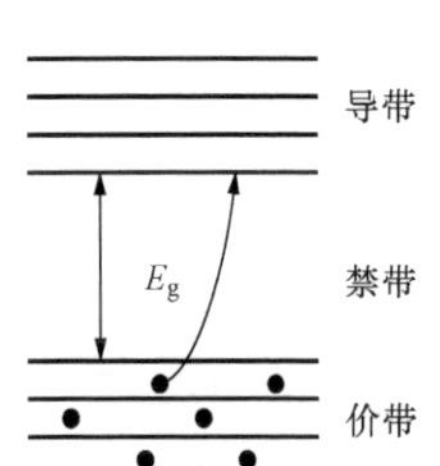

图 4 - 47 半导体的能带结构

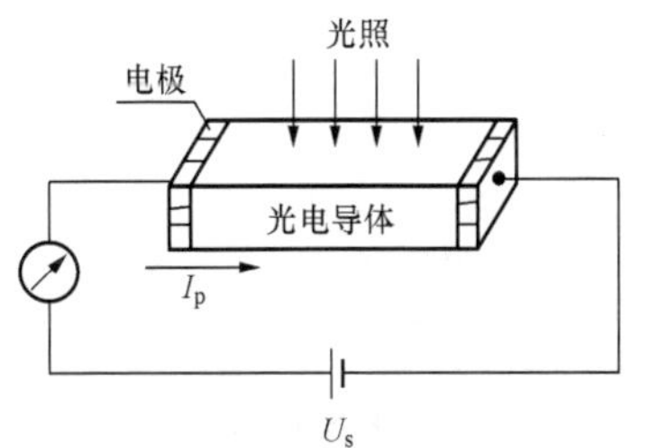

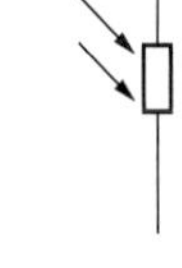

图 4 - 48 光敏电阻的接线电路

并非一切纯半导体都能显示出光电特性。对于不具备这一特性的物质可以加入杂质使之产生光电效应。用来产生这种效应的物质由金属的硫化物、硒化物、碲化物等组成。

光敏电阻具有很高的灵敏度、很好的光谱特性、很长的使用寿命、高度的稳定性能、很小的体积，以及简单的制造工艺等特点，所以被广泛地用于自动化技术中。

（二）光敏电阻的种类

光敏电阻是一个纯电阻性两端器件，适用于交直流电路，因而应用广泛，种类很多。对光照敏感的半导体光敏元件都可以制成光敏电阻，目前已开发应用的光波频谱范围为 0.1～10^{21} Hz，相应的波长为 3×10^{9} m～0.3pm。按光敏电阻最佳工作波长范围可分为三类：对紫外光敏感元件、对可见光敏感元件、对红外光敏感元件。

（三）光敏电阻的主要参数和基本特性

1. 主要参数

光敏电阻的主要参数包括：

(1) 暗电阻、亮电阻、光电流。光敏电阻在未受到光照时的阻值称暗电阻，此时流过的电流称为暗电流。在受到光照时的阻值称亮电阻，此时流过的电流称为亮电流。亮电流与暗电流之差称为光电流。一般暗电阻越大，亮电阻越小，光敏电阻的灵敏度就越高。光敏电阻的暗电阻的阻值一般在兆欧数量级，亮电阻在几千欧以下。暗电阻与亮电阻之比一般在 10^2～10^6 之间，这个数值是相当可观的。

(2) 光谱范围及峰值波长。光敏电阻的光谱响应特性表示光敏电阻对各种单色光的敏感程度。对应于一定敏感程度的波长区间称为光谱响应范围。对光谱响应最敏感的波长数值称为光谱响应峰值波长。

2. 主要特性

光敏电阻的基本特性包括伏安特性、光照特性、光谱特性、频率特性等。

(1) 伏安特性。伏安特性是指光敏电阻两端所加电压和电流的关系曲线，如图 4-49 所示。由图可知，加在光敏电阻两端电压越大，光电流也越大，而且没有饱和现象；在给定的光照下，电阻值与外加电压无关，即斜率为常数，说明光敏电阻也是一个线性电阻，符合欧姆定律。在给定的电压下，光电流随光照增强而增大。与普通电阻一样，光敏电阻也有最大额定功率的限制，当超过这个功率使用，就会导致光敏电阻损坏。光敏电阻的最高工作电压是由耗散功率决定的，而光敏电阻的耗散功率又和面积大小及散热条件等因素有关。

(2) 光照特性。光照特性是指光电流 I 和光通量 Φ 的关系曲线，如图 4-50 所示。由图可知，光电流和光照强度之间关系是非线性的，而且光照强度较大时，光电流有饱和趋向。因此，光敏电阻不适宜作检测元件，这也是它的缺点。所以光敏电阻在机电控制系统中只是常用作开关量的光电传感器。

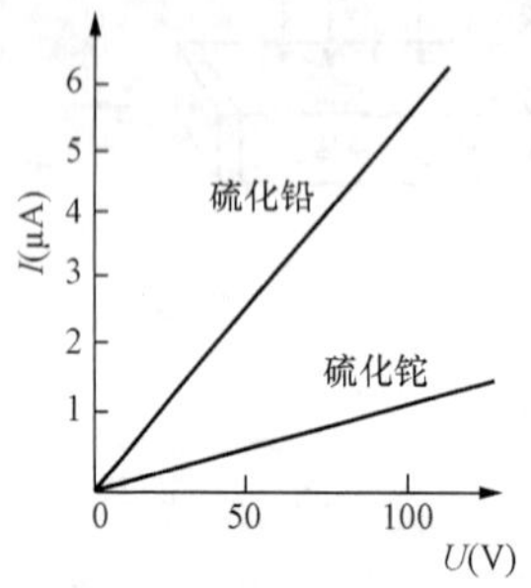

图 4-49 光敏电阻的伏安特性图

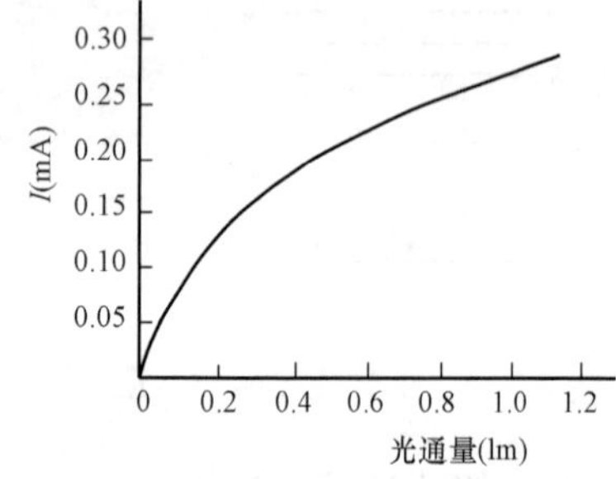

图 4-50 光敏电阻的光照特性

(3) 光谱特性。如图 4-51 所示，同一光敏电阻对不同波长 λ 的入射光，其相对灵敏度也是不同的，而且不同的光敏电阻其最大峰值点出现的波长也不相同。从图中看出，硫化镉的峰值在可见光区域，而硫化铅的峰值在红外区域。所以，在选用光敏电阻时，应当把元件与光源结合起来考虑，才能获得满意的结果。

(4) 频率特性。光敏电阻的频率特性指入射光的强度变化频率与光电流的相对灵敏度的关系曲线。当光敏电阻受到脉冲光作用时，光电流并不立即作出相应的变化，而具有一定的“惰性”，这种惰性常用时间常数 τ 来描述。所谓时间常数即为从光敏电阻停止光照时起到电流下降到原来的 63%所需的时间。时间常数越小越好，说明反应迅速，动态特性好。图 4-52 所示为硫化铅和硫化镉光敏电阻的频率特性。硫化铅的使用频率范围最大，其他都较小。

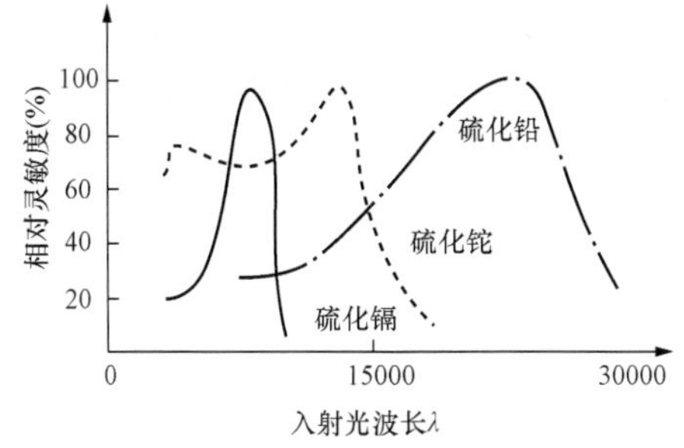

图 4 - 51　光敏电阻的光谱特性

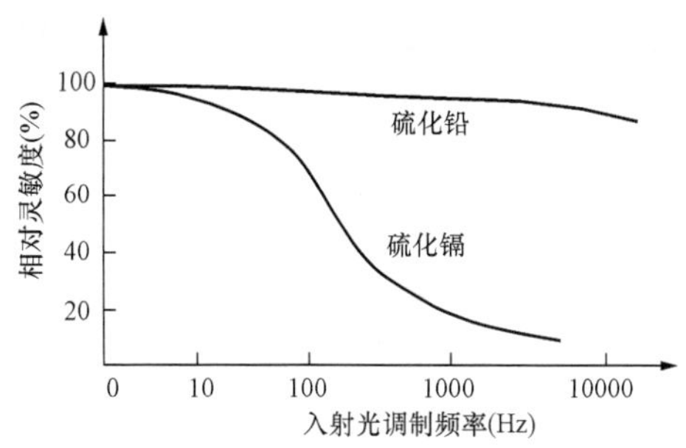

图 4 - 52　光敏电阻的频率特性

四、光电式传感器的应用

用光电元件作为敏感元件的光电式传感器种类很多，用途广泛。按其接收状态可分为模拟式和数字式两种。模拟式光电传感器能够把被测量转换成连续变化的光电流，光电元件产生的光电流为被测量函数。模拟式光电传感器可以用来测量光的强度，及物体的温度、透光能力、位移、表面状态等。数字式光电传感器是利用光电元件的输出仅有两种稳定状态的特性制成的各种光电自动装置，其中，光电元件用作开关式光电转换元件。

1. 烟尘浊度监测仪

烟道里的烟尘浊度是通过光在烟道里传输过程中的光强变化来检测的。如果烟道浊度增加，光源发出的光被烟尘颗粒的吸收和折射增加，到达光检测器上的光通量减少，因而光电式传感器输出的强弱便可反映烟尘浊度的大小。

图 4 - 53 是吸收式烟尘浊度监测系统的组成框图。为了检测出烟尘中对人体危害性最大的亚微米颗粒的浊度并避免水蒸气和二氧化碳对光源衰减的影响，选取 400～700nm 波长的白炽光灯作光源，获取相应电信号的光电式传感器是光谱响应范围为 400～600nm 的光电管。采用高增益的运算放大器对信号进行放大。刻度校正被用来进行调零与调节满刻度，以保证测试准确性。显示器可显示浊度瞬时值。报警电路由多谐振荡器组成，当运算放大器输出浊度信号超过规定值时，多谐振荡器工作，驱动喇叭发出报警信号。

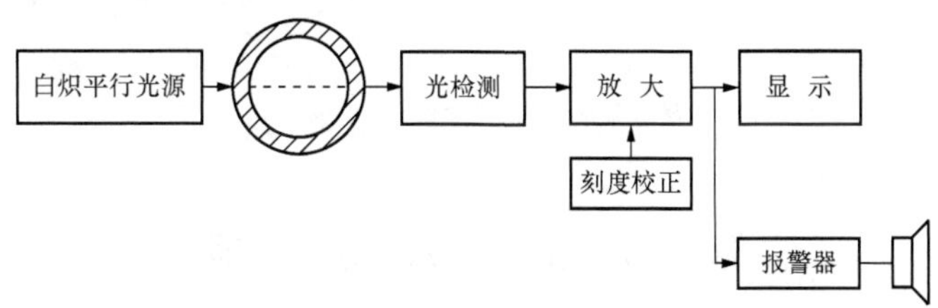

图 4 - 53　吸收式烟尘浊度监测系统的组成框图

2. 光电转速传感器

光电转速传感器根据其工作方式可分为反射型和直射型两种。

反射型光电转速传感器的工作原理如图 4 - 54 所示。转轴上沿轴向均匀涂上黑白相间条纹。光源发出的光照在电机轴上，再反射到光电元件上。由于电机转动时，电机轴上的反光面和不反光面交替出现，所以光敏元件间断地接收光的反射信号，输出相应的电脉冲。电脉冲经放大整形电路变为方波，根据方波的频率，就可测得电机的转速。

直射型光电转速传感器的工作原理如图 4 - 55 所示。电机轴上装有带孔的圆盘，圆盘的一边放置光源，另一边是光电元件。当光线通过圆盘上的孔时，光电元件产生一个电脉冲。当电机转动时，圆盘随着转动，光电元件就产生一列与转速及圆盘上的孔数成正比的电脉冲数，由此可测得电机的转速为

$$n = 60f/N \tag{4-75}$$

式中 N——圆盘孔数；

f——电脉冲的频率。

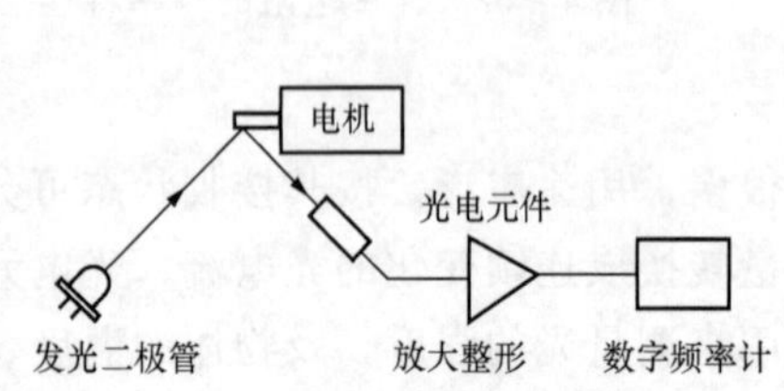

图 4-54 反射型光电转速传感器工作原理

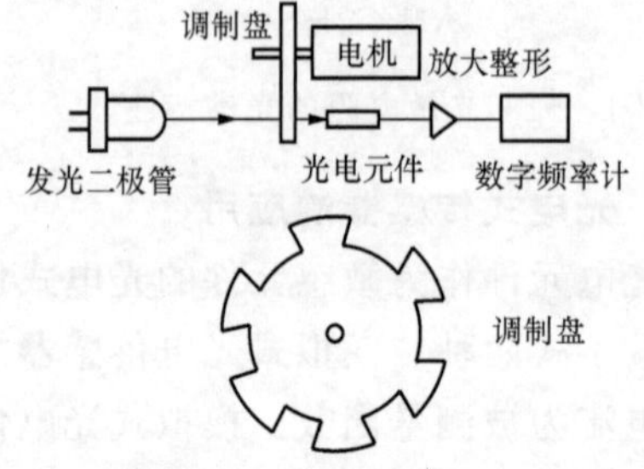

图 4-55 直射型光电转速传感器工作原理

3. 光电测微计

光电测微计主要用于检测加工零件的尺寸，其结构示意图如图 4-56 所示。其工作原理是：从光源发出的光束经一个间隙照在光电元件上，照射在光电元件上的光束大小是由被测零件和样板环之间的间隙决定的，照射在光电元件上的光束大小决定了光电元件产生的光电流的大小，而间隙则是由零件的尺寸决定的，这样光电流的大小就是零件尺寸的函数。因此，通过检测光电流，就可以知道零件的尺寸。

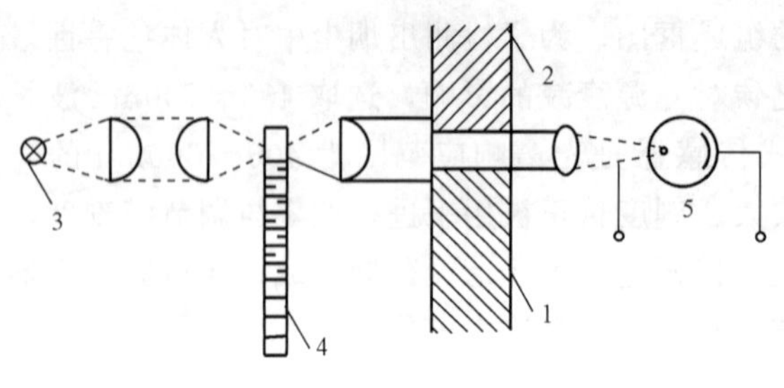

图 4-56 光电测微计结构示意图

1—被测物体；2—样板环；3—光源；4—调制盘；5—光电元件

调制盘在测量过程中以恒定转速旋转，对入射光进行调制，使光信号以某一频率变化，使其区别于自然光和其他杂散光，提高检测装置的抗干扰能力。

第九节 霍尔式传感器

霍尔式传感器是基于霍尔效应原理而将被测量转换成电动势输出的一种传感器。虽然其转换率较低，受温度影响大，要求转换精度较高时必须进行温度补偿，但霍尔式传感器具有结构简单、体积小、坚固、频率响应宽、动态范围大、无触点、使用寿命长、可靠性高以及易于微型化和集成电路化等特点，因此在测量技术、自动化技术和信息处理等方面得到广泛的应用。

一、霍尔效应

美国物理学家霍尔在 1879 年首先在金属材料中发现了霍尔效应。后来人们发现某些半导体材料的霍尔效应十分显著，于是制成了霍尔元件，广泛用于电磁测量、位移测量、计数器、转速计及无触点开关等方面。

如图 4 - 57 所示的半导体薄片，若在其两端通以控制电流 I，并在薄片的垂直方向上施加磁感应强度为 B 的磁场，则在垂直于电流和磁场的方向上（即霍尔输出端之间）将产生电动势 U_H（霍尔电动势或霍尔电压），这种现象称为霍尔效应。具有霍尔效应的元件称为霍尔元件，霍尔式传感器就是由霍尔元件所组成。

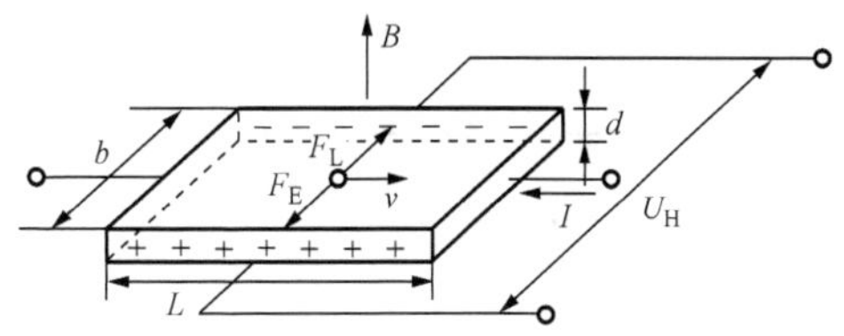

图 4 - 57 霍尔效应原理图

图 4 - 57 中，v 表示电子在控制电流作用下的运动速度，F_L 表示电子所受到的洛仑兹力，其大小为

$$F_L = qv \times B \tag{4-76}$$

式中 q——电子的电荷量。

F_L 方向符合左手定则。在 F_L 的作用下，电子向一侧运动，致使在霍尔元件的电子向一边偏转，并使该边形成电子积累；而另一边则积累正电荷，于是产生阻止运动电子继续偏转的电场。当电场作用在运动电子上的力 F_E 与洛仑兹力 F_L 相等时，电子的积累达到平衡。这时，在薄片两横断面之间建立的电场称为霍尔电场 E_H，相应的电动势就成为霍尔电动势 U_H，其大小可用式（4 - 77）表示，即

$$U_H = \frac{R_H IB}{d} \tag{4-77}$$

式中 R_H——霍尔常数，m^3/C；

I——控制电流，A；

B——磁感应强度，T；

d——霍尔元件的厚度，m。

令

$$K_H = \frac{R_H}{d} \tag{4-78}$$

并将式（4 - 78）代入式（4 - 77）中，则可得

$$U_H = K_H IB \tag{4-79}$$

由式（4 - 79）可知，霍尔电动势的大小正比于控制电流 I 和磁感应强度 B。K_H 称为霍尔元件的灵敏度，是表征在单位磁感应强度和单位控制电流时输出霍尔电动势大小的一个重要参数，一般要求越大越好。霍尔元件的灵敏度与元件材料的性质和几何尺寸有关。由于半导体的霍尔常数 R_H 要比金属的大得多，所以在实际应用中，一般都采用 N 型半导体材料做成霍尔元件。此外，元件的厚度 d 对灵敏度的影响也很大，元件的厚度越薄，灵敏度就越高，所以霍尔元件的厚度一般都比较薄。

二、霍尔元件

霍尔元件一般采用 N 型的锗、锑化铟和砷化铟等半导体单晶材料。锑化铟元件的输出较大，但受温度的影响也较大；锗元件的输出虽小，但其温度性能和线性度却比较好；砷化铟元件的输出信号没有锑化铟元件大，但是受温度的影响却比锑化铟要小，而且线性度也较好，因此，采用砷化铟做霍尔元件的材料受到普遍重视。一般在高精度测量中，大多采用锗和砷化铟元件；作为敏感元件时，一般采用锑化铟元件。

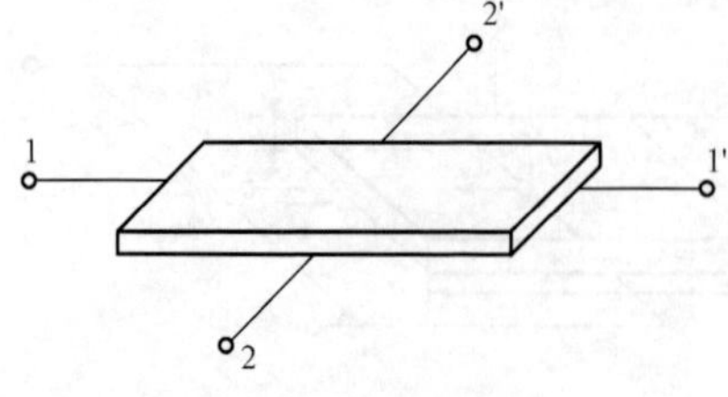

图 4-58 霍尔元件示意图

霍尔元件由霍尔片、引线和壳体组成，结构简单。霍尔片是一块矩形半导体薄片，如图 4-58 所示，在长边的两个端面上焊上两根控制电流端引线（1，1′），在元件短边的中间以点的形式焊上两根霍尔输出端引线（2，2′），在焊接处要求接触电阻小，而且半导体具有纯电阻性质。霍尔片一般用非磁性金属、陶瓷或环氧树脂封装。

三、霍尔元件的电磁特性

霍尔元件的电磁特性包括控制电流（直流或交流）与输出之间的关系、霍尔输出（恒定或交变）与磁场之间的关系等。

1. U_H-I 特性

在磁场和环境温度一定时，霍尔输出电动势 U_H 与控制电流 I 之间呈线性关系，如图 4-59（a）所示。图中直线的斜率称为控制电流灵敏度，用 K_I 表示。其表式为

$$K_I=\frac{U_H}{I}$$

由 $U_H=K_HIB$，可得到

$$K_I=K_HB \tag{4-80}$$

由式（4-80）可知，霍尔元件的灵敏度 K_H 越大，控制电流灵敏度 K_I 也就越大。但灵敏度大的元件，其霍尔输出并不一定大，这是因为霍尔电动势在 B 固定时，不但与 K_H 有关，还与控制电流有关。因此，即使灵敏度不大的元件，如果在较大的控制电流下工作，那么同样可以得到较大的霍尔输出。

2. U_H-B 特性

当控制电流恒定时，霍尔元件的开路霍尔输出随磁场的增加并不完全呈线性关系，而是有所偏离，如图 4-59（b）所示。只有当 $B<0.5T$ 时，U_H-B 才呈较好线性。当磁场为交变，电流是直流时，由于交变磁场在导体内产生涡流而输出附加霍尔电动势，因此霍尔元件只能在几千赫频率的交变磁场内工作。

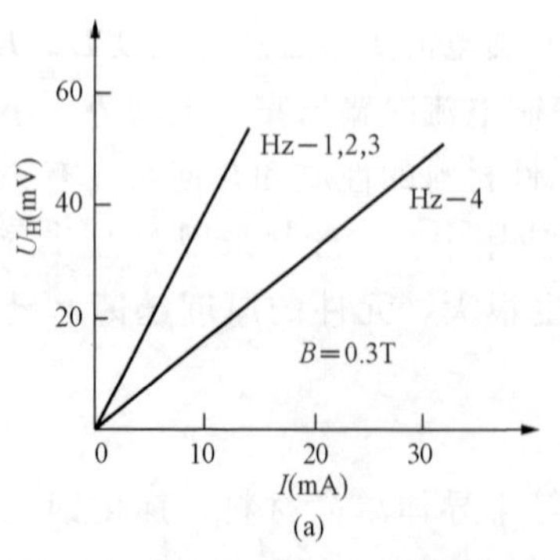

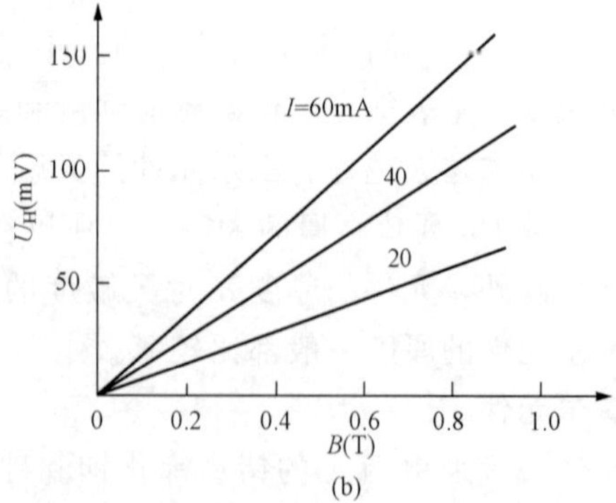

图 4-59 霍尔元件的电磁特性曲线

（a）U_H-I 特性；（b）U_H-B 特性

四、霍尔式传感器的应用

1. 磁场测量

磁场测量的方法很多，其中应用比较普遍的是以霍尔元件做探头的特斯拉计（或高斯计、磁强计）。使用时，把探头放在待测磁场中，探头的磁敏感面要与磁场方向垂直。控制电流由恒流源（或恒压源）供给，用电表或电位差计来测量霍尔电动势。根据 $U_H = K_H IB$，若控制电流 I 不变，则输出电动势 U_H 正比于磁感应强度 B，故可以利用它来测量磁场。

用霍尔元件做探头的高斯计，一般能够测量 10^{-4}T 量级的低磁场。在对地磁场等弱磁场进行测量时，需要采用降低元件的噪声来提高信噪比的方法，一种有效的方法是采用高磁导率的磁性材料（如坡莫合金）集中磁通来增强磁场的集束器。集束器有两根同轴安置的细长同轴形磁棒，两磁棒间留一气隙，霍尔元件就放在此气隙之中。磁棒越长，间隙越小，集束器对磁场的增强作用就越大。在棒长 200mm、直径 11mm 和间隙 0.3mm 时，间隙中的磁场可以增强 400 倍。如果使用锑化铟霍尔元件，并将集束器放置在液氮或液氦中，则可测量低达 10^{-13}T 的弱磁场。

利用霍尔元件测量地磁场的能力，可以构成磁罗盘，在宇航和人造卫星中得到应用。图 4 - 60 所示为海洋用霍尔罗盘原理图。

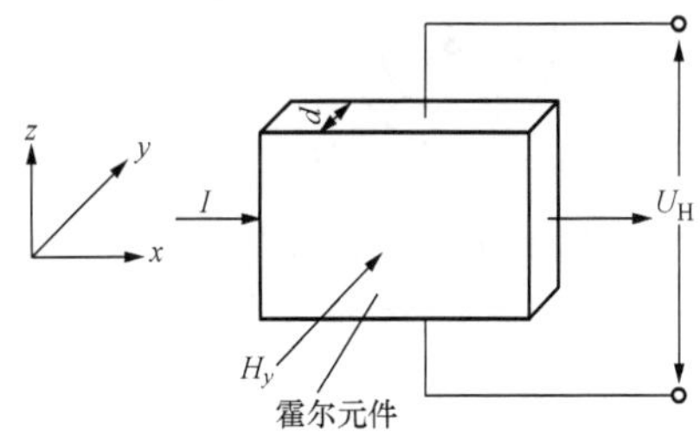

图 4 - 60　海洋用霍尔罗盘原理图

罗盘是一种定向装置。在汪洋大海的恶劣环境中，不论是古老的指针罗盘，还是现代的回转罗盘都无法适应在这种条件下工作。而采用霍尔元件制作的罗盘在海洋的应用中体现出它固有的优越性，它体积小，响应时间可达微秒级，能经受住冲击的考验。

根据霍尔效应，图 4 - 60 所示的霍尔元件在地磁场内旋转到不同的方位，可以得到霍尔元件的输出电压为

$$U_H = R_H \frac{I}{d} H_y \cos\theta \tag{4 - 81}$$

式中　R_H——霍尔常数；

I——输入元件的电流值；

d——元件的厚度；

H_y——地磁场的水平分量；

θ——y 方向同磁子午线的夹角。

从式（4 - 81）可以看出霍尔元件的输出电压，将随着方位角的变化而变化。如果将霍尔元件的输出同指示仪相连接，便可直接从仪表上读出方位角来。

2. 电流测量

由霍尔元件构成的电流传感器采用非接触式测量，具有测量精度高、不必切断电路电流、测量的频率范围广（从零到几千赫）、本身几乎不消耗功率等特点。

根据安培定律，在载流导体周围将产生一正比于该电流的磁场。用霍尔元件来测量这一磁场，可得到一正比于该磁场的霍尔电动势，通过测量霍尔电动势的大小来间接测量电流的大小。

如图 4 - 61 所示，将铁磁材料做成磁导体的铁心，使被测通电导线贯穿于其中央，将霍

尔元件放在磁导体的气隙中，于是可通过环形铁心来集中磁力线。当被测导线中有电流流过时，在导线周围就会产生磁场，使导磁体铁心磁化成一个暂时性磁铁，在环形气隙中就会形成一个磁场。通电导线中的电流越大，气隙处的磁感应强度就越强，霍尔元件输出的霍尔电压就越高，根据霍尔电压 U_H 的大小，就可能得到通电导线中电流的大小。该法具有较高的测量精度。

3. 位移测量

在非电量测量技术领域中利用霍尔元件可制成位移、压力、流量等传感器，图 4 - 62 (a) 为霍尔式位移传感器的磁路结构示意图。在极性相反、磁场强度相同的两个磁钢气隙中放置一块霍尔片，当控制电流恒定不变时，磁场在一定范围内沿 x 方向的变化率 $\frac{dB}{dx}$ 为一常数，如图 4 - 62 (b) 所示。

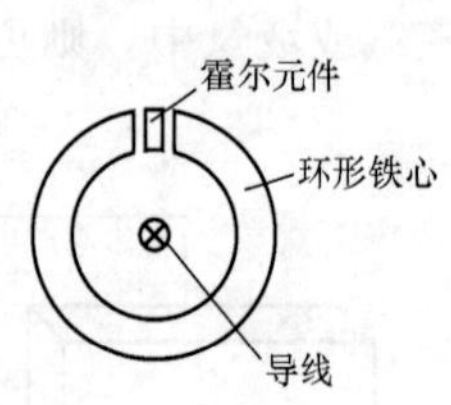

图 4 - 61 用霍尔传感器测量电流示意图

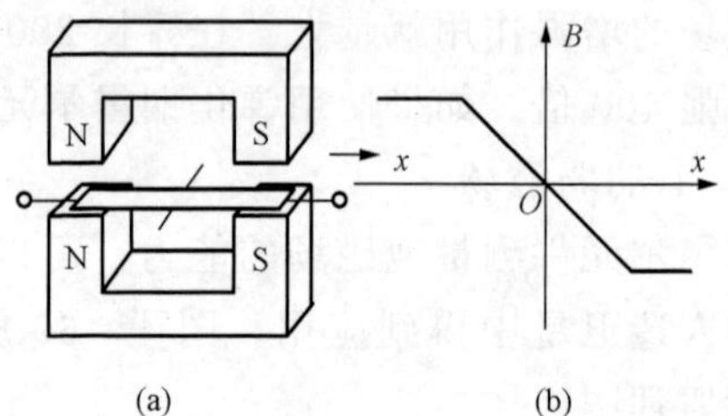

图 4 - 62 霍尔式位移传感器的磁路结构示意图
(a) 磁路结构；(b) 磁场强度与位移量 x 的关系

当霍尔元件沿 x 方向移动时，霍尔电动势的变化为

$$\frac{dU_H}{d_x} = K_H I \frac{dB}{dx} = K \tag{4 - 82}$$

式中 K——霍尔式传感器输出灵敏度。

对式 (4 - 82) 积分，得

$$U_H = Kx \tag{4 - 83}$$

由式 (4 - 83) 可知，霍尔电动势与位移量 x 呈线性关系，即 $x=0$ 时，$U_H=0$，这是由于在此位置元件同时受到方向相反、大小相等的磁通作用的结果；霍尔电动势的极性反映了元件位移的方向。实践证明，磁场变化率越大，灵敏度越高；磁场变化率越小，则线性度越好。基于霍尔效应制成的霍尔式位移传感器一般可用来测量 1～2mm 的小位移，其特点是惯性小、响应速度快。

第十节 光纤传感器

光纤传感器是 20 世纪 70 年代中期发展起来的新型传感器与常规的各类传感器相比，有很多优点，即抗电磁干扰能力强、柔软性好、光纤集传感器与信号传输一体，利用它很容易构成分布式传感器。此外，光纤传感器还具有灵敏度高、响应速度快、动态范围大、耐腐蚀、便于遥测、结构简单、体积小、耗电少等优点。光纤传感器广泛应用于对磁、声、力、温度、位移、加速度、液位、转矩、光、电流、电压及某些化学量的测量等，前景十分广阔。

一、光纤传光原理及主要参数

（一）光纤传光原理

光纤是光导纤维的简称，是一种多层介质的对称圆柱体，其结构如图 4-63 所示。中心圆柱体称为纤芯，直径只有几十微米，纤芯的四周是一层包层，其外径为 100～200μm，光线最外层为保护层（涂覆层及护套）。光纤的纤芯和包层主要由不同掺杂的石英玻璃制成，纤芯的折射略大于包层的折射率；涂覆层为硅酮或丙烯酸盐以保护光纤不受损害，增加光纤的机械强度。护套采用不同颜色的塑料管套，一方面起保护作用，一方面以颜色区分各种光纤。

光纤工作的基础是光的全反射。如图 4-64 所示的圆柱形光纤，它的两个端面均为光滑的平面，包层的折射率 n_2 略小于纤芯的折射率 n_1。根据物理光学可知，当光线从光密介质进入光疏介质时，传播方向将发生改变。当光线以各种不同角度入射到光纤端面时，在端面发生折射进入光纤后，又入射到光密介质纤芯与光疏介质包层交界面，光线在该处有一部分光线折射到光疏介质中，一部分反射回光密介质。但是，如果光线的入射角 θ 减小到某一角度 θ_c 时，光线就会从两种介质的分界面上全部反射回光密介质中，而没有光线透射到光疏介质，这就是全反射现象。产生全反射的光的入射角 θ_c 称为临界角。只要 $\theta<\theta_c$，光在纤芯和包层界面上经过若干次全反射，呈锯齿形状路线在芯内向前传播，最后从光纤的另一端面射出，这就是光纤的传光原理，如图 4-64 所示。注意，为保证全反射，必须满足 $\theta<\theta_c$ 这一全反射的条件。

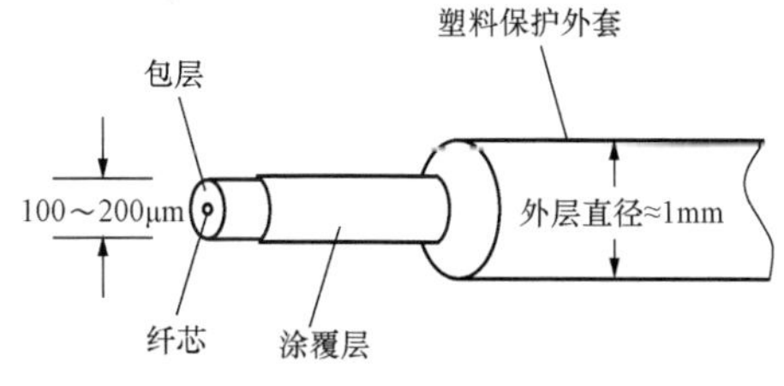

图 4-63 光纤的结构

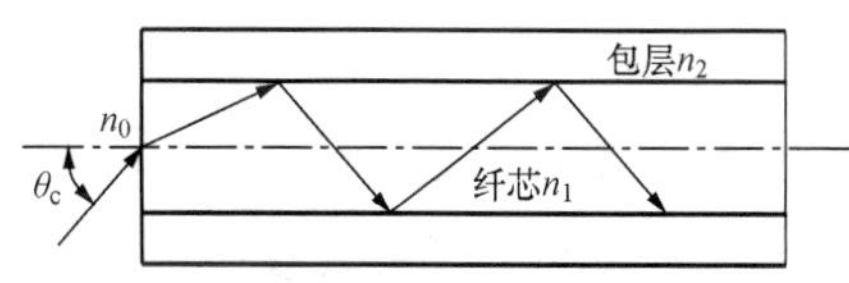

图 4-64 光在光纤中的传播

由斯乃尔（Snell）定律可导出光线由折射率为 n_0 的外界介质射入纤芯时，实现全反射的临界入射角为

$$\theta_c = \arcsin\left(\frac{1}{n_0}\sqrt{n_1^2 - n_2^2}\right) \tag{4-84}$$

外界介质一般为空气，空气的 $n_0=1$，所以

$$\theta_c = \arcsin\left(\sqrt{n_1^2 - n_2^2}\right) \tag{4-85}$$

由式（4-85）可知，某种光纤的临界入射角的大小是由光纤本身的性质——折射率 n_1 和 n_2 所决定的，与光纤的几何尺寸无关。

（二）光纤的主要参数

1. 数值孔径

临界入射角 θ_c 的正弦函数定义为光纤的数值孔径 NA，即

$$NA = \sin\theta_c = \frac{1}{n_0}\sqrt{n_1^2 - n_2^2}$$

数值孔径是光纤的一个重要参数，能反映光纤的集光能力。光纤的 NA 越大，表明它

集光能力就越强，可以在较大入射角范围内输入全反射光，光纤与光源的耦合就越容易，且保证实现全反射向前传播，即在光纤端面，无论光源的发射功率有多大，只有 $2\theta_c$ 张角内的入射光才能被光纤接收、传播。如果入射角超出这个范围，进入光纤的光将会进入包层而散失。但 NA 越大，光信号畸变也越大，所以要适当选择 NA 的大小。光纤产品通常不给出折射率，而给出 NA。

2. 光纤模式

光波在光纤中的传播途径和方式称为光纤模式。对于不同入射角的光线，在界面反射的次数是不同的，传播的光波之间的干涉所产生的横向强度分布也是不同的，这就是传播模式的不同。在光纤中传播的模式很多时候对信息的传播是不利的，因为同一种光信号采取很多模式就会使这一部分光信号分为不同时间到达接收端的多个信号，从而导致合成信号的畸变。因此光纤信号的模式数量应尽量少，以便减少信号畸变的可能性。

光纤分为单模光纤和多模光纤。单模光纤的直径很小（2～12μm），只能传输一种模式。其优点是传输性能好、信号畸变小、信息容量大、线性好、灵敏度高；但由于其纤芯尺寸较小，所以在制造、连接和耦合等方面较困难。多模光纤直径较大（50～100μm），有多种传播模式。其优点是纤芯面积较大，在制造、连接和耦合等方面比较方便；其缺点是性能较差，输出波形有较大的畸变。

3. 传输损耗

由于光纤纤芯材料的吸收、散射及光纤弯曲处的辐射损耗等影响，光信号在光纤中的传播不可避免地存在着损耗，这种损耗的大小是评定光纤优劣的重要指标。以 A 来表示传播损耗（单位为 dB），其表达式为

$$A = al = 10\lg \frac{I_0}{I} \quad \text{dB} \tag{4-86}$$

式中 l——光纤长度；

a——单位长度的衰减；

I_0——入射光纤的强度；

I——射出光纤的强度。

4. 色散

当光信号以光脉冲形式输入到光纤，经过光纤传输的脉冲变宽，这种现象称为色散。光纤色散使传播的信号脉冲发生畸变，限制了光纤的传输带宽，所以在光纤通信中，色散关系到通信信息的容量和品质。光纤的色散分为材料色散、波导色散和多模色散三种。对于多模光纤中的色散主要是由多模色散引起的，单模光纤的色散主要由材料色散引起。

二、光纤传感器的分类

（一）按光纤在传感器中的作用分类

1. 功能型光纤传感器

功能型光纤传感器是利用光纤本身的特性把光纤作为敏感元件，通过被测量对光纤内传输的光进行调制，使传输的光的强度、相位、频率或偏振等特征发生变化，再通过对被调制过的信号进行解调，从而得出被测的信号。功能型光纤传感器主要使用单模光纤。这种传感器结构紧凑、灵敏度高，但需要特殊光纤和检测技术，成本高，如光纤陀螺、光纤水听器等。

2. 非功能型光纤传感器

非功能型光纤传感器是利用其他敏感元件感受被测量的变化的传感器，光纤只作为光的传输介质。为了得到较大受光量和传输的光功率，非功能型光纤传感器使用的光纤主要是数值孔径和芯径大的阶跃型多模光纤。这种传感器具有无需特殊光纤、容易实现、成本低、灵敏度较低等特点。目前所使用的光纤传感器大都是非功能型的。

（二）按光纤传感器调制的光波形式分类

1. 强度调制光纤传感器

强度调制光纤传感器是利用被测对象的变化引起敏感元件的折射率、吸收或反射等参数变化，而导致光强度变化，来实现敏感测量。常见的有利用光纤的微弯损耗，各物质的吸收特性，反射光强度的变化，以及物质的荧光辐射或光路的遮断等构成压力、振动、位移、气体等的强度调制型光纤传感器。其优点是结构简单、容易实现、成本低，但受光源强度波动和连接器损耗变化等影响较大。

2. 相位调制光纤传感器

相位调制光纤传感器基本原理是利用被测对象对敏感元件的变化，使敏感元件的折射率或传播常数发生变化，而导致光的相位变化，然后利用干涉仪进行检测，以得到被测对象的信息。其调制机理分为两类：一类是将机械效应转变为相位调制，如将应变、位移、水声的声压等通过某种机械元件转换成光纤的光折射率的变化，从而使光波的相位变化；另一类是利用光学相位调制器将压力、转动等信号直接改变为相位变化。这类传感器的灵敏度较高，但由于需要特殊的光纤及高精度检测系统，因此成本较高。

3. 偏振调制光纤传感器

偏振调制光纤传感器是利用光的偏振态变化传递被测对象信息。常见的有利用光在磁场中的介质内传播的法拉第效应做成的电流、磁场传感器；利用光在电场中的压电晶体内传播的鲍格鲁斯效应做成的电场、电压传感器；利用物质光弹效应构成的压力、振动或声传感器；以及利用光纤的双折射性构成的温度、压力、振动等传感器。这类传感器可以避免光源强度变化的影响，因此灵敏度高。

4. 频率（波长）调制光纤传感器

频率调制光纤传感器利用被测对象引起的光频率的变化进行检测。当单色光照射到运动物体上后，反射回来时，由于多普勒效应，其频率间发生变化，将此频率的光与参考光共同作用于光探测器上，并产生差拍，经频谱分析器处理求得频率变化，即可推知物体的运动速度。常用的有光纤激光－多普勒测振仪和光纤多普勒血流量计。

三、光纤传感器的应用

由于光纤传感器的优点突出，因此发展极快。自 1977 年以来，已有多种光纤传感器问世。下面介绍几种较常见的光纤传感器。

1. 光纤图像传感器

图像光纤是由数目众多的光纤组成一个图像单元，典型数目为 0.3 万～10 万股，每一股光纤的直径约为 10μm。图像经光纤传输的原理如图 4 - 65 所示。在光纤的两端，所有的光纤都是按统一规格整齐排列的。投影在光纤束一端的图像被分成许多像素，图像作为一组强度与颜色不同的光点传送，并在另一端重建原图像。

工业内窥镜的用途是检查系统内部结构，其采用了光纤图像传感器。将探头放入系统内部，通过光束的传播在系统外部可以观察监视，如图 4-66 所示。光源发出的光通过传光束照射到被测物上，通过物镜和传像束把内部图像传送出来，以便观察、照相；或通过传像束送入 CCD 器件，将图像信号转换成电信号，送入微机进行处理，可在屏幕上显示和打印观测结果。

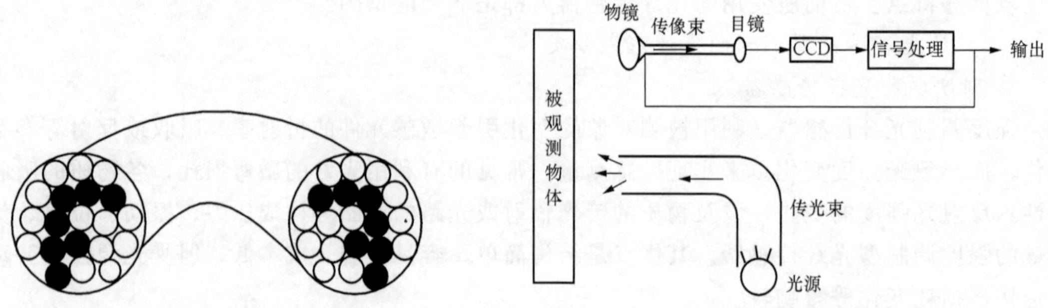

图 4-65　光纤图像传输原理图　　　图 4-66　工业用内窥镜系统原理

2. 光纤温度传感器

光纤温度传感器可分为辐射温度型、光强调制型和荧光发射型。这里主要介绍一下最常用的辐射温度型。它是以非接触方式检测来自物体的热辐射而测定物体温度的方法。若采用光纤将热辐射引导到传感器中，则可得到如下特点的温度计：可实现远距离测量，利用多束光纤对物体上多点的温度及其分布进行测量，可在真空、放射线、爆炸性和有毒气体等特殊环境下进行测量。

图 4-67 为可测量高温的光纤温度传感器系统示意图。将直径为 0.25～1.25μm、长度为 0.05～0.3m 的蓝宝石纤维接于光纤的前端，蓝宝石纤维的前端用 Ir（铱）的溅射薄膜覆盖。这可看作是黑体空洞，从而满足黑体辐射公式的热辐射传入光纤。用这种温度计可检测具有 0.1μm 带宽的可见单色光（$\lambda=0.5\sim0.7\mu m$），从而可用于测量 600～2000℃范围的温度。

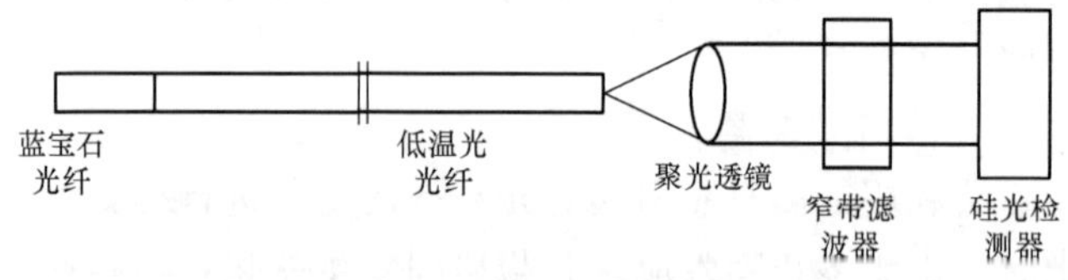

图 4-67　光纤温度传感器系统示意图

第十一节　超声波传感器

超声波传感器是一种以超声波作为检测手段的新型传感器。利用超声波的特性，可做成各种超声波传感器，配上不同的测量电路后可制成各种超声波仪器及装置。超声波传感器广泛应用于冶金、船舶、机械、医疗等各个工业部门的超声探测、超声清洗、超声焊接等方面。

一、超声波及其物理性质

1. 声波的分类

振动在弹性介质内的传播称为波动，简称波。声波是一种可在气体、液体、固体中传播的机械波。根据声波频率的范围，声波可分为次声波、声波和超声波。其中，频率在 16Hz～20kHz 的范围内时，可为人耳所感觉，称为声波；低于 16Hz 的机械振动人耳不可闻，称为次声波；频率高于 20kHz 的机械振动波称为超声波。

2. 超声波的波形

由于声源在介质中的施力方向与波在介质中的传播方向的不同，超声波的波形也不同。通常可分为如下几种：

（1）纵波。质点振动方向与波的传播方向一致的波，能在固体、液体和气体中传播。

（2）横波。质点振动方向垂直于波的传播方向的波，只能在固体中传播。

（3）表面波。质点的振动介于纵波和横波之间，沿着表面传播，振幅随深度增加而迅速衰减的波。表面波的轨迹是椭圆形，质点位移的长轴垂直于传播方向，质点位移的短轴平行于传播方向。由于表面波随深度增加而衰减很快，因此只能沿着固体的表面传播。

当声波以一定的入射角从一种介质传播到另一种介质的分界面上时，除有纵波的反射、折射以外，还会发生横波的反射和折射，在一定条件下还会产生表面波。各种波均符合几何光学中的折射和反射定律。

3. 超声波的传播速度

超声波的传播速度取决于介质的弹性系数及介质的密度。气体和液体中只能传播纵波，气体中声速为 344m/s，液体中声速为 900～1900m/s。在固体中，纵波、横波和表面波三者的声速成一定关系，通常认为横波声速为纵波声速的 1/2，表面波的声速约为横波声速的 90%。

4. 超声波的反射和折射

当声波从一种介质传播到另一种介质时，在两介质的分界面上将发生反射和折射，如图 4－68 所示。

（1）反射定律。入射角 α 的正弦与反射角 α' 的正弦之比等于入射波与反射波的速度之比。当反射波与入射波同处于一种介质中时，因波速相同，则反射角 α' 等于入射角 α。

（2）折射定律。当波在界面上产生折射时，入射角 α 的正弦与折射角 β 的正弦之比等于入射波在第一种介质中的波速 C_1 与在第二种介质中的波速 C_2 之比，即

$$\frac{\sin\alpha}{\sin\beta} = \frac{C_1}{C_2} \qquad (4-87)$$

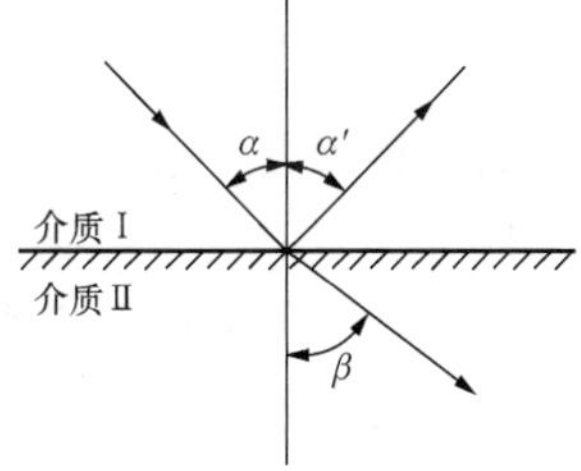

图 4－68　波的反射和折射

5. 超声波在介质中的衰减

超声波在介质中传播时，随着传播距离的增加，能量逐渐衰减。其声压和声强的衰减规律为

$$\begin{aligned} P_x &= P_0 e^{-ax} \\ I_x &= I_0 e^{-2ax} \end{aligned} \qquad (4-88)$$

式中　P_x、I_x——平面波在 x 处的声压和声强；

P_0、I_0——平面波在 $x=0$ 处的声压和声强；

a——衰减系数。

超声波在介质中传播时，能量的衰减决定于声波的扩散、散射和吸收。在理想介质中，

超声波的衰减仅来自于超声波的扩散，即随着超声波传播距离的增加而引起声能的衰减。散射衰减是固体介质中的颗粒界面或流体介质中的悬浮粒子使超声波散射。吸收衰减是由介质的导热性、黏滞性及弹性滞后等因素造成的，介质吸收声能并转化成为热能。

二、超声波传感器的工作原理

超声波传感器包括超声波发生器和超声波接收器两部分，习惯上分别称为超声波换能器或超声波探头。

超声波传感器按其工作原理可分为压电式、磁致伸缩式、电磁式等，在检测技术中主要采用压电式。下面以压电式超声波传感器为例介绍其工作原理。

压电式超声波传感器常用的材料是压电晶体和压电陶瓷。这种传感器是利用压电材料的压电效应来工作的：逆压电效应将高频电振动转换成高频机械振动，从而产生超声波，可作为发射探头；而利用正压电效应，将超声振动波转换成电信号，可用为接收探头。

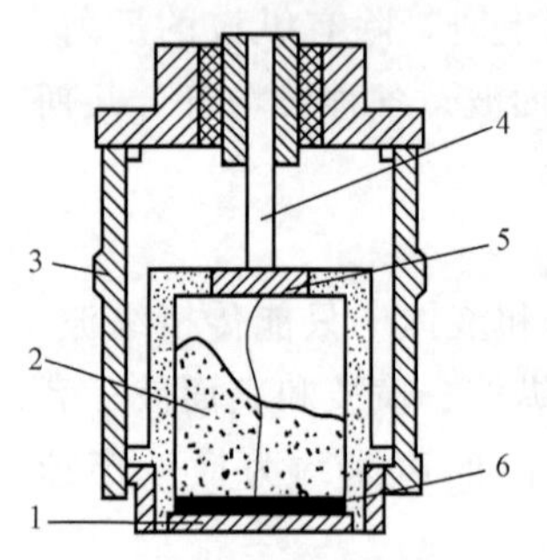

图 4 - 69 压电式超声波传感器结构（直探头）
1—保护膜；2—吸收块；3—金属壳；4—导电螺杆；5—接线片；6—压电晶片

由于压电材料较脆，为了绝缘、密封、防腐蚀、阻抗匹配及防止不良环境的影响，压电元件常常装在一个外壳内而构成探头。超声波探头按其结构可分为直探头、斜探头、双探头和液浸探头等。在检测技术中最常用的是压电式超声波探头，如图 4 - 69 所示为直探头的结构图。直探头主要是由压电晶片、吸收块（阻尼块）、保护膜组成。压电晶片多为圆板形，厚度为 δ（超声波频率 f 与其厚度 δ 成反比）。压电晶片的两面镀有银层，作为导电的极板，底面接地，上面接至引出线。为了避免传感器与被测件直接接触而磨损压电晶片，在压电晶片下粘合一层保护膜（0.3mm 厚的塑料膜、不锈钢片或陶瓷片）。吸收块的作用是降低压电晶片的机械品质，吸收超声波的能量。如果没有吸收块，当激励的电脉冲信号停止时，晶片会继续振荡，加长超声波的脉冲宽度，使分辨率变差。

三、超声波传感器的应用

1. 声呐

声呐是一种水声学仪器。其声发射器发出的超声波在水中传播，当遇到障碍物时发生反射，经声接收器接收，通过信号处理能测知障碍物的位置和距离。声呐也可用来接收水中物体发出的声音，以测定物体的方位。

声呐最初被用来测定水深。超声波由超声换能器从水面垂直向下发射（称为垂直声呐），如图 4 - 70 所示，发射超声脉冲时会在示波管上出现发射脉冲的迹线，当发射的超声波（或声波）向下遇到海底时即被反射，该回波将被超声波传感器所接收，在示波管上即出现接收波脉冲的迹线。若从发射波开始到接收波出现的时间间隔为 T，海水中的声速为 v，则水深 h 为

$$h = \frac{1}{2}vt$$

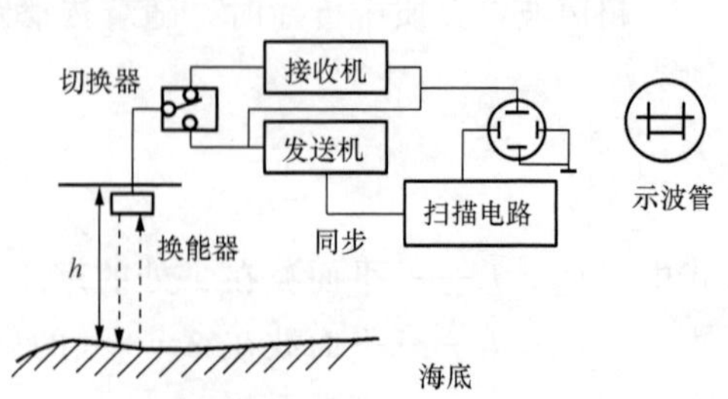

图 4 - 70 声呐工作原理

由于海水是分层的，各层水温、盐分等不相同，因此各层的声速也是不相同的，如各层的声速

分别为 v_1，v_2，v_3，…，v_n，则测水深时的声速应采用平均声速，即

$$v=\frac{1}{n}(v_1+v_2+v_3+\cdots+v_n)$$

鱼群探测器用的是相同原理，只是超声波向下发射时遇到的是密集鱼群而被反射，这时不仅可探测到鱼群还可测知鱼群所在位置的深度。

2. 超声波探伤

利用超声波可探查金属内部的缺陷，这是一种非破坏性检测，即无损检测。利用此方法可对高速运动的板料、棒料进行检测；也可制成全自动检测系统，不但能发出报警信号，还可在有缺陷区域喷上有色涂料，并根据缺陷的数量或严重程度作出“通过”或“拒收”的决定。当材料内有缺陷时，材料内的不连续性成为超声波传输的障碍，超声波通过这种障碍时只能透射一部分声能。只要十分细小的细裂纹，在无损检测中即可构成超声波不能透过的阻挡层。利用此原理即可构成缺陷的透射检测法，如图 4 - 71 所示。

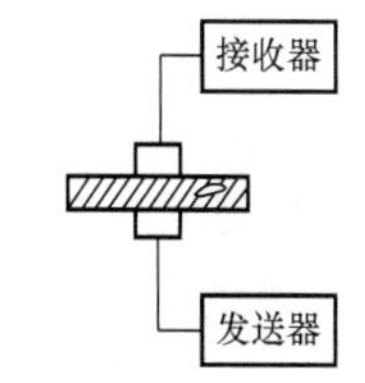

图 4 - 71　透射检测法检测缺陷

在检测时，把超声发射探头置于试件的一侧，而把接收探头置于试件的另一侧，并保证探头和试件之间有良好的声耦合，以及两个探头置于一条直线上，这样监测接收到的超声波强度就可获得材料内部缺陷的信息。在超声波束的通道中出现的任何缺陷都会使接收信号下降，甚至完全消失，这就表示试件中有缺陷存在。

第十二节　微波传感器

微波传感器是一种非接触式的新型传感器。微波是介于红外线与无线电波之间的电磁辐射，不仅用于微波通信、卫星发送等无线通信，而且在雷达、导弹制导、遥感、射电望远镜等方面也有应用。在工业领域，微波传感器可实现对材料的无损检测及物位检测等；在地质勘探方面，可实现微波断层扫描。微波传感器在工业、农业、地质勘探、能源、材料、国防、化工、生物医学、环境保护、科学研究等方面具有广泛的应用前景。

一、微波的基础知识

微波是电磁波的一部分，与红外线、可见光、紫外线、X 射线、γ 射线及无线电波一起构成整个无线连续电磁波谱，其波长范围是 1mm～1m，通常还按照波长特征将其细分为分米波、厘米波和毫米波三个波段。

微波作为一种电磁波，即具有电磁波特性又不同于普通的无线电波和光波，其特点如下：

（1）定向辐射装置容易制造；

（2）遇到各种障碍物容易反射；

（3）绕射能力差；

（4）传输特性好，传输过程中受烟雾、灰尘、强光等影响较小；

（5）介质对微波能量的吸收与介质介电常数成比例，水对微波的吸收作用最强。

二、微波传感器的原理和组成

（一）微波传感器测量原理

微波传感器是利用微波特性来检测一些物理量的装置。其基本测量原理是：发射天线发

出微波信号，该微波信号在传播过程中遇到被测物体时被吸收或反射，导致微波功率发生变化，通过接收天线再将收到的微波信号转换成低频电信号，再由测量电路处理，从而实现了微波检测。

（二）微波传感器的组成

微波传感器主要包括三部分：微波发射器（微波振荡器）、微波天线和微波检测器。

1. 微波发射器

微波发射器是产生微波的装置。由于微波波长很短，频率很高（300MHz～300GHz），因此，要求振荡电路应由非常微小的电感和电容构成，而不能采用普通的晶体管，应采用速调管、磁控管或某些固态元件构成。小型微波发射器也可采用体效应管。微波发射器产生的振荡信号需要用波导管（管长为 10cm 以上，可用同轴电缆）传输。

2. 微波天线

微波天线是用于将经发射器产生的微波信号发射出去的装置。为了保证发射出去的微波信号具有一致的方向性，要求微波天线具有特殊的结构和形状。常见的天线如图 4-72 所示，其中，喇叭形天线结构简单，制造方便，可以被看作是波导管的延续，是在波导管和敞开的空间之间起匹配作用，可以获得最大能量输出；抛物面形天线类似凹面镜产生平行光，使发射的微波近于平行传输，有利于改善微波发射的方向性。

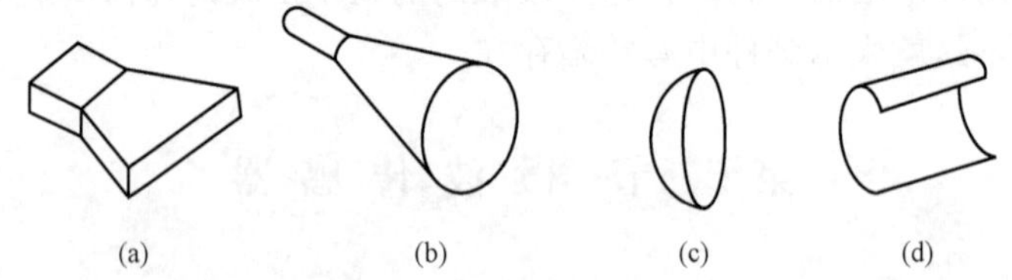

图 4-72　常见微波天线

（a）扇形喇叭天线；（b）圆锥喇叭天线；（c）旋转抛物面天线；（d）抛物柱面天线

3. 微波检测器

微波检测器是用于探测微波信号的装置。微波在传播过程中表现为空间电场的微小变化，因此使用电流－电压呈非线性特征的电子元件作为探测微波的敏感探头。根据工作频率的不同，有多种电子元件可供选择（如较低频率下的半导体 PN 结元件、较高频率下的隧道结元件等），都要求它们在工作频率范围内有足够快的响应速度。

三、微波传感器的分类

根据接收天线接收反射微波或透射微波的不同，微波传感器可分为反射式和遮断式两种。

（一）反射式微波传感器

反射式微波传感器是通过检测被测物体反射回来的微波信号的功率或微波信号从发出到接收到的时间间隔来测量被测物体的位置、厚度等参数。

（二）遮断式微波传感器

由于微波有绕射能力差，易被介质吸收这两种特性，如果在发射天线和接收天线间有物体，则微波信号可能被阻断或被吸收。因此，可以通过检测接收天线收到的微波功率大小来判断发射天线和接收天线之间有无被测物体、或被测物体的位置、厚度、含水量等参数。

四、微波传感器的应用

（一）微波物位计

图 4-73 所示为微波物位计示意图。当被测物体位置较低时，微波发射天线发出的微波信号全部被接收天线接收。经过检波、放大与设定电压比较后，得出物位正常的结论。当被测物体的位置升高到天线所在的高度，微波信号部分被物体吸收，部分被物体反射，接收天线此时接收到的微波功率相应减弱，检波、放大处理后与设定电压相比较，若低于设定电压时，则微波物位计发出被测物体位置高于设定物位的信号。

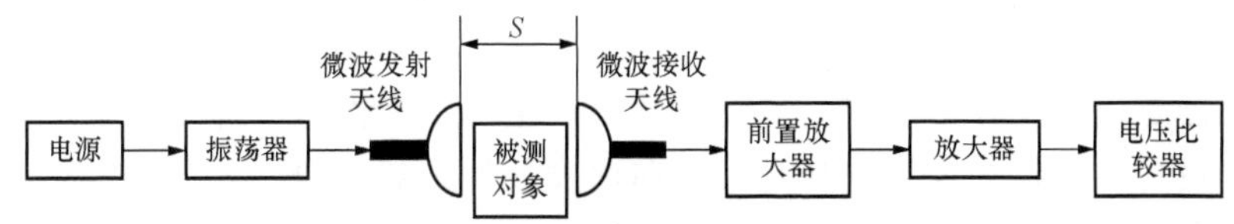

图 4-73　微波物位计示意图

当被测物位低于设定物位时，接收天线接收的功率为

$$P_r = \left(\frac{\lambda}{4\pi S}\right)^2 P_t G_t G_0 \tag{4-89}$$

式中　λ——微波信号波长；

S——两天线间的距离；

P_t——发射天线的发射功率；

G_t——发射天线的增益；

G_0——接收天线的增益。

当被测物位升高到天线所在高度时，接收天线接收的功率为

$$P_r = \eta P_0 \tag{4-90}$$

式中　η——由被测物形状、材料性质、电磁性能及高度所决定的系数。

（二）微波液位计

如图 4-74 所示为微波液位计原理图。相距为 S 的发射天线与接收天线，相互构成一定角度。波长为 λ 的微波从被测液面反射后进入接收天线。接收天线接收到的微波功率将随着被测液面的高低不同而异。

接收天线接收到的功率 P_0 为

$$P_0 = \left(\frac{\lambda}{4\pi}\right)^2 \frac{P_t G_t G_0}{S^2 + 4d} \tag{4-91}$$

式中　λ——微波信号波长；

S——两天线间的距离；

d——两天线与被测表面间的垂直距离；

P_t——发射天线的发射功率；

G_t——发射天线的增益；

G_0——接收天线的增益。

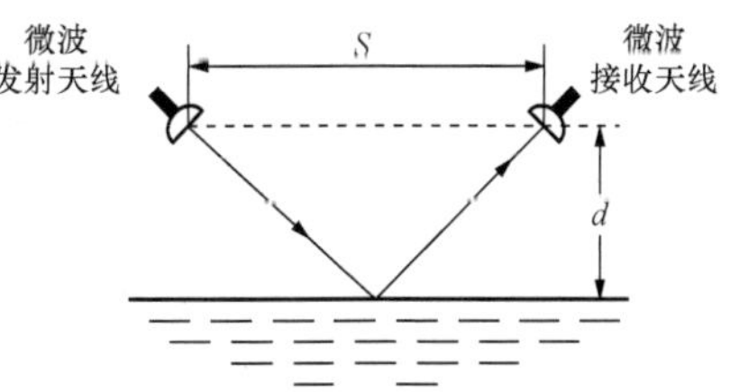

图 4-74　微波液位计原理图

当发射功率、波长、增益均恒定时，式（4-91）可改写为

$$P_0=\left(\frac{\lambda}{4\pi}\right)^2\frac{P_tG_tG_0}{4}\frac{1}{\frac{s^2}{4}+d^2}=\frac{K_1}{K_2+d^2} \tag{4-92}$$

式中 K_1——取决于发射功率、天线增益与波长的常数；

K_2——取决于天线安装方法和安装距离的常数。

由式（4 - 92）可知，只要测到接收功率 P_0，就可得到被测液面的高度。

第十三节 智 能 传 感 器

智能传感器是应自动控制系统发展的需要而产生的，是微型计算机技术与传感器技术相结合的结晶，也是传感器技术克服自身不足向前发展的必然趋势。

随着微电子技术及材料科学的发展，传感器在发展与应用过程中越来越多的与微处理器相结合，使其不仅具有视觉、嗅觉、味觉和听觉功能，而且具有存储、思维、逻辑判断、数据处理和自适应能力等功能。美国人对智能传感器的俗称是“灵巧传感器（smart sensor）”，含有聪明伶俐能干的意思。这个概念是美国宇航局（NASA）在宇宙飞船的开发过程中产生的。宇宙飞船需要测量速度、加速度、位移和姿态等传感器，宇航员的生活环境需要温湿度、气压、空气成分等传感器，各种科学观测也需要用到大量的传感器。这些传感器采集的数据是庞大的，而处理这些数据需要超大型的计算机。为了既不丢失数据，同时又降低成本，人们将数据处理由集中处理变为分散处理，避免使用超大型的计算机。由此诞生了由传感器和微处理器相结合的智能传感器。

一、智能传感器的概念

智能传感器是既有获取信息的功能又有信息处理功能的系统，是传感器、计算机和通信技术的结合。早期人们认为，传感器的敏感元件及其信号调理电路与微处理器集成在一块芯片上就是智能传感器。随着传感器技术的发展，人们认为把传感器和微处理器集成在一块芯片上，只能说是传感器的智能化，还不能说是智能传感器。现在，人们认为，智能传感器是一种带有微处理器，兼有检测信息、信息处理、逻辑思维与判断功能的传感器。因此，智能传感器也可以说是一个微机小系统，其中作为系统大脑的微处理器可以是单片机、单板机，也可以是微型计算机系统。

二、智能传感器的结构

从结构上来讲，智能传感器由经典传感器和微处理器单元两个部分构成。图 4 - 75 所示为一个典型的智能传感器系统框图。

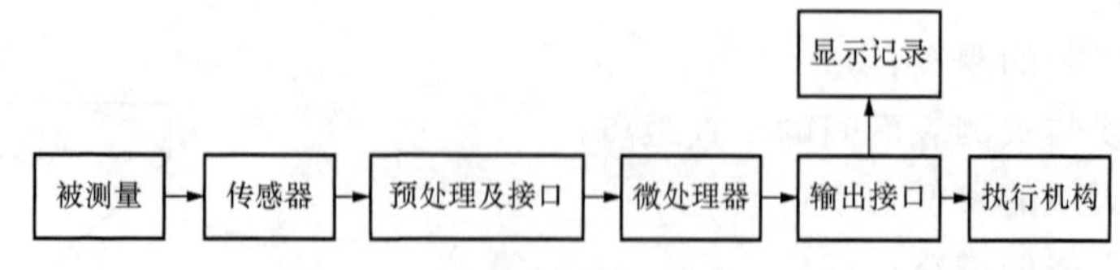

图 4 - 75 典型的智能传感器系统框图

上述系统包括传感器、信号预处理、模拟信号数字化输入接口、补偿与校正、微处理器和信息接口等。传感器部分可以是单个或多个传感器，也可以把许多同样功能的单个传感器按一定规律进行阵列集成，以形成一维和二维阵列传感器。例如，CCD图像传感器即属此类传感器。微处理器在智能传感器中发挥了十分重要的作用，是智能传感器的核心。传感器所接收到的信号经过调理电路处理后，以数字信号形式进入微处理器，实现对测量过程中各种控制、逻辑和数据处理以及信号输出等功能，从而使传感器具有智能。

三、智能传感器的功能

智能传感器的常见功能包括：

（1）具有自动调零、自动补偿、自动标定、自动校正功能。

（2）具有自诊断功能，可以通过硬件或者软件对装置的正确与否进行检验，以便及时发现故障，及时处理。

（3）能够自动采集数据，并对数据进行预处理。

（4）具有数据存储、记忆和信息处理功能。

（5）具有接口功能。由于在传感器中采用了微处理器，使其接口标准化，所以能够很容易与上一级微机进行接口，可对测量系统进行遥控及将测量数据传输给远方用户等。

（6）具有判断、决策处理功能。

（7）具有显示和报警功能。通过传感器中微处理器的接口与数码管或其他显示器结合起来，可选点显示或定时显示各测量值及有关参数。

也就是说，一个真正意义上的智能传感器，必须具备学习、推理、感知、通信以及管理等功能。

四、智能传感器的特点

1. 精度高

智能传感器可以利用软件进行硬件电路很难实现的信号处理，并能自动进行系统的非线性补偿，通过对采集的大量数据的统计处理可以消除随机误差的影响等，因此测量精度高。

2. 可靠性高

智能传感器自动补偿因其工作条件与环境温度变化而产生的零点漂移，具有自诊断、自校准功能，并可用软件代替硬件，简化硬件，从而提高可靠性。

3. 检测范围广

智能传感器可以实现多传感器、多参数测量，故扩大了检测与使用的范围。

4. 高分辨率和高信噪比

由于智能传感器具有软硬件相结合的优点，可通过软件进行数字滤波、相关分析等处理，可以去除输入信号中的噪声，将有用信号提取出来，从而保证在多参数状态下对特定参数测量的分辨力与高信噪比。

五、智能传感器的应用

1. 智能红外传感器

智能红外传感器按照探测的机理的不同，可以分为热探测器和光子探测器两大类。其中，热探测器是利用辐射热效应，使探测元件接收到辐射能后引起温度升高，进而使探测器中依赖于温度的某个性能发生变化。检测该性能的变化，便可探测出辐射。

常见智能红外传感器的很多功能如温度补偿、输出特性线性化、利用同步检波提取交流信号峰值等。这些功能如果依靠硬件电路实现，不仅电路非常复杂，而且仪器稳定性差，难以提高测量准确度。为了克服上述存在的问题，与微处理器结合的智能红外传感器应运而

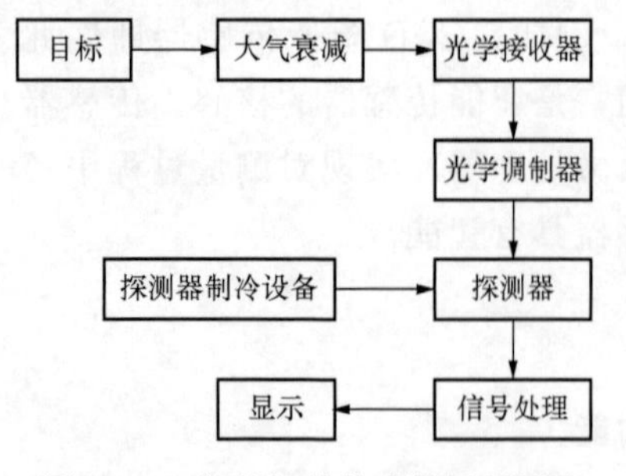

图 4-76 智能红外传感器原理框图

生。另外，在实际测量中，背景中的杂乱回波往往将目标信号淹没。如果用普通的传感器进行测量，这些杂乱的信号也要经过读出、放大和A/D转换，最后再经过数字信号处理。而智能红外传感器可在聚焦平面进行模拟信号处理，从而避免不必要的操作。

图 4-76 所示为一种应用于军事探测的智能红外传感器原理框图。该传感器采用微处理器完成了温度补偿、输出特性线性化、A/D转换、结果显示等功能。

2. 汽车安全气囊系统

汽车安全气囊系统是一种新型的汽车安全装置，主要由加速度传感器、控制单元、电路连接器、气体发生器及气袋组件等组成。加速度传感器放置在汽车的前方，其工作原理如图 4-77 所示。

当高速行驶的汽车与障碍物发生碰撞时，碰撞加速度传感器将感受到的减加速度转换为电信号送往控制单元，控制单元中的微处理器根据建立的数学模型，对加速度的幅值及作用时间进行处理和识别，以判断是事故性碰撞还是一般非事故性碰撞。当确认是汽车碰撞事故时，控制单元便输出点火信号给气体发生器中的电点火管。电点火管发火后引燃气体产生剂，此时气体发生器内部便产生大量且具有一定压力的气体，该气体经输出气孔向装在气袋组件中平时呈折叠状态的气袋充气，气袋在压力作用下迅速膨胀，并冲破气袋盖形成一个充满气体的弹性体，将乘员因受到惯性力而向前移动的头部及胸部托起，从而起到保护乘员的作用。

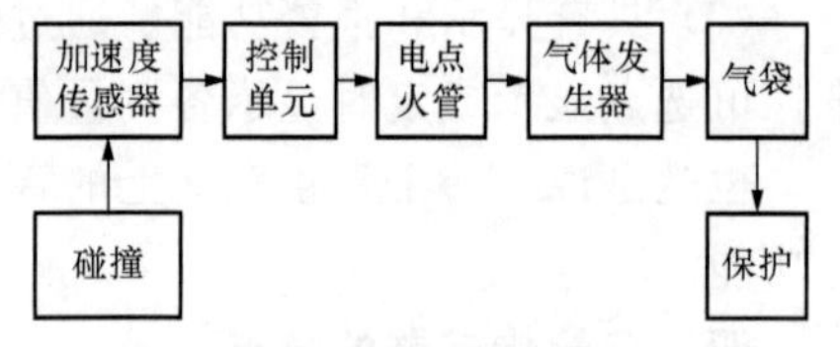

图 4-77 汽车安全气囊工作原理框图

第十四节 其 他 传 感 器

一、气敏传感器

气敏传感器也称为气体传感器，用来测量气体的类型、浓度和成分。它能把气体（空气）中的特定成分检测出来，并将成分参量转换成电信号，以便提供有关待测气体的存在及其浓度大小的信息。

能实现气－电转换的气敏传感器种类很多，按构成气敏传感器的材料可分为半导体和非半导体两大类。本节主要介绍目前实际中使用最多的半导体气敏传感器。

1. 半导体气敏传感器的分类

半导体气敏传感器是利用气体在半导体敏感元件表面的氧化和还原反应导致敏感元件电阻值、电阻率或电容发生变化而制成的，用来检测气体的类别、浓度和成分的传感器。

按照半导体与气体的相互作用主要局限于半导体表面，还涉及到半导体内部，半导体气敏传感器可分为表面控制型和体控制型。前者半导体材料表面吸附的气体与其组成原子间发生电子交换，结果使半导体的电阻率等物理性质发生变化，但内部化学组成不变；后者半导体材料与气体的反应，使半导体内部组成发生变化，而使电导率发生变化。按照半导体变化的物理特性，又可分为电阻式和非电阻式。电阻式半导体气敏传感器是利用敏感材料接触气体时，根据其阻值改变来检测被测气体的成分或浓度；非电阻式气敏传感器则利用半导体的其他机理对气体进行直接或间接检测。半导体气敏传感器的分类见表4-2。

表4-2 半导体气敏传感器分类

分类	主要物理特性	类型	气敏元件	主要检测气体
电阻式	电阻	表面控制型	氧化锡、氧化锌（烧结体、薄膜、厚膜）	可燃性气体
		体控制型	T-Fe_2O_3氧化钛（烧结体） 氧化镁、氧化锡	酒精、可燃性气体、氧气
非电阻式	二极管整流特性	表面控制型	铂—硫化硒、铂—氧化钛（金属—半导体烧结二极管）	氢气、一氧化碳、酒精
	晶体管特性		铂栅、铂栅MOS场效应管	氢气、硫化氢

2. 半导体气敏传感器的工作原理

半导体气敏传感器的敏感元件采用金属氧化物半导体材料，分为N型、P型和混合型三种。半导体气敏元件的敏感部分是金属氧化物半导体微结晶粒子烧结体，当其表面吸附被检测气体时，半导体微结晶粒子接触界面的导电电子比例就会发生变化，从而使气敏元件的电阻值随被测气体的浓度改变而改变。这种反应是可逆的，因而是可重复使用的。电阻值的变化是伴随着金属氧化物半导体表面对气体的吸附和释放而发生的，为了加速这种反应，通常要用加热器对气敏元件加热。半导体气敏器件被加热到稳定状态下，当气体接触器件表面而被吸附时，吸附分子首先在表面自由地扩散（物理吸附），失去其运动能量，其间一部分分子蒸发，残留分子产生热分解而固定在吸附处（化学吸附）。这时，如果器件的功函数小于吸附分子的电子亲和力，则吸附分子将从器件夺取电子而变成负离子吸附。具有负离子吸附倾向的气体称为氧化型气体或电子接收性气体，如O_2、NO_x。如果器件的功函数大于吸附分子离解能，则吸附分子将向器件释放出电子，而成为正离子吸附。具有这种正离子吸附倾向的气体称为还原型气体或电子供给性气体，如H_2、CO、碳氢化合物和酒类等。

当氧化型气体吸附到N型半导体上，或还原型气体吸附到P型半导体上时，将使载流子减少，而使电阻值增大。相反，当还原型气体吸附到N型半导体上，或氧化型气体吸附到P型半导体上时，将使载流子增多，使电阻值下降。图4-78描述了半导体气敏元件吸附被测气体时电阻的变化情况。当半导体气敏元件在洁净的空气中开始通电加热时，其电阻值急剧下降，几分钟后达到稳定值，这段时间称为初始稳定时间。然后，其阻值随被测气体的吸附情况而发生变化，阻值的变化规律视半导体材料而定。P型半导体气敏元件的阻值上升；N型半导体气敏元件的阻值下降。

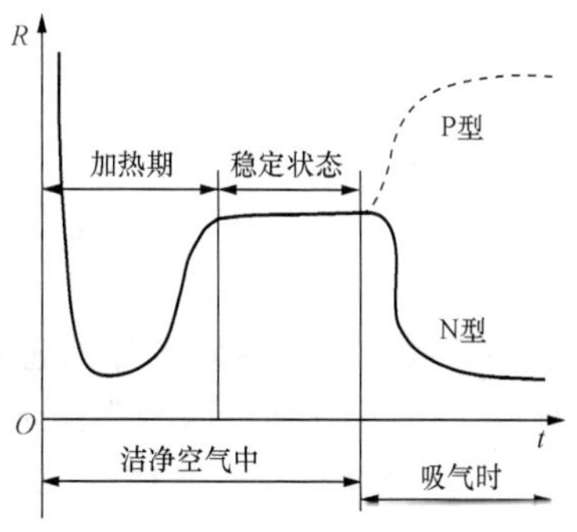

图4-78 半导体气敏元件检测气体时的阻值变化

二、湿敏传感器

湿敏传感器也称为湿度传感器，是能够感受外界湿度变化，并通过湿敏元件材料的物理或化学性质变化，将湿度大小转化成电信号的器件。

通常，对湿敏器件有下列要求：在各种气体环境下稳定性好、响应时间短、寿命长、有互换性、耐污染和受温度影响小等。微型化、集成化及廉价是湿敏器件的发展方向。

1. 湿度概念

湿度是指大气中的水蒸气的含量，即空气的干湿程度，通常采用绝对湿度、相对湿度和露点温度三种表示方法。

绝对湿度是指在一定温度和压力下，单位体积空气中所含水蒸气的绝对质量，用符号 AH 表示。相对湿度是指被检测气体中的水蒸气气压与该气体在相同温度条件下饱和水蒸气气压的百分比，为无量纲值，用符号%RH 表示。露点温度是指在压力一定的情况下，将含水蒸气的空气冷却，当空气中的水蒸气达到饱和状态，开始从气态变为液态时的温度称为露点温度（单位为℃），通常称为露点。空气中的相对湿度越高，就越容易结霜。

2. 湿敏传感器的结构

湿敏传感器的核心部分是湿敏元件，湿敏元件一般由基体、电极和感湿层组成。图 4-79 所示为两种常见的湿敏元件结构图。湿敏元件的基体为不吸水且耐高温的绝缘材料，如聚碳酸酯板、氧化铝瓷等。在基体之上，常用镀膜法真空蒸镀上薄膜，用丝网印刷法加工出两个电极。电极常用不易氧化的导电材料，如金、银等制成。基体、电极加工好后，再涂敷感湿材料，然后在几百摄氏度的温度下烧结成感湿层。感湿层很薄，通常仅仅几微米至几十微米，它是湿敏元件的主体，可随空气湿度变化而改变阻值（有时也可利用改变介电常数），即常说的吸湿与脱湿。

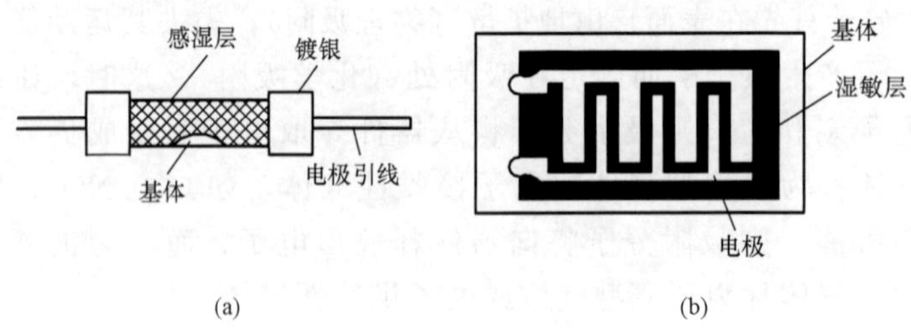

图 4-79 湿敏元件的结构图

（a）柱状湿敏元件；（b）片状湿敏元件

3. 湿敏传感器的工作原理

湿敏元件的工作原理主要是物理吸附和化学吸附。感湿层为微型孔状结构，极易吸附它周围空气中的水分子。由于水是导电物质，当感湿层中水分子含量增多时，就会引起电极间电导率的上升。湿敏元件的感湿层还具有电解质特性，其正离子吸附空气中水分子的羟基（OH^-），在外加电压的作用下，产生载流子移动。这种现象的变化是可逆的，即当空气中水蒸气含量减少时，感湿层又会释放羟基，引起电导率降低。

4. 湿敏传感器的分类

水是一种强极性的电解质。水分子有较大的电偶极矩，在氢原子附近有极大的电场，因而水分子具有很大的电子亲和力。水分子易于吸附在固体表面并渗透到固体内部的这种特性称之为水分子亲和力。利用这一特性制成的湿敏传感器称为水分子亲和力型传感器。而把与水分子亲和力无关的湿敏传感器称为非水分子亲和力型传感器。具体分类情况见表 4-3。

表 4-3 湿敏传感器的分类

湿敏传感器	水分子亲和力型湿敏传感器	电阻式湿敏传感器
		陶瓷式湿敏传感器
		电容式湿敏传感器
		电解质式湿敏传感器
	非水分子亲和力型湿敏传感器	热敏电阻式湿敏传感器
		红外线吸收式湿敏传感器
		微波式湿敏传感器
		超声波式湿敏传感器

第十五节 传感器的标定

传感器的标定是指利用标准设备产生已知的非电量（标准量），或用基准量来确定传感器电输出量与非电输出量之间关系的过程。在传感器投入使用之前对其进行标定，以测定其各种性能指标。传感器在使用过程中定期进行检查，以判断其性能参数是否偏离初始标定的性能指标，是否需要重新标定或停止使用。工程测试中传感器的标定，应在与其使用条件相似的环境状态下进行，并将传感器所配用的滤波器、放大器及电缆等和传感器连接后一起标定，标定时应按照传感器规定的安装条件进行安装。

传感器的标定分静态标定和动态标定。不同的传感器其标定方法不同，但其基本要求是一致的。

一、传感器的静态特性标定

静态特性标定的内容包括：输入已知标准非电量，测出传感器的输出，给出标定曲线、标定方程和标定常数，计算灵敏度、线性度、滞差、重复性等传感器的静态特性指标。

传感器的静态特性标定设备包括力标定设备（如测力砝码、拉压式测力计）、压力标定设备（如活塞式压力计、汞压力计、麦氏真空计）、位移标定设备（如量块、直尺等）、温度标定设备（如铂电阻温度计、铂铑-铂热电偶、基准光电高温比较仪）等。对标定设备的要求是：具有足够的精度，至少应比被标定的传感器及其系统高一个精度等级，并且符合国家计量量值传递的规定，或经计量部门检定合格；量程范围应与被标定的传感器的量程相适应；性能稳定可靠；使用方便，能适用多种环境。

标定时须在一定的静态标准条件下进行。静态标准条件是指没有加速度、振动、冲击（除非这些参数本身就是被测量），环境温度一般为 20℃±5℃，相对湿度不大于 85%，大气压力为 101308Pa±7998Pa 的情况。

标定过程及步骤如下：

（1）将传感器全量程标准输入量分成若干个间断点，取各点的值作为标准输入值；

（2）由小到大逐渐一点一点地输入标准值，并记录与各输入值相对应的输出值；

（3）由大到小一点一点地输入标准值，同时记录与各输入值相对应的输出值；

（4）按（2）和（3）所述过程，对传感器的正、反行程往复循环多次测试，将所得输出、输入数据用表格列出或画成曲线；

（5）对测试数据进行必要的分析和处理，以确定该传感器的静态特性指标。

二、传感器的动态特性标定

传感器动态特性标定的目的是确定传感器的动态特性参数，通过确定其线性工作范围（用同一频率不同幅值的正弦信号输入传感器，测量其输出）、频率响应函数、幅频特性和相频特性曲线、阶跃响应曲线来确定传感器的频率响应范围、幅值误差和相位误差、时间常数、阻尼比、固有频率等。各类传感器的动态特性标定方法不同，同一类传感器也有多种标定方法，但基本要求是相同的。动态特性标定时传感器输入信号应该是一个标准的激励函数，如阶跃函数、正弦函数等；传感器输出、输入信号建立起时域函数或频域函数，并由此函数标定传感器时域或频域参数。

传感器的动态特性标定方法从原理上一般可分为阶跃信号响应法、正弦信号响应法、随机信号响应法和脉冲信号响应法。本节仅对阶跃信号响应法简单介绍。

应该指出，标定系统中所用标准设备的时间常数应比待标定传感器的小得多，而固有频率则应高得多，这样它们的动态误差才可忽略不计。

（一）阶跃信号响应法

1. 一阶传感器时间常数 τ 的确定

一阶传感器的微分方程为 $a_1\dfrac{\mathrm{d}y}{\mathrm{d}t}+a_0y=b_0x$，当输入 x 是幅值为 A 的阶跃函数时，可以解得

$$y(t)=KA[1-\exp(-t/\tau)] \tag{4-93}$$

式中 τ——时间常数，$\tau=a_1/a_0$；

K——静态灵敏度，$K=b_0/a_0$。

在测得的传感器阶跃响应曲线上，取输出值达到其稳态值的63.2%处所经过的时间即为其时间常数 τ。但这样确定 τ 值实际上没有涉及响应的全过程，测量结果的可靠性仅仅取决于某些个别的瞬时值。采用下述方法，可获得较为可靠的 τ 值。根据式（4-93）得

$$1-y(t)/(KA)=\exp(-t/\tau)$$

令 $Z=-t/\tau$，可见 Z 与 t 成线性关系，而且

$$Z=\ln[1-y(t)/(KA)]$$

根据测得的输出信号 $y(t)$ 作出 $Z-t$ 曲线，则 $\tau=-\Delta t/\Delta Z$。

这种方法考虑了瞬态响应的全过程，并可以根据 $Z-t$ 曲线与直线的符合程度来判断传感器接近一阶系统的程度。

2. 二阶传感器阻尼比 ξ 和固有频率 ω_0 的确定

二阶传感器的微分方程为

$$a_2\frac{\mathrm{d}^2y}{\mathrm{d}t^2}+a_1\frac{\mathrm{d}y}{\mathrm{d}t}+a_0y=b_0x$$

方程的通解为

$$y(t)=KA\left[1-\frac{\exp(-t\xi/\tau)}{\sqrt{1-\xi^2}}\sin\left(\frac{\sqrt{1-\xi^2}}{\tau}t+\arctan\frac{\sqrt{1-\xi^2}}{\xi}\right)\right] \tag{4-94}$$

式中 τ——时间常数，$\tau=a_1/a_0$；

K——静态灵敏度，$K=b_0/a_0$；

A——系数；

ξ——传感器阻尼比，$\xi=\dfrac{a_1}{2\sqrt{a_0a_2}}$。

二阶传感器一般都设计成$\xi=0.6\sim0.8$的欠阻尼系统，根据如图4-7所示的二阶传感器阶跃响应输出曲线，可以获得曲线振荡周期T_d，稳态值$y(\infty)$，最大过冲量y_m与其上升的时间t_r。其有阻尼的固有频率为$\omega_d=2\pi\dfrac{1}{T_d}$，由式（4-94）可以推导出

$$\xi=\sqrt{\frac{1}{1+\{\pi/\ln[y_m/y(\infty)]\}^2}} \tag{4-95}$$

$$\omega_0=\frac{\omega_d}{\sqrt{1-\xi^2}}=\frac{\pi}{t_r\sqrt{1-\xi^2}} \tag{4-96}$$

由式（4-95）、式（4-96）两式可确定出ξ和ω_0。

也可以利用任意两个过冲量来确定ξ。设第i个过冲量y_{mi}和第$i+n$个过冲量$y_{m(i+n)}$之间相隔整数n个周期，它们分别对应的时间是t_i和t_{i+n}，则$t_{i+n}=t_i+(2\pi n)/\omega_d$。令$\delta_n=\ln[y_{mi}/y_{m(i+n)}]$，根据式（4-94）可以推导出

$$\xi=\sqrt{\frac{1}{1+4\pi^2n^2/\{\ln[y_{mi}/y_{m(i+n)}]\}^2}} \tag{4-97}$$

那么，从传感器阶跃响应曲线上，测取相隔n个周期的任意两个过冲量y_{mi}和$y_{m(i+n)}$，然后代入式（4-97）便可确定出ξ。

该方法由于用比值$y_{mi}/y_{m(i+n)}$，因而消除了信号幅值不理想的影响。若传感器是二阶的，则取任何正整数n，求得的ξ值都相同；反之，就表明传感器不是二阶的。所以，该方法还可以判断传感器与二阶系统的符合程度。

（二）其他方法

如果用功率谱密度为常数C的随机白噪声作为待定传感器的标准输入量，则传感器输出信号功率谱密度为$Y(\omega)=C|H(\omega)|^2$。所以传感器的幅频特性$A(\omega)$为

$$A(\omega)=\frac{1}{\sqrt{C}}\sqrt{Y(\omega)} \tag{4-98}$$

由此得到传感器频率特性的方法称为随机信号校验法，它可消除干扰信号对标定结果的影响。

如果用冲击信号作为传感器的输入量，则传感器的系统传递函数为其输出信号的拉普拉斯变换，由此可确定传感器的传递函数。如果传感器属三阶以上的系统，则需分别求出传感器输入和输出的拉普拉斯变换，或通过其他方法确定传感器的传递函数，或直接通过正弦响应法确定传感器的频率特性，再进行因式分解将传感器等效成多个一阶和二阶环节的串并联，进而分别确定它们的动态特性，最后以其中最差的传感器的动态特性标定结果。

本　章　小　结

本章内容较广泛，对传感器理论与实用技术进行了阐述。本章共分十五节，对传感器的静态特性、动态特性和传感器的标定进行了详细阐述，并介绍了电阻应变式传感器、电容式传感器、电感式传感器、电涡流式传感器、压电式传感器、磁电式传感器、光电式传感器、

霍尔式传感器等常见传感器的工作原理、基本特性、结构形式、测量电路和应用实例等基础知识。另外，还介绍了光纤传感器、超声波传感器、微波传感器、智能传感器以及气敏、湿敏传感器等新型传感器的原理及应用。

习题与思考题

4-1 传感器的静态特性有哪些性能指标组成？动态特性有哪些性能指标组成？

4-2 什么是金属材料的应变效应？什么是半导体材料的压阻效应？

4-3 金属丝电阻应变片有哪些基本特性？

4-4 简述电容式传感器的工作原理？

4-5 电容式传感器的测量电路有哪些？

4-6 什么是电感式传感器？它是基于什么原理进行检测的？

4-7 简述变气隙自感传感器的工作原理。

4-8 电涡流式传感器有何特点？它有哪些应用？

4-9 什么是压电效应？

4-10 压电式传感器中采用电荷放大器有何优点？

4-11 简述变磁通式传感器的结构及工作原理。

4-12 分析并说明磁电式传感器的误差有哪些？

4-13 光电效应可分几类？说明其原理并指出相应的光电元件。

4-14 光电元件的基本特性有哪些？它们各是如何定义的？

4-15 解释霍尔效应及影响霍尔电动势的因素。

4-16 分析霍尔元件的电磁特性。

4-17 霍尔元件的不等位电动势是如何产生的？减小不等位电动势可以采用哪些方法？

4-18 光纤的主要参数有哪些？

4-19 按在传感器中的作用，光纤传感器分为哪几类？

4-20 超声波传感器的工作原理是什么？

4-21 微波是指什么电磁波？有何特点？微波检测有何特点？

4-22 微波传感器可分为哪几种？各适于检测何种参数？

4-23 什么是智能传感器？它的功能有哪些？

4-24 智能传感器一般由哪几部分构成？它有哪些特点？

4-25 试分析半导体气敏元件吸附气体时的阻值变化情况。

4-26 简述半导体气敏传感器的工作原理。

4-27 相对湿度、绝对湿度和露点是什么？

4-28 湿敏元件一般由哪几部分组成？简述湿敏传感器的工作原理。

4-29 传感器如何进行标定？

第五章 电 参 数 测 量

第一节 电 压 测 量

一、概述

(一) 电压测量的重要性

电压是一个基本物理量，是集总电路中表征电信号能量的三个基本参数（电压、电流、功率）之一。在电子电路中，电路的工作状态（如谐振、平衡、截止、饱和及工作点的动态范围），通常都以电压形式表现出来。电子设备的控制信号、反馈信号及其他信息，主要表现为电压量。在非电量的测量中，也多利用各类传感器件装置，将非电参数转换成电压参数。电路中其他电参数，包括电流和功率，以及如信号的调幅度、波形的非线性失真系数、元件的 Q 值、网络的频率特性和通频带、设备的灵敏度等，都可以视作电压的派生量，通过电压测量获得其量值。最重要的是，电压测量直接、方便，将电压表并接在被测电路上，只要电压表的输入阻抗足够大，就可以在几乎不对原电路工作状态有所影响的前提下获得较满意的测量结果。作为比较，电流测量就不具备这些优点，首先须把电流表串接在被测支路中，很不方便；其次电流表的接入改变了原来电路的工作状态，测得值不能真实地反映出原有情况。由此不难得出结论，电压测量是电子测量的基础，在电子电路和设备的测量调试中，电压测量是不可缺少的基本测量。

(二) 电压测量的特点

1. 频率范围

电子电路中电压信号的频率范围相当广，除直流外，交流电压的频率从 10^6（甚至更低）～10^9 Hz。频段不同，测量方法手段也各异。

2. 测量范围

电子电路中待测电压的大小，低至 10^{-9} V，高到几十伏，几百伏甚至上千伏。信号电压、电平低，就要求电压表分辨力高，而这些又会受到干扰、内部噪声等的限制。信号电压、电平高，就要考虑电压表输入级中加接分压网络，而这又会降低电压表的输入阻抗。

3. 信号波形

电子电路中待测电压的波形，除正弦波外，还包括失真的正弦波以及各种非正弦波（如脉冲电压等）。不同波形电压的测量方法及对测量准确度的影响是不一样的。

4. 被测电路的输出阻抗

由待测电压两端看去的电压表测量电压示意图及其等效电路，如图 5 1 所示，其中 Z_o 为电路的输出阻抗，Z_i 为电压表输入阻抗。在实际的电子电路中，Z_o 的大小不一，有些电路很低，Z_o 可以小于几十欧；有些电路 Z_o 很高，可能大于几百千欧，前面已经讲过，电压表的负载效应对测量结果的准确度有影响，尤其是对输出阻抗比较高的电路。

5. 测量精度

由于被测电压的频率、波形等因素的影响，电压测量的准确度有较大差异。电压值的基准是直流标准电压，直流测量时分布参数等的影响也可以忽略，因而精度较高。目前利用数字式电压表可使直流电压测量精度优于 10^{-7} 量级。交流电压测量精度就要低得多，因为交流电压须经交流/直流（AC/DC）转换电路变成直流电压，交流电压的频率和电压大小对AC/DC 转换电路的特性都有影响，同时高频测量时分布参数的影响很难避免和准确估算，因此目前交流电压测量的精度一般在 $10^{-2}\sim10^{-4}$ 量级。

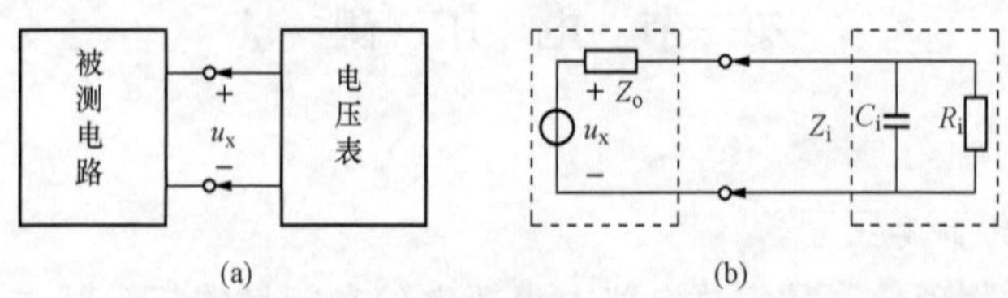

图 5-1 电压表测量电压示意图及其等效电路

(a) 示意图；(b) 等效电路

6. 干扰

电压测量易受外界干扰影响，当信号电压较小时，干扰往往成为影响测量精度的主要因素，相应要求高灵敏度电压表（如数字式电压表、高频毫伏表等）必须具有较高的抗干扰能力，测量时也要特别注意采取相应措施，以减少外界干扰的影响。例如，正确的接线方式，必要的电磁屏蔽。

（三）电压测量仪器的分类

1. 按显示方式分类

电压测量仪器主要指各类电压表。在一般工频（50Hz）和要求不高的低频（低于几十千赫）测量时。可使用一般万用表电压挡，其他情况大都使用电子电压表。按显示方式不同，电子电压表分为模拟式电压表和数字式电压表。前者以模拟式电表显示测量结果，后者用数字显示器显示测量结果。模拟式电压表准确度和分辨力不及数字式电压表，但由于结构相对简单，价格较为便宜，频率范围也宽。另外，在某些场合并不需要准确测量电压的真实大小，而只需要知道电压大小的范围或变化趋势，如作为零示器或者谐振电路调谐时峰值、谷值的观测，此时用模拟式电压表反而更为直观。数字式电压表的优点表现在：测量准确度高，测量速度快，输入阻抗大，过载能力强，抗干扰能力和分辨率优于模拟式电压表。此外，由于测量结果是数字形式输出、显示，除读数直观外，还便于和计算机及其他设备连用组成自动化测试仪器或自动测试系统。目前由于微处理器的运用，高、中档数字式电压表已普遍具有数据存储、计算及自检、自校、自动故障诊断功能，并配有 IEEE-488 或 RS232C 接口，很容易构成自动测试系统。数字式电压表当前存在的不足是频率范围不及模拟式电压表。

2. 模拟式电压表分类与主要技术指标

模拟式电压表的分类如下：

(1) 按测量功能分类，模拟式电压表分为直流电压表、交流电压表和脉冲电压表。脉冲电压表主要用于测量脉冲间隔很长（即占空系数很小）的脉冲信号和单脉冲信号，一般情况下脉冲电压表的测量已逐渐被示波器测量所取代。

(2) 按工作频段分类，模拟式电压表可分为超低频电压表（低于 10Hz）、低频电压表（低于 1MHz）、视频电压表（低于 30MHz）、高频或射频电压表（低于 300MHz）和超高频电压表（高于 300MHz）。

(3) 按测量电压量级分类，模拟式电压表分为电压表和毫伏表。电压表的主量程为伏(V) 量级，毫伏表的主量程为毫伏（mV）量级。主量程是指不加分压器或外加前置放大器时电压表的量程。

(4) 电压测量准确度等级分类，模拟式电压表分为 0.05，0.1，0.2，0.5，1.0，1.5，2.5，5.0 和 10.0 等级，其满度相对误差分别为 0.05%，0.1%，…，10.0%。

(5) 按刻度特性分类，模拟式电压表可分为线性刻度、对数刻度、指数刻度和其他非线性刻度。此外，还可以按测量原理分类，将在交流电压测量中介绍。

按现行国家标准，模拟式电压表的主要技术指标有固有误差、电压范围、频率范围、频率特性误差、输入阻抗、峰值因数（波峰因数）、等效输入噪声、零点漂移等共 19 项。

3. 数字式电压表

数字式电压表目前尚无统一的分类标准。一般按测量功能分为直流数字电压表和交流数字电压表。交流数字电压表按其 AC/DC 转换原理分为峰值交流数字电压表、平均值交流数字电压表和有效值交流数字电压表。

数字式电压表的技术指标较多，包括准确度、基本误差、工作误差、分辨力、读数稳定度、输入阻抗、输入零电流、带宽、串模干扰抑制比（SMR）、共模干扰抑制比（CMR）、波峰因数等 30 项指标。

二、模拟式直流电压测量

（一）动圈式电压表

图 5-2 是动圈式电压表示意图。图中点画线框内为一直流动圈式高灵敏度电流表，内阻为 R_e，满偏电流（或满度电流）为 I_m，若作为直流电压表，满度电压为

$$U_m = R_e I_m \tag{5-1}$$

例如，满偏电流为 50μA，电流表内阻为 20kΩ，则满偏电压为 1V。为了扩大量程，通常串接若干倍压电阻，如图 5-2 中 R_1、R_2、R_3。这样除了不串接倍压电阻的最小电压量程外 U_0，又增加了 U_1、U_2、U_3 三个电压量程，不难计算出 3 个倍压电阻的阻值分别为

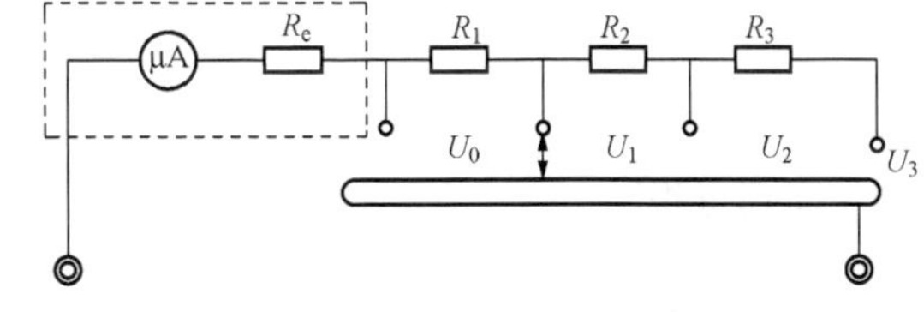

图 5-2 动圈式电压表示意图

$$\left.\begin{aligned} R_1 &= (U_1/I_m) - R_e \\ R_2 &= (U_2 - U_1)/I_m \\ R_3 &= (U_3 - U_2)/I_m \end{aligned}\right\} \tag{5-2}$$

【例 5-1】 在图 5-3 中，虚框内表示高输出电阻的被测电路，电压表 V 的“Ω/V”数为 20kΩ/V，分别用 5V 量程和 25V 量程测量端电压 U_x，分析输入电阻的影响及用公式计算来消除负载效应对测量结果的影响。

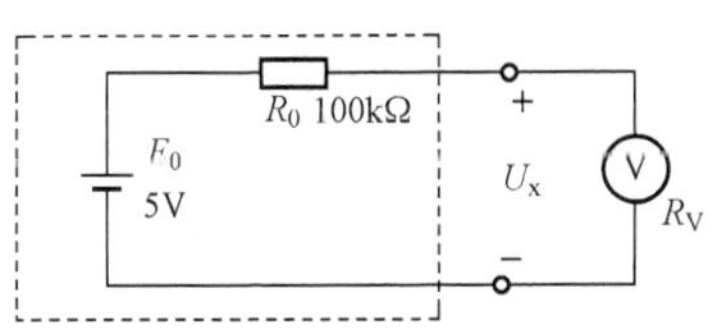

图 5-3 测量高输出电阻电路的直流电压

解 如果是理想情况，电压表内阻 R_0 应为无穷大，此时电压表示值 U_x 与被测电压实际值 E_0 相等，即

$$U_x = E_0 = 5V$$

当电压表输入电阻为 R_V 时，电压表测得值为

$$U_x = \frac{R_V E_0}{R_V + R_0} \tag{5-3}$$

相对误差为

$$\gamma = \frac{U_x - E_0}{E_0} = \frac{\frac{R_V}{R_V + R_0}E_0 - E_0}{E_0} = -\frac{R_0}{R_0 + R_V} \tag{5-4}$$

将有关数据值代入上面两式，可得

5V 电压挡：$R_{V1} = 20 \times 5 = 100(\text{k}\Omega)$

$$U_{x1} = \frac{100}{100 + 100} \times 5.0 = 2.50(\text{V})$$

$$\gamma_1 = -\frac{100}{100 + 100} \times 100\% = -50\%$$

25V 电压挡：$R_{V1} = 20 \times 25 = 500(\text{k}\Omega)$

$$U_{x2} = \frac{500}{100 + 500} \times 5 \approx 4.17\text{V}$$

$$\gamma_2 = -\frac{100}{100 + 500} \times 100\% = -16.7\%$$

由此不难看出，电压表输入电阻尤其是低电压挡时输入电阻对测量结果的影响。

根据式（5-3）可以推导出消除负载效应影响的计算公式，进而计算出待测电压的近似值，即

$$U_{x1} = \frac{R_{V1}}{R_{V1} + R_0} E_0$$

$$R_0 = \frac{R_{V1} R_0}{U_{x1}} - R_{V1} \tag{5-5}$$

同理可得

$$R_0 = \frac{R_{V2} E_0}{U_{x2}} - R_{V2} \tag{5-6}$$

因此

$$\frac{R_{V1} E_0}{U_{x1}} - R_{V1} = \frac{R_{V2} E_0}{U_{x2}} - R_{V2}$$

解出

$$E_0 = \frac{(k-1)U_{x2}}{k - \frac{U_{x2}}{U_{x1}}} \tag{5-7}$$

$$k = \frac{R_{V2}}{R_{V1}} \tag{5-8}$$

因此，如果用内阻不同的两只电压表，或者同一电压表的不同电压挡（此时 $k = R_{V2}/R_{V1}$ 即等于电压量程之比），根据式（5-7）、式（5-8），即可由两次测得值得到近似的实际值 E_0。例如将本题中有关数据代入式（5-7），可得待测电压近似值为

$$E_0 \approx \frac{(5-1) \times 4.17}{5 - \frac{4.17}{2.5}} \approx 5.01(\text{V})$$

除了利用上面的公式计算来消除负载效应之外，当然也可以利用其他测量方法，如零示法（如电桥）和微差法（比如利用微差电压表），但一般操作都比较麻烦，通常用在精密测量中。在工程测量中提高输入阻抗和灵敏度以提高测量质量，最常用的办法是利用电子电压表进行测量。

（二）电子电压表

1. 电子电压表原理

电子电压表中，通常使用高输入阻抗的场效应管（FET）源极跟随器或真空三极管阴极跟随器提高电压表输入阻抗，接放大器以提高电压表灵敏度。当需要测量高直流电压时，其输入端接入分压电路。分压电路的接入将使输入电阻有所降低，但只要分压电阻取值较大，仍然可以使输入电阻较动圈式电压表大得多。图 5 - 4 所示为电子电压表的原理示意图。图中 R_0、R_1、R_2、R_3 组成分压器。由于 FET 源极跟随器输入电阻很大（几百兆欧以上），因此由测量端 U_x 看进去的输入电阻基本上由 R_0、R_1、…串联决定，通常使它们的串联和大于 10MΩ，以满足高输入阻抗的要求。同时，在这种结构下电压表的输入阻抗基本上是个常量，与量程无关。

图 5 - 5 所示为 MF-65 集成运放型电子电压表的原理图。由模拟电路的学习可知，当运放开环放大系数 A 足够大时，可以认为 $\Delta U \approx 0$，$I_i \approx 0$（虚短路和虚断路），因而有

$$U_F \approx U_i,$$

$$I_F \approx I_0$$

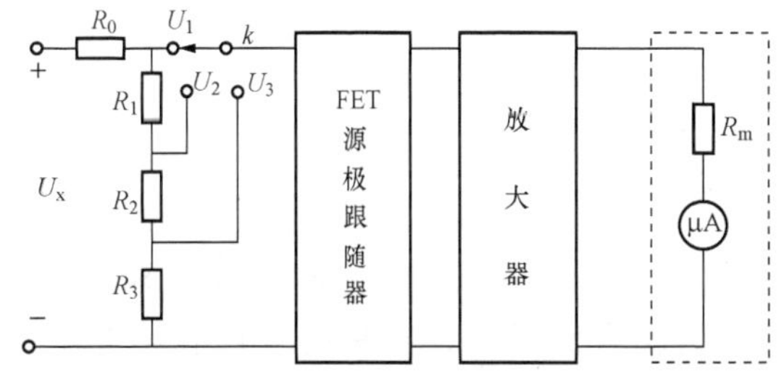

图 5 - 4　电子电压表原理的示意图

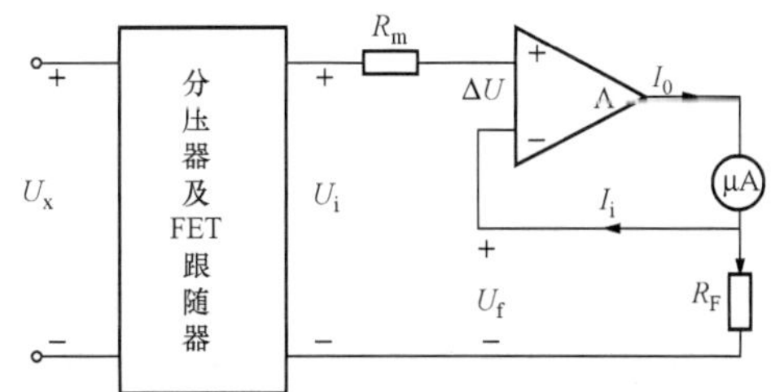

图 5 - 5　集成运放型电子电压表的原理图

所以

$$I_0 \approx \frac{U_i}{R_F} \tag{5 - 9}$$

分压器和电压跟随器的作用是使 U_i 正比于待测电压 U_x，即

$$U_i = kU_x$$

因而有

$$I_0 \approx \frac{k}{R_F} U_x \tag{5 - 10}$$

即流过电流表的电流 I_0 与被测电压成正比，只要分压系数和 R_F 足够精确和稳定，就可以获得良好的准确度。因此，各分压电阻及反馈电阻 R_F 都要使用精密电阻。

2. 调制式直流放大器

在上述使用直流放大器的电子电压表中，直流放大器的零点漂移限制了电压表灵敏度的提高。为此，电子电压表中常采用调制式放大器代替直流放大器以抑制漂移，可使电

子电压表能测量微伏量级的电压。调制式直流放大器的原理图如图 5-6 所示。图中微弱的直流电压信号经调制器（又称斩波器）转换为交流信号，再由交流放大器放大，经解调器还原为直流信号（幅度已得到放大）。振荡器为调制器和解调器提供固定频率的同步控制信号。

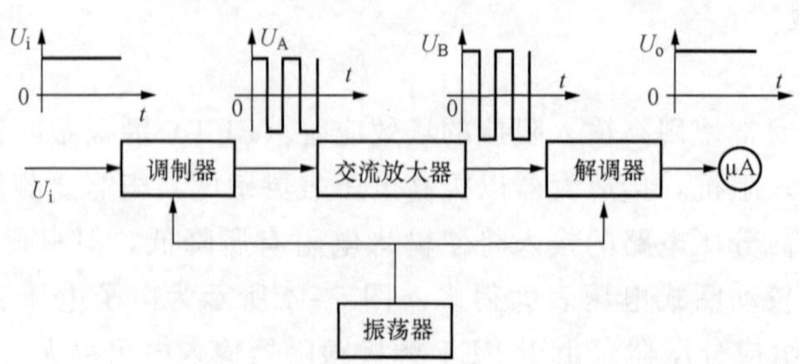

图 5-6 调制式直流放大器原理图

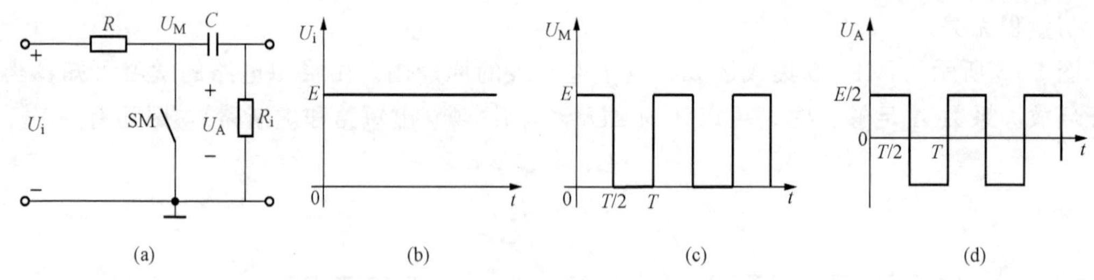

图 5-7 调制器工作原理

(a) 调制电路；(b) 直流输入信号；

(c) 0～$T/2$ 区间输出；(d) $T/2$～T 区间输出

解调器工作原理和各点波形示于图 5-8。图 5-8（a）中 SD 是与调制器中 SM 同步动作的机械式振子开关或场效应管电子开关；C 为隔直流电容，正是由于它的隔直流作用，使放大器的零点漂移被阻断，不至传输到后面的直流电压表表头；R 为限流电阻，R_f、C_f 构成滤波器，滤波后得到放大后的直流信号。解调器中各点波形示于图 5-8（b）、（c）、（d）。

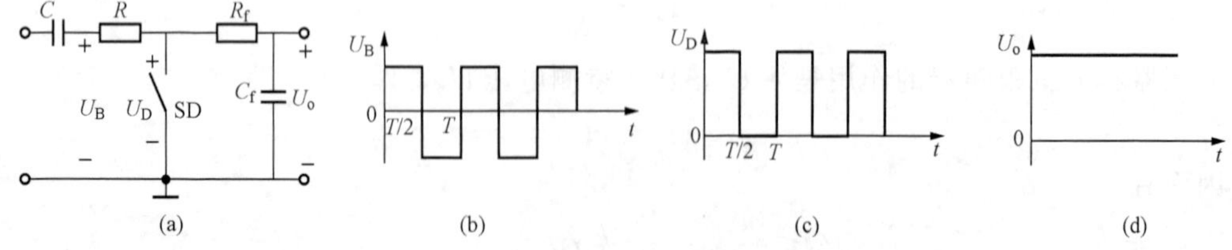

图 5-8 解调器工作原理及各点波形图

(a) 工作原理；(b)、(c)、(d) 各点波形图

图 5-6 中的交流放大器一般采用选频放大器，只对与图中振荡器同频率的信号进行放大而抑制其他频率的噪声和干扰。在实际直流电子电压表中，还采用了其他措施以提高性能，比如在解调器输出端和调制器输入端间增加负反馈网络以提高整机稳定性等。

三、交流电压表征和测量方法

（一）交流电压表征

交流电压除用具体的函数关系式表达其大小随时间的变化规律外，通常还可以用峰值、幅值、平均值、有效值等参数来表征。

1. 峰值

周期性交变电压 $u(t)$ 在一个周期内偏离零电平的最大值称为峰值，用 U_P 表示，正、负峰值不等时分别用 U_{P+} 和 U_{P-} 表示，如图 5-9（a）所示。$u(t)$ 在一个周期内偏离直流分量 U_0 的最大值称为幅值或振幅，用 U_m 表示，正、负幅值不等时分别用 U_{m+} 和 U_{m-} 表示，如图 5-9（b）所示。图中 $U_0=0$，且正、负幅值相等。

2. 平均值

$u(t)$ 的平均值 $\overline{U}$ 的数学定义为

$$\overline{U} = \frac{1}{T}\int_0^T u(t)\mathrm{d}t \tag{5-11}$$

按照这个定义，$\overline{U}$ 实质上就是周期性电压的直流分量 U_0，如图 5-9（a）中虚线所示。

在电子测量中，平均值通常指交流电压检波（也称整流）以后的平均值，又可分为半波整流平均值（简称半波平均值）和全波整流平均值（简称全波平均值），如图 5-10 所示。图 5-10（a）为未检波前电压波形，图 5-10（b）、图 5-10（c）分别为半波整流和全波整流后的波形。

全波平均值定义为

$$\overline{U} = \frac{1}{T}\int_0^T |u(t)|\mathrm{d}t \tag{5-12}$$

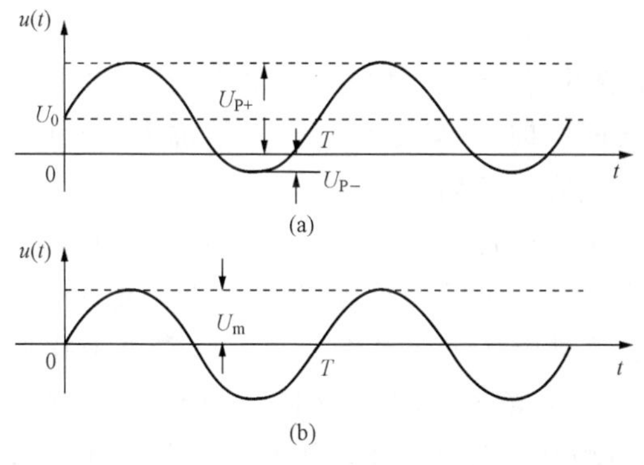

图 5-9 交流电压的峰值与幅值

（a）有直流分量；（b）无直流分量

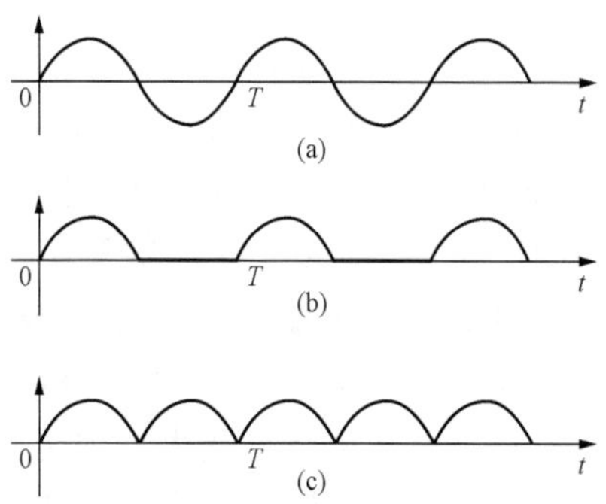

图 5-10 半波和全波整流

（a）未检波前电压波形；（b）半波整流波形；（c）全波整流波形

如不另加说明，本章所指平均值均为式（5-12）所定义的全波平均值。

3. 有效值

在电工理论中曾定义：某一交流电压的有效值等于直流电压的数值 U，当该交流电压和数值为 U 的直流电压分别施加于同一电阻上时，在一个周期内两者产生的热量相等。用数学式可表示为

$$U = \sqrt{\frac{1}{T}\int_{0}^{T} u^{2}(t)\mathrm{d}t} \tag{5-13}$$

式（5-13）实质上即数学上的均方根定义，因此电压有效值有时也写作 U_{rms}。

4. 波形因数、波峰因数

交流电压的有效值、平均值和峰值间有一定的关系，可分别用波形因数（或称波形系数）及波峰因数（或称波峰系数）表示。

波形因数 K_{F}，定义为该电压的有效值与平均值之比，即

$$K_{\mathrm{F}} = \frac{U}{\overline{U}} \tag{5-14}$$

波峰因数 K_{P}，定义为该电压的峰值与有效值之比，即

$$K_{\mathrm{P}} = \frac{U_{\mathrm{P}}}{U} \tag{5-15}$$

（二）交流电压的测量方法

1. 交流电压测量的基本原理

测量交流电压的方法很多，依据的原理也不同，其中最主要的是利用 AC/DC 转换电路将交流电压转换成直流电压，再接到直流电压表上进行测量。根据 AC/DC 转换器的类型，可分成检波法和热电转换法。根据检波特性的不同，检波法又可分成平均值检波、峰值检波、有效值检波等。

2. 模拟交流电压表的主要类型

（1）检波—放大式。在直流放大器前面接上检波器，就构成了如图 5-11 所示的检波—放大式电压表。这种电压表的频率范围和输入阻抗主要取决于检波器。采用超高频检波二极管并在电表结构工艺上仔细设计，可使这种电压表的频率范围从几十赫到几百兆赫，输入阻抗也较大。一般将这种电压表称为高频毫伏表（高频电压表）或超高频毫伏表（超高频电压表）。例如国产 DA36 型超高频毫伏表，其测量频率范围为 10kHz～1000MHz，电压范围 1mV～10V（不加分压器）。其输入阻抗分为 100kHz 时，3V 量程，输入阻抗大于 100kΩ；50MHz 时，3V 量程，输入阻抗大于 50kΩ，输入电容小于 2pF。

（2）放大—检波式。当被测电压过低时，直接进行检波误差会显著增大。为了提高交流电压表的测量灵敏度，可先将被测电压进行放大，而后再检波和推动直流电表显示，于是构成图 5-12 所示的放大—检波式电压表。这种电压表的频率范围主要取决于宽带交流放大器，灵敏度受到放大器内部噪声的限值。通常频率范围为 20Hz～10MHz，因此也称这种电压表为视频毫伏表，多用在低频、视频场合。例如 S401 视频毫伏表，其频率范围为 20Hz～10MHz。测量电压范围为 100μV～1V。输入阻抗为 $R_{\mathrm{i}} \geqslant 1\mathrm{M\Omega}$，$C_{\mathrm{i}} \leqslant 20\mathrm{pF}$（含义是输入阻抗可等效为电阻 R_{i} 和电容 C_{i} 并联，$R_{\mathrm{i}} \geqslant 1\mathrm{M\Omega}$，$C_{\mathrm{i}} \leqslant 20\mathrm{pF}$），如图 5-1（b）所示。

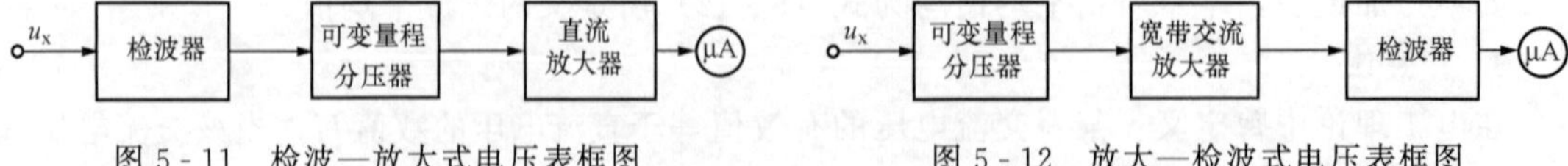

图 5-11 检波—放大式电压表框图　　图 5-12 放大—检波式电压表框图

（3）调制式。在前面分析直流电压表时即已说明，为了减小直流放大器的零点漂移对测

量结果的影响，可采用调制式放大器以替代一般的直流放大器，这就构成了图 5 - 13 所示调制式电压表。实际上这种方式仍属于检波—放大式。DA36 型超高频毫伏表就采用了这种方式，其中放大器是由固体斩波器和振荡器构成的调制式直流放大器。

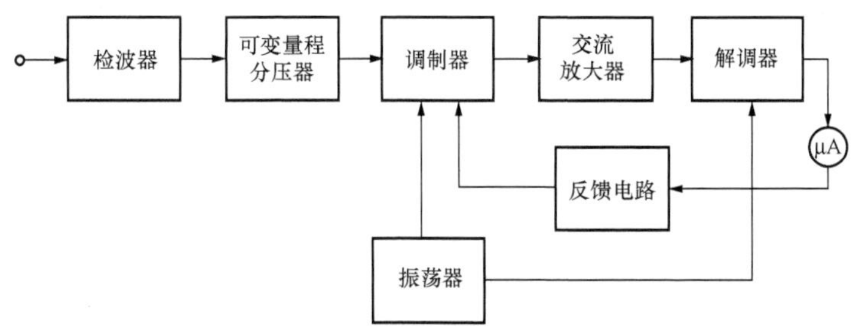

图 5 - 13　调制式电压表框图

(4) 外差式。检波二极管的非线性，限制了检波—放大式电压表的灵敏度，因此虽然其频率范围较宽，但测量灵敏度一般仅达到毫伏级。而对于放大—检波式电压表，由于受到放大器增益与带宽矛盾的限制，虽然灵敏度可以提高，但频率范围却较窄，一般在 100MHz 以下，同时两种方式测量电压时，都会由于干扰和噪声的影响而妨碍了灵敏度的提高。外差式电压法在相当大的程度上解决了上述矛盾，其原理框图如图 5 - 14 所示。输入电路中包括输入衰减器和高频放大器，衰减器用于大电压测量，高频放大器带宽很大，但不要求有很高的增益，被测电压的放大主要由后面的中频放大器完成。被测信号经输入电路，与本振信号一起进入混频器转变成频率固定的中频信号，经中频放大器放大后进入检波器转变成直流电压推动表头显示。由于中频放大器具有良好的频率选择性和固定中频频率，从而解决了放大器增益与带宽的矛盾，又因为中频放大器的极窄的带通滤波特性，因而可以在实现高增益的同时，有效地削弱干扰和噪声（它们都具有很大的带宽）的影响，使测量灵敏度提高到微伏级，因此称为高频微伏表，典型的外差式电压表如 DW-1 型高频微伏表，最小量程 15μV，最大量程 15mV（加衰减器可扩展到 1.5V），频率范围为 100kHz～300MHz，分 8 个频段，基本误差为 3%。

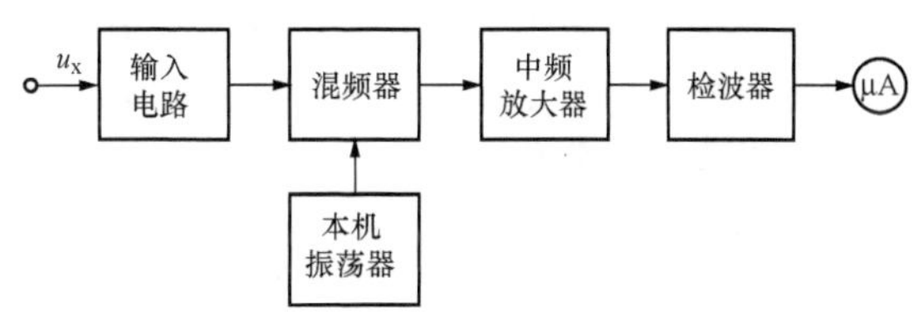

图 5 - 14　外差式电压表原理框图

(5) 热偶变换式。在对波形未知或波形复杂的电压测量时，如对噪声电压的测量、失真度测量，都要求能测出电压的真正有效值。这种测量要求 AC/DC 转换器的输出与输入电压的有效值成正比。利用二极管链式检波器可以实现这种功能，但频率范围不大，一般为几十赫到几百千赫。另外用得较多的是热偶元件。热偶元件又称热电偶，是由两种不同材料的导体所构成的具有热电现象的元件，其原理图如图 5 - 15 所示。热电偶式电压表框图如图 5 - 16 所示。

(6) 其他方式。交流电压表还有其他一些方式，如锁相同步检波式、采样式、测热电桥式等。锁相同步检波式利用同步检波原理，滤除噪声，削弱干扰，适用于被噪声、干扰淹没情况下电压信号的检测。采样式实质上是一种频率转换技术，利用采样信号中含有被采样信号的幅度信息（随机采样）或者含有被采样信号的幅度、相位信息（相关采样）的原理，将

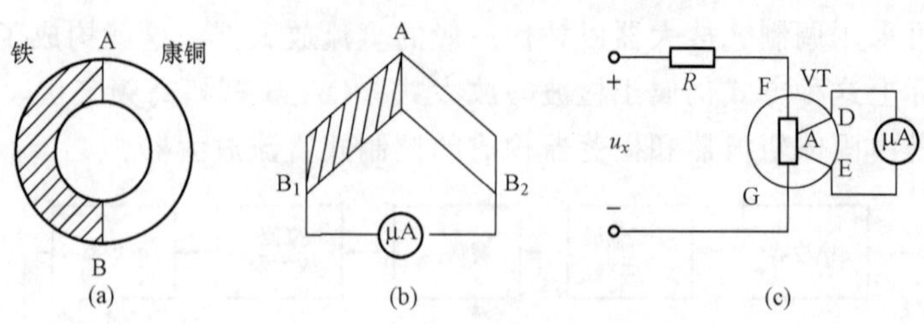

图 5-15 热电偶原理图

(a) 热电偶结构图；(b)、(c) 热电偶测量原理电路

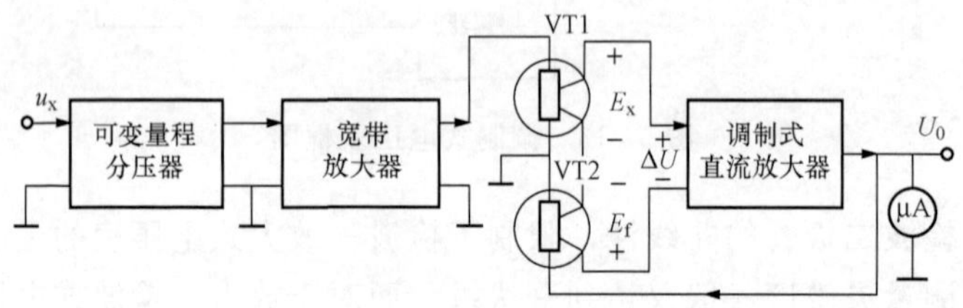

图 5-16 热电偶式电压表框图

高频被测电压信号转换成低频电压信号进行测量。采样电压表可以测量 1mV～1V、10kHz～1000MHz 的电压。利用相关采样技术制成的矢量电压表，不仅可以测量两路电压的幅度，还能测量其相位差。测热电桥式是利用具有正的或负的温度系数的电阻如半导体热敏电阻、镇流电阻、薄膜测热电阻等构成精密电桥，通过对低频或直流电压的测量来代替高频电压的测量。这种方法通常用于精密电压测量。

四、低频交流电压测量

通常用于测量低频（1MHz 以下）信号电压的电压表被称为交流电压表或交流毫伏表。这类电压表一般采用放大—检波式，检波器多为平均值检波器或者有效值检波器，分别构成均值电压表和有效值电压表。

（一）均值电压表

1. 平均值检波器原理

平均值检波器的基本电路如图 5-17（a）所示。图中 4 只性能相同的二极管构成桥式全波整流电路。图 5-17（c）是其等效电路，整流后的波形为 $|u_x|$，整流器可等效为 R_x 串联一电压源 u_x，R_m 为电流表内阻，C 为滤波电容，滤除交流成分。将 $|u_x|$ 用傅里叶级数展开，其直流电压值为

$$U_0 = \frac{1}{T}\int_0^T |u_x|\,\mathrm{d}t = \overline{U} \tag{5-16}$$

可见，直流电压值恰为 u_x 整流平均值，加在表头上，流过表头的电流 I_0 正比于 $\overline{U}$，即正比于全波整流平均值。傅里叶展开式中的基波和各高次谐波，均被并接在表头上的电容 C 旁路而不流过表头，因此，流过表头的仅是和平均值成正比的直流电流 I_0。为了改善整流二极管的非线性，实际电压表中也常使用图 5-17（b）所示的半桥式整流器。

2. 检波灵敏度

表征平均值检波器工作特性的一个重要参数是检波灵敏度 S_d，定义为

$$S_d = \frac{\overline{I}}{U_P} = \frac{I_0}{U_P} \tag{5-17}$$

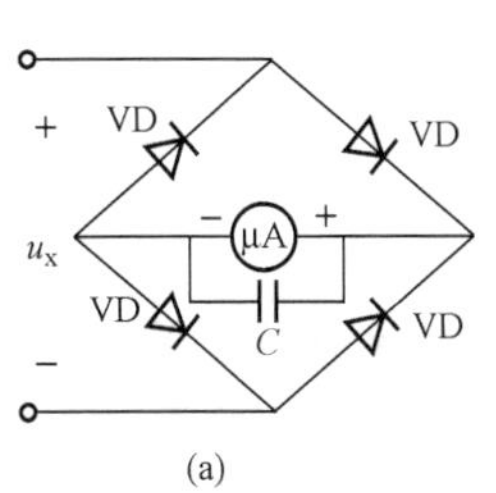

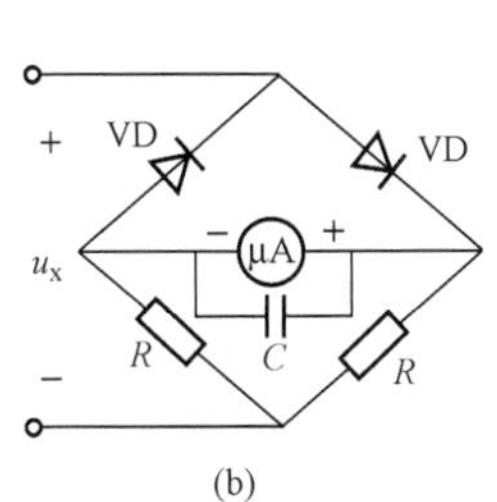

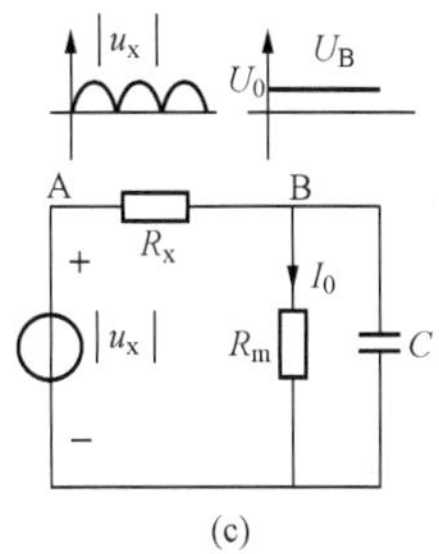

图 5 - 17 平均值检波器

(a) 全波桥式；(b) 半桥式；(c) 图 5 - 17 (a) 的等效电路

对于图 5 - 17 (a) 所示全波桥式整流器，可导出

$$S_d = \left(\frac{\overline{U}}{2R_d + R_m}\right) / U_P \tag{5-18}$$

若 $u_x(t) = U_m \sin\omega t$，则查表有

$$\overline{U} = \frac{2U_P}{\pi} \tag{5-19}$$

所以有

$$S_d = \frac{2}{\pi} \frac{1}{2R_d + R_m} \tag{5-20}$$

如果 $R_d-500\Omega$，$R_m=1\text{k}\Omega$，由式 (5 - 20) 得 $S_d=1/314$。要提高测量灵敏度，应减小 R_d 和 R_m。

3. 输入阻抗

可以证明，对于图 5 - 17 (a) 所示平均值整流器，其输入阻抗为

$$R_i = 2R_d + \frac{8}{\pi^2} R_m \tag{5-21}$$

仍设 $R_d=500\Omega$（这是常规的数值），则 R_i 约为 1.8kΩ，可见平均值检波器输入阻抗很低。

4. 放大—检波式均值电压表

由于平均值检波器检波灵敏度的非线性特性及输入阻抗过低，所以以平均值检波器为 AC/DC 转换器的均值电压表一般都设计成放大—检波式。放大器的主要作用是放大被测电压，提高测量灵敏度，使检波器工作在线性区域，同时它的高输入阻抗可以大大减小负载效应。

（二）波形换算

前已叙述，电压表度盘是以正弦波的有效值定度的，而平均值检波器的输出（即流过电流表的电流）与被测信号电压的平均值成线性关系，为此有

$$U_a = K_a \overline{U} \tag{5-22}$$

式中 U_a——电压表示值；

$\overline{U}$——被测电压平均值；

K_a——定度系数。

由于交流电压表是以正弦波有效值定度，因此对于全波检波（整流）电路构成的均值电压表，定度系数K_a就等于正弦信号的波形因数，即

$$K_a=\frac{U_a}{\overline{U}}=\frac{\frac{\sqrt{2}}{2}U_m}{\frac{2}{\pi}U_m}=\frac{\pi}{2\sqrt{2}}\approx 1.11 \tag{5-23}$$

如果被测信号为正弦波形，则电压表示值就是被测电压的有效值。如果被测信号是非正弦波形，那么需进行波形换算，由示值和被测信号的具体波形，推算出被测信号的数值。具体方法是：根据式（5-22）可知，电压表表头示值U_a相等，则平均值$\overline{U}$相等。因此可以由式（5-22）、式（5-23）得到任意波形电压的平均值，即

$$\overline{U}=\frac{1}{1.11}U_a\approx 0.9U_a \tag{5-24}$$

再由波形因数K_F定义，有

$$K_F=\frac{有效值\,U}{平均值\,\overline{U}} \tag{5-25}$$

得到任意波形电压的有效值为

$$U=0.9K_FU_a \tag{5-26}$$

【例 5-2】 用全波整流均值电压表分别测量正弦波、三角波和方波，若电压表示值均为10V，问被测电压的有效值各为多少？

解 对于正弦波，由于电压表本来就是按其有效值定度，即电压表的示值就是正弦波的有效值，所以正弦波的有效值为

$$U=U_a=10\text{V}$$

对于三角波，查表，其波形因数$K_F=1.15$，所以有效值为

$$U=0.9K_FU_a=0.9\times1.15\times10=10.35(\text{V})$$

对于方波，查表，其波形因数$K_F=1$，所以有效值为

$$U=0.9K_FU_a=0.9\times1\times10=9(\text{V})$$

显然，如果被测电压不是正弦波形时，直接将电压表示值作为被测电压的有效值，必将带来较大的误差，通常称为波形误差，由式（5-26）可以得到波形误差的计算公式为

$$\begin{aligned}\gamma_V&=\frac{\Delta U}{U_a}\times100\%=\frac{U_a-0.9K_FU_a}{U_a}\times100\%\\&=(1-0.9K_F)\times100\%\end{aligned} \tag{5-27}$$

仍以［例 5-2］中的三角波和方波为例，如果直接将电压表示值$U_a=10\text{V}$作为其有效值，可以得到波形误差分别为

三角波波形误差：

$$\begin{aligned}\gamma_V&=(1-0.9K_F)\times100\%\\&=(1-0.9\times1.15)\times100\%=-3.5\%\end{aligned}$$

方波波形误差：

$$\begin{aligned}\gamma_V&=(1-0.9K_F)\times100\%\\&=(1-0.9)\times100\%=10\%\end{aligned}$$

（三）平均值检波器误差

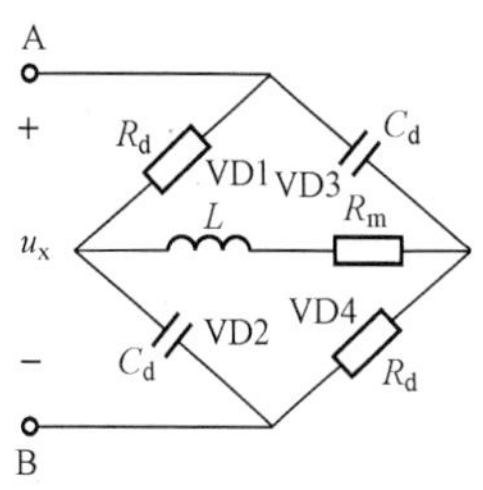

图 5-18　平均值检波器高频等效电路

平均值电压表的误差包括下列因素：直流微安表本身的误差，检波二极管老化、变质、不对称带来的误差，超过频率范围时二极管分布参数带来的误差（频响误差），波形误差。

图 5-18 是平均值检波器高频等效电路。当 A 点电位高于 B 点电位的正半周内，VD1、VD4 二极管导通，导通电阻为 R_d，此时 VD2、VD3 的结电容 C_d 呈现的容抗虽仍比正向导通电阻大许多，但频率增高时，其容抗可小于二极管反向电阻，因此 VD1、VD3 不再处于截止状态，即二极管失去单向导电性而带来高频频响误差。

（四）有效值检波器

在前面已介绍了电压有效值的定义，即

$$U = U_{rms} = \sqrt{\frac{1}{T}\int_0^T u^2(t)\mathrm{d}t} \tag{5-28}$$

由式（5-28）可知，为了获得有效值（均方根）响应，必须使 AC/DC 转换器具有平方律关系的伏安特性。这类转换器有二极管平方律检波式、分段逼近式检波式、热电变换式和模拟计算式等四种，下面分别对前三种转换器作介绍。

1. 二极管平方律检波式

真空或半导体二极管在其正向特性的起始部分，具有近似的平方律关系，如图 5-19 所示。图中，E_0 为偏置电压，当信号电压 u_x 较小时，有

$$i = k[E_0 + u_x(t)]^2 \tag{5-29}$$

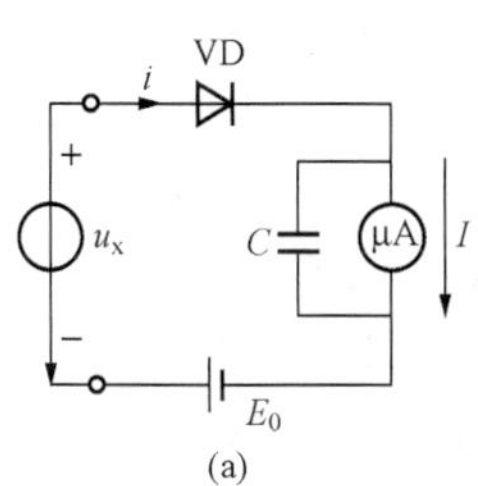

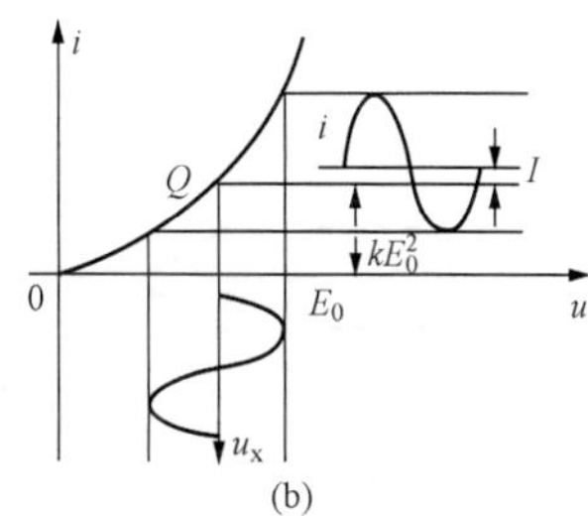

图 5-19　二极管的平方律特性

（a）原理电路图；（b）波形图

式中　k——是与二极管特性有关的系数（称为检波系数）。

由于电容 C 的积分（滤波）作用，流过微安表的电流正比于 i 的平均值$\overline{I}$。$\overline{I}$的表达式为

$$\begin{aligned}\overline{I} &= \frac{1}{T}\int_0^T i(t)\mathrm{d}t \\ &= kE_0^2 + 2kE_0\left[\frac{1}{T}\int_0^T u_x(t)\mathrm{d}t\right] + k\left[\frac{1}{T}\int_0^T u_x^2(t)\mathrm{d}t\right] \\ &= kE_0^2 + 2kE_0\overline{U}_x + kU_{xrms}^2\end{aligned} \tag{5-30}$$

式中　kE_0^2——静态工作点电流，可以设法将其抵消；

$\overline{U}_x$——u_x 的平均值，对于正弦波等周期对称电压 $\overline{U}_x=0$；

U_{xrms}——$u_x(t)$ 的有效值 U。

这样流经微安表的电流为

$$\overline{I} = kU^2 \tag{5-31}$$

可见，从而实现了有效值转换。

2. 分段逼近式检波式

图 5-20 画出了其平方律伏安特性及分段逼近式有效值检波电路。其工作原理如下：由二极管 VD3、VD6 电阻 R_3～R_{10} 构成的链式网络相当于与 R_2 并联的可变负载。接在宽带变压器二次侧的二极管 VD1、VD2 被测电压进行全波检波。适当调节检波器负载（由链式网络实现），可使其伏安特性成平方律关系，而使流过微安表的电流正比于被测电压有效值的平方。

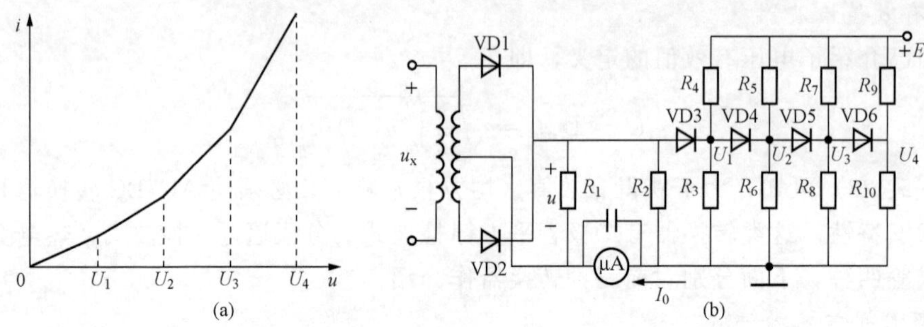

图 5-20 平方律伏安特性和二极管链式电路

（a）平方律伏安特性曲线；（b）二极管链式电路

3. 模拟计算式

由于电子技术的发展，利用集成乘法器、积分器、开方器等实现电压有效值测量，是有效值测量的一种新形式。模拟计算型有效值电压表原理如图 5-21 所示。

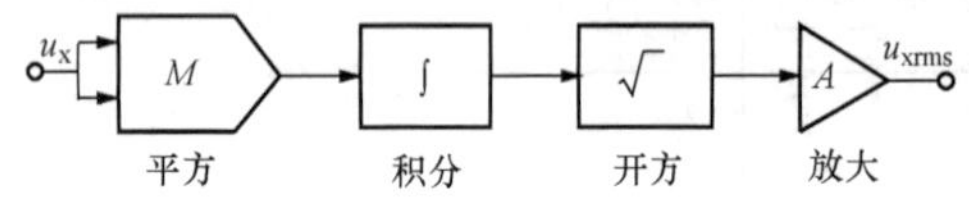

图 5-21 模拟计算型有效值电压表原理图

五、高频交流电压测量

（一）峰值检波器

1. 串联式峰值检波器

图 5-22 所示为串联式峰值检波器原理电路及检波波形。图中，各元件参数满足

$$RC \gg T_{max}, R_dC \ll T_{min} \tag{5-32}$$

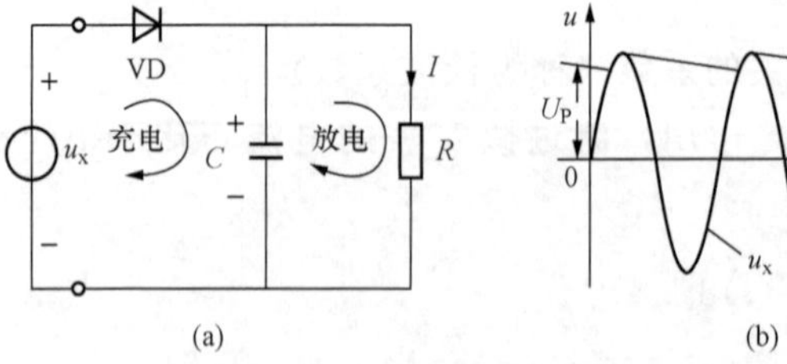

图 5-22 串联式峰值检波电路及检波波形

（a）原理电路；（b）检波波形

2. 双峰值检波器

将两个串联式检波电路结合在一起，就构成了图 5-23 所示的双峰值检波电路。R_1 或

C_1 上的平均电压近似于 u_x 的正峰值 U_{P+}，R_2 或 C_2 上的平均电压近似于 u_x 的负峰检波器输出电压 $\overline{U}_o = U_{P+} + U_{P-}$，即输出电压近似等于被测电压的峰值。

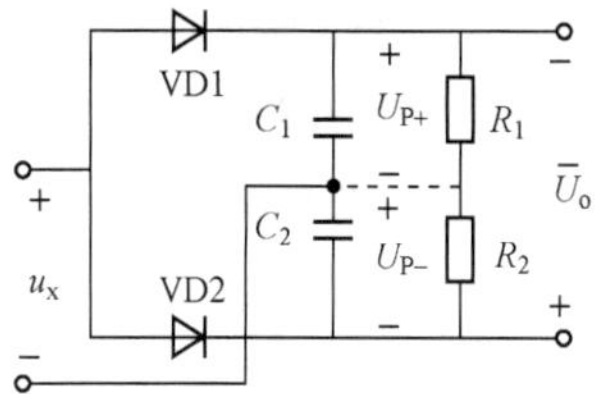

图 5 - 23　双峰值检波电路

3. 并联式峰值检波器

图 5 - 24（a）、（b）分别画出了并联式峰值检波原理电路和检波波形，元件参数仍然满足式（5 - 32）条件。在 u_x 正半周，u_x 通过二极管 VD 迅速给电容 C 充电，u_x 负半周，电容上电压经过电压源及 R 缓慢放电，电容 C 上平均电压接近 u_x 峰值，因此电阻的电压如图 5 - 23（b）中所示的 u_R，滤除高频分量，其平均值 $\overline{U}_R$ 等于电容上平均电压，u_x 等于峰值，即 $|\overline{U}_R| = |\overline{U}_C| \approx U_P$。

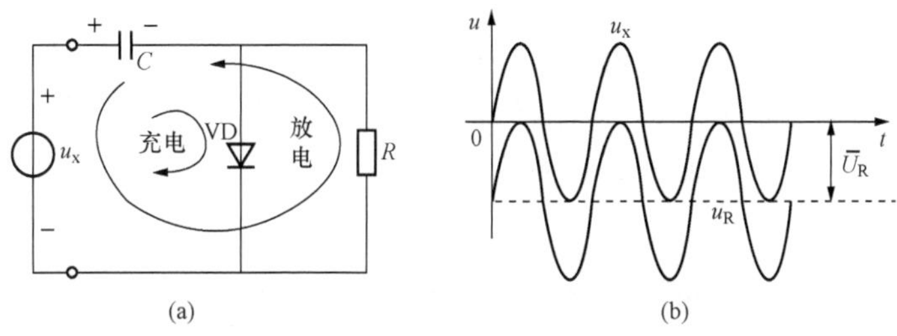

图 5 - 24　并联式峰值检波电路及波形图

（a）并联式峰值检波器电路；（b）波形图

4. 倍压式峰值检波器

为了提高检波器输出电压，实际电压表中还采用图 5 - 25 所示的倍压式峰值检波器。

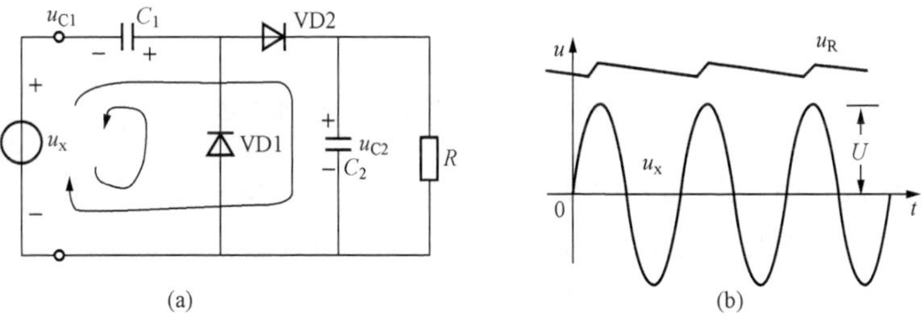

图 5 - 25　倍压式峰值检波电路及波形图

（a）电路图；（b）波形图

（二）误差分析

1. 理论误差

由前面的分析可知，峰值检波器输出电压的平均值略小于被测电压的峰值，实际数值与充电、放电时常数有关。对于正弦波，由数学分析可得到理论误差为

$$\Delta U = \overline{U}_R - U_P$$

$$\gamma \approx -2.2\left(\frac{R_d}{R}\right)^{\frac{2}{3}} \tag{5 - 33}$$

2. 频率误差

低频情况下，由于 T_{max} 加大，放电时间较长，U_C 下降较多，因而造成低频误差。理论分析得知低频误差为

$$\gamma = -\frac{1}{2fRC} \tag{5-34}$$

虽然峰值检波式电压表比较适用于高频测量，但由于高频时分布参数的影响加大也会带来高频误差。

模拟式电压表中的频率特性误差（也称频率影响误差）δ_{fx} 反映了电压表的频率误差，其定义为电压表在工作范围内各频率点的电压测量值相对于基准频率的电压测量值的误差，即

$$\delta_{fx} = \frac{U_{fx} - U_{f0}}{U_{f0}} \times 100\% \tag{5-35}$$

3. 波形误差

与其他电压表一样，峰值电压表也是按正弦波有效值定度。对于正弦波，电压表示值即为其有效值；对于其他非正弦波，可查表给出的波峰因数进行换算才能得到有效值；对于那些不能通过波峰因数进行波形换算的被测信号，只好将电压表示值作为其近似的有效值，这样就带来了波形误差。

【例 5-3】 图 5-26 是用峰值检波器测量脉冲电压的示意图，求测量误差。

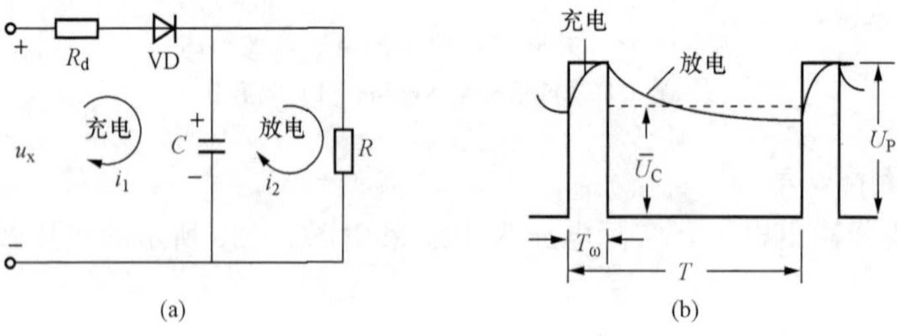

图 5-26 峰值检波器的测量误差

（a）峰值检波器；（b）电容 C 的充放电波形

解 图 5-26（a）中，R_d 包括二极管正向导通电阻和电压源等效电阻，R 为检波器等效负载。电容器 C 在二极管导通的区间 T_ω 充电，充电电荷量为

$$Q_1 = \int_0^{T_\omega} i_1 \mathrm{d}t \approx \frac{U_P - \overline{U}_C}{R_d} T_\omega$$

电容器 C 在脉冲休止区间（VD 截止）通过等效负载 R 放电，放电电荷量为

$$Q_2 = \int_{T_\omega}^{T} i_2 \mathrm{d}t \approx \frac{\overline{U}_C}{R}(T - T_\omega)$$

当电路动态平衡后，$Q_1 = Q_2$，所以有

$$U_P = \frac{(TR_d + T_\omega R)\overline{U}_C}{RT_\omega} \tag{5-36}$$

由式（5-36）求得测量误差（示值相对误差）为

$$\gamma_T = \frac{\Delta U}{\overline{U}_C} = \frac{\overline{U}_C - U_P}{\overline{U}_C} = \left(1 - \frac{U_P}{\overline{U}_C}\right) \tag{5-37}$$

将式（5-36）代入式（5-37），得

$$\gamma_T = -\frac{Rd}{R}\frac{T}{T_\omega} \tag{5-38}$$

由式（5-38）不难看出测量误差不仅与检波器参数有关，还与波形有关。

（三）波形换算

1. 定度

电压表示值U_a与峰值检波器输出U_P间满足

$$U_a = k_a U_P \tag{5-39}$$

式中 k_a——定度系数。

由于电压表以正弦波有效值定度，所以

$$k_a = \frac{U_a}{U_P} = \frac{U_{rms}}{U_m} = \frac{1}{\sqrt{2}} \tag{5-40}$$

2. 波形换算

当被测电压为非正弦波时，应进行波形换算才能得到被测电压的有效值。波形换算的原理是：示值U_a相等，则峰值U_P也相等。由式（5-39）和式（5-40）得峰值为

$$U_P = \sqrt{2}U_a \tag{5-41}$$

再查表给出的波峰因数$K_P = U_P/U$，得到有效值为

$$U = \frac{\sqrt{2}}{K_P}U_a \tag{5-42}$$

式（5-42）仅适用于单峰值电压表。

【例 5-4】 用峰值电压表分别测量正弦波、三角波和方波，电压表均指在10V位置，问三种波形被测信号的峰值和有效值各为多少？

解 按着示值相等峰值也相等的原理和式（5-40），可知三种波形的电压峰值U_P为

$$U_P = \sqrt{2}U_a = \sqrt{2} \times 10 \approx 14.1(\text{V})$$

因为电压表就是以正弦波有效值定度的，所以正弦波的有效值就是电压表表针指示值，即正弦波的有效值$U = 10\text{V}$。

对于三角波，根据式（5-41），有效值为

$$U = \frac{\sqrt{2}}{K_P}U_a \approx \frac{1.44 \times 10}{1.73} = 8.17(\text{V})$$

对于方波，波峰因数$K_P = 1$，因此有效值为

$$U = U_P = 14.14\text{V}$$

六、脉冲电压测量

（一）直接测量法

直接测量法也称灵敏度换算法。它是将被测电压信号接在示波器Y（垂直）通道，根据示波管荧光屏上电压波形的高度及Y轴偏转因数，直接计算出脉冲峰值，即

$$U_P = dH \tag{5-43}$$

式中 H——荧光屏上脉冲波形高度；

d——Y轴总偏转因数，V/cm或V/div。

要注意的是：探极有无衰减，是否使用倍率，当然信号接入时还应将Y轴微调置校正位。直接测量法是最常用的方法。由于光迹较宽，视差及衰减器、放大器误差等因数限制，

因此测量误差约为±5%。

【例 5-5】 用 SR-8 示波器测量脉冲电压。Y 轴微调已置校正位，开关“V/div”置 0.2 处，探极衰减 10 倍，脉冲在荧光屏上高度 $H=1.4$div（格），求被测电压峰值（实际上是峰峰值）。

解 由于探极已将信号衰减 10 倍（为方便，写作 $k_1=10$），所以脉冲电压的峰峰值为

$$U_{PP}=kH=dk_1H=0.2\times10\times1.4=2.8(\mathrm{V})$$

【例 5-6】 用 SBM-14 示波器测量脉冲电压峰峰值。波形高度 $H=3$div，开关“V/div”置 0.2 处，探极衰减 $k_1=10$，倍率置×5 位（$k_2=5$，信号放大 5 倍后接于 Y 偏转系位），求被测电压峰峰值。

解

$$\begin{aligned}U_{PP}=kH&=(\mathrm{d}k_1/k_2)H\\&=0.2\times10/5\times3\\&=1.2(\mathrm{V})\end{aligned}$$

（二）比较测量法

比较测量法就是用已知电压值（一般为峰峰值）的信号（一般为方波）与被测信号电压波形比较而求得被测电压值。设在保持输入衰减和 Y 轴增益不变的情况下，被测信号和标准信号在荧光屏上的高度分别为 H_1、H_2，标准信号的峰峰值为 U_{sPP}，则被测电压峰峰值为

$$U_{xPP}=\frac{H_1}{H_2}U_{sPP} \tag{5-44}$$

七、电压的数字式测量

（一）概述

模拟式电压表直接从指针式显示仪表的表盘上读取测量结果。模拟的含义是指随着被测电压的连续变化，表头指针的偏转角度也连续变化。模拟式电压表结构简单，价格低廉，模拟式电压表的频率范围比较宽，因而在电压测量尤其高频电压测量中得到广泛应用。但由于表头误差和读数误差的限制，模拟式电压表的灵敏度和精度不高。从 20 世纪 50 年代逐步发展起来的数字式测量方法，是利用 A/D 转换器，将连续的模拟量转换成离散的数字量，然后利用十进制数字方式显示被测量的数值。由于电子技术、计算技术、半导体技术的发展，数字式仪表的绝大部分电路已集成化，又因为摆脱了笨重的指针式表头，数字式仪表显得格外精巧、轻便。更主要的，它具有下列模拟式仪表所不能比拟的优点：

(1) 准确度高。以直流数字电压表为例，高档的准确度可达 10^{-7} 量级，测量灵敏度（分辨力）达 1μV。

(2) 数字显示。测量结果以十进制数字显示，消除了指针式仪表的读数误差。由于数字显示代替指针机械偏转，仪器内又有保护电路，所以数字式仪表过载能力强。

(3) 输入阻抗高。一般的数字式电压表（DVM）为 10MΩ 左右，高的可超过 1000MΩ，因而其负载效应几乎可以忽略。

(4) 测量速度快，自动化程度高。

(5) 功能多样。现在的数字式仪表一般都具有多种功能，这种仪表称为数字多用表，具有直流电压（DCV）、直流电流（DCI）、交流电压（ACV）、交流电流（ACI）和电阻（Ω）

五项功能，有的还有频率、温度等测量功能。

当前，数字式电压表的缺点是交流测量时的频率范围不够宽，一般上限频率在 1MHz 以下。

（二）数字式电压表（DVM）的组成原理

1. 直流数字式电压表

直流数字式电压表的组成框图如图 5-27 所示。图中模拟部分包括输入电路（如阻抗转换、放大电路、量程控制）和 A/D 转换器，A/D 完成模拟量到数字量的转换。电压表的主要技术指标如准确度、分辨力等主要取决于这一部分电路。数字部分完成逻辑控制，译码（比如将二进制数字转换成十进制数字）和显示等功能。

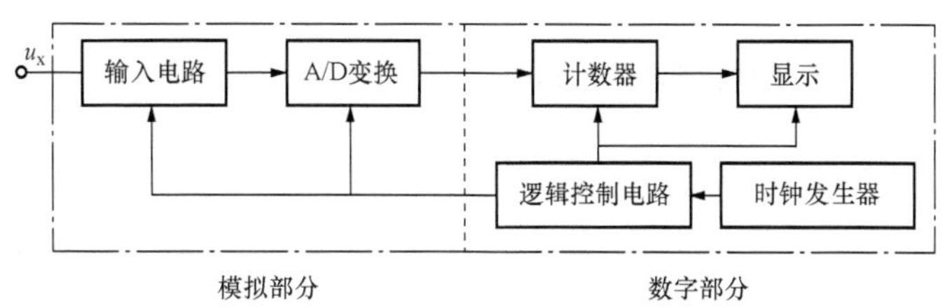

图 5-27　直流数字式电压表组成框图

2. 数字多用表（DMM）

和模拟直流电压表前端配接检波器即可构成模拟交流电压表一样，在直流数字电压表前端配接相应的交流/直流（AC/DC）转换器、电流/电压（I/V）转换电路、电阻/电压转换电路（Ω/V）等，就构成了数字多用表，如图 5-28 所示。可以看出，数字多用表的核心是直流数字电压表。由于直流数字电压表是线性化显示的仪器，因此要求其前端配接的 AC/DC、I/V、Ω/V 等转换器也必须是线性转换器，即转换器的输出与输入间成线性关系。例如前面介绍的有效值检波器的输出（流过直流微安表电流 I）和电压有效值 U 之间不是线性关系，因而那种有效值检波器不是线性 AC/DC 转换器。

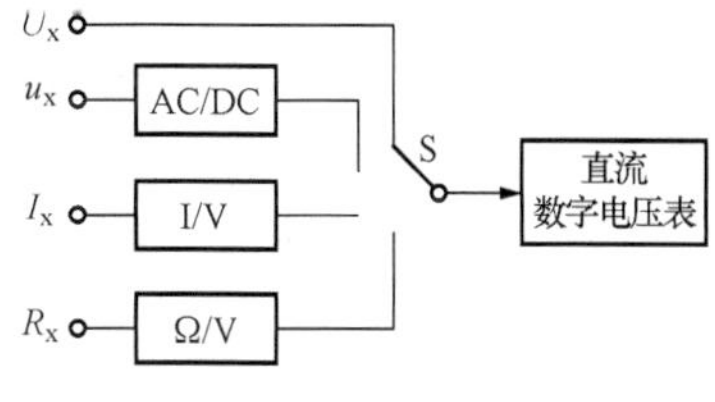

图 5-28　数字多用表组成原理

（1）线性 AC/DC 转换器。数字多用表中的线性 AC/DC 转换器主要有平均值 AC/DC 和有效值 AC/DC。有效值 AC/DC 可以采用热偶变换式和模拟计算式。平均值 AC/DC 通常利用负反馈原理以克服检波二极管的非线性，以实现线性 AC/DC 转换。图 5-29 是线性平均值检波器的原理。图 5-29（a）为运算放大器构成的负反馈放大器，在以前的学习中曾分析过运算放大器的特性，这里用来说明图 5-29（b）半波线性检波的原理。设运放的开环增益为 k，并假设其输入阻抗足够高（实际的运放一般能满足这一假设），则

$$\left.\begin{aligned}\frac{u_o-u_i}{R_2}&=\frac{u_i-u_x}{R_1}\\u_o&=-ku_i\end{aligned}\right\}\tag{5-45}$$

解得

$$u_o=-\frac{kR_2}{R_2+(1+k)R_1}u_x\tag{5-46}$$

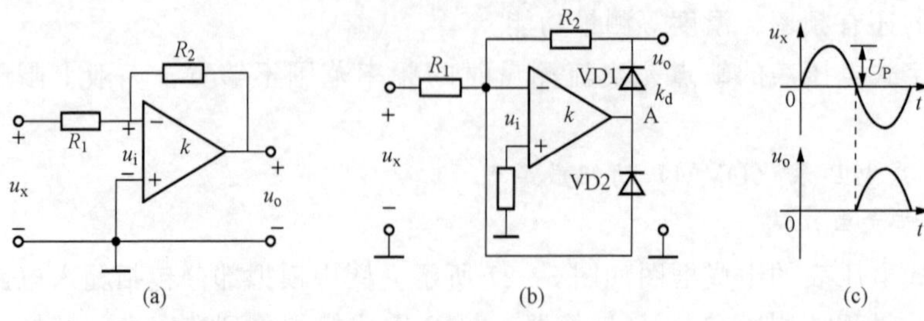

图 5-29　线性检波原理

(a) 负反馈放大器；(b) 线性半波检波器；

(c) 线性半波检波器的输入、输出波形

一般 $k\gg 1$（通常 k 在 $10^5\sim10^8$ 之间），因此式（5-46）简化为

$$u_o\approx -\frac{R_2}{R_1}u_x \tag{5-47}$$

（2）I/V 转换器。将直流电流 I_x 变换成直流电压最简单的方法，是让该电流流过标准电阻，R_s 根据欧姆定律，R_s 上端电压 $U_{Rx}=R_sI_x$，从而完成了 I/V 线性转换。为了减小对被测电路的影响，电阻 R_s的取值应尽可能小，图 5-30 是两种 I/V 转换器的原理图。图5-30（a）采用高输入阻抗同相运算放大器，不难算出输出电压 U_o与被测电流 I_x 之间满足

$$U_o=\left(1+\frac{R_2}{R_1}\right)R_sI_x \tag{5-48}$$

当被测电流较小时（I_x 小于几毫安），采用图 5-30（b）转换电路，忽略运放输入端漏电流，则输出电压 U_o与被测电流 I_x间满足

$$U_o=-R_xI_x \tag{5-49}$$

（3）Ω/V 转换器。实现 Ω/V 转换的方法有多种，图 5-31 是恒流法 Ω/V 转换器原理图。图中 R_x 为待测电阻，为标准电阻 R_s，U_s 为基准电压源，该图实质上是由运算放大器构成的负反馈电路，利用前面的分析方法，可以得到

$$U_o=\frac{U_s}{R_s}R_x \tag{5-50}$$

即输出电压与被测电阻成正比，U_s/R_s实质上构成了恒流源，改变 R_s可以改变 R_x的量程。

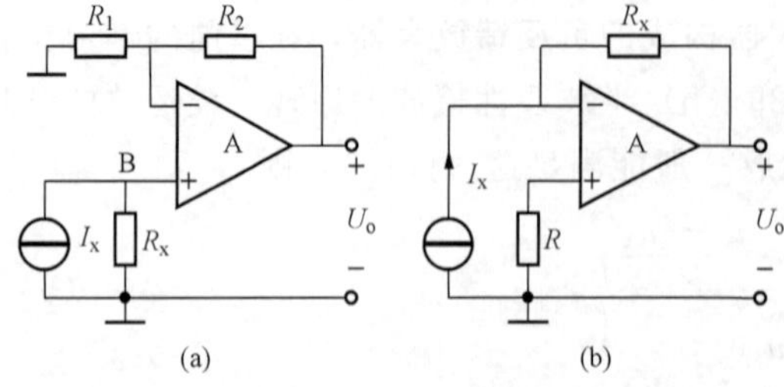

图 5-30　I/U 转换器

(a) 具有高输入阻抗；(b) 适用于小电流

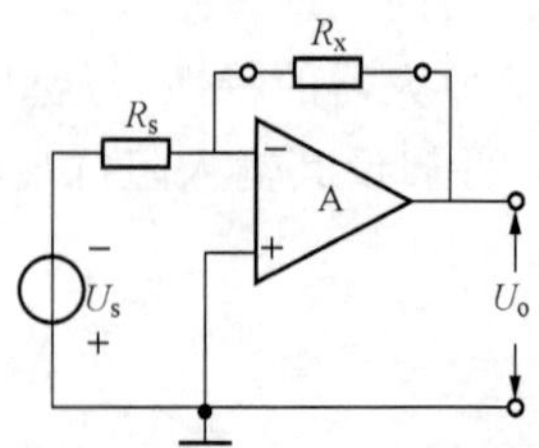

图 5-31　恒流法 Ω/V 转换器原理图

（三）数字式电压表（DVM）的技术指标

1. 测量范围

DVM包括显示位数、量程划分和超量程能力，还可包括量程的选择方式是手动、自动或远控等。

2. 分辨力

分辨力是指DVM能够显示被测电压的最小变化值，即最小量程时显示器末位跳变一个字所需的最小输入电压。例如SX1842数字式电压表的最小量程20mV，最大显示数为19999，所以其分辨力为20mV/19999即1V。

3. 测量速度

测量速度指每秒能完成的测量次数，主要取决于DVM所使用的A/D。积分型DVM速度较低，一般在几次/秒至几百次/秒之间，逐次比较型DVM可达10^7次/s以上。

4. 输入阻抗

在直流测量时，DVM输入阻抗用输入电阻R_i表示，量程不一样，R_i也有差别，大体在10～1000MΩ之间。

交流测量时，DVM输入阻抗用输入电阻R_i并联输入电容C_i表示，C_i一般在几十皮法至几百皮法之间。

5. 固有误差或工作误差

DVM的固有误差通常用绝对误差表示为

$$\left.\begin{aligned}\Delta U &= \pm(a\%U_x + b\%U_m)\\ \Delta U &= \pm a\%U_x \pm \text{几个字}\end{aligned}\right\} \tag{5-51}$$

式中 U_x——测量示值；

U_m——该量程满度值；

$a\%U_x$——读数误差；

$b\%U_m$——满度误差，它与被测点压大小无关，而与所取量程有关。

当量程选定后，显示结果末位一个字所代表的电压值也就一定，因此满度误差通常用正负几个字表示。

第二节 电 流 测 量

一、概述

电流是基本的电学量。在对电流进行测量时，应考虑被测电流的量值范围、测量准确度，而在对交流电流进行测量时，还需考虑波形和频率的影响，因此必须正确地选用仪器、仪表和测量方法。电流的量值分等及测量用仪器、仪表的基本性能分别列于表5-1和表5-2中。

表5-1 电流的量值分等

量值	直流（A）	交流（A）	量值	直流（A）	交流（A）	量值	直流（A）	交流（A）
大量值	10^2～10^5	10^3～10^5	中量值	10^{-6}～10^2	10^{-3}～10^3	小量值	10^{-17}～10^{-6}	10^{-7}～10^{-3}

表 5-2 电流测量常用仪器仪表的范围和误差

仪器、仪表	测量范围（A）	测量准确度（%）	仪器、仪表	测量范围（A）	测量准确度（%）	仪器、仪表	测量范围（A）	测量准确度（%）
指示仪表	直流 $10^{-7}\sim10^{2}$ 交流 $10^{-4}\sim10^{2}$	2.5～0.1 2.5～0.1	直流互感器	直流 $10^{3}\sim10^{5}$	2～0.2	电子测量放大器	直流 $10^{-12}\sim10^{-4}$ 交流 $10^{-10}\sim10^{-4}$	2～0.1 0.5～0.1
直流电位差计	直流 $10^{-7}\sim10^{4}$	0.1～0.005	交流互感器	交流 $10^{-1}\sim10^{4}$	0.2～0.005	电容放大器	直流 $10^{-15}\sim10^{-5}$	5～2
分流器	直流 $10\sim10^{4}$	0.5～0.02	磁位计	直流 10^{2} 以上 交流	1～0.1	数字式电压表	直流 $10^{-3}\sim10^{4}$	0.5～0.005
霍尔效应大电流仪	直流 $10^{3}\sim10^{5}$	2～0.2	检流计	直流 $10^{-11}\sim10^{-6}$	根据定标	交直流比较仪	交流 $10^{-2}\sim10^{2}$	0.1～0.02

二、中值电流的测量

1. 中值电流的一般测量

对中值电流测量一般选用指示仪表，也可用数字式万用表。测量误差主要取决于所选用仪表的误差。几种主要指示仪表和数字式万用表的性能列于表 5-3 中。

表 5-3 几种主要指示仪表和数字式万用表的性能

形　式	测量基本量	量限	准确度（%）	波形影响	分度特性
磁电系	直流或交流的恒定分量	几微安到几十安[①]	1.0～0.1	可测非正弦	均匀
整流系	交流平均值	几十微安到几十安	2.5～0.5	测量交流非正弦波时误差大	接近均匀
电磁系	直流或交流有效值	几毫安到 100A	2.5～0.2	可测非正弦交流有效值	不均匀
电动系	直流或交流有效值	几十毫安到几十安	1.0～0.2	可测非正弦交流有效值	不均匀
数字式万用表（便携式）	直流、交流有效值（或平均值）[②]	几十毫安到几安	1.0～0.2	可测正弦交流有效值	数字显示

① 未考虑检流计 I_d。

② 视数字万用表内的交直流转换电路而定。

对中值电流进行测量的线路如图 5-32 所示。测量时，串入测量线路的仪表内阻 r 应远小于负载电阻 R，r 与 R 之比至少应不大于允许相对误差（$\gamma\%$）的 1/5，即 $r/R\leqslant\frac{1}{5}(\gamma/100)$。如被测线路有接地时，应把电流表在低电位端。

2. 中值电流的精确测量

对中值电流的精确测量主要采用比较法进行。在精确测量直流电流时，通常采用直流电位差计和直流数字电压表；精确测量交流电流时可采用交直流比较仪。

采用直流电位差计和直流数字电压表精确测量直流电流的线路如图 5-33 所示。直流电位差计测量电流的范围为 $10^{-7}\sim10^{4}$ A，直流数字电压表测量范围为 $10^{-7}\sim10^{2}$ A。

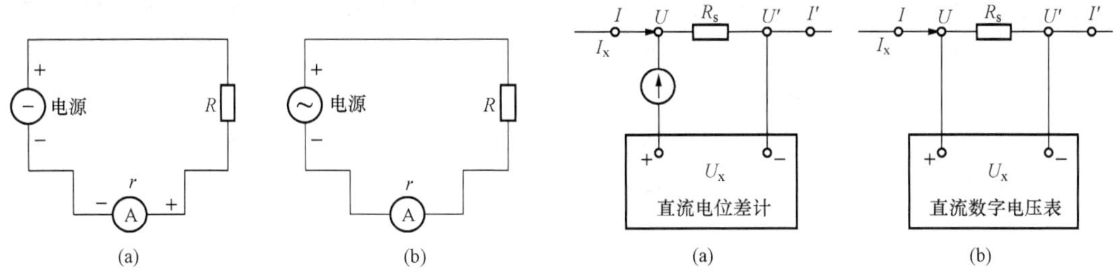

图 5-32　测量电流

(a) 测量直流电流；(b) 测量交流电流

图 5-33　中值电流的精确测量

被测电流 I_x 流经标准电阻 R_s，并在其上产生电位差 U_x，用直流电位差计或直流数字电压表测该电位差，即可求得被测电流为

$$I_x = \frac{U_x}{R_s} \tag{5-52}$$

测量时应注意：

(1) 通过标准电阻的电流值不应超过标准电阻的允许功耗。

(2) 标准电阻的电流端接被测电流，电位端接直流电位差计或直流数字电压表。

用直流电位差计或直流数字电压表测量直流电流的准确度取决于所选用的直流电位差计或直流数字电压表的准确度和标准电阻的准确度，测量范围与标准电阻及其他辅助设备有关。

三、直流大电流测量

测量直流大电流可用扩大量限器具来扩大测量仪器、仪表的量限，或用专门的大电流测量仪来测量。其按照工作原理可分为两大类：一是根据被测电流在已知电阻上的电压降来进行测量；二是根据被测电流所建立的磁场来进行测量。表 5-4 列出了几种测量直流装置的情况。

表 5-4　　几种测量直流大电流装置的原理及参数

名　称	分　类	原　理	表达式	测量范围	误　差
分流器	根据被测电流在已知电阻上的电压降进行测量	通过分流器的电流与分流器上的电压降成正比	$I_x=\frac{U}{R_s}$	<10000A	0.5%
直流电流互感器法	根据被测电流可建立的磁场进行测量	以辅助交流电压产生的交流磁势来平衡被测电流间产生的直流磁势	$I_x = I_A\frac{N_2}{N_1}$	1000～100000A	0.5%～1%
霍尔效应法		霍尔电动势与被测电流产生的磁感应强度成正比	$I_x = \frac{U_H}{K_H K_B I_0}$	1000～100000A	0.2%～2%
磁位计法		测量被测电流所产生的磁势	$\Delta I = M\Delta\Psi$	100A	0.1%

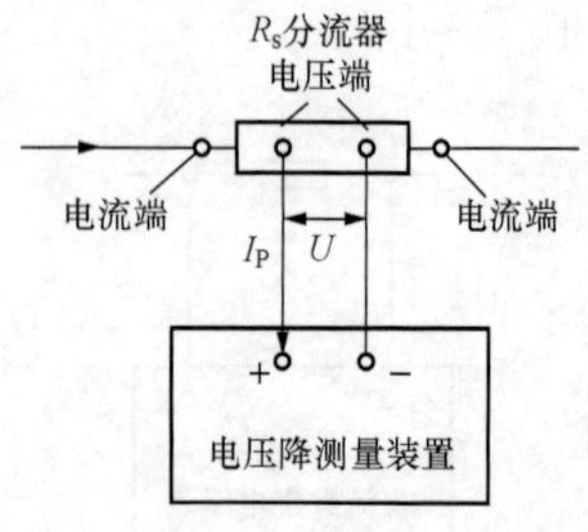

图 5 - 34　分流器法

1. 分流器法

分流器是一种量值很小的标准电阻。当被测电流流过分流器时，通过测量分流器两端电压端电压钮上的电压降就可得出被测电流的大小，如图 5 - 34 所示。测量分流器上的电压降可用直流指示表（毫伏表）、直流数字电压表、直流电位差计等。当用直流电位差计测量分流器上的电压降时，$I_P=0$，被测电流 $I_x=\frac{U}{R_s}$。

分流器结构简单，牢固可靠，抗干扰能力强；但与被测电路有电的联系，安装时要断开被测电路，使用不方便。

2. 直流电流互感器法

直流电流互感器通常由两个相同的闭合铁心组成。在每个铁心上有两个绕组，即一次绕组和二次绕组。一次绕组串联接入被测电路，二次绕组则连接到辅助的交流电路里。当使用的铁心材料具有理想的磁化特性时，如果忽略辅助交流电路的阻抗，从理论上可以证明，交流电路电流的平均值正比于被测直流电流。

直接电流互感器的一次额定电流一般为几千安到几十千安，有的可达 100kA；一次电流一般为 5A 和 1A，二次电路的额定电阻为 2Ω，被测电流在 50%～120%的额定电流范围内，误差一般为 0.5%～1.5%，有的可达 0.2%。

用直流电流互感器测量有直流电流的表达式为

$$I_x = I_A \frac{W_2}{W_1} \tag{5-53}$$

式中　I_A——交流电路电流平均值；

W_2、W_1——分别为一次、二次绕组的匝数。

3. 霍尔效应法

霍尔片是一种半导体元件，当在霍尔片的一对边上加上恒定电流 I_0，在与霍尔片平面垂直的方向加上磁场，则在霍尔片的另一对边上会产生霍尔电动势，有

$$U_H = K_H I_0 H \tag{5-54}$$

式中　H——磁场强度；

K_H——霍尔系数，与霍尔片的材料特性有关。

根据霍尔元件的这个特性，可实现有直流大电流的测量，具体方法如图 5 - 35 所示。用开口铁心围绕被测电流的导体，将霍尔片放在铁心气隙中，这时霍尔电动势与被测电流 I_x 具有如下关系，即

$$I_x = \frac{U_H}{K_H K_B I_0} \tag{5-55}$$

其中，$K_B=H/I_0$。用霍尔效应法测量时，铁心气隙一般做成偶数，以减小不均匀的影响。

由于霍尔元件本身线性度较差，存在不等位电动势、漂移以及易受周围温度和外磁场的影响，并且铁心存在非线性，因此这种方法测量直流大电流的准确度受到很大限制。

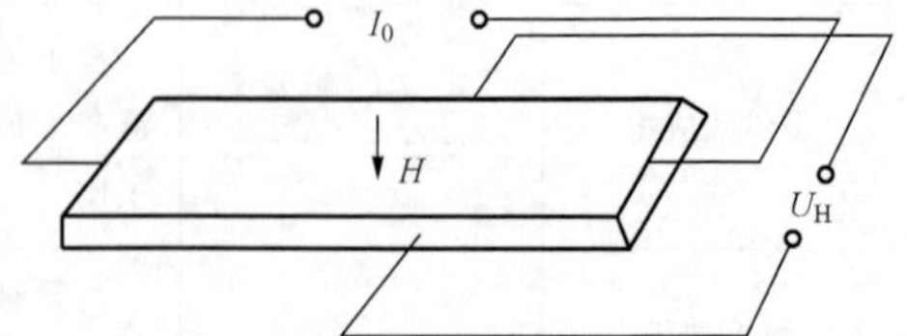

图 5 - 35　霍尔效应测量直流大电流原理

四、磁位计法

磁位计法又称罗柯夫斯基线圈法。这种方法的特

点是被测电流几乎不受限制，抗外磁场能力强，测量时不需要开、断被测电路。用磁位计测量直流大电流的原理如图 5-36 所示。磁位计与被测电流交链，将被测电流接入或开、断，使磁位计交链的磁通发生变化，即

$$\Delta\Psi = M\Delta I \tag{5-56}$$

式中　ΔI——电流的改变量；

$\Delta\Psi$——磁通的改变量；

M——互感系数。

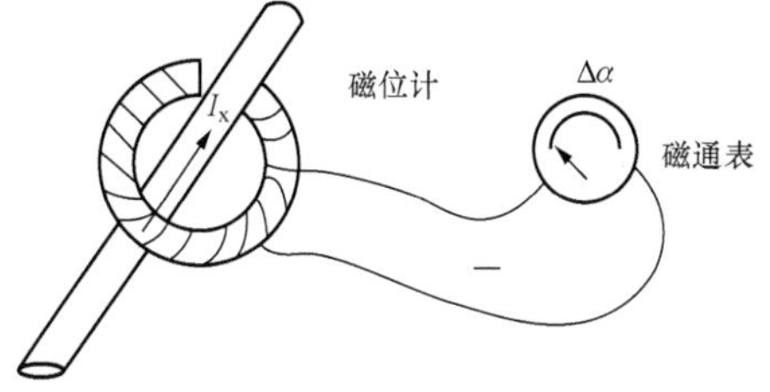

图 5-36　磁位计测测量直流大电流原理图

将磁位计的输出接磁通表，$\Delta\Psi$ 的变化引起磁通表活动部分偏转 $\Delta\alpha$，则

$$\Delta\Psi = K\Delta\alpha \tag{5-57}$$

式中　K——磁通表的常数。

由于电流改变量的绝对值就是被测电流，因而有

$$\Delta I = I_x = \frac{K\Delta\alpha}{M} \tag{5-58}$$

磁通表的偏转就反映了被测电流大小。

用磁位计测量整流系统的直流大电流时，将磁位计放在电流整流变压器交流二次侧或整流桥臂的一方，然后积分、整流、存储、总加以反映被测的直流大电流。

五、互感器法测量工频和脉冲大电流

理想的交流电流互感器一次电流与二次电流之比等于它的二次绕组与一次绕组的匝数比。用交流电流互感器测量工频大电流的原理图如图 5-37 所示。被测工频大电流接在互感器的一次侧，由于

$$I_x = \frac{W_2}{W_1}I_2 \tag{5-59}$$

式中　W_1——一次绕组的匝数；

W_2——二次绕组的匝数。

因此只要测出 I_2 就可得出 I_x。用电流互感器对大电流进行测量，具有主回路和测量回路之间隔离、二次电流额定值根据国家标准规定为 5A、选用仪表方便等特点。但是，为了防止感应高电压，在测量中二次回路绝对不允许开路。另外，为了防止一旦互感器被击穿发生人身危险，在测量时二次回路的接地端钮必须接地。

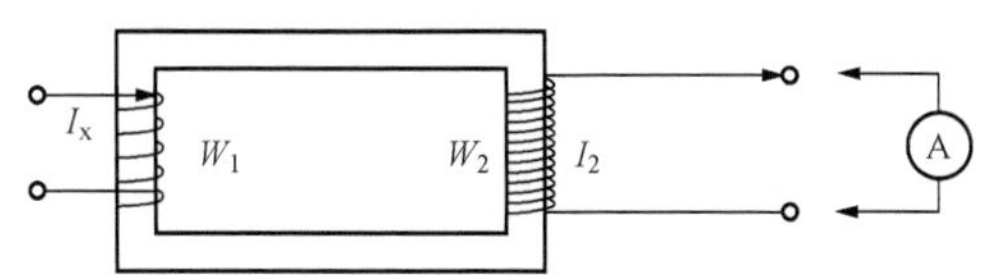

图 5-37　交流电流互感器测量工频大电流原理图

第三节　电　抗　测　量

一、概述

1. 电抗定义及其表示方法

电抗是描述网络和系统的一个重要参量。对于图 5-38 所示无源单口网络，电抗定义为

$$Z = \frac{\dot{U}}{\dot{I}} \tag{5-60}$$

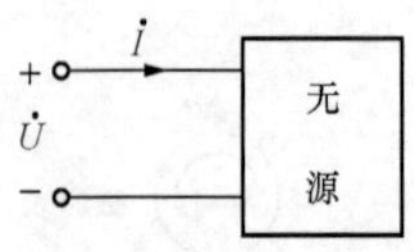

图 5-38 无源单口网络

式中 $\dot{U}$、$\dot{I}$——分别为端口电压和电流相量。

在集中参数系统中，表明能量损耗的参量是电阻元件 R，而表明系统储存能量及其变化的参量是电感元件 L 和电容元件 C。严格地分析这些元件内的电磁现象是非常复杂的，因而在一般情况下，往往把它们当作不变的常量来进行测量。需要指出的是，在电抗测量中，测量环境的变化、信号电压的大小及其工作频率的变化等，都将直接影响测量的结果。例如，不同的温度和湿度，将使电抗表现为不同的值。

式 (5-60) 可写为

$$Z = \frac{\dot{U}}{\dot{I}} = R + \mathrm{j}X = |Z|\mathrm{e}^{\mathrm{j}\theta_z} \tag{5-61}$$

式中 R、X——分别为电抗的电阻分量和电抗分量；

$|Z|$、θ_z——分别为电抗模和电抗角。

电抗两种坐标形式的转换关系为

$$\left.\begin{aligned} |Z| &= \sqrt{R^2 + X^2} \\ \theta_z &= \arctan\frac{X}{R} \end{aligned}\right\} \tag{5-62}$$

和

$$\left.\begin{aligned} R &= |Z|\cos\theta_z \\ X &= |Z|\sin\theta_z \end{aligned}\right\} \tag{5-63}$$

导纳 Y 是电抗 Z 的倒数，即

$$Y = \frac{1}{Z} = \frac{R}{R^2 + X^2} + \mathrm{j}\frac{-X}{R^2 + X^2} = G + \mathrm{j}B \tag{5-64}$$

其中

$$\left.\begin{aligned} G &= \frac{R}{R^2 + X^2} \\ B &= \frac{-X}{R^2 + X^2} \end{aligned}\right\} \tag{5-65}$$

式中 G、B——分别为导纳 Y 的电导分量和电纳分量。

导纳的极坐标形式为

$$Y = G + \mathrm{j}B = |Y|\mathrm{e}^{\mathrm{j}\varphi} \tag{5-66}$$

式中 $|Y|$、φ——分别为导纳模和导纳角。

2. 电阻器、电感器和电容器的电路模型

一个实际的元件，如电阻器、电容器和电感器，都不可能是理想的，存在着寄生电容、寄生电感和损耗。也就是说，一个实际的 R、L、C 元件都含有 3 个参量，即电阻、电感和电容。

一个实际的电阻器，在高频情况下，既要考虑其引线电感，同时又必须考虑其分布电容，故其模型如表 5-5 中的 1-3 所示。其等效电抗为

$$Z_e = \frac{(R + \mathrm{j}\omega L_0)\dfrac{1}{\mathrm{j}\omega C_0}}{R + \mathrm{j}\omega L_0 + \dfrac{1}{\mathrm{j}\omega C_0}} = \frac{R + \mathrm{j}\omega L_0}{1 - \omega^2 L_0 C_0 + \mathrm{j}\omega C_0 R}$$

$$= \frac{R}{(1-\omega^2 L_0 C_0)^2 + (\omega C_0 R)^2} + \mathrm{j}\frac{\omega L_0\left[1 - \frac{C_0}{L_0}(R^2 + \omega^2 L_0^2)\right]}{(1-\omega^2 L_0 C_0)^2 + (\omega C_0 R)^2} \tag{5-67}$$
$$= R_e + \mathrm{j}X_e$$

式中 R_e、X_e——分别为等效电抗的电阻分量和电抗分量。

在频率不太高时，即 $\omega L_0/R \ll 1$，$\omega C_0/R \ll 1$ 时，式（5-67）可近似为

$$Z \approx R\left[1 + \mathrm{j}\omega\left(\frac{L_0}{R} - RC_0\right)\right] = R(1 + \mathrm{j}\omega\tau) \tag{5-68}$$

其中

$$\tau = \frac{L_0}{R} - RC_0 \tag{5-69}$$

τ 称为电阻器的时常数。显然，当 $\tau=0$ 时，电阻器为纯电阻；当 $\tau>0$ 时，电阻器呈电感性；当 $\tau<0$ 时，电阻器呈电容性。这也就是说，当工作频率很低时，电阻器的电阻分量起主要作用，其电抗分量小到可以忽略不计，此时 $Z_e=R$。随着工作频率的提高，就必须考虑电抗分量了。

精确的测量表明，电阻器的等效电阻本身也是频率的函数，工作于交流情况下的电阻器，由于集肤效应、涡流效应、绝缘损耗等，使等效电阻随频率而变化，设 $R_=$ 和 $R_\sim$ 分别为电阻器的直流和交流阻值，实验表明，可用如下经验公式足够准确地表示它们之间的关系，即

$$\left.\begin{array}{c} R_\sim = R_= \ (1 + a\omega + \beta\omega^2 + \gamma\omega^3) \\ \text{(适用于小于 1kΩ 电阻)} \\ R_\sim = R_= \ (1 + a_1\omega^{0.7} + \beta_1\omega^{1.4} + \gamma_1\omega^2 + \delta_1\omega^3) \\ \text{(适用于 1 ～ 200kΩ 电阻)} \end{array}\right\} \tag{5-70}$$

通常用品质因数 Q 来衡量电感器、电容器以及谐振电路的质量，其定义为

$$Q = 2\pi \frac{\text{磁能或电能的最大值}}{\text{一周期内消化的能量}}$$

对电感器而言，若只考虑导线的损耗，电感器的模型如表 5-5 中的 2-2 所示，其品质因数 Q_L 为

$$Q_L = 2\pi \frac{LI^2}{I^2 R_0 T} = \frac{2\pi f L}{R_0} = \frac{\omega L}{R_0} \tag{5-71}$$

式中 I 和 T——分别为正弦电流的有效值和周期。

在频率较高的情况下，需要考虑分布电容，电感器的模型表 5-5 中的 2-3 所示，其等效电抗为

$$Z_e = \frac{R_0 + \mathrm{j}\omega L}{1 - \omega^2 L C_0 + \mathrm{j}\omega C_0 R_0} \tag{5-72}$$

若电感器的 Q 值很高，此时电感器的等效电感为

$$L_e = \frac{L}{1 - \omega^2 L C_0} \tag{5-73}$$

对电容器而言，若仅考虑介质损耗及泄漏等因数，其等效模型如表 5-5 中的 3-2 所示。其等效导纳为 $Y_e = G_0 + \mathrm{j}\omega C$，品质因数为

$$Q_e = 2\pi \frac{CU^2}{U^2 G_0 T} = \frac{2\pi fC}{G_0} = \frac{\omega C}{G_0} = \omega C R_0 \tag{5-74}$$

式中 U、T——分别为电容器两端正弦电压的有效值和周期。

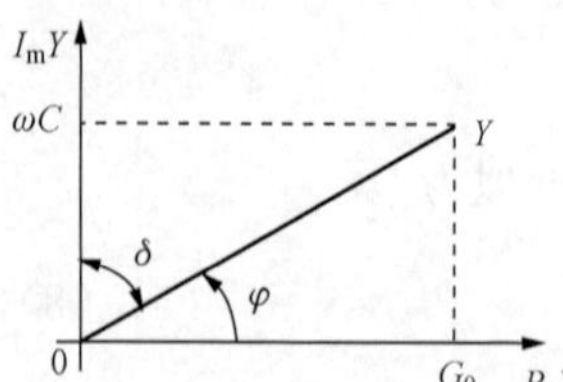

图 5-39 导纳复平面图

对电容器而言，常用损耗角 δ 和损耗因数 D 来衡量其质量。把导纳 Y 画在复平面上，如图 5-39 所示。图中画出了损耗角 δ，其正切为

$$\tan\delta = \frac{G_0}{\omega C}$$

损耗因数定义为

$$D = \frac{1}{Q} = \frac{G_0}{\omega C} = \tan\delta \tag{5-75}$$

当损耗较小，即 δ 较小时，有

$$D \approx \delta = \frac{G_0}{\omega C} = \frac{1}{Q} \tag{5-76}$$

当频率很高时，电容器的模型如表 5-5 中的 3-3 所示，其中 L_0 为引线电感，R'_0 为引线和接头引入的损耗，R_0 为介质损耗及泄漏。此时，寄生电感的影响相当显著，若忽略其损耗，则有

$$Y_e = \frac{j\omega C \dfrac{1}{j\omega L_0}}{j\left(\omega C - \dfrac{1}{\omega L_0}\right)} = j\omega \frac{C}{1 - \omega^2 L_0 C} \tag{5-77}$$

表 5-5 典型元件的等效阻抗

元件类型		组　成	等　效　模　型	等　效　电　抗
电阻器	1-1	理想电阻	R	$Z_e = R$
	1-2	考虑引线电感	L_0	$Z_e = R + j\omega L_0$
	1-3	考虑引线电感和分布电容	R, L_0, C_0	$Z_e = \dfrac{R + j\omega L_0\left[1 - \dfrac{C_0}{L_0}(R^2 + \omega^2 L_0^2)\right]}{(1 - \omega^2 L_0 C_0)^2 + \omega^2 C_0^2 R^2}$
电感器	2-1	理想电感	L	$Z_e = j\omega L$
	2-2	考虑导线损耗	R_0, L	$Z_e = R_0 + j\omega L$
	2-3	考虑导线损耗	R_0, L_0, C_0	$Z_e = \dfrac{R_0 + j\omega L\left[1 - \dfrac{C_0}{L}(R_0^2 + \omega^2 L^2)\right]}{(1 - \omega^2 L C_0)^2 + \omega^2 C_0^2 R_0^2}$

续表

元件类型		组　成	等　效　模　型	等　效　电　抗
电容器	3-1	理想电容	C	$Z_e=\frac{1}{j\omega C}$
	3-2	考虑泄露、介质电容	C, R_0	$Z_e=\frac{R_0}{1+\omega^2C^2R_0^2}-j\frac{\omega CR_0^2}{1+\omega^2C^2R_0^2}$
	3-3	考虑泄露、引线电阻和电感	L_0, R'_0, C, R_0	$Z_e=\left(R'_0+\frac{R_0}{1+\omega^2C^2R_0^2}\right)+j\left(\omega L_0-\frac{\omega CR_0^2}{1+\omega^2C^2R_0^2}\right)$

故其等效电容为

$$C_e=\frac{C}{1-\omega^2L_0C} \tag{5-78}$$

由式（5-78）可见，若L_0越大，频率越高，则C_e与C相差就越大。

从上述讨论中可以看出，只是在某些特定条件下，电阻器、电感器和电容器才能看成理想元件。一般情况下，它们都随所加的电流、电压、频率、温度等因素而变化。因此，在测量电抗时，必须使得测量条件尽可能与实际工作条件接近，否则，测得的结果将会有很大的误差，甚至是错误的结果。

测量电抗参数最常用的方法有伏安法、电桥法和谐振法。伏安法是利用电压表和电流表分别测出元件的电压和电流值，从而计算出元件值。该方法一般只能用于频率较低的情况，把电阻器、电感器和电容器看成理想元件。用伏安法测量电抗的线路有两种连接方式，如图 5-40 所示。这两种测量方法都存在着误差。在图 5-40（a）的测量中，测得的电流包含了流过电压表的电流，它一般用于测量电抗值较小的元件。在图 5-40（b）的测量中，测得的电压包含了电流表上的压降，它一般用于测量电抗值较大的元件。在低频情况下，若被测元件为电阻器，则其阻值为

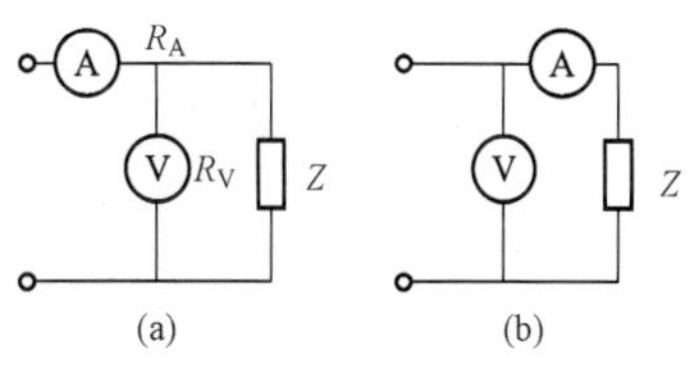

图 5-40　伏安法测量电抗
（a）小电抗伏安法；
（b）大电抗伏安法

$$R=\frac{U}{I} \tag{5-79}$$

若被测元件为电感器，由于$\omega L=U/I$，则

$$L=\frac{U}{2\pi fI} \tag{5-80}$$

若被测元件为电容器，由于$1/\omega C=U/I$，则

$$C=\frac{I}{2\pi fU} \tag{5-81}$$

二、电桥法测量电抗

1. 电桥平衡条件

图 5-41 所示的电桥电路，当指示器两端电压相量 $\dot{U}_{BD}=0$ 时，流过指示器的电流相量 $\dot{I}=0$，这时称电桥达到平衡。由图可知，此时有

$$Z_1\dot{I}_1=Z_4\dot{I}_4,\ Z_2\dot{I}_2=Z_3\dot{I}_3$$

而且

$$\dot{I}_1=\dot{I}_2,\ \dot{I}_3=\dot{I}_4$$

由以上两式解得

$$Z_1Z_3=Z_2Z_4 \tag{5-82}$$

式（5-82）即为电桥平衡条件，它表明：一对相对桥臂电抗的乘积必须等于另一对相对桥臂电抗的乘积。若式（5-82）中的电抗用指数型表示，则有

$$|Z_1||Z_3|=|Z_2||Z_4| \tag{5-83}$$

$$\theta_1+\theta_3=\theta_2+\theta_4 \tag{5-84}$$

2. 交流电桥的收敛性

为使交流电桥满足平衡条件，至少要有两个可调元件。一般情况下，任意一个元件参数的变化会同时影响模平衡条件和相位平衡条件，因此，要使电桥趋于平衡需要反复进行调节。交流电桥的收敛性就是指电桥能以较快的速度达到平衡的能力。以图 5-42 所示的电桥为例进行说明，其中 Z_4 作为被测的电感元件。

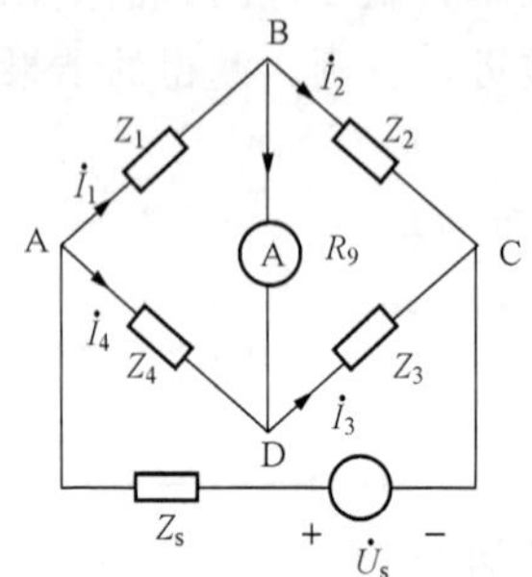

图 5-41 电桥电路

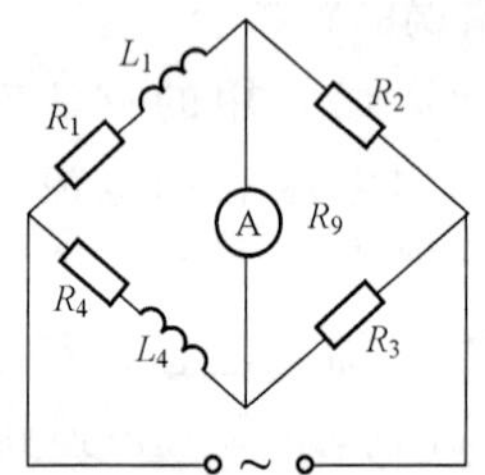

图 5-42 电桥电路

为了方便，令

$$N=Z_2Z_4-Z_1Z_3 \tag{5-85}$$

当 $N=0$ 时，电桥达到平衡。N 越小，表示电桥越接近平衡条件，指示器的读数就越小。因此，只要知道了 N 随被调元件参数的变化规律，也就知道了指示器读数的变化规律。对于图 5-42 电路，有

$$N=R_2(R_4+\mathrm{j}X_4)-R_3(R_1+\mathrm{j}X_1)=A-B \tag{5-86}$$

$$\left.\begin{aligned}A&=R_2(R_4+\mathrm{j}X_4)\\B&=R_3(R_1+\mathrm{j}X_1)\end{aligned}\right\} \tag{5-87}$$

由于 A 和 B 均为复数，画在复平面上如图 5-43（a）所示。R_1、L_1 可调时，电桥平衡过程如图 5-43（b），当调节 X_1 时，复数 B 的实部保持不变，复数 B 将沿直线 ab 运动。当

运动到 B_1 时，由 B_1 到 A 距离最短，复数 N 最小，指示器的读数为最小。然后调节 R_1，这时 B_1 的虚部不变，复数 B_1 将沿直线 cd 移动。当 B_1 移动到 A 时，复数 N 为零，电桥平衡。

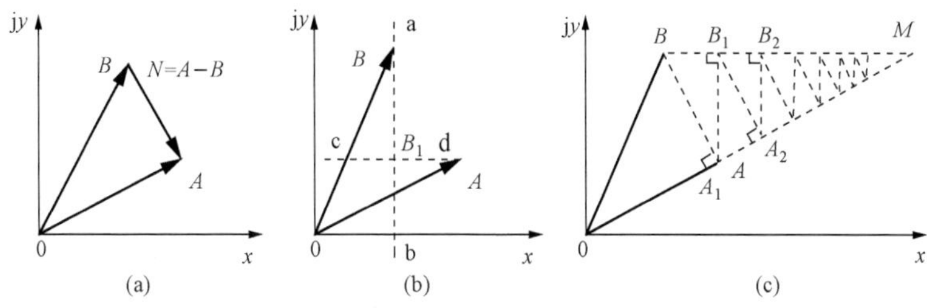

图 5-43 电桥平衡条件

(a) A、B 复平面表示；(b)、(c) R_1、L_1 可调电桥平衡过程

3. 电桥电路

电抗测量中广泛应用的基本电桥形式列于表 5-6。表中还对各种电桥的特点作了扼要说明，并给出了平衡条件。下面对表中部分电桥如何测量元件参数作一些说明。直流电桥用于精确地测量电阻的阻值。当电桥平衡时，有

$$R_x = \frac{R_2}{R_3}R_4 = KR_4 \tag{5-88}$$

$$K = \frac{R_2}{R_3}$$

通常，R_2 与 R_3 的比值做成一比率臂，K 称为比率臂的倍率，R_4 为标准电阻，称为标称臂。只要适当地选择倍率 K 和 R_4 的阻值，就可以精确地测得 R_x 的阻值。

表 5-6　　常用基本电桥

编号	特点	基本线路	平衡条件
(1)	直流电桥 适用于 1Ω 到几兆欧范围电阻	R_x、R_2、A、R_4、R_3	$R_x = \frac{R_2}{R_4}R_4$
(2)	串联电容比较电桥 适用于测量最小损耗电容，便于分别读数。若调节 R_2 和 R_4，可直接读出 C_x 和 $\tan\delta_x$	C_x、R_x、R_2、A、C_4、R_4、R_3	$C_x = \frac{R_3}{R_2}C_4$ $R_x = \frac{R_2}{R_4}R_4$ $\tan\delta_x = \omega C_4 R_4$
(3)	并联电容比较电桥 适用于测量较大损耗电容，便于分别读数	R_x、R_2、C_x、A、C_4、R_4、R_3	$C_x = \frac{R_3}{R_2}C_4$ $C_x = \frac{R_3}{R_2}C_4$ $\tan\delta_x = 1/\omega C_4 R_4$

续表

编号	特点	基本线路	平衡条件
(4)	高压（西林）电桥 用于测量高压下电容或绝缘材料的介质，便于分别读数。调节 R_2 和 C_3 可直接读出 C_x 和 $\tan\delta_x$	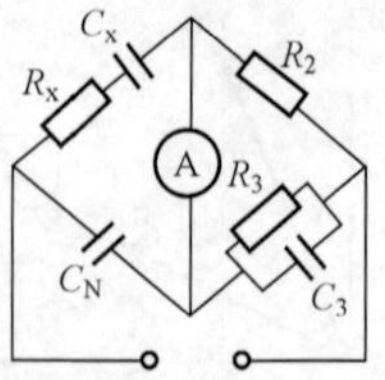	$C_x = \frac{R_3}{R_2}C_N$ $R_x = \frac{C_2}{C_4}R_2$ $\tan\delta_x = \omega C_3 R_3$
(5)	麦克斯威—文氏电桥 用于测量 Q 不高的电感。若选 R_3，R_4 为可调元件，则可直读 L_x，Q_x	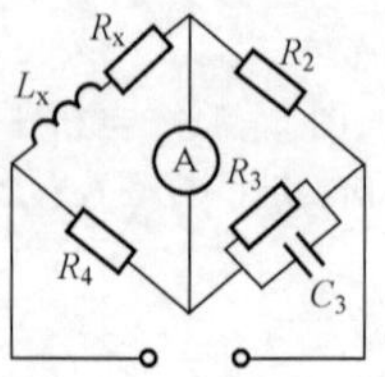	$L_x = R_2 R_4 C_3$ $R_x = \frac{R_2}{R_4}R_4$ $Q_x = \omega C_3 R_3$
(6)	麦克斯威电感比较电桥 用于测量 Q 较低的电感，电阻 R_0 借开关 S，可串联 L_x 或 L_4	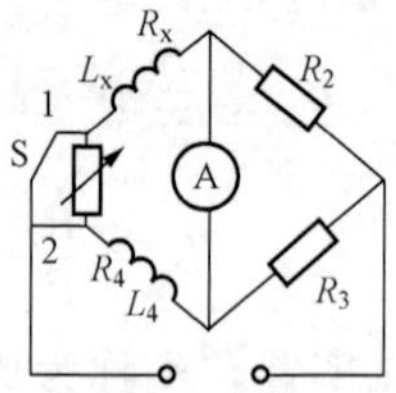	$L_x = \frac{R_2}{R_3}L_4$ S 置 1 $\left.\begin{aligned} R_x &= \frac{R_2}{R_3}(R_4+R_0) \\ Q_x &= \omega L_4/(R_4+R_0) \end{aligned}\right\}$ S 置 2 $\left.\begin{aligned} R_x &= \frac{R_2}{R_3}R_4 - R_0 \\ Q_x &= \omega L_4\Big/\left(R_4-\frac{R_3}{R_2}R_0\right) \end{aligned}\right\}$

通过与已知电容或电感比较来测定未知电容或电感，称为比较电桥，其特点是相邻两臂采用纯电阻。表 5-6 中的（2）和（3）为电容比较电桥，而（6）为电感比较电桥。表 5-7 为频率划分表。

表 5-7　　频率划分表

频　率	频率范围	波长（m）	名　称
甚低频（VLF）	3～30kHz	$10^4 \sim 10^5$	超长波
低频（LF）	30～300kHz	$10^3 \sim 10^4$	长波
中频（MF）	300～3000kHz	$10^2 \sim 10^3$	中波
高频（HF）	3～30MHz	$10^1 \sim 10^2$	短波
甚高频（VHF）	30～300MHz	1～10	米波
超高频（UHF）	300～3000MHz	0.1～1	分米波

串联电容比较电桥如图 5-44 所示，设

$$Z_1 = R_x + \frac{1}{j\omega C_x},\ Z_2 = R_2$$

$$Z_3 = R_3,\ Z_4 = R_4 + \frac{1}{j\omega C_4}$$

根据电桥平衡条件，得

$$\left(R_x+\frac{1}{j\omega C_x}\right)R_3=R_2\left(R_4+\frac{1}{j\omega C_4}\right) \tag{5-89}$$

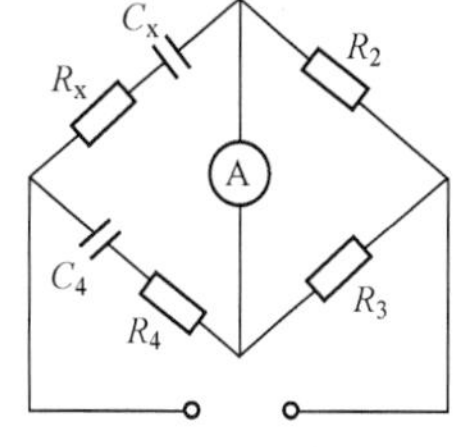

图 5-44　串联电容比较电桥

式（5-89）为复数方程，方程两边必须同时满足实部相等和虚部相等，即

$$\left.\begin{aligned}R_xR_3&=R_2R_4(\text{实部相等})\\ \frac{R_3}{\omega C_x}&=\frac{R_2}{\omega C_4}(\text{虚部相等})\end{aligned}\right\} \tag{5-90}$$

由式（5-90）解得

$$\left.\begin{aligned}R_x&=\frac{R_2}{R_3}R_4\\ C_x&=\frac{R_3}{R_2}C_4\end{aligned}\right\} \tag{5-91}$$

图 5-45 所示麦克斯威—文氏电桥，可用于测量电感线圈。设

$$\left.\begin{aligned}Z_1&=R_x+j\omega L_x\\ Z_2&=R_2\\ Y_3&=\frac{1}{Z_3}=\frac{1}{R_3}+j\omega C_3\\ Z_4&=R_4\end{aligned}\right\} \tag{5-92}$$

电桥平衡方程可改写为

$$Z_1=Z_2Z_4Y_3 \tag{5-93}$$

将式（5-92）代入式（5-93），得

$$(R_x+j\omega L_x)=R_2R_4\left(\frac{1}{R_3}+j\omega C_3\right)$$

根据上式两边实部和虚部分别相等，解得

$$\left.\begin{aligned}R_x&=\frac{R_2}{R_3}R_4\\ L_x&=R_2R_4C_3\end{aligned}\right\} \tag{5-94}$$

图 5-46 所示的变量器电桥可用于高频时的电抗测量。它是以变量器的绕组作为电桥的比例臂，其中 N_1、N_2 为信号源处变量器 B 1的一、二次绕组匝数，m_1、m_2 为指示器处变量器 B2 的一、二次绕组匝数。根据变量器的一、二次电流与匝数成反比，对于变量器 B2 有

$$\frac{m_1}{m_2}=-\frac{\dot{I}_2}{\dot{I}_1} \tag{5-95}$$

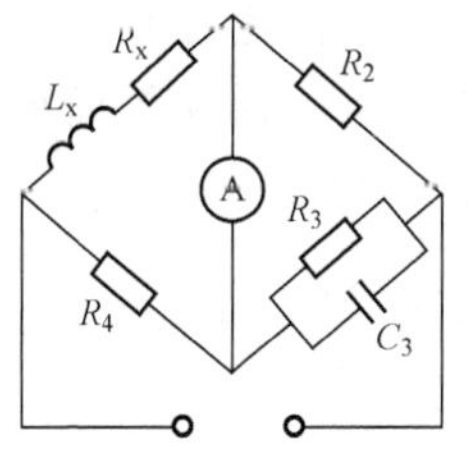

图 5-45　麦克斯威—文氏电桥

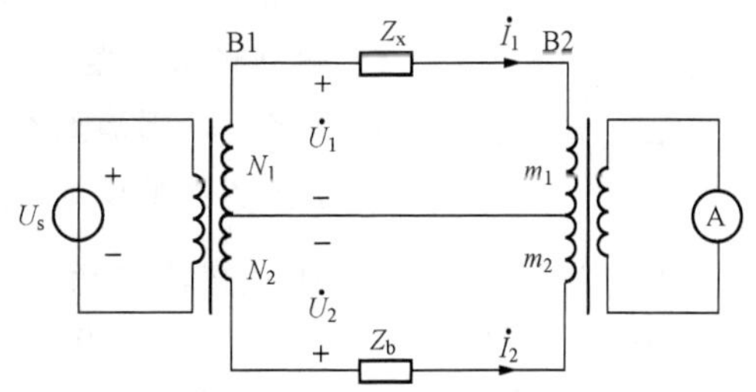

图 5-46　变量器电桥

$$\dot{I}_1=\frac{\dot{U}_1}{Z_x},\ \dot{I}_2=\frac{\dot{U}_2}{Z_b} \tag{5-96}$$

对于变量器 B1 存在着下列关系，即

$$\frac{\dot{U}_1}{\dot{U}_2}=\frac{N_1}{N_2} \tag{5-97}$$

由式（5-95）、式（5-96）和式（5-97）可解得

$$Z_x=-\frac{N_1m_1}{N_2m_2}Z_b \tag{5-98}$$

变量器电桥与一般四臂电桥相比较，其变压比唯一地取决于匝数比，匝数比可以做得很准确，也不受温度、老化等因素的影响；其次，其收敛性好，对屏蔽的要求低，因此变量器电桥广泛地用于高频电抗测量。

4. 电桥的电源和指示器

交流电桥的信号源应该是交流电源，理想的交流电源应该是频率稳定的正弦波。当信号源的波形有失真时（即含有谐波），电桥的平衡将非常困难。这是因为在一般情况下，电桥平衡仅仅是对基波而言。若谐波分量较大，那么当通过指示器的基波电流为零时，谐波电流却使指示器不为零，这样势必导致测量误差。因此，为了消除谐波电流的影响，除了要求信号源有良好的波形外，往往还在指示器电路中加装选择性回路，以便消除谐波成分。

5. 电桥的屏蔽和防护

一切实际元件，其电抗值都不可避免地受到寄生电容的影响。寄生电容的大小往往随着桥臂的调节以及环境的改变等而变化，因此，寄生电容的存在及其不稳定性严重地影响了电桥的平衡及其测量精度。从原则上说，要消除寄生电容是不可能的，大多数防护措施是把这些电容固定下来，或者把线路中某点接地，以消除某些寄生电容的作用。

屏蔽对消除和固定磁的或电的影响十分有效。屏蔽一般采用两种方案。第一种方案是接地屏蔽，如图 5-47 所示。这时屏蔽罩外的一切电磁干扰都将不会影响屏蔽的电抗 Z 接地线使屏蔽罩 P 与地之间的电容 C_{P0} 被短路。但 Z 本身对地的电容 C_{1P} 和 C_{2P} 将大为增加，然而其值是不变的，不受外界因数的影响。

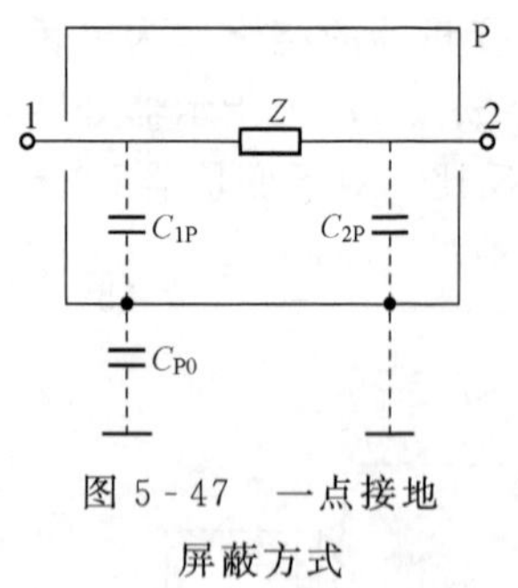

图 5-47 一点接地屏蔽方式

第二种方案所谓单极屏蔽，如图 5-48（a）所示。屏蔽罩 P 与被屏蔽的阻抗 Z 的一端 2 相连接。这时 Z 与屏蔽罩之间只有 C_{1P}，其值是固定，并与 Z 是并联，但屏蔽罩与地之间的电容 C_{P0} 将会随屏蔽罩外部的变化而引起改变。在此方案中，若屏蔽罩能接地，则消除 C_{P0} 的影响。若不能接地，则在外面再加一层接地屏蔽就可稳定 C_{P0}，如图 5-48（b）所示。

【例 5-7】 图 5-49（a）所示直流电桥，指示器的电流灵敏度为 10mm/μA，内阻为 100Ω。计算由于 BC 臂有 5Ω 不平衡量所引起的指示器偏转量。

解 若 BC 臂电阻为 2000Ω，电桥平衡，流过指示器的电流 $I=0$。电桥不平衡时，利用戴维南定理求出流过指示器的电流 I。

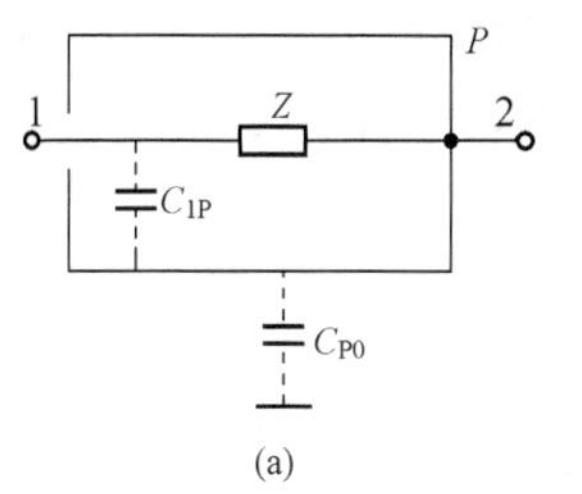

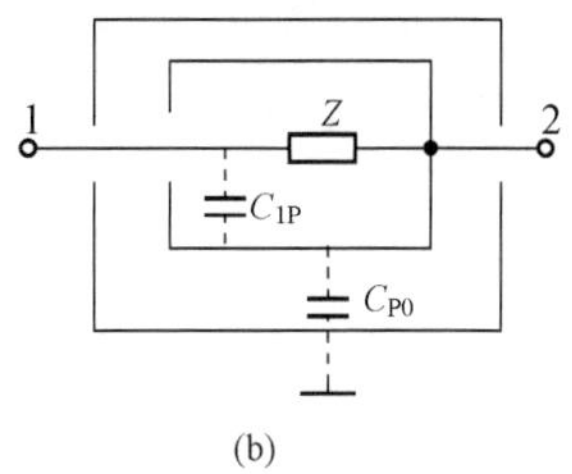

图 5-48 单极屏蔽和双层屏蔽
(a) 单极屏蔽；(b) 双层屏蔽

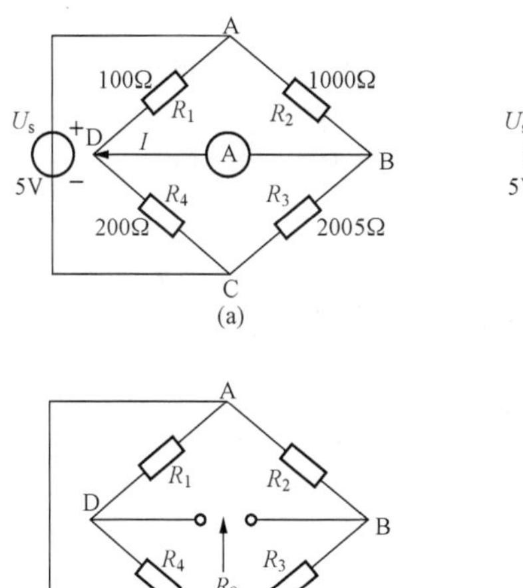

(b)

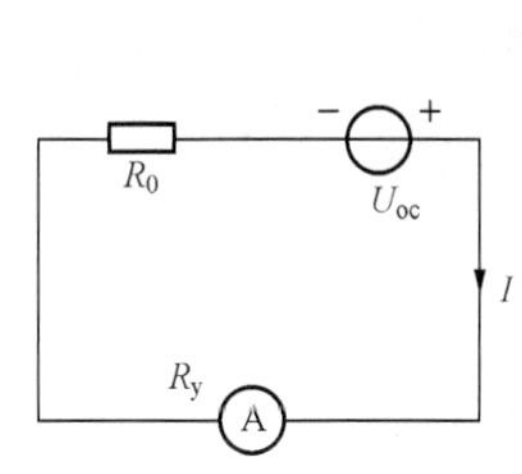

图 5-49 [例 5-7] 图

断开指示器支路，如图 5-49（b）所示。BD 两端的开路电压为

$$
\begin{aligned}
U_{oc} = U_{BDo} &= U_{AD} - U_{AB} \\
&= \frac{R_1}{R_1 + R_4}U_s - \frac{R_2}{R_2 + R_3}U_s \\
&= \frac{100}{100 + 200} \times 5 - \frac{1000}{1000 + 2005} \times 5 = 2.77(\text{mV})
\end{aligned}
$$

在 BD 两端计算戴维南等效电阻时，5V 电压源必须短路，如图 5-49（c）所示。由图可知

$$
\begin{aligned}
R_0 &= \frac{R_1R_4}{R_1 + R_4} + \frac{R_2R_3}{R_2 + R_3} = \frac{200 \times 100}{200 + 100} + \frac{1000 \times 2005}{1000 + 2005} \\
&= 734(\Omega)
\end{aligned}
$$

画出戴维南等效电路，如图 5-49（d）所示，由图求得

$$
I = \frac{U_{oc}}{R_0 + R_y} = \frac{2.77}{734 + 100} = 3.32(\mu\text{A})
$$

则指示器偏转量为

$$
\alpha = 3.32 \times 10 = 33.2(\text{mm})
$$

【例 5-8】 某交流电桥如图 5-50 所示。当电桥平衡时，$C_1=0.5\mu F$，$R_2=2k\Omega$，$C_2=0.047\mu F$，$R_3=1k\Omega$，$C_3=0.47\mu F$，信号源 $\dot{U}_s$ 的频率为 1kHz，求电抗 Z_4 的元件值？

解 由电桥平衡条件

$$Z_2Z_4=Z_1Z_3$$

$$Z_4=Z_1Z_3Y_2 \tag{5-99}$$

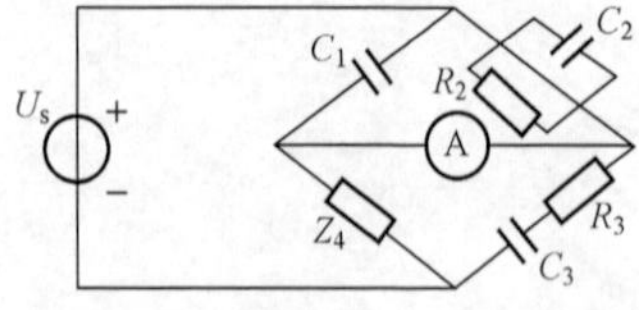

图 5-50 ［例 5-8］图

根据图 5-50，得

$$\left.\begin{aligned} Z_1=\frac{1}{j\omega C_1},\ Y_2=\frac{1}{R_2}+j\omega C_2 \\ Z_3=R_3+\frac{1}{j\omega C_3} \end{aligned}\right\} \tag{5-100}$$

将式（5-100）代入式（5-99）得

$$Z_4=\frac{1}{j\omega C_1}\left(R_3+\frac{1}{j\omega C_3}\right)\left(\frac{1}{R_2}+j\omega C_2\right)$$

对上式化简后得

$$Z_4=\left(\frac{R_3C_2}{C_1}-\frac{1}{\omega^2C_1C_3R_2}\right)-j\left(\frac{R_3}{\omega R_2C_1}+\frac{C_2}{\omega C_1C_3}\right)$$

把元件参数及角频率 $\omega=2\pi f$ 代入上式，解得

$$Z_4=40.2-j190.8=R_4-jX_{C_4}$$

$$R_4=40.2\Omega$$

$$C_4=\frac{1}{X_{C_4}\omega}=\frac{1}{190.8\times2\pi\times10^3}=0.83(\mu F)$$

三、谐振法测量电抗

谐振法是利用 LC 串联电路和并联电路的谐振特性来进行测量的方法。图 5-51（a）、（b）分别画出了 LC 串联谐振电路和并联谐振电路的基本形式。图中电流、电压均用相量表示。

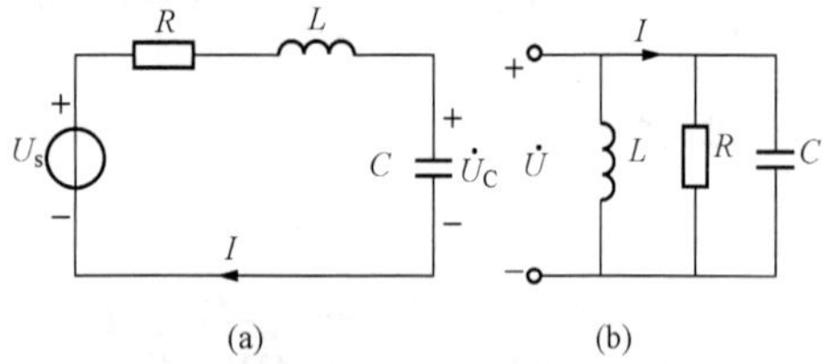

当外加信号源的角频率等于回路的固有角频率 ω_0 时，即

$$\omega=\omega_0=\frac{1}{\sqrt{LC}} \tag{5-101}$$

此时 LC 串联或并联谐振电路发生谐振，则有

$$L=\frac{1}{\omega_0^2C} \tag{5-102}$$

图 5-51 LC 串、并联谐振电路的基本形式

（a）LC 串联谐振电路；（b）LC 并联谐振电路

$$C=\frac{1}{\omega_0^2L} \tag{5-103}$$

由式（5-102）和式（5-103）可测得 L 或 C 的参数。对于图 5-51 所示的 LC 串联谐振电路，其电流为

$$\dot{I}_s=\frac{\dot{U}_s}{R+j\left(\omega L-\frac{1}{\omega C}\right)} \tag{5-104}$$

电流 $\dot{I}$ 的幅值为

$$I=\frac{U_s}{\sqrt{R^2+\left(\omega L-\frac{1}{\omega C}\right)^2}} \tag{5-105}$$

当电路发生谐振时，其感抗与容抗相等，即 $\omega_0 L=1/\omega_0$，回路中的电流达最大值，即

$$I=I_0=\frac{U_s}{R}$$

此时电容器上的电压为

$$U_C=U_{C0}=\frac{1}{\omega_0 C}I_0=\frac{1}{\omega_0 C}\frac{U_s}{R}=QU_s \tag{5-106}$$

$$Q=\frac{1}{\omega_0 CR}=\frac{\omega_0 L}{R} \tag{5-107}$$

由式（5-105）得

$$I=\frac{U_s}{R\sqrt{1+\left(\frac{\omega_0 L}{R}\right)^2\left(\frac{\omega}{\omega_0}-\frac{\omega_0}{\omega}\right)^2}} \tag{5-108}$$

由于谐振时电流 $I_0=\frac{U_s}{R}$，回路的品质因数 $Q=\frac{\omega_0 L}{R}$，故式（5-108）改写为

$$\frac{I}{I_0}=\frac{1}{\sqrt{1+Q^2\left(\frac{\omega}{\omega_0}-\frac{\omega_0}{\omega}\right)^2}} \tag{5-109}$$

在失谐不大的情况下，可作如下的近似，即

$$\frac{\omega}{\omega_0}-\frac{\omega_0}{\omega}=\frac{\omega^2-\omega_0^2}{\omega_0\omega}=\frac{(\omega+\omega_0)(\omega-\omega_0)}{\omega_0\omega}$$

$$\approx\frac{2\omega(\omega-\omega_0)}{\omega\omega_0}=\frac{2(\omega-\omega_0)}{\omega_0}$$

这样，式（5-109）可改写为

$$\frac{I}{I_0}=\frac{1}{\sqrt{1+Q^2\left[\frac{2(\omega-\omega_0)}{\omega_0}\right]^2}} \tag{5-110}$$

调节频率，使回路失谐，设 $\omega=\omega_2$ 和 $\omega=\omega_1$ 分别为半功率点处的上、下限频率，如图5-52所示。此时，$I/I_0=1/\sqrt{2}=0.707$，由式（5-110）得

$$Q\frac{2(\omega_2-\omega_0)}{\omega_0}=1 \tag{5-111}$$

由于回路的通频带宽度 $B=f_2-f_1=2(f_2-f_0)$，故由式（5-111）得

$$Q=\frac{f_0}{B}=\frac{f_0}{f_2\quad f_1} \tag{5-112}$$

由式（5-112）可知，只需测得半功率点处的频率 f_2、f_1 和谐振频率 f_0，即可求得品质因数 Q。这种测量 Q 值的方法称为变频率法。由于半功率点的判断比谐振点容易，故其准确度较高。

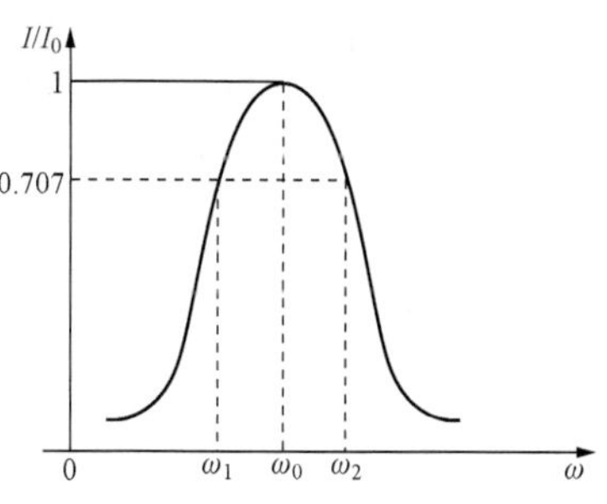

图 5-52　变频时的谐振曲线

设回路谐振时的电容为 C_0，此时若保持信号源的频率和振幅不变，可通过改变回路的调谐电容求 Q 值。设半功率点处的电容分别为 C_1 和 C_2，且 $C_2 > C_1$，变电容时的谐振曲线如图 5 - 53 所示。类似于变频率法，可以推得

$$Q = \frac{2C_0}{C_2 - C_1} \tag{5-113}$$

由式（5 - 113）可求得品质因数 Q。这样测量 Q 值的方法，称为变电容法。

四、利用转换器测量电抗

设一被测电抗 Z_x 与一标准电阻 R_b 相串联，其电路如图 5 - 54 所示。图中电流、电压均用相量表示。由于

$$Z_x = R_x + jX_x = \frac{\dot{U}_1}{\dot{I}} = \frac{\dot{U}_1}{\dot{U}_2 / R_b} = R_b \frac{\dot{U}_1}{\dot{U}_2} \tag{5-114}$$

故

$$\frac{\dot{U}_1}{\dot{U}_2} = \frac{R_x}{R_b} + j\frac{X_x}{R_b} \tag{5-115}$$

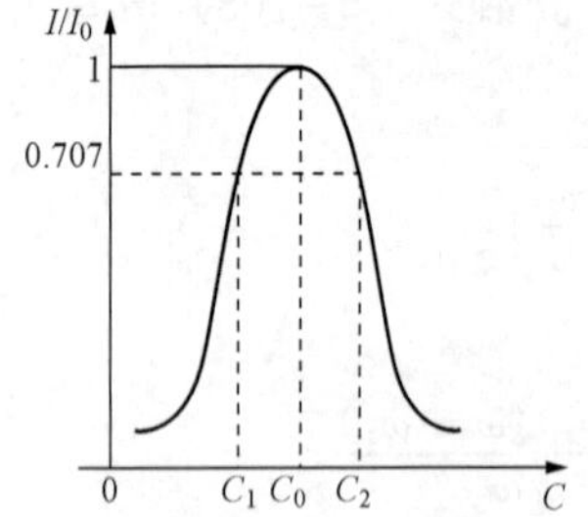

图 5 - 53 变容时的谐振曲线

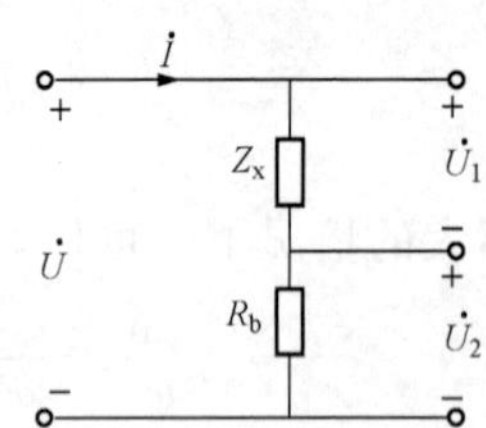

图 5 - 54 转换器测量电抗

1. 电阻/电压（Ω/V）转换器法

将被测电阻转换成电压，并由电压的测量确定 R_x 值，其电路如图 5 - 55 所示。图中运算放大器为理想器件，即放大系数 $A \to \infty$，输入电抗 $R_i \to \infty$，输出电抗 $R_0 = 0$，并且输入端虚短路（$U_i = 0$）和虚断路（$I_i = 0$）。

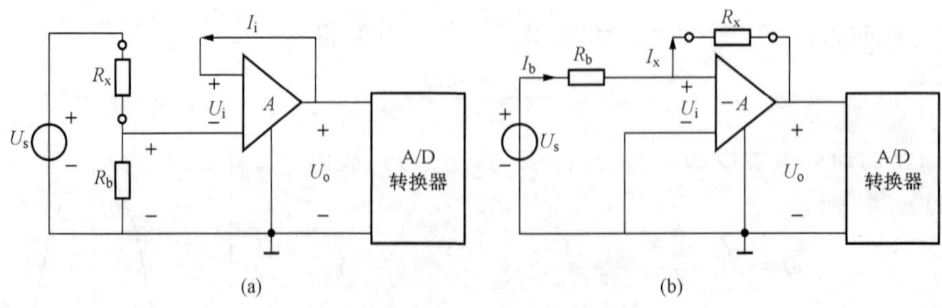

图 5 - 55 电阻/电压转换器

（a）测量低阻值；（b）测量高阻值

对于图 5 - 55（a）的电路而言，运算放大器作为电压跟随器。由于运放的输入端虚短路，由图可知，运放的输出电压 U_o 即为电阻 R_b 上的电压，故

$$U_o = \frac{R_b}{R_x + R_b} U_s$$

解得

$$R_x = \frac{U_s}{U_o} R_b - R_b \tag{5-116}$$

由式（5-116）可知，当R_b和U_s一定时，R_x可以通过测量相应的电压U_o而求得。

对于图5-55（b）的电路而言，由$I_b = I_x$，$U_i = 0$得

$$\frac{U_s}{R_b} = -\frac{U_o}{R_x}$$

$$R_x = -\frac{U_o}{U_s} R_b \tag{5-117}$$

同样，当U_s和R_b一定时，R_x可以通过测量相应的电压U_o求得。

2. 电抗/电压转换器法

采用鉴相原理的电抗/电压转换器原理图如图5-56所示。由于激励源为正弦信号，故图中电流、电压均用相量表示，被测电抗$Z_x = R_x + jX_x$。由图可知，转换器的输出电压相量$\dot{U}_1$即为被测电抗Z_x两端的电压，故

$$\dot{U}_1 = \dot{U}_s \frac{R_x + jX_x}{R_b + R_x + jX_x} \tag{5-118}$$

$$R_b \gg |R_x + jX_x|$$

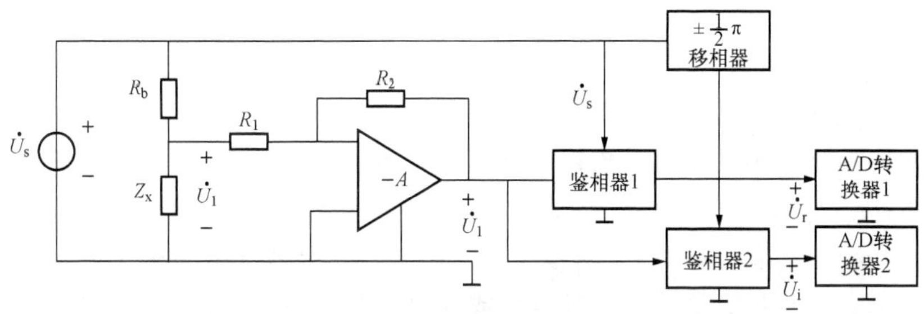

图5-56 采用鉴相原理的电抗/电压转换器

则式（5-118）近似为

$$\dot{U}_1 \approx \frac{R_x}{R_b}\dot{U}_s + j\frac{X_x}{R_b}\dot{U}_s = \dot{U}_{1r} + \dot{U}_{1i} \tag{5-119}$$

$$\dot{U}_{1r} = \frac{R_x}{R_b}\dot{U}_s \tag{5-120}$$

$$\dot{U}_{1i} = j\frac{X_x}{R_b}\dot{U}_s \tag{5-121}$$

由式（5-120）可得

$$R_x = \frac{U_{1r}}{U_s} R_b \tag{5-122}$$

若被测元件为电容器，则由式（5-121）得

$$C_x = \frac{U_s}{\omega R_b U_{1i}} \tag{5-123}$$

下面将讨论如何利用鉴相原理将电压 u_1 的实部和虚部分离开。图 5 - 56 中的鉴相器包含乘法器和低通滤波器，设 u_s 为参考电压，即

$$u_s = U_s\cos\omega t$$

u_1 的实部电压 u_{1r} 和虚部电压 u_{1i} 分别为

$$u_{1r} = U_{1r}\cos\omega t$$

$$u_{1i} = u_{1i}\cos\left(\omega t + \frac{\pi}{2}\right)$$

则

$$u_1 = u_{1r} + u_{1i} = U_{1r}\cos\omega t + U_{1i}\cos\left(\omega t + \frac{\pi}{2}\right)$$

鉴相器 1 中的乘法器，其两个输入端分别输入电压 u_1 和 u_s，乘法器的输出为

$$\begin{aligned} u_1 u'_s &= \left[U_{1r}\cos\omega t + U_{1i}\cos\left(\omega t + \frac{\pi}{2}\right)\right]U_s\cos\left(\omega t + \frac{\pi}{2}\right) \\ &= U_{1r}U_s\cos\omega t\cos\left(\omega t + \frac{\pi}{2}\right) + U_{1r}U_s\cos^2\left(\omega t + \frac{\pi}{2}\right) \\ &= \frac{1}{2}\cos\left(2\omega t + \frac{\pi}{2}\right) + \frac{1}{2}U_{1i}U_s - \frac{1}{2}U_{1i}U_s\cos 2\omega t \end{aligned}$$

同理，乘法器的输出经滤波后，使鉴相器 2 的输出正比于 u_1 的虚部。

第四节 频率时间测量

一、概述

（一）时间、频率的基本概念

1. 时间的定义与标准

时间是国际单位制中七个基本物理量之一，它的基本单位是秒，用 s 表示。在年历计时中秒的单位太小，常用日、星期、月、年；在电子测量中有时秒的单位又太大，常用毫秒（ms，10^{-3}s）、微秒（μs，10^{-6}s）、纳秒（ns，10^{-9}s）、皮秒（ps，10^{-12}s）。时间在一般概念中有两种含义：一是指时刻，回答某事件或现象何时发生的，如图 5 - 57 中的矩形脉冲信号在 t_1 时刻开始出现，在 t_2 时刻消失；二是指间隔，即两个时刻之间的间隔，回答某现象或事件持续多久，如图 5 - 57 中，$\Delta t = t_2 - t_1$ 表示 t_1、t_2 这两时刻之间的间隔，即矩形脉冲持续的时间长度。需知时刻与间隔二者的测量方法是不同的。

2. 频率的定义与标准

生活中的周期现象人们早已熟悉。例如，地球自转的日出日落现象是确定的周期现象，重力摆或平衡摆轮的摆动，电子学中的电磁振荡都是确定的周期现象。自然界中类似上述的周而复始出现的事物或事件还可以举出很多，这里不再一一列举。周期过程重复出现一次所需要的时间称为周期，记为 T。在数学中，把这类具有周期性的现象概括为一种函数关系描述，即

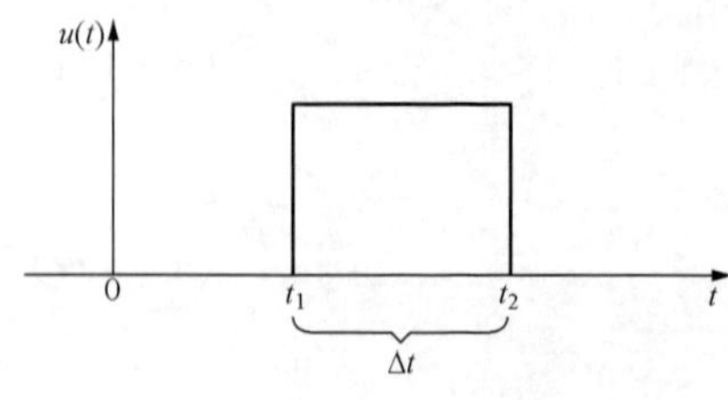

图 5 - 57　时刻、时间间隔示意图

$$F(t) = F(t + mT) \tag{5-124}$$

式中　m——整实数，即 $m=0$，±1，…；

t——描述周期过程的时间变量；

T——周期过程的周期。

频率是单位时间内周期性过程重复、循环或振动的次数，记为 f。联系周期与频的定义，不难看出 f 与 T 之间有下述重要关系，即

$$f=\frac{1}{T} \tag{5-125}$$

若周期 T 的单位是 s，那么由式（5-125）可知频率的单位就是 1/s，即赫［兹］（Hz）。

对于简谐振动、电磁振荡这类周期现象，可用更加明确的三角函数关系描述。设函数为电压函数，则可写为

$$u(t)=U_{m}\sin(\omega t+\varphi) \tag{5-126}$$

式中 U_m——电压的振幅；

ω——角频率；

φ——初相位。

3. 标准时频的传递

在当代实际生活、工作、科学研究中，人们越来越感觉到有统一的时间频率标准的重要性。一个群体或一个系统的各部件的同步运作或确定运作的先后次序，都迫切需要一个统一的时频标准。例如，我国铁路、航空、航海运行时刻表是由“北京时间”即我国铯原子时频标来制定的，我国各省、各地区乃至每个单位、家庭、个人的“时频”都应统一在这一时频标上。通常，时频标准采用下述两类方法提供给用户使用。其一，称为本地比较法，就是用户把自己要校准的装置搬到拥有标准源的地方，或者由有标准源的主控室通过电缆把标准信号送到需要的地方，然后通过中间测试设备进行比对。使用这类方法时，由于环境条件可控制得很好，外界干扰可减至最小，标准的性能得以最充分利用。缺点是作用距离有限，远距离用户要将自己的装置搬来搬去，会带来许多问题和麻烦。其二，是发送—接收标准电磁波法。这里所说的标准电磁波，是指其时间频率受标准源控制的电磁波，或含有标准时频信息的电磁波。拥有标准源的地方通过发射设备将上述标准电磁波发送出去，用户用相应的接收设备将标准电磁波接收下来，便可得到标准时频信号，并与自己的装置进行比对测量。现在，从甚长波到微波的无线电的各频段都有标准电磁波广播。例如，甚长波中有美国海军导航台的 NWC 信号（22.3kHz），英国的 GBR 信号（16kHz）；长波中有美国的罗兰 C 信号（100kHz），我国的 BPL 信号（100kHz）短波中有日本的 JJY 信号，我国的 BPM 信号（5.1.0，15MHz）；微波中有电视网络等。用标准电磁波传送标准时频，是时频量值传递与其他物理量传递方法显著不同的地方，它极大地扩大了时频精确测量的范围，大大提高了远距离时频的精确测量水平。

（二）频率测量方法概述

对于频率测量所提出的要求，取决于所测频率范围和测量任务。例如，在实验室中研究频率对谐振回路、电阻值、电容的损耗角或其他被研究电参量的影响时，能将频率测到 $\pm1\times10^{-2}$ 量级的精确度或稍高一点也就足够了；对于广播发射机的频率测量，其精确度应达到 $\pm1\times10^{-5}$ 量级；对于单边带通信机则应优于 $\pm1\times10^{-7}$ 量级；而对于各种等级的频率标准，则应在 $\pm1\times10^{-8}\sim\pm1\times10^{-13}$ 量级之间。

由此可见，对频率测量来讲，不同的测量对象与任务，对其测量精确度的要求十分悬殊。测试方法是否可以简单，所使用的仪器是否可以低廉，完全取决于对测量精确度的要求。

根据测量原理，频率测量方法大体上可作如下分类：

- 频率测量方法
  - 模拟法
    - 直读法
      - 电桥法
      - 谐振法
    - 比较法
      - 拍频法
      - 差频法
      - 示波法
        - 李沙育图形法
        - 测周期法
  - 计数法
    - 电容充放电式
    - 电子计数式

直读法又称利用无源网络频率特性测频法，包含有电桥法和谐振法。比较法是将被测频率信号与已知频率信号相比较，通过观、听比较结果，获得被测信号的频率。属比较法的有拍频法、差频法、示波法。关于模拟法测频的方法的原理将在后面介绍。

二、电子计数法测量频率

（一）电子计数法测频原理

若某一信号在 T 时间内重复变化了 N 次，则根据频率的定义，可知该信号的频率 f_x 为

$$f_x = \frac{N}{T} \tag{5-127}$$

通常 T 取 1s 或其他十进时间，如 10、0.1、0.01s 等。

图 5-58（a）所示为计数式频率计测频的框图。它主要由下列三部分组成：

（1）时间基准 T 产生电路，作用是提供准确的计数时间 T；

（2）计数脉冲形成电路，作用是将被测的周期信号转换为可计数的窄脉冲；

（3）计数显示电路，简单地说，它的作用就是计数被测周期信号重复的次数，显示被测信号的频率。

（二）误差分析计算

在测量中，误差分析计算是不可少的。理论上讲，不管对什么物理量的测量，不管采用什么样的测量方法，只要进行测量，就有误差存在。误差分析的目的就是要找出引起测量误差的主要原因，从而有针对性地采取有效措施，减小测量误差，提高测量的精确度。在前面叙述中，曾明确过计数式测量频率的方法有许多优点，但这种测量方法也存在测量误差。下面分析电子计数法测频的测量误差。

由式（5-127）得

$$\frac{\Delta f_x}{f_x} = \frac{\Delta N}{N} - \frac{\Delta T}{T} \tag{5-128}$$

从式（5-128）可以看出：电子计数法测量频率方法引起的频率测量相对误差，由计数器累计脉冲数相对误差和标准时间相对误差两部分组成。因此，可以对这两种相对误差分别加以讨论，然后使之相加得到总的频率测量相对误差。

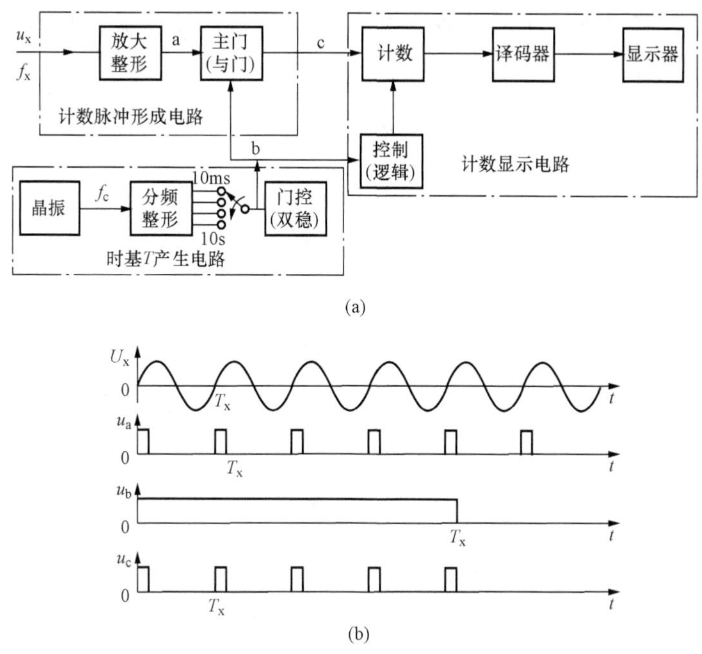

图 5-58　计数式频率计测频的框图和波形图

(a) 框图；(b) 波形图

1. 量化误差——±1 误差

在测频时，主门的开启时刻与计数脉冲之间的时间关系是不相关的，也是说它们在时间轴上的相对位置是随机的。这样，即使在相同的主门开启时间 T（先假定标准时间相对误差为零）内，计数器所计得的数却不一定相同，这便是量化误差（又称脉冲计数误差）即±1 误差产生的原因。

图 5-59 中 T 为计数器的主门开启时间，T_x 为被测信号周期，Δt_1 为主门开启时刻至第一个计数脉冲前沿的时间（假设计数脉冲前沿使计数器翻转计数），Δt_2 为闸门关闭时刻至下一个计数脉冲前沿的时间。设计数值为 N（处在 T 区间之内窄脉冲个数，图中 $N=6$），由图可得

$$T = NT_x + \Delta t_1 - \Delta t_2 = \left(N + \frac{\Delta t_1 - \Delta t_2}{T_x}\right)T_x \tag{5-129}$$

$$\Delta N = \frac{\Delta t_1 - \Delta t_2}{T_x} \tag{5-130}$$

脉冲计数最大绝对误差即±1 误差为

$$\Delta N = \pm 1 \tag{5-131}$$

根据式（5-131），可得脉冲计数最大相对误差为

$$\frac{\Delta N}{N} = \pm \frac{1}{N} = \pm \frac{1}{f_x T} \tag{5-132}$$

2. 闸门时间误差（标准时间误差）

闸门时间不准，造成主门启闭时间或长或短，显

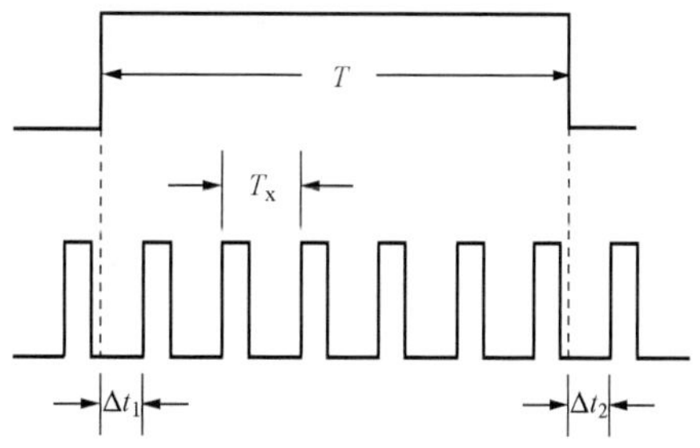

图 5-59　脉冲计数误差示意图

然要产生测频误差。闸门信号 T 是由晶振信号分频而得。设晶振频率为 f_c（周期为 T_c），分频系数为 m，所以有

$$T = mT_c = m\frac{1}{f_c} \tag{5-133}$$

对式（5-133）微分，得

$$dT = -m\frac{df_c}{f_c^2} \tag{5-134}$$

由式（5-133）、式（5-134）可知

$$\frac{dT}{T} = -\frac{df_c}{f_c^2} \tag{5-135}$$

考虑相对误差定义中使用的是增量符号 Δ，所以用增量符号代替微分符号，式（5-135）改写为

$$\frac{\Delta T}{T} = -\frac{\Delta f_c}{f_c} \tag{5-136}$$

式（5-136）表明，闸门时间相对误差在数值上等于晶振频率的相对误差。

将式（5-132）、式（5-136）代入式（5-128）得

$$\frac{\Delta f_x}{f_x} = \pm\frac{1}{f_x T} + \frac{\Delta f_c}{f_c} \tag{5-137}$$

f_c有可能大于零，也有可能小于零。若按最坏情况考虑，测量频率的最大相对误差应写为

$$\frac{\Delta f_x}{f_x} = \pm\left(\frac{1}{f_x T} + \left|\frac{\Delta f_c}{f_c}\right|\right) \tag{5-138}$$

（三）测量频率范围的扩大

电子计数器测量频率时，其测量的最高频率主要取决于计数器的工作速率，而这又是由数字集成电路器件的速度所决定的。目前计数器测量频率的上限为 1GHz，为了能测量高于 1GHz 的频率，有许多种扩大测量频率范围的方法。下面介绍外差法扩大频率测量范围的基本原理。

图 5-60 为外差法扩大频率测量的原理框图。设计数器直接计数的频率为 f_A；被测频率为 f_x，f_x 高于 f_A；本地振荡频率为 f_L，f_L 为标准频率 f_c 经 m 次倍频频率。则 f_x 与 f_L 两者混频以后的差频为

$$f_A = f_x - f_L \tag{5-139}$$

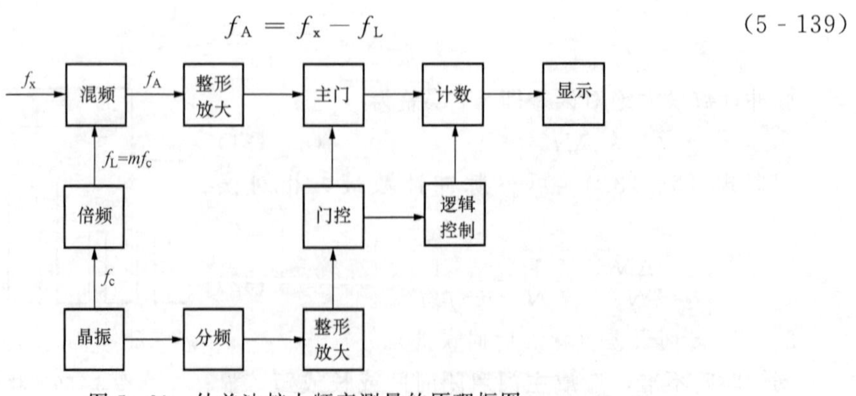

图 5-60 外差法扩大频率测量的原理框图

用计数器频率计测得 f_A，再加上 f_L 即 mf_c，使得被测频率为

$$f_x = f_L + f_A = mf_c + f_A \tag{5-140}$$

三、电子计数法测量周期

周期是频率的倒数，既然电子计数器能测量信号的频率，那么电子计数器也能测量信号的周期。二者在原理上有相似之处，但又不等同，下面作具体的讨论。

（一）电子计数法测量周期的原理

图 5-61 是应用电子计数器测量信号周期的原理框图。将它与图 5-58 对照，可以看出，它是将图 5-58 晶振标准频率信号和输入被测信号的位置对调而构成的。当输入信号为正弦波时，各点波形如图 5-62 所示。可以看出，被测信号经放大整形后，形成控制闸门脉冲信号，宽度等于被测信号的周期 T_x。晶体振荡器的输出或经倍频后得到频率为 f_c 的标准信号，其周期为 T_c，加于主门输入端，在闸门时间 T_x 内，标准频率脉冲信号通过闸门形成计数脉冲，送至计数器计数，经译码显示计数值 N。

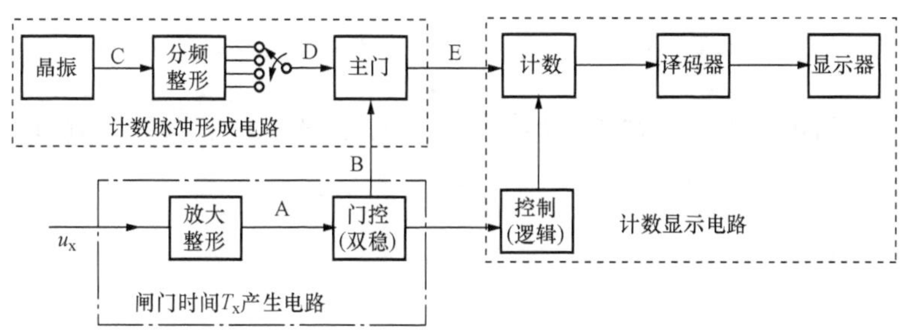

图 5-61 电子计数器测量信号周期的原理框图

由图 5-62 所示的波形图可得

$$T_x = NT_c = \frac{N}{f_c} \tag{5-141}$$

当 T_c 为一定时，计数结果可直接表示为 T_x 值。例如，$T_c = 1\mu s$，$N = 562$ 时，则 $T_x = 562\mu s$；$T_c = 0.1\mu s$，$N = 26250$ 时，则 $T_x = 2625.0\mu s$。

（二）电子计数法测量周期的误差分析

对式（5-141）微分，得

$$dT_x = T_c dN + N dT_c \tag{5-142}$$

上式两端同除 NT_c 即 T_x，得

$$\frac{dT_x}{NT_c} = \frac{dN}{N} + \frac{dT_c}{T_c}$$

即

$$\frac{dT_x}{T_x} = \frac{dN}{N} + \frac{dT_c}{T_c} \tag{5-143}$$

用增量符号代式（5-143）中微分符号，得

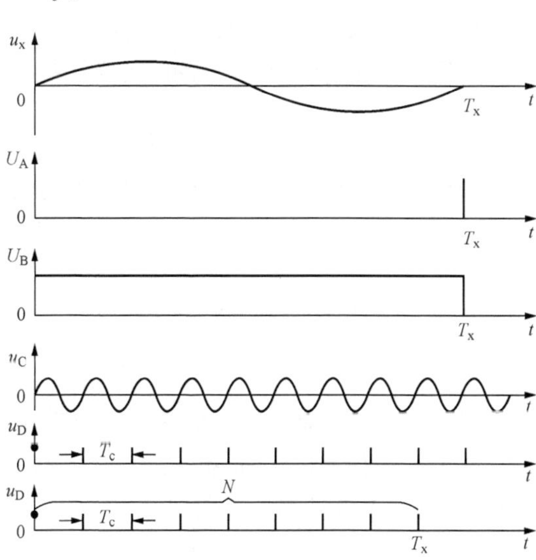

图 5-62 图 5-60 中各点波形

$$\frac{\Delta T_x}{T_x}=\frac{\Delta N}{N}+\frac{\Delta T_c}{T_c} \tag{5-144}$$

因 $T_c=1/f_c$，T_c上升时，f_c下降，所以有

$$\frac{\Delta T_c}{T_c}=-\frac{\Delta f_c}{f_c}$$

ΔN 为计数误差，在极限情况下，量化误差 $\Delta N=\pm1$，所以有

$$\frac{\Delta N}{N}=\pm\frac{1}{N}=\pm\frac{T_c}{NT_c}=\pm\frac{T_c}{T_x}=\pm\frac{1}{f_c T_x}$$

由于晶振频率误差 $\Delta f_c/f_c$的符号可能正，可能为负。考虑最坏情况，因此应用式（5-144）计算周期误差时，取绝对值相加，所以式（5-144）可改写为

$$\frac{\Delta T_x}{T_x}=\pm\left(\left|\frac{\Delta f_c}{f_c}\right|+\frac{1}{N}\right)=\pm\left(\left|\frac{\Delta f_c}{f_c}\right|+\frac{T_c}{T_x}\right) \tag{5-145}$$

例如，某计数式频率计 $\Delta f_c/f_c=2\times10^{-7}$，在测量周期时，取 $T_c=1\mu s$，则当被测信号周期 $T_x=1\mu s$ 时，有

$$\frac{\Delta T_x}{T_x}=\pm\left(2\times10^{-7}+\frac{1}{10^6}\right)=\pm1.2\times10^{-6}$$

可见，其测量精确度很高，接近晶振频率准确度。当 $T_c=1ms$ 时，测量误差为

$$\frac{\Delta T_x}{T_x}=\pm\left(2\times10^{-7}+\frac{10^{-6}}{10^{-3}}\right)\approx\pm0.1\%$$

当 $T_x=10\mu s$ 时，

$$\frac{\Delta T_x}{T_x}=\pm\left(2\times10^{-7}+\frac{1}{10}\right)\approx\pm10\%$$

由这几个简单例子数量计算结果可以明显看出，计数器测量周期时，其测量误差主要决定于量化误差，被测周期越大（f_x 越小）时误差越小，被测周期越小（f_x 越大）时误差越大。

为了减小测量误差，可以减小 T_c（增大 f_c），但这受到实际计数器计数速度的限制，应在条件许可的情况下，尽量使 f_c 增大；另一种方法是把 T_x 扩大 m 倍，形成的闸门时间宽度为 mT_x，以它控制主门开启，实施计数。计数器计数结果为

$$N=\frac{mT_x}{T_c} \tag{5-146}$$

由于 $\Delta N=\pm1$，并考虑式（5-146），所以有

$$\frac{\Delta N}{N}=\pm\frac{T_c}{mT_x} \tag{5-147}$$

将式（5-146）代入式（5-145）得

$$\frac{\Delta T_x}{T_x}=\pm\left(\left|\frac{\Delta f_c}{f_c}\right|+\frac{T_c}{mT_x}\right)=\pm\left(\left|\frac{\Delta f_c}{f_c}\right|+\frac{1}{mT_x f_c}\right) \tag{5-148}$$

式（5-147）表明了量化误差降低了 m 倍。

扩大待测信号的周期为 mT_x，这在仪器上称为周期倍乘，通常取 m 为 10^i，$i=0$，1，2，…。例如上例被测信号周期 $T_x=10\mu s$，即频率为 10^5 Hz，若采用四级十分频，将其分频成 10Hz（周期为 $10^5\mu s$），即周期倍乘 $m=10000$，这时测量周期的相对误差为

$$\frac{\Delta T_x}{T_x}=\pm\left(2\times10^{-7}+\frac{10^{-6}}{10000\times10\times10^{-6}}\right)\approx\pm10^{-5}$$

由此可见，经周期倍乘再进行周期测量，其测量精确度大为提高，但也应注意到，所乘倍数要受仪器显示位数及测量时间的限制。

在通用电子计数器中，测频率和测周期的原理及其误差的表达式都是相似的，但是从信号的流通路径来说则完全不同。测频率时，标准时间由内部基准即晶体振荡器产生。一般选用高精确度的晶振，采取防干扰措施以及稳定触发器的触发电平，这样使标准时间的误差小到可以忽略。测频误差主要决定于量化误差（即±1 误差）。在测量周期时，信号的流通路径和测频时完全相反，这时内部的基准信号，在闸门时间信号控制下通过主门，进入计数器。闸门时间信号则由被测信号经整形产生，它的宽度不仅决定于被测信号周期，还与被测信号的幅度、波形陡直程度以及叠加噪声情况等有关，而这些因素在测量过程中是无法预先知道的，因此测量周期的误差因素比测量频率时要多。

在测量周期时，被测信号经放大整形后作为时间闸门的控制信号（简称门控信号），因此，噪声将影响门控信号（即 T_x）的准确性，造成所谓触发误差。如图 5－63 所示，若被测正弦信号为正常的情况，在过零时刻触发，则开门时间为 T_x；若存在噪声，有可能使触发时间提前 ΔT_1，也有可能使触发时间延迟 ΔT_2。若粗略分析，设正弦波形过零点的斜率为 $\tan\alpha$，α 角如图 5－63 中虚线所标，则得

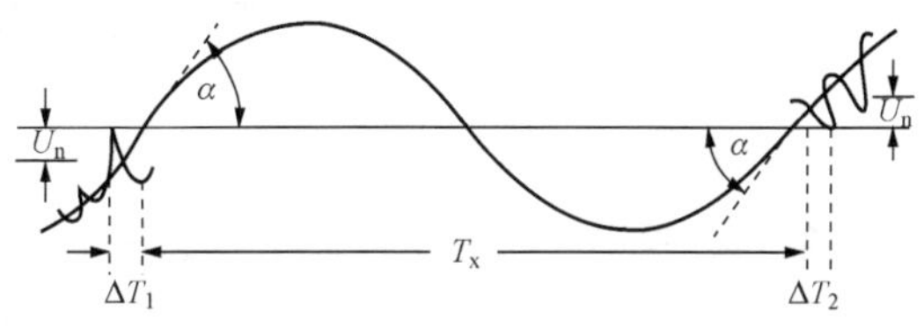

图 5－63　触发误差示意图

$$\Delta T_1 = \frac{U_n}{\tan\alpha} \tag{5-149}$$

$$\Delta T_2 = \frac{U_n}{\tan\alpha} \tag{5-150}$$

式中　U_n——被测信号上叠加的噪声“振幅值”。

当被测信号为正弦波，即 $u_x = U_m \sin\omega_x t$ 门控电路触发电平为 U_p，则

$$\tan\alpha = \frac{du_x}{dt}\Big|_{u_x=u_p t=t_p} = 2\pi f_x U_m \cos\omega_x t_P$$

$$= \frac{2\pi}{T_x} U_m \sqrt{1-\sin^2\omega_x t_P} = \frac{2\pi}{T_x} U_m \sqrt{1-\left(\frac{U_P}{U_m}\right)^2} \tag{5-151}$$

将式（5－151）代入式（5－149）、式（5－150），可得

$$\Delta T_1 = \Delta T_2 = \frac{U_n T_x}{2\pi U_m \sqrt{1-\left(\frac{U_P}{U_m}\right)^2}} \tag{5-152}$$

因为一般门电路采用过零触发，即 $U_P = 0$，因此

$$\Delta T_1 = \Delta T_2 = \frac{T_x}{2\pi}\frac{U_n}{U_m} \tag{5-153}$$

在极限情况下，开门的起点将提前 ΔT_1，关门的终点将延迟 ΔT_2，或者相反。根据随机误差的合成定律，可得总的触发误差为

$$\Delta T_n = \pm\sqrt{(\Delta T_1)^2 + (\Delta T_2)^2}$$

$$= \sqrt{2}\frac{T_x}{2\pi}\frac{U_n}{U_m} = \frac{T_x U_n}{\sqrt{2}\pi U_m} \tag{5-154}$$

如前类似分析，若门控信号周期扩大 k 倍，则由随机噪声引起的触发相对误差可降低为

$$\frac{\Delta T_n}{T_x}=\pm\frac{1}{k\sqrt{2}\pi}\frac{U_n}{U_m} \tag{5-155}$$

分析至此，若考虑噪声引起的触发误差，那么用电子计数器测量信号周期的误差共有 3 项，即量化误差（±1 误差）、标准频率误差和触发误差。按最坏的可能情况考虑，在求其总误差时，可进行绝对值相加，即

$$\frac{\Delta T_x}{T_x}=\pm\left(\frac{1}{kT_x f_c}+\left|\frac{\Delta f_c}{f_c}\right|+\frac{1}{\sqrt{2}k\pi}\frac{U_n}{U_m}\right) \tag{5-156}$$

式中 k——周期倍乘数。

第五节 相位差测量

一、概述

振幅、频率和相位是描述正弦交流电的 3 个要素。以电压为例，其函数关系为

$$u=U_m\sin(\omega t+\varphi_0) \tag{5-157}$$

式中 U_m——电压的振幅；

ω——角频率；

φ_0——初相位。

设 $\varphi=\omega t+\varphi_0$，$\varphi$ 为瞬时相位，随时间改变；φ_0 是 $t=0$ 时刻的瞬时相位值。两个角频率为 ω_1、ω_2 的正弦电压分别写为

$$\left.\begin{aligned}u_1&=U_{m1}\sin(\omega_1 t+\varphi_1)\\u_2&=U_{m2}\sin(\omega_2 t+\varphi_2)\end{aligned}\right\} \tag{5-158}$$

它们的瞬时相位差为

$$\theta=(\omega_1 t+\varphi_1)-(\omega_2 t+\varphi_2)=(\omega_1-\omega_2)t+(\varphi_1-\varphi_2) \tag{5-159}$$

显然，两个角频率不相等的正弦电压（或电流）之间的瞬时相位差是时间 t 的函数，它随时间改变而改变。当两正弦电压的角频率 $\omega_1=\omega_2=\omega$ 时，则有

$$\theta=\varphi_1-\varphi_2 \tag{5-160}$$

由此可见，两个频率相同的正弦量间的相位差是常数，并等于两正弦量的初相之差。在实际工作中，经常需要研究诸如放大器、滤波器、各种器件等的频率特性，即输出输入信号间幅度比随频率的变化关系（幅频特性）和输出输入信号间相位差随频率的变化关系（相频特性）。尤其在图像信号传输与处理、多元信号的相干接收等学科领域，研究网络（或系统）的相频特性显得更为重要。

相位差的测量是研究网络相频特性中必不可少的重要方面，如何使相位差的测量快速、精确已成为生产科研中重要的研究课题。

测量相位差的方法很多，主要有用示波器测量；把相位差转换为时间间隔，先测量出时间间隔再换算为相位差；把相位差转换为电压，先测量出电压再换算为相位差；与标准移相器的比较（零示法）等。本章对上述四类方法测量相位差的基本工作原理都加以介绍，但重点讨论把相位差转换为时间间隔的测量方法。

二、用示波器测量相位差

设电压

$$\left.\begin{aligned} u_1(t) &= U_{m1}\sin(\omega t+\varphi) \\ u_2(t) &= U_{m2}\sin\omega t \end{aligned}\right\}$$

为了叙述问题方便，令 $u_2(t)$ 的初相位为零。

将 u_1、u_2分别接到双踪示波器的 Y_1 通道和 Y_2 通道，适当调节扫描旋钮和 Y 增益旋钮，使在荧光屏上显示出如图 5-64 所示的上下对称的波形。设 u_1过零点分别为 A、C 点，对应的时间为 t_A、t_C；u_2过零点分别为 B、D 点，对应的时间为 t_B、t_D。正弦信号变化一周是 360°，u_1过零点 A 比 u_2过零点 B 提前 t_B、t_A出现，所以 u_1超前 u_2的相位，即是 u_1、u_2的相位差为

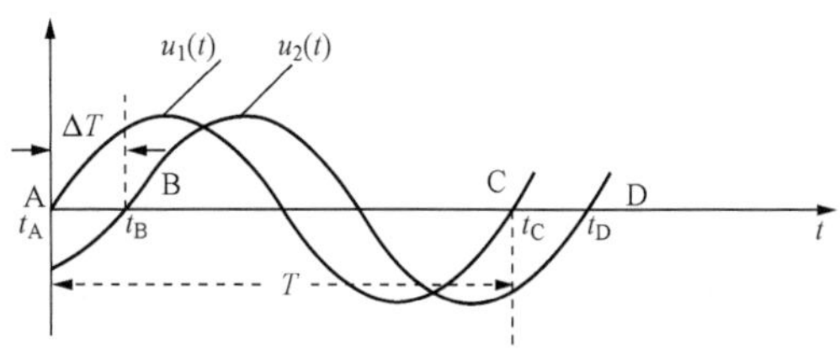

图 5-64　比较法测量相位差

$$\varphi = 360^\circ \times \frac{t_B - t_A}{t_C - t_A} = 360^\circ \times \frac{\Delta T}{T} \tag{5-161}$$

式中　T——两同频正弦波的周期；

ΔT——两正弦波过零点的时间差。

若示波器水平扫描的线性度很好，则可将线段 AB 写为 $AB \approx k(t_B - t_A)$，线段 $AC \approx k(t_C - t_A)$ 其中 k 为比例常数，则式（5-161）改写为

$$\varphi \approx 360^\circ \times \frac{AB}{AC} \tag{5-162}$$

可见，量得波形过零点之间的长度 AB 和 AC 即可由式（5-161）计算出相位差。

三、相位差转换为电压进行测量

1. 差接式相位检波电路

图 5-65（a）所示的鉴相电路应具有较严格的电路对称：两个二极管特性应完全一致，变压器中心抽头准确，一般取 $R_1 = R_2$，$C_1 = C_2$。下面介绍这种鉴相电路的基本原理。

设输入信号为 $u_1 = U_{1m}\sin\omega t$，$u_2 = U_{2m}\sin(\omega t - \varphi)$，且 $U_{1m} \gg U_{2m} > 1\text{V}$，使两二极管工作在线性检波状态，还假设时间常数 R_1C_1、R_2C_2、R_3C_3都远大于被测信号周期 T。

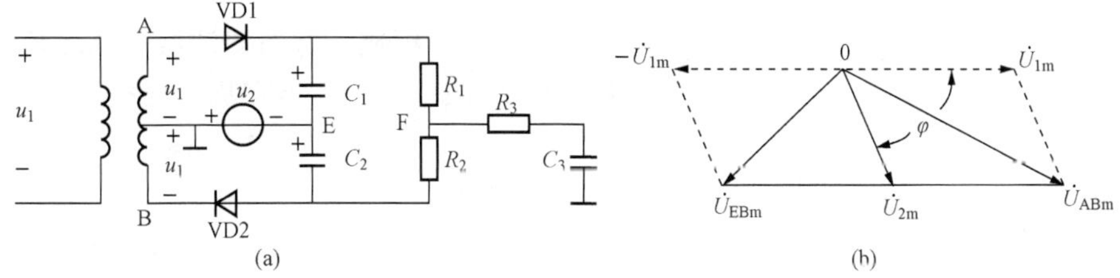

图 5-65　差接式相位检波电路图和相量图

（a）电路图；（b）相量图

由图 5-65 可以看出：当 $u_{AE} > 0$ 时，二极管 VD1 导通，u_{AE}对 C_1充电；由于二极管正向导通时电阻很小，则充电时常数很小，充电速度较快；$u_{AE} < 0$ 时，VD1 截至，C_1 通过 R_1

等元件放电，由于放电时常数很大，它远远大于被测信号周期 T，所以冲到电容 C_1 电压近似为 AE 两点之间电压 u_{AE}振幅。如上类似的过程，$u_{EB}>0$ 时，二极管 VD2 导通，u_{EB}对 C_2 充电；$u_{EB}<0$ 时，C_2放电，冲到电容 C_2上的电压近似为 EB 两点之间电压 u_{EB}的振幅 U_{EBm}。考虑到 $u_{AE}=u_1(t)+u_2(t)$，$u_{EB}=u_1(t)-u_2(t)$所以由图 5-65（b）所示向量图得

$$\begin{aligned} U_{AEm} &= \sqrt{U_{1m}^2+U_{2m}^2+2U_{1m}U_{2m}\cos\varphi} \\ &= U_{1m}\left[1+\left(\frac{U_{2m}}{U_{1m}}\right)^2+2\frac{U_{2m}}{U_{1m}}\cos\varphi\right]^{\frac{1}{2}} \end{aligned} \tag{5-163}$$

$$\begin{aligned} U_{EBm} &= \sqrt{U_{1m}^2+U_{2m}^2-2U_{1m}U_{2m}\cos\varphi} \\ &= U_{1m}\left[1+\left(\frac{U_{2m}}{U_{1m}}\right)^2-2\frac{U_{2m}}{U_{1m}}\cos\varphi\right]^{\frac{1}{2}} \end{aligned} \tag{5-164}$$

由于（U_{2m}/U_{1m}）≪1，因而（$2U_{2m}/U_{1m}$）$\cos\varphi$≪1，所以忽略式上述两式中（U_{2m}/U_{1m}）^{2}项，利用二项式定律展开再略去高次项得

$$U_{AEm} \approx U_{1m}\left(1+2\frac{U_{2m}}{U_{1m}}\cos\varphi\right)^{\frac{1}{2}} \approx U_{1m}\left(1+\frac{U_{2m}}{U_{1m}}\cos\varphi\right) \tag{5-165}$$

$$U_{EBm} \approx U_{1m}\left(1-\frac{U_{2m}}{U_{1m}}\cos\varphi\right) \tag{5-166}$$

由前述的定性分析，可知

$$U_{C1} = U_{AEm} \approx U_{1m}\left(1+\frac{U_{2m}}{U_{1m}}\cos\varphi\right) \tag{5-167}$$

$$U_{C2} = U_{EBm} \approx U_{1m}\left(1-\frac{U_{2m}}{U_{1m}}\cos\varphi\right) \tag{5-168}$$

所以 F 点电位为

$$u_F = -u_2(t)+U_{C1}-U_{R1} \tag{5-169}$$

式中 U_{R1}——电阻 R_1 上的电压。

因为 $R_1=R_2$，故 $U_{R1}=U_{R2}$，则有

$$U_{R1} = \frac{1}{2}(U_{R1}+U_{R2}) = \frac{1}{2}(U_{C1}+U_{C2}) = U_{1m} \tag{5-170}$$

将式（5-168）、式（5-170）代入式（5-169）得

$$\begin{aligned} u_F &= -u_2(t)+U_{1m}+U_{2m}\cos\varphi-U_{1m} \\ &= -u_2(t)+U_{2m}\cos\varphi \end{aligned}$$

R_3 和 C_3 组成一低通滤波器，滤除角频率为 ω 的交流分量 $-u_2(t)$，得直流输出电压

$$U_o = U_{2m}\cos\varphi \tag{5-171}$$

2. 平衡式相位检波电路

由 4 个性能完全一致的二极管 VD1～VD4 接成四边形，待测两信号通过变压器对称地加在四边形的对角线上，输出电压从两变压器的中心抽头引出，如图 5-66 所示。图中 R_L 为负载电阻，C 为滤波电容。对信号频率 ω 来说相对于短路。

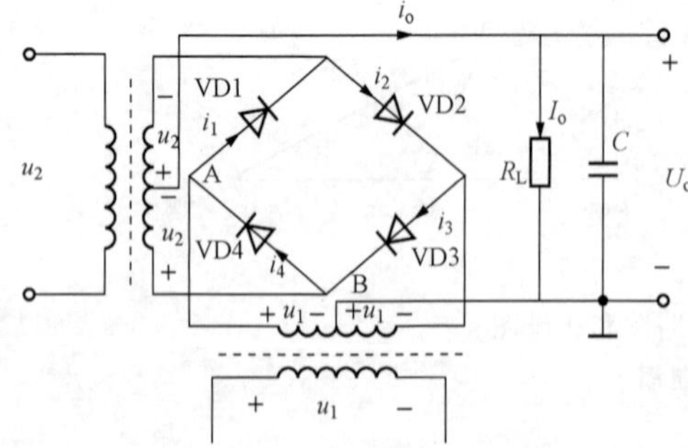

图 5-66 平衡式相位检波器

设二极管上的电流电压参考方向关联，其伏安特性为二次函数，即

$$i = a_0 + a_1 u + a_2 u^2 \tag{5-172}$$

式中 a_0、a_1、a_2——实常数。

当输入信号电压参考方向如图 5-66 中所标时，加在 4 个二极管正极和负极间的电压分别为

$$\left.\begin{aligned} u_{VD1} &= u_1 + u_2 \\ u_{VD2} &= u_1 - u_2 \\ u_{VD3} &= -u_1 - u_2 \\ u_{VD4} &= -u_1 + u_2 \end{aligned}\right\} \tag{5-173}$$

将式（5-172）代入式（5-173），得到流过 4 个二极管的正向电流分别为

$$\begin{aligned} i_1 &= a_0 + a_1(u_1 + u_2) + a_2(u_1 + u_2)^2 \\ i_2 &= a_0 + a_1(u_1 - u_2) + a_2(u_1 - u_2)^2 \\ i_3 &= a_0 + a_1(-u_1 - u_2) + a_2(-u_1 - u_2)^2 \\ i_4 &= a_0 + a_1(-u_1 + u_2) + a_2(-u_1 + u_2)^2 \end{aligned}$$

而流经输出端的电流为

$$\begin{aligned} i_o &= i_1 - i_2 + i_3 - i_4 \\ &= 8a_2 u_1 u_2 = 8a_2 U_{1m} \sin\omega t U_{2m} \sin(\omega t - \varphi) \\ &= 4a_2 U_{1m} U_{2m} \cos\varphi - 4a_2 U_{1m} U_{2m} \cos(2\omega t - \varphi) \end{aligned} \tag{5-174}$$

式（5-174）表明，输出电流只包含直流项和信号的二次谐波项。

如果滤去高频分量，则输出电流中的直流项为

$$I_o = 4a_2 U_{1m} U_{2m} \cos\varphi \tag{5-175}$$

可见，I_o 与 $\cos\varphi$ 成正比。

图 5-66 所示电路，若两信号的频率不同，输出信号中也只有两输入信号的差频项和二次谐波项，而不存在输入信号频率分量。这一方面使输出端滤波容易，另一方面，可视其目的广泛用于混频、调制和鉴相。

作为相位检波器（鉴相器）时，通常取 $U_{1m} \gg U_{2m} > 1V$，$R_L C \gg T$（T 为信号周期）。这时可按差接式电路类似的方法作分析。

当只考虑 VD1、VD3 的检波作用时，它使电容器正向充电到 u_{VD1}、u_{VD3} 的振幅，类似于式（5-167）。如图 5-66 中所标示的电容电压参考方向，有

$$U'_C = U_{VD1m} = U_{VD3m} = U_{1m}\left(1 + \frac{U_{2m}}{U_{1m}}\cos\varphi\right) \tag{5-176}$$

当只考虑 VD2、VD4 的检波作用时，它使电容器反向充电到 u_{VD2}、u_{VD4} 的振幅，仍用图 5-66 中电容上所标电压参考方向，类似于式（5-168），有

$$U''_C = -U_{VD2m} = -U_{VD4m} = -U_{1m}\left(1 - \frac{U_{2m}}{U_{1m}}\cos\varphi\right) \tag{5-177}$$

共同考虑 VD1～VD4 的检波作用，可将式（5-176）、式（5-177）代数和相加，得电容器上的电压，即相位检波器输出电压为

$$U_o = 2U_{2m}\cos\varphi \tag{5-178}$$

本 章 小 结

1. 电压测量

(1) 电压是基本的电参数，其他许多电参数可看作电压的派生，而且电压测量方便，因此电压测量是电子测量中最基本的测量。

(2) 电压表的输入阻抗相对于被测电路等效输出阻抗越大，对被测电路工作状态的影响越小。

(3) 掌握电压表的分类，根据实际情况选择电压表。

2. 电流测量

(1) 电流也是基本的电参数，其他许多电参数可看作电流的派生，因此电流测量是电子测量中最基本的测量。

(2) 掌握中值测量原理及分类。

(3) 了解直流大电流测量的分类，要掌握其相应原理，根据具体情况选择适宜的测量方法。

(4) 掌握互感器法测量工频和脉冲大电流。

3. 电抗测量

(1) 由于电阻器、电容器和电感器都是随所加的电流、电压、频率、温度等因素而变化，因此在不同的条件下，其电路模型是不同的。测量电抗时，必须使得测量的条件和环境尽可能与实际工作条件相吻合，否则测得的结果将会造成很大的误差。

(2) 交流电桥平衡必须同时满足两个条件：相位平衡条件和模相平衡。因此交流电桥必须同时调节两个或两个以上的元件，才能将电桥调节到平衡，为了使电桥有好的收敛性，必须合理的选择可调器件。

4. 频率测量

(1) 掌握时间、频率有关的基本概念。

(2) 掌握电子计数法测量频率的基本原理，理解±1误差、标准时间误差及二者合成误差，能够用来分析具体问题。

5. 相位测量

(1) 在研究网络、系统频率特性中，相位测量具有重要意义。

(2) 掌握示波器测量相位差的方法。

(3) 理解相位差转化为时间间隔进行测量的原理误差分析。

(4) 掌握相位转换为电压测量原理及误差分析。

习 题 与 思 考 题

5-1 简述电压测量的意义和特点。

5-2 L、C、r 构成的并联谐振电路的端电压 $u(t)$ 与频率 f 间关系如图 5-67 (b) 所示，当用输入电阻 R_i、输入电容 C_i 的电压表实际测量描绘谐振曲线时，简述实测曲线和理论曲线间有何不同。

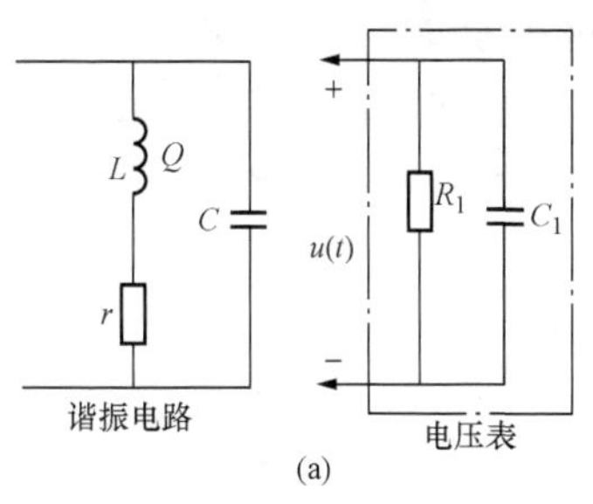

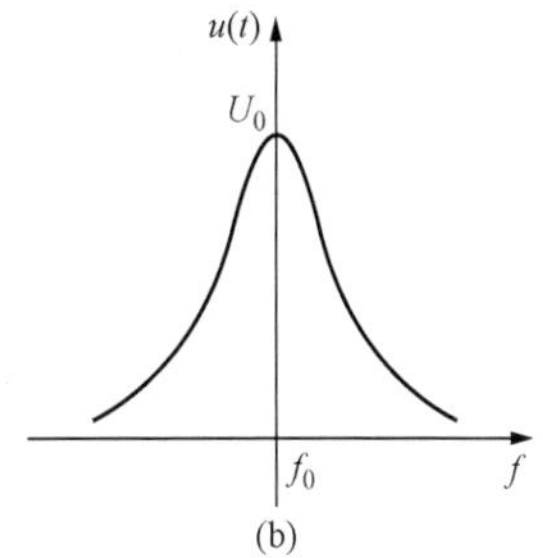

图 5-67　题 5-2 图

5-3　用 MF-30 万用表 5V 及 25V 挡测量高内阻等效电路输出电压 U_x。已知 MF-30 电压灵敏度为 20kΩ/V，试计算由于负载效应而引起的相对误差，并计算其实际值 U_0 和电压表示值 U_x。

5-4　被测脉冲信号电压幅度 Up=3V，经 1∶10 探极引入，"倍率"置"×1"位，"微调"置校正位，要想在荧光屏上获得高度为 3cm 的波形，Y 轴偏转灵敏度开关"V/cm"应置哪一挡？

5-5　用 SR-8 示波器观察幅值 U_m=2V 的正弦波，已知 Y 轴灵敏度 0.1V/div（已置校正位），信号经 1∶10 探极输入，问荧光屏上波形高度为多少格？

5-6　电流测量具有哪些特点？

5-7　中值电流的精确测量原理。

5-8　直流大电流的测量方法有几种？各有什么特点。

5-9　简述互感器法测量工频和脉冲大电流的特点。

5-10　测量直流功率的方法主要有哪些？各自有什么优点？

5-11　某直流电桥测量电阻 R_x，当电桥平衡时，3 个桥臂电阻分别为 R_1=100Ω，R_2=50Ω，R_3=25Ω。求电阻 R_x 值。

5-12　某直流电桥的比率臂由（×0.1）可调到（×10^4），标准臂电阻 R_3 能按 0.1Ω 的级差从 0Ω 调到 1kΩ，求该电桥测量 R_x 的阻值范围。

5-13　判断图 5-68 所示的交流电桥中，哪些接法是正确的，哪些是错误的，并说明理由。

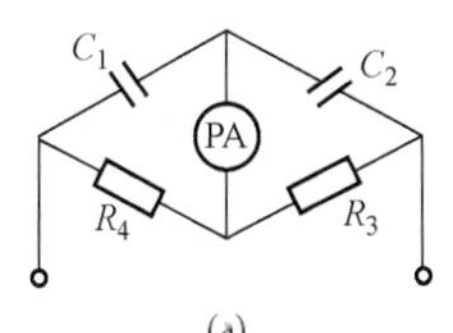

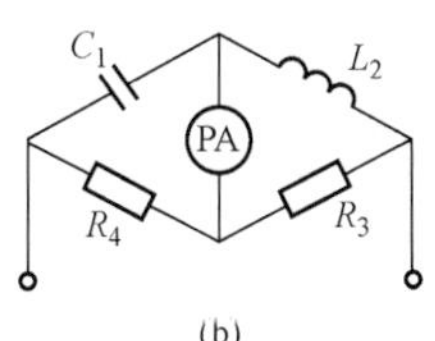

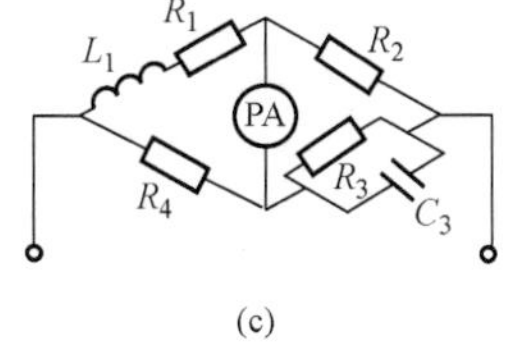

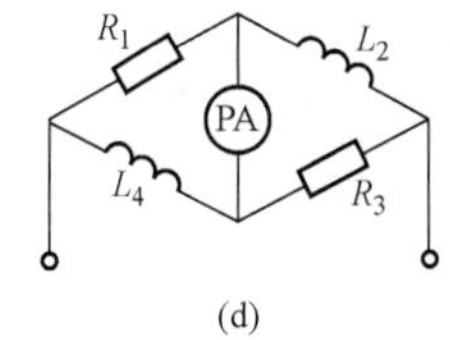

图 5-68　题 5-13 图

5-14　试推导表 5-7 中所示并联电容比较电桥，西林电桥在平衡时的元件参数计算公式。

5-15　某交流电桥如图 5-69 所示，试推导电桥平衡时计算 R_x 和 L_x 的公式。若要求分别读数，试回答如何选择标准元件。

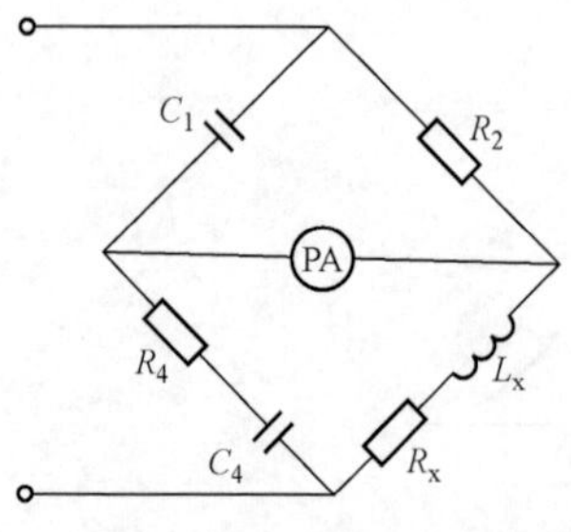

图 5-69 题 5-15 图

5-16 交流电桥平衡时，已知 Z_1 为 $R_1=2000\Omega$ 与 $C_1=0.5\mu F$ 相并联，Z_2 为 $R_2=1000\Omega$ 与 $C_2=1\mu F$ 相串联，Z_4 为电容 $C_4=0.5\mu F$，信号源角频率 $\omega=10^3 rad/s$。求阻抗 Z_3的元件值。

5-17 某电桥在 $\omega=104rad/s$ 时平衡，并已知 Z_1 为电容 $C_1=0.2\mu F$，Z_2 为电阻 $R_2=500\Omega$，Z_4 为 $R_4=300\Omega$ 与 $C_4=0.25\mu F$ 相并联。求阻抗 Z_3（按串联考虑）。

5-18 利用谐振法测量某电感的 Q 值，已知当可变电容为 100pF 时，电路发生串联谐振。保持频率不变，改变可变电容，半功率点处的电容分别为 102pF 和 98pF。求该电感的 Q 值。

5-19 试述时间/频率测量在日常生活、工程技术、科学研究中有何实际意义。

5-20 标准的时频如何提供给用户使用?

5-21 与其他物理量的测量相比，时频测量具有哪些特点?

5-22 用某计数式频率计测频率，已知晶振频率 f_c的相对误差为 $\Delta f_c/f_c=\pm 5\times 10^{-8}$，门控时间 $T=1s$，试回答：

(1) 测量 $f_x=10MHz$ 时的相对误差；

(2) 测量 $f_x=10kHz$ 时的相对误差；

(3) 提出减小测量误差的方法。

5-23 某计数式频率计，测频率时闸门时间为 1s，测周期时倍乘最大为"×10000"，晶振最高频率为 10MHz，求中界频率。

5-24 用计数式频率计测量 $f_x=200Hz$ 的信号频率，采用测频率（选闸门时间为 1s）和测周期（选晶振周期 $T_c=0.1\mu s$）两种测量方法。试比较这两种方法由于±1 误差所引起的相对误差。

5-25 拍频法和差频法测频的区别是什么？它们各适用于什么频率范围，为什么?

5-26 举例说明测量相位差的重要意义。

5-27 测量相位差的方法主要有哪些？简述它们各自的优缺点。

5-28 为什么瞬时式数字相位差计只适用于测量固定频率的相位差？如何扩展测量的频率范围?

5-29 用示波器测量两同频正弦信号的相位差，示波器上呈现椭圆的长轴 A 为 100m，短轴 B 为 4cm，试计算两信号的相位差 φ。

第六章 非电量测量

在现代检测技术中，对于各种类型的被测量的测量，大多数是直接或通过各种传感器、电路转换为与被测量相关的电压、电流等电学基本参量后进行监测和处理的，这样既便于对被测量的检测、处理、记录和控制，又能提高测量的精度。因此，了解和掌握这些非电量的测量方法是十分重要的。

第一节 长度及线位移测量

一、光栅位移传感器

光栅是一种新型的位移检测元件，是一种将机械位移或模拟量转变为数字脉冲的测量装置。其特点是测量精确度高（可达±1μm）、响应速度快、量程范围大、可进行非接触测量等，易于实现数字测量和自动控制，广泛用于数控机床和精密测量中。

1. 光栅的构造

所谓光栅就是在透明的玻璃板上，均匀地刻出许多明暗相间的条纹，或在金属镜面上均匀地划出许多间隔相等的条纹，通常线条的间隙和宽度是相等的。以透光的玻璃为载体的称为透射光栅，以不透光的金属为载体的称为反射光栅。根据外形的不同，光栅可分为直线光栅和圆光栅。

光栅位移传感器的结构如图 6 - 1 所示。它主要由标尺光栅、指示光栅、光电元件和光源等组成。通常，标尺光栅和被测物体相连，随被测物体的直线位移而产生位移。一般标尺光栅和指示光栅的刻线密度是相同的，而刻线之间的距离 W 称为栅距。光栅条纹密度一般为 25、50、100、250 条/mm 等。

2. 工作原理

如果把两块栅距 W 相等的光栅平行安装，且让它们的刻痕之间有较小的夹角 θ 时，这时光栅上会出现若干条明暗相间的条纹，这种条纹称为莫尔条纹。莫尔条纹沿着与光栅条纹几乎垂直的方向排列，如图 6 - 2 所示。莫尔条纹是光栅非重合部分光线透过而形成的亮带，由一系列四棱形

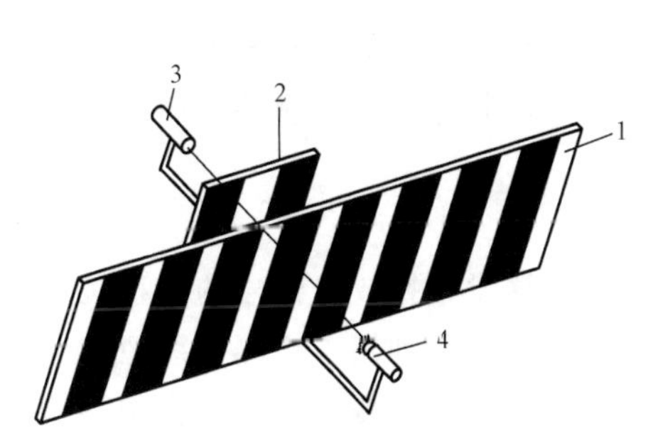

图 6 - 1 光栅位移传感器的结构原理

1—标尺光栅；2—指示光栅；3—光电元件；4—光源

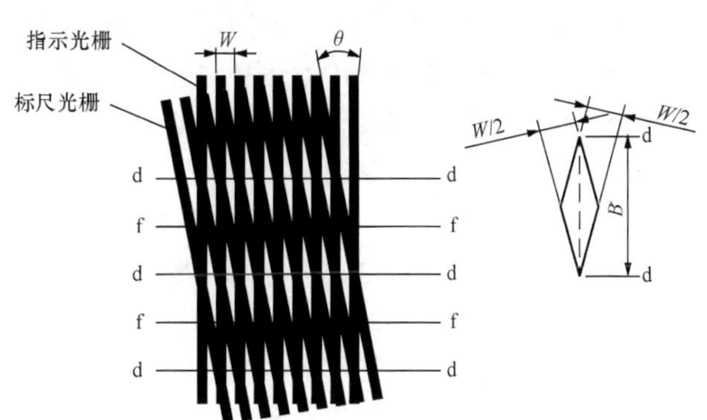

图 6 - 2 莫尔条纹

图案组成，如图 6-2 中的 d—d 线区所示。f— f 线区则是由于光栅的遮光效应形成的。

莫尔条纹具有如下特点：

(1) 莫尔条纹的位移与光栅的移动成比例。当指示光栅不动，标尺光栅向左右移动时，莫尔条纹将沿着近于栅线的方向上下移动。光栅每移动过一个栅距 W，莫尔条纹就移动过一个条纹间距 B，查看莫尔条纹的移动方向，即可确定主光栅的移动方向。

(2) 莫尔条纹具有位移放大作用。莫尔条纹的间距 B 与两光栅条纹夹角 θ 之间关系为

$$B = \frac{W}{2\sin\frac{\theta}{2}} \approx \frac{W}{\theta} \tag{6-1}$$

其中，θ 的单位为 rad，B、W 的单位为 mm。

所以莫尔条纹的放大倍数为

$$K = \frac{B}{W} \approx \frac{1}{\theta}$$

可见 θ 越小，放大倍数越大。实际应用中，θ 角的取值范围都很小。例如当 $\theta = 10'$时，$K = 1/\theta = 1/0.029\text{rad} \approx 345$。也就是说，指示光栅与标尺光栅相对移动一个很小的 W 距离时，将得到一个很大的莫尔条纹移动量 B，可以用测量条纹的移动来检测光栅微小的位移，从而实现高灵敏度的位移测量。

(3) 莫尔条纹具有平均光栅误差的作用。莫尔条纹是由一系列刻线的交点组成，反映了形成条纹的光栅刻线的平均位置，对各栅距误差起了平均作用，减弱了光栅制造中的局部误差和短周期误差对检测精度的影响。

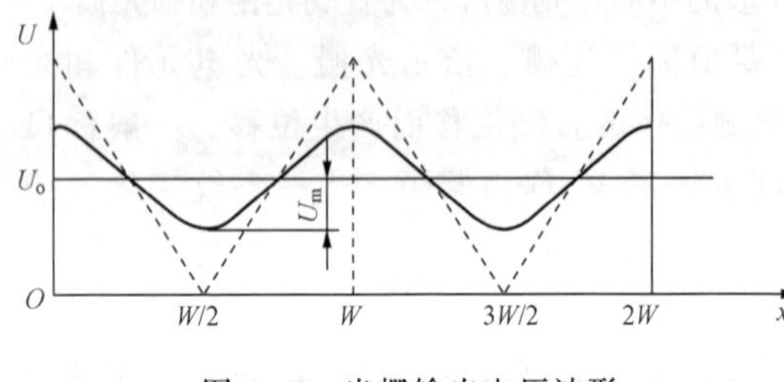

图 6-3 光栅输出电压波形

通过光电元件，可将莫尔条纹移动时光强的变化转换为近似正弦变化的电信号，如图6-3 所示。光栅输出电压为

$$U = U_o + U_m \sin\frac{2\pi x}{W} \tag{6-2}$$

式中 U_o——输出信号的直流分量；

U_m——输出信号的幅值；

x——两光栅的相对位移。

将此电压信号放大、整形转换为方波，经微分转换为脉冲信号，再经辨向电路和可逆计数器计数，则可用数字形式显示出位移量，位移量等于脉冲与栅距乘积。测量分辨率等于栅距。

提高测量分辨率的常用方法是细分，其中电子细分应用较广。这样可在光栅相对移动一个栅距的位移（即电压波形在一个周期内）时，得到 4 个计数脉冲，将分辨率提高 4 倍，这就是通常说的电子 4 倍频细分。

二、感应同步器

感应同步器是利用电磁感应原理把两个平面绕组间的位移量转换成电信号的一种位移传感器。按测量机械位移的对象不同可分为直线型和圆盘型两类，分别用来检测直线位移和角位移。由于其成本低，受环境温度影响小，测量精度高，且为非接触测量，所以在位移检测中，特别是在各种机床的位移数字显示、自动定位和数控系统中得到广泛应用。

(一) 感应同步器的结构

直线型感应同步器由定尺和滑尺两部分组成，如图 6-4 所示。图 6-5 为直线型感应同

步器定尺和滑尺的结构。其制造工艺是先在基板（玻璃或金属）上涂上一层绝缘粘合材料，将铜箔粘牢，用制造印制电路板的腐蚀方法制成节距 T 一般为 2mm 的方齿形线圈。定尺绕组是连续的。滑尺上分布着两个励磁绕组，分别称为正弦绕组和余弦绕组。当正弦绕组与定尺绕组相位相同时，余弦绕组与定尺绕组错开 1/4 节距。滑尺和定尺相对平行安装，其间保持一定间隙（0.05～0.2mm）。

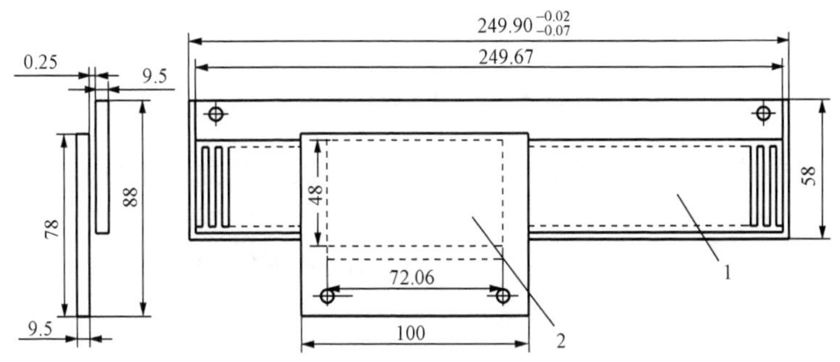

图 6-4 直线型感应同步器的组成

1—定尺；2—滑尺

（二）感应同步器的工作原理

在滑尺的正弦绕组中，施加频率为 f（一般为 2～10kHz）的交变电流时，定尺绕组感应出频率为 f 的感应电动势。感应电动势的大小与滑尺和定尺的相对位置有关。当两绕组同向对齐时，滑尺绕组磁通全部交链于定尺绕组，所以其感应电动势为正向最大。移动 1/4 节距后，两绕组磁通不交链，即交链磁通量为零；再移动 1/4 节距后，两绕组反向时，感应电动势负向最大。依次类推，每移动一节距，感应电动势周期性的按余弦规律重复变化一次，如图 6-6 所示。

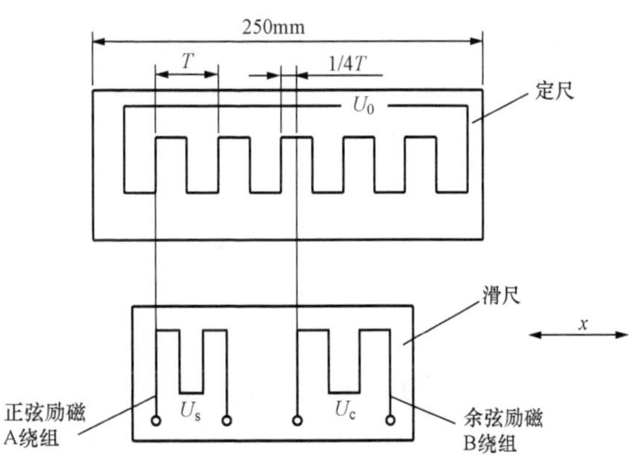

图 6-5 直线型感应同步器定尺、滑尺的结构

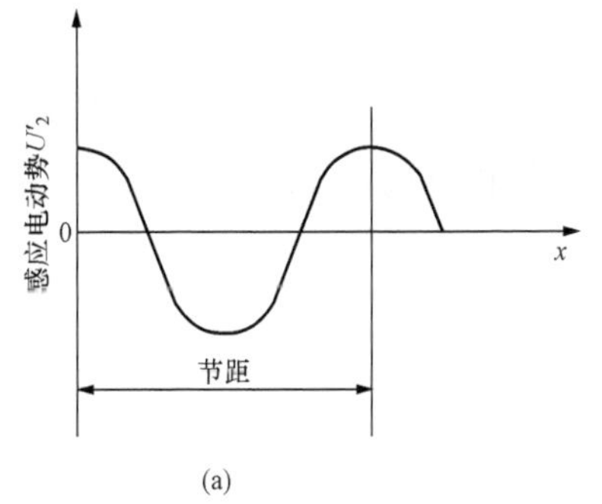

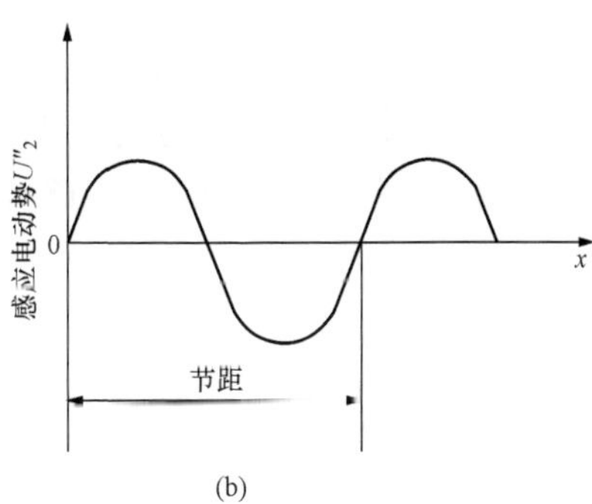

图 6-6 定尺感应电动势波形图

(a) 仅对 A 绕组励磁；(b) 仅对 B 绕组励磁

同样，若在滑尺的余弦绕组中，施加频率为 f 的交变电流时，定尺绕组上也感应出频率为 f 的感应电动势。其感应电动势随位置按正弦规律变化，如图 6-6（b）所示。设正弦绕组供电电压为 U_s，余弦绕组供电电压为 U_c，移动距离为 x，节距为 T，则正弦绕组单独供电时，在定尺上感应电动势为

$$U_2' = KU_s\cos\frac{x}{T}360° = KU_s\cos\theta \tag{6-3}$$

余弦绕组单独供电所产生的感应电动势为

$$U_2'' = KU_c\sin\frac{x}{T}360° = KU_c\sin\theta \tag{6-4}$$

由于感应同步器的磁路系统可视为线性，可进行线性叠加，所以定尺上总的感应电动势为

$$U_2 = U_2' + U_2'' = KU_s\cos\theta + KU_c\sin\theta \tag{6-5}$$

式中　K——定尺与滑尺之间的耦合系数；

θ——定尺与滑尺相对位移的角度表示量（电角度），$\theta = \left(\frac{x}{T}\right)360° = \frac{2\pi x}{T}$；

T——节距，表示直线型感应同步器的周期，标准式直线型感应同步器的节距为 2mm。

感应同步器是利用感应电动势的变化来进行位置检测的。根据对滑尺绕组供电方式的不同及对输出电压检测方式的不同，感应同步器的测量方式有相位和幅值两种工作法：前者是通过检测感应电动势的相位来测量位移，后者是通过检测感应电动势的幅值来测量位移。

（三）测量方法

1. 相位工作法

当滑尺的两个励磁绕组分别施加相同频率和相同幅值，但相位相差 90°的两个电压时，定尺感应电动势相应随滑尺位置而变。设

$$U_s = U_m\sin\omega t \tag{6-6}$$

$$U_c = U_m\cos\omega t \tag{6-7}$$

则

$$\begin{aligned} U_2 &= U_2' + U_2'' \\ &= KU_m\sin\omega t\cos\theta + KU_m\cos\omega t\sin\theta \\ &= KU_m\sin(\omega t + \theta) \end{aligned} \tag{6-8}$$

从式（6-8）可以看出，感应同步器把滑尺相对定尺的位移 x 的变化转成感应电动势相角 θ 的变化。因此，只要测得相角 θ，就可以知道滑尺的相对位移 x，即

$$x = \frac{\theta}{360°}T \tag{6-9}$$

2. 幅值工作法

在滑尺的两个励磁绕组上分别施加相同频率和相同相位，则幅值不等的两个交流电压为

$$U_s = -U_m\sin\varphi\sin\omega t \tag{6-10}$$

$$U_c = U_m\cos\varphi\sin\omega t \tag{6-11}$$

根据线性叠加原理，定尺上总的感应电动势 U_2 为两个绕组单独作用时所产生的感应电动势 U_2' 和 U_2'' 之和，即

$$
\begin{aligned}
U_2 &= U_2' + U_2'' \\
&= -KU_m \sin\phi \sin\omega t \cos\theta + KU_m \cos\phi \sin\omega t \sin\theta \\
&= KU_m (\sin\phi \cos\theta - \cos\theta \sin\phi) \sin\omega t \\
&= KU_m \sin(\theta - \phi) \sin\omega t
\end{aligned} \tag{6-12}
$$

式中　$KU_m \sin(\theta-\phi)$——感应电动势的幅值；

U_m——滑尺励磁电压最大的幅值；

ω——滑尺交流励磁电压的角频率，$\omega=2\pi f$；

ϕ——指令位移角。

由式（6-12）知，感应电动势U_2的幅值随$\theta-\phi$作正弦变化，当$\phi=\theta$时，$U_2=0$。随着滑尺的移动，逐渐变化。因此，可以通过测量U_2的幅值来测得定尺和滑尺之间的相对位移。

三、磁栅位移传感器

磁栅是利用电磁特性来进行机械位移的检测。磁栅位移传感器主要用于大型机床和精密机床作为位置或位移量的检测元件。磁栅位移传感器和其他类型的位移传感器相比，具有结构简单、使用方便、动态范围大（1～20m）和磁信号可以重新录制等特点；缺点是需要屏蔽和防尘。

（一）结构和工作原理

磁栅位移传感器的结构原理如图6-7所示。它由磁尺（磁栅）、磁头和检测电路等部分组成。磁尺是采用录磁的方法，在一根基体表面涂有磁性膜的尺子上，记录下一定波长的磁化信号，以此作为基准刻度标尺。磁头把磁栅上的磁信号检测出来并转换成电信号。检测电路主要用来供给磁头激励电压和磁头检测到的信号转换为脉冲信号输出。磁栅按用途分为长磁栅与圆磁栅两种。长磁栅用于直线位移测量，圆磁栅用于角位移测量。

磁尺是在非导磁材料如铜、不锈钢、玻璃或其他合金材料的基体上，涂敷、化学沉积或电镀上一层10～20μm厚的，由硬磁性材料（如Ni-Co-P或Fe-Co合金）构成的磁性膜，并在磁性膜表面上录制相等节距周期变化的磁信号。磁信号的节距一般为0.05、0.1、0.2、1mm。为了防止磁头对磁性膜的磨损，通常在磁性膜上涂一层1～2μm的耐磨塑料保护层。

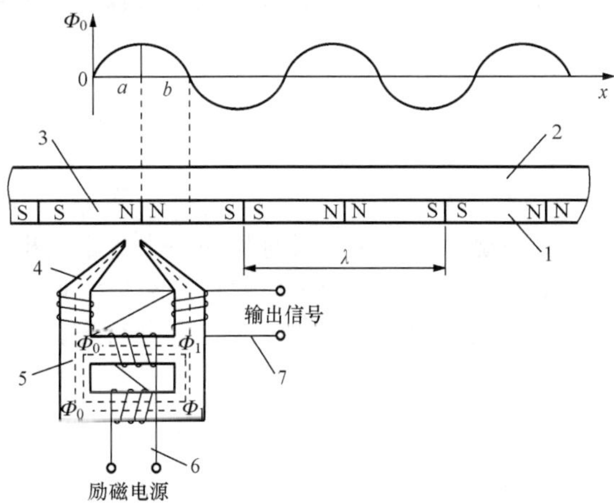

图6-7　磁栅位移传感器的结构原理

1—磁性膜；2—基体；3—磁尺；4—磁头；5—铁心；6—励磁绕组；7—拾磁绕组

磁头是进行磁-电转换的转换器，它把反映空间位置的磁信号转换为电信号输送到检测电路中去。普通录音机、磁带机的磁头是速度响应型磁头，其输出电压幅值与磁通变化率成正比，只有当磁头与磁带之间有一定相对速度时才能读取磁化信号，所以这种磁头只能用于动态测量，而不用于位置检测。为了在低速运动和静止时也能进行位置检测，必须采用磁通响应型磁头。

磁通响应型磁头是利用带可饱和铁心的磁性调制器原理制成的，其结构如图6-7所示。在用软磁材料制成的铁心上绕有两个绕组，一个为励磁绕组，另一个为拾磁绕组，这两个绕组均由两段绕向相反并绕在不同的铁心臂上的绕组串联而成。将高频励磁电流通入励磁绕组时，在磁头上产生磁通Φ_1，当磁头靠近磁尺时，磁尺上的磁信号产生的磁通Φ_0进入磁头铁心，并被高频励磁电流所产生的磁通Φ_1所调制。于是在拾磁线圈中感应电压为

$$U = U_o \sin\frac{2\pi x}{\lambda}\sin\omega t \tag{6-13}$$

式中 U_o——输出电压系数；

λ——磁尺上磁化信号的节距；

x——磁头相对磁尺的位移；

ω——励磁电压的角频率。

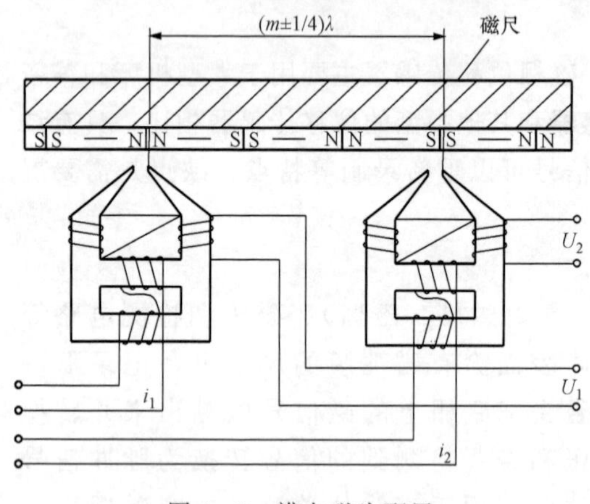

图 6-8 辨向磁头配置

这种调制输出信号跟磁头与磁尺的相对速度无关。为了辨别磁头在磁尺上的移动方向，通常采用了间距为$(m\pm1/4)\lambda$的两组磁头（其中m为任意正整数），如图 6-8 所示。图中，i_1、i_2为励磁电流，其输出电压分别为

$$U_1 = U_o \sin\frac{2\pi x}{\lambda}\sin\omega t \tag{6-14}$$

$$U_2 = U_o \cos\frac{2\pi x}{\lambda}\sin\omega t \tag{6-15}$$

U_1和U_2是相位相差90°的两列脉冲。至于哪个导前，则取决于磁尺的移动方向。根据两个磁头输出信号的超前或滞后，可确定其移动方向。

（二）测量方式

磁栅的测量方式有鉴幅测量方式和鉴相测量方式。

1. 鉴幅测量方式

如前所述，磁头有两组信号输出，将高频载波滤掉后则得到相位差为$\pi/2$的两组信号，即

$$U_1 = U_o \sin\frac{2\pi x}{\lambda} \tag{6-16}$$

$$U_2 = U_o \cos\frac{2\pi x}{\lambda} \tag{6-17}$$

两组磁头相对于磁尺每移动一个节距发出一个正（余）弦信号，经信号处理后可进行位置检测。这种方法的检测线路比较简单，但分辨率受到录磁节距λ的限制，若要提高分辨率就必须采用较复杂的倍频电路，所以不常采用。

2. 鉴相测量方式

采用相位检测的精度可以大大高于录磁节距λ，并可以通过提高内插脉冲频率以提高系统的分辨率。将图 6-8 中一组磁头的励磁信号移相90°，则得到输出电压为

$$U_1 = U_o \sin\frac{2\pi x}{\lambda}\cos\omega t \tag{6-18}$$

$$U_2 = U_o \cos\frac{2\pi x}{\lambda}\sin\omega t \tag{6-19}$$

在求和电路中相加，则得到磁头总输出电压为

$$U = U_o \sin\left(\frac{2\pi x}{\lambda} + \omega t\right) \tag{6-20}$$

由式（6-20）可知，合成输出电压 U 的幅值恒定，而相位随磁头与磁尺的相对位置 x 变化而变。读出输出信号的相位，就可确定磁头的位置。

第二节　角度及角位移测量

一、旋转变压器

旋转变压器是一种利用电磁感应原理将转角转换为电压信号的传感器。由于其结构简单，动作灵敏，对环境无特殊要求，输出信号大，抗干扰好，因此被广泛应用于机电一体化产品中。

（一）旋转变压器的构造和工作原理

旋转变压器在结构上与两相绕组式异步电动机相似，由定子和转子组成。当从一定频率（频率通常为 400、500、1000Hz 及 5000Hz 等）的励磁电压加于定子绕组时，转子绕组的电压幅值与转子转角成正弦、余弦函数关系，或在一定转角范围内与转角成正比关系。前一种旋转变压器称为正余弦旋转变压器，适用于大角位移的绝对测量；后一种称为线性旋转变压器，适用于小角位移的相对测量。

如图 6-9 所示，旋转变压器一般做成两极电机的形式。在定子上有励磁绕组和辅助绕组，它们的轴线相互成 90°。在转子上有两个输出绕组——正弦输出绕组和余弦输出绕组，这两个绕组的轴线也互成 90°，一般将其中一个绕组（如 Z1、Z2）短接。

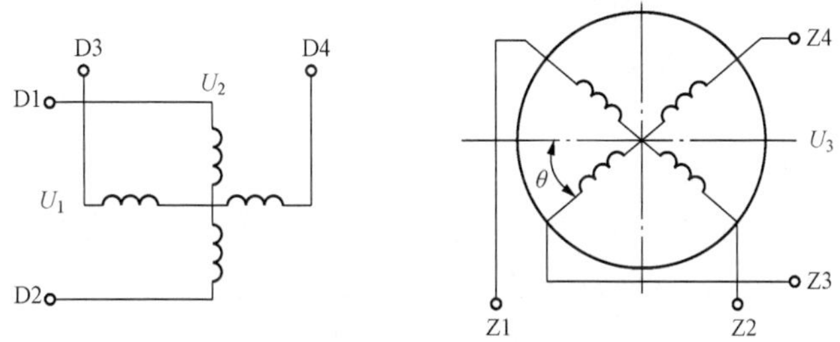

图 6-9　旋转变压器原理图

D1、D2—励磁绕组；D3、D4—辅助绕组；Z1、Z2—余弦输出绕组；Z3、Z4—正弦输出绕组

（二）旋转变压器的测量方式

当定子绕组中分别通以幅值和频率相同、相位相差为 90°的交变励磁电压时，便可在转子绕组中得到感应电动势 U_3。根据线性叠加原理，U_3 值为励磁电压 U_1 和 U_2 的感应电动势之和，即

$$U_1 = U_m \sin\omega t$$

$$U_2 = U_m \cos\omega t \tag{6-21}$$

$$U_3 = kU_1 \sin\theta + kU_2 \sin(90° + \theta) = kU_m \cos(\omega t - \theta) \tag{6-22}$$

式中　k——旋转变压器的变压比，$k = N_1/N_2$，N_1、N_2 分别为转子、定子绕组的匝数。

可见，测得转子绕组感应电动势的幅值和相位，可间接测得转子转角 θ 的变化。

线性旋转变压器实际上也是正余弦旋转变压器，不同的是线性旋转变压器采用了特定的

变压比 k 和接线方式，如图 6-10 所示。这样使得在一定转角范围内（一般为±60°），其输出电压和转子转角 θ 成线性关系。此时输出电压为

$$U_3 = kU_1 \frac{\sin\theta}{1 + k\cos\theta} \tag{6-23}$$

根据式（6-23），选定变压比 k 及允许的非线性度，则可推算出满足线性关系的转角范围，如图 6-11 所示。如取 $k=0.54$，非线性度不超过±0.1%，则转子转角范围可以达到±60°。

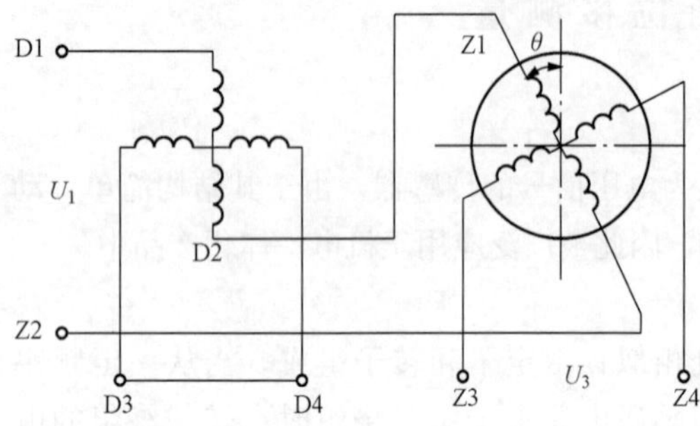

图 6-10　线性旋转变压器原理图

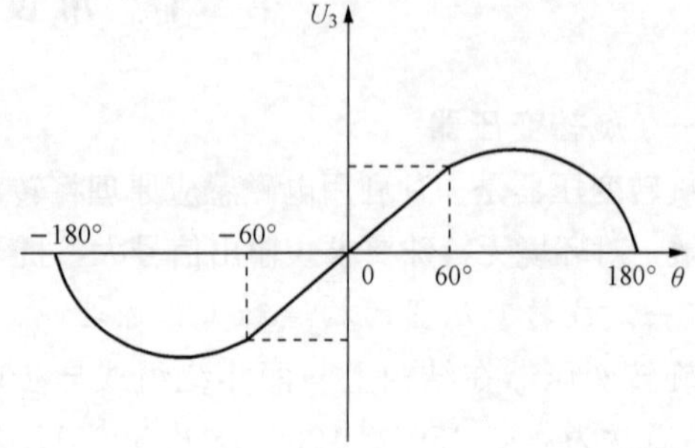

图 6-11　转子转角 θ 与输出电压 U_3 的关系曲线

二、光电编码器

光电编码器是一种码盘式角度—数字检测元件。它有两种基本类型：一种是增量式编码器，一种是绝对式编码器。增量式编码器具有结构简单、价格低、精度易于保证等优点，所以目前采用最多。绝对式编码器能直接给出对应于每个转角的数字信息，便于计算机处理，但当进给数大于一转时，须作特别处理，而且必须用减速齿轮将两个以上的编码器连接起来组成多级检测装置，使其结构复杂、成本高。

（一）增量式编码器

增量式编码器是指随转轴旋转的码盘给出一系列脉冲，然后根据旋转方向用计数器对这些脉冲进行加减计数，以此来表示转过的角位移量。增量式编码器的工作原理如图 6-12 所示。

增量式编码器由主码盘、鉴向盘、光学系统和光电转换器组成。主码盘（光电盘）周边上刻有节距相等的辐射状窄缝，形成均匀分布的透明区和不透明区。鉴向盘与主码盘平行，并刻有 A、B 两组透明检测窄缝，它们彼此错开 1/4 节距，以使 A、B 两个光电转换器的输出信号在相位上相差 90°。工作时，鉴向盘静止不动，主码盘与转轴一起转动，光源发出的光投射到主码盘与鉴向盘上。当主码盘上的不透明区正好与鉴向盘上的透明窄缝对齐时，光线被全部遮住，光电转换器输出电压为最小；当主码盘上的透明区正好与鉴向盘上的透明窄缝对齐时，光线全部通过，光电转换器输出电压为最大。主码盘每转过一个刻线周期，光电转换器将输出一个近似的正弦波电压，且光电转换器 A、B 的输出电压相位差为 90°。经逻辑电路处理就可以测出被测轴的相对转角和转动方向。

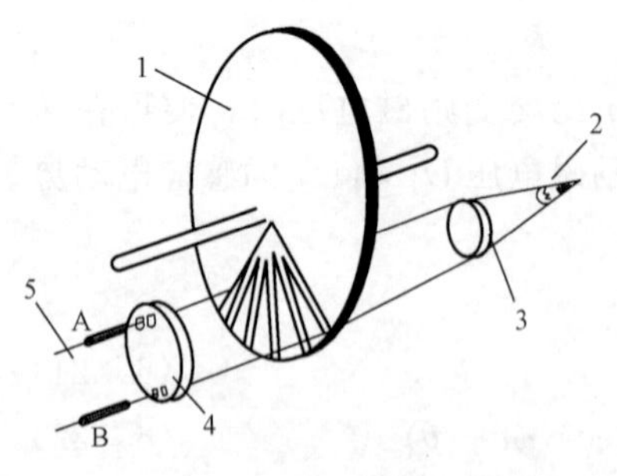

图 6-12　增量式编码器工作原理

1—主码盘；2—光源；3—透镜；4—鉴向盘；5—光电转换器

（二）绝对式编码器

绝对式编码器是把被测转角通过读取编码盘上的图案

信息直接转换成相应代码的检测元件。编码盘是带有一定编码标识或图案信息的圆盘，有光电式、接触式和电磁式三种。

光电式码盘是目前应用较多的一种，它是在透明材料的圆盘上精确地印制上二进制编码。图 6-13 所示为 4 位二进制的编码盘，码盘上各圈圆环分别代表 1 位二进制的数字码道，在同一个码道上印制黑白等间隔图案，形成一套编码。黑色不透光区和白色透光区分别代表二进制的“0”和“1”。在一个 4 位光电式码盘上，有 4 圈数字码道，每一个码道表示二进制的 1 位，里侧是高位，外侧是低位，在 360°范围内可编数码数为 $2^4=16$ 个。

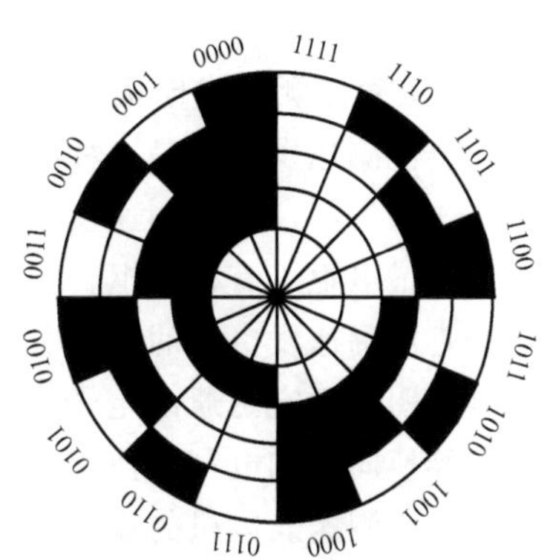

图 6-13 4 位二进制的光电式编码盘

工作时，码盘的一侧放置电源，另一边放置光电接受装置，每个码道都对应有一个光电管及放大、整形电路。码盘转到不同位置，光电元件接受光信号，并转成相应的电信号，经放大整形后，成为相应数码电信号。但由于制造和安装精度的影响，当码盘回转在两码段交替过程中，会产生读数误差。例如，当码盘顺时针方向旋转，由位置“0111”变为“1000”时，这 4 位数要同时都变化，可能将数码误读成 16 种代码中的任意一种（如读成 1111、1011、1101、…、0001），产生了无法估计的很大的数值误差，这种误差称非单值性误差。为了消除非单值性误差，可采用以下的方法。

1. 循环编码盘（或称格雷码盘）

循环码习惯上又称格雷码，它也是一种二进制编码，只有“0”和“1”两个数。图 6-14 所示为 4 位二进制循环码盘。这种编码的特点是任意相邻的两个代码间只有 1 位代码有变化，即“0”变为“1”或“1”变为“0”。因此，在两数变换过程中，所产生的读数误差最多不超过“1”，只可能读成相邻两个数中的一个数。所以，循环码是消除非单值性误差的一种有效方法。

2. 带判位光电装置的二进制循环编码盘

带判位光电装置的二进制循环编码盘是在 4 位二进制循环码盘的最外圈再增加一圈信号位。图 6-15 所示就是带判位光电装置的二进制循环编码盘。该码盘最外圈上的信号位的位置正好与状态交线错开，只有当信号位处的光电元件有信号时才读数，这样就不会产生非单值性误差。

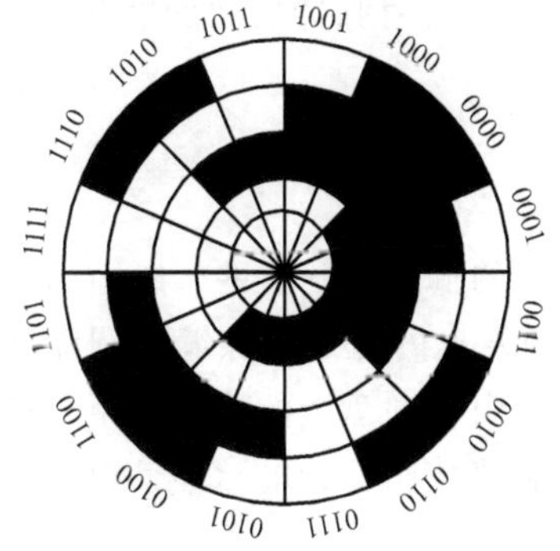

图 6-14 4 位二进制循环编码盘

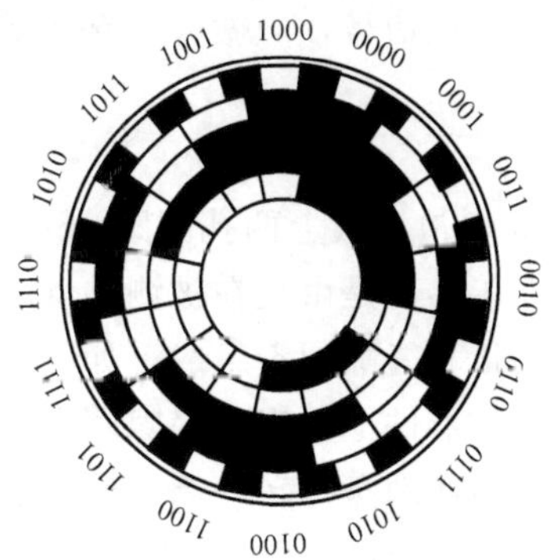

图 6-15 带判位光电装置的二进制循环编码盘

第三节　速度、转速及加速度测量

一、直流测速发电机

直流测速发电机是一种测速元件，实际上就是一台微型的直流发电机。根据定子磁极励磁方式的不同，直流测速发电机可分为电磁式和永磁式两种。如以电枢的结构不同来分，可分为无槽电枢、有槽电枢、空心杯电枢和圆盘电枢等直流测速发电机。

直流测速发电机的结构有多种，但原理基本相同。图 6-16 所示为永磁式测速发电机原理电路图。恒定磁通由定子产生，当转子在磁场中旋转时，电枢绕组中即产生交变的电动势，经换向器和电刷转换成正比的直流电动势。

直流测速发电机的输出特性曲线如图 6-17 所示。从图中可以看出，当负载电阻 $R_L \to \infty$ 时，其输出电压 U_0 与转速 n 成正比。随着负载电阻 R_L 变小，其输出电压下降，而且输出电压与转速之间并不能严格保持线性关系。由此可见，对于要求精度比较高的直流测速发电机，除采取其他措施外，负载电阻 R_L 应尽量大。

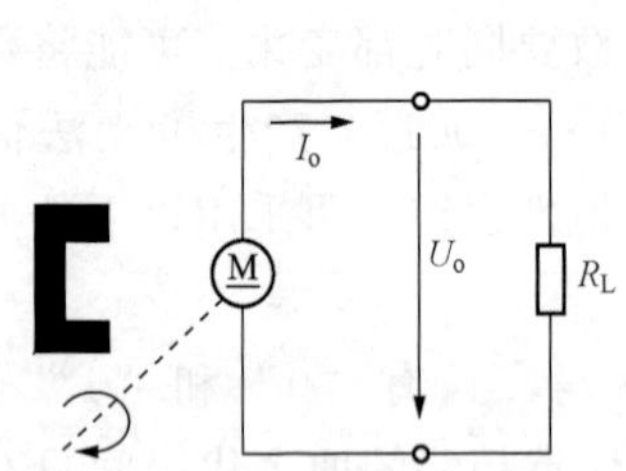

图 6-16　永磁式测速发电机原理电路图

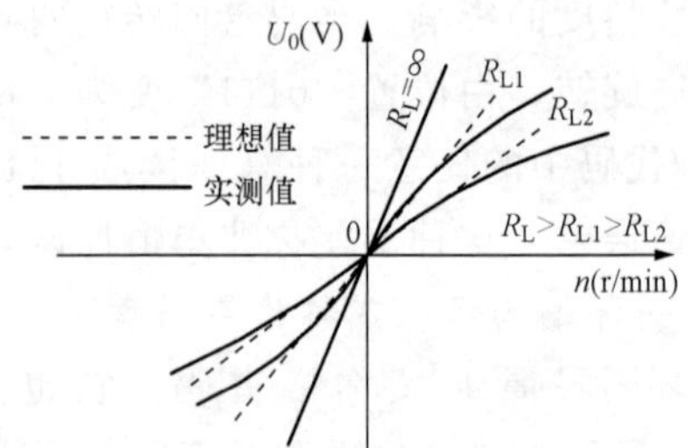

图 6-17　直流测速发电机的输出特性曲线

直流测速发电机的特点是输出斜率大、线性好，但由于有电刷和换向器、构造和维护比较复杂，摩擦转矩较大。在机电控制系统中，直流测速发电机主要用作测速和校正元件。在使用中，为了提高检测灵敏度，尽可能将直接连接到电机轴上。有些电机本身就已安装了测速发电机。

二、光电式速度传感器

光电式速度传感器工作原理图如图 6-18 所示。物体以速度 v 通过光电池的遮挡板时，光电池输出阶跃电压信号，经微分电路形成两个脉冲输出，测出两脉冲之间的时间间隔 Δt，则可测得速度为

$$v = \Delta x / \Delta t \tag{6-24}$$

式中　Δx——光电池挡板上两孔间距，m。

光电式速度传感器是由装在被测轴（或与被测轴相连接的输入轴）上的带缝隙圆盘、光源、光电器件和指示缝隙圆盘组成，如图 6-19 所示。光源发出的光通过隙缝隙圆盘和指示缝隙盘照射到光电器件上，当带缝隙圆盘随被测轴转动时，由于圆盘上的缝隙间距与指示缝隙的间距相同，因此圆盘每转一周，光电器件输出与圆盘缝隙数相等的电脉冲，根据测量时间 t 内的脉冲数 N，则可测得转速为

$$n = \frac{60N}{Zt} \tag{6-25}$$

式中　Z——圆盘上的缝隙数；

n——转速，r/min；

t——测量时间，s。

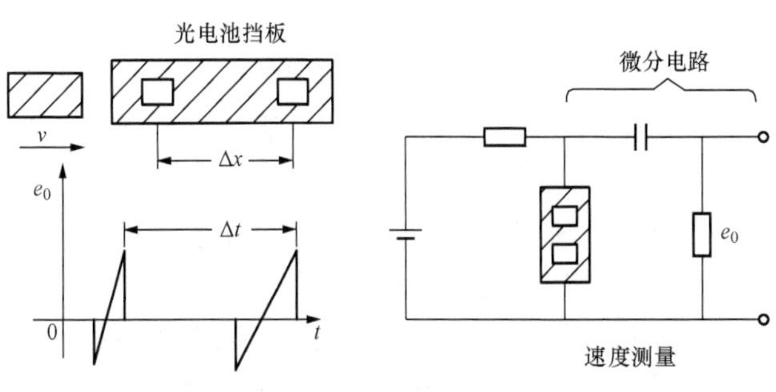

图 6-18　光电式速度传感器工作原理图

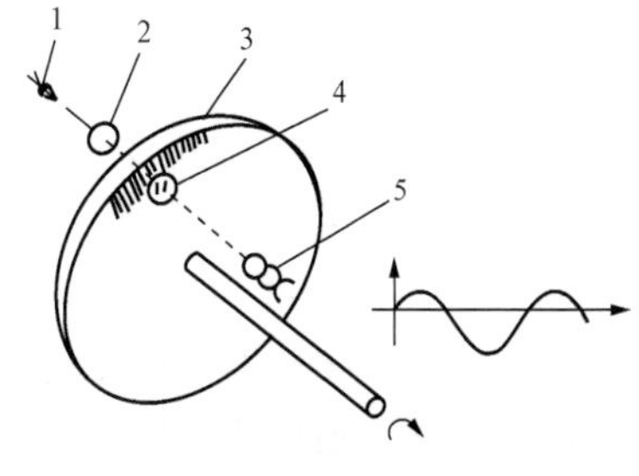

图 6-19　光电式速度传感器的结构原理图

1—光源；2—透镜；3—带缝隙圆盘；4—指示缝隙盘；5—光电元件

一般取 $Zt=60\times10^m$，$m=0$，1，2，…。利用两组缝隙间距 W 相同，位置相差（$i/2+1/4$）W（i 为正整数）的指示缝隙和两个光电元件，则可辨别出圆盘的旋转方向。

三、差动变压器式速度传感器

差动变压器式速度传感器除了可测量位移外，还可测量速度，其测速原理如图 6-20 所示。差动变压器式速度传感器的一次绕组同时供以直流和交流电流，即

$$i(t) = I_0 + I_m \sin\omega t \tag{6-26}$$

式中　I_0——直流电流，A；

I_m——交流电流的最大值，A；

ω——交流电流的角频率，rad/s。

当差动变压器式速度传感器以被测速度 $v=dx/dt$ 移动时，在其二次侧两个绕组中产生感应电动势，将它们的差值通过低通滤波器滤除励磁高频角频率后，则可得到与速度 v（m/s）相对应的电压输出，即

$$U_v = 2kI_0v \tag{6-27}$$

式中　k——磁心单位位移互感系数的增量，H/m。

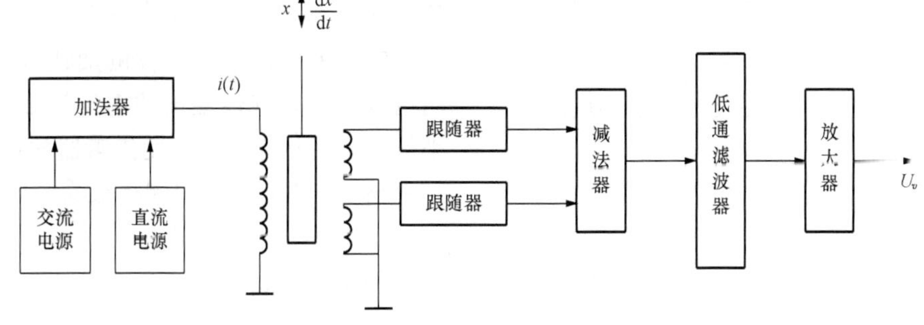

图 6-20　差动变压器式速度传感器测速原理

四、加速度传感器

作为加速度检测元件的加速度传感器有多种形式，其工作原理大多是利用惯性质量受加速度所产生的惯性力而造成的各种物理效应进一步转化成电量，间接度量被测加速度。最常用的有应变片式和压电式等。

电阻应变式加速度传感器结构原理图如图 6-21 所示。它由质量块、悬臂梁、应变片和阻尼液体等构成。当有加速度时，质量块受力，悬臂梁弯曲，按梁上固定的应变片之变形便可测出力的大小，在已知质量的情况下即可计算出被测加速度。壳体内灌满的黏性液体作为阻尼之用。这一系统的固有频率可以做得很低。

压电式加速度传感器结构原理图如图 6-22 所示。使用时，传感器固定在被测物体上，感受该物体的振动，惯性质量块产生惯性力，使压电元件产生变形。压电元件产生的变形和由此产生的电荷与加速度成正比。压电式加速度传感器可以做得很小，质量很小，故对被测机构的影响就小。压电式加速度传感器的频率范围广、动态范围宽、灵敏度高、应用较为广泛。

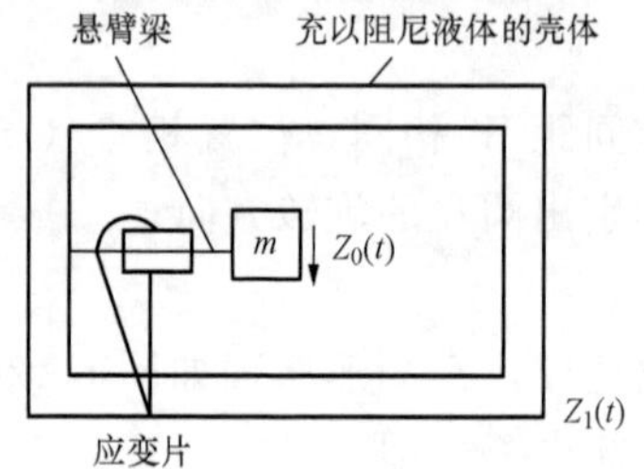

图 6-21 电阻应变式加速度传感器结构原理图

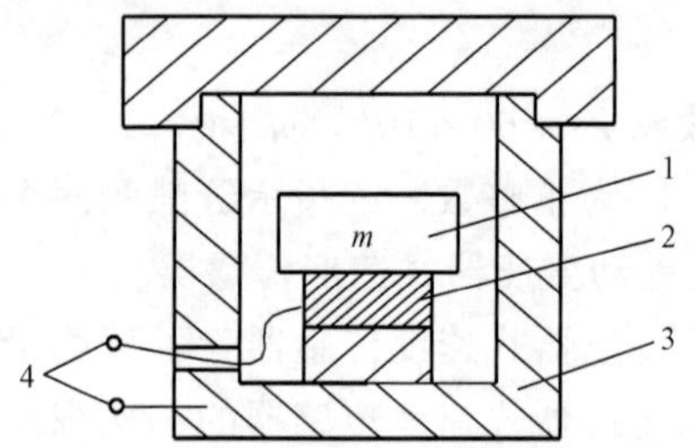

图 6-22 压电式加速度传感器结构原理图

1—质量块；2—压电晶体；3—壳体；4—引出线

图 6-23 为一种空气阻尼的电容式加速度传感器。该传感器采用差动式结构，有两个固定电极，两极板之间有一用弹簧支撑的质量块，此质量块的两端经过磨平抛光后作为可动极板。弹簧较硬使系统的固有频率较高，因此构成惯性式加速度计的工作状态。当传感器测量垂直方向的振动时，由于质量块的惯性作用，使两固定极相对质量块产生位移，使电容 C_1、C_2 中一个增大，另一个减小，它们的差值正比于被测加速度。由于采用空气阻尼，气体黏度的温度系数比液体的小得多，因此这种加速度传感器的精度较高，频率响应范围宽，可以测得很高的加速度值。

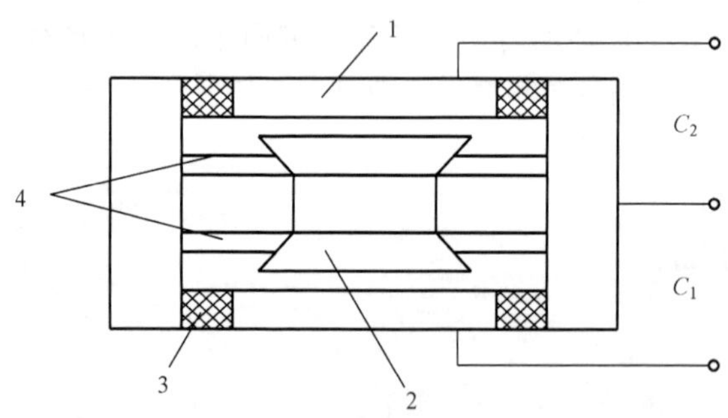

图 6-23 空气阻尼的电容式加速度传感器

1—固定电极；2—质量块（可动电极）；3—绝缘体；4—弹簧片

第四节 力、力矩及应力测量

在机电一体化工程中，力、压力和扭矩是很常用的机械参量。近年来出现的各种高精度力、压力和扭矩传感器更以其惯性小、响应快、易于记录、便于遥控等优点得到了广泛的应用。

一、测力传感器

测力传感器按其量程大小和测量精度不同分为很多规格，它们的主要差别是弹性元件的结构形式不同，以及应变片在弹性元件上粘贴的位置不同。通常测力传感器的弹性元件有柱式、梁式等。

1. 柱式弹性元件

柱式弹性元件有圆柱形、圆筒形等几种，如图 6-24 所示。这种弹性元件结构简单、承载能力大，主要用于中等载荷和大载荷（可达数兆牛）的拉（压）力传感器。其受力后，产生的应变为

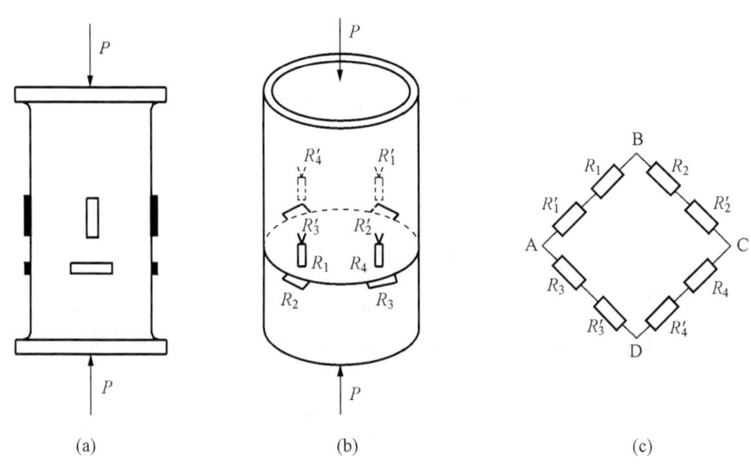

图 6-24　柱式弹性元件及其电桥

(a) 弹性元件受力图；(b) 电阻位置示意图；(c) 电桥等效电路图

$$\varepsilon = \frac{P}{AE} \tag{6-28}$$

用电阻应变仪测出的指示应变为

$$\varepsilon_i = 2(1+\mu)\varepsilon \tag{6-29}$$

式中　P——作用力；

A——弹性体的横截面积；

E——弹性材料的弹性模量；

μ——弹性材料的泊松比。

2. 悬臂梁式弹性元件

悬臂梁式弹性元件的特点是结构简单、加工方便、应变片粘贴容易、灵敏度较高。其主要用于小载荷、高精度的拉、压力传感器中，可测量 0.01N 到几千牛的拉、压力。在同一截面正反两面粘贴应变片，并应在该截面中性轴的对称表面上，其结构如图 6-25 所示。若梁的自由端有一被测力 P，则应变与 P 的关系为

$$\varepsilon = \frac{6PL}{bh^2E} \tag{6-30}$$

指示应变与表面弯曲应变之间的关系为

$$\varepsilon_i = 4\varepsilon \tag{6-31}$$

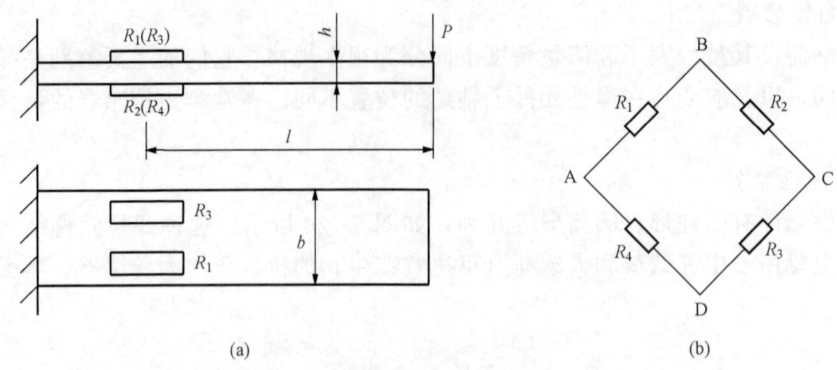

图 6-25 悬臂梁式弹性元件及其电桥

(a) 悬梁式弹性元件受力图；(b) 等效电路图

二、力矩传感器

图 6-26 所示为机器人手腕用力矩传感器原理。力矩传感器是检测机器人终端环节（如小臂）与手爪之间力矩的传感器。目前国内外研制腕力传感器种类较多，但使用的敏感元件几乎是应变片，不同的只是弹性结构有差异。图 6-26 中驱动轴 4 通过装有应变片 3 的腕部与手部 2 连接。当驱动轴回转并带动手部回转而拧紧螺钉 1 时，手部所受力矩的大小可通过应变片电压的输出测得。

图 6-27 所示为无触点力矩测量的原理图。传动轴的两端安装上磁分度圆盘 1，分别用磁头 2 检测两圆盘之间的转角差，用转角差与负荷 M 成比例的关系，即可测量负荷力矩的大小。

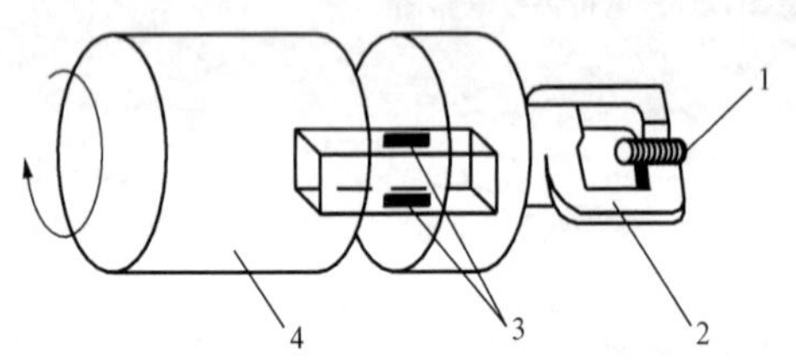

图 6-26 机器人手腕用力矩传感器原理

1—螺钉；2—手部；3—应变片；4—驱动轴

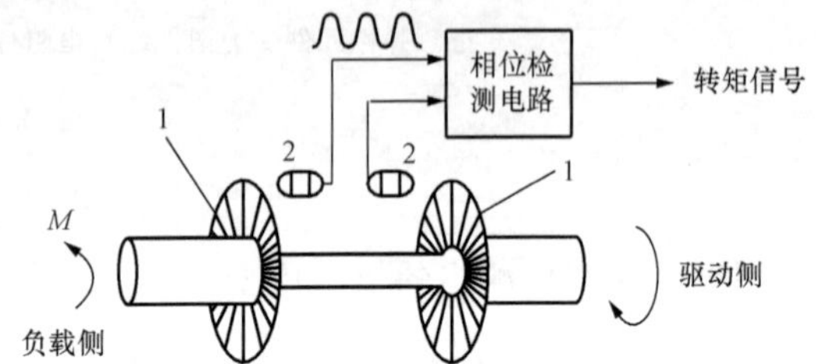

图 6-27 无触点力矩测量原理图

1—磁分度圆盘；2—磁头

三、力与力矩复合传感器

图 6-28 为机器人十字架式腕力传感器结构原理图。这是一种用来测量机械手与支座间的作用力，从而推算出机械手施加在工件上力的传感器。

由图 6-28（a）可知，4 根悬臂梁以十字架结构固定在手腕轴上，各悬臂外端插入腕框架内侧的孔中。为使悬臂在相对弯曲时易于滑动，悬臂端部装有尼龙球。悬臂梁的截面可为圆形或正方形，每根梁的上下左右侧面各贴一片应变片，相对面上的两片应变片构成一组半桥。通过测量一个半桥的输出，即可测出一个参数。整个手腕通过应变片，可检测出 8 个参数，即 f_{x1}、f_{x2}、f_{x3}、f_{x4}、f_{y1}、f_{y2}、f_{y3}、f_{y4}。利用这些参数可计算出手腕顶端 x、y、z 三个方向上的力 F_x、F_y、F_z 和力矩 M_x、M_y、M_z。作用在手腕上各力或力矩的参数如图 6-28（b）所示，计算公式为

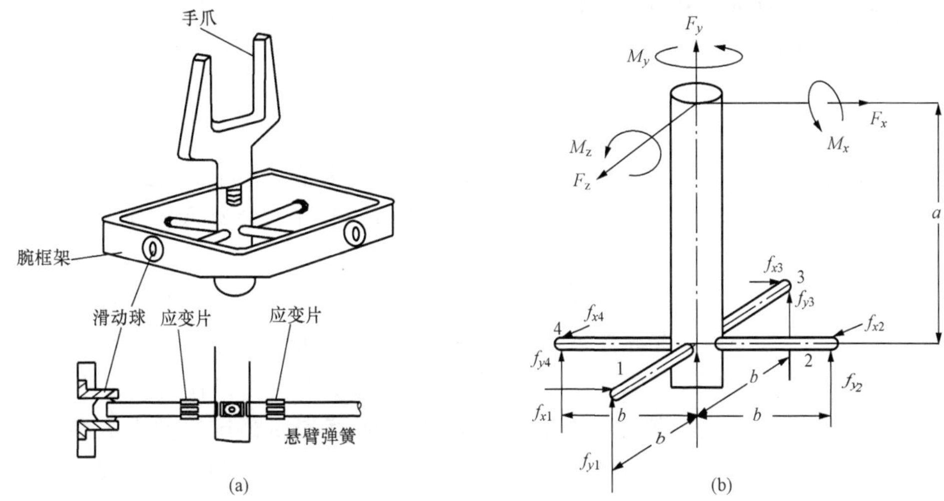

图 6-28　机器人十字架式腕力传感器结构原理图

(a) 结构；(b) 受力状况

$$
\left.\begin{aligned}
F_x &= -f_{x1} - f_{x3} \\
F_y &= -f_{y1} - f_{y2} - f_{y3} - f_{y4} \\
F_z &= -f_{x2} - f_{x4} \\
M_x &= af_{x2} + af_{x4} + bf_{y1} - bf_{y3} \\
M_y &= -bf_{x1} + bf_{x3} + bf_{x2} - bf_{x4} \\
M_z &= -af_{x1} - af_{x3} - bf_{y2} + bf_{y4}
\end{aligned}\right\} \tag{6-32}
$$

图 6-29 为机器人腕力传感器结构原理图。图中，P_{x+}、P_{x-} 为在 y 方向施力时，产生与施力大小成正比的弯曲变形的挠性杆，杆的两侧贴有应变片，检测应变片的输出即可知道 y 向受力的大小；P_{y+}、P_{y-} 为在 x 方向施力时，产生与施力大小成正比的弯曲变形的挠性杆，杆的两侧贴有应变片，检测应变片的输出即可知道 x 向受力的大小；Q_{x+}、Q_{x-}、Q_{y+}、Q_{y-} 为检测 z 向施力大小的挠性杆，原理同上。综合应用上述挠性杆也可测量手腕所受回转力矩的大小。

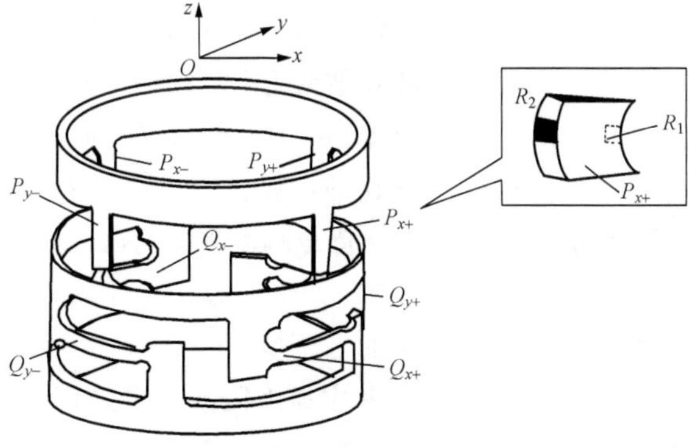

图 6-29　机器人腕力传感器结构原理图

应用机器人腕力传感器，可以控制机械手进行孔轴装配、棱线跟踪、物体表面的平面区域的方向检测等作业。

第五节　温　度　测　量

温度是国际单位制给出的基本物理量之一，是工农业生产和科学试验中需要经常测量和控制的主要参数。温度传感器是实现温度检测和控制的重要器件。在种类繁多的传感器中，温度传感器是应用最广泛、发展最快的传感器之一。一般金属电阻值随温度的增加而升高，且近似于线性关系，而热敏电阻与之相反。

一、热电式传感器

（一）热电偶的工作原理

温差热电偶（简称热电偶）是目前温度测量中使用最普遍的传感元件之一。它除具有结构简单，测量范围宽、准确度高、热惯性小，输出信号为电信号便于远传或信号转换等优点外，还能用来测量流体的温度、测量固体以及固体壁面的温度。微型热电偶还可用于快速及动态温度的测量。

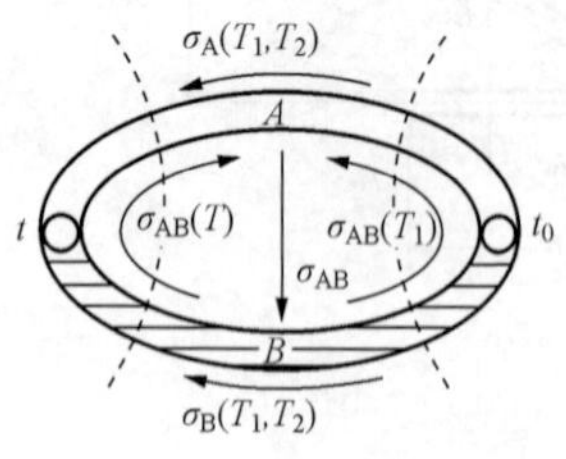

图 6-30 热电偶回路

两种不同的导体或半导体 A 和 B 组合成如图 6-30 所示闭合回路，若导体 A 和 B 的连接处温度不同（设 $t>t_0$），则在此闭合回路中就有电流产生，也就是说回路中有电动势存在，这种现象称为热电效应。这种现象早在 1821 年首先由德国物理学家赛贝克发现，所以又称赛贝克效应。设 $t>t_0$，则在该回路中产生接触电动势和温差电动势，分别为 $e_{AB}(t)$、$e_{AB}(t_0)$、$e_A(t,t_0)$ 和 $e_B(t,t_0)$，它们与 t、t_0 有关，与两种导体材料的特性有关。

（1）接触电动势为

$$e_{AB}(t)=\frac{kt}{e}\ln\frac{N_A}{N_B}$$

（2）温差电动势为

$$e_A(t,t_0)=\int_{t_0}^{t}\delta_A\,dt$$

（3）回路总电动势为

$$E_{AB}(t,t_0)=\frac{k}{e}\int_{t_0}^{t}\ln\frac{N_A}{N_B}dt，即\ E_{AB}(t,t_0)=f(t)-f(t_0) \qquad (6-33)$$

式中 $e_{AB}(t)$——导体 A、B 接点在温度 t 时形成的接触电动势；

e——单位电荷，$e=1.6\times10^{-19}$C；

k——波耳兹曼常数，$k=1.38\times10^{-23}$J/K；

N_A、N_B——导体 A、B 在温度为 t 时的电子密度；

δ_A——汤姆逊系数。

在实际应用中，保持冷端温度 t_0 不变，则总热电动势 $e_{AB}(t,t_0)$ 只是温度的单值函数：

$$e_{AB}(t,t_0)=f(t)-c \qquad (6-34)$$

式中，c 为 $t_0=0$℃时的电压值。

为使 t_0 恒定，且考虑经济因素，常采用补偿导线将冷端温度变化较大的地方延伸到温度变化较小或恒定的地方，由于冷端温度变化通常不会超过 150℃，因此，补偿导线只需选用在 0～150℃同热电偶材料具有基本一致特性的材料，如铂铑-铂热电偶选用铜与镍铜作补偿导线。通常冷端处理及补偿方法有以下五种。

1. 冰点槽法

把热电偶的参比端置于冰水混合物容器里，使 $t_0=0$℃。这种办法仅限于科学实验中使用。为了避免冰水导电引起两个连接点短路，必须把连接点分别置于两个玻璃试管里，浸入同一冰点槽，使其相互绝缘。具体方法如图 6-31 所示。

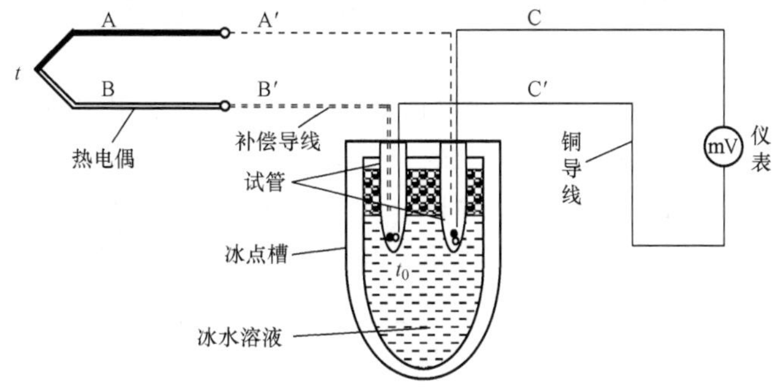

图 6 - 31　冰点槽法

2. 计算修正法

用普通室温计算出参比端实际温度 t_H，利用公式计算：

$$E_{AB}(t,t_0) = E_{AB}(t,t_H) + E_{AB}(t_H,t_0) \tag{6-35}$$

例如：用铜-康铜热电偶测某一温度 t，参比端在室温环境 t_H 中，测得热电动势 $E_{AB}(t, t_H)=1.999$mV，又用室温计测出 $t_H=21$℃，查此种热电偶的分度表可知，$E_{AB}(21, 0)=0.832$mV，故得

$$\begin{aligned} E_{AB}(t,0) &= E_{AB}(t,21) + E_{AB}(21,t_0) \\ &= 1.999 + 0.832 \\ &= 2.831(\text{mV}) \end{aligned}$$

再次查分度表，与 2.831mV 对应的热端温度 $t=68$℃。

3. 补正系数法

把参比端实际温度 t_H 乘上系数 k，加到由 $E_{AB}(t, t_H)$ 查分度表所得的温度上，成为被测温度 t。用公式表达，即

$$t = t' + kt_H$$

式中　t——未知的被测温度；

t'——参比端在室温下热电偶电动势与分度表上对应的某个温度；

t_H——室温；

k——补正系数。

例如，用铂铑-铂热电偶测温，已知冷端温度 $t_H=35$℃，这时热电动势为 11.348mV。查 S 形热电偶的分度表，得出与此相应的温度 $t'=1150$℃。再从下表中查出，对应于 1150℃的补正系数 $k=0.53$。于是，被测温度为

$$t = 1150 + 0.53 \times 35 = 1168.3(℃)$$

用这种办法稍稍简单一些，比计算修正法误差可能大一点，但误差不大于 0.14%。

4. 零点迁移法

在测量结果中人为地加一个恒定值，因为冷端温度稳定不变，电动势 $E_{AB}(t_H, 0)$ 是常数，利用指示仪表上调整零点的办法，加大某个适当的值而实现补偿。

例如，用动圈仪表配合热电偶测温时，如果把仪表的机械零点调到室温 t_H 的刻度上，在热电动势为零时，指针指示的温度值并不是 0℃而是 t_H。而热电偶的冷端温度已是 t_H，则只有当热端温度 $t=t_H$ 时，才能使 $E_{AB}(t, t_H)=0$，这样，指示值就和热端的实际温度一致

了。这种办法非常简便，只要冷端温度总保持在 t_H 不变，指示值就永远正确。

5. 冷端补偿器法

利用不平衡电桥产生热电动势补偿热电偶因冷端温度变化而引起热电动势的变化值。不平衡电桥由 R_1、R_2、R_3（锰铜丝绕制）、R_{Cu}（铜丝绕制）4 个桥臂和桥路电源组成。在 0℃下使电桥平衡（$R_1=R_2=R_3=R_{Cu}$），此时 $U_{ab}=0$，电桥对仪表读数无影响。该方法的原理电路如图 6-32 所示。注意：桥臂 R_{Cu}必须和热电偶的冷端靠近，使处于同一温度之下。

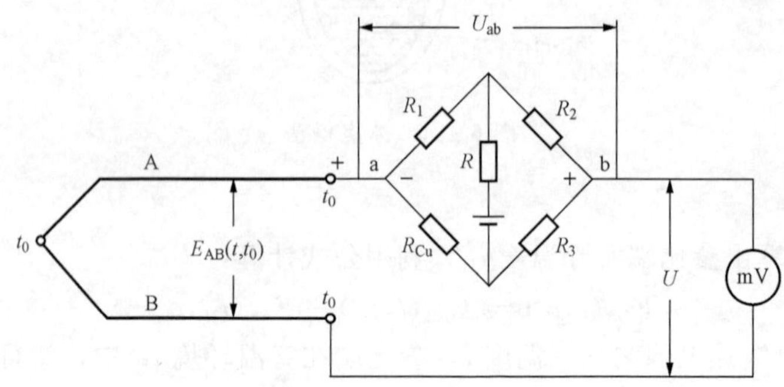

图 6-32 冷端补偿器法原理电路

（二）热电阻工作原理和热电阻材料

1. 工作原理

由物理学知识可知，对于大多数金属导体的电阻具有随温度变化的特性，其特性方程满足

$$R_t = R_0[1 + \alpha(t - t_0)] \tag{6-36}$$

式中 R_t、R_0——热电阻在 t℃和 0℃时的电阻值；

α——热电阻的温度系数，1/℃。

对于绝大多数金属导体，α 值并不是一个常数，而是随温度而变化，但在一定温度范围内，α 可近似视为一个常数。对应于不同的金属导体，α 保持常数所对应的温度范围也不同。

2. 热电阻的材料

作为测量温度用的热电阻材料，必须具有以下特点：

（1）高温度系数、高电阻率。这样在同样条件下可加快反应速度，提高灵敏度，减小体积和质量。

（2）化学、物理性能稳定。以保证在使用温度范围内热电阻的测量准确性。

（3）良好的输出特性，即必须有线性的或者接近线性的输出。

（4）良好的工艺性。以便批量生产、降低成本。目前比较能满足上述条件要求的金属导体材料有：铂、铜、铁和镍。

3. 常用热电阻

（1）铂电阻。铂是一种贵金属，容易提纯，在高温和氧化性介质中化学、物理性能稳定，制成的铂电阻输入/输出特性接近线性，测量精度高，能作为高精度工业测量温元件和作为温度标准元件。用铂制成的温度传感器目前使用最为广泛。

铂电阻与温度关系可表示为

在 0～630.74℃的温度范围内为

$$R_t = R_0(1 + At + Bt^2)$$

在－190～0℃的温度范围内为

$$R_t = R_0[1 + At + Bt^2 + C(t-100)t^3] \quad (6-37)$$

式中 R_t、R_0——铂电阻在 t℃和0℃时的电阻值，Ω；

A、B、C——温度系数，$A=3.968\times10^{-3}/℃$，$B=5.847\times10^{-7}/℃$，$C=-4.22\times10^{-12}/℃$。

由以上两式可知，要确定 R_t 和 t 的关系，必须先确定 R_0。工业中把 $R_0=50\Omega$ 和 $R_0=100\Omega$ 对应的 R_t-t 关系制成分度表，称为铂热电阻分度表，供使用者查阅。

(2) 铜电阻。在测量精度不高和温度范围小时，可用铜做成的温度传感器。由于铜电阻的电阻率仅为铂电阻的1/6左右，当温度高于100℃时易被氧化，因此适用于温度较低和没有腐蚀性的介质中工作。

铜电阻温度系数大，在一定温度范围内为常数，电阻与温度的关系在－50～150℃的温度范围内可表示为

$$R_t = R_0(1 + \alpha t) \quad (6-38)$$

式中 α——铜电阻的温度系数，$\alpha=4.25\times10^{-3}\sim4.28\times10^{-3}/℃$。

与铂电阻一样，在工业中把 $R_0=50\Omega$ 和 $R_0=100\Omega$ 对应的 R_t-t 关系制成分度表，称为铜热电阻分度表。

4. 其他热电阻

镍和铁电阻的温度系数都较大，电阻率也较高，因此也适合于作热电阻。镍和铁热电阻的使用温度范围分别是－50～100℃和－50～150℃。但这两种热电阻目前应用较少，主要是由于它们具有以下缺点：铁很容易氧化，化学性能不好；而镍非线性严重，材料提纯也困难。但由于铁的线性、电阻率和灵敏度都较高，所以在加以适当保护后，也可作为热电阻元件。镍电阻在稳定性方面优于铁，在自动恒温和温度补偿方面的应用较多。

近年来，一些新颖的、测量低温领域的热电阻材料相继出现。铟电阻适宜在－269～－258℃温度范围内使用，测温精度高，灵敏度是铂电阻的10倍，但复现性差。锰电阻适宜在－271～－210℃温度范围内使用，灵敏度高，但质脆易损坏。碳电阻适宜在－273～－268.5℃温度范围内使用，其热容量小，灵敏度高，价格低廉，但热稳定性较差。

(三) 热敏电阻

热敏电阻是利用半导体材料的电阻率随温度变化而变化的性质制成的温度敏感元件。半导体和金属具有完全不同的导电机理，金属的电阻值随温度的升高而增大，而半导体的电阻值却随温度升高而急剧下降。当温度变化时1℃时，金属电阻的阻值变化0.4%～0.6%，而半导体热敏电阻的阻值变化3%～6%。热敏电阻随温度变化的灵敏度高的原因是半导体中参加导电的是载流子，载流子数目比金属中的自由电子数目少得多，所以半导体的电阻率大。随着温度的升高，半导体中的价电子受热激发跃迁到较高能级而产生新的电子—空穴对，使参加导电的载流子数目大大增加，导致电阻率减小。半导体载流子的数目随温度升高呈指数规律上升，所以其电阻率温度升高按指数规律下降。

1. 基本类型

热敏电阻可分为正电阻温度系数（PTC）热敏电阻、负电阻温度系数（NTC）热敏电阻、临界温度系数（CTR）热敏电阻等几类。

PTC热敏电阻的电阻率随温度升高而增加，当温度超过某一数值时，其电阻值朝正的方向快速变化。这种电阻的材料是陶瓷材料，在室温下是半导体，由强电介质钛酸钡掺杂铝

或锶部分取代钡离子的方法制成，其居里点为120℃。根据掺杂量的不同，可以调节PTC热敏电阻的居里点。PTC热敏电阻的用途主要是用于彩电消磁、各种电器设备的过热保护、发热源的定温控制，也可作限流元件使用。

NTC热敏电阻的电阻率随着温度增加比较均匀地减小，有较均匀的感温特性。它采用负电阻温度系数很大的固体多晶半导体氧化物的混合物制成。改变其氧化物的成分和比例，就可得到测温范围、阻值和温度系数不同的NTC热敏电阻。特别适用于−100～300℃之间的温度测量用。在点温、表面温度、温差、温度场等测量中得到日益广泛的应用，同时也广泛的应用在自动控制及电子线路的热补偿电路中。

CTR热敏电阻采用VO_3系列材料制作，当温度升高接近某一温度时（约68℃），电阻率大大下降产生突变，其用途主要用作温度开关。

PTC和CTR热敏电阻随温度变化的特性为剧变型，适合在某一较窄温度范围内做温度控制开关或监测用；而NTC热敏电阻随温度变化的特性为缓变型，适合在较宽温度范围内做温度测量用，也是目前主要使用的热敏电阻。下面对NTC热敏电阻的基本特性进行介绍。

2. 基本特性

(1) 热电特性。热电特性是指热敏电阻的阻值和温度之间的关系，是热敏电阻测温的基础。图6-33是电阻/温度特性曲线。显然，热敏电阻的阻值和温度的关系不是线性的。NTC热敏电阻与温度之间的关系近似符合指数函数规律，即

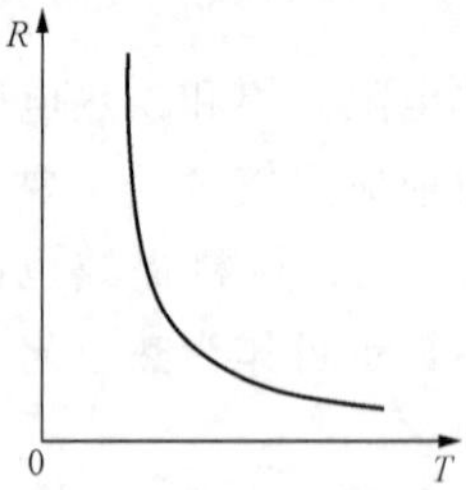

图6-33 热敏电阻热电特性曲线

$$R_T = R_0 e^{B\left(\frac{1}{T}-\frac{1}{T_0}\right)} \tag{6-39}$$

式中 T——被测温度（热力学温度），K；

T_0——参考温度（热力学温度），K；

R_T、R_0——温度T、T_0时的电阻值；

B——热敏电阻的材料常数，可由实验获得，通常$B=2000\sim6000$K，在高温下使用时，B值将增大。

热电特性的一个重要指标是，热敏电阻在其本身温度变化1℃时电阻值的相对变化量，称为热敏电阻的温度系数，其表达式为

$$\alpha_T = \frac{1}{R_T}\frac{dR_T}{dT} \tag{6-40}$$

由式（6-40）可得

$$\alpha_T = -\frac{B}{T^2} \tag{6-41}$$

可见，α_T是随温度降低而迅速增大的，如果B值为4000K，当$T=293.15$K（20℃）时，用式（6-41）可求得$\alpha=-4.75\times10^{-2}$/℃，约为铂热电阻的12倍，因此这种测温电阻的灵敏度是很高的。

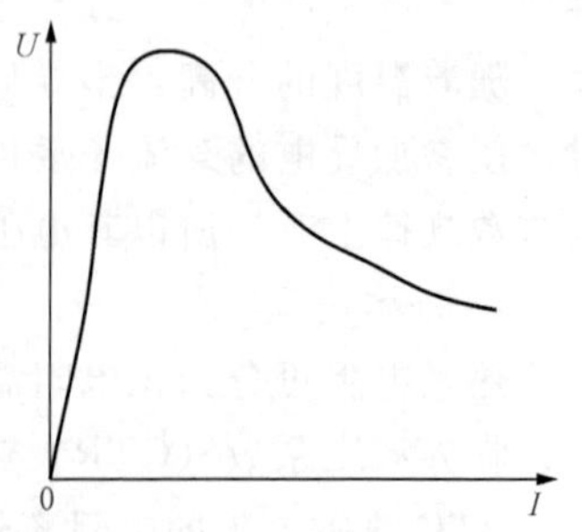

图6-34 热敏电阻的伏安特性

(2) 伏安特性。伏安特性是指热敏电阻的重要特性之一，用来表示加在热敏电阻上的端电压和通过电阻体的电流在电阻本身与周围介质热平衡时的相互关系。图6-34所示为热敏电阻的伏安特性。从图中可以看出：当流过热敏电阻的电流

很小时，曲线呈直线状，热敏电阻的伏安特性符合欧姆定律；随着电流的增加，热敏电阻的温度明显增加（耗散功率增加），由于负温度系数的关系，其电阻的阻值减少，于是端电压的增加速度减慢，出现非线性；当电流继续增加时，热敏电阻自身温度上升更快，使其阻值大幅度下降，其减小速度超过电流增加速度，因此，出现电压随电流增加而降低的现象。

热敏电阻的伏安特性是表征其工作状态的一个重要特性，有助于我们正确选择热敏电阻的正常工作范围。例如，用于测温和控温以及补偿用的热敏电阻就应当工作在曲线的线性区，也就是说，测量电流要小。这样就可以忽略电流加热所引起的热敏电阻阻值发生的变化，而使热敏电阻的阻值发生变化仅仅与环境温度（被测温度）有关。如果是利用热敏电阻的耗散原理工作的，如测量流量、真空、风速等，就应当工作在曲线的负阻区（非线性段）热敏电阻使用范围一般是在－100～350℃之间，如果要求特别稳定，最高温度最好是150℃左右。热敏电阻虽然具有非线性特点，但利用温度系数很小的金属电阻与其串联或并联，也可能得到具有一定线性的温度特性。

3. 热敏电阻的应用

热敏电阻可以测温。如果把它用于测量辐射，则成为热敏电阻红外探测器。热敏电阻红外探测器由铁、镁、钴、镍的氧化物混合压制成热敏电阻薄片构成，它具有－4%的电阻温度系数。辐射引起温度上升，电阻下降，为了使入射辐射功率尽可能被薄片吸收，通常总是在薄片的表面加一层能百分之百地吸收入射辐射的黑色涂层。这个黑色涂层对于各种波长的入射辐射都能全部吸收，对各种波长都有相同的响应率，因而这种红外探测器是一种“无选择性探测器”。

散热器温度是汽车等车辆正常行驶所必测的参数，可以将PTC热敏元件固定在铜质感温塞内，感温塞插入冷却散热器内进行测量。汽车运行时，冷却水的水温发生变化引起PTC阻值变化，导致仪表中的加热线圈的电流发生变化，指针就可指示出不同的水温（电流刻度已换算为温度刻度）。还可以自动控制散热器温度，以防止水温超高。PTC热敏元件受电源波动影响极小，所以线路中不必加电压调整器。

二、集成温度传感器

（一）AD590

AD590型集成温度传感器是一种两端式恒流器件，其输出电流值正比于所测的热力学温度；激励电压可以在4～30V范围内变化，测温范围为－55～150℃。AD590具有标准化的输出、固有的线性关系，因此易于使用。使用AD590时，测量电路不需要电桥，不需要低电平测量设备和线性化电路；又因为AD590是电流输出，所以便于远距离传送，不会因线路压降或感应噪声电压产生大的温差，同时对激励电压也不太敏感。

1. 温度特性

AD590温度特性曲线函数是以T_c为变量的n阶多项式之和，省略非线性项后则有

$$I = K_t(t_c + 273.2)$$

式中　t_c——摄氏温度。

I的单位为μA。可见，当温度为0℃时，输出电流为273.2μA。在常温25℃时，标定输出电流为298.2μA。其温度特性曲线如图6-35所示。

2. AD590的非线性

AD590的非线性曲线如图6-36所示。在－55～100℃范围内，Δt递增；在100～150℃范围内，Δt则是递降。Δt最大可达±3℃，最小Δt<0.3℃，按档级分等。在实际应用中，

Δt 通过硬件或软件进行补偿校正，使测温精度达±0.1℃。其次，AD590 恒流输出，具有较好的抗干扰抑制比和高输出阻抗。当电源电压由+5V 向+10V 变化时，其电流变化仅为 0.2μA/V。长时间漂移最大为±0.1℃，反向基极漏电流小于 10pA。

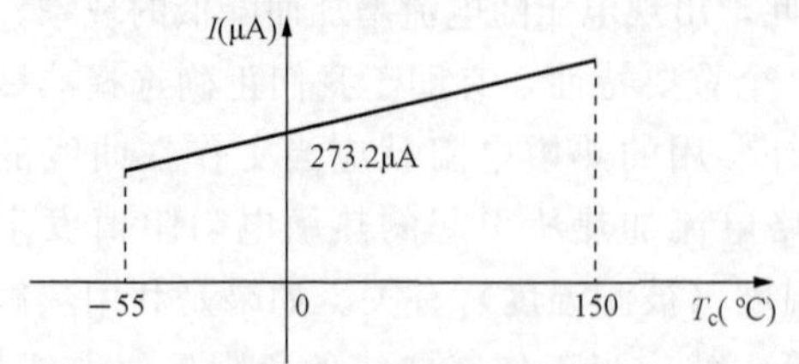

图 6-35　AD590 温度特性曲线

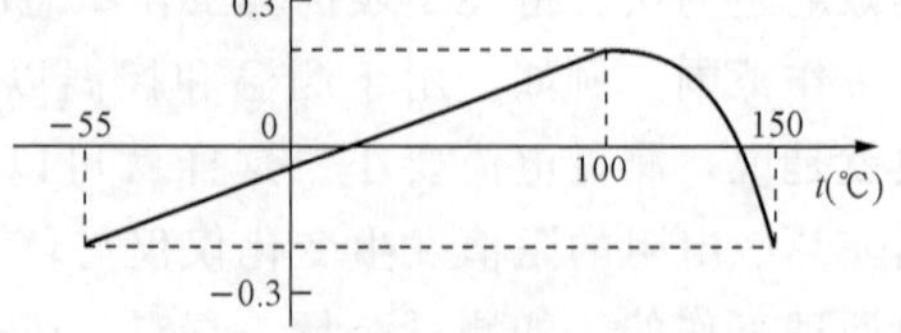

图 6-36　AD590 的非线性曲线

3. AD590 测温放大电路

AD590 测温放大电路如图 6-37 所示。图中，AD581 为精密稳压电源，为 AD590 提供稳定的 10V 电压。

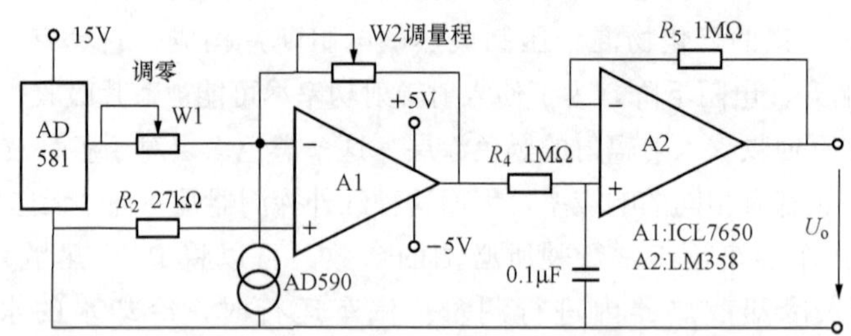

图 6-37　AD590 测温放大电路

（二）单片集成温度传感器 DS18B20

美国 DALLAS 公司推出的 DS18B20 使用了在板专利技术，全部传感器和各种数字转换电路都被集成在一起，其外形如一只三极管，3 个引脚分别是电源、地和数据线。测温范围为−55～125℃，增量为 0.5℃。输出温度有 9 位二进制数表示，无须 A/D 转换、放大等电路。温度转换时间典型值为 200ms。可以设置温度警报系统。一条数据线可与主机通信，不需外接元件，并且可用数据线供电（寄生电源）。由于每一个 DS18B20 有唯一的 64 位序列号，因此，总线上可挂接多相 DS18B20，非常方便地构成单线多点温度测量系统。

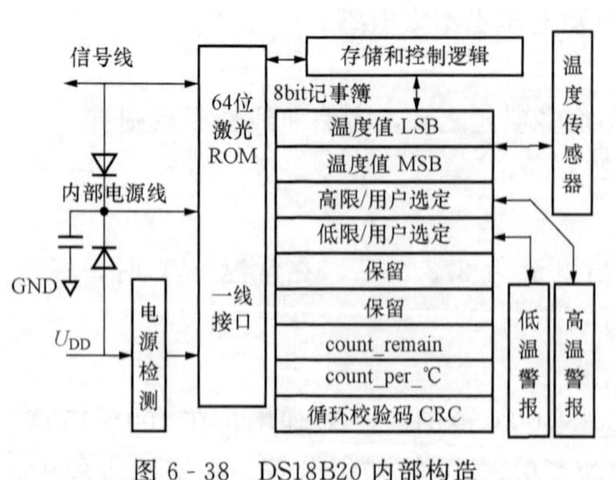

图 6-38　DS18B20 内部构造

1. 内部结构及原理

DS18B20 内部主要由三个部分组成，即 64 位激光 ROM、温度传感器和温度警报开关 TH、TL。其内部构造如图 6-38 所示。

DS18B20 的电源既可由当数据线为高电平时充电的内部寄生电容供给，也可直接外接电源供给。温度值是通过对温敏振荡器的计数产生的。存储和控制逻辑负责对命令的解释和执行，产生的温度值存储在记事簿的前两个字节中。

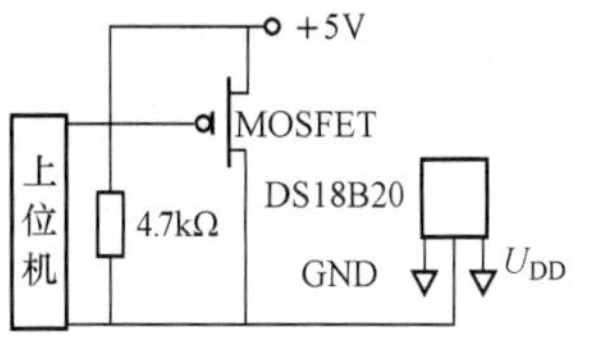

图 6-39 寄生电源供电电路

外接电源是多片 DS18B20 同时进行温度转换的最保险用法，此时 GND 不能浮接。采用寄生模式时，V_{DD}必须接地，在温度转换期间，DS18B20 通过高电平的数据线供电，传递数据时，它由内部充电的电容供电。由于每个 DS18B20 在转换期间约耗电 1mA，所以，当多个 DS18B20 同时转换时，电源可能供应不足，这时应在启动转换后的 10μs 以内，导通 MOSFET，把数据线直接连接到电源上，如图 6-39 所示。

DS18B20 内部的低温度系数振荡器能产生稳定的频率信号 f_0，高温度系数振荡器则将被温度转换成频率信号 f_0。当计数门打开时，DS18B20 对 f_0 计数，计数门开通时间由高温度系数振荡器决定。芯片内部还有斜率累加器，可对频率的非线性予以补偿。测量结果存入温度寄存器中。较高精度的温度值计算公式为

$$温度值 = (temp\_read) + 0.75 - cout\_remain/count\_per\_℃ \qquad (6-42)$$

2. DS18B20 指令简介

由于和 DS18B20 之间的通信都是通过数据线进行的，只有当其功能初始化后，才能通过数据线执行控制、存储、温度转化等功能，因此，CPU 必须首先用以下五个命令之一作为初始化命令：①读 ROM；②ROM 匹配；③搜寻 ROM；④跳过 ROM；⑤搜寻警报。

DS18B20 的 ROM 初始化指令见表 6-1，存储命令指令见表 6-2。

表 6-1　ROM 初始化指令

名称	指令代码	简介
读 ROM（readROM）	#33H	当数据总线上只有一个 DS1820 时，通过#33H 读出该器件的 ROM 代码
ROM 匹配（matchROM）	#55H	CPU 通过数据总线读出 DS18B20 的 ROM 代码，以通知该器件准备工作
忽略 ROM（skip ROM）	#0CCH	当数据总线上只有一个 DS18B20 时，为避免每次调用时都输入 ROM，所以，#0CCH 命令可直接调用 DS18B20
搜寻 ROM（search ROM）	#0F0H	当数据总线上有多个 DS18B20 时，可通过该命令搜索各个器件的 ROM
警报搜寻	#0ECH	判断温度是否超界

表 6-2　存储命令指令

名称	指令代码	说明
温度转换	#44H	启动器件内部晶振开始温度转化
读存储器	#0BEH	读出存储器中的温度值
写入存储器	#4EH	将 TH 和 TL 值输入存储器中
复制存储器	#48H	将存储器中的值复制到计算机中
读电源状态	#0B4H	判断电源工作方式
读 TH 和 TL	#0B8H	读出存储器中的 TH 和 TL 值

3. DS18B20 的读写时序

DS18B20 在一线总线系统中作为从器件，一线总线系统中可以有一个总线主器件和多个总线从器件。总线的空闲状态为高电平，除非事务处理需要中止，总线应为空

闲状态。任何命令的发送必须先由主机发出复位信号，收到DS18B20发出的存在脉冲后，再发送命令和数据。DS18B20初始化脉冲时序如图6-40（a）所示。主器件发送（TX），把数据线下拉成低电平，持续480～960μs完成复位操作后释放数据线并进入接收模式（RX），等待一会，DS18B20发出宽度为60～240μs低电平，称为存在脉冲，主器件收到后说明握手成功。主器件向DS18B20写时序如图6-40（b）所示。写入“0”时，将数据线拉成低电平并保持60μs，写“1”时保持低电平15μs，各写周期必须有1μs的恢复时间。主器件读取每位数据时都先将数据线拉低至少1μs时间，然后等待输出的数据，DS18B20的输出数据有15μs的保持时间供主器件采样，时序如图6-40（c）所示。

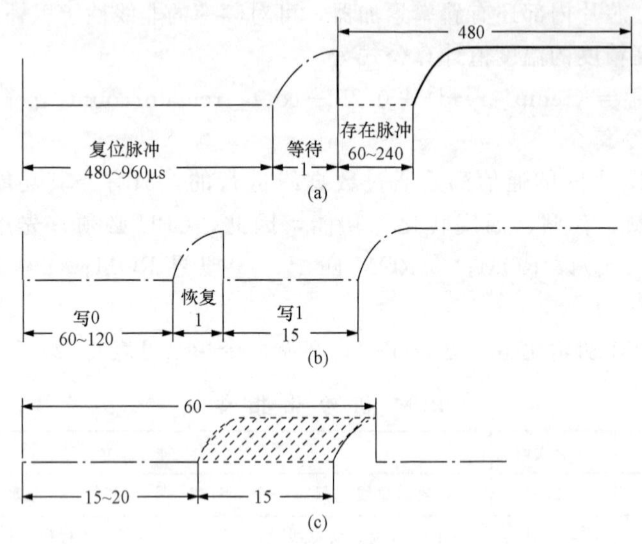

图6-40 DS18B20时序图

（a）DS18B20初始化脉冲；（b）写入DS18B20脉冲；（c）读出DS18B20脉冲

——上拉电阻提升；-·-·-CPU驱动；----DS18B20驱动

第六节 流 量 测 量

一、空气流量传感器

以发动机为例，为了形成符合要求的混合气，使空燃比达到最佳值，就必须对发动机进气空气流量进行精确控制。下面来介绍一下几种常用的空气流量传感器。

（一）卡门旋涡式空气流量计

涡流式空气流量传感器是利用超声波或光电信号，通过检测旋涡频率来测量空气流量的一种传感器。众所周知，当野外架空的电线被风吹时，就会发出“嗡、嗡”的声音，且风速越高声音频率越高，这是气体流过电线后形成旋涡（即涡流）所致。液体、气体等流体均会产生这种现象。同样，如果在进气道中放置一个涡流发生器，比如说一个柱状物，在空气流过时，在涡流发生器后部将会不断产生两列旋转方向相反，并交替出现的旋涡。这个旋涡就称为卡门旋涡。

卡门旋涡式空气流量计就是利用这种旋涡形成的原理测量气体流速，并通过流速的测量直接反映空气流量。

对于一台具体的卡门旋涡式空气流量计，有关系式

$$q_V = kf$$

其中，q_V 为体积流量；f 为单列旋涡产生的频率；k 为比例常数，与管道直径、柱状物直径等有关。由这个关系式可知，体积流量与卡门涡流式空气流量计的输出频率成正比。利用这个原理，只要检测卡门旋涡的频率 f，就可以求出空气流量。

根据旋涡频率的检测方式的不同，汽车用卡门涡流式空气流量计分为超声波检测式和光学式检测式两种。

1. 光学式卡门旋涡空气流量计

光敏晶体管是一种半导体器件，其特点就是受到光的照射时，会产生内光电效应的光生伏特现象，从而产生电流。由此可知光学式卡门旋涡空气流量计工作原理：在产生卡门旋涡的过程中，旋涡发生器两侧的空气压力会发生变化，通过导孔作用在金属箔上，从而使其振动，发光二极管的光照在振动的金属箔上时，光敏晶体管接收到的金属箔上的反射光是被旋涡调制的光，再由光敏晶体管输出调制过的频率信号，这种频率信号就代表了空气的流量信号。

2. 超声波式卡门旋涡式空气流量计

超声波是指频率高于 20kHz，人耳听不到的机械波。它的特性就是方向性好，穿透力强，遇到杂质或物体分界面会产生显著的反射，利用这种物理特性，可以把一些非电量转换成声学参数，再通过压电元件转换成电量。超声波式卡门旋涡式空气流量计的工作原理与光学式卡门旋涡空气流量计的工作原理人致相同，只是光学元件换成了声学元件。

（二）热线式空气流量计

热线式空气流量计的基本构成包括感知空气流量的白金热线、根据进气温度进行修正的温度补偿电阻（冷线）、控制热线电流的控制电路及壳体等。根据白金热线在壳体内安装部位的不同，可分为安装在空气主通道内的主流测量方式和安装在空气旁通道内的旁通道测量方式。其原理电路如图 6-41 所示。

热线式空气流量计是利用空气流过热金属线时的冷却效应工作的。将一根铂丝热线置于进气空气流中，当恒定电流通过铂丝使其加热后，如果流过铂丝周围的空气增加，金属丝温度就会降低。如果要使铂丝的温度保持恒定，就应根据空气量调节热线的电流，空气流量越大，需要的电流越大。图 6-4 中，R_H 为是直径为 0.03～0.05mm 的细铂丝（热线），R_K 是作为温度补偿的冷线电阻，R_B 和 R_A 是精密线桥电阻，4 只电阻共同组成一个惠斯登电桥。在实际工作中，代表空气流量的加热电流是通过电桥中的 R_A 转换成电压输出的。当空气以恒定流量流过时，电源电压使热线保持在一定温度，此时电桥保持平衡。当有空气流动时，由于 R_H 的热量被空气吸收而变冷，其电阻值发生变化，电桥失去平衡。此时，放大器即增加通过铂丝的电流，直到恢复原来的温度和电阻值，使电桥重新平衡。由于电量的增加，R_A 的电压增加，这样就在 R_A 上得到了代表空气流量的新的电压输出。

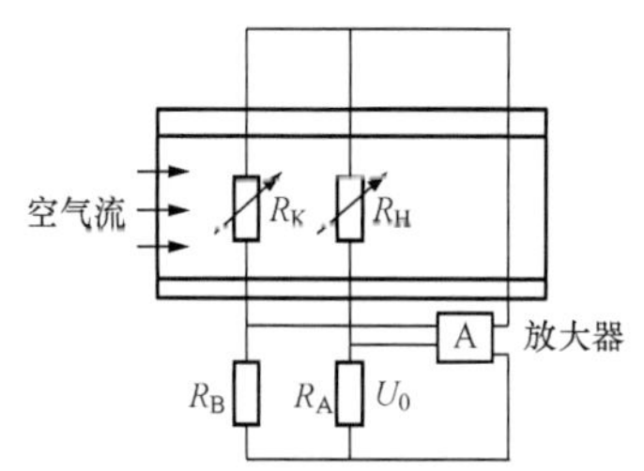

图 6-41 热线式空气流量计测量原理电路

二、液体流量传感器

（一）液体涡轮流量计

当被测流体流过液体涡轮流量计时，在流体作用下，叶轮受力旋转，其转速与管道平均流速成正比，叶轮的转动周期地改变磁电转换器的磁阻值。检测线圈中磁通随之发生周期性变化，产生周期性的感应电动势，即电脉冲信号，经放大器放大后，送至显示仪表显示。其实用流量方程为

$$q_V = f/K \tag{6-43}$$

$$q_m = q_V\rho \tag{6-44}$$

式中 q_V——体积流量，m^3/s；

q_m——质量流量，kg/s；

f——流量计输出信号的频率，Hz；

K——流量计的仪表系数，P/m^3。

流量计系数可分为两段，即线性段和非线性段。线性段约为工作段的三分之二，其特性与传感器结构尺寸及流体黏性有关。在非线性段，特性受轴承摩擦力，流体黏性阻力影响较大。当流量低于传感器流量下限时，仪表系数随着流量迅速变化。压力损失与流量近似为平方关系。当流量超过流量上限时要注意防止空穴现象。

液体涡轮流量计的技术特点：

（1）高精确度，对于液体一般为±0.25％RH％～±0.5％RH％，高精度型可达±0.15％RH％；

（2）重复性好，短期重复性可达0.05％～0.2％；

（3）可获得很高的频率信号（3～4kHz），信号分辨力强；

（4）结构紧凑轻巧，安装维护方便，流通能力大；

（5）不适用于较高黏度介质（高黏度型除外），随着黏度的增大，流量计测量下线值提高，范围度缩小，线性度变差。

传感器应安装在便于维修，管道无振动、无强电磁干扰与热辐射影响的场所。液体涡轮流量计的典型安装管路系统如图6-42所示。图中各部分的配置可视被测对象情况而定，并不一定全部都需要。液体涡轮流量计对管道内流速分布畸变及旋转流是敏感的，进入传感器应为充分发展管流，因此要根据传感器上游侧阻流件类型配备必要的直管段或流动调整器。若上游侧阻流件情况不明确，一般推荐上游直管段长度不小于20D，下游直管段长度不小于5D。如安装空间不能满足上述要求，可在阻流件与传感器之间安装流动调整器。传感器安

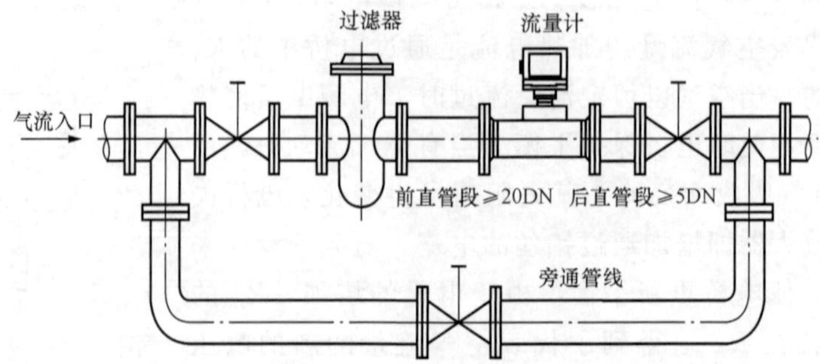

图6-42 液体涡轮流量计的典型安装管路系统

装在室外时，应有避直射阳光和防雨淋的措施。

（二）椭圆齿轮流量计

椭圆齿轮流量计属于容积式流量测量仪表。其主要部分是壳体和装在壳体内的一对相互啮合的椭圆齿轮，它们与盖板构成了一密闭的流体计量空间，流体的进出口分别位于两个椭圆齿轮轴线构成平面的两侧壳体上。其工作原理图如图 6-43 所示。

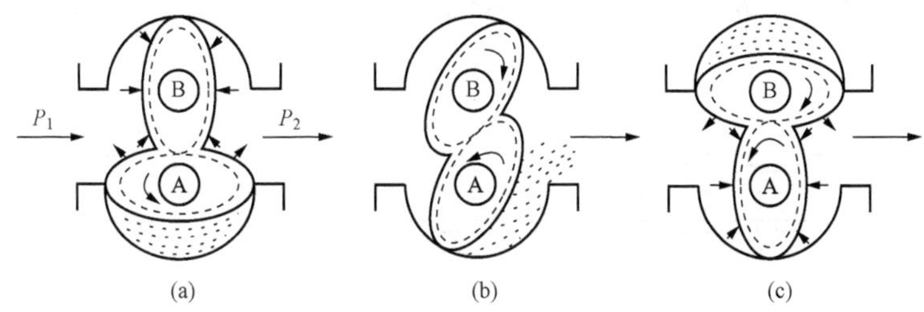

图 6-43　椭圆齿轮流量计工作原理图

流体进入流量计时，进出口压力差 $p=p_1-p_2$ 的存在，使得椭圆齿轮受到力矩的作用而转动。在图 6-43（a）所示位置时，由于 $p_1>p_2$，在 p_1 和 p_2 所产生的合力矩作用下，使齿轮 A 与壳体所形成的计量空间内的流体排至出口，并带动轮 B 顺时针方向转动，这时 A 为主动轮、B 为从动轮。在图 6-43（b）所示位置时，A 与 B 都产生转矩，两轮继续转动，并逐渐将流体封入 B 轮和壳体所形成的计量空间内；当转到图 6-43（c）所示位置时，p_1 和 p_2 作用 A 轮上的转矩为零，而 B 轮入口压力大于出口压力，产生转矩，使 B 轮成为主动轮并继续作顺时针转动，同时把 B 轮与壳体所形成的计量空间内的流体排至出口。如此往复循环，A、B 两轮交替带动，以椭圆齿轮与壳体间固定的月牙形计量空间为计量单位，不断地把入口处的流体送到出口。图 6-43 所示仅为椭圆齿轮转动 1/4 周的情况，相应排出的流体量为一个月牙形空腔容积。所以，椭圆齿轮每转一周所排流体的容积为固定的月牙形计量空间容积 V_0 的 4 倍。若椭圆齿轮的转数为 n，则通过椭圆齿轮流量计的流量为

$$Q = 4V_0 n = qn \tag{6-45}$$

由此可知，已知排量 q 值的椭圆齿轮流量计，只要测量出转数 n，便可确定通过流量计的流量大小。

椭圆齿轮流量计是借助于固定的容积来计量流量的，与流体的流动状态及黏度无关。但是，黏度变化会引起泄漏量的变化，泄漏过大将影响测量精度。椭圆齿轮流量计只要保证加工精度和各运动部件的配合紧密，保证使用中不腐蚀和磨损，便可得到很高的测量精度。一般情况测量精度下为 0.5%～1%，较好时可达 0.2%。

值得注意的是，当通过流量计的流量为恒定时，椭圆齿轮在一周的转速是变化的，但每周的平均角速度是不变的。在椭圆齿轮的短轴与长轴之比为 0.5 的情况下，转动角速度的脉动率接近 0.65。由于角速度的脉动，测量瞬时转速并不能表示瞬时流量，而只能测量整数圈的平均转速来确定平均流量。

椭圆齿轮流量计的外伸轴一般带有机械计数器，由其读数便可确定流量计的总流量。这种流量计同秒表配合，可测出平均流量。但由于用秒表测量的人为误差大，因此测量精度较低。现在大多数椭圆齿轮流量计的外伸轴带有测速发电机或光电测速盘。再同二次仪表相

连，可准确地显示出平均流量和累积流量。

（三）压差式流量计

差压式流量计是以流动连续性方程（质量守恒定律）和伯努利方程（能量守恒定律）为基础的。充满管道的流体流经管道内节流件时，流束将在节流件处形成局部收缩。因而流速增加，静压力降低，于是在节流件前后便产生了压差，流体流量越大，产生的压差越大，因而可依据压差来衡量流量的大小。压差式流量计原理与压力分布如图 6-44 所示。

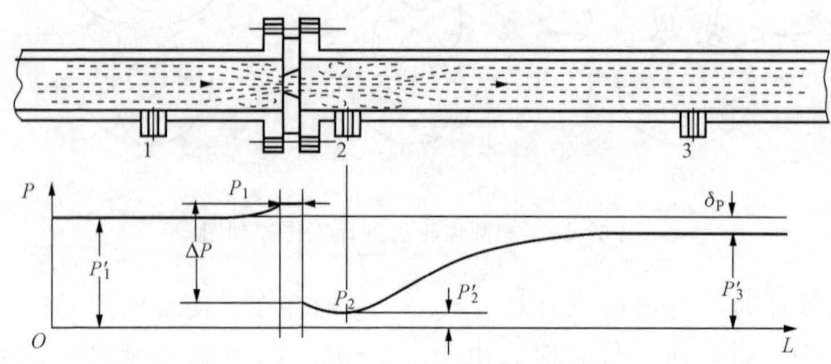

图 6-44 压差式流量计原理与压力分布

实验证明，流体流经各种节流装置时，其流速和压力沿流动方向的分布情况是类似的。图 6-44 所示为水平管道内装有节流孔板时，沿流动方向的压力分布情况。压差式流量计的计算公式为

$$q_V = aEA_0\sqrt{2/\rho(P_1 - P_2)} \tag{6-46}$$

式中 a——流量系数；

E——流体压缩系数，对不可压缩流体，$E=1$，对可压缩流体，$E<1$；

A_0——孔板的最小截面积。

所有的压差式流量计都是通过节流装置产生两点间的压差。它可用简单的、充以液体（通常用汞）的 U 形管压力计准确测量，也可用更精密的其他形式的压力计测量。如通过压差直接读出流量，其标尺具有非线性刻度。

（四）电磁流量计

电磁流量计的工作原理基于法拉第电磁感应定律。当导电液体流过包围在磁场中的测量管时，在流速和磁场二者相垂直的方向就会产生与平均流速 V 成正比的感应电动势 E_0。磁场强度 B 是一常数（由线圈电流控制）、检测电极之间的距离 D 也是固定的，因此液体流速是感应电动势 E 的唯一变量，电磁流量计的输出信号与流量呈线性关系。

采用不导磁材料制成的流量测量导管，置于均匀磁场中，其内径为 D，内壁衬有绝缘材料。导电液体在管道中流动时，即作切割磁力线的运动，若所有流体质点都以平均流速 V 运动，则液体流速在整个管道截面上是均匀一致的。这样，就可以把液体看成许多直径为 D 的连续运动着的薄圆盘。这种由液体组成的薄圆盘等效于长度为 D 的导电体，其切割磁力线的运动速度为 V。根据上述电磁感应原理可知，在液体圆盘内将产生感应电动势，其大小为

$$E = BVD \tag{6-47}$$

式中　E——感应电动势；

B——磁感应强度；

V——平均流速；

D——管道内径。

因为这种液体圆盘是连续不断地通过磁场，所以就能产生连续的感应电动势。如果磁场是交变磁场，则产生的感应电动势也就是交流感应电动势，其变化频率和磁场变化的频率相同。现在，一般工业用的都是交流磁场的电磁流量计。

流经圆形导管的体积流量为被测介质的平均流速与导管流通截面积的乘积，即

$$E = \frac{4Bq_V}{\pi D} = kq_V \tag{6-48}$$

式中　D——两电极间距离（即导管直径），m；

E——感应电动势，V；

B——磁感应强度，T；

q_V——流体的流速，m/s；

k——仪表的比例常数。

（五）超声波流量计

超声波流量计是利用多普勒原理测量流量。声波在流体中传播时，处在顺流和逆流的不同条件下，其波速并不相同。顺流时，超声波的传播速度为在静止介质中的传播速度 c 加上流体的速度 v，即传播速度为 $c+v$；逆流时，它的传播速度为 $c-v$。测出超声波在顺流和逆流时的传播速度，求出两者之差 $2v$，就可求得流体的速度 v。

测定超声波顺、逆流传播速度之差的方法很多，主要有测量在超声波发生器上、下游等距离处接到超声信号的时间差、相位差或频率差等方法。

1. 时差法

设超声波发生器与接收器之间的距离为 L，则超声波到达上、下游接收器的传播时间差为

$$\Delta t = \frac{L}{c-v} - \frac{L}{c+v} = \frac{2Lv}{c^2 - v^2} \tag{6-49}$$

式中　c——超声波在静止介质中的传播速度；

v——流体的速度。

2. 相差法

若超声波发生器发射的是连续正弦波，则上、下游等距离处接收到超声波的相位差为

$$\Delta\phi = \omega\Delta t = \frac{2\omega Lv}{c^2} \tag{6-50}$$

式中　ω——超声波的角频率；

c——超声波在静止介质中的传播速度；

v——流体的速度。

可以看出，只要能测出时间差 Δt 或相位差 $\Delta\phi$，就能求算出流速 v，进而求得流量 q_V。

3. 频差法

频差法是通过测量顺流和逆流时超声脉冲的重复频率差来测量流速。在上、下游等距离处收到超声波的频率差为

$$\Delta f = \frac{c+v}{L} - \frac{c-v}{L} \tag{6-51}$$

可见，利用频率差测流速时与超声波传播速度 c 无关，因此工业上常使用频差法。

第七节 压 力 测 量

压力传感器广泛应用于流体压力、差压、液位测量。特别是，由于它可以微型化，国外已有直径为 0.8mm 的压力传感器，在生物医学上可以测量血管内压、颅内压等参数。按传感器所用弹性元件不同，压力传感器可分为有膜式、筒式等。

一、膜式压力传感器

膜式压力传感器的弹性元件为四周固定的等截面圆形薄板，又称平膜板或膜片。膜片的一个表面承受被测分布压力，另一侧面粘有应变片或专用的箔式应变花，并组成电桥。如图 6-45 所示。膜片在被测压力 p 作用下发生弹性变形，应变片在任意半径 r 的径向应变 ε_r 和切向应变 ε_t 分别为

$$\varepsilon_r = \frac{3p}{8h^2E}(1-\mu^2)(r_0^2 - 3r^2) \tag{6-52}$$

$$\varepsilon_t = \frac{3p}{8h^2E}(1-\mu^2)(r_0^2 - r^2) \tag{6-53}$$

式中 p——被测压力；

h——膜片厚度；

r——膜片任意半径；

E——膜片材料的弹性模量；

μ——膜片材料的泊松比；

r_0——膜片有效工作半径。

由分布曲线可知，电阻 R_1 和 R_3 的阻值增大（受正的切向应变 ε_t），而电阻 R_2 和 R_4 的阻值减小（受负的径向应变 ε_r）。因此，电桥有电压输出，且输出电压与压力成比例。

二、筒式压力传感器

筒式压力传感器的弹性元件为薄壁圆筒，筒的底部较厚。这种弹性元件的特点是，圆筒受到被测压力后，表面各处的应变是相同的。因此应变片的粘贴位置不影响所测应变。如图 6-45 所示，工作应变片 R_1、R_3 沿圆周方向粘贴在筒壁，温度补偿片 R_2、R_4 贴在筒底外壁上，并连接成全桥线路，这种传感器适用于测量较大的压力。

对于薄壁圆筒（壁厚与壁的中面曲率半径之比＜1/20），筒壁上工作应变片的切向应变 ε_t 与被测压力 p 的关系为

$$\varepsilon_t = \frac{(2-\mu)D_1}{2(D_2 - D_1)E}p \tag{6-54}$$

对于厚壁圆筒（壁厚与壁的中面曲率半径之比＞1/20）则有

$$\varepsilon_t = \frac{(2-\mu)D_1^2}{2(D_2^2 - D_1^2)E}p \quad (6-55)$$

上两式中 D_1——圆筒内孔直径；

D_2——圆筒外壁直径；

E——圆筒材料的弹性模量；

μ——圆筒材料的泊松比。

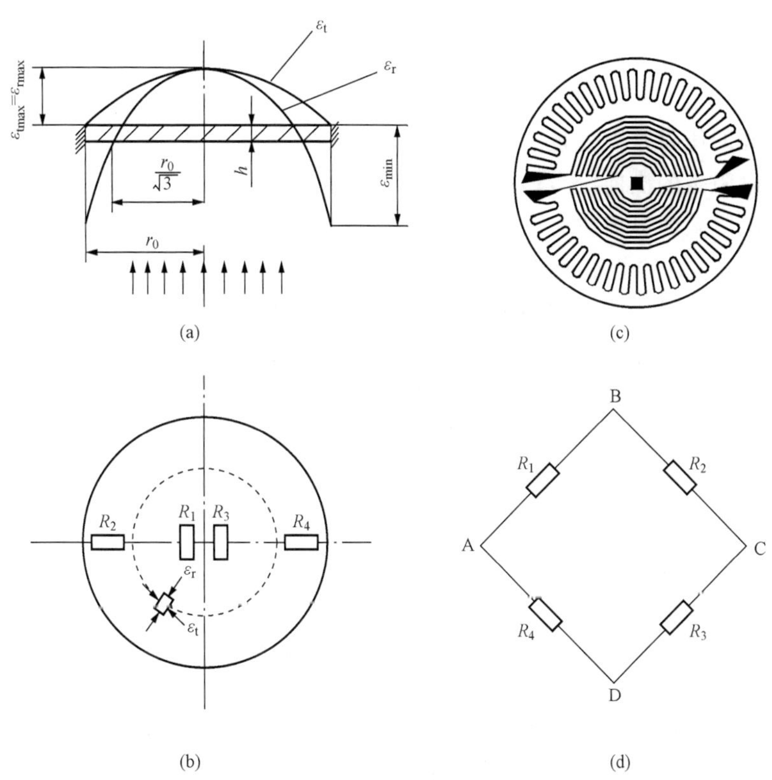

图 6-45 膜式压力传感器

(a) 膜片应变分布曲线；(b) 贴有应变片的膜片；(c) 箔式应变花；(d) 电桥

三、压阻式压力传感器

早期的压阻式压力传感器是体型压力传感器（又称半导体应变计式压力传感器），是利用硅单晶切割加工成薄片矩形条，焊接上电极引线，粘贴在金属或者其他材料制成的弹性元件上形成的。当弹性体受压力后便产生应力，使硅受到压缩或拉伸，其电阻率发生变化，产生正比于压力变化的电阻信号输出。随着集成电路技术的迅速发展，这种半导体应变计式压力传感器后来发展成为用扩散方法在硅片上制造电阻条，即扩散硅压力传感器（又称固态压阻式压力传感器）。扩散硅压力传感器是在 N

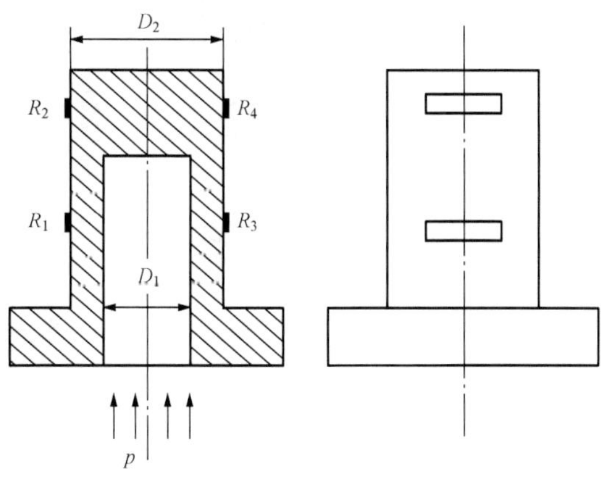

图 6-46 筒式压力传感器

型硅片上定域扩散P型杂质形成电阻条，连接成惠斯登电桥，制成压力传感器芯片。系统配置标准压力传感器的敏感芯片是根据压阻效应原理，利用半导体和微加工工艺在单晶硅上形成一个与传感器量程相应厚度的弹性膜片，再在弹性膜片上采用微电子工艺形成4只应变电阻，组成一个惠斯登电桥。当压力作用后，弹性膜片就会产生变形，形成正、负两个应变区；同时材料由于压阻效应，其电阻率就要发生相应的变化。

对于单晶硅（100）晶面上沿（110）方向的P型电阻，其阻值变化率与所受应力的关系为

$$\frac{\Delta R}{R}=\frac{\pi_{44}}{2}(\sigma_x-\sigma_y) \tag{6-56}$$

式中 π_{44}——硅的压阻系数分量；

σ_x——电阻条的横向应力；

σ_y——电阻条的纵向应力。

将4只电阻排布在弹性膜片上，两只排布在正应力区，两只排布在负应力区，构成图6-47所示的电桥。在恒定电流供电时，若4只电阻的阻值相等，且应力作用时的阻值变化量也相等，则电桥的输出为

$$U_o=KI_0R\varepsilon \tag{6-57}$$

式中 U_o——电桥的输出电压；

K——灵敏系数；

I_0——供电电流；

R——电阻阻值；

ε——应变。

因此，当被测压力作用在敏感芯片时，敏感芯片就会输出一个与被测压力成正比的电压信号，通过测量该电压信号的大小，即可实现压力的测量。图6-48给出了惠斯登电桥的原理示意图。由4只电阻组成的电平行四边形中，对一组对角点上施加电压U_i或恒定电流I_i时，在另一组对角点上有输出电压U_{o1}产生，其表达式为

$$U_{o1}=[(R_1R_3-R_2R_4)/(R_1+R_2+R_3+R_4)]I_{in} \tag{6-58}$$

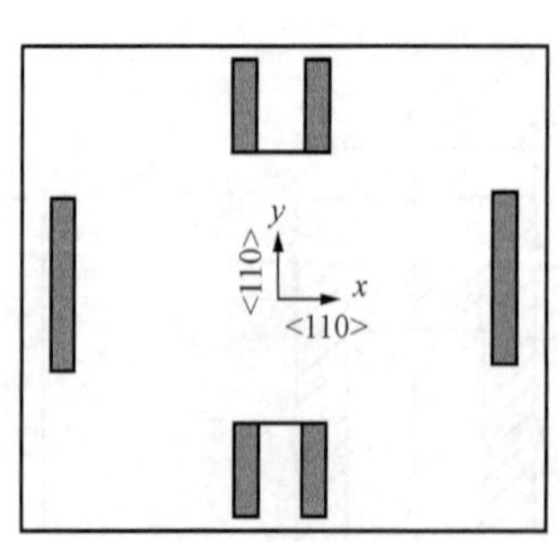

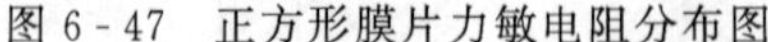

图6-47 正方形膜片力敏电阻分布图

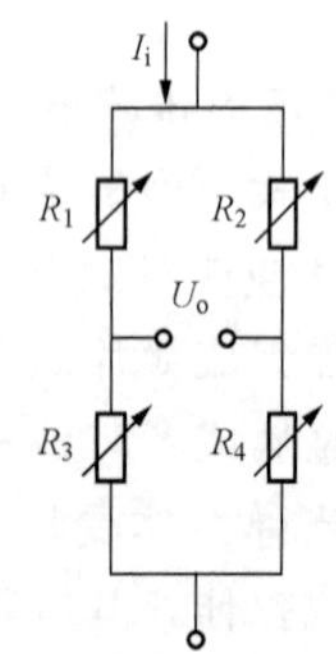

图6-48 惠斯登电桥原理图

对压阻式压力传感器来讲，当器件未感受压力时，4只电阻没有发生变化，传感器输出为$U_{o1}=U_o$，U_o为零位输出。从使用角度讲，希望U_o越小越好。当器件感受压力时，电阻R_1、R_3阻值增大，R_2、R_4阻值减小，因此产生一个与压力成正比的电信号输出U_{o1}。

压阻式压力传感器的结构如图 6-49 所示。其核心部分是一圆形的硅膜片。在沿某晶向切割的 N 型硅膜片上扩散 4 只阻值相等的 P 型电阻，构成平衡电桥。硅膜片周边用硅杯固定，其下部是与被测系统相连的高压腔，上部为低压腔，通常与大气相通。在被测压力作用下，膜片产生应力和应变，P 型电阻产生压阻效应，其电阻发生相对变化。

压阻式压力传感器适用于中、低压力、微压和压差测量。由于其弹性敏感元件与变换元件一体化，尺寸小且可微型化，固有频率很高。

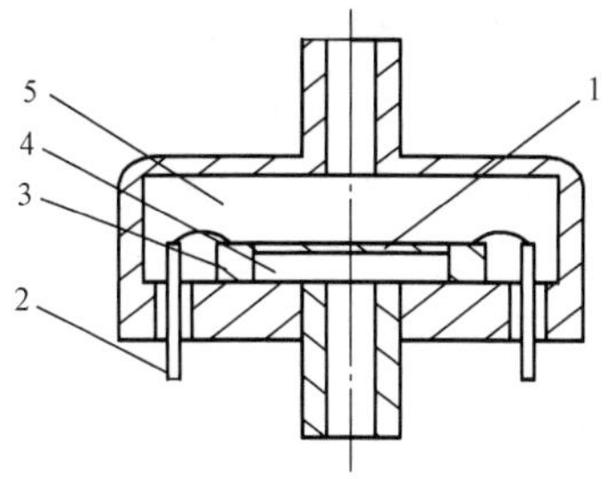

图 6-49　压阻式压力传感器的结构

1—硅膜片；2—引线；3—硅杯；4—高压腔；5—低压腔

第八节　振　动　测　量

振动是工程技术和日常生活中常见的物理现象，在大多数情况下，振动是有害的，对仪器设备的精度、寿命和可靠性都会产生影响。当然，振动也有有利的一面，如用于清洗、监测等。无论是利用振动还是防止振动，都必须确定其量值。在长期的科学研究和工程实践中，已逐步形成了一门较完整的振动工程学科，可进行理论计算和分析。但这些毕竟还是建立在简化和近似的数学模型上，还必须用试验和测量技术进行验证。随着现代工业和现代科学技术的发展，对各种仪器设备提出了低振级和低噪声的要求，以及要对主要生产过程或重要设备进行监测、诊断，对工作环境进行控制等。以上这些都离不开振动的测量。

一、振动和振动测量系统

（一）振动信号分类

振动信号按时间历程的分类如图 6-50 所示，即将振动分为确定性振动和随机振动两大类。

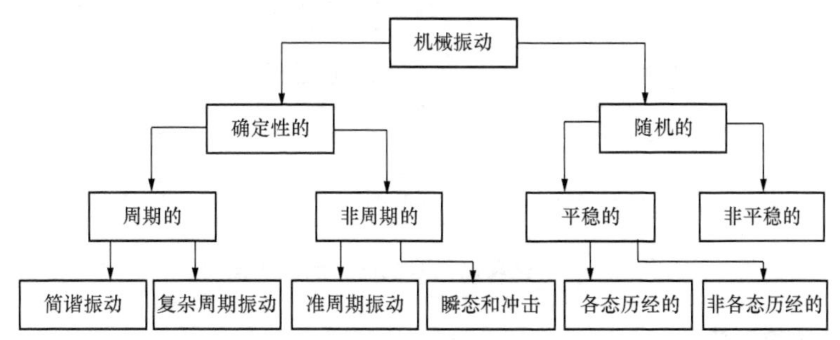

图 6-50　振动信号的分类

其中，准周期振动由一些不同频率的简谐振动合成，在这些不同频率的简谐分量中，总会有一个分量与另一个分量的频率的比值为无理数，因而是非周期振动。随机振动是一种非确定性振动，它只服从一定的统计规律，可分为平稳随机振动和非平稳随机振动。平稳随机振动又包括各态历经的平稳随机振动和非各态历经的平稳随机振动。

一般来说，仪器设备的振动信号中既包含有确定性的振动，又包含有随机振动。但对于一个线性振动系统来说，振动信号可用谱分析技术化作许多简谐振动的叠加。因此简谐振动是最基本也是最简单的振动。

（二）振动测量系统

1. 振动测量方法分类

振动测量方法按振动信号转换的方式可分为电测法、机械法和光学法。其简单原理和优缺点见表6-3。

表6-3 振动测量方法分类及优缺点

名　称	原　理	优缺点及应用
电测法	将被测对象的振动量转换成电量，然后用电量测试仪器进行测量	灵敏度高，频率范围及动态、线性范围宽，便于分析和遥测，但易受电磁场干扰，是目前最广泛采用的方法
机械法	利用杠杆原理将振动量放大后直接记录下来	抗干扰能力强，频率范围及动态、线性范围窄，测试时会给工件加上一定的负荷，影响测试结果，用于低频大振幅振动及扭振的测量
光学法	利用光杠杆原理、读数显微镜、光波干涉原理，以及激光多普勒效应等进行测量	不受电磁场干扰，测量精度高，适于对质量小、不易安装传感器的试件作非接触测量，在精密测量和传感器、测振仪标定中用得较多

目前广泛应用的是电测法，下面将作主要介绍。

2. 电测法振动测量系统

由于振动的复杂性，加上测量现场复杂，在用电测法进行振动量测量时，其测量系统是多种多样的。图6-51所示为用电测法测振时系统的一般组成框图。由图可见，一个一般的振动测量系统通常由激振、测振、中间转换电路、振动分析仪及显示记录装置等环节所组成。

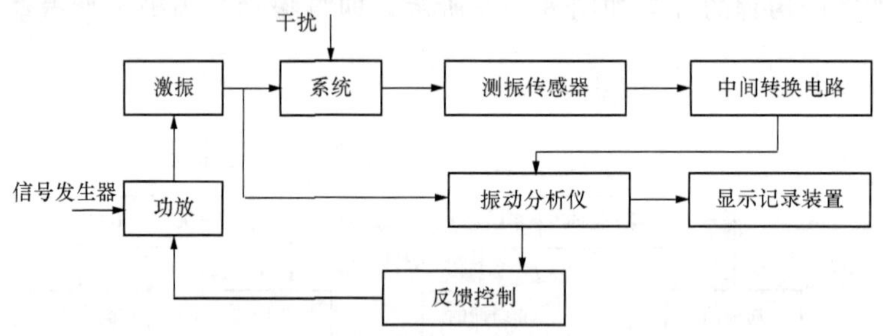

图6-51 振动测量系统的一般组成框图

二、振动参量的测量

振动参量是指振幅、频率、相位角和阻尼比等物理量。

（一）振幅的测量

振动量的幅值是时间的函数，常用峰值、峰峰值、有效值和平均绝对值来表示。峰值是从振动波形的基线位置到波峰的距离，峰峰值是正峰值到负峰值之间的距离。在考虑时间过程时常用有效（均方根）值和平均绝对值表示。有效值和平均绝对值分别定义为

$$z_e = \sqrt{\frac{1}{T}\int_0^T z^2(t)\,dt} \tag{6-59}$$

$$\bar{z} = \frac{1}{T}\int_0^t |z(t)|\,dt \tag{6-60}$$

对于谐振动而言，峰值、有效值和平均绝对值之间的关系为

$$z_e = \frac{\pi}{2\sqrt{2}}\bar{z} = \frac{1}{\sqrt{2}}z_f \tag{6-61}$$

式中　z_f——振动峰值。

（二）谐振动频率的测量

谐振动的频率是单一频率，测量方法分直接法和比较法两种。直接法是将拾振器的输出信号送到各种频率计或频谱分析仪，直接读出被测谐振动的频率。在缺少直接测量频率仪器的条件下，可用示波器通过比较测得频率。常用的比较法有录波比较法和李沙育图形法。录波比较法是将被测振动信号和时标信号一起送入示波器或记录仪中同时显示，根据它们在波形图上的周期或频率比，算出振动信号的周期或频率。李沙育图形法则是将被测信号和由信号发生器发出的标准频率正弦波信号分别送到双轴示波器的 Y 轴及 X 轴，根据荧光屏上呈现出的李沙育图形来判断被测信号的频率。

（三）相位角的测量

相位差角只有在频率相同的振动之间才有意义。测定同频两个振动之间的相位差也常用直读法和比较法。直读法是利用各种相位计直接测定。比较法常用录波比较法和李沙育图形法两种。录波比较法利用记录在同一坐标纸上的被测信号与参考信号之间的时间差 τ 求出相位差 φ，有

$$\varphi = \frac{\tau}{T} \times 360° \tag{6-62}$$

李沙育图测相位法则是根据被测信号与同频的标准信号之间的李沙育图形来判别相位差。

（四）阻尼比测量

阻尼比是导出参数，可以通过测量振动的某些基本参数，再用公式算出。常用的方法有振动波形图法、共振法、半功率点法和李沙育图形法四种。

1. 振动波形图法

用测振仪记录被测的有阻尼自由振动波形图如图 6-52 所示。由振动理论知此曲线的数学方程式为

$$Z = \overline{0C}\exp(-\xi t)(\omega_n' t - \varphi) \tag{6-63}$$

式中　ω_n'——衰减振动的角频率，ω_n' 与衰减振动周期 T' 的关系为 $T' = \frac{2\pi}{\omega_n'}$。

因此，由任意相邻两振幅 z_i 与 z_{i+1} 的比值 $z_i/z_{i+1} = \exp(\xi T')$ 即可求得

$$\xi = \frac{1}{T'}\ln\frac{z_i}{z_{i+1}} = \frac{\lambda}{T'} \tag{6-64}$$

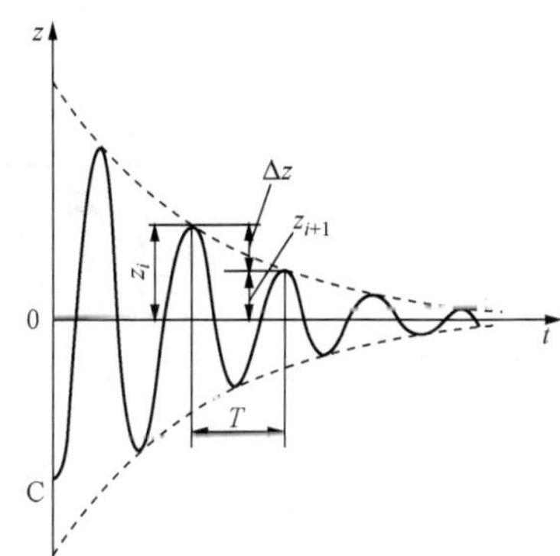

图 6-52　振动波形图法测阻尼比

2. 共振法

由振动理论知，一个单自由度有阻尼线性振动系统的位移、速度和加速度的幅频特性的共振频率 f_d、f_v 和 f_a 是不相同的，它们与系统无阻尼振动固有频率 f_n 之间的关系分别为

$$f_d = f_n\sqrt{1-2\xi^2} \tag{6-65}$$

$$f_v = f_n \tag{6-66}$$

$$f_a = f_n\sqrt{\frac{1}{1-2\xi^2}} \tag{6-67}$$

因此，由式（6-65）、式（6-66）或式（6-66）、式（6-67）都可求得

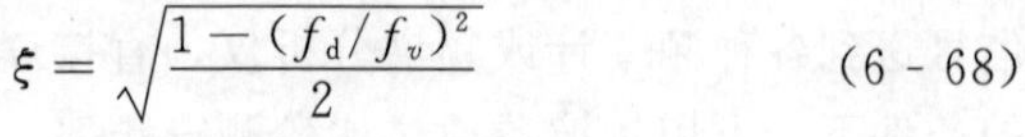

$$\xi = \sqrt{\frac{1-(f_d/f_v)^2}{2}} \tag{6-68}$$

或

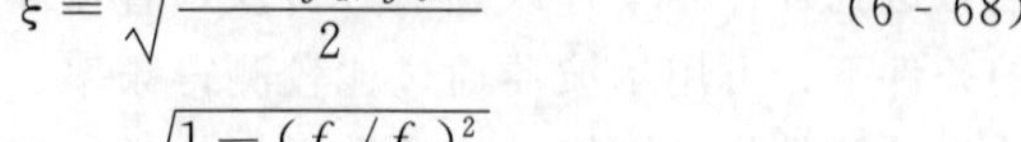

$$\xi = \sqrt{\frac{1-(f_v/f_a)^2}{2}} \tag{6-69}$$

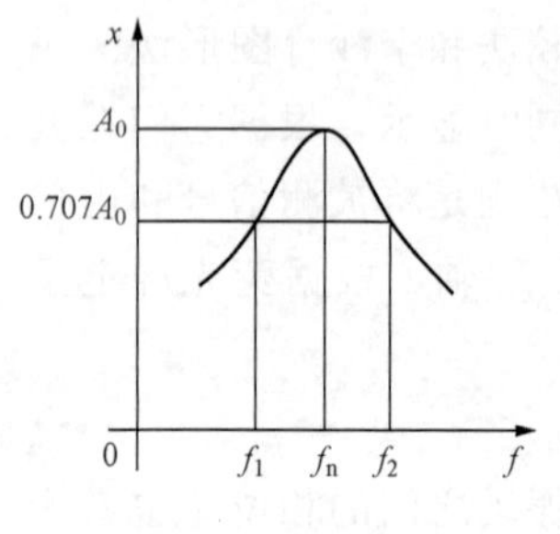

图 6-53 半功率法测阻尼比

3. 半功率法

由振动理论知，一个振动系统的能量与其振幅的平方成正比。如图 6-53 所示，系统强迫振动的能量在共振点前后能量为共振时能量的 1/2 处的两个频率 f_1、f_2 称为半功率点频率之差值与系统的阻尼比之间的关系为

$$\xi = \frac{f_2 - f_1}{2f_n} \tag{6-70}$$

4. 李沙育图形法

当被测的阻尼较大时，幅频特性曲线的峰值变得不明显或不出现，上述三种方法无法使用或误差较大，这时可用李沙育图形法。该方法测量系统如图 6-54 所示。如测振动台面振动的加速度计、电荷放大器和示波器的 X 轴组成的测量系统与测振动台面振动的加速度计、电荷放大器和示波器的 Y 轴组成的测量系统，两者在幅频特性和相频特性上完全一致，则示波器显示的李沙育圆（图 6-55）上包含的关系，即

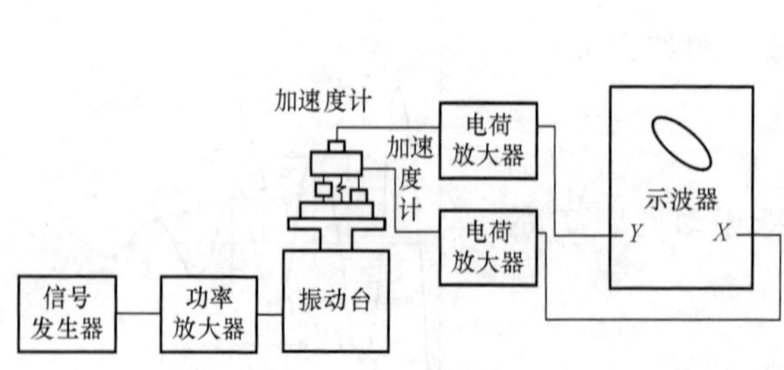

图 6-54 李沙育测量系统

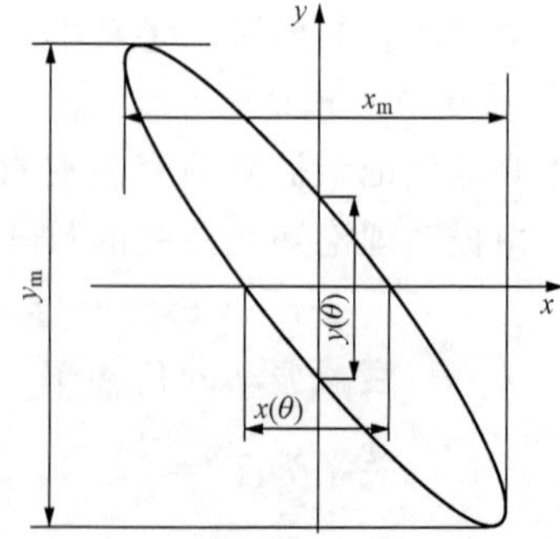

图 6-55 李沙育图形法测阻尼比

$$\sin\theta = \frac{y(\theta)}{y_m} = \frac{x(\theta)}{x_m} \tag{6-71}$$

$$u=\frac{\omega_1}{\omega_2}=\sqrt{\frac{\left(\frac{x_m}{y_m}\right)^2+1-2\frac{x_m}{y_m}\cos\theta}{1-\frac{x_m}{y_m}\cos\theta}} \tag{6-72}$$

则

$$2\xi u=\frac{\sin\theta}{\frac{x_m}{y_m}-\cos\theta} \tag{6-73}$$

$$\xi=\frac{\sin\theta}{2\left(\frac{y_m}{x_m}-\cos\theta\right)}\sqrt{\frac{1-\frac{x_m}{y_m}\cos\theta}{\left(\frac{x_m}{y_m}\right)^2+1-2\frac{x_m}{y_m}\cos\theta}} \tag{6-74}$$

第九节　成分与物性测量

对混合气体的成分及混合物中的某些物质的含量或性质进行自动测定，是自动检测仪表的重要内容。生产过程中常见的成分自动分析仪表有气体分析仪、湿度计、pH 计等。借助这一类仪器，可以了解生产过程中的原料、中间产品及最后产品的性质及其含量，从而直接判断生产过程进行是否合理，对某些物料的性质及其成分和物性进行质量控制。

一、成分及物性分析原理

成分自动分析仪是利用各种物质之间存在的差异，把所要检测的成分或物质性质转换成某种电信号，进行非电量的测量。为了保证所测成分或物性与输出信号之间的单值函数关系，所选分析仪不得不采用各种措施，稳定或排除某些影响因数。通常，成分自动分析仪表由三个部分组成，即检测、信号处理和采样及预处理。

1. 检测

检测部分将被测物质的成分或性质的变化转换成电信号。例如，当用玻璃电极测量溶液的 pH 值时，电极把溶液中的氢离子浓度转化为电动势；又如，热导式气体分析仪把气体成分的变化转换成热敏电阻值的变化。

2. 信号处理

检测送出的电信号一般都很微弱，因此，常设有特种的前置放大模块及数据处理装置。

3. 采样及预处理

为了保证连续自动地供给分析检测系统合格产品，正确采样并进行预处理十分重要。采样及预处理装置包括抽吸器、冷却器、化学杂质过滤器、转化器、干燥器等。其选择与安装必须根据工艺流程、样品的物理化学状况及所采用分析仪的特性。一般来说，脏污样品必须提纯，气体样品需要干燥并消除干扰成分的影响。

二、成分检测

红外技术是近代迅速发展的新技术之一，是分析仪表的一个重要分支。因其灵敏度高、选择性好、滞后小而得到了广泛的应用，不仅可在工业上做连续测量，还可用于控制系统对被测成分进行自动控制。

1. 工作原理

红外线是波长为0.76～420μm之间的电磁波，因其同可见光的红光波段相邻且位于可见光之外，故称为红外线。任何物质只要热力学温度不为零，都在不断地向外辐射红外线。各种物质在不同状态下辐射出的红外线的强弱及波长是不同的。

各种多原子气体（CO_2、CO、CH_4 等）对红外线都有一定的吸收能力，吸收某些波段的红外线，这些波段称为特征吸收波段。不同的气体具有不同的特征吸收波段。图 6-56 所示为 CO_2、CO 气体的红外线吸收特征。如图所示，CO_2 有两个特征吸收波段：2.6～2.9μm 及 4.1～4.5μm。当波长为 2～7μm 的红外线射入含有 CO_2 的气体中时，这两个波段的红外线会被 CO_2 气体吸收，透过的射线中会不含或少含这两个波段的红外线。CO_2 气体吸收到的辐射能会转化为热能，使气体分子的温度升高，红外气体分析仪通过直接或间接地监测温度的变化来测量 CO_2 气体的浓度。

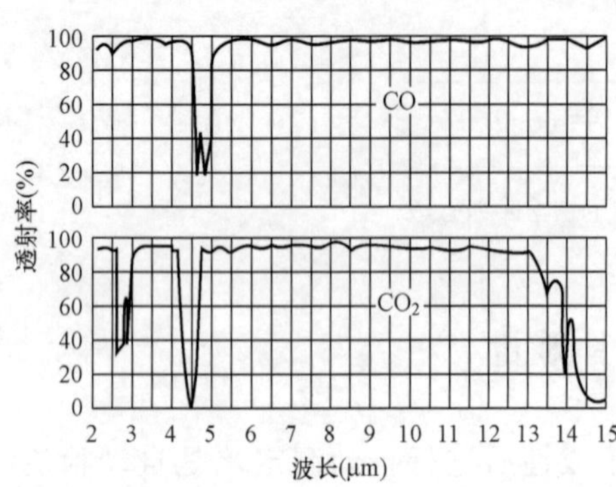

图 6-56 CO_2、CO 气体的红外吸收特性

双原子气体（N_2、O_2、H_2、Cl_2 等）以及惰性气体（He、Ne 等）对 1～25μm 以内的红外线均不吸收。因此，选择性吸收是制造红外线气体分析器的依据。

红外线被吸收的数量与吸收介质的浓度有关，当射线进入介质被吸收后，其透过的射线强度 I 按指数规律减弱，由朗伯—比尔律可知

$$I = I_0 e^{\mu Cl} \tag{6-75}$$

式中 I、I_0——吸收后和吸收前射线强度；

μ——吸收系数；

C——介质浓度；

l——介质厚度。

2. 红外线气体分析仪的分类

红外线气体分析仪的分类有工业型和实验室型。实验室型红外线气体分析仪是色散型的，具有分光系统，可连续改变波长。它通过测定介质在各波长处的吸收情况来决定被测介质的成分，目前已很少在工业中应用。非色散型红外线气体分析仪，将光源的谱辐射全部投射到被测样品上，根据样品吸收辐射能的情况，即某些成分在某些波段处具有吸收峰，来判断被测成分的含量。

此外，根据投射到仪器检测部分的光束数目，红外线气体分析仪可分为单光束与双光束；根据信号检测方式又可分为直读式与补偿式。在直读式中，根据被测浓度增加输出信号是增大还是减小，又可分为正式与负式。

3. 正式红外线气体分析仪结构及原理

正式红外气体分析仪是基于某些气体对不同波长的红外线辐射能具有选择吸收的特性制成的。如图 6-57 所示，吸收室 A 内是被测组分，B 内是对被测组分有干扰的适量气体，N_2 是不吸收红外辐射的气体。参比光源发出的光束，通过干扰滤光室 B 后，干扰组分 B 特征吸收波段的辐射能全部被吸收掉。通过参比室时，由于 N_2 不吸收红外线，因此，红外辐射

能没有变化。然后，这个辐射能进入薄膜电容接收器。在接收器中，A 的特征吸收波段的辐射能被接收器的 A 组分吸收，温度升高，因其体积一定，故接收器下部压力增加。再观察工作光源的光路：工作光源发出的光束，通过干扰滤光室后，B 的特征吸收波段的辐射能也全部被吸收掉；通过测量室时，被测气体中的 A 组分就会吸收 A 的特征吸收波段的辐射能，A 组分浓度越高，吸收的辐射能越多，而被测气体中的 B 组分此时却没有了 B 的特征吸收波段的辐射能可供吸收。因此，通过测量室之后的光束，辐射能的变化只与 A 组分的含量有关。显然，此光束在进入薄膜电容接收器时，其辐射能已经减弱。因此，在接收器上部 A 组分的温度较低，其压力较下部的小。上部与下部的压力差会改变薄膜电容的值，待测组分的浓度越大，两束光在进入接收器时其辐射能的差别就越大，电容量的变化就越大。

薄膜电容接收器的最大优点是抗干扰组分影响能力强，目前已获得广泛的应用，其结构如图 6-58 所示。接收器外壳由金属制成，窗口材料是能透过红外线的某些晶体，气室充入与待测组分相同的气体，定片与动片都是金属片，动片为 5～10μm 厚的铝箔，动定片相距 0.05～0.08mm，构成 50～100pF 的可变电容。当测量光束与参比光束分别进入接收器的两个气室时，由于被测组分的浓度不同，两个气室产生的压力也不同，压差使动片移动，改变了动片与定片之间的距离，从而改变了电容量的大小。

薄膜电容接收器需要调制的信号，对此对光束的调制由切光片的转动实现。切光频率在 3～25H_Z 范围内，使光线按一定频率间断地射入接收器。在电容极间加上一定电压以后，薄膜电容器按此频率重复地充电和放电，充电和放电电流取决于电容量变化的幅度，即待测组分的浓度，此电流经高电阻产生的压降送出。放大器将高阻信号作阻抗转换、滤波等前置处理，然后放大输出。

工业红外线气体分析仪主要用于分析 CO、CO_2、CH_4、C_2H_2、NH_3、C_2H_5OH、C_2H_4、C_3H_6、C_2H_6、C_3H_8 及水汽等。

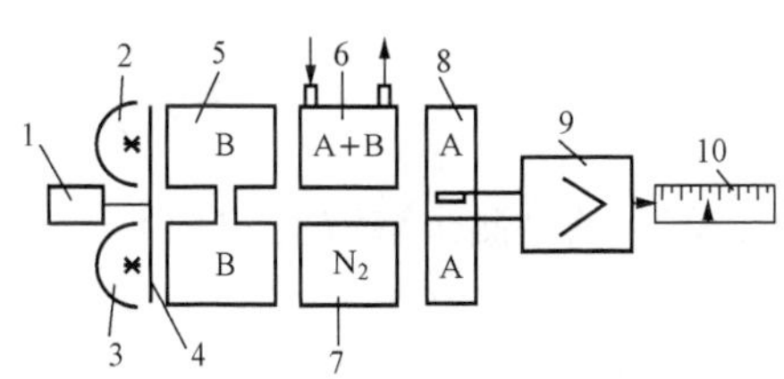

图 6-57 正式红外线气体分析仪结构框图

1—同步电动机；2—工作光源；3—参比光源；4—切光片；5—干扰滤光室；6—测量室；7—参比室；8—薄膜电容接收器；9—放大器；10—指示记录仪

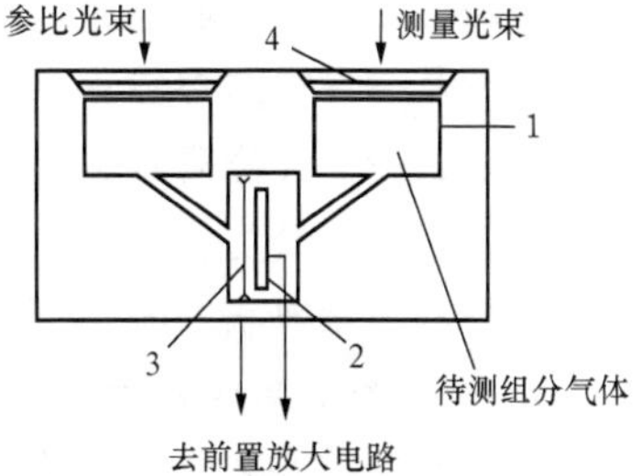

图 6-58 薄膜电容接收器结构

1—气室；2—定片；3—动片；4—窗口

三、物性检测

溶液浓度的分析与检测，按其原理可分为测量电导值的电磁法和测量离子浓度法两种。

1. 电磁法检测浓度

电磁法检测液体的浓度是通过溶液电导率的变化来实现的，其原理如图 6-59 所示。T1、T2 为两个环形变压器，T1 为激励变压器，在一次绕组 N1 上激励电压 U_1；T2 为测量

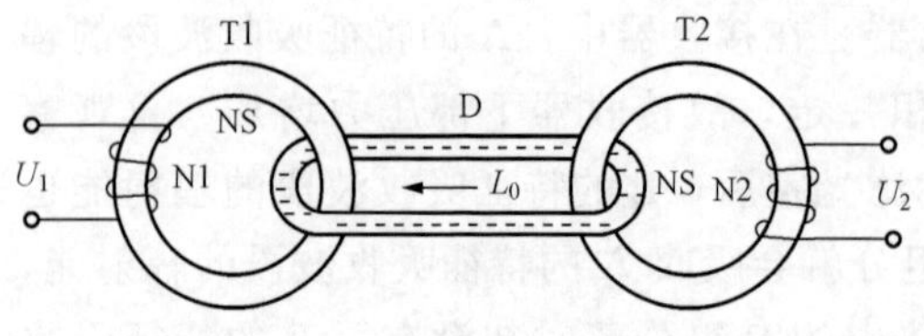

图 6-59 电磁浓度计原理图

变压器，二次绕组 N2 上输出电压 U_2；D 为待测溶液构成的回路，它同时绕过 T1 和 T2；溶液的等效电阻 R_C 随待测溶液的浓度变化。在激励电压 U_1 的幅值和频率不变的条件下，二次绕组 N2 的输出电压 U_2 随溶液的浓度变化而变化。通过对 U_2 的检测可实现对溶液浓度的检测。

2. 酸碱度的检测

酸碱度是以溶液的氢离子浓度［H^+］表示的。溶液的 pH 值，由氢离子浓度［H^+］取负对数得到。纯水在 22℃时为中性，其氢离子度为 10^{-7}，pH 值为 7；故酸性溶液的 pH 值小于 7、碱性溶液的 pH 值大于 7。通过检测溶液的 pH 值，则可确定溶液的酸、碱度。

溶液酸碱度的检测方法，常用一个恒定电位的参比电极与测量电极组成一个原电池，即 pH 转换器，其原理如图 6-60 所示。工业中常用的参比电极有甘汞电极、银－氯化银电极等，测量电极有玻璃电极、锑电极等。

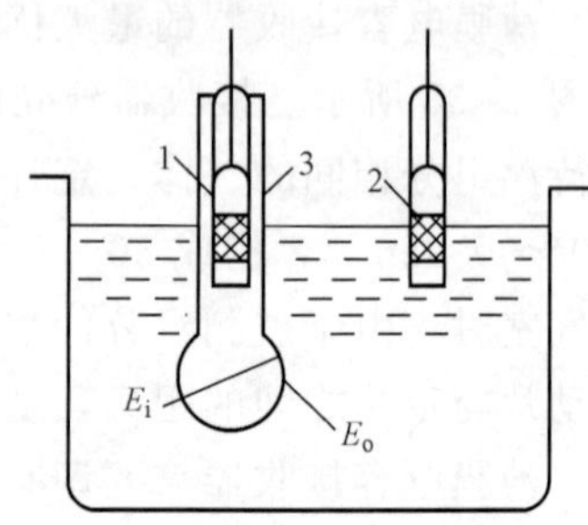

图 6-60 pH 转换器示意图

1—内电极；2—参比电极；3—玻璃电极

原电池产生的电动势为

$$E=(E_1-E_2)+(E_{内}-E_{外}) \qquad (6-76)$$

式中 E_1——在测量电极的玻璃球内插入的内电极的电位；

E_2——参比电极的电位；

$E_{内}$——测量电极的玻璃球标准溶液的电位；

$E_{外}$——测量电极插入待测溶液，在玻璃球外的电位。

当内电极与参比电极均采用同种电极时，如用甘汞电极，则 $E_1=E_2$。这时根据 pH 值的定义，并常用对数表示，则有

$$E=2.303RT/F\ln(\mathrm{pH}-\mathrm{pH}_0) \qquad (6-77)$$

式中 pH_0——由玻璃电极内标准溶液所决定的固定值；

R——气体常数；

F——法拉第常数；

T——温度值。

在待测量溶液温度确定的条件下，测量电动势值，就可测出溶液的 pH 值。

3. 酸碱度检测的应用

以往对溶液采样、静态分析其浓度和酸碱度的方法，已经不适应现代工业和生活环境水质监控的要求。目前对地表水的检测基本实现了在线实时监控，包括 pH 值、水温、电导率、浊度等。

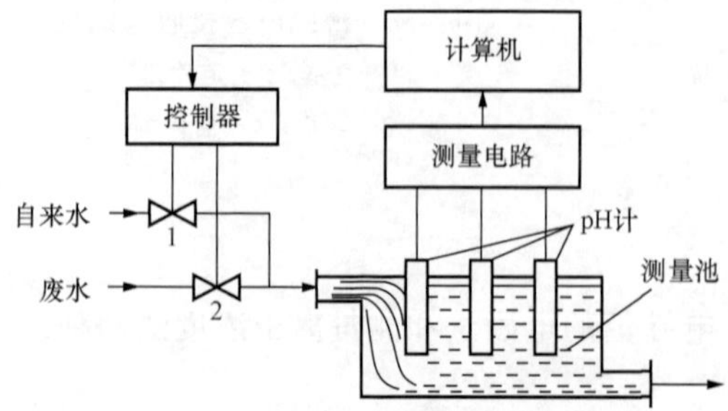

图 6-61 pH 值在线检测装置原理图

1—自来水阀门；2—废水阀门

图 6-61 所示为 pH 值在线检测装置原理图。废水和自来水分别取自废水排放口以及自来水管道。微型泵将废水经由控制阀 2 以一定的速度输入测量池。废水在测量池中的 3 个 pH 计之间形成紊流，3 个 pH 计的测量值经测量电路处理后送入计算机。计算机对多数据源的数

据融合，得出最佳值，进而分析各路传感器测量值的离散程度，判断 pH 计的工作状态，并存储数据。在测量之后，控制器关闭阀门 2，经过若干时间，测量池的废水流尽，开启阀门 1，向测量池注入清水，对传感器进行清洗。清洗一段时间后，阀门 1 关闭，测量装置处于待机状态。

本 章 小 结

（1）光栅位移传感器，通过测量莫尔条纹的移动来检测光栅微小的位移，从而实现高灵敏度的位移测量。

（2）感应同步器利用感应电压的变化进行位置检测。根据对滑尺绕组供电方式和输出电压检测方式的不同，可实现利用相位和幅值来测量位移。

（3）磁栅位移传感器是利用电磁特性来进行机械位移的检测。主要用于大型机床和精密机床作为位置或位移量的检测元件。

（4）旋转变压器是一种利用电磁感应原理将转角转换为电压信号的传感器。正余弦旋转变压器，适用于大角位移的绝对测量。线性旋转变压器，适用于小角位移的相对测量。

（5）光电编码器是一种码盘式角度—数字检测元件。增量式编码器是指随转轴旋转的码盘给出一系列脉冲，然后根据旋转方向用计数器对这些脉冲进行加减计数，以此来表示转过的角位移量。绝对式编码器是把被测转角通过读取码盘上的图案信息直接转换成相应代码的检测元件。

（6）直流测速发电机主要用作测速和校正元件。其特点是输出斜率大、线性好。但由于有电刷和换向器，其构造和维护比较复杂，摩擦转矩较大。

（7）光电式速度传感器是利用光源发出的光通过带缝隙圆盘和指示缝隙盘照射到光电器件上，当带缝隙圆盘随被测轴转动时，光电器件输出与圆盘缝隙数相等的电脉冲，根据测量时间 t 内的脉冲数 N，测得转速。

（8）差动变压器式速度传感器以被测速度移动时，在其二次侧两个绕组中产生感应电动势，将它们的差值通过低通滤波器滤除励磁高频角频率后，则可得到与速度相对应的电压输出。

（9）加速度传感器是利用惯性质量受加速度所产生的惯性力而造成的各种物理效应，进一步转化成电量，来间接度量被测加速度。最常用的有应变片式和压电式等。

（10）电阻应变式测力传感器的工作原理是基于电阻应变效应。黏贴有应变片的弹性元件受力作用时产生变形，应变片将弹性元件的应变转换为电阻值的变化，经过转换电路输出电压或电流信号。

（11）热电偶的测温原理基于热电效应，当两个接触点的温度不同时，回路中产生热电动势，从而达到测温的目的。

（12）热电动势半导体集成温度传感器 DS18B20 是利用半导体 PN 结在其正常温度范围内结电压随温度上升而下降的特性设计的。

（13）卡门涡流式空气流量计是利用超声波或光电信号，通过检测旋涡频率来测量空气流量的一种传感器。利用旋涡形成的原理，测量气体流速，并通过流速的测量直接反映空气流量。

(14) 液体涡轮流量计是在流体作用下，叶轮受力旋转，其转速与管道平均流速成正比，叶轮的转动周期地改变磁电转换器的磁阻值。检测线圈中磁通随之发生周期性变化，产生周期性的感应电动势。

(15) 压阻式压力传感器是利用单晶硅材料的压阻效应制成的。单晶硅材料受到力的作用后，其电阻率就要发生变化，在通过电路将其转化成电压或电流的变化。

(16) 电测法测振传感器原理是利用物体在振动时，通过传感器中的压电元件受惯性力、切割磁力线、磁通量变化而产生电荷或感应电动势，使输出量与振动加速度、振动速度成正比。

(17) 红外气体分析仪是基于某些气体对不同波长的红外线辐射能具有选择吸收的特性制成的。电磁法检测液体的浓度是通过溶液电导率的变化来实现的。

习题与思考题

6-1 温度测量的方法有哪两类？各有什么特点？

6-2 简述热电偶的测温原理。

6-3 用热电偶测温时，为什么要进行冷端补偿？冷端补偿的方法有哪几种？

6-4 选择温度传感器主要应考虑哪些问题？

6-5 什么是瞬时流量和总流量？瞬时流量的表示方法有哪些？

6-6 简述电磁流量计的测量原理。

6-7 常用的液位检测方法有哪些？各有什么特点？

6-8 光栅传感器是通过莫尔条纹进行位移测量的，简述莫尔条纹的形成及其特点。

6-9 涡流式传感器有何特点？

6-10 怎样利用涡流效应进行位移测量？电涡流的形成范围包括哪些内容，主要特点是什么？

6-11 对物质成分分析时，应考虑什么问题？

6-12 试述热导式气体分析仪的工作原理。

6-13 气敏传感器有哪几种类型？

6-14 测量力的方法有哪几种？哪些可以用于动态力的测量？

6-15 常有的应变式测力传感器主要有哪几种？各有什么特点？

6-16 什么是压磁效应，怎样构成压磁式测力传感器？

6-17 简述位移检测常用的几种方法，并进行比较。

6-18 简述速度检测常用的几种方法，并进行比较。

6-19 简述加速度检测常用的几种方法，并进行比较。

6-20 列举三种检测转速的方法，并进行比较。

6-21 简述阻尼比测量常用的几种方法。

6-22 试用一线制数字温度传感器 DS18B20 和单片机设计一个简易的温度测量电路，可以实现温度的测量和测量结果的显示。

6-23 节流装置由哪几部分构成，作用分别是什么？为什么要保证测量管路在节流装置前后有一定的直管段长度？

6-24　节流式流量计的流量系数与哪些因素有关？

6-25　简述液体涡轮流量计的工作原理和特点。

6-26　简述超声波流量计的工作原理和特点。

6-27　为什么超声波流量计多采用频差法？

6-28　流量计有哪几种常用较准方法？

6-29　水的 pH 值有哪几种测定方法？简述玻璃电极法测定 pH 的原理及特点。

第七章 检测综合设计

自动检测系统可分为通用和专用两大类，其中专用自动检测系统是针对具体的检测任务而设计、研制的，通常工业生产中用的各种在线检测系统都是专用自动检测系统。

专用自动检测系统硬件一般由传感器、信号调理电路（包括滤波、放大）、采样与保持电路、A/D转换电路、微处理器输入/输出（I/O）接口，键盘、显示器、打印机、电源等部分组成。其结构示意图如图7-1所示。

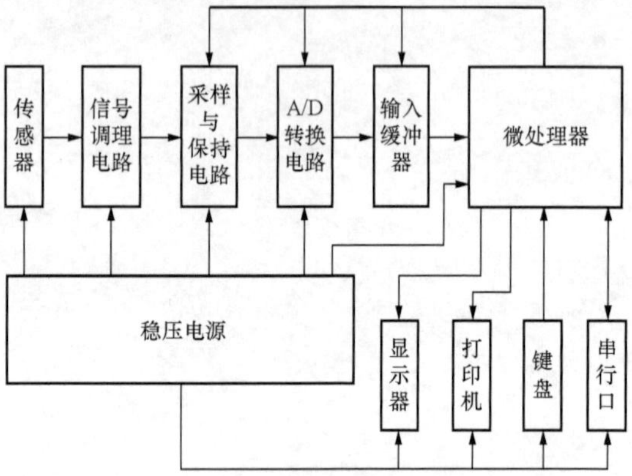

传感器 → 信号调理电路 → 采样与保持电路 → A/D转换电路 → 输入缓冲器 → 微处理器

稳压电源

显示器 打印机 键盘 串行口

图7-1 专用自动检测系统结构示意图

专用自动检测系统的功能是完成自动采集、数据处理、显示、记录、输入、输出等功能。除上述硬件支持外，还须有功能全面、算法优良、界面清楚、实时性好、抗干扰能力强的应用软件，才能使检测系统正确执行与完成规定的测控任务。所以设计一个性能较好的自动检测系统就必须综合多方面因素、采用多种理论，才能达到一个较好的设计效果。本章将介绍如何进行各种专用自动检测系统的综合设计。

第一节 综合设计基础

设计一个自动检测系统要经历如下几步：制定总体方案、确定检测系统的设计原则和步骤、细化系统的硬件和软件设计方法；同时为保证设计的系统能够长期安全可靠运行，还需综合考虑系统的抗干扰措施和可靠性设计。本节将着重在这几个方面进行介绍。

一、制定总体方案

一个检测系统设计的好坏，其总体设计方案是否合理和优良最为关键。本阶段必须按用户提供的《设计任务书》要求及所提各项技术指标，根据国内外目前相关领域的现状和发展趋势，结合具体实际拟定该检测系统的总体设计方案。《设计任务书》是系统总体方案及系统的硬件、软件设计基础，一般应包括下列内容：

（1）主要技术指标：

1）系统的精度等级，或允许误差；

2）被测量的参数个数、性质及参数变化的范围；

3）各被测参数所需的测量速度（次/s）；

4）系统的工作环境条件是否有特殊性，如超高温、超低温、强振动、腐蚀性环境等；

5）稳定性要求，如对工业过程在线测量，通常要求系统长年运行，不需人工调整。

（2）系统的输入、输出功能：

1）输出功能，包括显示方式（LED显示或CRT显示等）、输出方式（打印还是绘图输出，0～20mA、4～20mA 模拟信号输出还是通过串行口的数字信号输出等）；

2）输入与设定功能，如光笔、键盘输入、拨盘、开关设定及屏幕的菜单选择等；

3）出错和越限报警功能；

4）实时控制（执行器）功能等。

根据《设计任务书》就可以着手进行该检测系统的总体设计。从满足用户提出的《设计任务书》主要性能指标出发，进行检测方法的选择。选择检测方法及进行总体设计应有利于：

（1）降低成本。为了获得较高的性价比，在进行总体设计时不应一味地追求复杂高级方案；在满足性能指标的前提下，应尽可能采用简单实用的方案。因为方案简单意味着系统所需硬件较少，从而也有利于降低成本。

（2）缩短研制周期。自动检测系统通常均是在线连续运行的重要设备，其经济效益、社会效益往往十分明显，所以用户单位总希望尽可能缩短研制周期，尽早让新研制的检测系统投入正常运行。

（3）提高可靠性。所谓可靠性是指产品在规定的条件下和规定时间内完成规定功能的能力。可靠性指标除了可用产品完成规定功能的概率表示外，还可用平均无故障时间、故障率、失效率或平均寿命等来表示。

对于自动检测系统来说，无论在原理上如何先进，在功能上如何全面，在精度上如何高级，如果可靠性差、故障频繁、不能长期正常运行，则该仪表或系统就没有实际使用价值，更谈不上产生经济效益。因此在检测系统的设计过程中，对可靠性的考虑应贯穿于每一环节，采取各种措施提高系统的可靠性，以保证系统能长时间地稳定工作。

就硬件而言，所用器件质量和性能的优劣是影响系统可靠性的重要因素。因此，在设计时对选用元件的精度、负载、速度、功耗、工作环境等技术参数应留有一定的安全量，并对元器件进行老化、筛选后，再具体应用到样机和产品中去。原理样机要进行低温、高温、冲击、振动、干扰、盐雾和其他试验，以证实其对环境的适应性。对可靠性要求特别高的检测系统可采用"冗余结构"的方法（即设计成双重结构），这样当某部件发生故障时，系统能及时诊断并使备用部件自动切入，从而保证系统的长期连续运行。

对软件来说，应尽可能减少故障。例如采用模块化设计方法，易于编程和调试，可减小故障率和提高软件的可靠性。同时，对软件进行全面测试也是检验错误、排除故障的重要手段。与硬件类似，也要对软件进行各种应力试验，如提高时钟速度，增加中断请求率，子程序反复调用、测试等。在一切可能的参量范围均应对检测系统进行实际运行与测试，并应反复进行多次以检验其可靠性。虽然这样做要付出一定代价，但必须经过这些试验才能证明所设计的系统是否正确、安全、可靠。

（4）操作简便、维护方便。在检测系统总体设计时应当考虑操作方便，尽量降低对操作人员的专业知识的要求，以方便产品的推广应用。仪表的控制开关或按钮不能太多、太复杂，操作程序应简单明了，输入、输出应用人们习惯的十进制数表示，努力做到使操作者无需专门训练，便能很快掌握该检测系统的使用方法。

自动检测系统还应有很好的可维护性，为此检测系统结构要规范化、模板化，并配有现场故障诊断程序。一旦发生故障，就能迅速有效地对故障进行定位，以便调换相应的模板，使系统尽快地恢复正常运行。

除上述这些基本准则外，在总体设计时还应该满足系统实时性要求。由于自动检测系统直接应用于工业生产过程，故应能及时反映被测对象有关参量的变化情况，并能立即进行实时处理和控制。为能对各种实时信号（A/D转换结束信号、可编程器件的中断信号、实时开关信号、掉电信号等）迅速作出响应，应选用中断功能强的微处理器，并相应编制高效的中断服务程序模块。

检测方法和系统的总体结构确定以后，接下来就可对各个硬件环节和应用软件进行具体设计。

二、自动检测系统设计原则与步骤

虽然自动检测系统的种类繁多，检测对象所用检测方法可能完全不同，系统的复杂程度、功能和技术指标也会有很大差异，但是进行系统设计的主要原则、步骤却大体相同。

（一）设计原则

1. 开放式系统和规范化设计原则

尽可能选用符合国家标准、已商品化的传感器和采用符合国际工业标准总线结构，以及选用和设计符合这些总线标准的功能模板组成开放式可扩展的自动检测系统，这样做不仅可以提高成功率和大大缩短研制周期，而且便于调试、维护和扩展、移植、改造。

2. 先总体后局部的原则

设计工作一定要从总体方案论证与制定开始，根据系统的功能与性能指标提出该系统待测各参量的检测方法。在满足性能指标的基础上，比较每一种检测方法所需的硬件配置、软件工作量并评估相应系统的性价比。经综合比较后选择确定各参量的检测方法和系统总体结构，再分别绘制系统硬件和软件框图。由硬软件总体框图，把硬件软件分成若干个相对独立模块。根据需要，这些模块还可以再向下分。总体设计师对系统的各项功能与指标都要细化、分解、量化，落实到各模块，并要特别注意硬件各模块的布局、连接和软硬件之间的协调配合，以及制定出各硬软件模块的功能和性能的验收考核指标。这样，通过测试考核的各硬件、软件模块最后就能有机组成总体所要求的检测系统。

3. 指标分解留有余地的原则

指标分解习惯上也称为指标分配，是指总体设计师根据各模块的特点，把系统主要的技术性能指标合理地分配到各个模块，从而确定各模块本身应达到的分指标。由于自动检测系统一般都在工业和其他应用现场在线连续工作，环境条件通常较差，各模块组合在一起难免会相互产生电和磁的干扰和影响，因此很容易出现在实验室中单独测试、考核各分模块都满足总体分配的指标，但组合起来后则可能超差；以及在实验室中能顺利通过测试，但到工作现场考核却通不过的现象。所以，总体指标的分解一定要留有余地，尤其对精度、可靠性、功耗等重要指标，总体设计时一般以留有40%左右的机动余量为好。

（二）设计步骤

1. 调研

调研的第一步是通过专利检索、查阅专业杂志、有关的国际、国内会议论文集及产品目录等，了解该检测系统在国内外目前的概况，特别是近几年的进展情况以及发展趋势等。

调研的第二步也是最重要的一步，是深入进行国内情况调研。了解国内哪些单位有这种检测项目，其检测原理是什么，采用什么测试设备，该设备有哪些缺陷，是属于专门为该检测项目设计研制的，还是由通用仪表构成的；这些单位对新的专用检测系统有哪些要求、国内有没有单位已经或即将研制结构合理、性能优良、价格适中、完全满足该检测课题的新的检测系统等。

第三步是对检测现场条件、被检测的设备、工作过程、工艺特点作深入的调查和分析研究，而后由课题提出方写成研制该检测系统的计划任务书，确定整个检测系统应具备的所有功能和技术指标以及双方的权利与义务等。

2. 方案论证

完成调研后，接下来是根据课题提出单位所确定的总体要求、主要技术指标及综合调研所获得的信息、资料进行原理方案设计。原理方案设计的第一步是确定采用什么检测方法进行该项检测，以及选用什么传感器才能进行该项检测；接下来设计人员从系统应具备的功能以及应达到主要技术指标、可靠性、可维护性、I/O的要求、系统成本等提出该检测系统的功能性原理框图。为了能设计出性价比高、操作维护方便的检测系统，在作方案论证时应多考虑几种可行方案，经综合分析、互为补充，最后择优确定实施方案。

3. 设计

在设计阶段，负责系统总体的总设计师，首先要合理地分解系统的各项指标到各个分机。例如，把系统总的精度逐一分解，确定传感器部分允许误差是多少，信号调理电路误差多少，A/D转换、微机处理、输出等各部分允许误差各是多少。分解工作完成后，总设计师给各分系统提出具体的设计要求与分工，而后系统各个部分的设计工作便全面展开；各分系统设计人员在设计出满足总体要求的原理性分机简图后，再在总设计师主持、协同下确定、解决各分系统之间的连接问题。

在自动检测系统的设计过程中，各个设计人员应特别重视自己所设计部分与前后部分的接口问题。接口问题解决了，整个系统便连起来了。这时总设计师和其他设计人员应全面分析、反复推敲、仔细调整，直至整个系统确实已能满足总体要求的功能与技术指标为止。

从系统总体角度看，系统的硬件和软件在一定条件下具有互换性，总设计师这时必须全面分析，反复权衡硬件配置和软件设计之间的比例与相互协调问题，增加硬件的比例可减轻软件设计的工作量、简化程序、提高系统的执行速度，同时成本也相应增加。若采用软件来代替某些硬件的功能，则能减少硬件元器件数目，降低系统的成本，但相应的加大了软件设计的工作量，同时系统的执行速度也因此有所降低。所以应根据该检测系统今后预期的生产批量及硬件和软件设计、制造与调试的复杂程度，统筹兼顾、合理地确定系统软和硬件之间的比例。

在原理设计完成后，对没有把握的某些部分要先进行模拟试验，通过后再进行印制电路板设计、机械固定装置的设计等。

4. 系统调试

信号调理、数据采集、微机及其接口电路、微机外围设备，以及机械固定装置等各部分都装配起来后，首先应分开调试，直至都达到了规定的指标后，再把传感器加入整个系统进行调试；模拟信号通道都正常后，再把系统软件装入微机，进行软硬件联调。通过调试能发现问题和故障，跟踪测试信号的传输情况和通过编制有针对性的调试程序，可以识别是硬件造成的故障还是软件造成的故障，进而采取措施排除所有故障，直到整个系统能正常、可靠地工作为止。

5. 现场试运行

在实验室装配调试通过并试验运行一段时间后，接下来是送到检测现场进行安装，并与被测对象连接起来进行联机调试。在该检测系统能实现计划任务书规定的所有功能后，再对计划任务书中规定的各项工作指标逐项进行考核。若某一项或几项达不到规定指标时，应首先设法改进软件，如仍达不到要求时再对个别的硬件作尽可能小的改动，这样不断改进、调试、测量、修改，直到全部指标达到设计要求为止。

6. 整理资料准备技术鉴定

系统在现场试运行正常后，便可着手整理所有硬件和软件设计资料并加上必要的说明，汇编成册。另一方面，请试用该检测系统的操作人员及时记录各种检测结果，并请质检或计量部门复核。据此，整理出验收或鉴定所需的最后文件。一般地说，若检测系统被技术鉴定委员会或双方认可的验收组验收通过，则便可认为该检测系统的设计、研制工作已告全面完成。

三、自动检测系统的硬件设计方法

检测系统的硬件有广义和狭义之区别。广义上的系统硬件是除微机监控软件以外的所有硬件设备。从传感器、放大调理电路、A/D 转换电路、微机主机及其外围设备、各种稳压电源、控制器等。狭义上的硬件是指微机主机，通常包括其外围接口及 I/O 设备。以下内容是广义上的硬件设计。

（一）合理选择微处理器

微处理器是自动检测系统的核心器件，其特性不仅对整个系统的数据处理能力、处理速度、对接口芯片的选择、硬件的配备和软件设计的繁简有重大的影响，还直接影响到系统的中断能力、抗干扰能力、扩展能力、功耗、成本等。此外，微处理器的选择还影响到印制电路板布线是否方便及是否易于和其他智能设备进行通信等。总之，微处理器的选择对整个检测系统的设计，特别是数据采集系统、微机主机的外围接口电路等硬件设计和整个软件设计工作影响很大，并直接影响系统的性能和指标。

在自动检测系统设计过程中进行方案论证时，就应根据计划任务书中对整个检测系统提出的总体要求、主要技术指标和检测现场的实际情况以及该系统今后的生产批量等因素，经综合考虑、比较权衡后正确选择一种合适的微处理器。微处理器选好了，数据采集系统、微机主机硬件、外围设备的接口电路等部分的设计工作便可全面展开了。选择微处理器的一般原则如下。

1. 使系统能完成规定的任务

首先要清楚该检测系统要完成什么任务，应具备哪些功能；微机在系统中的主要任务是什么，次要任务是什么。选择微处理器时应考虑其是不是能够保证整个检测系统能圆满完成所规定的任务；其次应看微处理器在该检测系统中是不是能比较好地发挥本身所具备能力，既要避免“大材小用”，也要防止“极限运行”。通常 8 位以下的微处理器适合完成顺序控制类任务，8 位微处理器适合控制和数据处理两者兼顾，而 16 位微处理器适合于数据量较大、控制相对次要的场合。

2. 处理速度上要满足系统要求

处理速度是指微处理器执行应用程序的速度。微处理器必须在给定的时间内执行完系统所要求的任务，亦即处理速度上必须满足系统的要求。处理速度取决于微处理器的时钟频率和所执行的应用程序的长度。

时钟是微处理器内部所有操作的时间基准。一般说来频率高的微处理器在给定时间里能执行更多的操作。但对不同系统的微处理器不能单看时钟频率，还要仔细分析指令系统的功能。

应用程序的长度主要取决于微处理器要完成什么样处理和操作任务，所选微处理器的指令系统及设计人员的软件设计技巧、水平的高低。选用指令系统适合给定任务处理的微处理器，有利于缩短应用程序长度和大幅度地提高处理速度。

3. 有利于降低整机的成本

在进行系统设计时，成本是应优先考虑的因素之一，特别对今后生产批量较大的检测系统更是如此。当估算微处理器成本时，应是包括整个系统的成本而不仅仅是微处理器本身的成本。选择合适的微处理器有利于降低整个系统成本。所以应根据检测系统完成的具体任务全面衡量、合理地选择微处理器。

4. 其他特性

（1）可靠性。通常集成度高的芯片抗干扰能力好、可靠性好，在干扰严重的工业现场工作的自动检测系统应选用集成度高的单片机。

（2）功耗。在一些特殊的应用场合，功耗是一个主要指标。通常采用的处理器中，高速双极型工艺的微处理器功耗大，NMOS、PMOS 微处理器功耗中等，而 CMOS 微处理器功耗最低。在同种工艺微处理器中通常时钟频率高的功耗也较大。

值得一提的是，选择微处理器还要考虑设计人员对该微处理器熟悉的程度，而这一点是因人而异的。对自己熟悉的指令系统，软件设计人员容易设计出简短、紧凑、处理速度快、质量较高的应用程序，且故障率低，容易通过调试。所以选用设计人员熟悉的微处理器能缩短设计周期。

（二）硬件设计步骤

自动检测系统不同于通用型个人计算机，硬件和软件设计必须全盘考虑、合理分工、统筹兼顾，这一点也往往是初搞这类设计人员不易处理好的难点。

自动检测系统硬件的主要功能是实现被测非电量到电量的转换、进行信号调理、完成信号的 A/D 转换，为微处理器提供完成系统规定任务而必须的 I/O 接口电路，一定容量的 RAM、ROM 存储器，I/O 口、中断申请电路、时钟电路以及与外界交换信息的外围设备等等。

专用微机检测系统硬件设计的原则是技术合理、简单实用、成本低廉、操作简便、使用可靠。硬件的研制过程就是硬件的设计与调试过程，其工作流程图如图 7-2 所示。

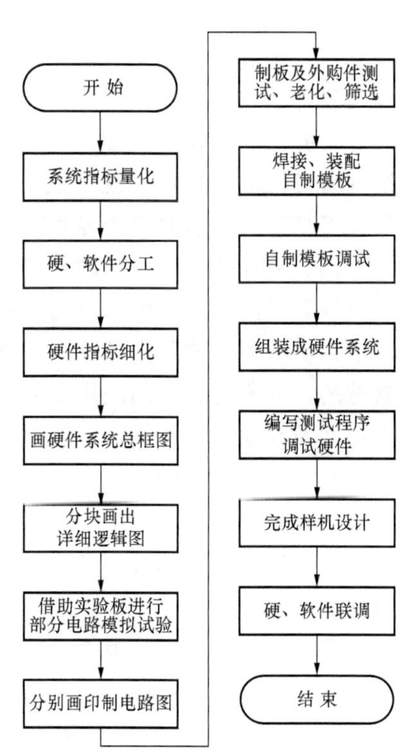

图 7-2　硬件设计工作流程图

设计系统硬件通常按以下步骤进行：

（1）首先画出整个自动检测系统的总框图，每一方块均是具有某种独立功能的模块。

（2）根据系统总框图，综合考虑软件和硬件之间的分工和协调，并确定各模块应具备的功能和达到的指标以及它与其他模块之间的连接方式。

(3) 对每一模块进行原理和逻辑设计，详细绘出各部分的原理图和一张协调整个系统重要控制信号的时序图。这里应特别强调要协调好各模块之间接口和解决信息准确传输的问题。

(4) 根据功能、速度、价格和功耗等指标，选择系统所需且易于购买的各类元器件、集成电路芯片等。在选择微机接口电路或其他功能芯片时，还应考虑所选芯片与微机相连后，软件设计是否简洁方便。

(5) 仔细地绘制每一模块的原理接线图。每片集成电路芯片的每一脚连到什么地方，三极管什么型号，偏置电阻多大，去耦电容值是多少等。总之要把所用到的集成电路、分立元件或其他器件之间的连接、具体型号、规格都一一标上。

(6) 除以前已有成功的经验，这次又没有作任何变动而引用的模块电路外，其余的模块都应借助实验板，把所有的元器件按原理接线图一一连接起来，进行实验和调试。若发现问题，及时有针对性地采取措施，直到全部达到该模块的原设计要求为止。另外，若有多个设计方案的话，用模拟试验的办法进行比较、选择，最为直接可靠。

(7) 把已分别通过模拟试验的模块电路设计到系统中，再仔细检查各模块间接口有没有问题，是否能满足总体要求，若有问题可和软件设计人员一道协商解决。

(8) 绘制整个系统详尽的硬件原理接线图和各模块的印制电路板图，然后送制板厂制板，同时进行元器件的购买、测试、老化、筛选等工作。

(9) 印制电路板制好后应先进行检查，再焊接。先分块调试，通过后再把整个硬件系统连起来装入机壳。而后借助与 CPU 型号相同的开发器进行功能性调试。

(10) 借助开发器把设计完成的系统测试程序加入目标机中，以构成真正的系统；在实验室对系统进行软、硬件联调。通过联调易于发现问题，经比较分析可判断出是硬件造成、还是软件造成或者是两者配合上的问题。联调还是改进完善应用软件最理想的方法。

实验室联调通过后即可送被测现场，进行现场考核——试运行。这时主要考察该检测系统的可靠性和现场抗干扰的能力如何，以及系统对现场可能发生的意外情况应变能力如何等。考核通过，这时整个专用微机的硬件设计工作才真正全部完成。

四、自动检测系统的软件设计方法

计算机的软件大体可分为系统软件、应用软件及文件三大类。所谓系统软件是指计算机厂家提供的通用软件产品，这类软件又可分为面向机器、面向系统、面向用户等三类。系统软件的设置不是为专门应用目的服务，也不是以支持特殊用户为目的，是为了使计算机具有通用性而设置和配备的。系统软件的价值在于为各类应用软件的开发提供了软件支持。所谓应用软件是指那些针对某一特定应用目的而设计与编制的软件。显然，检测系统软件属于应用软件。

自动检测系统的应用软件设计与开发往往随应用环境、技术要求、所用的 CPU 不同，所使用的设计软件也各不相同。因此，这里不讨论软件设计与软件开发中的具体细节，只讨论软件设计与开发的一般方法与基本步骤。掌握这些基本步骤，了解各步骤中需解决哪些问题及各步骤之间的关联，学会把握住软件开发进程的方法，不仅是必需的而且是可能的。

（一）软件开发的任务与步骤

检测系统应用软件设计流程图如图 7-3 所示。图中各阶段的详细描述如下：

(1) 软件指标细化与任务分块。指设计者根据用户对该自动检测系统所规定的功能、性能指标来确定和描述软件设计任务，并加以细化和具体化，按任务和功能把整个应用软件划分为若干模块。

(2) 程序框图设计。就是将软件任务用详细的程序框图方式进行描述。绘流程图、确定程序结构、合理划分程序模块和子程序等都是此阶段要解决的问题。

(3) 编程。是指用计算机能够直接理解或能进行翻译的形式来具体编写程序。一般用汇编语言或某种高级语言进行编写，完成的汇编语言或高级语言程序都应进行编译，转换成相应的机器语言才能供微处理器执行。

(4) 子程序调试。是让各个子程序去实际执行所规定的任务并进行验证，借此可发现编程中出现的错误。在此阶段，可利用逻辑分析仪、开发器寻找各种存在的编程错误，并一一排除。

(5) 汇编与系统联调。把调试通过的子程序及各程序模块有机连接起来，通过汇编或编译成可执行代码，构成系统软件。在子程序调试阶段只能发现子程序、程序模块在编程过程中的错误，而很难发现整个系统软件在总体结构方面、各任务之间的协调、配合方面的错误。这方面的错误要依靠系统联调阶段来发现。在联调阶段，要注意选择正确的调试方法及合适的测试数据。这阶段的联调通常在实验室中进行。

(6) 现场联调。在实验室模拟联调成功后，即可把自动检测系统安装到用户的工作现场投入实际试运行，进行现场联调。在这一个阶段，设计者针对系统在现场运行中发现的问题，对系统的应用软件进行必要的修改和进一步完善。

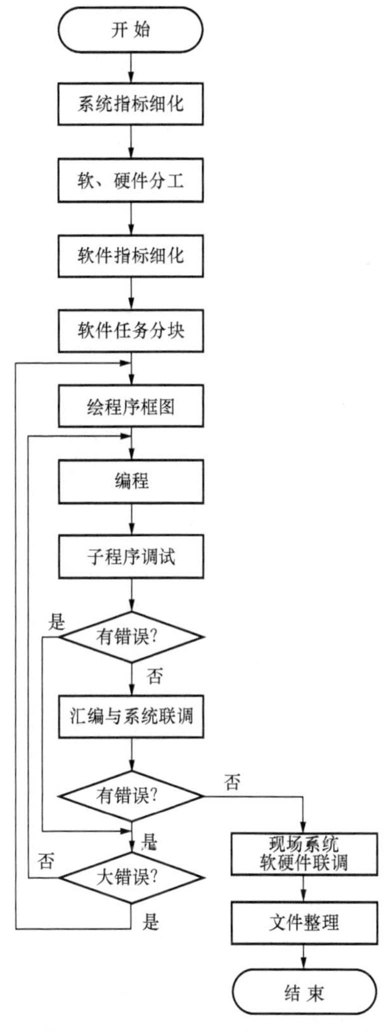

图 7-3　检测系统应用软件设计流程图

(7) 文件整理。对联调成功的整个系统应用软件要作全面的整理，对主要和重要程序段加流程图、注释、存储器分配等说明并形成文件，以便于用户和操作人员理解和阅读。

(二) 软件的设计方法

检测系统的应用软件——用户监控程序设计，通常采用模块化程序设计方法。首先将整个任务按功能分成一系列子任务或模块，这些子任务又可进一步再分成若干个子任务，一直分到最下层，使每一模块仅完成一个相对独立的小任务，使编写容易、调试方便。这种方法称为模块化程序设计。

模块化程序设计的优点如下：

(1) 单个模块比一个完整程序易于编写、查错和测试。

(2) 一个子模块有可能被其他程序模块多次调用，也可成功地用于不同的智能仪器和系统。

(3) 模块化程序设计有利于程序员之间的任务划分，困难的模块让有经验的程序员来编写。此外，还可以利用以前已编好的程序模块。

（4）对系列化的自动检测系统，其监控程序的差异往往是一两个模块，不同型号的系统仅需调换这一两个模块即可，而无需修改整个程序。

（5）模块化程序能方便查错，容易测试、检查与修改，且不相互影响。

（6）有利于掌握软件开发的进程，因为几个模块完成了，还有多少模块未完成等一清二楚，有利于协调。

模块划分的好坏，对后面的各阶段设计有直接影响。而模块划分工作的优劣与软件总体设计者的经验直接有关，难以讲出一个普遍适用的模块划分的模式，但是下述原则对模块化设计很有用：

（1）使用20～50语句行的模块。这样长的程序段理解容易，而且可写于一页纸上，容易在CRT上审视。较短的模块会使得在模块划分及装配上浪费过多时间，而太长的模块往往缺乏一般性，并且难于装配。

（2）力图使模块具有通用性。例如，算术运算方面的乘、除法子模块，用于显示或通信的代码转换子模块和延时子模块等，在设计时应使其具有通用性，因为这类子模块往往能为各种不同的程序模块所共用。

（3）要对一些重要的程序模块，如中断服务模块和多次调用的数据处理模块等多花些精力。

（4）力图使各模块在逻辑上相对独立，尽量减少各模块之间的信息交流。如果发现某些模块间的信息交流量很大，则应考虑重新划分这些模块的必要性。

（5）对于那些直接画出整个任务的流程图，比划分及装配模块还容易些的简单任务，不要生硬地去追求模块化。

五、检测系统的抗干扰技术

在现场正常运行的检测系统的电信号上也会夹杂一些无用而有害的、有序的或无序的其他电动势，习惯上把所有这些夹杂进来的无用电动势统称为噪声。通常所说的干扰就是指噪声造成的不良效应。由于检测系统通常在环境条件较差的工业现场在线运行，所以受各种各样噪声的影响比较大，亦即所受干扰比较严重。实践和经验证明，检测系统的抗干扰能力是关系到系统能否可靠工作和保证应有精度的重要技术指标。因此如何统筹兼顾，设计出既能实现所有功能，达到规定的各项技术指标，又能有效地排除和抑制各种干扰，且性价比高的硬件与软件，已成为检测系统设计师必须仔细研究和认真解决的重要问题。

（一）检测系统常见的干扰类型

检测系统干扰的分类方法较多，为便于讨论与理解，将其分为外部干扰和内部干扰两大类。

1. 外部干扰

外部干扰是指与检测系统本身无关，由外部环境和使用条件所引起的干扰。它主要有来自闪电、雷击、宇宙辐射、太阳黑子等自然界干扰，及诸如闸流晶体管、继电器、接触器、电磁阀的通、断和电火花、电焊、高频加热及大功率电机、电气设备等强电设备的干扰，以及输电线路等产生的外部电磁干扰。

2. 内部干扰

内部干扰是指检测系统自身各部分电路之间、各元器件之间引起的干扰，包括固定干扰和电路动态运行时出现的过渡干扰。例如，来自传输线的反射干扰，不同线路和器件因互相感应造成的串模干扰；接地不妥造成的地电位差干扰，绝缘不良造成的漏电干扰；因寄生电容、电感及漏电阻造成寄生反馈干扰；功率大、发热多的器件所造成热噪声干扰等。

（二）检测系统常用抗干扰措施

噪声对检测仪表及检测系统形成干扰，需同时具备三个要素：

（1）具有一定强度的噪声源；

（2）存在着噪声源到检测系统的耦合通道；

（3）检测系统本身存在着对噪声敏感的电路。

以上三要素关系如图 7 - 4 所示。

检测系统的抗干扰设计是针对上述三项因素采取措施，内容包括：

（1）尽可能努力抑制和消除各种噪声源；

（2）阻截和消除噪声的耦合通道；

（3）设计对噪声不敏感的电路。

图 7 - 4　噪声对检测系统形成干扰的三要素关系图

一般情况下，自然界和其他外部噪声源难以消除，或者消除、抑制这些噪声源的难度很大、实施成本过高，所以检测系统主要采用上述（2）、（3）两类抗干扰措施。具体措施主要有下面几种。

1. 抑制空间感应的屏蔽技术

自然界及外部噪声进入检测系统的主要途径有三个，即空间电磁感应、系统本身的传输通道和与系统电源相连的配电系统。通常抑制空间电磁感应造成的干扰的最有效方法是利用铜、铝或镀银铜板等良导体及高磁导率铁磁材料制成屏蔽罩、屏蔽盒，把所要保护的电路置于其中。这样外部噪声源产生的高频磁场将在高导电材料构成的屏蔽层中产生电涡流，并被涡流产生的反磁场相抵消；而对外部低频干扰磁场所产生的磁力线因有磁阻很小的屏蔽盒引导构成闭合回路，不再进入被保护电路，从而有效地达到了抑制空间电磁感应干扰的目的。

基于高频集肤效应原理，高频涡流仅流过屏蔽层最表面的一层，因此对高频磁场的屏蔽层仅需考虑加工方便及具有所需机械强度即可。因涡流是一圈圈同心圆，所以应尽量避免在屏蔽层上开孔、开槽，以免切断涡流路径，影响屏蔽效果。对低频干扰磁场的屏蔽层要保证一定厚度以减少磁阻。以上两种屏蔽罩若良好接地，则能同时起到静电屏蔽的作用，防止电场耦合干扰。

一般情况下，空间电磁感应对检测系统造成干扰的强度和概率都远远小于经传输通道和配电系统所窜入的干扰，所以必须着重研究和尽可能采取切断和抑制这两种干扰的措施。根据噪声进入检测系统的方式及与被测信号的关系，可将噪声干扰分为串模干扰和共模干扰两大类。

2. 串模干扰及其抑制措施

（1）串模干扰。串模干扰又称差模干扰，是指与被测信号源以串联形式叠加在一起。例如，作用于检测系统输入通道的干扰电压，往往和有用信号一起被放大和采样，所以对检测系统的精度有直接的严重影响。

形成串模干扰的原因很多，通常有电磁耦合对长输入信号线产生的感应电动势；因元器件及传输通道存在分布电容和互感造成的干扰电动势；由于稳压电路存在工频纹波及 A/D 的采样时间短而造成 50Hz 工频干扰电压等。图 7-5 所示为外部交变磁通仅穿过热电偶其中一根传输线而造成测温仪表输入端产生串模干扰电动势的典型例子。图 7-6 所示为串模干扰的等效电路。

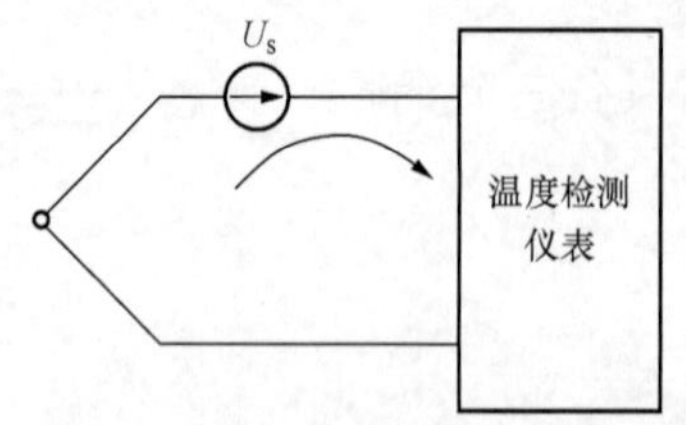

图 7-5 输入端存在串模干扰的实际例子

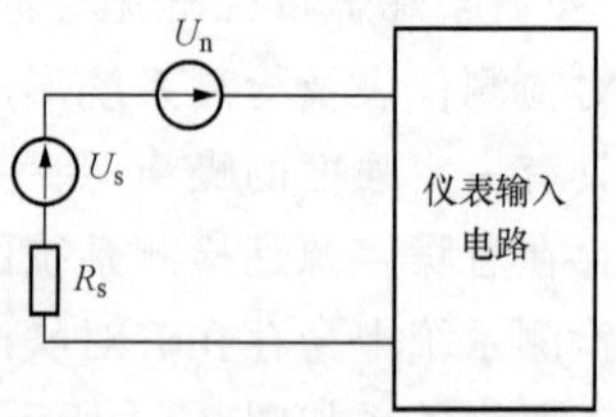

图 7-6 串模干扰等效电路

(2) 串模干扰抑制。串模干扰的抑制通常可采取以下几种措施：

1) 滤波。如果串模干扰频率高于被测信号，则采用低通滤波器来抑制、削弱高频率的串模干扰。如果串模干扰频率低于信号频率，则采用高通滤波器抑制低频串模干扰；若串模干扰频带较宽，被测信号落入干扰频带内，则应对被测信号进行锁相放大，以便大幅度地提高信噪比，从而抑制串模干扰的影响。滤波可采用 *RC*、*LC*、X 形、双 T 形及有源滤波器等硬件手段，也可采用各种软件数字滤波方法。

2) 采用抗工频干扰性能优良的双积分型 A/D，并采用 50Hz 的倍频作为 A/D 的时钟，以便有效地克服工频造成的干扰。

3) 尽可能缩短传感器与检测系统之间的距离，采用带金属屏蔽层的屏蔽电缆或双绞线作传感器与前置放大器之间的连线。对远距离测量，可在靠近传感器的地方进行 V/I 转换，把传感器输出的电压信号转换成不易受干扰的标准 4～20mA（或 0～10mA）电流信号后，再远距离传送到检测系统输入端。其原理图如图 7-7 所示。

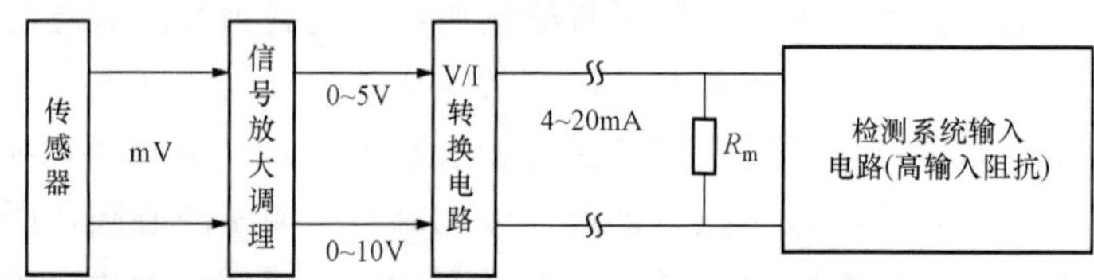

图 7-7 采用 I/V 转换远传信号原理示意图

3. 共模干扰及其抑制措施

(1) 共模干扰。共模干扰就是指检测仪表、检测系统的两个输入端和地之间共同存在的干扰电压。这种干扰使两个输入端的电位同时相对于基准地一起涨落，通常不直接影响测量精度，但当输入电路参数不对称时，将会转化成串模干扰，从而引起测量误差。

形成共模干扰的原因较多，一方面因检测系统从传感器到执行器整个信号通道比较长，系统所有电路和功率器件均需接地，往往为图方便而习惯采用就近接“地”（实际上是接到具有一定电阻率的基准地线）方式，没有真正实现“一点接地”。因地线具有一定的分布电阻，并有许多支电流通过它流向电源，这样在这条作为基准地线的不同位置就会产生电位差。对传感器和检测系统的前置电路由于没有遵循“一点接地”原则而造成共模干扰的示意图如图 7-8 所示。

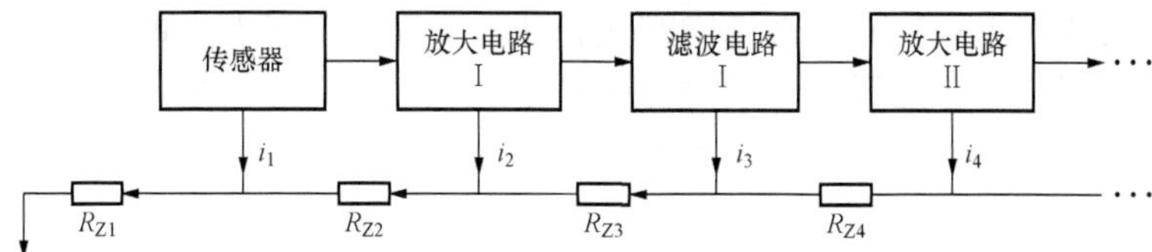

图 7-8　不同接地点形成共模干扰示意图

共模干扰电压可以是直流，这时共模干扰电压的幅值一般较大，可达几伏、几十伏，甚至高达 100 多伏。除接地不妥造成共模干扰外，漏电阻、寄生电容的存在是造成共模干扰的主要原因。例如，用热电偶测量高达 1000 多摄氏度的加热炉炉温时，由于炉内壁耐火材料的绝缘电阻在高温下迅速变低，使通有 220V 或 380V 交流电压的电炉丝，通过在高温下几乎已成为导体的耐火材料（漏电阻）向热电偶两端漏电，造成热电偶两端相对交流地附加了一个共有干扰电压，从而使测温仪表输出端产生幅度很大的共模干扰电压。

（2）共模干扰的抑制。共模干扰对检测仪表、检测系统的影响程度取决于该仪表系统对共模干扰的抑制（即抑制共模电压转化为直接影响其测量精度的串模干扰电压的）能力，称共模抑制比，符号为 K_{cmr}，通常以对数形式表示为

$$K_{cmr} = 20\lg(U_{cm}/U_{cd}) \tag{7-1}$$

式中　U_{cm}——作用在输入端的共模电压；

U_{cd}——能产生与 U_{cm} 同样测量误差（作用在输入端）的等效串模干扰电压。

共模抑制比的另一种表示方法为

$$K_{cmr} = 20\lg(K_d/K_c) \tag{7-2}$$

式中　K_d——系统的差模增益；

K_c——共模增益。

常用共模干扰的抑制措施有下面几种：

（1）对症下药，从根本上消除和抑制共模干扰源。例如，采取加粗地线，严格实行一点接地原则；设法阻断外部高电压源与输入端的通路；对外部干扰源实行电磁屏蔽等措施。

（2）采用共模抑制比高的双端输入形式的差动放大器或使用其作前级放大器。

（3）采用隔离放大器，使信号端与测量端没有“地”线联系，从而消除共模干扰影响。

（4）采用浮置技术，把检测系统的前置放大器不接机壳和大地（公共地线），让其浮置（浮空），这样共模电压不能经前置放大器与地构成回路。

4. 交流供电系统干扰的抑制

目前，绝大多数在线检测系统使用工业现场 220V、50Hz 市电。然而，市电电网特别是工业现场的交流电网往往本身就是一个很大的噪声源，电网中大负荷设备开与停，大功率移相式闸流晶体管的导通、截止，都将在电源线和地线上产生强烈的脉冲干扰，这种脉冲干扰的主值有时可高达上百伏。

抑制交流电网干扰的主要方法有：

（1）在交流电网输入线上采用 LC 低通滤波器来抑制高频干扰，让 50Hz 基波顺利通过。

（2）在电源变压器一次侧与二次侧之间加一绝缘隔离层，一、二次侧的零线均经一个电容接地。这种隔离电源变压器对抑制电网瞬态强脉冲干扰很有效。

（3）采用交流稳压器作市电电网过滤器。这种商品化交流稳压器通常采取了一系列隔离

和滤波、稳压等抗电网干扰措施；高性能交流稳压器对净化干扰严重的现场电网作用很大。

（4）对现场电网干扰特别严重、系统测量精度要求又非常高的应用场合，可考虑用蓄电池以直流方式供电，以便从根本上解决电网干扰问题。

另外，为避免检测系统内部模拟电路、数字电路以及输出（执行）电路三者互相干扰，采用数字信号线均通过光电耦合器与模拟电路和输出部分相联系，并为上述三部分电路分别配置稳压电源，从而切断它们之间的电气联系，这对减少系统内部交叉干扰是十分有效的。

5. 软件抗干扰措施

以上介绍的均是硬件抗干扰措施，对智能仪器和自动检测系统来说，除上述硬件抗干扰措施外，对恶劣环境下工作的检测系统还应根据环境条件、信号特点及硬软件情况采取必要的软件抗干扰措施，以确保系统的正常运转。

除了特殊情况下毁坏系统外，噪声干扰对系统的影响主要表现在：

（1）以假乱真，幅度大的干扰进入传输通道，改变了数字电路应有的正确状态，导致检测系统出现大的误差或误动作；

（2）叠加信号之上，影响测试的精确度和分辨力；

（3）使程序跑飞，系统不能正常运行。

针对上述三种情况，软件上可采取以下相应措施，减小测试误差、降低故障率。

（1）软件滤波，减小测量误差。根据硬件滤波原理，利用软件对输入数据信号进行软件数字滤波。例如，通过对信号进行连续多次采样，然后取其算术平均值作为有效信号，以减小或消除无规则干扰对测试精度的影响，对多次测量的数据通过比较去掉最大值、最小值，然后取平均值为有效信号以去掉偏差大的干扰信号；利用 RC 与 LC 滤波器设计原理，用软件方法进行数字滤波，使采集信号达到滤波目的等方法，都是相当有效的。当然，这些方法主要适合于对一些直流或缓变信号的测量，同时速度上受到限制。

（2）特殊软件处理，消除假信号。由于外界电磁干扰一般是一些幅度大、宽度小的随机类脉冲过程，根据信号特点用软件方法区别真假信号，在某些条件下是有效的。

1）脉冲宽度鉴别法。当脉冲信号有一定宽度时，通过连续采集信号，在信号的上升沿结束后连续采集几次，如果几次以后仍有信号，则认为是真信号，如果 K 次以后（$K<n$）再没有信号，则所采集的信号就是干扰信号。这样可以解决多数情况下窄的尖脉冲干扰。

2）逻辑判别法。对开关量信号可以采用这种方法，即在检测区域内，对 I/O 接口上输入多个不同时刻的开关量，进行按位逻辑乘，因为开关量的对应位为“1”，在受干扰情况下它不改变其余位可能为“1”或“0”。对 I/O 接口输入的开关量进行多次逻辑乘，若为“0”则说明刚才多次接收的信号是干扰，若不为“0”则是真信号。

3）多次重复检查法。根据干扰信号的强弱没有规律、随机变化的特点，通过对输入数据信号进行多次检测，如果内容一致，则是真信号，否则便是假信号。

4）幅度判别法。对变化缓慢的信号，利用设置的采样值最大变化率及最大允许偏差值等编制判别程序，对采集信号进行幅度判别，对某些信号亦可辨出真假。

（3）抗破坏程序干扰的软件措施

自动检测系统各有特色，但软件结构上具有一定的相似性，一般是由主程序以及若干子程序和中断服务子程序组成。在大部分时间内 CPU 执行主程序循环：作面板显示、查询键盘、采集和处理数据以及进行相应的实时控制操作等。当有中断申请并允许中断时，CPU

执行中断服务子程序；当中断服务子程序执行完后返回主程序，再从被中断的主程序断点处继续执行主程序循环。

当有外界干扰时，使 CPU 的程序计数器 PC 值发生变化，这样使 CPU 执行的下一条指令首地址发生错误，以后 CPU 执行指令便一错再错，导致系统失控，这种情况称为“程序跑飞”。程序跑飞可能导致两种情况：一种情况可以转入某种无意义的循环“程序”中出不来；另一种情况是 PC 值不断增大，当 PC 值增大至最大值后，转入执行从首地址开始的程序，相当于重新启动控制程序。当 CPU 执行中断服务程序时，干扰使程序跑飞亦有两种情况：如在程序跑飞前，未执行开放中断指令，在程序跑飞后 CPU 对其他中断申请则不响应；中断服务程序跑飞，没有中断返回指令。

干扰也可以直接破坏某些芯片中的信息，（如改变 I/O 口状态，一些可编程芯片原先设置的方式字、控制字等），使编程方式的工作情况发生变化，产生误动作；跑飞后的程序可能访问 RAM 区，破坏 RAM 区中的数据，导致系统出错。

抗干扰软件就是为了当干扰破坏程序正常运行后，能立即判断出程序故障，然后检查 RAM 区的内容。如果 RAM 区的内容未被破坏，则可使程序从错误中纠正过来。由于 RAM 区中存放着控制过程中的各种参数和变量，记录着当时现场参数和过去参数，因此只要 RAM 区的内容未被破坏，控制系统的程序就可以恢复。

判别 RAM 区内容是否被破坏的方法是将 RAM 区分成若干段，在每一段内的某一个存储器内放一个统一的标志字。正常的程序不会改变这些单元的内容，当干扰破坏了 RAM 区的内容时，往往会破坏一大片内存中的内容，这样上述某些标志字有可能也被破坏。只要一个标志字发生了变化，就可断定干扰破坏了内存 RAM 的内容。

监视程序跑飞的电路俗称“看门狗”电路，当 CPU 正常执行程序时由程序控制，每隔一段时间就向硬件看门狗电路发再触发脉冲，看门狗电路中的单稳触发器连续被再触发，一直处于暂稳态。一旦程序跑飞，CPU 不再执行正常程序，从而造成对看门狗电路停发再触发脉冲，这样看门狗电路的单稳触发器暂稳态过程结束后，就引起 CPU 复位。CPU 复位后，调判别程序检测是首次上电复位，则转初始化，在 RAM 区按某种规律设置标志字，再转主程序。若检测出是跑飞后造成复位，再检查程序跑飞后是否破坏 RAM 中一系列标志字；若标志字均完好，可认为 RAM 数据没有被破坏，这时跳过初始化程序模块立即使系统自动恢复正常运行；若 RAM 标志字被破坏，则 RAM 中数据也不可靠，需重新初始化或执行停机报警及故障处理程序。

可编程芯片的有关状态字、工作方式字最容易受到外部干扰而破坏。为克服这些干扰，在软件设计上采取多次刷新的措施，可提高它们的抗干扰性能。例如，接口芯片的工作状态字初始化操作安排在实时中断程序当中，定期对某些易受干扰失去工作方式状态字的可编程芯片进行工作状态字刷新，或是在 CPU 访问这些芯片之前调用初始化子程序对这些可编程芯片进行工作状态字的刷新，以保证这些芯片的工作方式字、状态字正确与完好。

六、检测系统的可靠性设计

可靠性高，是用户对通常需要在外部环境条件恶劣的现场、长年在线运行的各类检测系统所提出的共同要求。各类检测仪表、检测系统可靠性好坏直接影响安全生产、产品质量、劳动生产率、能源和原材料消耗，甚至决定着工厂是否能正常组织生产。提高检测系统的可靠性应贯穿于系统设计、制造、使用的全过程。但在设计时，全面注重可靠性设计最为重要。衡量可靠性好坏的习惯指标为平均故障间隔时间（MTBF）或平均无故障时间（MTTF）。

（一）可靠性估计

在制定总体设计方案时就需进行可靠性预测问题。根据元器件的可靠性估计出模块的可靠性，由模块的可靠性估计出分系统的可靠性，由分系统的可靠性估计出系统可能达到的MTTF称为可靠性预测。可靠性预测的目的是对各种设计方案进行评价，确定所提出的设计方案是否满足系统可靠性的要求，或者从可靠性观点出发找出系统设计的薄弱环节，以便改进。

可靠性预测是比较复杂的问题。为了进行系统的可靠性预测，首先要了解组成该系统的各主要元器件、零部件的可靠性，并根据它们的可靠性计算出整个系统的可靠性指标。对于一个特定的系统，不一定能直接获得组成该系统的所有器件的可靠性数据，此时，对样品进行实验、测试就成为获得它们可靠性数据唯一的可行办法。

对样品进行实验测试，通常应在系统典型的工作环境条件（温度、湿度、气氛、振动等）下进行，并记录样品出现故障的时间或次数。如果该样品具有很高的可靠性，为缩短试验时间，把样品在更高强度的条件下进行试验，而后应用外推法从这些试验数据中估计在规定工作条件下的故障率。对复杂的检测系统进行可靠性估计，可把系统分成若干子系统，各子系统分解成若干功能模块，直到分解至振荡器、放大器和计数器、存储器、I/O、CPU、电阻、电容和二极管、三极管等等，这样系统的可靠性估计就更加精确，并可以对各种故障作出预测。

（二）增加系统硬件可靠性的措施

1. 提高元器件和设备本身的可靠性

系统硬件是由电子元件、电气元件、芯片及各种外设经连接线、插件板连接而成的，其中任一部分失效均会导致系统工作不可靠。元器件越多，失效率则越大。为此，一般尽量使用集成度高的芯片和正规工艺生产的功能部件，少量自选的元器件也要经过筛选、老化才能使用。

2. 增设各种抗干扰措施

系统外部及内部存在的各种干扰噪声，不仅会导致工作的错误，严重的情况下还会产生安全性故障，造成系统工作不可靠。系统抗干扰的各种措施如防护、屏蔽、隔离、滤波等，可以根据情况考虑采用。

3. 适当采用冗余技术

对系统中某些重要部件、易受损害的部件增设额外的备份件，即所谓采用冗余技术。冗余的结构形式可采用并联工作方式、备用方式或表决方式，其中并联方式可靠度最高，备用方式其次。由于冗余数越多，经费也相应增加，故在设计时应根据系统的特点、可靠性要求、实施难度、实施成本诸方面进行权衡。无论采用何种冗余方法，当系统发生故障时，必须采取措施，切换隔离故障源（即将故障屏蔽）重新组合系统。切换更换设备可以采用程序控制，实现自动切换；也可以采用自动报警，人工手动切换。

4. 利用软件提高硬件系统的可靠性

利用软件提高硬件系统可靠性的措施，主要有这样几个方面：①定时调用系统自检、自诊断子程序模块；②对检测数据作各种比较、判断，加（软件）数字滤波等技术处理；③重复执行 I/O 指令。

（三）增加系统软件的可靠性措施

系统应用软件本身也会发生差错和故障，从而引起系统的不可靠。由于对系统应用软件进行全面、彻底和综合的测试费时费力。因此，进行系统软、硬件联调和现场试运行来暴露和发现问题，进行修改和排除故障已成为完善检测系统软件最常用的手段。但是短时间联调和试运行不一定能暴露软件设计的所有问题和缺陷，而长期满负荷运行后就可能出现。这类问题属于软件内在结构及程序设计的疏忽与错误。要避免系统应用软件本身的差错，一是合理划分模块；二是加强软件测试，经过全面反复测试考核，确保正确无误后再投入正式运行。

工作现场干扰严重是产生软件故障另一个主要的原因。要克服这类软件故障，主要从抑制干扰、隔离现场的干扰源入手；但另一方面也可以从软件本身加以克服。例如，采用 I/O 指令多次重复执行、处理等软件的容错技术，也可以克服一些瞬间干扰引起的故障；可以采用纠错码、奇偶检验等软件措施，防止软件信息在传输过程中发生信息丢失或传递错误；采用看门狗技术，可避免检测系统死机，保证系统长期在线运行；采用重要数据、参数重复分区存储和 RAM 掉电保护等技术，可大大减少系统出错概率。

总之，硬件、软件的不可靠性都是由于系统内在因素和外界因素引起的，提高可靠性的办法原则上也是针对引起故障原因采取相应的技术对策。对不同种类的检测系统应根据其使用特点、技术指标、可靠性要求等，采用一系列软硬件可靠性设计技术。

第二节　温度系统设计

根据上节所介绍的综合设计基础知识，本节将在熟悉自动检测系统设计的实例的基础上，学习温度自动检测控制系统的设计方法。

一、粮库多点温度监测系统的设计

保证粮库中储藏粮食的安全，一个十分重要的条件就是要求粮食储藏温度保持在 18～20℃之间。对于出现不正常升温，要求能够迅速地监测到，并且报警。使工作人员可以马上采取措施降温，如打开通排风设备等。因此，针对粮库设计一个温度自动检测控制系统是十分必要的。以下就是一个利用智能温度传感器构成的分布式粮库多点温度监测系统的设计实例。

DS18B20 是美国 DALLAS 半导体公司生产的智能温度传感器，可以程序设定 9～12 位的分辨率，测量温度范围为－55～＋125℃，且在－10～＋85℃范围内精度为±0.5℃。DS18B20 支持“一线总线”接口，用一根线对信号进行双向传输，具有接口简单、容易扩展等优点，适用于单主机、多从机构成的系统。DS18B20 测量的现场温度直接以“一线总线”的数字方式传输，提高了系统的抗干扰性，适合于各种恶劣环境的现场温度测量。DS18B20 支持 3～5.5V 的电压范围，有 TO-92、SOIC 及 CSP 封装三种封装可选。分辨率、报警温度可设定存储在 DS18B20 的 EEPROM 中，掉电后依然保存。粮库多点温度监测系统上位机采用 PC 机，下位机由单片机和测温网络构成。温度监测系统能够对粮库的温度进行连续 24h 不间断的监控，超过设定温度值立即进行声光报警，并且能在 PC 机上显示出异常温度的粮库地点。

本系统由前端 DS18B20 的测温网络、无屏蔽四芯双绞线、端口驱动器、单片机、上位机（PC）和软件部分组成。单片机的编程语言采用C语言，开发工具选用KEILC51。上位PC机的人机界面和单片机的通信用VB编程。

1. 硬件组成

测温系统的整体组成如图7-9所示。

上位PC机主要功能是通过RS232接口与单片机通信，控制单片机读取温度值，并且实时地记录读取的通道编号、DS18B20编号、温度值、时间。这些数据可以作为原始资料的积累，用于将来的数据分析。当单片机检测到异常的储粮温度时，送信号到PC和报警电路，用声光报警提醒工作人员。

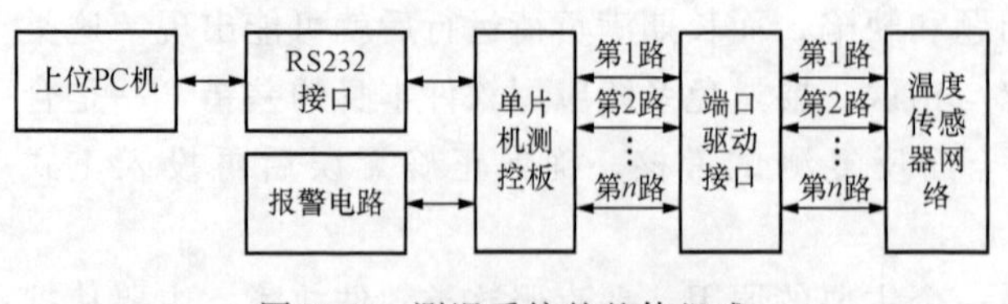

图7-9 测温系统的整体组成

单片机的测控板和驱动端口连接如图7-10所示。因为每一路的电路结构都是相同，图中只画出一路。

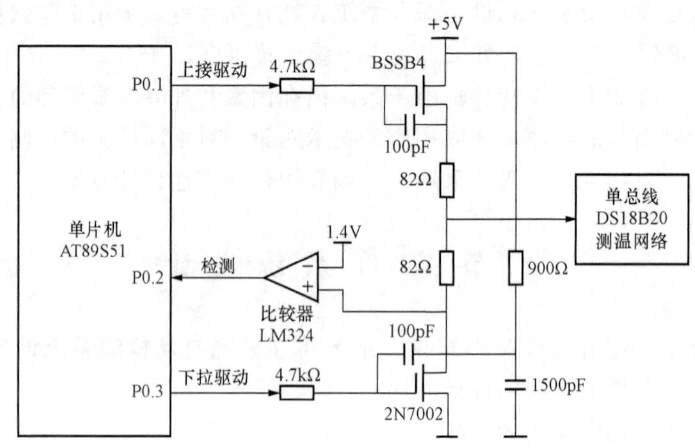

图7-10 测控板和驱动端口连接

“一线总线”通信协议通过AT89S51单片机的3个通用I/O引脚产生。建立可靠“一线总线”网络必须提供正确的时序和适当的输出电压摆率，单片机发送信号的时序不正确会导致与温度传感器DS18B20器件之间的通信间断或完全失败，输出电压摆率若不加以控制将严重限制网络的长度。图7-10所示的驱动接口作用就是控制电压摆率，与软件配合，在总线网络的传输长度达到500m时，总线的时序仍然能满足规范要求。

“一线总线”的总线有四种基本操作：复位、写1位、写0位和读位操作，字节传输可以通过多次调用位操作来实现。当总线空闲时为高电平，P0.1和P0.3引脚都置成输入状态。单片机向总线写1的过程是置P0.1为高电平，上拉驱动的BSS84场效应管导通，单总线被拉成高电平，然后根据总线操作要求延时。单片机向单总线写0的过程是置P0.3引脚为高电平，使下拉驱动的2N7002场效应管导通，单总线拉成低电平。任何时候两个场效应管最多只允许其中一个导通。当单片机读取挂接在单总线上的DS18B20温度传感器的数据时，P0.1口和P0.3口都置成输入状态，释放总线。单片机读取数据的过程如下：DS18B20向单总线写1时，将拉总线的电平向+5V拉，单片机的P0.2引脚始终监视着总线的电平情况，当总线电平被传感器拉高超过 1.4V 时，比较器 LM324 输出高电平，单片机 P0.2 引脚检测到高电平，则马上置 P0.1 引脚高电平，上拉驱动使 BSS84 场效应管导通，加快单总线被拉成高电平的速度，然后延时一段时间置 P0.1 为输入状态，再次读取 P0.2 引脚的电平，两次读取的结果一致，则读取的数据作为一个有效位保存。DS18B20 向 1－Wire 总线写 0 时，将拉总线的电平向低电平拉，当总线电平低于 1.4V 时，比较器输出低电平，P0.2 引脚检测到低电平时，置 P0.3 引脚为高电平，使下拉驱动的 2N7002 场效应管导通，加快总线的下拉速度，然后延时一段时间，置 P0.3 为输入状态，再次读取 P0.2 引脚的电平，两次读取的结果一致，则作为一位有效位保存。另外，单总线操作时序的精度要求达到 1μs，所以单片机的选型上既要价格便宜，又要速度快，编程容易，我们选用了 ATMEL 公司的 AT89S51 单片机。AT89S51 兼容 MCS-51 微控制器，4KB FLASH 存储器支持在系统编程 4.0～5.5V，全静态时钟 0～33MHz，32 个可编程 I/O 口，2/3 个 16 位定时计数器，6/8 个中断源，全双工 UART，低功耗支持 Idle 和 Power-down 模式，Power-down 模式支持中断唤醒，看门狗定时器，双数据指针，上电复位标志，在实际的应用中时钟频率采用 24M 晶振。单指令时钟周期 0.5μs，能满足单总线读写和延时的时序精度要求。

测温网络的连接采用线性网络拓扑，因为每一路的结构都相同，图 7－11中只画出一路。

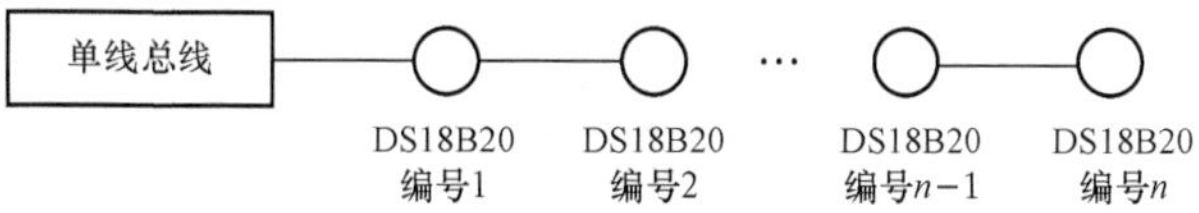

单线总线

DS18B20 编号1　DS18B20 编号2　…　DS18B20 编号$n-1$　DS18B20 编号n

图 7－11　测温网络的连接

总线采用无屏蔽 4 芯双绞线，其中一对线接地线和 DS18B20 信号线，另一对接 VCC 和地线。总线起始于驱动输出端口延伸到最远的 DS18B20 温度传感器。挂接在总线上的温度传感器不超过 100 个，总线最长距离不超过 500m。DS18B20 采用三线制应用方式，由外部电源单独供电。因为 DS18B20 温度传感器的芯片的尺寸较小，可以直接和电缆焊接在一起，外部用热缩管紧固套牢组成测温电缆，电缆的外部套上防鼠咬的套管。粮库中需要测温的地方，直接把电缆布线到测温点即可。

2. 软件设计

上位 PC 机的编程采用 Visual Basic（简称 VB）编程。VB 支持面向对象的程序设计，具有结构化的事件驱动编程模式，而且可以十分简便地做出良好的人机界面。上位 PC 机与单片机的标准串口通信使用 VB 提供的通信控件 MSCOMM。该控件可设置串行通信的数据发送和接收，对串口状态及串口通信的信息格式和协议进行设置，极大地简化了 PC 机和单片机的通信编程。PC 机上测温系统软件构成如图 7－12 所示。

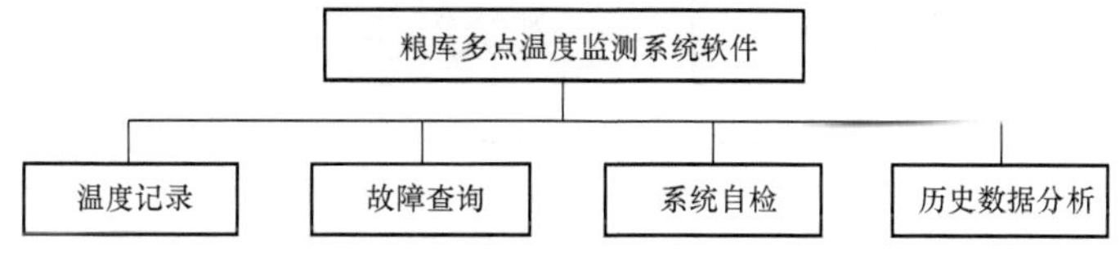

图 7－12　PC 机上测温系统软件构成框图

下位单片机使用 C 语言编程，开发工具选用 KEILC51。因为“一线总线”通信协议是通过 AT89S51 单片机的三个通用 I/O 引脚通过软件编程实现的，所示编程中三个通用 I/O 引脚的时序配合非常的关键。在调试的过程中使用示波器对三个通用 I/O 引脚和接在测温电缆 500m 处 DS18B20 数据引脚的四路信号同步采集，根据测试的波形逐步的微调延时时间，使总线的时序满足协议要求。下位单片机实现 PC 机和传感器之间收发数据的子程序框图分别如图 7-13、图 7-14 所示。

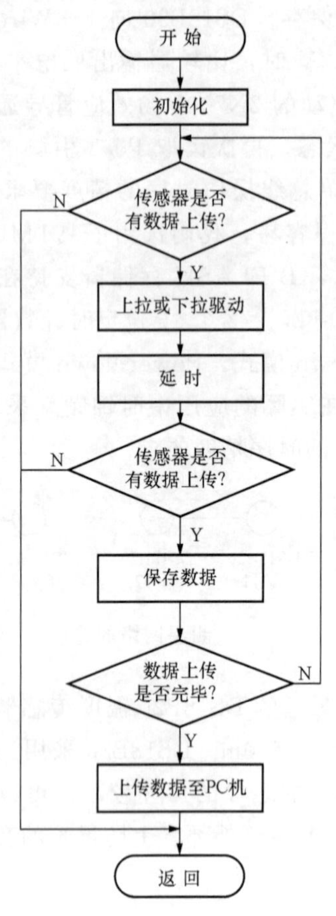

图 7-13　单片机接收数据子程序框图

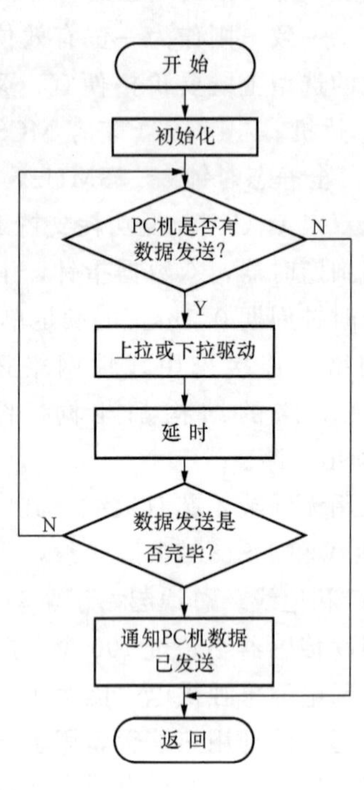

图 7-14　单片机发送数据子程序框图

二、温度自动检测控制系统设计方法

设计温度自动检测系统就是以计算机为控制器，以加热和冷却装置为执行器，以温度传感器为测量元件构成温度闭环控制系统。该系统框图如图 7-15 所示。

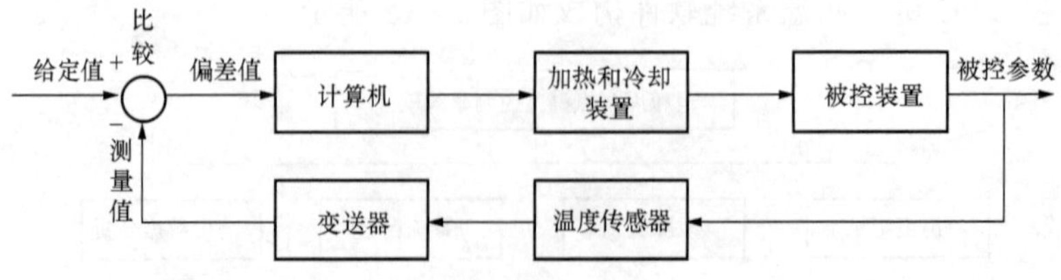

图 7-15　温度自动检测控制系统框图

由图 7-15 可见，该控制系统的目的是控制被控装置的温度，使其随给定值变化。设计系统之前首先要由图明确系统组成、各部分的相互关系、每部分的输入输出信号是否满足要求，然后再决定如何选择各部分元器件、如何实现控制功能、如何满足控制要求。

传感器工程实践台提供的可用于构成温度自动检测系统的设备包括：温控源（温控仪表和加热及冷却装置、信号变换装置）、温度传感器、数据采集控制器（与计算机相连，提供A/D、D/A、DO、DI接口）、计算机（安装SET9000软件，可在软件界面上输入给定值等，该软件的用法详见第八章）、被控装置（内部有铝块，加热和冷却装置可对其加热，传感器可对其测温）。其中温度传感器可选择铂电阻（Pt100）、热电偶、热敏电阻、集成温度传感器其中的一个。除铂电阻外，其他传感器信号都需要经过放大器调整、定标，输出0～5V的信号，供计算机控制。温度自动检测控制系统的具体设计方法详见第八章。

第三节 转速系统设计

转速是一种重要的工程参数，许多实际应用都需要对转速进行精确的测量与控制。转速的测控方法多种多样，各具特色。例如，转速测量常用的传感器有磁阻式磁电传感器、光电式转速表、磁阻式转速传感器、霍尔式传感器等。转速控制方法常用PI或PID及PID的各种变型控制规律等。根据本章第一节所介绍的综合设计基础知识，下面将在自动检测系统设计实例的基础上，学习转速自动检测系统的设计方法。

一、转速分布式测控系统设计

本例介绍的是由MCS-51单片机构成转速测控从机，计算机（主机）与多从机实现多机通信，组成直流电机转速分布式测控系统的设计实例。主要内容包括转速测控系统的各部分结构、组成原理、设计方法与实现。

（一）系统结构原理

该系统由一台主机（IBM PC/AT或以上的兼容机）和若干台从机组成转速分布式测控系统。最多可带16台从机，从机的地址号由从机电路板上的4位拨码开关设定，相应的地址号为0F0H～0FFH。从机采用Intel 8031单片机为核心，进行必要的扩展，以小功率直流电机作为测控对象，配备转速测控电路，配备RS232C串行通信接口，扩展键盘显示接口电路等构成。转速分布式测控系统采用主从式结构的多机通信系统结构，各从机通过RS232C串行通信总线串行连接到主机，如图7-16所示。系统的多机通信协议是：通信总线标准为RS232C；定义上位微机为主机，各8031转速测控子系统为从机；主机采用询问/命令方式工作，从机采用中断方式响应。

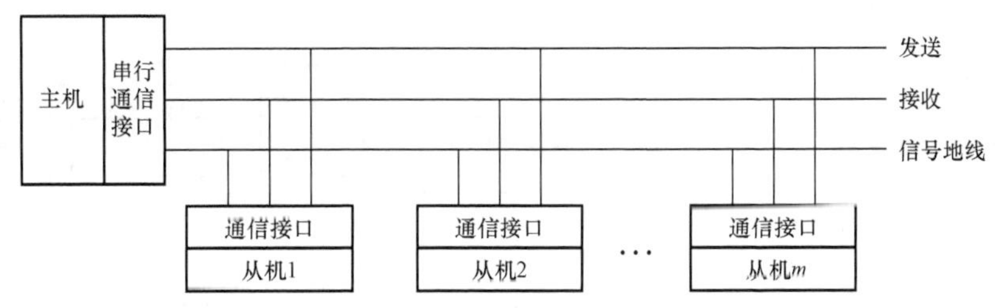

图7-16 转速测控系统结构原理

（二）从机硬件设计

1. 转速测量与控制原理

由于霍尔开关传感器具有体积小、无触点、动态特性好、寿命长等特点，常被用于测量转动物体旋转速度。本实验选用美国 SPRAGUE 公司生产的 3000 系列霍尔开关传感器 3031T 硅单片集成电路。3013T 采用三端平塑封装，器件内部含有稳压电路、霍尔电动势发生器、放大器、施密特触发器和集电极输出电路，具有工作电压范围宽、可靠性高、外围电路简单、输出电平可与各种高级电路兼容等特点。根据霍尔效应原理，将一块永久磁钢片固定在直流电机转轴上的转盘边沿，转盘随被测转轴旋转，磁钢也跟随着同步旋转。在转盘附近安装固定一片 3013T，霍尔元件输出电脉冲信号的频率与转速成正比，只要测量出该脉冲信号的周期或频率可计算出转速。在霍尔开关传感器输出端接一个 RC 低通滤波器，用来消除频率抖动的高频毛刺，提高频率稳定性。转速脉冲频率测量采用门脉冲计数法，设标准门脉冲宽度为 T。在此期间对信号脉冲计数，设计数值为 n，转盘边沿四周均匀贴有 m 片磁钢片，则被测信号脉冲频率为 $f=n/T$，转速为 $f/m=n/(mT)$。因计数起点的随机性，计数最大误差 $\Delta n=\pm 1$，故测量最大误差为 $\Delta f=\pm 1/T$（T 的误差不计）。显然，T 取得越大，磁钢片 m 贴得越多，测量精密度越高。具体测量及换算由 8031 单片机完成，并经过 Intel 8279 芯片动态驱动 4 位 LED 显示器显示。

转速控制常用方法有脉冲调宽法、电压调节法、电流调节法等。本系统采用电压调节法来控制直流电机的转速，控制原理如图 7-17 所示。采用经典的反馈控制原理，转速测量值与给定值比较，有差则由误差按 PI 或 PID 控制算法计算出控制量 K。K 经过 D/A 转换器转换成电压，表达式为

$$U_{out}=-KU_{REF}/2^n\text{（}n\text{ 为 D/A 的位数，}n=8\text{）}$$

经过后续稳压驱动电路，使电机两端的电压随 U_{out} 变化，改变输入到 D/A 转换器的数字量 K 的大小使 D/A 输出的电压变化，从而控制直流电机的转速。

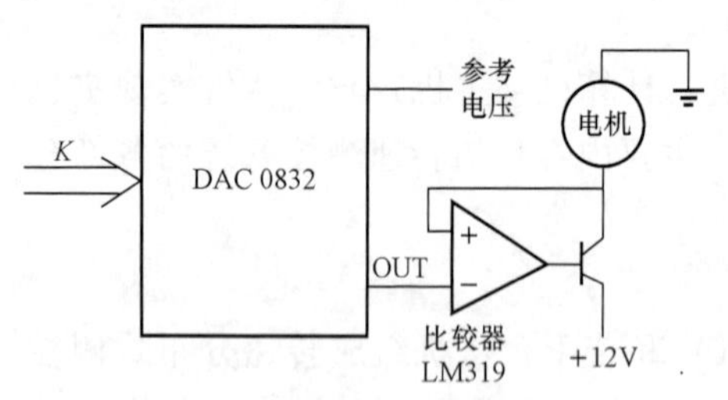

图 7-17 直流电机转速控制原理

2. 从机的硬件结构设计

从机由 Intel 8031、74LS373、EPROM2764、键盘显示接口芯片 8279、串行通信接口芯片 MAX232、4 位 LED 显示器、复位电路、时钟电路、电机测量/控制驱动电路等部分组成。其硬件结构如图 7-18 所示。

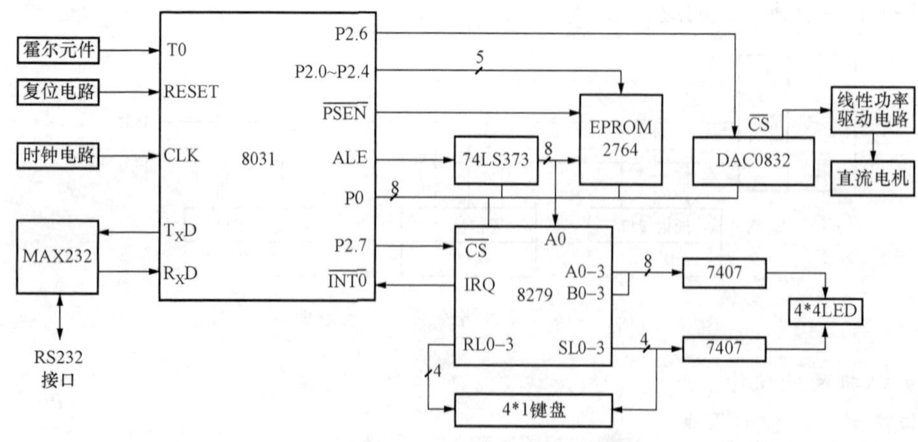

图 7-18 转速测控从机硬件结构

3. 串行通信接口电路

在从机上采用MAX202芯片，仅需外接5个0.1μF的电解电容，即可构成双路RS232C电平与TTL电平的转换与驱动电路。主机（PC/AT及以上的兼容机）内部有异步通信适配器8250及相关电路，完成并—串转换及通信控制等功能。

（三）系统软件设计

1. 从机测控系统软件

从机测控系统软件包括1个主模块和5个子模块（测量子模块、控制子模块、键盘处理子模块、显示子模块、通信子模块）。主模块完成对各个子模块初始化，调用控制子模块、显示子模块。而测量子模块、键盘处理子模块、通信子模块采用中断方式工作，主模块与它们通过共用一段RAM区域进行联系。

各子模块的功能如下：

（1）测量子模块。控制8031单片机的定时/计数器，使其产生1s的门限和一个16位二进制的计数器，16位计数器对外部直流电机的转速脉冲计数。

（2）控制子模块。根据实测值与设定值的比较，如果有偏差，由偏差按PI或PID算法对DAC0832的输入数字量K进行计算，并由DAC0832转换，驱动电路输出控制电压控制电机转速。对直流电机的转速特性进行测试，进而在线整定PI或PID控制算式中的参数。这里涉及PID参数的在线整定算法及技术。

（3）显示子模块。将显示缓冲区的转速测量值（BCD码），或其他需要显示的信号数据，送4位LED显示器数字显示。

（4）键盘处理子模块。有键按下，8279的IRQ端为高电平，经反相后接到8031的外部中断请求INT0端，向8031申请中断，同时向缓冲寄存器BUFFKEY中写入当前按键的键盘扫描码，主机在适当时候予以处理。从机设有4个功能键（“+”、“－”、“步长”、“模式”），用于设定转速预定值，设定控制步长（按“+”/“－”键一次的数值量），从机工作模式等参数。

（5）通信子模块。完成主机和从机之间的双向通信，并可在主机上完成对转速的实时测控及显示任务。主机通过获取8031从机的状态信息和测量值，在主机CRT屏幕上显示实时工作状态和转速，并可控制8031的工作状态。这部分通信功能在串行中断处理程序中完成。

2. 多机通信控制

从机8031串行口工作在方式3，主机和从机间的多机通信控制的过程是：

（1）使所有从机8031的SM2＝1，处于只接收地址帧的状态。

（2）主机发送一地址帧，包含8位地址，第9位为数据/地址标志位，第9位为1表示主机发送的是地址。

（3）从机接收主机发来的地址帧后，与本机地址号比较，若相符，表示主机欲和本机通信，则置本机SM2＝0，接收主机随后发来的所有信息；若不符，仍保持SM2＝1，不接收主机随后发来的信息。

（4）主机发送给被寻址从机的数据帧的第9位为0，表示发送的是数据或控制命令。

3. 多机通信主机监控程序设计

监控程序采用OOP设计思想和方法，用Borland C++所提供的Turbo Vision开发工具编写而成，运行在IBM PC/AT及以上的微机上，具有可定义大小的覆盖式窗口、下拉式菜单、鼠标支持、会话窗口、标准的击键处理和鼠标器输入处理，并具有良好的中文界面，操作人员可以快速地在各个窗口之间进行切换，系统的工作状态及参数可以自动地以中文界面及时显示，可以方便地进行实时监控、及时处理等。监控程序由 TV 界面生成模块（包括会话框，下拉菜单……）、内部命令和消息处理模块、通信函数模块组成。VT 界面生成模块用于产生各种菜单和对话框。系统中设计有主控菜单（提供可选择的操作对象和操作提示），转速测控菜单（转速值设定、转速实测值、电压控制寄存器值显示、从机工作状态控制等均在此菜单中完成），参数自适应整定菜单（用步进法或公式拟合法、自动对直流电机的转速特性进行测量、求取转速控制器的参数），多机通信时的通信参数设定菜单（可设定通信波特率、奇/偶校验、数据位数、选择 COM1/COM2 口、设定欲与之通信的从机地址号）等。通信函数模块，定义与通信有关的函数及处理函数，完成通信及通信的控制功能。内部命令和消息处理模块，完成内部的各种消息接收/发送与处理，实现内部消息在各个菜单/对话框之间的高速有效地传递。

二、转速自动检测控制系统设计方法

设计转速自动检测系统就是以计算机为控制器，以转动机构为执行器，以转速传感器为测量元件构成转速闭环控制系统。其框图如图 7-19 所示。

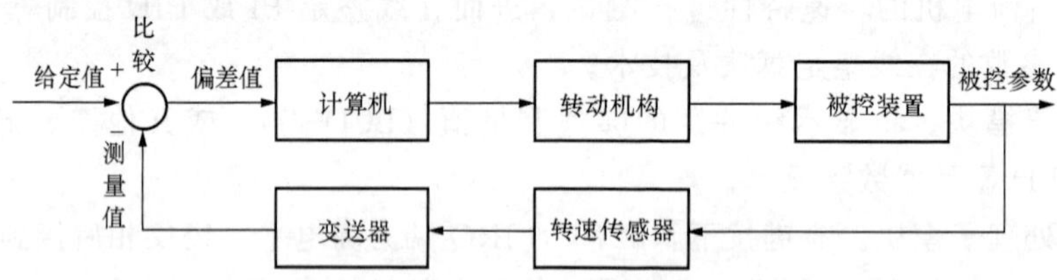

图 7-19 转速自动检测控制系统框图

由图 7-19 可见，该控制系统的目的是控制被控装置的转速，使其随给定值变化。设计系统之前首先要由图明确系统组成、各部分的相互关系、每部分的输入输出信号是否满足要求，然后决定如何选择各部分元器件，如何实现控制功能，如何满足控制要求。

动手设计转速测控系统，可以借助实践台的装置和仪器有：

（1）轴流风机。它的上表面均匀分布有 12 个磁钢，当转速测控系统工作时传感器需对准磁钢，每一个磁钢通过传感器时，传感器输出一个正脉冲。

（2）传感器。可利用的测速传感器有霍尔式传感器、光纤传感器。其中霍尔式传感器的输出频率信号可直接接计算机用于转速测控；光纤传感器的输出信号需经测量系统转换、整形电路处理后，输出至计算机用于转速测控系统。

（3）传感器信号转换电路。要求传感器提供的频率信号和电机转速之间线性对应，这部分工作就是由信号转换电路完成的。计算机实际通过对频率量计数来测电机的实际转速。

（4）数据采集控制器。提供计算机和外围设备之间的接口，进行 A/D 和 D/A 转换。

（5）计算机。它是本系统中的控制核心，它检测转速传感器的信号，并和本身的设定值比较，根据设定的 PID 参数值，输出 0～5V 的信号控制电机的转速，使电机的转速稳定在设定值上。以上控制功能都是基于 SET9000 测控软件实现的。

如果基于光纤传感器构成转速测控系统，需要对光纤传感器测量系统的输出进行调整，使经过整形后输出的脉冲波形满足计算机的要求，能够被计算机正确检测，否则会引起误差。光纤传感器及测量系统输出是模拟信号，此信号经整形电路变成近似脉冲信号用于计算机计数，会有误差。因光纤传感器是通过检测光的强弱变化来输出高低电平，构成脉冲信号的，所以当外界光源变化时对测量会有一定影响，操作时若环境光变化及有人员走动时会产生的光干扰，影响输出结果。以上原因都会造成转速控制效果不理想。

下面以霍尔式传感器为例，介绍转速测控系统设计方法。这里设计的霍尔式传感器转速测控系统就是将该传感器及信号转换电路、转速电机、数据采集控制器、计算机组成闭环回路，在一定转速范围内（0～2400r/min）对直流电机进行连续 PID 转速控制的系统。基于霍尔式传感器的转速测控系统中各设备之间的关系如图 7-20 所示。

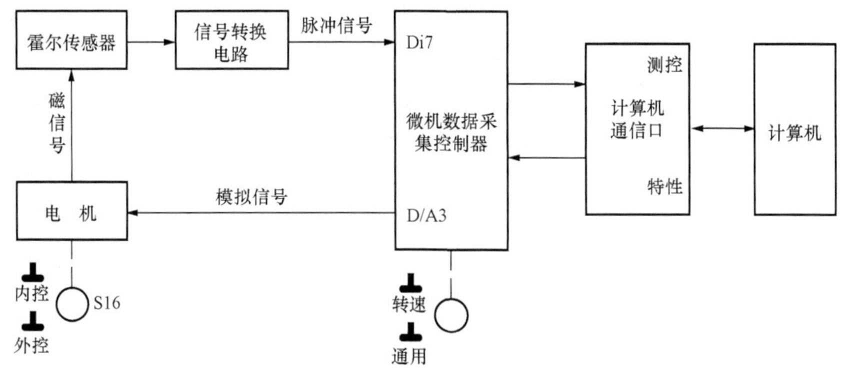

图 7-20　实践台转速自动检测控制系统构成图

基于霍尔式传感器的转速测控系统参考设计过程如下。

将霍尔式转速传感器装于转动源的传感器调节支架上（安装示意图见第八章），探头对准转盘表面上的磁钢，并距磁钢高度为 2～3mm，引线插入转速传感器插座。压下转速电机前 S_{16} 开关，使电机受计算机控制。压下实践台面板上微机数据采集控制器上的 D/A3 转速、通用切换开关，将霍尔式转速传感器的信号输出 f0 用软线接到微机数据采集控制器的 Di7 口。计算机通信线接测控口，打开“计算机通信口”电源。已将转速电机、霍尔式转速传感器及信号转换电路、数据采集控制器、计算机等硬件连接成转速闭环测控系统。

启动计算机，在桌面上双击 SET9000 图标进入登录界面，在登录窗口选择“学生实验级”，然后确认，进入测控软件操作界面。在操作界面上选择转动速度控制，并在下面的选择框中选择每转脉冲数 12，选择 PID 调节规律，在通道设置中选择本系统所用的 I/O 通道：本系统中霍尔式转速传感器的输出接到 Di7，转速电机的控制信号由 D/A3 输出，所以选择通道为 Din7，Aout3。测控系统工作之前，首先应该选择一个设定值，建议转速设定值为 50%，采样周期为 1s，PID 参数参考值 $P=0.8$、$I=14$、$D=0$，系统工作中可根据实际情况进行调整（注意：P 不能设为零）。

单击“开始”按钮测控系统即可开始工作。注意操作界面上的提示——系统通信是否正常，若不正常要注意数据采集器上的发光二极管 T、R 是否闪烁，如有表示数据采集器与计算机通信联系正常，否则需检查软件设置的通信端口和实际使用的端口是否一致，计算机通信口是否正常工作，通信口线连接是否正常，通过任务管理器检查是否有软件冲突。

系统工作中注意观察 SET9000 测控界面右方的图形框，可以看到黄、红、绿三条曲线，随着控制进行绿线将逐步靠近黄线，说明转速值正逐步接近设定值，经过几个周期，PV 值和 SV 值相等并稳定，认为调节过程结束，即可记录数据。若转速值不能趋于稳定，则是系统产生振荡，需要改变 PID 参数，再重复上述步骤。每隔 10%修改一次转速设定值，使设定值先从小到大变化，共测量 10 个点；再从大到小变化，测量 10 个点。记录每点的设定值（单位:%）和测量值（单位：r/min）。

若要停止采样可按“运行”按钮，若要继续采样可按“暂停”按钮，单击“历史”按钮可查看整个调节过程的曲线，按“复位”按钮清除本次数据和曲线，并且停止采样过程。

采用前述方法设计转速测控系统时需要注意：电机表面圆盘上装有 12 只磁钢，圆盘每转一周霍尔式转速传感器输出 12 个脉冲信号，即计算机对传感器的输出计数为 12 时相当电机转一圈，所以测控软件 SET9000 在设定时应取每转脉冲数 12；电机最高转速应控制在小于 2000r/min；测控软件 SET9000 中，转速采集信号定义为电机转速 0～2400r/min 对应输入 0～5V，并且是线性的；测控系统工作之前应关闭所有未用单元的电源，振动源频率和幅度旋钮分别设为最大和最小，防止干扰影响控制效果。

以上是基于霍尔式转速传感器的转速测控系统设计过程，可以参照本例设计光纤传感器转速闭环测控系统。通过设计可以掌握转速测控系统的构成及如何进行转速 PID 控制，进一步可以对转速闭环控制系统中的参数进行调整，对控制规律及曲线、不稳定状态进行分析和验证。

第四节　位 移 系 统 设 计

位移是一个比较重要的物理参数，工业生产的许多场合都需要检测位移。用于检测位移的传感器种类也比较多，如下面要介绍的轮胎动态实验台往复运动位移自动测控系统，就是一个位移测控系统设计的实例。根据本章第一节所介绍的综合设计基础知识，结合这个设计实例，本节将介绍位移自动检测系统的设计方法。

一、轮胎动态实验台往复运动位移自动测控系统

往复运动位移自动测控系统是轮胎动态实验台的核心部分，它直接影响实验台的性能。

汽车除空气动力外，几乎所有外力是通过轮胎与路面接触并发生相互作用而产生的，并且影响车辆的运动状态和性能。汽车的操纵稳定性、行驶平顺性和制动安全性都与轮胎的力学特性有关。以往对轮胎力学特性的研究基本是停留在稳态特性方面，然而汽车在行驶时实际轮胎状态总表现为非稳态，目前人们对非稳态特性的研究还只是刚刚起步。由于轮胎力学特性研究的复杂性，轮胎的力学特性很难完全采用理论方法进行分析，而轮胎力学特性实验一直是轮胎力学特性研究的重要技术手段。因此，利用现代先进科学技术和先进的科技产品，尽快研制开发出具有现代先进水平的多功能、高精度和自动化程度高的轮胎动态实验台，迫在眉睫，以解决轮胎动态特性试验设备要求的当务之急。这也是国家 211 工程重点建设项目。往复运动位移的测量与控制是轮胎动态实验的关键部分之一，其性能指标如下：

(1) 实验台往复运动位移范围为 0～5m；

(2) 测量绝对误差为小于 2mm。

从技术指标可以看出，实验台往复运动位移范围大，测量精度高是其主要特点。本例提出一种以磁致伸缩线性位移传感器为核心，通过 MAX195 A/D 转换器进行数据采集，由 MCS-51 系列单片机 AT89C52 完成数据处理的轮胎动态实验台往复运动位移的自动测控系

统。现场使用和实验表明，该系统的测量误差小于 1mm，具有测量精度高、可靠性好和环境适应性强等优点。

（一）测量原理

轮胎动态实验台往复运动位移的自动测控系统框图如图 7－21 所示。它主要包括磁致伸缩线性位移传感器、信号处理电路、A/D 转换器、光电隔离器、线性隔离放大器和往复位移控制系统等。磁致伸缩线性位移传感器检测轮胎实验台往复运动位移，经信号处理电路变成－5～5V 模拟电压信号，由 AT89C52 单片机控制 MAX195 A/D 转换器进行量化和采集，实现轮胎动态实验台往复位移的自动测量，同时位移信号经线性隔离放大器送到控制系统，实现轮胎实验台往复运动的控制。

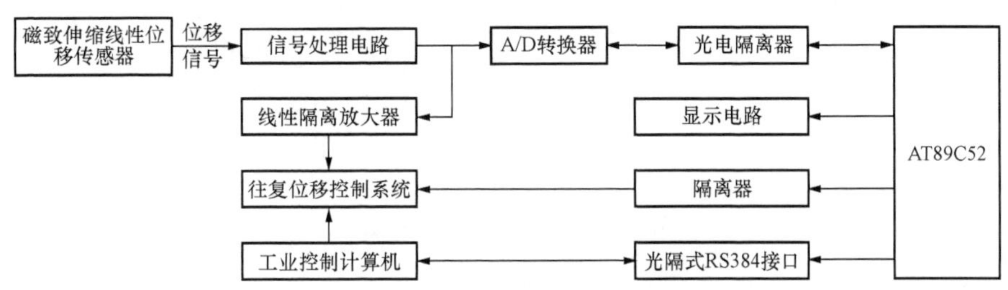

图 7－21　往复运动位移自动测控系统框图

1. 磁致伸缩线性位移传感器

磁致伸缩线性位移传感器是采用磁致伸缩原理的高精度超长行程绝对位置测量传感器，可以同时给出运动物体的位移和速度的模拟信号，采用非接触测量方式。它由不导磁的不锈钢管（测杆）、磁致伸缩线（波导）、可移动的磁环和电子部件等部分组成。

磁致伸缩线性位移传感器的原理如下：脉冲发生器产生波导脉冲，经电子部件内的不断性装置加以转换，转换成沿波导线传播的电流脉冲，即起始脉冲，它沿着波导线传播，产生的磁场与活动磁环固有磁场矢量相加形成螺旋磁场，产生瞬时扭力，并产生张力脉冲，这个脉冲以恒定的速度沿波导线传回，在线圈两端产生感应电压脉冲，即终止脉冲。通过测量起始脉冲与终止脉冲之间的时间来精确地测定被测位移量。其主要技术参数如下：

（1）测量范围：0～5m；

（2）分辨率：优于 0.002％FS；

（3）非线性：±0.01％FS；

（4）重复性：优于 0.002％FS；

（5）输出形式：－10～10V DC；

（6）供电电压：±15V DC。

2. 信号处理电路

轮胎实验台往复运动位移动态范围是 0～5m。以实验台中心为机械零点位置，实验台往复位移为－2.5～2.5m，磁致伸缩线性位移传感器将其转换－10～10V 的直流信号输出。该信号受传输和负载的影响会发生微量的变化，特别是为了满足后续±5V 双极性输入 MAX195 A/D 转换器的需要，必须对位移传感器输出信号进行调理。位移信号处理电路如图 7－22 所示。图中 R_{W1} 电位器调节电气零点，以达到电气零点和机械零点相一致；正负基准电源采用 AD581 芯片，为调节电路提供－10～10V 的调节电压；R_{W2} 调节信号输出的满度。A1、A2、A3选择OP27低噪声低失调电压集成运算放大器，其中，A1起阻抗匹配作用，A2用于零点调整，A3调节信号的满度。位移传感器信号经处理电路输出幅度为−5～5V。

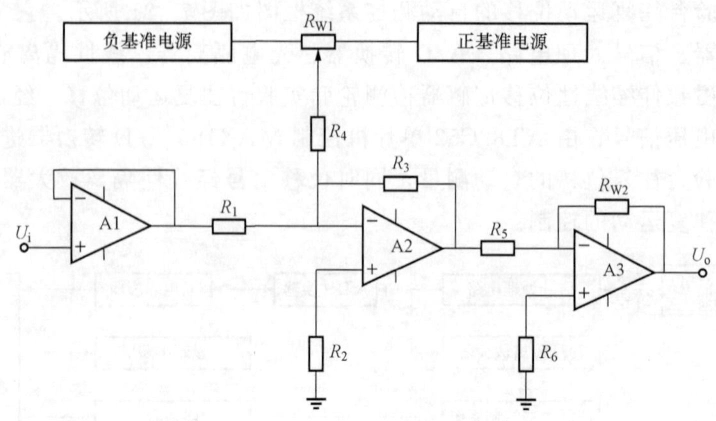

图7-22 位移信号处理电路

(二) 往复位移信号的采集

根据前面的讨论，轮胎实验台往复运动位移具有测量范围大和测量精度高的特点。因此对信号的采集系统的要求很高，要求A/D转换器具有高精度和容易隔离的特点。此外，往复位移信号的数据采集系统选择MAXIM公司的16位串行MAX195 A/D转换器，以保证系统的测量精度；采用6N136光电耦合器隔离系统的模拟地线和数字地线，从而满足系统转换速度的要求。这样，既保证了系统的可靠性，又实现了往复位移的高精度测量。

1. 高速光电耦合器6N136

高速光电耦合器6N136内部封装有一个高速度红外发光二极管和光敏二极管，具有高速度、隔离电压高、抗干扰性强、与TTL逻辑电平兼容等优点，其频率响应可达500kHz以上。光电隔离电路如图7-23所示。电路中输出信号相位与输入信号相同，应用于后续的A/D接口电路。采用光电隔离的目的是为了阻断输入、输出回路两侧电信号的通路，使两侧电路没有任何电气上的联系，使输入回路的干扰不能进入输出回路。为了达到这个目的两侧电源也必须完全隔离，如采用电源隔离模块或两个独立的电源。如图7-23所示，两侧的电源正端分别用5V①和5V②，表示它们不是同一个电源，另外两个电源的负端也必须分开。

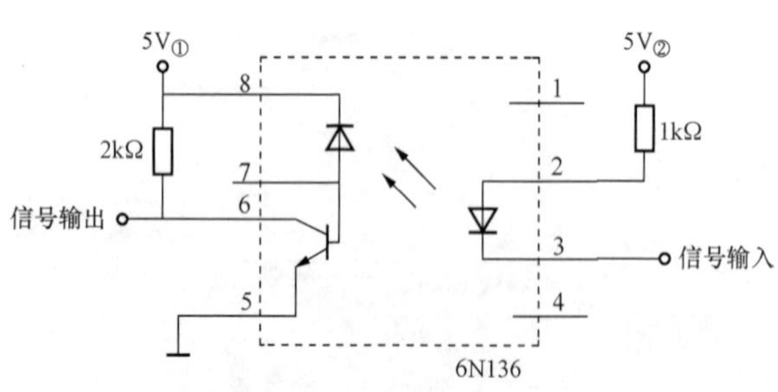

图7-23 光电隔离电路

2. A/D转换器MAX195与单片机的接口

MAX195芯片是16位逐次逼近式A/D转换器，具有转换速度快、精度高、内置采样保持器、三态串行数据输出和易于μp接口等优点。MAX195的转换速度为85kbit/s，转换时间可达9.4μs。

MAX195 内部集成一个逐次逼近寄存器（SAR），用以将输入模拟信号转变为 16 位二进制数码串行输出，输出时高位在前。MAX195 的数据接口包括三态输入信号 BP/UP/SHDN（悬浮为双极性输入、+5V 为单极性输入、接地为关闭模式）、转换时钟输入端 CLK、串行时钟信号 SCLK、转换结束信号 EOC、选片输入信号 CS、转换启动信号 CONV 和复位信号 RESET。CONV 变低后开始 A/D 转换。转换结束时，经过一个转换时钟 CLK 后转换结束信号变低。

MAX195 与 89C52 单片机接口电路如图 7-24所示。图中 5 个光电隔离电路每一个都和图 7-23 相同。89C52 单片机采用 I/O 口控制方式启动 A/D 转换开始，转换结束后 EOC 向单片机申请中断，在中断处理程序中读取二进制串行数据。

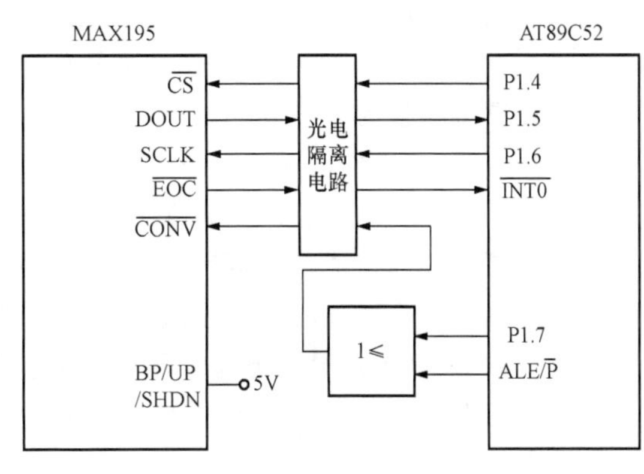

图 7-24　MAX195 与 89C52 单片机接口电路

（三）软件设计

轮胎动态实验台往复位移自动测控系统的软件设计主要由系统监控程序、A/D 转换中断服务子程序、往复位移运算程序、数字中值滤波器和位移控制程序等组成。在图 7-24 中 MAX195 与单片机接口电路中，一次转换结束后进行数据传送。A/D 转换中断服务子程序清单如下：

```
INT0: CLR EX0
      SETB P1.5          ；准备读数
      MOV R1，#02        ；置循环次数
      MOV R0，#50H       ；A/D 转换单元指针 R0
  L0: MOV R2，#08        ；置内循环次数
  L1: CLR P1.4           ；片选 P1.4
      SETB P1.6          ；构造串行传送时钟
      CLR P1.6           ；SCLK 下降沿锁存数据
      MOV C，P1.5        ；逐位读取 A/D 转换结果
      MOV A，3FH         ；移位
      RLC A
      MOV 3FH，A
      SETB P1.5          ；准备下次读数
      DJNZ R2，L1        ；8 位数据未读完，继续
      MOV A，3FH         ；读完 8 位，存内部 RAM
      MOV @R0，A
      INC R0             ；修改指针
      DJNZ R1，L0        ；16 位未读完，继续
      SETB 02H           ；置标志位
      LCALL DAT          ；调数据处理子程序
```

RETI;　　　　　　；返回

A/D转换中断服务子程序将往复位移数据暂存。根据实验台的机械零点显示模式和单片机汇编语言定点运算的特点，位移运算有下列两种模式：

（1）当A/D采样值≥8000H时，有

$$L = 2500(\text{采样值} - 8000\text{H})/7\text{FFFH}(\text{mm}) \tag{7-3}$$

此时的往复位移值为0～2500mm。

（2）当A/D采样值≤7FFFH时，有

$$L = 2500(7\text{FFFH} - \text{采样值})/7\text{FFFH}(\text{mm}) \tag{7-4}$$

此时的往复位移为负值，其范围为－2500～0mm，符号由显示程序控制。

单片机根据采样值的大小按式（7-3）和式（7-4）计算出往复运动位移值，并将其转换成分离型BCD码送显示电路显示，从而实现了往复位移的高精度自动测量。

轮胎动态实验台往复运动控制系统有速度控制和位移控制两种方式。在远程控制模式下，由上位工业控制计算机选定按速度控制或按位移控制。在本地控制模式下，只能进行位移控制，可由软件设置实验台在任意位置启动和停止，位移控制范围为0～5m，稳态误差小于1mm，稳定时间小于350ms，速度控制的范围为10～200mm/s，稳态误差小于2mm/s，稳定时间小于200ms。

二、位移自动检测控制系统设计方法

设计位移自动检测系统就是以计算机为控制器，以位移装置为执行器，以位移传感器为测量元件构成位移闭环控制系统。其框图如图7-25所示。

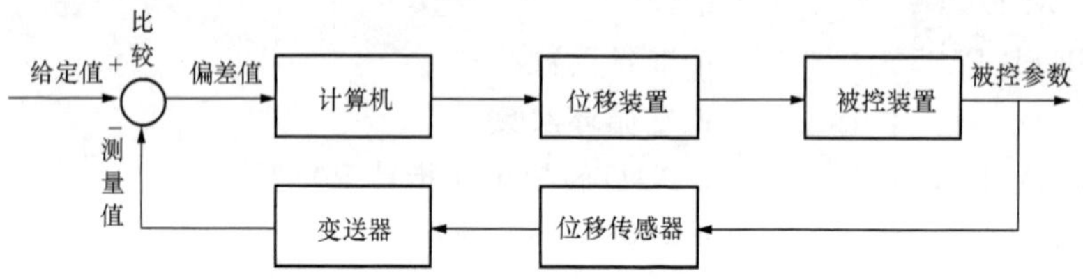

图7-25　位移自动检测控制系统框图

由图7-25可见，该控制系统的目的是控制被控装置的位移，使它随给定值变化，设计系统之前首先要由图明确系统组成、各部分的相互关系、每部分的输入输出信号是否满足要求，然后再决定如何选择各部分元器件、如何实现控制功能、如何满足控制要求。

动手设计位移自动检测系统时，可以借助以下传感器工程实践台的仪器、设备：

（1）直线位移执行器。在本系统中是被控对象，受计算机的控制，因此应当将其设置于计算机控制状态。

（2）传感器。可利用的位移传感器有霍尔式传感器、光纤传感器、差动变压器式传感器、电容式传感器、电涡流式传感器。其中霍尔式传感器的输出信号需经通用放大器（Ⅱ）调整、转换后用于控制；其他四种传感器信号通过专用接口电路转换后用于控制。另外，除差动变压器式传感器的测量系统已将传感器的输出信号修正为线性、标准信号外，其他四种传感器在用于测控系统之前均应先作特性曲线，并取曲线上的线性段，在线性范围内调节测控系统，才能达到理想的控制效果。

（3）测微头。用于在控制输出稳定后读取直线位移执行器的实际位移值，并与设定值比较，定量评价控制效果的优劣。

(4) 传感器信号转换电路。因为测控软件 SET9000 要求传感器提供的信号应该是 0～5V 并且和位移线性对应的信号，所以此电路的作用是将传感器输出的各种电量或非电量的非标准信号转换成标准信号输出。

(5) 数据采集控制器。提供计算机和外围设备之间的接口，进行 A/D 和 D/A 转换。

(6) 计算机。这是本系统中的控制核心，用于检测位移传感器的信号，并和本身的设定值比较；根据设定的 PID 参数值，输出 0～5V 的信号控制直线位移执行器的位移，使位移执行器的位移稳定在设定值上。以上控制功能都是基于 SET9000 测控软件实现的。

可见，以上装置可以构成位移闭环测控系统，其中位移传感器可选择霍尔式传感器、光纤式传感器、电涡流式传感器、差动变压器式传感器、电容式传感器中的一个。

下面以霍尔传感器为例，说明位移自动检测控制系统的设计方法。图 7 - 26 为利用实践台的设备构成的位移自动检测控制系统图。图中通用放大器Ⅱ的输入端可通过转移开关 S5 切换用于霍尔传感器、差压传感器、应变传感器的信号采集。

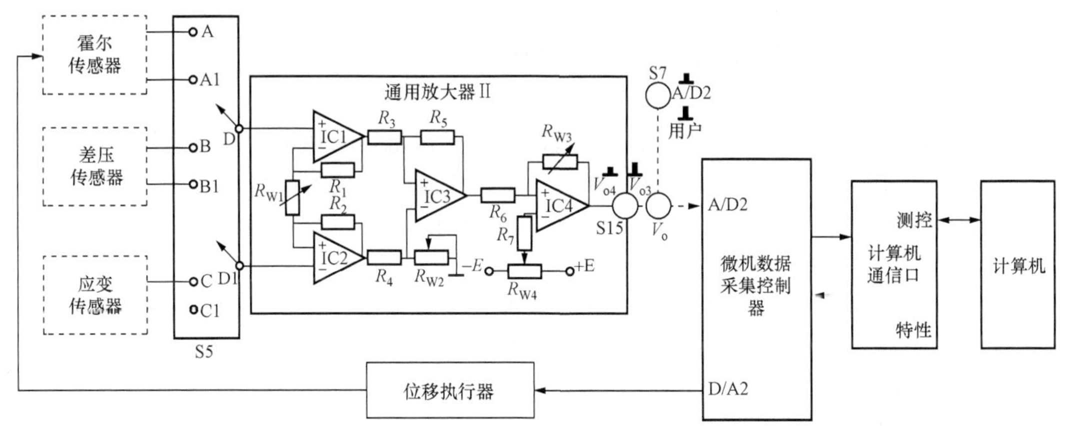

图 7 - 26 实践台位移自动检测控制系统构成图

基于霍尔传感器的位移测控系统参考设计过程如下：

在直线位移执行器圆盘右边靠外边的支架安装上测微头，测微头刻度旋在 20mm 处，并轻轻顶住直线位移执行器圆盘（使执行器为零位移），拧紧测量架顶部的固定螺钉。在直线位移执行器圆盘上的小圆片上吸附一圆形磁钢，红点向外。将霍尔式位移传感器安装在直线位移执行器右边靠里边的支架上，霍尔式位移传感器引线插入实践台面上的“霍尔”插座中，探头对准并顶住小圆片上的圆形磁钢，拧紧测量架顶部的固定螺钉。

抬起通用放大器（Ⅱ）S7 开关，S5 开关置霍尔式位移传感器位，通用放大器（Ⅱ）的输出 V_o 接数字式电压表，打开通用放大器（Ⅱ）电源。通用放大器（Ⅱ）调零：R_{W1}、R_{W3} 顺时调至最大，抬起 S15 开关调节 R_{W2} 使第一级仪表专用放人器输出 V_{o3} 为零，压下 S15 开关接入第二级反相放大器，调节 R_{W4} 使 V_{o4}（V_o）为零；用手向左推直线位移执行器圆盘，直到圆盘不能移动（此时被测位移为最大），调节 R_{W3} 至电压表示值 V_{o4}(V_o）约 5V，使系统检测信号满足计算机的控制要求，整个过程 R_{W1}、R_{W2}、R_{W4} 不要动。调节完成后，松开直线位移执行器圆盘，使其复位。注意：此过程中要始终使传感器探头对准磁钢。

向里旋转测微头，每转动 0.5mm（测微头旋转一圈）记下数字式电压表读数，直到数字式电压表读数不变，记录每点的位移值和电压值。以横轴为位移、纵轴为电压画出坐标系，将上述数据逐点描点画出传感器的特性曲线，在曲线上确定出传感器的线性起点 X_0 值及线性范围。注意：作完特性曲线后各旋钮都不能动，保持此状态进行以下的测控系统调节。

确定传感器的安装位置：向里旋转测微头使示值减小 $5-X_0$ 的值，此时将传感器探头轻轻顶住位移执行器的圆盘，此位置即为传感器的初始安装位置。因为在初始安装位置位移执行器的非线性区间为 0～5mm，传感器的非线性区间为 0～X_0mm，为避开传感器的非线性区间，选择上述方法确定传感器的安装位置；为避开位移执行器的非线性区间，应使执行器在 5～20mm 段内工作，因此向里旋转测微头约 5mm 后固定。

如果传感器的线性段是 3～8mm 时，也可将此线性段时的放大器输出定标到 0～5V，方法是：当被控位移处于线性起点时，把放大器的输出接电压表，分别调整两级运放的零点，使此时的放大器输出为零，即相当于检测元件的输出为零；向里拧测微头至 12mm 处（位移 8mm），调放大器的 R_{W3} 使电压表指示为 5V，即相当于检测元件的输出为 5V；向外拧测微头至位移 3mm 处，重复调运放的零点，直到电压表示值稳定。若放大器的输出不能按上述方法定标，需要将放大器的各调节旋钮恢复到原状态，即使系统输出为作特性曲线时的输出值，再计算具体的设定值。

按下通用放大器（Ⅱ）的 S7 开关，接通计算机模拟量输入通道；按下直线位移执行器前面 S13 开关，接通计算机模拟量输出通道。计算机通信线接测控口，打开“计算机通信口”电源。现在已将直线位移执行器、霍尔式位移传感器、通用放大器（Ⅱ）、数据采集控制器、计算机等硬件连接成位移闭环测控系统。

启动计算机，在桌面上双击 SET9000 图标进入登录界面，在登录窗口选择“学生实验级”，然后确认，进入测控软件操作界面。在操作界面上选择“自定义”内容（或选择线位移测量控制），并输入“霍尔式传感器位移闭环控制”后按 Enter 键，选择 PID 调节规律，在通道设置中选择本系统所用的 I/O 通道。本系统中通用放大器的输出接到 A/D2，线位移执行器的控制信号由 D/A2 输出，所以选择通道为 Ain2、Aout2。

测控系统工作之前，首先应该选择一个设定值，建议位移设定值＝50％×线性范围。（若传感器的线性段放大器输出已经定标到 0～5V，则这一步设定值不必计算，只需等比例的在 0～100％范围内选择。）例如设霍尔式位移传感器的线性起点电压为 0.8V，终点电压为 4.8V，采用自定义时，它们分别对应为全量程（0～5V）的 16％、96％，则它们的中点（50％点）为（16％＋96％）/2＝56％。采样周期可选 1s，PID 参数可选 $P=0.2$、$I=9.8$、$D=0$s，系统工作中可根据实际效果进行调整（注意：P 不能设为零）。

单击“开始”按钮，测控系统开始工作。注意操作界面上的提示，确认系统通信是否正常，若不正常要注意数据采集器上的发光二极管 T、R 是否闪烁，如有表示数据采集器与计算机通信联系正常，否则需检查软件设置的通信端口和实际使用的端口是否一致，计算机通信口是否正常工作，通信口线连接是否正常，通过任务管理器检查是否有软件冲突。

系统工作中注意观察 SET9000 测控界面右方的图形框，可以看到黄、红、绿三条曲线，随着控制进行绿线将逐步靠近黄线，说明位移值正逐步接近设定值，经过几个周期，PV 值和 SV 值相等并稳定，认为调节过程结束。同时向里拧测微头使其轻轻顶在执行器的圆盘上（使执行器不产生附加位移），记录下测微头此时的读数值，计算执行器的位移值，记录完成后再将测微头拧回刻度 20mm 处。每隔传感器位移线性范围的 10%修改一次设定值，使设定值先从小到大变化，共测量 10 个点。再从大到小变化，测量 10 个点。

可以根据数据计算每点的理论值、测微头的实测位移值，并由这两个值计算每点的绝对误差。其中理论值为计算机设定值取 10%，20%，…，100%时执行器的理想输出值，其计算方法为 $X=X_0+L\times n\%$，其中 X_0 为根据特性曲线选择的线性起点，L 为线性段长度，n 为 10，20，…，100。实测值为由测微头读出来的位移值，注意位移值是由 20mm 减去测微头的读数求出来的。误差为实测值与理论值的差值，根据此差值可评价此系统控制性能的优劣。

采用前述方法设计位移测控系统时需要注意以下问题。霍尔式位移传感器存在线性起始点安装问题，即必须测量传感器的特性，确定传感器特性曲线的起始点，从此点开始在特性曲线的线性段内进行位移检测和控制。测量传感器特性、确定线性段时，应反复测量几次取平均值作为结果，以得到更为准确的数据。测控软件 SET9000 中，位移采集信号定义：0～20mm/0～5V，并且是线性的。要注意测微头的读数和实际位移之间的关系为：实际位移＝20mm－测微头读数，记录结果时填实际位移值。测微头要正确读数，避免机械间隙误差。测控系统工作前应关闭所有未用单元的电源，振动源频率和幅度旋钮分别设为最大和最小。

参照上述基于霍尔式传感器的位移测控系统设计过程，可以设计基于其他四种传感器的位移测控系统，但每个系统各有不同点，需要注意这样几点：

(1) 对于电涡流式传感器，要在其位移特性曲线上找出线性段，使测控系统在传感器线性范围内工作。由于电涡流式传感器测量系统中没有调零旋钮，所以本系统调节不能采用定标的方法，需要计算每一个控制点的设定值。同时要注意避开执行器的非线性区间，即在安装传感器时初始位置要选择执行器的位移不小于 5mm，使执行器在线性段内工作。

(2) 差动变压器式传感器系统的调整比较复杂，当设计测控系统时，输出选择开关打到“测量”位置，此时为保证控制精度，差动变压器特性/测量系统电路全部固定，各旋钮不起作用。传感器仅有单向输出，定标在 0～20mm/0～5V，和测控软件 SET9000 中位移采集信号定义相对应。所以设计中可不必考虑传感器的非线性问题，可以在全量程范围内进行调节测控系统。但系统工作之前的零点需要调整，方法为调整传感器固定螺钉安装位置，使差动变压器测量系统的输出为零。

(3) 电容式传感器测量系统中有特性和测量两套电路，分别用于特性曲线测量和测控系统设计，是相互独立的两个电路。因此要确定电容式传感器和测量电路系统的特性，测得特性曲线，再确定线性起点和线性范围，并据此进行测控系统调节和设计。传感器的特性确定可参照电容式传感器特性测量，但不能完全照搬，因为两个部分的测量电路不同。特性测量中电容式传感器具有“＋”、“－”双向输出，而本系统中它只具有单向输出。另外，安装电容式传感器要借助连接杆，初始安装时要对系统进行调零；因传感器输出受环境影响会改变，所以初始调零时让系统输出接近零即可。电容式传感器接触式测量位移执行器的位移量，它的输出经电容式传感器测量系统电路处理，再经微机数据采集控制器传给计算机。

(4) 光纤传感器特性曲线具有前坡、后坡的非线性输出特性，所以在设计测控系统之前，应该确定它的特性曲线并找出线性段，在线性范围内进行测控系统调节。光纤测量的实质为通过检测被测件反射光的强弱测位移，所以测量结果受光干扰影响较大，系统调节中应尽量保持环境光源的稳定。

可以针对上述基于不同传感器的位移测控系统特点，设计测控系统。设计时可以在测控软件 SET9000 界面上选择线性位移测量控制，根据本测控系统的受控对象为位移执行器、过程量为传感器测量系统输出，设置模拟量 I/O 通道，对直线位移执行器进行连续 PID 控制。因为所用测控软件定义的传感器输出信号和被测量之间为线性关系，所以要取线性段进行控制，对直线位移执行器也要在线性段内控制。根据软件定义，还要注意不要使计算机的检测输入信号大于 5V 上限，注意设定值的调整要在传感器的线性范围内。在完成设计的基础上，如果进一步分析系统组成、PID 参数的调节方法，还可以做到和其他的知识融会贯通。

第五节 压力系统设计

压力测控在石油化工、热电生产、能源开发及科研等领域具有广泛的应用。传感器技术、微电子技术、单片机技术和现代控制技术的发展，为智能压力测控系统测控功能的完善、测控精度的提高和抗干扰能力的增强都提供了有利条件。

MSC1210 单片机是一款高性能、低电压、低功耗、功能齐备的混合信号芯片，具有很高的 A/D 集成度和丰富的软硬件资源以及非常强的抗干扰能力。虽然方便、灵活和高精度 ADC 的使用完全可满足使用者的要求，但其指令执行速度更是实时系统所渴求的，因此，该芯片特别适合在高精度测试和智能控制等领域使用。以下介绍的压力测控系统是以此单片机为核心设计的一套智能高精度压力测控系统。该系统利用 MSC1210 内部的 24 位分辨率 $\Sigma-\triangle$A/D转换器和改进的 8051 内核进行多通道压力信号的采集和处理，并采用 PWM 方式进行功率控制，这里将给出该压力测控系统详细的硬件原理电路和完整的软件流程图。

根据本章第一节所介绍的综合设计基础知识，本节我们将在熟悉压力测控系统设计实例的基础上，学习压力自动检测系统的设计方法。

一、基于 MSC1210 单片机的压力测控系统设计

本例介绍的压力测控系统是基于美国德州仪器（TI）公司推出的基于 8051 内核的高性能、低功耗单片机 MSC1210。以下首先来了解一下 MSC1210 单片机。

（一）MSC1210 单片机的结构特点

MSC1210 单片机是集成 D/A 混合信号高性能芯片，其内核是优化的 8052 内核，在相同时钟频率下执行速度可达到标准 8052 的 3 倍。MSC1210 片内集成了大量的模拟和数字外围模块，具有很强的数据处理能力。它内部集成有 24 位分辨率的Σ-$\triangle$A/D 转换器、8 通道多路开关、模拟输入通道电流源（burn-out current sources）、输入缓冲器、可编程增益放大器（PGA）、温度传感器、内部基准电压源、8 位微控制器、程序/数据 Flash 存储器和数据 SRAM 等。

MSC1210 的片内外围模块功能齐备，其中包括 1 个 32 位累加器、1 个具有 FIFO 功能的标准 SPI 接口、2 个标准 UART 接口、32 个多功能数字 I/O 端口、3 个通用定时/计数器、看门狗电路、低电压检测电路、片内自动上电复位电路、16 位脉宽调制输出电路（PWM）和欠压锁定复位（brownout reset）电路等。其强大的 A/D 集成度和丰富的软硬件资源非常适合高精度测试和测控等领域使用。

（二）系统总体方案设计

1. 技术指标

本设计所要求的智能高精度压力测控系统的主要技术指标如下。

（1）测量精度：±0.1%；

(2) 测量误差：±0.5%；

(3) 测压范围：0～500kPa；

(4) 供电电源：AC220V（±10%）25Hz；

(5) 工作温度：−40～85℃；

(6) 超限处理：超限报警（告警门限可设置），告警信息记录，告警数据掉电不丢失，告警信息可打印输出等；

(7) 压力值及告警信息可经串口传出；

(8) 可实时显示时间及当前压力值。

2. 系统总体设计

综合考虑系统的实用性、可靠性、可维护性、扩充性和操作简便性，设计本系统时主要采用以下技术措施：

(1) 充分利用 MSC1210 的软硬件资源，包括其内部的 A/D 转换部件、数字滤波功能、复位电路及看门狗电路进行数据的采集、处理与监控；

(2) 采用软硬件抗干扰技术，来保证系统的可靠运行；

(3) 利用脉宽调制器输出 PWM 信号，并经 V/I 将其转换为 4～20mA 电流信号送至执行机构；

(4) 选用适合于气体、液体、流体的隔离式压力传感器 CYZ104 进行压力测量，以确保测试精度；

(5) 报警信息远传采用 RS-485 串口通信，以提高抗干扰性，并减少传输误码率；

(6) 系统软硬件设计采用模块化设计思想，以提高系统的可靠性。

整个系统以 MSC1210 单片机为核心，通过压力传感器来采集压力信号，然后经滤波电路进入 MSC1210 的 A/D 转换通道，再经 MSC1210 对数据进行处理，并将结果输出到液晶显示屏或经串行口远传，从而实现对压力的精确测量与控制，并通过键盘显示器实现测控功能的选择和参数的在线修改。本系统配有时钟电路、打印机接口及告警电路，可实现实时显示、打印及告警功能。其工作原理框图如图 7-27 所示。

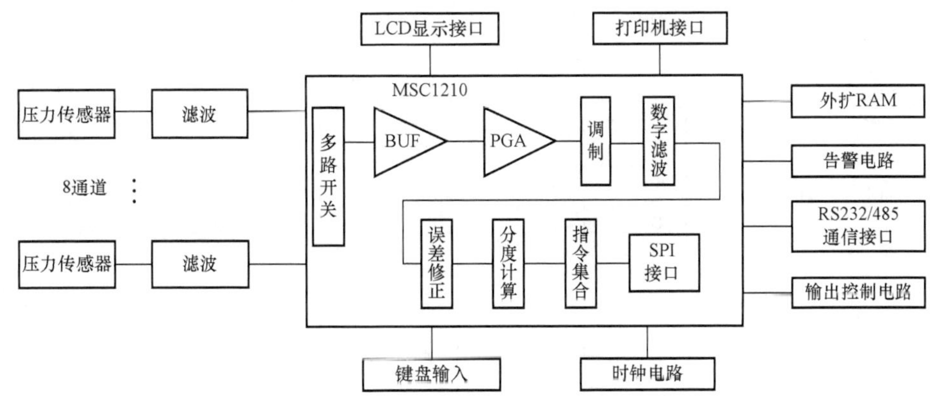

图 7-27　系统工作原理框图

(三) 硬件电路设计

1. MSC1210 单片机应用系统设计

MSC1210 单片机具有功耗低、速度快、资源丰富、抗干扰能力强等特点，是一款高性能的单片机。采用 MSC1210 单片机作为压力控制器，可充分利用其硬件资源中的 A/D 部件和脉宽调制器输出的 PWM 信号来作为信号的采集和输出控制通道，同时利用其内部的低电压检测电路、看门狗电路进行电源监视和程序监视，还可利用片内自动上电复位电路和欠电压锁定复位电路进行系统复位，因而大大简化了硬件电路，提高了系统的可靠性和抗干扰能力。本系统以 MSC1210 单片机为核心，通过外扩数据存储器及外围电路来组成压力测控系统的测控核心。MSC1210 单片机应用系统的原理电路如图 7-28 所示。

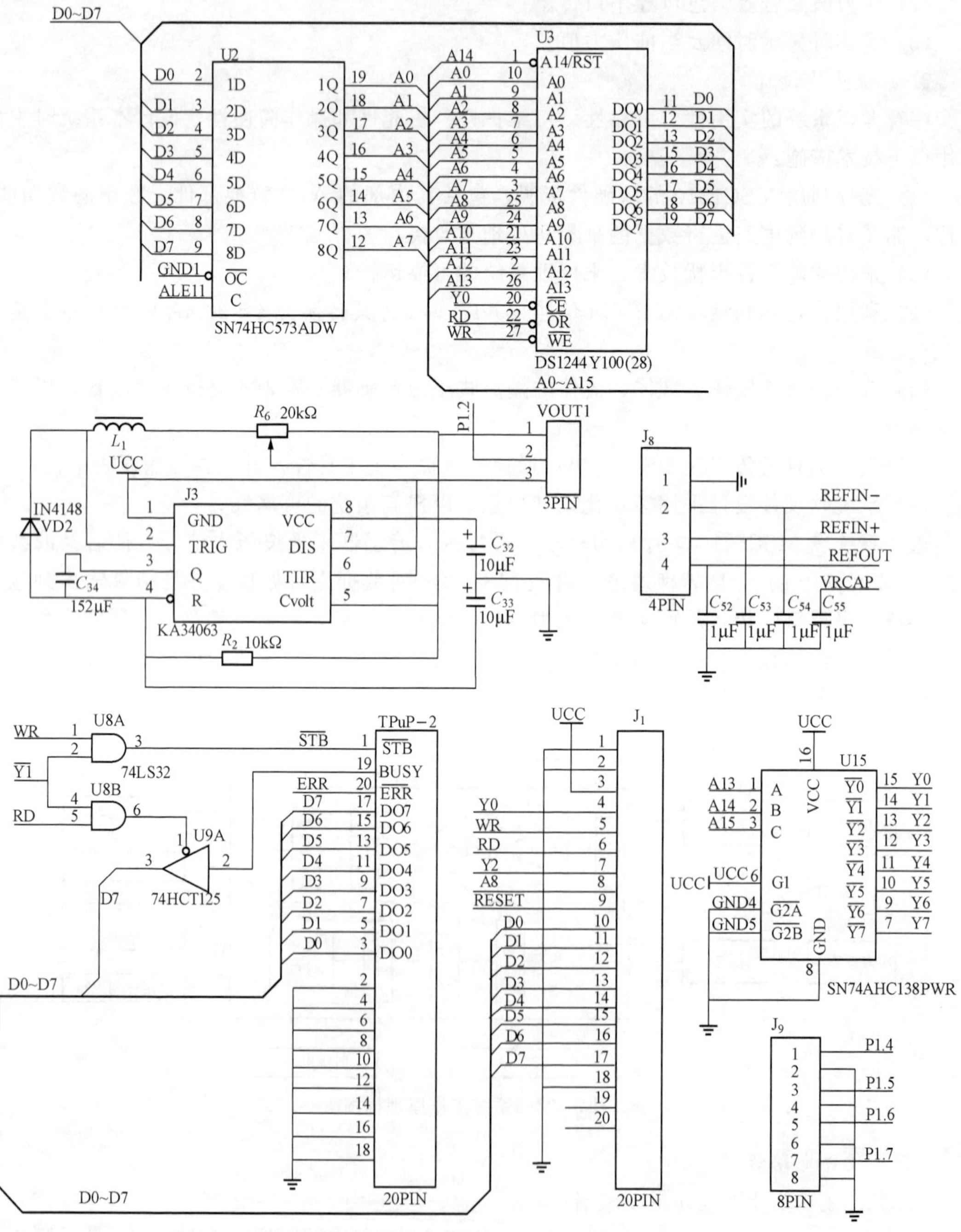

图 7-28 MSC1210 单片机应用系统原理电路

为了提高对压力信号检测的精度，本系统采用MSC1210内部基准电压源来为A/D部件提供基准电压。而为了提高系统的可靠性和抗电源干扰的能力，设计中启用MSC1210内部电源检测及看门狗定时器来实现对电源的低电压检测和看门狗功能。同时利用MSC1210内的自动上电复位和欠电压锁定复位电路完成系统的复位。系统存储器DS1244Y中的实时时钟芯片可为系统提供定时及报警的准确时间。此外，系统中还扩展了MGLS240128T型液晶显示器接口和TpμP-40C型打印机接口，因而可以方便地显示、打印输出时间和告警信息。

2. 串行通信接口的设计

MSC1210单片机片内含有一个全双工的串行接口，通过编程可实现串行通信功能。MAX232/MAX232A可以用作单片机和单片机之间、单片机和PC串行口之间的RS232串行接口电路。MAX232与PC机的接口电路如图7-29所示。利用该电路可完成MSC1210的串行Flash编程，并可将压力值及告警信息传至上位机。

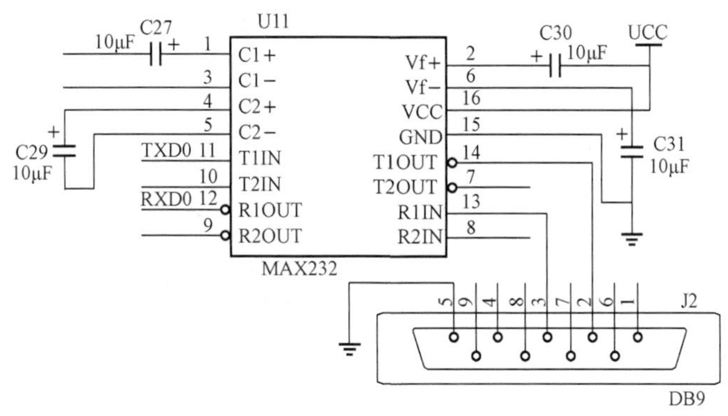

图7-29 MAX232与PC机接口电路

3. 声光报警电路

MSC1210单片机的P3.5脚可输出压力超限告警信号，设计时可采用光电隔离技术来提高抗干扰性能。系统中的声光报警电路如图7-30所示。

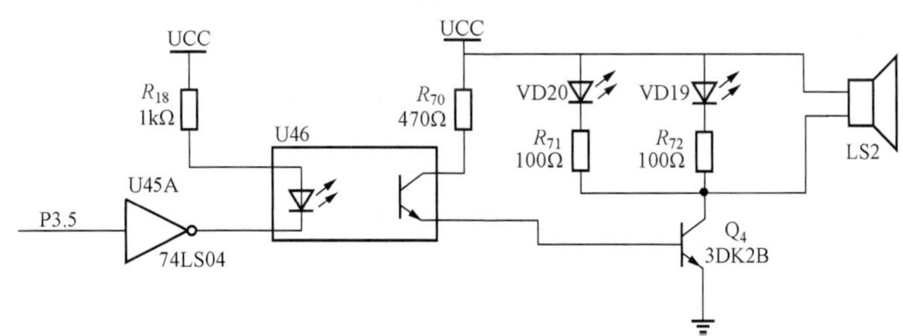

图7-30 声光报警电路

(四) 系统软件设计

测控系统的软件部分用于完成对压力信号的采集、处理、显示、控制调节和PWM输出等。

1. 主程序流程图

主程序主要用于完成系统的初始化，包括上电复位、MSC1210的初始化、8279初始化、LCD及打印机初始化、T0初始化和DS1244Y初始化等。如图7-31所示，当定时器T0赋初值100ms后，系统将允许T0、INT0中断，然后读取DS1244Y时钟，并送显示器显示时间和日期；当T0中断时，系统则进入A/D转换程序；而当INT0中断时，系统则进入8279键盘处理程序。

2. 定时器T0中断服务

当T0中断时，系统进入A/D转换程序。此时将首先初始化A/D转换器以选取通道，然后启动A/D转换以采集压力，再经数字滤波后计算出压力值，然后将压力值与设定值进行比较。若超限，则报警，并记录、打印越限通道号、数值及时间，同时驱动控制执行机构采取相应措施进行处理，接着将信息由LED和LCD分别输出。最后，重新设定T0定时100ms，并等待中断。图7-32为T0中断服务（A/D转换）流程图。

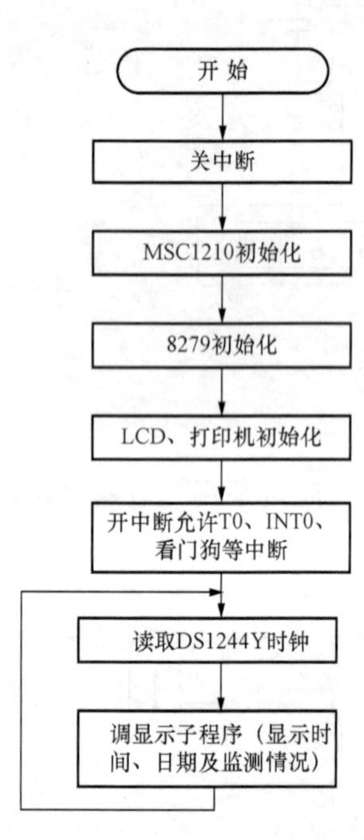

图7-31　主程序流程图

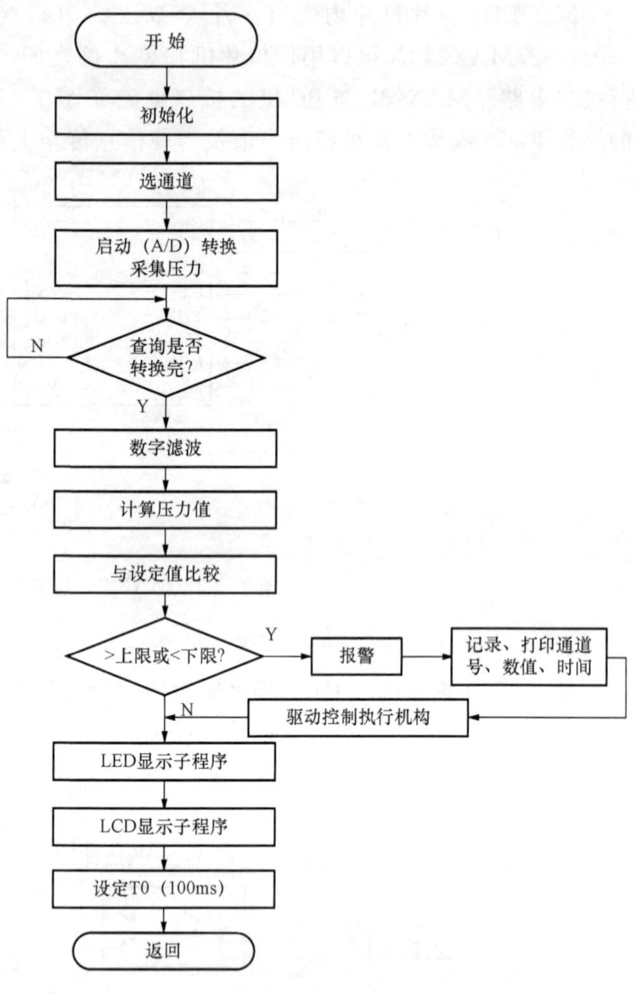

图7-32　T0中断服务（A/D转换）流程图

该测控系统充分利用了MSC1210单片机的软硬件资源，使得设计结构简单；并采用软硬件结合的抗干扰技术，使得系统的可靠性更高、抗干扰能力更强；系统的输出控制电路采用光电隔离技术，同时利用MSC1210的脉宽调制器产生PWM信号，经I/V转换输出控制电流信号，因而设计的系统具有输出精度高、线性度好、调整方便等优点。

二、压力自动检测控制系统设计方法

设计压力自动检测系统就是以计算机为控制器，以加减压装置为执行器，以压力传感器为测量元件构成压力闭环控制系统，系统的框图如图7-33所示。

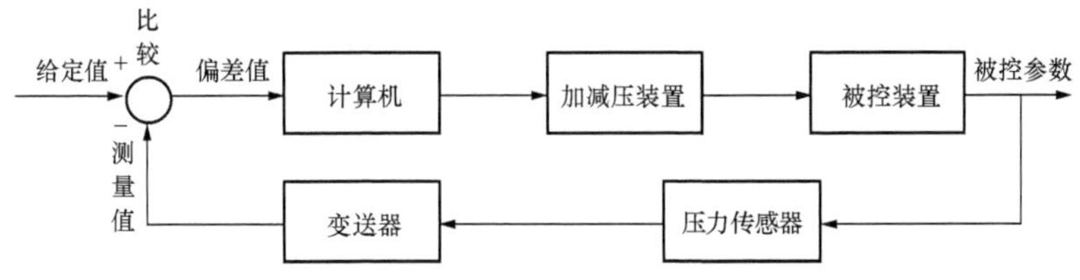

图 7-33 压力自动检测控制系统框图

由图 7-33 可见，该控制系统的目的是控制被控装置的压力，使其随给定值变化。设计系统之前首先要由图明确系统组成、各部分的相互关系、每部分的输入输出信号是否满足要求，然后再决定如何选择各部分元器件，如何实现控制功能，如何满足控制要求。

动手设计压力自动检测控制系统时，可以借助以下传感器工程实践台仪器、设备：

(1) 压力源。它可以实时显示供给压力传感器的空气压力值，同时可以通过观察浮子式流量计了解压力源的供气是否正常，设有手动和外加信号控制气源压力两种方式。手动方式时需调节电位器。外加信号控制方式可以采用两种方式：一种为外加 0～5V 模拟信号控制，此信号可由模拟信号转换器供给；另一种为计算机控制方式，如果调节压力测控系统时，应该选择此控制方式，此时压力源的输出压力被传感器检测后传给计算机，计算机根据设定值控制压力源输出压力的大小，所以压力源是压力测控系统中的被控对象。压力源在使用时的输出气体通过皮管加在压力传感器的高压嘴上。

(2) 扩散硅压阻式压力传感器。它实际为差压式传感器，设有高压嘴和低压嘴，工作时高压嘴接气源（压力源输出），低压嘴通大气。它是根据半导体的压阻效应制成的，敏感元件将被测压力的变化转变成电阻值的变化，转换元件将这一变化量转变成电压的变化量，它可以反映被测压力的大小。

(3) 通用放大器。它分为两级放大，第一级为仪用放大器，第二级为反向放大器。本系统压力传感器的输出接第一级放大器的输入，此放大电路需将压力传感器全量程（0～30kPa）的输出信号调整到 0～5V 范围内变化，以满足测控软件 SET9000 对输入信号的要求。

(4) 数据采集控制器。它提供计算机和外围设备之间的接口，进行 A/D 和 D/A 转换。

(5) 计算机。它是本系统中的控制核心，检测压力传感器的信号，并和本身的设定值比较，根据设定的 PID 参数值，输出 0～5V 的信号使压力源的输出压力稳定在设定值上。以上控制功能都是基于 SET9000 测控软件实现的。

可见，以上装置可以构成压力测控系统，用于控制压力源的输出压力。另外，也可选择其他压力传感器、接口电路，借助微机数据采集控制器的通用 A/D 和 D/A 转换接口构成测控系统，仿照扩散硅压阻式压力传感器的测控系统设计压力测控系统。

下面以扩散硅压阻式压力传感器为例，说明压力自动检测控制系统的设计方法。图 7-34 所示为利用实践台设备构成的压力自动检测控制系统图。

基于扩散硅压阻式传感器的压力测控系统参考设计过程如下：

通用放大器（Ⅱ）的 S5 开关置差压传感器挡，S7 开关抬起，输出电压 U_0 用软线连至电压表，打开通用放大器（Ⅱ）电源。放大器调零：先不要给传感器加压（压力传感器的高

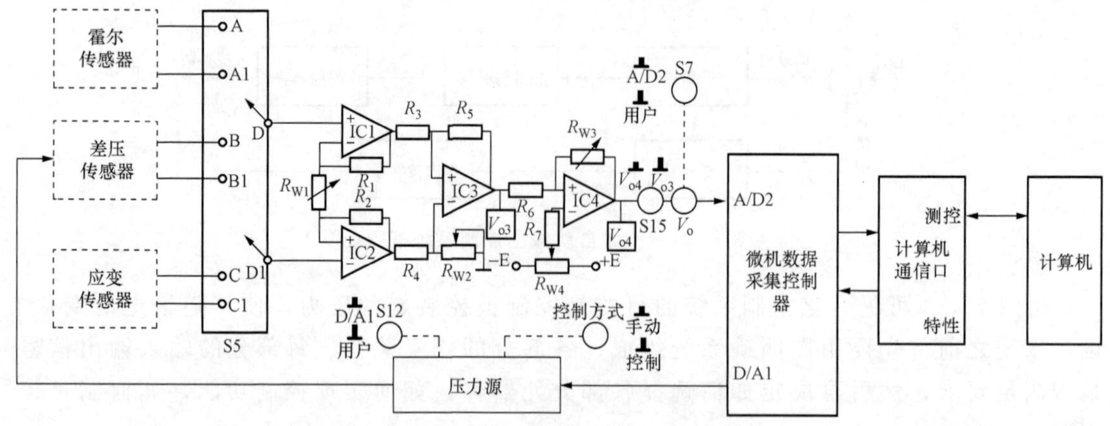

图 7-34　实践台压力自动检测控制系统构成图

压嘴通大气)，将通用放大器（Ⅱ）R_{W1}、R_{W3}顺时调至调最大，抬起 S15 开关，调 R_{W2}使第一级仪表专用放大器输出 V_{o3}为零；压下 S15 开关接入第二级反相放大器，调 R_{W4}使 V_{o4}（V_o）为零。

压力源功率“控制方式”开关置“手动”位，打开压力源电源开关。将硬气管一端插入压力源面板上的气源快速插座中（注意：管子拉出时请用手按住气源插座边缘往内压，则硬管可轻松拉出)，软导管一端与压力传感器高压嘴（H）接通。调压力传感器的上限输出值，使压力源输出压力为 30kPa 时，电压表显示为 5V，即将压力传感器及通用放大器（Ⅱ）定标在 0～30kPa/0～5V。因为要用压力传感器构成测控系统，所以要求电压值和压力值严格对应。若手动调节压力源上限（30kPa）不稳时，可以使压力稳定在 30kPa 附近，如 26.6kPa，由电压和压力之间的对应关系应有 5V/30kPa=X/26.6kPa，式中 X 即为此时电压表应该调节的示值。

将压力源的功率调节控制方式开关置控制位，压下压力源的 S12 开关，使压力源受计算机控制。压下通用放大器（Ⅱ）的 S7 开关，使它的信号输出至计算机；计算机通信线接测控口，打开“计算机通信口”电源；现在已将压力源、扩散硅压阻式压力传感器、通用放大器（Ⅱ)、数据采集控制器、计算机等硬件连接成压力闭环测控系统。

启动计算机，在桌面上双击 SET9000 图标进入登录界面，在登录窗口选择“学生实验级”，然后确认，进入测控软件操作界面。在操作界面上选择“自定义”，并输入“压力闭环控制”后按 Enter 键，选择 PID 调节规律，在通道设置中选择本系统所用的 I/O 通道。本系统中通用放大器（Ⅱ）的输出接到 A/D2，压力源的控制信号由 D/A1 输出，所以选择通道为 Ain2，Aout1。开始测控系统工作之前，首先应该选择一个设定值，建议压力设定值为 50%，采样周期为 1s，PID 参数可选 $P=0.5$、$I=10$、$D=0$，系统工作中可根据实际情况进行调整（注意 P 不能设为零）。

单击“开始”按钮，则测控系统开始工作。注意操作界面上的提示，确认系统通信是否正常，若不正常要注意数据采集器上的发光二极管 T、R 是否闪烁，如有表示数据采集器与计算机通信联系正常，否则需检查软件设置的通信端口与实际使用的端口是否一致，计算机通信口是否正常工作，通信口线连接是否正常，通过任务管理器检查是否有软件冲突。

注意观察SET9000测控界面右方的图形框，可以看到黄、红、绿三条曲线，随着控制进行绿线将逐步靠近黄线，说明压力值正逐步接近设定值，经过几个周期，PV值和SV值相等并稳定，认为调节过程结束。若压力值不能趋于稳定，则是系统产生振荡，需要改变PID参数，再重复上述步骤，并记录数据。每隔10%修改一次压力设定值，使设定值先从小到大变化，共测量10个点。再从大到小变化，测量10个点。

采用前述方法设计压力测控系统时需要注意：测控系统工作之前要对放大器的输出进行定标；应关闭所有未用单元的电源，振动源频率和幅度旋钮分别设为最大和最小，防止干扰影响控制效果。

以扩散硅压阻式压力传感器测控系统的设计为例，可以设计基于其他压力传感器的测控系统。应注意设定值的调整要在传感器的线性范围内；可以根据系统调节中压力源的显示压力值与测控软件的测量值比较定量评价控制精度；可以在测控软件上自定义名称，根据本测控系统的受控对象为压力源、过程量为传感器测量系统输出，设置模拟量输入输出通道，对压力源输出进行连续PID控制。

测控软件定义采集输入信号变化范围为0～100%对应输出信号变化范围为0～5V，并且是线性的。依据这一特点，测控系统只能在传感器的线性范围内控制，所以针对不同的传感器对压力源的控制不一定要在全量程范围内进行。还要注意不要使测量范围内计算机的检测输入信号大于上限5V。通过设计可以了解压力测控系统的构成，掌握压力闭环控制的方法。在完成设计的基础上，如果进一步分析系统组成、PID参数的调节方法，还可以做到和其他的知识融会贯通。

本 章 小 结

本章首先介绍了通用自动检测系统的设计方法，包括总体方案的制定、自动检测系统的设计原则与步骤、自动检测系统的硬件、软件设计方法、自动检测系统的抗干扰技术、自动检测系统的可靠性设计。并在此基础上，分别介绍了温度、转速、位移、压力测控系统的设计实例；结合传感器与测控技术工程实践台介绍了如何进行测控系统设计，其中详细讲解了典型传感器测控系统的设计，同时简单说明了其他传感器的测控系统设计方法，为进行测控系统设计提供了一定设计思路。

习 题 与 思 考 题

7-1 根据温度、转速、位移、压力测控系统调节结果，分析系统适合的PID参数值。

7-2 画出温度、转速、位移、压力测控系统组成框图，并指出系统的执行器、检测元件、控制器。

7-3 温度、转速、位移、压力测控系统的主要误差来源是什么？

7-4 为什么有些传感器在构成测控系统之前要进行定标？如果不进行定标将产生什么后果？

第八章 工程实践方法

第一节 工程实践内容

传感器技术是实用性较强、涉及面较广的交叉学科，所以传感器工程实践显得尤为重要。传感器工程实践是利用各种传感器的工作原理及基本理论知识，借助一定的实践装置及操作软件，通过一定的实践方法对不同的对象进行检测及测量，包括温度测量，长度及线位移测量，角度及角度位移测量，速度、转速及加速度测量，力、力矩和应力测量，流量测量，振动测量，成分与物性测量。以上提出的工程实践内容涉及了传感器测量系统的很多方面，如制造过程中的自动监测及自动化、石油生产、工业自动化、桥梁铁路检测与监测、自动化机床的检测、化工、生物物性及成分测量等许多方面。传感器工程实践在理论上涉及的知识也较为广泛，有机械、力学、光学、电子技术、自动控制技术等。在熟练掌握前述章节知识的前提下，了解实验目的及在实践中所需的器件，按照实践方式、方法及实践数据处理部分进行分析，使基本理论和实践产生有机的结合，使基本理论得到巩固和升华，实践能力得到提高。传感器工程实践提供了一个从理论到实践的平台，在工程实践的过程中，夯实了理论基础，又对理论知识有更深层次的理解。

第二节 设计实践

一、软件使用方法

(一) 特性实验 PC 数据采集软件操作

1. 数据采集板特点

数据采集板的特点：采用新一代的 SOC 片上系统，CPU 工作频率达 25MHz；片内 A/D 精度为 12 位，A/D 转换速度高达 100kHz；E^2ROM 自动记忆标定值，无须繁杂的硬件调试，方便可靠；串行 RS232C 通信，波特率为 38400bit/s，实践装置与上位机间仅三根信号线相连。

应用软件特点：基于 WINDOWS 平台开发，GUI 图形接口界面；多种实践模式可选；采样速度从 250～100000 次/s 可选；通信端口可选；实时曲线动态显示，图形框 XY 坐标系根据最大量程和测量点数自动调整；实践数据曲线的保存及调用；能够进行最大非线性误差分析、最大迟滞误差分析；是具有一定实用性的工具；内置实验数据库，用 DAO 方法保存及管理学生实践历史记录，便于教师开放式实验室管理。

2. 软件的运行环境和功能

CSY2000/SET9000 系列传感器与检测（控）制技术实践台，采用了教学传感器（透明结构）与工业标准传感器相结合的构思特点，其线路是工业应用的基础，通过实践操作，能够帮助广大学生加强对书本知识的理解；并在实践的进行过程中，使学生通过信号的拾取、转换、分析，掌握作为一名科技工作者应具有的基本操作技能与动手能力等工程实践能力。

软件运行环境为 Windows 9X、Windows2000 及 Windows Xp。该应用软件用 Visual Basic 6.0 语言开发，在软件中还调用了 Windows 提供的一些系统功能，与此相关的 ActiveX 部件和动态连接库（.ocx 文件及 .dll 文件）在安装时会自动设置。该软件可提供如下主要功能：

（1）实践与实验管理功能。软件为用户提供了友好、灵活的操作界面。实践内容可以根据需要由用户进行选择。实践参数可自行设置，对于用户而言，登录后，每做完一次成功的实验，先将数据保存到数据文件，然后可以打印输出实验报告，并且能在实践数据库中生成一条实验记录。对于管理者而言，可对实验数据库中的记录进行添加、删除、查询等操作。

（2）实践数据存取功能。在文件菜单中实现数据文件的打开、保存、另存为操作。数据保存的默认文件为当前可执行程序目录下的 LSJ.dat 中。当然也可以用另存为方式保存到其他地方。数据文件的格式是特定的，当文件被打开后，程序会自动识别文件中的文件标识符、实验类型、实验名称、测量次数、被测量纲及所有的实验数据，并自动画出实验曲线。

（3）图形功能。软件提供了较为丰富的图形功能。实践过程中能显示静态单向、双向、定时实践曲线和动态实践曲线。

（4）显示功能。在显示子菜单中，用户可以根据实践要求和自己的习惯设置显示内容，包括状态栏、工具按钮栏、移动栏等。

3. 软件安装

先检查桌面或硬盘，确认没有安装过实践应用软件，才进入安装，否则跳过本部分内容。安装软件包括 4 张 1.44MB 磁盘或一张光盘。安装时，先在硬盘建立自己新的工作目录（如 SET），当然也可以在安装过程中边安装边建立；然后在软盘驱动器中插入安装盘片 Disk1，双击运行盘片上的 Setup.exe 程序；接下来按屏幕提示操作，将 4 张安装盘片上所有压缩文件释放到工作目录，直到安装完成。安装完成后，当前工作目录中应包括下面一些类型的文件，即应用程序 Set2003.exe，ACCESS 实验数据库文件 Lb.mdb，用户实验数据文件 LSJ.dat。在 Windows 下，进入“我的电脑”或“资源管理器”，双击 Set2003.exe 文件图标即可运行程序。

4. 软件使用说明

（1）工作窗口说明。运行程序后，进入主界面，这也是工作窗口，一般操作都在该窗口下面进行。窗口最上面是标题栏，显示软件的图标和 SET_2003A；标题栏的右面是最大化、最小化和还原按钮，可进行最大化、最小化和还原操作；标题栏的下面是菜单栏，本软件共有 6 个子菜单，分别是文件、实验、分析、显示、帮助和退出。

菜单栏下面是窗口的主要部分，由下面几部分组成。

1）实践数据表格：用于静态或动态实验数据，自动刷新。

2）实践数据框：显示测量值、增量及最大值。

3）图形框：用于显示实时曲线，X 轴坐标自动调整（也可以用 $X\longleftrightarrow$ 按钮手动调整），Y 轴坐标表示测量值（mV），越限自动调整量程。

4）单选按钮：一排共 7 个，位于图形框的下方。其中正向、归零、反向按钮为一组，用来选择要实时曲线的方向；清除和显示按钮为一组，用来清除和复现曲线；$X\longleftrightarrow$ 按钮用来伸缩 X 轴坐标；单击分析按钮，再选择分析子菜单功能，即可进行分析操作。

5）下拉式组合框：共6个，分别是实践模式、采样速度、Y 轴量程选择、X 轴每格数值、量纲及测量通道。

6）操作提示框：用于实验过程中的操作提示。

7）操作按钮：共3个，分别是测量、复位和示波器。

8）状态栏：位于窗口的最底层，显示实践相关内容，可以在显示子菜单中打开或隐藏。

9）按钮工具栏：常用工具按钮的图标，工具栏可以在显示子菜单中打开或隐藏。

（2）软件应用基本方法。首先进入主窗口，打开实验子菜单，选择实践登录。当出现实验登录窗口后，在用户编号文本框中输入编号（10位字符），由用户按照院系、届、班、学号自行编码输入，按Enter键结束。然后用同样方法输入姓名，也按Enter键结束输入。接下来在实践名称编号框中输入实践编号（2位字符），按Enter键结束，在实践名称框中输入实践名称、字符型，按Enter键结束。若为规范实验，可以打开实验列表框，单击或拖动滚动条，再单击列表框内的实践名称，选择将要做的实践类型。这时候，计算机自动在实践编号文本框和实践名称文本框内填入选中的实践，并在实践模式、采样速度、每格数值、被测量纲4个文本框中显示该实践的参考值。单击确认（或取消）命令按钮，然后返回主窗口。在主窗口下，打开实践模式组合框，选择实践模式。实践模式有4种可选，分别是单向单步、双向单步、定时单步和动态单帧。打开采样速度组合框，选择采样速度。采样速率9档可选，分别是100000、50000、25000、10000、5000、2500、1000、500和250次/s。打开 Y 轴量程选择组合框，选择量程。Y 轴量程6档可选，分别是±10V、±5V、±2V、±1V、±500mV和±100mV。打开每格数值组合框，每格数值从0.1～10.0可选择。每格数值的含义为：每一次测量（X 轴上一点、或一步）对应于所作实践中传感器输入物理量的大小，如1.5℃（若量纲为温度）。打开量纲组合框，对应于实践中传感器输入的物理量，选择相应量纲。打开测量通道组合框，根据输入选择通道。参数设置完成后，单击测量操作按钮，进入联机实践过程。具体方法后面根据不同的实验方式进行介绍。实践完成后，打开文件子菜单，选择文件保存，将实践数据保存在当前工作目录下LSJ.dat文件中。或者用另存为的方法将数据文件存放到软盘。一般LSJ.dat数据文件每次保存时都将上一次的内容覆盖，只能作为临时文件，故建议用户用另存为的方法将数据文件存放到软盘。打开实践子菜单，选择实践保存，对实践记录进行保存。打开实践子菜单，选择实践浏览，在实践数据库中核对本次实践记录。若局域网的打印服务器已开通，或者客户机的打印机已连接，可打开文件子菜单，选择打印实践报告，这时出现打印浏览窗口，用户右击窗口右上角，再选择打印，即可打印实验报告。单击复位命令按钮准备进行下一个实践，或者打开文件子菜单，选择退出应用软件后返回Windows。

（3）实践记录管理。实践记录数据库为ACCESS数据库，文件名为LB.mdb，放在当前工作目录，共有两张表，其中实践记录表由下列字段组成。①用户编号：10位文本类型；②用户名称：10位文本类型；③实践日期：8位日期类型；④实验编号：数字整型；⑤实验名称：10位文本类型；⑥实践模式：4位文本类型；⑦采样速度：数字整型；⑧测量次数：数字整型；⑨每格数值：数字单精度型；⑩被测量纲：10位文本类型；⑪数据文件：40位文本类型（存放数据文件的路径）。

进入实践浏览，出现卡片式界面，每一张卡片内显示一张表，代表实践记录的一种排序方式，共有5种方式，分别是按顺序、按实践编号、按实践名称、按实践日期和按用户编号。

学生每做完一次实践，先将数据保存到数据文件，然后打印输出实践报告，并且在实践数据库中生成一条实践记录。学生可以在实验数据库中查看实验记录。实践管理员或教师在实践登录时，输入代码可获得更高的权限对实验数据库的实验记录进行删除、修改、查询等操作。

(4) 实践模式。实践模式分为4种，分别是动态采集、单向单步、双向单步和定时采样。用户根据具体实验内容来选择实验模式。通常，动态单帧采样方式适用于采集随时间变化的实时曲线，单向单步输入适用于自变量单向的实验，双向单步适用于自变量正反向可变的实验，定时单步则适合等时间间隔采样。

1) 动态采集。首先要完成动态实践连接准备工作，接下来，单击测量命令按钮，计算机便以预先设定的采样速度连续采集250点数据，然后一次性绘出采样曲线波形。图形框中 X 轴坐标单向，表示时间，共250点，每一格表示一个时间单位。Y 轴坐标双向，表示实验仪输出的电压信号。Y 轴坐标电压上下限可以打开 Y 轴量程选择组合框改变，其正向的最大值为10V，负向的最大值为－10V。其正向的最小值为100mV，负向的最小值为－100mV。当采集数据的最大值超过用户选定的 Y 轴电压上限时，系统会提示后自动进行调整。工作时，每单击测量命令按钮，便显示一条曲线。

2) 单向单步。用户首先要完成单步实践连接准备工作，然后，单击测量命令按钮，采样按钮的文字由原先的“测量”改为“下一步”。每单击命令按钮一次，计算机采样250个数据求出平均值，这时，数据表格内同步显示测量平均值，图形框内显示曲线，数据框内显示测量步数、测量值、增量及最大值。联机实践中，每改变一次传感器的输入，单击“下一步”命令按钮一次，重复改变传感器的输入直到实践过程结束。实践结束后，图形框内显示一条传感器的灵敏度曲线。在图形框中，X 轴坐标单向，实践开始为100点，每一点表示一个 X 单位值，其量纲也由用户设定。Y 轴坐标双向，表示实践仪输出的电压信号平均值。Y 轴坐标电压上下限可以打开 Y 轴量程选择组合框改变，Y 轴坐标电压越限时系统也能自动调整。

3) 双向单步。基本和单步方式相同，与单步有所区别的是原点坐标位于图形框中央。计算机在程序中自动判断测量值的 X 方向。当选定双向单步采样时，X 方向初始默认为正向。正向采样时，图形框右侧显示出一个正向动态箭头，X 为正向递增。当单击按下归零按钮后，X 归坐标原点。当单击反向按钮时，图形框左侧显示出一个反向动态箭头，X 为反向递增。在双向单步实践过程中，当 X 正向变化，实践仪输出正电压，则实践曲线画在坐标系的第1象限，实践仪输出负电压，则实践曲线画在坐标系的第4象限。而当 X 反向变化，实践仪输出正电压，则实践曲线画在坐标系的第3象限，实践仪输出负电压，则实践曲线画在坐标系的第4象限。实践操作时，用户一般先作正向输入变化的实践，每做完一步，单击测量命令按钮，系统便自动绘出该点的实践曲线，并在数据框中同步显示测量值、增量及最大值。当正向输入变化实践结束，用户单击归零命令按钮，则坐标归原点，然后进行逆向操作。若用户作回差实践，则坐标点不应归零。

4) 定时采样。进入该模式，屏幕显示的工作画面与单步输入基本相同。与单步输入有所区别的是，操作时用户不需要单击命令按钮，由系统定时采集数据。当然，用户完全可以用暂停和继续命令按钮控制实践进程。

(5) 实践数据分析。单击分析单选按钮，选中分析子菜单内容，进入分析状态。软件不仅能够进行非线性误差分析，还能对图形框中的部分曲线分段进行非线性误差分析。进入分析状态后，用户应先左击选择线段的起点，然后右击选择线段的终点，软件自动在起点和终点之间用线段连接，求出最大非线性误差，显示在提示框内。由于软件能进行线性分段及重复分析，对于那些需要分段进行非线性误差补偿的设计场合，该软件提供了极大的方便。最大迟滞误差分析：操作同前，软件能自动在起点和终点之间求出最大迟滞误差并显示在提示框内，一般用于双向单步操作。动态曲线频率分析：用户选中一个完整的周期波形（一般取峰峰点），单击选择波形起点，右击选择波形终点，软件自动计算并显示动态曲线的频率。

(6) 虚拟示波器。单击主窗口的示波器命令按钮，出现虚拟示波器窗口，由下面几部分组成。①图形框：用于显示波形；②滚动条：共两组，位于图形框右方，在双通道测量时，用于调整波形位置；③指示灯：运行时用于显示通信状态；④下拉式组合框：共7个，分别是通信端口、X 轴每格值（与系统采样速度对应）、X 轴扩展、触发方式、触发电平、通道选择及波形显示光点大小；⑤命令按钮：共三个，分别是运行、停止和关闭。

(7) 工具按钮栏。为方便用户，软件提供了工具按钮栏，包括数据文件保存按钮、实验按钮、计算器按钮、放大按钮、虚拟示波器按钮、打印按钮、退出按钮。

(8) 退出应用软件。方法一：选择文件中的退出子菜单；方法二：单击主窗口右上方的关闭按钮；方法三：单击工具栏的退出按钮。

(二) 测控实践 PC 控制软件操作

1. 简介

CSY2000/SET9000 系列传感器与检测（控）技术实践台软件基于 Windows 平台开发，GUI 图形接口界面；多种实验类型及控制规律可选；用户可根据实验设置模拟量输入通道 Ain、模拟量输出通道 Aout、数字量输入通道 Din 及数字量输出通道 Dout；通信端口可选；动态显示实时曲线及数据表格；实验数据曲线的保存及调用；内置实验数据库，保存及管理学生实验历史记录，便于教师进行开放式实验室管理，对不同层次的用户进行权限管理。

该软件运行环境为：Windows 9X、Windows2000 及 Windows Xp。软件用 Visual Basic 6.0 语言开发，在软件中还调用了 Windows 提供的一些系统功能，与此相关的 ActiveX 部件和动态连接库（.ocx 文件及 .dll 文件）在安装时会自动设置。

该软件提供如下主要功能。

(1) 实践管理功能：软件为用户提供了友好、灵活的操作界面。实践内容可以根据需要由用户进行选择。实验参数可自行设置。对于用户而言，登录后，每做完一次成功的实验，先将数据保存到数据文件，然后可以打印输出实验报告，并且能在实践数据库中生成一条实践记录。对于管理者而言，可对实践数据库中的记录进行添加、删除、查询等操作。

(2) 实践数据存取功能：在文件菜单中实现数据文件的打开、保存、另存为操作。数据保存的默认文件为当前可执行程序目录下的 \ DATA \ LSJ. dat 中。当然也可以用另存为方式保存到其他地方。数据文件的格式是特定的，当文件被打开后，程序会自动识别文件中的文件标识符、实践类型、实践名称及所有的实践数据，并自动复现实践曲线。

(3) 图形功能：软件提供了较为丰富的图形功能。实践过程中能显示过程量、控制量曲线。

实验软件安装时，应先检查桌面或硬盘，确认没有安装过实验应用软件，才进入安装，否则跳过本部分内容。安装方法：安装软件包括 4 张 1.44MB 磁盘或一张光盘。安装时，先在硬盘建立自己新的工作目录（如 SET300），当然也可以在安装过程中边安装边建立。然后在软盘中插入安装盘片 Disk1，双击运行盘片上的 Setup. exe 程序。接下来按屏幕提示操作，将 4 张安装盘片上所有压缩文件释放到工作目录，直到安装完成。说明：安装完成后，当前工作目录中应包括下面一些类型的文件即应用程序 SET300. exe；ACCESS 实验数据库文件 Lab. mdb。在 Windows 下，进入“我的电脑”或“资源管理器”，双击 Set2003. exe 文件图标即可运行程序。

2. 软件使用说明

(1) 登录。运行程序后，进入登录窗口界面如图 8-1 所示。首先单击组合框，选择用户类型。用户类型分为 3 类：第 1 类是系统管理级用户，具有系统全部权限，可以打开所有窗口，并能增删下级用户；第 2 类是系统操作级用户，可以打开通信窗口并进行通信设置、通道设置、软件标定等重要操作；第 3 类是学生实验级用户，仅具有与实验操作有关的权限。登录时，系统管理级及操作级用户需在密码输入框中输入密码，由系统校验，学生实验不需要密码，但必须输入用户编号（如学号）和姓名。输入完成后，单击确认按钮，进入应用软件主窗口。

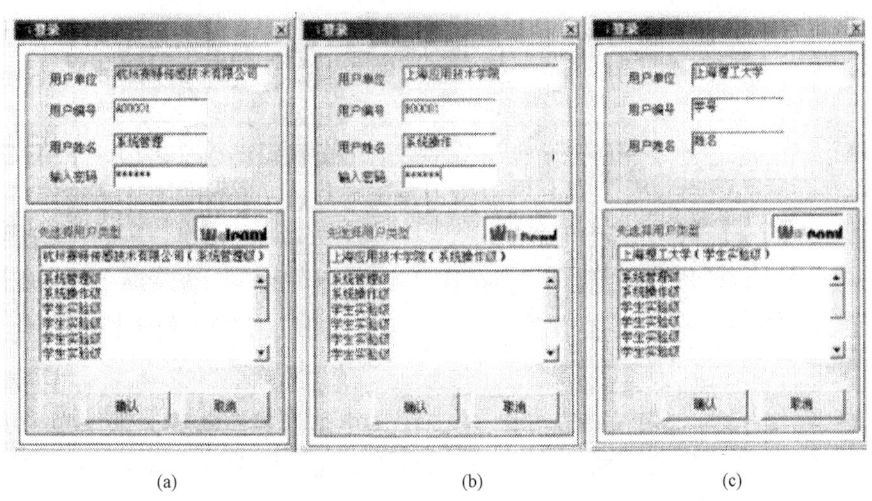

(a)　　(b)　　(c)

图 8-1　登陆窗口

(a) 系统管理用户登录窗口；(b) 系统操作用户登录窗口；(c) 学生登录窗口

(2) 主窗口。主窗口是工作窗口，如图 8-2 所示。一般操作都在该窗口下面进行。窗口最上面是标题栏，显示软件的图标和 SET300，标题栏的右面是最大化、最小化和还原按钮，可进行最大化、最小化和还原操作。标题栏的下面是菜单栏，本软件共有 6 个子菜单，分别是数据文件、用户权限、实验记录、通信、关于和退出。菜单栏下面是窗口的主要部分，包括：

1）标题栏：用于显示当前实践的名称。

2）实验数据表格：常规实践时用于显示实验数据，自动刷新。计数实践时用于显示实践任务列表。

3）实践数据框：常规实践时显示采样次数、采样值、设定值、偏差及控制量，实践过程中动态刷新。计数实践时用于显示转盘正反转的脉冲计数等数据。

4）图形框：用于显示实践时曲线，坐标 X 轴表示采样点序列（点与点的时间间隔由采样周期设定），每帧 100 点，计满 100 点后自动刷新。坐标 Y 轴表示测量值（mV），越限自动调整量程。

5）复选按钮：一排共 4 个，位于图形框的下方。其中设定、采样和调节为一组，用来选择三种不同的实时曲线。历史按钮用来显示当前或已保存在外存的整个实验过程的曲线。

6）下拉式组合框：共 11 个，分别是实践选择、调节规律、设定值、采样周期、比例系数、积分时间、微分时间及通道选择（4 个）。

7）操作命令按钮共 2 个，分别是开始命令（暂停、继续）及复位命令按钮。

8）状态栏：位于窗口的最底层，显示实践相关内容。

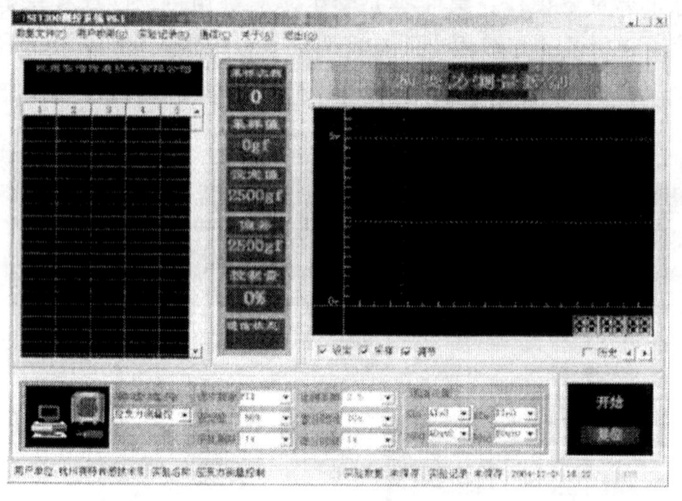

图 8-2 实践主窗口

（3）实践操作方法。选择实践：实践分为两类，一类是规范实践（即实践列表中已有的实验），另一类是自定义实践。规范实践又可以分为常规测控实践及特殊测控实践（脉冲测量及计数、振动测量控制、转速测量控制）。

实践的操作步骤一般为：选择调节规律：单击调节规律组合框，出现调节规律列表。若为规范实践，在列表中选择 P、PI、PD、PID、位控等控制规律。若为脉冲计数实践，则不必选择控制规律。选择设定值：单击设定值组合框，出现设定值列表。设定值的范围从 0～100%。当设定值选定，数据框中显示该实验量程范围对应值。

选择周期：单击采样周期组合框，出现采样周期值列表。采样周期的范围从 0.1～20s。若为振动测量控制实践，则系统自动设定采样周期为 1s。

选择比例系数：若实验的调节规律带比例控制，需选择比例系数，单击比例系数组合框，出现比例系数列表。比例系数的范围从 0.1～20。

选择积分、微分时间：单击微分时间组合框，出现比例系数表，时间范围为 0.1～20s。通道设置：根据通道实际连接情况设置。模拟量输入共 8 路（8 位 AD），分别为 Ain0～Ain7。模拟量输出共 4 路，分别为 Aout0～Aout3。数字量输入共 8 路，分别为 Din0～Din7。输出量输出共 4 路，分别为 Dout0～Dout3（4 个 5V 继电器）。

开始实践：参数设置完成后，单击开始命令按钮，进入联机实践过程。

保存实践结果：实践完成后，打开数据文件子菜单，选择文件保存，将实践数据保存在当前工作目录下 \ DATA \ LSJ.dat 文件中，或者用另存为的方法将数据文件存放到软盘。

一般 LSJ.dat 数据文件每次保存时都将上一次的内容覆盖，只能作为临时文件，故建议用户用另存为的方法将数据文件存放到软盘。打开实践记录子菜单，选择保存记录，对实践记录进行保存。打开实践记录子菜单，选择浏览查询，进入查询窗口，在实践数据库中核对本次实践记录。

打印实践报告：打开实践记录子菜单，选择实践打印，进入打印窗口。根据提示，打印实验报告及实验曲线。复位：单击复位命令按钮准备进行下一个实验，或者打开文件子菜单，选择退出应用软件后返回 Windows。

（4）实践记录管理。实践记录数据库为 ACCESS 数据库，文件名为 Lab.mdb，放在当前工作目录。共有 3 张表，其中实践记录表由下列字段组成：①用户单位：40 位文本类型；②采样次数：数字整型；③用户编号：6 位文本类型；④比例系数：数字型；⑤用户名称：8 位文本类型；⑥积分时间：数字型；⑦实验日期：8 位日期类型；⑧微分时间：数字型；⑨实验编号：数字整型数据文件：40 位文本类型（存放数据文件的路径）；⑩实验名称：40 位文木类型；⑪实验模式：4 位文本类型。

进入查询浏览。实践记录的排序共有 6 种方式，分别是按顺序、按用户编号、按用户名称、按实践日期、按实践编号和按实践名称。单击排序按钮后，右面数据库表显示相应的排序结果。再单击数据库表第 1 列中记录位置，最右边的表格显示该记录相应内容。单击模糊查询单选按钮，在文本框中输入模糊查询关键字后，按 Enter 键或单击查询命令按钮，则显示满足条件的查询结果。按实践名称查询，文本框输入的内容为“液位”，有 3 条记录满足条件。学生每做完一次实践，先将数据保存到数据文件，然后保存实践记录（即在实践数据库中生成一条实践记录）。学生可以在实践数据库中查看实践记录。实践管理员或教师，在实践登录时输入代码可获得更高的权限对实践数据库的实验记录删除、修改、查询等操作。打开实践记录子菜单，选择实践打印，进入打印窗口。用户可以根据提示，打印出实践报告及实践曲线。首先选择打印类型（实践报告及实践曲线）；然后单击选择起始及结束的采样周期从而确定打印的数据范围；再单击生成表格及曲线按钮，微机自动生成表格及曲线；最后单击打印按钮进行预览，确认无误后单击打印图标，即可在标准 A4 纸上打印实践报告及实践曲线。也可以单击导出图标，将要打印的数据导出为 TXT 文件保存。

注意：打印实践曲线可选择整个实践数据范围，而打印实践报告由于数据范围越大，生成的表格分页也越多，故数据范围一般选择曲线的典型段，达到既能反映出实践效果，又不过分耗纸的目的。

（5）用户权限。用户权限分三个层次，分别是系统管理级、系统操作级及学生实践级。

系统管理级用户系统后，系统开放所有功能菜单，能进行权限管理，通信管理和涉及有关通道硬件的操作。系统操作级用户能打开通信窗口。学生实践级用户只能进行实践操作。系统管理级的用户可以进行增加和删除下级用户的操作。

（三）数据采集控制器硬件说明

1. 信号编辑

A/D0～A/D7是8路模拟量输入端口，输入传感器测量信号（0～5V）。D/A0～D/A3是4路模拟量输出端口，输出控制量信号（0～5V）。Di0～Di7是8路数字量输入端口，其中Di0～Di6是一般数字量输入端口，Di7是计数脉冲信号专用输入端口，用以输入转速、计数等连续脉冲信号；Do0～Do3是4路数字量输出端口，它是一组继电器触点信号，其中Do3是温度控制实验专用冷却电机控制接点输出端口，与其他控制实验无关。

2. 通信端口

RS232端口：传感器应用控制实践PC通信端口，与SET-300测控软件配合使用，完成对不同对象的测量与控制。

3. 注意事项

当应用程序安装完毕后，如与计算机无法正常通信，请检查计算机通信端口是否设置正确，端口工作是否正常。进行控制实验时，务必正确选择信号I/O端口。A/D端口请不要输入负极性的信号，以免损坏内部集成芯片。

二、温度测量类

（一）温控源及温控仪表的操作

1. 实践方法及相关操作

温控仪表操作面板图如图8-3所示。温控仪表在通电5s内PV窗和SV窗首先分别显示输出和输入代码，然后分别显示温度量程上限和下限值，随后即进入工作状态，即PV窗和SV窗分别显示当前的环境温度值和设定值。此时若想改变设定值，可按SET键0.5s，SV显示窗闪烁，按移位键改变设定值闪烁的位，按减键使闪烁的数字减小，按加键使闪烁的数字增大，再按SET键0.5s确认。

温控仪表用于测量和显示温度的标准传感器是唯一的，不能通用，这里配的是Pt100热电阻。温度设定范围为室温200℃，建议小于150℃。温度设定值可在0.0～200.0℃之间选择，一般实验时设定间隔为5～20℃。在输入信号大于量程上限时，仪表显示ALM1亮；在输入信号小于量程下限时，仪表显示ALM2亮。该仪表控制方式为位式控制或PID控制可选，一般采用PID控制。若控温失常请检查仪表参数是否被误修改，传感器是否失效，按键是否不起作用。实践之前应关闭所有未用单元的电源，避免干扰。

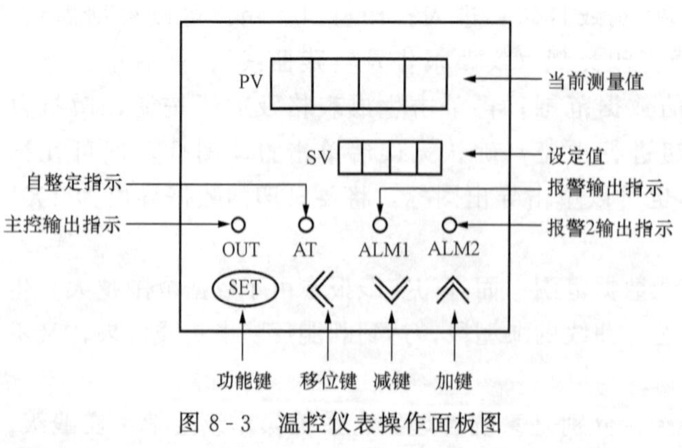

图8-3 温控仪表操作面板图

在实践中若用本仪表控温时需要做如下准备工作：取出Pt100热电阻探头插入温度源加热器左边插孔内，引线插入“标准”插座，温控源的“加热方式”、“冷却方式”开关置

“仪表控制位”，打开温度源电源开关。

2. 温控源的温度控制方法

温控源共有三种温度控制方法，分别如下：

(1) 加热方式和冷却方式开关打到仪表控制位，则温度由数字式电压表控制。

(2) 加热方式和冷却方式开关打到外设控制位，并且开关全部按下时，温控源的温度值受计算机控制。这种情况主要是用于利用温度传感器来构成温度测控系统时使用，达到温控源温度闭环控制的目的。此时计算机测控系统传感器输入接 Pt100 热电阻，测控输出接冷却电机和加热器。

(3) 加热方式和冷却方式开关打到外设控制位，开关全部抬起时，温控源的温度完全受人为控制。此时，“标准传感器”口可接电压表，温控仪上显示的温度和电压表的示值是对应的，如 1V 对应 40℃，5V 对应 200℃；“控制信号输入”口接“模拟信号转换器”电压输出口，若接“I/V”输出时，电流输入口应短接。整个调节过程中，“加热指示”显示加热器是否工作，冷却端短接冷却电机工作，冷却指示灯亮。这种方法主要用于检查温控源的工作是否正常。

（二）热电偶温度测量实践方法

通过该实践能够了解如何利用热电偶测量温度，了解热电偶输出电压和温度之间关系的特性。在实践中将两种不同的金属丝组成回路，如果两种金属丝的两个接点有温度差，在回路内就会产生热电动势，这就是热电效应。热电偶就是利用这一原理制成的一种温差测量传感器。置于被测温度场的节点称为工作端，另一节点称为冷端（也称自由端）。冷端可以是室温值也可以是经过补偿后的 0℃、25℃的模拟温度场。本实践所用器件与单元为：通用放大器（Ⅰ)、E 型热电偶、温控源、Pt100 热电阻及温度控制仪表、数字式电压表。

通用放大器（Ⅰ）是用来放大热电偶，集成温度传感器，热敏电阻的检测信号，共有两级放大器组成。IC1、IC2、IC3 组成第一级仪表专用放大器，放大倍数（A_1）约 150 部（用 R_{W1} 调整)，R_{W2} 是第一级调零，IC_4 组成第二级反相放大器，放大倍数（A_2）约 10 倍（用 R_{W3} 调整)，R_{W4} 是第二级调零，因此该组放大器的总放大倍数 $A=A_1A_2$ 约 1500 倍。各温度传感器通过 S4 开关接入放大器的输入端，放大器的输出信号（V_o）大于用 S14 开关来控制，当 S14 按下时两级放大器接入，当 S14 抬起时仅第一级放大器工作。放大器的输出信号 V_o 可根据用户的需要通过 S6 开关接入数据采集卡的模数转换 AD0 端，也可用实践线接到数字电压表或计算机通信接口上用来完成特性实验。在热敏电阻特性中 S0 开关是二线/三线接法的转换开关，用来验证引线电阻对测量的影响。TP1、TP2、TP3、TP4 是信号观测端。

注意：①放大器接入不同的传感器时，放大倍数 A 也要作相应调整，放大倍数 A 太大会使放大器不稳定，系统无法正常工作；②当放大器接入热电偶，集成温度传感器时，先不要给传感器加温，将 R_{W1}、R_{W3} 顺时调至最大，调 R_{W2} 使第一级仪表专用放大器输出 V_{o3} 为零，再接入第二级反相放大器，调 R_{W4} 使 V_{o4}（V_o）为零，然后给传感器加温，逐步调节 R_{W3} 至适当位［最高温度时 V_{o4}（V_o）不要超过 5V］；③当放大器接入热敏电阻时，先不要给传感器加温，将 R_{W1}、R_{W3} 顺时调至最大，调 R_{W5}、R_{W2} 使第一级仪表专用放大器输出 V_{o3} 为零，再接入第二级反相放大器，调 R_{W4} 使 V_{o4}（V_o）为零，然后给传感器加温，逐步调节 R_{W3} 至适当位［最高温度时 V_{o4}（V_o）不要超过 5V］，整个过程 R_{W5}、R_{W1}、R_{W2}、R_{W4} 不要动；④当数字不稳定时请进一步减小 R_{W3} 值。

根据图 8-4 接线，设定好初始温度值，建议 50℃，并将热电偶引线插入相应插座中。通用放大器（Ⅰ）的 S4 开关置相应位置。先不要给传感器加温，抬起 S14 开关将 R_{W1}、R_{W3} 顺时调至最大，调 R_{W2} 使第一级仪表专用放大器输出 V_{o3} 为零。压下 S14 开关接入第二级反相放大器，调 R_{W4} 使 V_{o4}（V_o）为零，然后将热电偶探头插到温度源加热器右边插孔中给传感器加温，逐步调小 R_{W3} 至适当位置，最高温度时 V_{o4}（V_o）不要超过 5V。

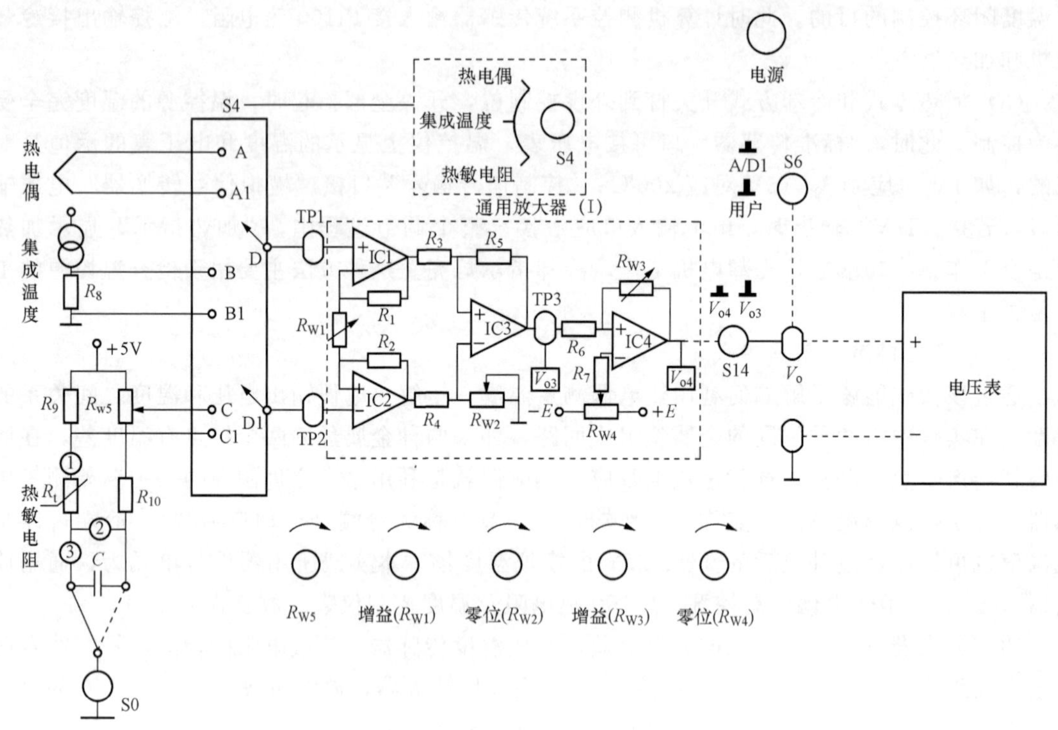

图 8-4 温度测量原理图

整个过程 R_{W1}、R_{W2}、R_{W4} 不动。待温控仪指示的温度稳定后（如 50℃），记录下电压表读数值。重新设定温度值为 50℃$+n\cdot\Delta t$，建议 $\Delta t=5$℃，$n=1, 2, \cdots, 10$。每隔 1n 读出数字式电压表指示值与温控仪指示的温度值，并填入表 8-1 中（也可用特性实验 PC 数据采集软件操作）。根据表 8-1 计算非线性误差 δ、灵敏度 S。在实践过程要注意：数字式电压表分辨率为 1/1999，即 0.5/1000，并存在“±1”个字的量化误差在系统精度范围外的数字跳动属正常现象。通用放大器（Ⅰ）调零时数字式电压表需从 20V 挡逐步减小。实验中其他单元的电源应关闭，否则有干扰。温度源具有升温快、降温慢的特点，所以在取初始设定值时，应比 PV 值略高。插传感器接头时注意对正小方形口。

表 8-1　　电压表指示值与温控仪指示的温度值

t(℃)	50									
V(mV)										

（三）集成温度传感器温度特性实践方式及方法

通过该实践能够了解常用的集成温度传感器基本原理、性能与应用。集成温度传感器是将温敏晶体管与相应的电路集成在同一芯片上，它能直接给出正比于热力温度的理想线性输出信号，一般用于－5～＋150℃之间的温度测量。温敏晶体管是利用了集电极电流恒定时，晶体管的基极—发射极电压（U_{be}）与温度成线性关系这一原理。集成温度传感器有电压型和电流型两种，电压型集成温度传感器在一定温度下，它相当于一个恒压源，因此它不易受外接电阻的影响，具有良好的线性特性。本实验采用的是 Lm35 电压型集成温度传感器。它只需要单电源（＋4～＋30V）供电，即可实现温度到电压的线性变换，然后在终端使用一只采样电阻即可调节输出电压的大小。该实践需用器件与单元：通用放大器（Ⅰ)、温控源、Pt100 热电阻及温度控制仪表、集成温度传感器、数字式电压表。

在实践过程中的注意事项：

(1) 数字式电压表分辨率为 1/1999，即 0.5/1000，并存在“±1”个字的量化误差，在系统精度范围外的数字跳动属正常现象；

(2) 通用放大器（Ⅰ）调零时数字式电压表需从 20V 挡逐步减小。

根据图 8-4 接线，设定好初始温度值，建议 50℃，并将集成温度传感器引线插入相应插座中。通用放大器（Ⅰ）的 S4 开关置相应位。先不要给传感器加温，抬起 S14 开关将 R_{W1}、R_{W3}顺时调至最大，调 R_{W2}使第一级仪表专用放大器输出 V_{o3}为零，压下 S14 开关接入第二级反相放大器，调 R_{W4}使 V_{o4}（V_o）为零，然后将集成温度传感器探头插到温度源加热器右边插孔中给传感器加温，逐步调小 R_{W3}至适当位［最高温度时 V_{o4}（V_o）不要超过 5V］。整个过程 R_{W1}、R_{W2}、R_{W4}不要动［使通用放大器（Ⅰ）的参数保证在初始状态］。待温控仪指示的温度稳定后（如 50℃），记录下电压表读数值。重新设定温度值为 50℃＋$n\cdot\Delta t$，建议 $\Delta t=5$℃，$n=1, 2, \cdots, 10$，每隔 1n 读出数字式电压表指示值与温控仪指示的温度值，并填入表 8-2 中（也可用特性实验 PC 数据采集软件操作)。根据表 8-2 计算非线性误差 δ，灵敏度 S。

表 8-2　　电压表指示值与温控仪指示的温度值

t(℃)	50									
V(mV)										

(四) 热敏电阻测温特性实践方式及方法

进行本项实践之前要了解热敏电阻的测温原理与特性。热敏电阻用于测温时利用了半导体电阻率随温度变化这一特性，对于热敏电阻要求其材料电阻温度系数大，稳定性好、电阻率高，电阻与温度之间最好有线性关系。热敏电阻电阻采用二线或三线连接法，其中一端接二根引线（三线连接法）主要为了消除引线电阻对测量的影响。该实践需用器件与单元：通用放大器（Ⅰ)、温控源、Pt100 热电阻及温度控制仪表、热敏电阻。实践过程中要注意：

(1) 数字式电压表分辨率为 1/1999，即 0.5/1000，并存在“±1”个字的量化误差，在系统精度范围外的数字跳动属正常现象。

(2) 通用放大器（Ⅰ）调零时数字式电压表需从 20V 挡逐步减小。

实践步骤如下：

(1) 根据图 8-1 接线。设定好初始温度值，建议 50℃，并将热敏电阻传感器引线插入相应插座中。

(2) 通用放大器（Ⅰ）的 S4 开关置相应位。先不要给传感器加温，抬起 S14 开关将

R_{W1}、R_{W3}顺时调至最大，调R_{W5}、R_{W2}使第一级仪表专用放大器输出V_{o3}为零。压下S14开关接入第二级反相放大器，调R_{W4}使V_{o4}（V_o）为零，然后将集成温度传感器探头插到温度源加热器右边插孔中给传感器加温，逐步调小R_{W3}至适当位［最高温度时V_{o4}（V_o）不要超过5V］。整个过程R_{W1}、R_{W2}、R_{W4}不要动。

（3）待温控仪指示的温度稳定后（如50℃），记录下电压表读数值。

（4）重新设定温度值为50℃$+n\cdot\Delta t$，建议$\Delta t=5$℃，$n=1$，2，…，10，每隔1n读出数字式电压表指示值与温控仪指示的温度值，并填入表8-3中。（也可用特性实验PC数据采集软件操作）根据表8-3计算非线性误差δ、灵敏度S。

表8-3　　电压表指示值与温控仪指示的温度值

t(℃)	50									
V(mV)										

（五）利用温控仪表的Pt100热电阻进行PC机温度闭环控制实践

温度闭环控制方框图如图8-5所示。图中，温控源由温控仪表和加热、冷却装置等组成，其中在铂电阻的温度控制系统中温控仪表仅起到将铂电阻信号变换成0～5V信号的作用，不起控温作用；加热、冷却装置受计算机控制，用于控制被控制装置温度；温度传感器——作为检测元件，用于测量被控装置的温度。数据采集控制器（如图8-6所示），提供计算机和外设之间的接口，进行A/D和D/A转换。计算机，是本系统中的控制核心，由于检测温度传感器的信号，并和本身的设定值比较，根据设定的PID参数值，控制加热和冷却装置的启停，使被控制装置的温度稳定在设定值上。计算机的控制功能是基于SET9000测控软件实现的。被控装置，其温度是本系统的控制对象，它的内部有一块铝块，受加热和冷却装置的影响，铝块温度随着变化，温度传感器和铝块直接接触测温。

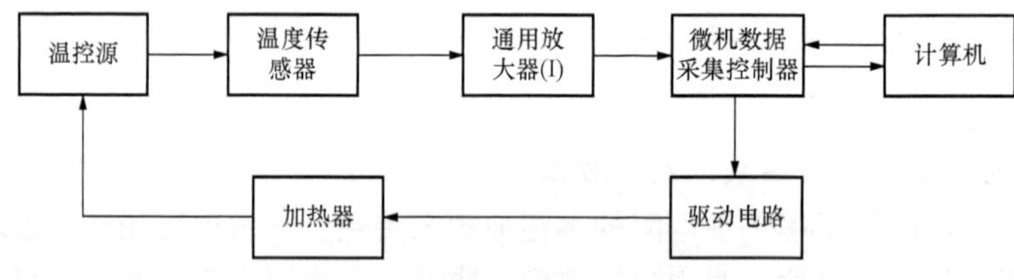

图8-5　温度闭环控制框图

以上装置可以构成温度闭环测控系统，其中温度传感器可选择铂电阻（Pt100）、热电偶、热敏电阻、集成温度传感器其中的一个。若选择铂电阻，其阻值变化量可以经温控仪表变换为0～5V的信号，供计算机控制；若选择其他三种传感器，可利用S4开关切换三种传感器，接入通用放大器（Ⅰ），并经过放大器调整、定标，输出0～5V的信号，供计算机控制。另外需要说明的是，因集成温度传感器、热敏电阻、热电偶为非标器件，所以用它们设计温度自动检测控制系统之前，要对传感器和放大器定标。定标的内容是：使室温和100℃两点传感器加放大器部分的输出为标准值，使系统输出和测控软件SET9000温度采集信号的定义对应。温控仪表在定标时对温度源起控温作用。集成温度传感器因本身具有线性化电路，因此它所测温度信号和输出电信号之间是线性关系，此输出信号即可直接用于温度控

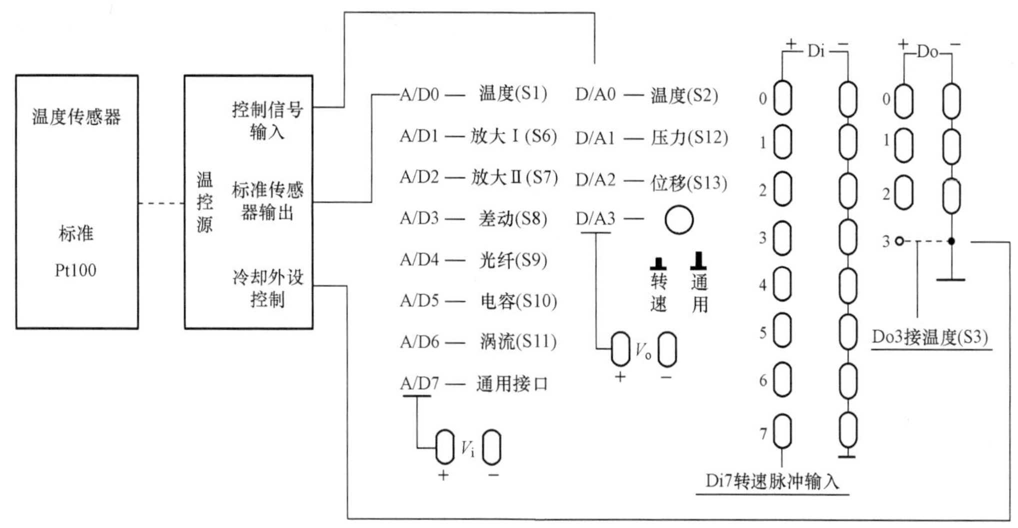

图 8-6 微机控制采集控制器

制。而热电偶和热敏电阻传感器特性具有非线性，所以利用这两种传感器设计温度自动检测控制系统之前必须要先测量特性曲线，在特性曲线上找出线性段，在线性段内进行温度自动检测控制。

下面以铂电阻（Pt100）为例，说明温度自动检测控制系统的设计方法。这里设计的Pt100温度测控系统是利用Pt100检测温度源温度，借助数据采集控制器、PC机、加热和冷却装置构成温度闭环控制系统。

基于Pt100的温度测控系统参考设计过程如下：

首先取出Pt100热电阻探头插入温度源加热器左边插孔内，引线插入“标准”插座；再将温控源“加热方式”开关、“冷却方式”开关置“外设控制”位，按下温控源S1、S2、S3开关，打开温控源电源开关；再将计算机通信线接“测控”口，打开计算机通信口电源开关，此时已将温度源、Pt100热电阻温度传感器、温控仪表、数据采集控制器、计算机等硬件连接成温度闭环测控系统。

启动计算机，在桌面上双击SET9000图标进入登录界面，在登录窗口选择“学生实验级”，然后确认，进入测控软件操作界面；在操作界面上选择“温度测量控制”，选择PID调节规律，在通道设置中选择本系统所用的输入输出通道：Pt100接到A/D0，电加热器的控制信号由D/A0输出，冷却风扇的控制信号由D03输出，所以选择通道为Ain0，Aout0，Dout3；测控系统工作之前先选择一个设定值，考虑到温度采集信号和实际温度之间的对应关系，建议初始设定为20%～30%之间；温度值是慢变信号，所以采样周期可选≥1s；PID参数可选$P=1$，$I=0.5$，$D=10\text{s}$，测控系统工作过程中可根据实际情况进行调整（注意：P不能设为零）。

点击“开始”按钮，使系统开始工作。注意操作界面上的提示——系统通信是否正常，若不正常要注意数据采集器上的发光二极管T、R是否闪烁，如有表示数据采集器与计算机通信联系正常，否则需检查软件设置的通信端口和实际使用的端口是否一致，计算机通信口是否正常工作，通信口线连接是否正常，通过任务管理器检查是否有软件冲突。

系统工作中注意观察SET9000测控界面右方的图形框，可以看到黄、红、绿三条曲线，黄线表示设定量、红线表示控制量（给执行器）输出曲线、绿线表示过程量（传感器信号）输出曲线。当温度到达设定值后，数据采集器“D03”端输出继电器导通信号，使加热器中的冷却风扇启动，达到降温的目的。随着控制进行绿线将逐步靠近黄线，说明热源的温度值正逐步接近设定值，经过几个周期，PV 值和 SV 值基本相等，认为调节过程结束，就可以记录数据了。然后每隔 5%（10℃）修改一次设定值，使设定值先从小到大变化，并测量 10 个点再从大到小变化，测量 10 个点，分别记录数据。

若想终止采样过程可按“运行”按钮，若想继续采样过程可按“暂停”按钮，点击“历史”按钮可查看整个调节过程的曲线，按“复位”按钮清除本次数据和曲线，并且停止采样过程。

采用前述方法设计温度测控系统时需要注意：温控仪表在这里仅起显示和信号变换的作用，不进行控制，输出 0～5V 标准信号和当前的温度值线性对应；测控软件 SET9000 中温度采集信号定义为 0～5V/0～200℃并且是线性的，即若当前计算机的温度输入信号为 2.5V 时，软件会显示当前温度为 100℃；测控系统工作之前应关闭所有未用单元的电源，振动源频率和幅度旋钮分别设为最大和最小，防止干扰影响控制效果。

以上是基于 Pt100 的温度测控系统工程实践方法，这里可以参照本例设计基于其他三种传感器的温度测控系统。通过设计可以了解温度测控系统的构成，掌握温度闭环控制的方法。进一步的分析系统适合的 PID 参数值、绘制系统组成框图、分析控制系统的组成、主要误差来源，还可加深对相关知识的理解，使多种知识融会贯通。

三、长度及线位移测量类

（一）霍尔式位移传感器位移特性

本实践目的在于了解霍尔式位移传感器原理与特性，其原理图如图 8-7 所示。根据霍尔效应，霍尔电动势 $U=KIB$。保持 K、I 不变，若霍尔元件在梯度磁场 B 中运动，且 B 是线性均匀变化的，则霍尔电动势 U_H 也将线性均匀变化，这样就可以进行位移测量。本实践需用器件与单元：直线位移执行器、霍尔式位移传感器、通用放大器（Ⅱ）、测微头、数显单元。图 8-6 为霍尔式位移传感器、差压传感器、应变传感器的原理图。

在实践中应注意：①霍尔式位移传感器是磁敏器件，受磁场的影响较大，每只传感器都有特定的位移特性且可能是唯一的。②霍尔式位移传感器是非接触式测量，存在线性起始安装问题，所以下面步骤中非常重要。③通用放大器（Ⅱ）调零时数字式电压表需从 20V 挡逐步逐步减小。

图 8-7 所示为通用放大器（Ⅱ）。该放大器用来放大霍尔传感器、差压传感器、应变力传感器的检测信号，共有两级放大器组成。IC1、IC2、IC3 组成第一级仪表专用放大器，放大倍数（A_1）约为 50 倍（用 R_{W1} 调整），R_{W2} 是第一级调零；IC4 组成第二级反相放大器，放大倍数（A_2）约为 10 倍（用 R_{W3} 调整），R_{W4} 是第二级调零，因此该组放大器的总放大倍数（$A=A_1A_2$）约为 500 倍。各传感器通过 S5 开关接入放大器的输入端，放大器的输出信号（V_o）大小用 S15 开关来控制，当 S15 按下时两级放大器接入，当 S15 抬起时仅第一级放大器工作，放大器的输出信号 V_o 可根据用户的需要通过 S7 开关接入数据采集卡的模/数转换 AD1 端，也可用实验线接到数字电压表或计算机通信接口上用来完成特性实验。在应变力传感器特性中 R_1、R_2、R_3 旁的开关是全桥、半桥、单臂接法的转换开关，用来验证全桥、半桥、单臂接法的灵敏度关系。TP1、TP2 是信号观测端。

使用该放大器应注意以下几点：

(1) 放大器接入不同的传感器时，放大倍数 A 也要作相应调整，放大倍数 A 太大会使放大器不稳定，系统无法正常工作。

(2) 当放大器接入应变力传感器时，先选择全桥接法，不要给传感器加载，R_{W1}、R_{W3} 顺时调至最大，调 R_{W5}、R_{W2} 使第一级仪表专用放大器输出 V_{o3} 为零，再接入第二级反相放大器，调 R_{W4} 使 V_{o4} (V_o) 为零，然后给传感器加载，逐步调节 R_{W3} 至适当位［最高载荷 200g 时 V_{o4} (V_o) 不要超过 1V］，整个过程 R_{W5}、R_{W1}、R_{W2}、R_{W4} 不要动。转换成半桥，单臂接法时应保证放大倍数 (A) 不变，只要调整 R_{W5} 即可。

(3) 当放大器接入差压传感器时，先不要给传感器加压，将 R_{W1}、R_{W3} 顺时调至最大，调 R_{W2} 使第一级仪表专用放大器输出 V_{o3} 为零，再接入第二级反相放大器，调 R_{W4} 使 V_{o4} (V_o) 为零，然后给传感器加压，逐步调节 R_{W3} 至适当位［最高压力 30kPa 时 V_{o4} (V_o) 不要超过 5V］，整个过程 R_{W1}、R_{W2}、R_{W4} 不要动。测控应用时请先进行压力/电压标定，否则不能正常工作。

(4) 当放大器接入霍尔传感器时，先将被测圆磁钢（红色向外）贴住霍尔传感器，R_{W1}、R_{W3} 顺时调至调最大，调 R_{W2} 使第一级仪表专用放大器输出 V_{o3} 为零，再接入第二级反相放大器，调 R_{W4} 使 V_{o4} (V_o) 为零，然后给传感器加位移，逐步调节 R_{W3} 至适当位［非灵敏区外 5mm 时 V_{o4} (V_o) 不要超过 5V］，整个过程 R_{W1}、R_{W2}、R_{W4} 不要动。测控应用时请先进行距离/电压标定，否则不能正常工作。

(5) 当数字不稳定时请进一步减小 R_{W3} 值。

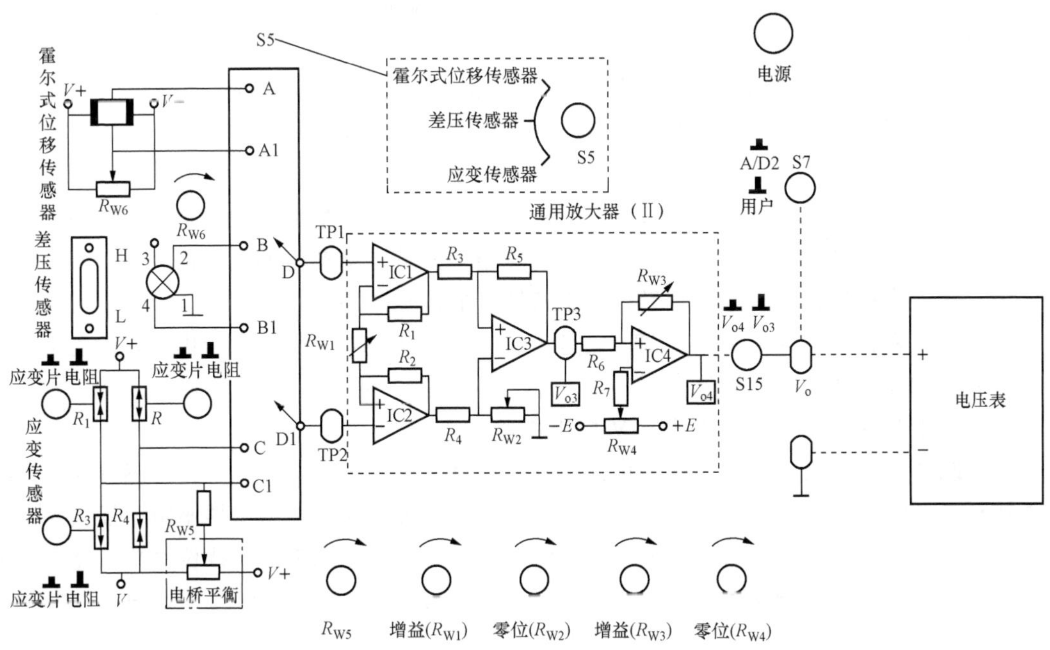

图 8-7　霍尔位移式传感器、差压传感器、应变传感器的原理图

在直线位移执行器圆盘右边靠外边的支架安装上测微头。测微头旋在 20mm 处，并顶住直线位移执行器圆盘，拧紧测量架顶部的固定螺钉。在直线位移执行器圆盘上的小圆片上吸附一圆形磁钢，红面向外。将霍尔式位移传感器安装在直线位移执行器右边靠里边的支架

上。霍尔式位移传感器引线插入相应插座中，探头对准并贴近小圆片上的圆形磁钢，拧紧测量架顶部的固定螺钉。通用放大器（Ⅱ）的 S5 开关置相应位，R_{W1}、R_{W3}顺时调至最大，抬起 S15 开关调节 R_{W2}使第一级仪表专用放大器输出 V_{o3}为零。压下 S15 开关接入第二级反相放大器，调 R_{W4}使 V_{o4}（V_o）为零。用手给直线位移执行器圆盘一个较大位移直到数字式电压读数不变，逐步调节 R_{W3}至适当位［V_{o4}（V_o）约 5V］，整个过程 R_{W1}、R_{W2}、R_{W4}不要动。直线位移执行器圆盘复位。向里旋转测微头，每转动 0.2mm 或 0.5mm 记下数字式电压表读数，直到数字式电压表读数不变，并填入表 8-4 中（也可用特性实验 PC 数据采集软件操作）。作出 U-X 曲线，并计算：①线性起点 X_0；②线性范围；③灵敏度 S 和非线性误差 δ。

表 8-4 电压表读数及位移量

X（mm）										
U（V）										

（二）光纤传感器的位移特性

本实践的目的在于了解光纤位移传感器的工作原理和性能。实践采用的是导光型多模光纤，它由两束光纤组成半圆分布的 Y 形传感探头：一束光纤端部与光源相接用来传递发射光；另一束端部与光电转换器相接用来传递接收光。两光纤束混合后的端部是工作端亦即探头，当其与被测体相距 X 时，由光源发出的光通过一束光纤射出后，经被测体反射由另一束光纤接收，通过光电转换器转换成电压，该电压的大小与间距 X 有关，因此可用于测量位移。该实践需用的器件与单元为直线位移执行器、光纤位移传感器、光纤传感器测量系统、数字式电压表、测微测头。图 8-7 为光纤位移传感器测量系统。

在实践过程中应注意：

(1) 光纤位移传感器具有前坡（0→最大），后坡（最大→最小）的原始输出特性。

(2) 外界光对测量具有一定影响，操作时应避免人员走动产生的光干扰。

(3) 光纤位移传感器离散性较大，输出特性可能是唯一的。

(4) 电压表分辨率为 1/1999，即 0.5/1000，并存在“±1”个字的量化误差，在系统精度范围外的数字跳动属正常现象。

(5) 调零时数字式电压表需从 20V 挡逐步减挡。

在实践台上将连接杆插入直线位移执行器右边靠里的支架内，光纤位移传感器探头安装在连接杆上。两束光纤分别插入光纤位移传感器测量系统“光纤输入”插座中，探头对准并顶住直线位移执行器圆盘上的小圆片，拧紧测量架顶部的固定螺钉。直线位移执行器圆盘右边靠外的支架安装上测微头。测微头旋在 15mm 处，并顶住直线位移执行器圆盘，拧紧测量架顶部的固定螺钉。打开光纤位移传感器测量系统的电源开关。光纤位移传感器测量系统的 R_{W1}适中，调节 R_{W2}使数字式电压表为零。旋转测微头，使被测体离开探头，每隔 0.1mm 记下数字式表读数，填入表 8-5 中（也可用特性实验 PC 数据采集软件操作）。注意：电压变化范围从 0→最大→最小必须记录完整。输出最大电压应控制在 1～2V 之间。根据表 8-5 数据，作出光纤位移传感器的位移特性图，并加以分析、计算出前坡和后坡的灵敏度及两坡段的非线性误差。

表 8-5　　位 移 - 电 压 关 系 表

X(mm)										
U(V)										

（三）差动变压器（电感式）位移传感器特性

该实践为了了解差动变压器的工作原理和特性。差动变压器特性测量系统原理图如图8-9所示。差动变压器由一个一次绕组和两个二次绕组及一个铁心组成，根据内外层排列不同，有二段式和三段式，本实践采用三段式结构。在传感器的一次绕组上接入高频交流信号，当一、二次侧中间的铁心随着被测体移动时，由于一次绕组和二次绕组之间的互感磁通量发生变化促使两个二次绕组感应电动势产生变化，一个二次绕组感应电动势增加，另一只感应电动势则减少，将两个二次绕组反向串接（同名端连接），在另两端就能引出差动电动势输出，其输出电动势的大小反映出被测体的移动量。实践所需用的器件与单元有差动变压器特性/测量系统（见图 8-8）、测微头、差动变压器传感器、数字式电压表。

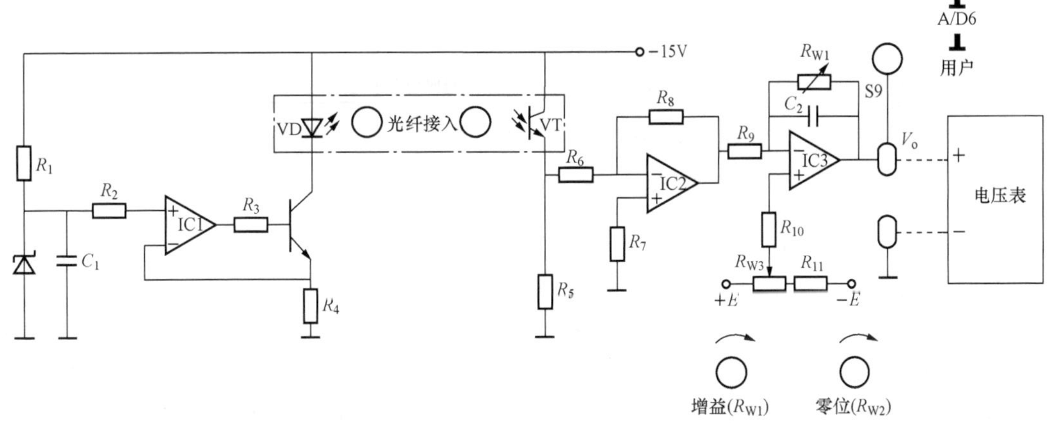

图 8-8　光纤位移传感器测量系统

实践过程中应注意：

(1) 差动变压器（电感式）位移传感器测量杆上有一黑圈，表示传感器的零点，即当黑圈回缩对准传感器侧壁时，内部铁心处于两个二次绕组的中间。理论上这点的差动电动势输出为零。

(2) 差动变压器（电感式）位移传感器测量电路调整比较复杂，应仔细。电路调整对实验结果影响很大。

(3) 确定“特性”时，传感器具有“+”，“−”双向输出特性。“测量”时，为保证控制精度，差动变压器特性/测量系统电路全部固定，各旋钮不起作用。传感器单向输出，标定在：0～20mm，0～5V。

(4) 电压表分辨率为 1/1999，即 0.5/1000，并存在“±1”个字的量化误差，在系统精度范围外的数字跳动属正常现象。

(5) 调零时数字式电压表需从 20V 挡逐步减挡。

实践具体过程为：如做过霍尔式位移传感器位移特性实验，霍尔式转速传感器测速 PC 机闭环控制实践应取下直线位移执行器圆盘上吸附的圆形磁钢。将差动变压器传感器安装在

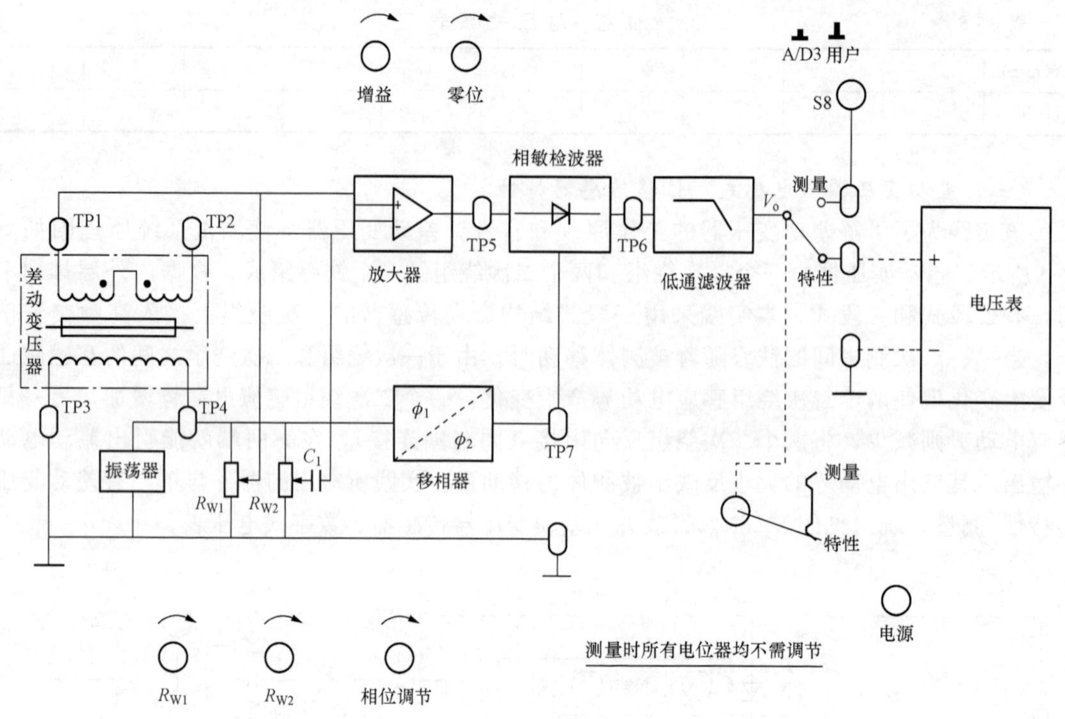

图 8-9　差动变压器特性/测量系统

直线位移执行器右边靠里的支架上。传感器引线插入相应插座中，探头对准并顶住直线位移执行器圆盘上的小圆片，向左移动传感器使测量杆回缩至杆上黑圈对准传感器侧壁（零点），拧紧测量架顶部的固定螺钉。直线位移执行器圆盘右边靠外的支架安装上测微头。测微头旋在 20mm，并顶住直线位移执行器圆盘，拧紧测量架顶部的固定螺钉。将差动变压器特性/测量系统中的“特性/测量”开关置“特性”位，在“特性”输出口接数字式电压表。放大器增益调到最大，零位居中，打开差动变压器特性/测量系统电源开关。测微头旋至 10mm，用示波器或特性实践 PC 数据采集软件中的示波器功能观察差动变压器一、二次侧的激励信号，分别记下其频率和电压峰值。用示波器或特性实践 PC 数据采集软件中的示波器功能观察放大器输出（TP5）信号，分别调节 R_{W1}、R_{W2} 及放大器为零，使信号最小。用示波器或特性实践 PC 数据采集软件中的示波器功能观察相敏检波输出（TP6）信号，测微头旋至 1mm，仔细调节移相器旋钮，使显示的波形为一个接近全波的整流波形。测微头旋回 10mm 处后，整流波形消失变为一条接近零点的直线，否则重复前述步骤。向里旋转测微头，每次转动 0.2mm 或 0.5mm 记下数字式电压表读数（至少 10 次），并填入表 8-6。测微头旋回 10mm 处，向外旋转测微头，每次转动 0.2mm 或 0.5mm 记下数字式电压表读数，（至少 10 次）并填入表 8-6 中。作出 U-X 曲线，并计算：①两个方向的线性范围；②灵敏度 S；③非线性误差 δ。

表 8-6　　　　**位移-电压关系表**

X(mm)				10						
U(V)				0						

（四）电涡流式传感器位移特性

该实践的目的是为了了解电涡流式传感器测量位移的工作原理和特性。通以高频电流的线圈会产生高频磁场，当有导体接近该磁场时，会在导体表面产生涡流效应，而涡流效应的强弱与该导体与线圈的距离有关，因此通过检测涡流效应的强弱即可以进行导体与线圈间的位移测量。实践所需器件与单元有电涡流式传感器、直线位移执行器、被测导体、测微头、数字式电压表。电涡流式传感器测量系统如图 8-10 所示。

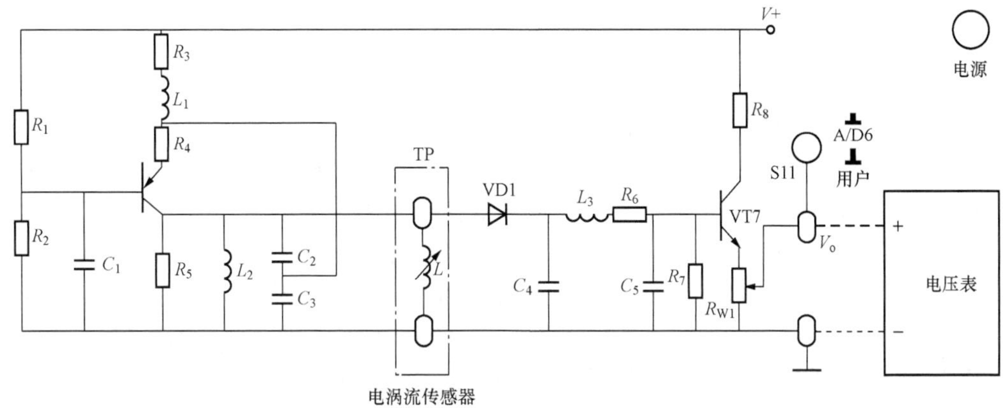

图 8-10　电涡流式传感器测量系统

实践过程中应注意：

(1) 涡流效应的强弱除了和被测导体与线圈的距离有关外，还和被测导体的材料有很大关系。这里被测导体的材料是 45 号钢。

(2) 受被测导体材料的影响，每只电涡流式传感器都有特定的位移特性。

(3) 电涡流式传感器是非接触式测量，存在线性起始安装问题，所以下面第（4）步非常重要。

(4) 电压表分辨率为 1/1999，即 0.5/1000，并存在"±1"个字的量化误差，在系统精度范围外的数字跳动属正常现象。

(5) 通用放大器（Ⅱ）调零时数字式电压表需从 20V 挡逐步逐步减小。

其实践过程为：在直线位移执行器圆盘右边靠外边的支架安装上测微头；测微头旋在 20mm 处，并顶住直线位移执行器圆盘，拧紧测量架顶部的固定螺钉；取下直线位移执行器圆盘上吸附的圆形磁钢；将电涡流式传感器安装在直线位移执行器右边靠里边的支架上；传感器引线插入相应插座中-探头对准并贴近直线位移执行器圆盘上的小圆片，拧紧测量架顶部的固定螺钉；电涡流式传感器测量系统面板上的 R_{W1} 调至最大；向里旋转测微头，每转动 0.2mm 或 0.5mm 记下数字式电压表读数，直到数字式电压表读数不变，并填入表 8-7 中。以下读数工作也可用特性实验 PC 数据采集软件操作。作出 U-X 曲线，计算：①线性起点 X_0；②线性范围；③灵敏度 S 和非线性误差 δ。

表 8-7　　位移-电压关系表

X(mm)										
U(V)										

（五）电涡流式传感器位移自动检测系统实践

该实践通过运用电涡流式传感器对直线位移执行器进行非接触测量及闭环控制实践，掌握电涡流式传感器在直线位移控制中的应用。将直线位移执行器、电涡流式传感器、数据采集控制器，计算机组成闭环回路。通过测控实践 PC 控制软件，对直线位移执行器进行连续 PID 控制。需用的器件与单元有电涡流式传感器、电涡流式传感器测量系统、数字式电压表、数据采集控制器、计算机及测控实践 PC 控制软件。实践过程中应注意：①该实践必须在电涡流传感器位移特性实践基础上进行；②电涡流式传感器是非接触式测量，存在线性起始点安装问题；③电压表分辨率为 1/1999，即 0.5/1000，并存在“±1”个字的量化误差，在系统精度范围外的数字跳动属正常现象。

电涡流传感器位移特性实践操作。计算出线性起点 X_0 值及线性范围。直线位移执行器圆盘复位。测微头旋在 20mm 处，并顶住直线位移执行器圆盘，拧紧测量架顶部的固定螺钉。向里旋转测微头约 5mm。将电涡流式传感器探头对准并距小圆片上的圆形磁钢 X_0mm 拧紧测量架顶部的固定螺钉。在计算机上安装好测控实践 PC 控制软件。按下电涡流式传感器测量系统的 S11 开关（如图 8-8 所示），按下直线位移执行器前面的开关。现在已将直线位移执行器、电涡流式传感器、数据采集控制器，计算机组成闭环回路，如图 8-11 所示。

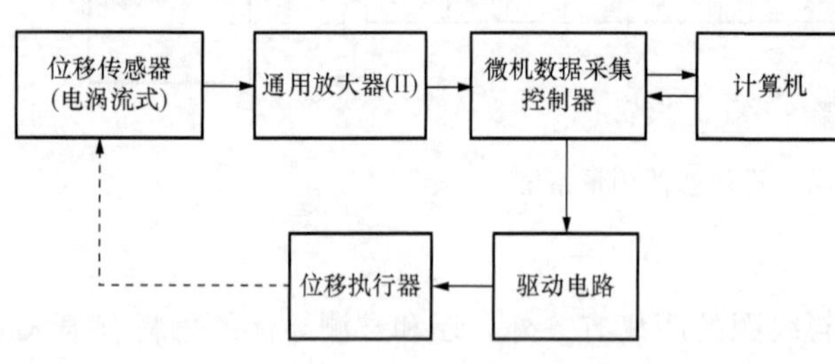

图 8-11 电涡流式传感器位移 PC 机闭环控制框图

在计算机测控界面上，选择“自定义”实践内容，并输入“电涡流式传感器位移 PC 机闭环控制实践”后按 Enter 键，设定好相关控制值及调节规律 PID 三个参数。建议位移设定值＝50/100 线性范围，采样周期为 1s、$P=0.1$、$I=8$、$D=0$。注意：P 不能设为零。软件通道设置：Ain6，Aout2。单击“运行”按钮，注意数据采集器上的发光二极管。是否闪烁，如有表示数据采集器与计算机通信联系正常，否则需检查：通信端口是否设置正确，计算机通信口是否正常工作、软件是否安装正确。注意观察测控界面右方的图形框，可以看到黄、红、绿三条曲线，随着实验进行绿线将逐步靠近黄线，说明位移值正逐步接近设定值，经过几个周期，位移值趋于稳定，注意观察稳定后偏差指示大小。若位移值不能趋于稳定，则是系统产生振荡，需要改变 PID 参数。改变位移设定值（下降或上升），观察控制曲线的输出状况及测量（过程量）的响应状态。改变位移设定值，分别改变 PID 三个参数中的任一参数，观察控制曲线的输出状态及测量（过程量）的响应状态。界面左边是数据框，表示实时测量数据。

（六）电容式位移传感器 PC 机闭环控制实践

该实践目的在于通过运用电容式位移传感器对直线位移执行器进行接触测量及闭环控制，使读者掌握电容式位移传感器的实际应用。电容式位移测量系统原理图如图 8-12 所示。将直线位移执行器、电容式位移传感器、连接杆、电容式位移传感器测量系统、数据采集控制器、计算机组成闭环回路，如图 8-13 所示。通过测控实践 PC 控制软件，对直线位移执行器进行连续 PID 控制。需用的器件与单元有直线位移执行器、电容式位移传感器、电容式位移传感器测量系统、测微头、数字式电压表、数据采集控制器、计算机及测控实践 PC 控制软件。

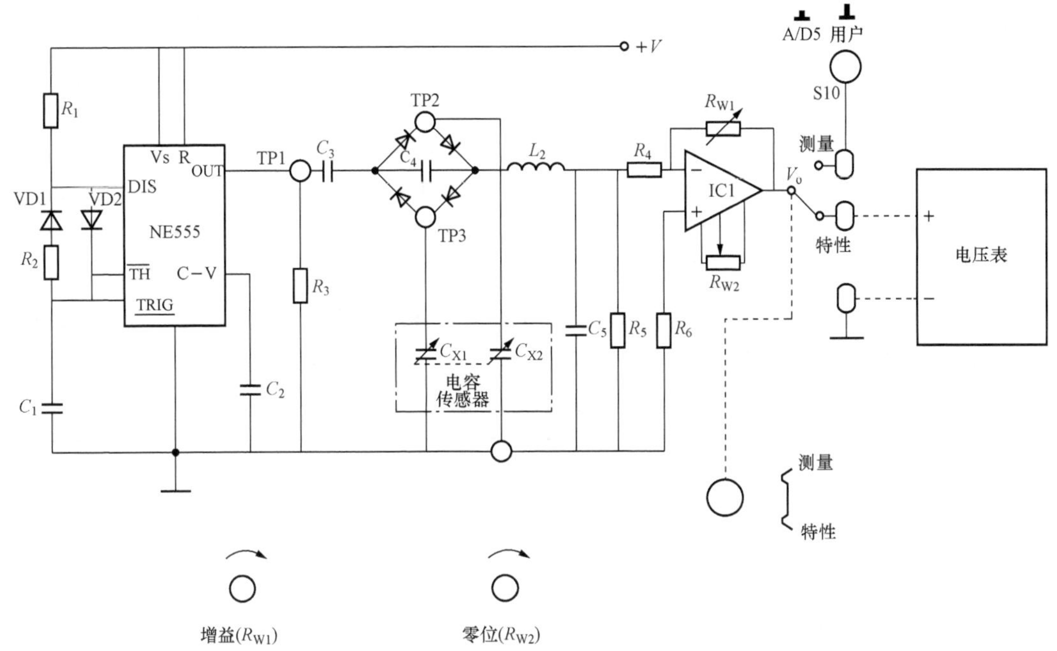

图 8-12 电容特性原理图

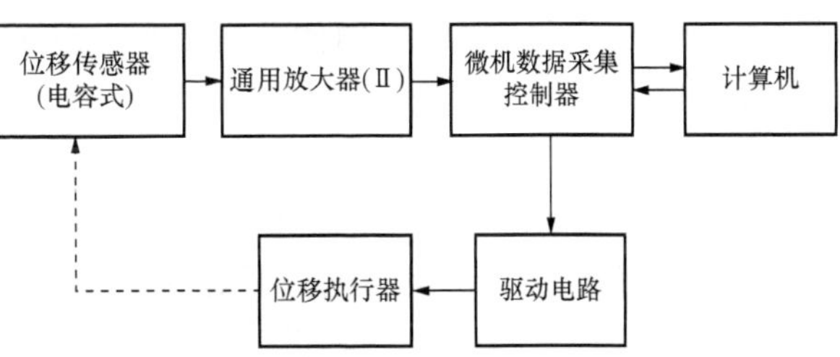

图 8-13 电容式位移传感器 PC 机闭环控制框图

实践过程应注意：①“测量”时，电容式位移传感器仅有单向输出（0～Xm）；②零点位置应安装准确；③与差动变压器一样电容式位移传感器是接触式测量的。

实际的具体过程如下。

1. 传感器标定

电容式位移传感器测量系统中的“特性/测量”开关置“测量”位，在“测量”输出口接数字式电压表。松开测微头的测量架及电容式位移传感器连接杆的测量架固定螺钉，使直线位移执行器复位。测微头旋在 20mm 处，并顶住直线位移执行器圆盘，拧紧测量架顶部的固定螺钉。移动连接杆使电容式位移传感器的测量杆回缩接近底部，并使数字式电压表接近零。向里旋转测微头，每次转动 0.2～0.5mm 记下数字式电压表读数，（至少 20 次）并填入表 8-8（也可用特性实验 PC 数据采集软件操作）。计算线性范围，得出 $0\sim X/0\sim V$ 的定量关系，最大位移值 X，最大位移值时的电压 U（应小于 5V）。

2. 闭环控制

在计算机上安装好测控实践 PC 控制软件。按下电容式位移传感器测量系统中 S10 开关。移去测微头，直线位移执行器复位。按下直线位移执行器前面 S13 开关。现在已将直线位移执行器、电容式位移传感器、电容式位移传感器测量系统、数据采集控制器、计算机组成闭环回路（如图 8-13 所示）。在计算机测控界面上，选择“自定义”实验内容，并输入“电容式位移传感器 PC 机闭环控制实践”后按 Enter 键，设定好相关控制值及调节规律 PID 三个参数。建议位移设定值=50/100 线性范围，采样周期为 1s、$P=0.5$、$I=10$、$D=0$。

注意：P 不能设为零。软件通道设置为 Ain6，Aout2。单击“运行”按钮，注意数据采集器上的发光二极管是否闪烁，如有表示数据采集器与计算机通信联系正常，否则需检查：通信端口是否设置正确，计算机通信口是否正常工作、软件是否安装正确。注意观察测控界面右方的图形框，可以看到黄、红、绿三条曲线，随着实验进行绿线将逐步靠近黄线，说明位移值正逐步接近设定值，经过几个周期，位移值趋于稳定，注意观察稳定后偏差指示大小。位移值不能趋于稳定，则是系统产生震荡，需要改变 PID 参数。变位移设定值（下降或上升），观察控制曲线的输出状况及测量（过程量）的响应状态。变位移设定值，分别改变 PID 三个参数中的任一参数，观察控制曲线的输出状态及测量（过程量）的响应状态。界面左边是数据框，表示实时测量数据。

表 8-8　　位移-电压关系表

X(mm)										
U(V)										

四、角度及角度位移测量类

1. 多通道角位移测量系统

该实践是为了了解多通道角位移测量原理；并能够依据该测量原理进行角位移测量。测量系统原理图如图 8-14 所示。增量式旋转编码器的内部结构如图 8-15 所示。在刻盘上刻有黑白相间的均匀条纹，其两侧分别装有三对发光一光敏管，当转盘随轴转动时 A、B、Z 三个光敏管就可分别接收安装在转盘另一侧 A、B、Z 三个发光管发出的光信号，从而产生光电脉冲信号输出，其中 Z 相每转一圈输出一个脉冲，输出的脉冲数目反映了角度位置，其速率反映了速度。转盘上的黑白相间的条纹越多，则分辨率越高，体积也就越大。A、B 相的几何位置使得 A、B 相的电信号输出在相位上相差 1/4 周期（2π/4）其输出特性如图

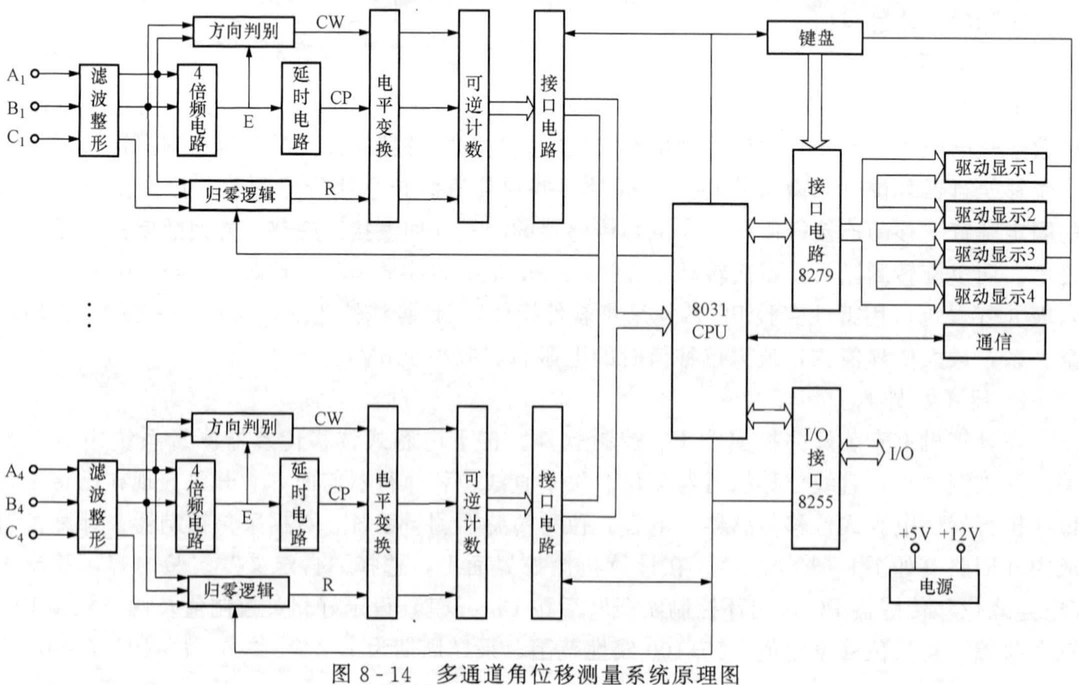

图 8-14　多通道角位移测量系统原理图

8-15所示。从输出特性上可以看到，在一个周期内（相当机械角度1.8°）A、B相共有四个上、下沿，而每个沿之间相差90°的电气角。若利用数字电路在编码器一个周期内记忆这四个上、下沿，在效果上相当于将1.8°的机械角细分4倍，在效果上相当于对其中一相进行4倍频程，在相位上严格与角位移同步。依上所述，若选用E6A2－200编码器，经上述数字电路处理后可获得360/200/4＝0.45°/脉冲。也就是说，经二次仪表4倍频后，可以使系统的测量精度提高4倍。

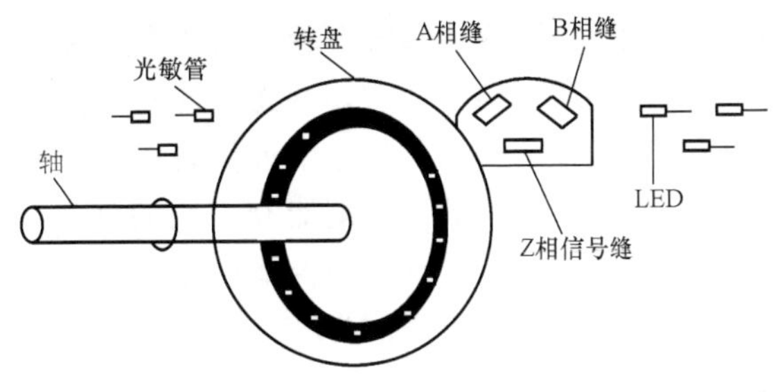

图8-15　传感器结构图

实践所需用器件与单元有增量式编码器、光敏管、发光管LED、计数器、延时电路、转盘。该传感器测量系统测量通道数为5路（4路串行，一种并行）；输出形式为4路显示，配RS232接口。根据实际需要，选用OMRON公司生产的E6A2－200型增量式旋转编码器，它的特点价格便宜、体积小、分辨率适中，为200脉冲/圈。测量范围：－360°～360°。测试精度：0.45°（配E6A2－200编码器），0.0879°（配E6C－1024编码器）。有A、B、C三相输出，其角度分辨率为360/200＝1.8°/脉冲。尽管直接测量不能满足小于0.5°的测试要求。但可以根据传感器的输出特性在二次仪表上采取措施，达到提高测试精度的目的。图8-16为传感器输出波形图。

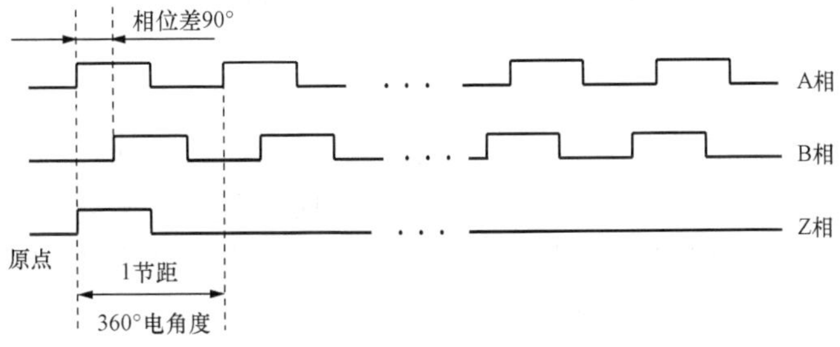

图8-16　传感器输出波形图

2. 基于光纤Sagnac干涉仪的旋转角度测量系统

该实践项目通过运用光纤Sagnac干涉仪的旋转角度测量系统测量角位移实践，掌握基于光纤Sagnac干涉仪的旋转角度测量系统的实际应用。光纤Sagnac干涉仪原理图如图8-17所示。利用光纤构成的Sagnac干涉仪是一种纯光学静止型的旋转传感器，其灵敏度高、动态范围广、启动快、耗能低、寿命长、抗冲击能力强，结构上具有适应性和冲击性。本系统采用单片机微处理器对信号处理，软件积分。要求得到的实验效果为：在转速低于100°/s的情况下，能实现角度从－360°～360°的测量，且误差低于1%。各种光学旋转传感器是以光的Sagnac效应为基础开发出来的。激光经分束器分为反射和投射两部分。这两束光均

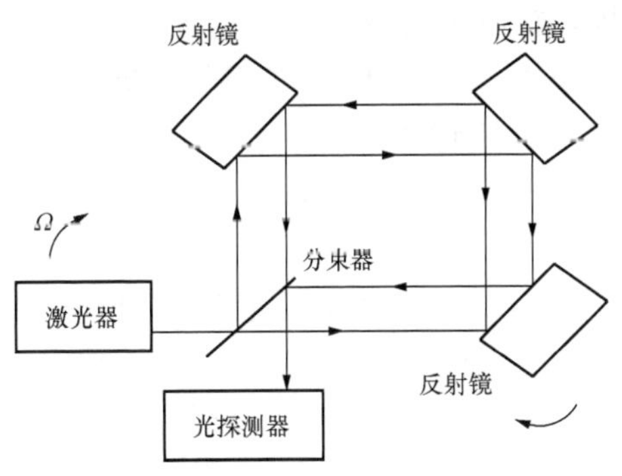

图8-17　Sagnac干涉仪原理图

由反射镜反射形成传播方向相反的闭合光路，并在分束器上会合，送入光探测器，同时，一部分返回到激光器。此时，两光束的光程长度相等。根据双束光干涉原理，在光电探测器上探测不到光强的变化。当把干涉仪装在一个可绕垂直于光束平面轴旋转的平台上时，两束传播方向相反的光束到达探测器有不同的延迟。若平台以角速度 Ω 顺时针旋转，则在顺时针方向传播的光较逆时针方向传播的光延迟大。

这样，相位延迟量可表示为

$$2\Phi=\frac{8\pi A\Omega}{\lambda_0 c}$$

式中 Φ——相位角；

Ω——旋转速度；

A——光路所包含的面积；

λ_0——真空中光的波长；

c——真空中的光速。

所以通过检测干涉光强的变化，就可以知道旋转速度。

五、速度、转速和加速度测量类

1. 霍尔式转速传感器测速实践

该实践的目的是了解并掌握霍尔式转速传感器的测速原理，了解霍尔式转速传感器的应用。根据霍尔效应表达式 $U=KIB$ 可知当 K、I 不变时，在转速圆盘上装上 N 只磁性体，并在磁钢上方安装一霍尔元件。圆盘每转一周经过霍尔元件表面的磁场 B 从无到有就变化 N 次，霍尔电动势也相应变化 N 次，此电动势通过放大、整形和计数电路就可以测量被测旋转体的转速。所需用器件与单元有霍尔式转速传感器、转速电机、模拟信号转换器、频率/转速表。

实践过程中应注意：①转速电机采用普通直流轴流风机，在电压恒定时转速不一定稳定；②转速电机圆盘上装有 12 只磁钢，圆盘每转一周霍尔式转速传感器输出 12 个脉冲信号；③频率/转速表的转速挡内部已设置，即每 12 个脉冲为一个计数单位，不能改变，分辨率为 5r/min；④电机最高转速应控制在 2400r/min 左右。

具体实践过程如下：根据图 8-18，将霍尔式转速传感器装于转动源的传感器调节支架上，探头对准转盘内的磁钢 2～3mm；引线插入相应插座；霍尔式转速传感器输出（转速信号输出 f_o）端，接入转速/频率表（转速挡）；将模拟信号转换器 V/V 单元的输出接入转速电机前“外控输入”端，抬起 S16 开关；调节相关电位器使电机旋转，待转速稳定后记下转速/频率表读数。建议：隔 250r/min 记录一次。

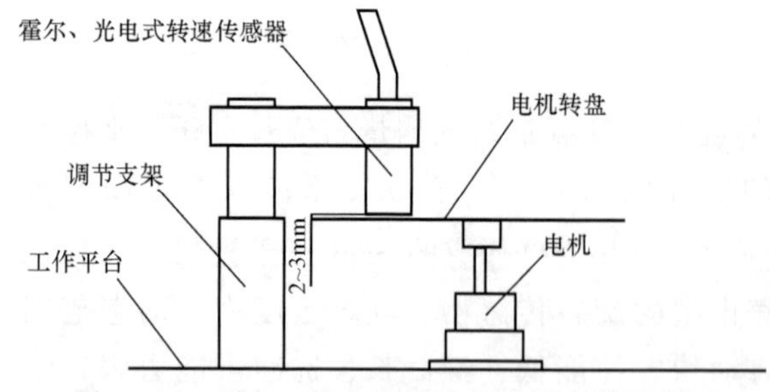

图 8-18 霍尔、光电式转速传感器安装示意图

2. 光纤传感器测量转速

通过该实践能够了解光纤位移传感器用于测量转速的方法。本实践利用光纤位移传感器在被测物的反射光强弱明显变化时所产生的相应信号，经电路处理转换成相应的脉冲信号即可测量转速。光纤特性原理图如图 8-19 所示。实践需用器件与单元为光纤传感器、光纤传感器测量系统、整形电路、转速电机、模拟信号转换器、数字式电压表、频率/转速表。

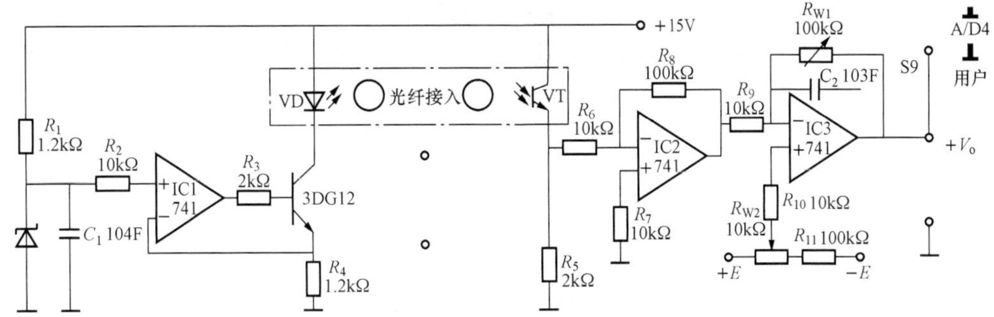

图 8-19　光纤特性原理图

实践过程中应注意：①该实验必须在霍尔式传感器测量转速基础上进行；②光纤传感器及光纤传感器测量系统输出是模拟信号，经整形电路转换成脉冲信号后会有误差。

具体过程如下：在霍尔式传感器测量转速基础上将光纤传感器探头用转速支架连接后移至转速电机旁升降支架上。探头对准反射点，调节升降支架高低，使数字式电压表指示最大。用手转动圆盘，使探头避开反射面，调 R_{W2} 使数字式电压表显示接近零（≥0）。再用手转动圆盘，使探头对准反射点，调节升降支架高低，使数字式电压表指示最大。重复上述步骤，直至两者的电压差值最大（差值最好大于 1V）。再将光纤传感器测量系统的 V_o 端与整形电路输入相接，整形电路输出与转速/频率表的输入端相接，频率/转速表置转速挡。模拟信号转换器 V/V 单元的输出接入转速电机前“外控输入”端，抬起 S16 开关。打开整形电路的电源开关。调节相关电位器使电机旋转，待转速稳定后记下转速/频率表读数。建议：隔 250r/min 记录一次。用示波器或用特性实验 PC 数据采集软件中的示波器功能，比较光纤传感器测量系统的 V_o 端与整形电路输出端的波形。

六、力、力矩和应力测量类

1. 压阻式压力传感器特性实践

通过该实践能够了解扩散硅压阻式压力传感器测量压力的原理和方法。扩散硅压阻式压力传感器在单晶硅的基片上扩散出 P 型或 N 型电阻条并接成电桥。在压力作用下，基片产生应力，根据半导体的压阻效应，电阻条的电阻率会产生很大变化而引起电阻值的变化，我们把这一变化量引入测量电路，则其输出电压的变化反映了所受到的压力变化。需用器件与单元：压力源（已在主控箱内）、压阻式压力传感器、通用放大器（Ⅱ）、流量计、气源连接导管、数字式电压表。

实践时应注意：

（1）压阻式压力传感器采用差压式，有两只气嘴，一只为高压嘴（H），一只为低压嘴（L）。高压嘴（H）接压力输入，低压嘴（L）接大气，最大压力输入：30kPa。流量计上的调节旋钮一般不要动，否则会影响压力输出。

（2）电压表分辨率为 1/1999，即 0.5/1000，并存在“±1”个字的量化误差，在系统精度范围外的数字跳动属正常现象。

（3）通用放大器（Ⅱ）调零时数字式电压表需从 20V 挡逐步减小。

实践过程为：根据压力源面板示意图，压缩泵、流量计之间的气管在内部已接好。将硬气管一端插入压力源面板上的气源快速插座中（注意管子拉出时请用手按住气源插座边缘往内压，则硬管可轻松拉出）。软导管一端与压力传感器高压嘴（H）接通（见图 8-19）。压力源功率“控制方式”开关置“手动”位。通用放大器（Ⅱ）的 S5 开关置相应位，先不要给传感器加压，将通用放大器（Ⅱ）R_{W1}，R_{W3} 顺时调至调最大，抬起 S15 开关，调 R_{W2} 使第一级仪表专用放大器输出 V_{o3} 为零。压下 S15 开关接入第二级反相放大器，调 R_{W4} 使 V_{o4}（V_o）为零。打开压力源开关，调手动电位器，给传感器加压，逐步调节 R_{W3} 至适当位［最高压力 30kPa 时 V_{o4}（V_o）为 2～5V］，整个过程 R_{W1}、R_{W2}、R_{W4} 不要动。逐步调小压力至 5kPa，记下电压表读数，调大压力每隔 5kPa 记录一次，填入表 8-9 中。也可用特性实验 PC 数据采集软件操作。作出 p-V 曲线，计算灵敏度 S 和非线性误差 δ。

表 8-9　　压力-电压关系表

压力（kPa）	4	8	12	…
电压（mV）				

2. 金属箔式应变片全桥性能实践

通过该实践了解金属箔式应变片原理及全桥测量电路。电阻丝在外力作用下发生机械变形时，其电阻值发生变化，这就是电阻应变效应，描述电阻应变效应的关系式为：

$$\Delta R/R = K\varepsilon$$

式中 $\Delta R/R$ 为电阻丝的电阻相对变化值，K 为应变灵敏系数，$\varepsilon=\Delta L/L$ 为电阻丝长度相对变化值。金属箔式应变片是通过光刻，腐蚀等工艺制成的应变敏感元件，用它来转换被测部位的受力大小及状态，通过电桥原理完成电阻到电压的比例变化。全桥测量电路中，将受力状态相同的两片应变片接入电桥对边，不同的接入邻边，应变片初始阻值是 $R_1=R_2=R_3=R_4$，当其变化值 $\Delta R_1=\Delta R_2=\Delta R_3=\Delta R_4$ 时，桥路输出电压 $U_{01}=KE\varepsilon$（E 为供桥电压）。实践需用的器件与单元：应变式传感器、通用放大器（Ⅱ）、砝码（每只约 20g）、数字式电压表。

实践过程中应注意事项：①应变式传感器的四片应变片的阻值是 350Ω。最大量程：500g；②不要用手压托盘，以免损坏传感器；③电压表分辨率为 1/1999，即 0.5/1000，并存在“±1”个字的量化误差，在系统精度范围外的数字跳动属正常现象；④通用放大器（Ⅱ）调零时数字式电压表需从 20V 挡逐步减小。

实践过程：如图 8-20 所示，将通用放大器（Ⅱ）的 S5 开关置相应位并按下应变式传感器 R_1，R_2，R_3 开关将四片应变片接成全桥，先不要给传感器加载，将通用放大器（Ⅱ）的 R_{W1}，R_{W3} 顺时调至最大，抬起 S15 开关，调 R_{W5} 及 R_{W2} 使第一级仪表专用放大器输出 V_{o3} 为零。压下 S15 开关接入第二级反相放大器，调 R_{W4} 使 V_{o4}（V_o）为零。在托盘上放 10 只砝码给传感器加载，逐步调小 R_{W3} 至数字式电压表指示 200mV，整个过程 R_{W1}、R_{W2}、R_{W4} 不要动。取下 10 只砝码，如数字式电压表指示不为零，再调 R_{W4} 使 V_{o4}（V_o）为零。重复上面步

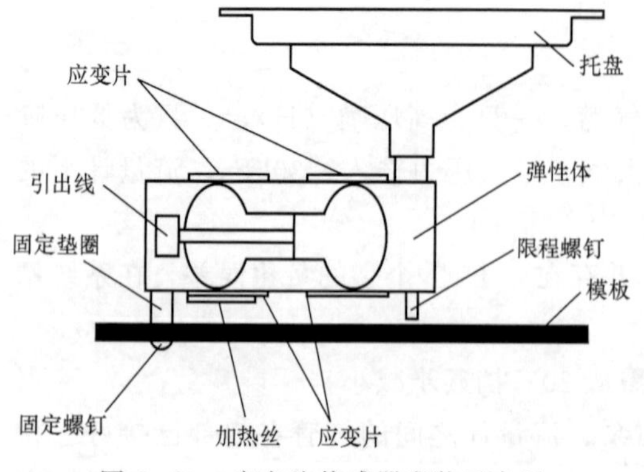

图 8-20　应变片传感器安装示意图

骤。在托盘上放 10 只砝码给传感器加载，逐步调小 R_{W3} 至数字式电压表指示 200mV，整个过程 R_{W1}、R_{W2}、R_{W4} 不要动。取下 10 只砝码，数字式电压表指示应为零。每加 1 只砝码，记下电压表读数，填入表 8-10 中（也可用特性实验 PC 数据采集软件操作）。作出 m－V 曲线，计算灵敏度 S 和非线性误差 δ。

表 8-10　质量-电压关系表

质量(g)										
电压(mV)										

3. 金属箔式应变片半桥性能实验

通过该实践比较半桥与全桥的不同性能，了解其特点。用不同受力方向的两片应变片接入电桥邻边，其余邻边用固定电阻替代，桥路输出灵敏度降低，非线性增大。当两片应变片阻值和应变量相同时，其桥路输出电压 $U_{o2}=EK/2\varepsilon$，比全电桥灵敏度降低 1 倍。实践所需用器件与单元：应变式传感器、通用放大器（Ⅱ）、砝码（每只约 20g）、数字式电压表。实践过程中应注意：①务必保持 R_{W1}、R_{W2}、R_{W3}、R_{W4} 不变；②半桥调零时数显电压表需从 20V 挡逐步减小。

其具体过程为：保持金属箔式应变片全桥性能实践过程，取下 10 只砝码，抬起应变式传感器 R_2 开关，将应变式传感器接成半桥，调 R_{W5} 使数字式电压表指示应为零，务必保持 R_{W1}、R_{W2}、R_{W3}、R_{W4} 不变。每加 1 只砝码，记下电压表读数，填入表 8-11（也可用特性实验 PC 数据采集软件操作）。作出 m-V 曲线，计算灵敏度 S 和非线性误差 δ，并与全桥作一对比，有何关系？

表 8-11　质量-电压关系表

质量(g)										
电压(mV)										

七、流量测量类

通过该实践了解并掌握超声波测量流量的基本原理。本流量测量系统为了测量数十毫米的小管径流量可以采用回鸣时差法，即在测量顺流、逆流的时差时，应用回鸣技术加大声程，以增大时差，其测量原理如图 8-21 所示。本实践需用器件与单元：超声波发生器、接收器、放大滤波电路、计数器、辅助计数器、自动控制增益电路单元、脉宽调制器。

具体实践过程如下：如图 8-21 所示，当换能器 TR1 发射的超声脉冲逆流方向发射到液体中，并穿过对面管壁被换能器 TR2 接收到时，立即使发射回路再次发射，形成逆流回鸣环；同时在计数器内计数。假设预置数为 M，当计数到 M 时，控制发收切换装置转换成由换能器 TR2 顺流发射，形成顺流回鸣环，亦重复 M 次。这样得到的两个时间差便比原来的时差增大了 M 倍。并且在声楔、管壁内的固定延时相互抵消，得到的纯粹是液体内的顺逆流传播时间差的 M 倍，将这一时差用时钟脉冲在计数器内计数，可得到超声波的声速值，进而得到流量。应用 CPLD 来产生传感器驱动信号，并对超声波传播时间精确测量，要求测量系统精度高、稳定性好、流量测量系统要求达较高的测量精度。

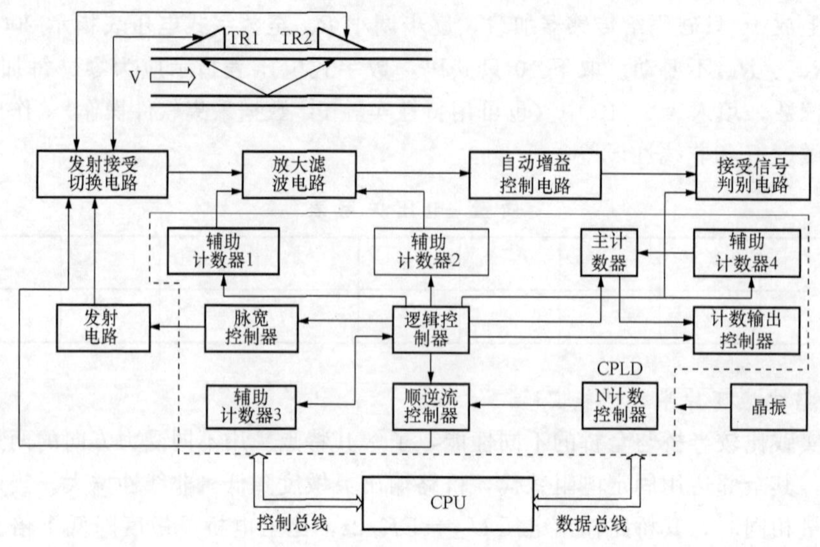

图 8-21 超声波流量测量原理图

八、振动测量类

1. 整形电路及施密特触发器性能实践

整形电路及施密特触发器在传感器振动频率测量电路里很常见，往往用于将不规则的传感器动态测量信号变成有规则的方波，以便仪表和计算机采集。整形电路图如图 8-22 所示。通过实践了解该电路的作用，可以为相关的实验打好基础。振动源可以输出 1～30Hz 频率和幅值连续可调的低频信号，把这个输出信号看成是一个不规则的传感器动态测量信号送入比较器，当信号电平高于比较器阈值时比较器输出高电平，当信号电平低于比较器阈值时比较器输出复位。所以比较器的功能是可以把一个不规则的信号变成只有高低电平的方波。这个方波信号通过施密特触发器整形，输出成为具有良好上、下降沿的标准方波，就可以被后继电路设备识别和显示。

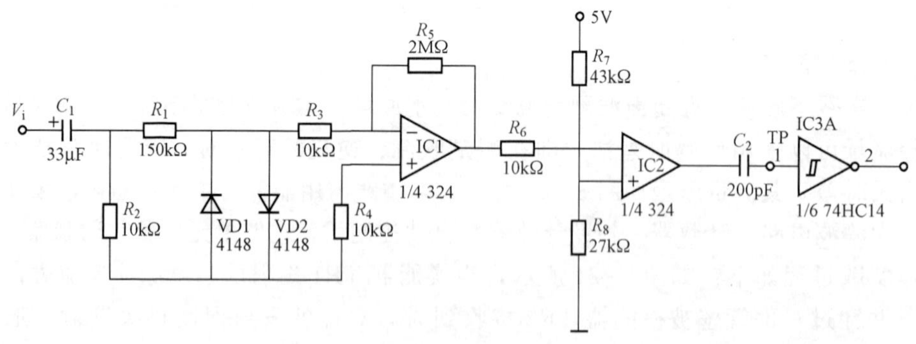

图 8-22 整形电路

需用器件与单元：整形电路、振动源、特性软件 SET2003 中的虚拟示波器。

实践注意事项：①振动源低频信号输出频率为 1～30Hz，幅度峰峰值约 20V；②振动梁的固有谐振频率为 8～10Hz，实验时应避开该频率段；③调节振动源的幅度调节旋钮振动梁会产生振动，不要使振动梁的振动幅度太大；④实验之前应关闭所有未用单元的电源，避免干扰。

具体实践过程如下：将振动源的“频率输出 f_o”用软线接入整形电路输入端，打开整形电路电源。将整形电路的输入和输出分别用软线接到计算机通信口的 CH1 和 CH2 上。计算机通信线接特性口，打开计算机通信口电源。启动计算机，在桌面上双击 SET2003 图标进入特性软件操作界面；在界面上右下角单击示波器按钮，进入示波器界面。在该界面中的通道选择下拉框中选择双通道，按下界面上的运行按钮，观察示波器中整形电路输入端、输出端信号波形。调节低频信号的幅度旋钮置中间偏左位，从低到高调节低频信号频率旋钮，对两路信号的幅度及频率作比较。将振动源的频率调节旋钮置中间位置，调节振动源的幅度旋钮，观察示波器上两路信号波形的变化有什么特点。将计算机通信口的 CH1 和 CH2 分别用软线连到比较器的输入和输出端。同前面操作，启动计算机，在桌面上双击 SET2003 图标进入特性软件操作界面；在界面上右下角单击示波器按钮，进入示波器界面；在界面中的通道选择下拉框中选择双通道，按下界面上的运行按钮，观察示波器中整形电路输入端、输出端信号波形。在示波器界面上观察这两个信号波形的关系。

2. 压电式传感器振动测量特性实践

通过该实践了解压电式传感器测量振动的原理和方法。压电式传感器特性系统如图 8-23 所示。压电式传感器由惯性质量块和受压的压电陶瓷片等组成（观察实验用压电加速度计结构）。工作时传感器感受与试件相同频率的振动，质量块便有正比于加速度的交变力作用在压电陶瓷片上，由于压电效应，压电陶瓷片上产生正比于运动加速度的表面电荷，经电荷放大器转换成电压，即可测量物体的运动加速度。

本实践需用器件与单元：振动梁（顶部装有压电式传感器）、压电式传感器测量系统（见图 8-23）、整形电路、数字式电压表、示波器或用特性实验 PC 数据采集软件中的示波器功能。

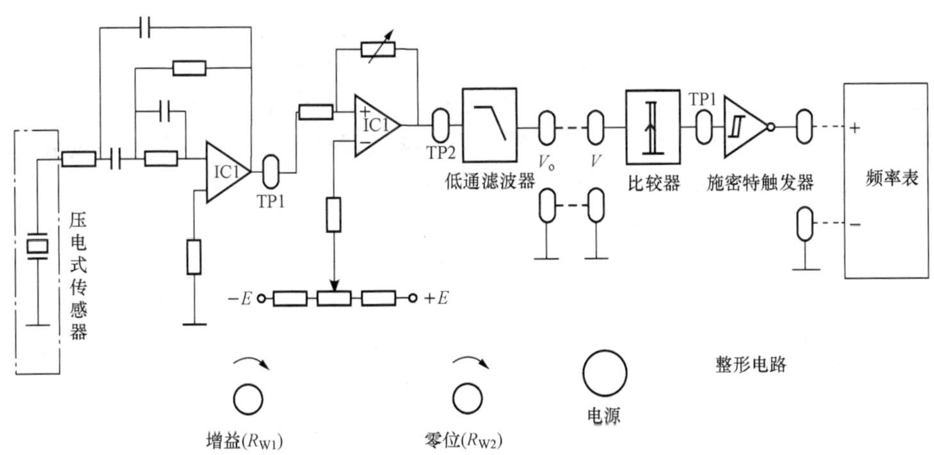

图 8-23　压电式传感器特性系统

实践的注意事项：①压电式传感器的输出已接到压电式传感器测量系统的输入端，IC_1 是电荷放大器；②振动梁的固有谐振频率为 8～10Hz。在该点振动梁会发生谐振，（振动幅度突然加大），应控制好幅度旋钮。

其实践过程如下：将压电式传感器测量系统的低通输出端（V_o）接到数字式电压表。

整形电路的输入、整形电路的输出接示波器或用特性实验 PC 数据采集软件中的示波器功能。调节低频振荡器的频率及幅度旋钮置最小位。打开压电式传感器测量系统的电源开关。调节 R_{W1} 至最大，调节 R_{W2} 使数字式电压表为零。撤除低通输出端（V_o）接到数字式电压表的连线。调节低频振荡器的频率及幅度旋钮使振动台振动，用示波器或用特性实验 PC 数据采集软件中的示波器功能：分别观察 TP1、TP2、低通输出端（V_o）的波形。比较一下有什么区别？改变低频振荡器的频率或幅度，重复上步，将压电式传感器测量系统的低通输出端（V_o）接到整形电路的输入，用示波器或用特性实验 PC 数据采集软件中的示波器功能观察整形电路的输出端波形。改变低频振荡器的频率或幅度，重复上步，将压电式传感器测量系统的低通输出端（V_o）接到整形电路的输入，用示波器或用特性实验 PC 数据采集软件中的示波器功能观察整形电路的输出端波形。将整形电路的输出端接到频率/转速表，频率/转速表置频率挡，读出振动梁的振动频率，并与"低频信号输出 f_o"的频率作比较。

3. 激光多普勒效应微小振动测量系统设计

通过该实践了解激光多普勒效应得原理。光栅衍射多普勒效应原理如图 8-24 所示。激光的入射角为 i，波长为 λ，频率为 f_0，第 $k(k=0, \pm1, \pm2, \cdots)$ 级衍射光的衍射角为 α_k，光栅的运动速度为 v，光栅长度为 d，根据光栅方程 $d\ (\sin i \pm \sin\theta)=k\lambda$，第 k 级衍射光的频率为 $f_k=f_0+kV/d$，由此可得到第 k 级衍射光束的频移为

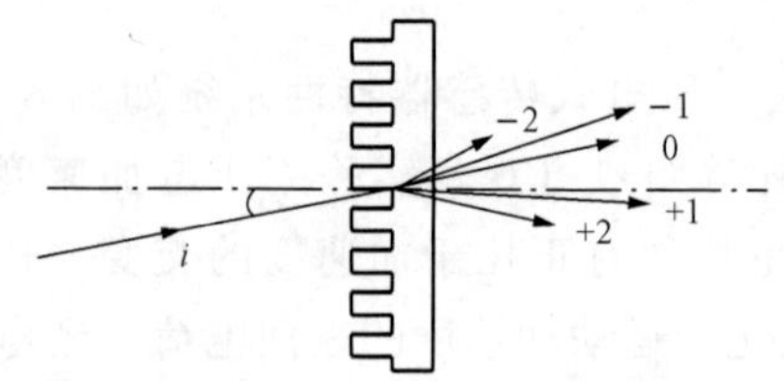

图 8-24 光栅衍射多普勒效应原理图

$$\Delta f_k = k\frac{v}{d} \tag{8-1}$$

由式（8-1）可见，级衍射光 $\Delta f_{\pm1}=\pm v/d$。衍射光束的多普勒频移只与光栅长度 d、衍射级次 k、运动速度 v 有关，而与入射光的方向及激光的波长无关。有利于提高测量精度。

实践需用器件与单元：图 8-25 是光栅切向振动测量装置的光路结构，信号处理及数据采集系统的原理图。该系统的光路部分由激光器、透射光栅Ⅰ、透镜Ⅰ、$\lambda/4$ 波片、透镜Ⅱ、反射光栅Ⅱ、反射棱镜、渥拉斯顿棱镜、光电接收器件等组成；信号处理及数据采集部分由放大器、滤波器、数据采集板（包括 A/D 转换器）等组成。

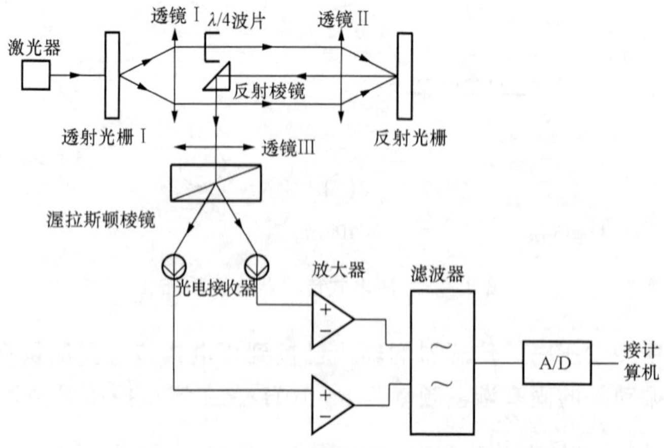

图 8-25 光路结构、信号处理及数据采集原理图

实践注意事项及特点：为了提高测量微小振动的精密和动态范围，提出一种基于激光光栅多普勒效应的微振动测量系统。通过对差拍信号的频率分析，以峰值频率比值的方法可以排除干扰获得被测振动频率，找到振动的翻转并判断振幅的大小。对于小于计数当量的位移由测量电压得到，提高微小振动位移的测量精度以及系统测量的最小分辨率、动态范围。该系统的频率范围为 0.5～500Hz，振幅为 20～10mm，相对误差小于 1%，其动态范围大于 100dB。光学多普勒测量无须干涉仪组成、精密装配，多普勒频移与被测速度矢量成线性关系，不受环境条件影响，适合研究任何复杂的物体运动。

九、成分与物性测量类

1. 气敏（酒精）传感器气体浓度测量实验

通过该实践了解气敏传感器的工作原理及特性。气敏传感器是由微型 Al_2O_3 陶瓷管、SnO_2 敏感层、测量电极（A-B）和加热器（f-f）构成。在正常情况下，SnO_2 敏感层在一定的加热温度下具有一定的表面电阻值（10MΩ 左右），当遇有一定含量的酒精成分气体时，其表面电阻（R_{ab}）可迅速下降，通过检测回路（R_{W1}）可将这变化的电阻值转成电压信号输出。实践所需用器件与单元有气敏传感器测量系统、酒精棉球。在实践的过程中应注意：①SnO_2气敏（酒精）传感器需加热后使用；② SnO_2 气敏传感器的精度不高，约5/100；③传感器输出电压是非线性的，用户可作为电路设计自行修正。

实践基本过程为：准备好酒精棉球。然后打开气敏传感器测量系统电源开关，给气敏传感器预热数分钟，(按正常的工作标准应为 10min）若时间较短可能会产生较大的测试误差。将酒精棉球逐步靠近传感器，观察红色 LED 指示灯的点亮情况，移开酒精棉球，观察指示灯的熄灭情况。在已知所测酒精浓度的情况下，调整 R_{W1} 可进行输出电压的满度标定。

2. 湿度传感器湿度测量实践

通过该实践了解湿度传感器的工作原理及特性，其原理图如图 8-26 所示。本实践采用的是高分子薄膜湿敏电阻。感测机理是：在绝缘基板上溅射了一层高分子电解质湿敏膜，其阻值的对数与相对湿度成近似的线性关系，通过电路予以修正后，可得出与相对湿度成线性关系的电信号（见表 8-12，实践所测得数据）。

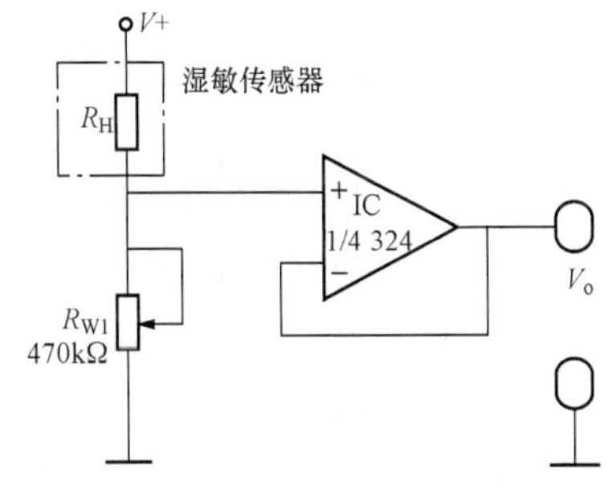

图 8-26　湿敏传感器测量原理图

实践所需用器件与单元：湿敏传感器测量系统、数字式电压表、温湿棉球。

注意事项：①本实践的湿度传感器已由内部放大器进行放大、校正，输出的电压信号与相对湿度成近似线性关系，标定在 0～2.5V→0～95%RH。②湿度传感器脱湿时间较长。

实践的具体过程：①准备好温湿棉球；②打开气敏传感器测量系统电源开关，给传感器预热片刻；③将温湿棉球逐步靠近传感器（如没有温湿棉球也可对准传感器吹气）观察红色 LED 指示灯的点亮情况，移开棉球，观察指示灯的熄火情况；④R_{W1} 可进行输出电压的满度标定。

表 8-12　　湿度-电压关系表

湿度(RH%)										
电压(V)										

本 章 小 结

本章主要介绍在一定的软件及硬件平台支持下传感器的工程实践方法，以传感器理论知识为基础，通过一定的实践方式与方法对不同的参数进行检测、测量及数据处理，其中包括温度测量，长度及线位移测量，角度及角度位移测量，速度、转速及加速度测量，力、力矩和应力测量，流量测量，振动测量，成分与物性测量。所提出的工程实践内容，涉及传感器测量的诸多方面。通过对本章实践方法的掌握，可以加深对理论知识的学习深度，对于理论和实践的有机结合起到非常重要的作用。

习 题 与 思 考 题

8-1　在整形电路及施密特触发器性能实践中，画出比较器输入输出端信号的波型，分析它们之间的关系。

8-2　在整形电路及施密特触发器性能实践中，画出整形电路输入输出端的波型，分析它们之间的关系。

8-3　在整形电路及施密特触发器性能实践中，当保持振动源的幅度一定而频率变化时整形电路的输入输出信号波形的变化有什么特点?

8-4　在整形电路及施密特触发器性能实践中，当保持振动源的频率一定而幅度变化时，整形电路的输入输出信号波形的变化有什么特点？为什么？

8-5　简述热电偶测温原理，试分析影测温精度的因素。

8-6　什么是多普勒效应，试分析利用多普勒效应测量振动的原理。

8-7　电涡流式传感器位移特性实验中的测量原理是什么？

8-8　霍尔式转速传感器测速 PC 机闭环控制实践中 PID 各参数对控制性能有哪些影响?

8-9　根据表 8-2 所填数据计算灵敏度 S，并分析影响其影响因素。

8-10　应变片测力的原理是什么？

8-11　流量测量实践中，简述超声波传感器测流量过程中的测量原理及方法。

8-12　对照图 8-14 传感器输出波形图，说明多通道角位移测量系统测量原理。

8-13　压电式传感器振动测量特性实践中，调节低频振荡器的频率及幅度旋钮使振动台振动，用示波器或用特性实验 PC 数据采集软件中的示波器功能分别观察 TP1、TP2、低通输出端（V_o）的波形，并比较这两种方式有什么区别?

参 考 文 献

[1] 季维发，过润秋，严武升，等．机电一体化技术．北京：电子工业出版社，1995.
[2] 张建民．机电一体化系统设计．北京：北京理工大学出版社，1996.
[3] 刘政华，何将三，龙佑喜，等．机械电子学．长沙：国防科技大学出版社，1999.
[4] 胡泓，姚伯威．机电一体化原理及应用．北京：国防工业出版社，1999.
[5] 刘经燕．测试技术及应用．广州：华南理工大学出版社，2001.
[6] 于永芳，郑仲民．检测技术．北京：机械工业出版社，2000.
[7] 刘君华．智能传感器系统．西安：西安电子科技大学出版社，1999.
[8] 李迅波．机械工程测试技术基础．四川：电子科技大学出版社，1998.
[9] 强锡富．传感器．北京：机械工业出版社，2000.
[10] 单成祥．传感器的理论与设计基础及其应用．北京：国防工业出版社，1999.
[11] 吴道悌．非电量电测技术．西安：西安交通大学出版社，2001.
[12] 黄继昌，徐巧鱼，张海贵，等．传感器工作原理及应用实例．北京：人民邮电出版社，1998.
[13] 周杏鹏，仇国富，王寿荣，等．现代检测技术．北京：高等教育出版社，2004.
[14] 王伯雄．测试技术基础．北京：清华大学出版社，2003.
[15] 刘国林，殷贯西．电子测量．北京：机械工业出版社，2003.
[16] 孙传友，孙晓斌．感测技术基础．北京：电子工业出版社，2001.
[17] 张迎新．非电量测量技术基础．北京：北京航空航天大学出版社，2001.
[18] 施文康，余晓芬．检测技术．北京：机械工业出版社，2000.
[19] 常健生．自动检测技术．北京：机械工业出版社，2000.
[20] 马西泰．检测与转换技术．北京：机械工业出版社，2000.
[21] 夏士智．测量系统设计与应用．北京：机械工业出版社，1995.
[22] 张永瑞．电子测量技术基础．西安：西安电子科技大学出版社，1994.
[23] 林德杰．电气测试技术．北京：机械工业出版社，2000.
[24] 国家质量技术监督局计量司．测量不确定度评定与表示指南．北京：中国计量出版社，2000.
[25] 国家质量监督检验检疫总局计量司．测量仪器特性评定指南．北京：中国计量出版社，2003.
[26] 费业泰．误差理论与数据处理．5版．北京：机械工业出版社，2005.
[27] 董怀武．误差理论在电磁测量中的应用．北京：机械工业出版社，1986.
[28] 周渭．测试与计量技术基础．西安：西安电子科技大学出版社，2004.
[29] 张世箕．测量误差及数据处理．北京：科学出版社，1979.
[30] 叶德培．测量不确定度．北京：国防工业出版社，1996.
[31] 肖明耀．误差理论与应用．北京：计量出版社，1985.
[32] 丁振良．误差理论与数据处理．2版．哈尔滨：哈尔滨工业大学出版社，2002.
[33] 郑华耀．检测技术．北京：机械工业出版社，2004.
[34] 陈杰，黄鸿．传感器与检测技术．北京：高等教育出版社，2002.
[35] 王元庆．现代传感器原理及应用．北京：机械工业出版社，2003.
[36] 张琳娜，刘武发．传感检测技术及应用．北京：中国计量出版社，1999.